KB050582

로 떠나는

아시아 건축·도시여행

인문학적 여행을 위한 입문서

후노슈지 편 / 布野修司(編)

후노슈지의 아시아도시건축사
アジア都市建築史

한삼건 감수 / 조용훈, 임정아, 김성룡 공역

박영사

서문(序文)

새벽의 타지마할(Tāj Mahal) 온통 흰색 대리석으로 덮인 이 멋진 건축은 현세(現世)의 것이라는 생각을 할 수가 없을 정도로 감동적이었다. 유폐(幽閉)된 샤·자한(Shāh Jahān)이 하루 종일 바라보고 지냈다는 아그라성(Agra 城)에서의 조망 또한 말로 표현할 수 없는 아름다움이었다. 앙코르·와트(Angkor Wat)의 꼭대기에 걸터 앉아서 바라 본 해가 떨어지는 석양은 또 얼마나 황홀했으며, 거대한 입체 만다라(曼陀羅)인 보로부두르(Borobudur)는 벌써 몇 번이나 올랐던가. 갈 때마다 부처님의 생애와 그 가르침을 느낄 수 있다는 부조(浮彫, relief)를 오른쪽에 두고 한 바퀴 걷는다. 부조에 묘사된 건물은 놓치지 않고 수백 장의 사진에 담았지만, 흙바닥으로 되어 있는 토간(土間)[1]식 건물은 아직 보이지 않는다.

이스파한(Isfahan)의 이맘·모스크(Imam Mosque)(王의 모스크), 그 정교한 기하학에 놀란다. 그리고 금요(金曜)모스크의 수많은 작은 돔(dome)들과 그 독창성에 감동한다. 아야·소피아는 단순하고 소박하지만 강력한 공간인데, 이스탄불의 원래는 기독교 교회가 모스크로 바뀐 예이다. 증축에 증축을 거듭한 이슬람건축의 걸작 코르도바의 메스키타는 반대로 기독교의 대성당으로 바뀐다. 힌두건축을 모스크로 용도를 바꾼 사례로 델리의 쿠틉·모스크(Qutub Mosque)를 들 수 있는데, 그 첨탑(尖塔)(쿠틉·미나르)은 아득히 먼 자미·마스지드(Jami Masjid)의 첨탑에서도 보인다. 인도네시아에 이슬람이 전파되고, 모스크가 세워지게 되는데, 이 때 모스크는 목조로 세워지게 된다.

북경의 천단(天壇), 이것은 정말로 우주(宇宙)건축이라고 부를만한 것이 아닌가. 경산(景山)에서 바라보는 자금성 고궁(故宮)의 쭉 이어진 지붕, 이것이 바로 '군우(群宇)의 아름다움'인데, 사합원(四合院)이라는 동일한 형식의 반복이지만 변화무쌍한 경관을 만들어 내는 것이다. 만리장성, 이것은 또 지구적 스케일의 건축이다.

세계유산급의 건축만이 아니라, 소규모 건축에도 주옥(珠玉)같은 것들이 많다. 베트남 하노이의 일주사(一柱寺), 하나의 기둥 위에 불당(佛堂)이 얹혀 있는데 이런 건축을 만들어 보고 싶었다. 경주의 석굴암, 불상의 이마에 박힌 수정 구슬에 동지(冬至)의 태양이 정확히 들어맞는다고 한다. 인도네시아의 가우디(Gaudi)라 불리는 네덜란드의 건축가 M·폰트가 세운 자바의 작은 포사랑(Puhsarang)교회는 수(手)작업의 아름다움이 느껴지며,

1 원래 일본 전통 가옥에서 마루나 다다미로 바닥을 만들지 않고 흙바닥으로 만들어 마당과의 연결성을 강조한 공간으로서 대부분 주방공간에 해당하며 일본발음으로는 도마 どま, 우리식으로는 봉당이나 토방으로 번역되기도 한다. (네이버)

마하발리푸람(Mahabalipuram)의 작은 힌두사원, 5 개의 라타, 이것은 아마 건축의 원형(原形)(모델)일 것이다. 또한 자바 치르본(Cirebon)의 왕궁에서 본 파테푸르·시크리(Fatehpur Sikri)의 내알전(內謁殿 Diwan-i-Khas)(왕이 사적으로 손님을 맞이하는 곳)의 중앙기둥과 같은 목조기둥도 잊을 수 없다.

아시아에는 아직 미지(未知)의 무수히 많은 훌륭한 건축이 주목받지 못한 채 기다리고 있다. 그래서 실제로 아시아에는 곳곳에서 발전한 보석같은 마을이 남아있으며, 사람들이 꾸준히 만들어 온 수많은 매력적인 도시가 있다. 롬복섬의 차크라느가라 및 라자스탄의 자이푸르 같은 격자형의 힌두 도시, 그리고 카트만두 분지의 파탄, 티미, 박타푸르를 비롯한 많은 도시의 아름다움을 잊을 수 없다. 이슬람 도시의 막다른 골목들은 어디서나 활기에 넘쳤으며, 테헤란의 바자르, 아마다바드(Ahmadabad)와 올드·델리의 막다른 골목도 인상 깊었다. 서구 유럽 사람들이 만들어 낸 도시도 이미 아시아 도시의 일부가 되었는데, 북부 루손(Luzon)의 비간(Vigan), 스리랑카의 골(Galle), 말레이시아의 말라카, 페낭 등이 금방 떠오르는 도시들이다.

건축이란 사람의 생활방식과 함께 존재한다. 살아가는 일과 집에 거주하는 일, 그리고 집을 짓는 일은 모두 밀접하게 연결되어 있으며, 이러한 각각의 건축 행위가 모여 도시가 만들어진다. 나는 이 책이 아시아의 건축과 도시를 둘러보기 위한, 그리고 우리들의 도시가 어떻게 변해야 하는지에 대한 자그마한 단서(端緖)라도 줄 수 있다면 다행이겠다.

2003년 6월

후노슈지(布野修司)

차례

2章 불교건축(佛教建築)의 세계사 – 불탑(佛塔)이 들어온 경로 ······ 85

3章 중화(中華)의 건축세계(建築世界) ······ 141

4章 힌두의 건축세계(建築世界) – 신(神)들의 우주(宇宙) ······ 185

7章 식민도시(植民都市)와 식민지건축(植民地建築)

PART
서장

序章

아시아의 도시(都市)와 건축(建築)

다양한 건축문화의 계보(系譜)

아시아의 도시와 건축역사에 대해 논하기 위해서는 몇 가지 전제(前提)가 필요하다. 먼저 아시아라는 지리적 공간 설정을 어떻게 할 것인가의 문제이다. 크게 아시아, 아프리카, 라틴·아메리카로 구분할 때의 아시아는 보스포루스해협과 우랄산맥 동쪽의 유라시아대륙, 그리고 동남(東南)아시아해역, 월리시아(Wallacea)[1]를 포함하는 지역이 여기에 해당된다. 그러나 아래에서 보는 것처럼 아시아라는 공간은 반드시 고정적인 것이 아니다. 유럽과 아시아라는 이분법적인 어원(語源)에 충실히 따른다면 유라시아 안에서 유럽을 제외한 것이 아시아이다. 따라서 이 책에서는 이슬람건축의 발전 양상을 따라 이베리아반도도 포함했으며, 서구열강의 유럽 외 지역진출을 따라 아프리카, 라틴·아메리카까지 인급하였다. 즉, 아시아라는 지역을 그 개념의 기원까지 거슬러 올라가 광범위하게 다루려고 했는데, 그 이유는 아시아 건축사와 도시사(都市史) 공부의 목표가 결국 세계사(世界史)적 시야를 획득하기 위해서이기 때문이다.

둘째, 역사라는 것은 각 나라마다 다르고 매우 복합적 성격을 가지고 있기 때문에 시대구분이 어렵다. 중국, 인도처럼 시대구분이 어느정도 확립된 경우는 그대로 사용하면 되지만, 각 나라마다의 역사구분에 얽매이는 것은 번잡할 뿐 아니라 건축과 도시의 모습이 역사학에서 말하는 시대구분에 따라 크게 달라지는 것도 아니다. 이 책에서는 시대구분보다는 강한 개성을 지닌 도시문화, 건축문화의 성립과 그 영향이라는 시점에 따른 구분을 먼저 생각했는데, 우선 토속적인(vernacular) 건축을 시작점으로 상정하고. 여기에 이집트·메소포타미아, 인더스, 황하(黃河)라는 도시문명의 발상지인 핵심지역 3곳의 전개를 생각했다. 거기에 더해 이슬람건축, 힌두교건축, 불교건축 등 전(前)근대 시기를 크게 지배한 종교건축의 계보를 중첩시키고, 서구열강에 의한 서구건축의 강렬한 충격(Impact)을 포함시켰다. 동남아시아를 예로 들자면 토착 건축문화 위에 인도화 또는 중국화, 그리고 이슬람화, 거기에 식민지화의 파도가 순차적으로 밀려오는데 그 파도의 앞뒤를 헤쳐 나가는 것이 대략의 역사구분이라고 할 수 있겠다. 따라서 그 각각의 도시는 이러한 것들이 중층(重層)적으로 나타나는 공간으로서의 이미지가 될 것이다.

셋째, 전제(前提)가 되는 것은 일본에서 동양건축사학의 축적과 그 틀(frame)인데, 이 책에서 계속 살필 수 있는 것처럼 서양건축에 대비되는 일본건축의 정체성을 어떻게 추구할까, 혹은 그 기원이 어디에서부터 시작될까 등의 문제가 동양건축사학 성립의 시초라고 할 수 있다. 특히 불교건축, 도성(都城), 민가(民家)의 기원에 대한 관심이 이러한 전개를 만들었는데, 일본과 아시아 각 지역과의 관계는 이 책에서도 주목하는 부분이다. 그러나 기존의 불탑(佛塔)과 거대한 불상(佛像) 등에 대한 관심에 더하여 일본 식민지에 있었던 도시계획 및 건축 또한 관심대상이며, 동양건축사의 고적(古蹟)조사가 이후의 보존계획에 미친 영향 등도 모두 반성적으로 되돌아 보아야 할 대상이다.

그러므로, 이 책에서 지향하는 것은 하나의 체계를 만들려는게 아니라 다양한 도시와 건축문화의 계보를 파악하고자 함이며, 이는 아시아의 도시와 건축의 다양성을 중층(重層)적으로 부각시키는 것이라고 할 수 있다.

---

1 Wallacea는 생물지리학적 용어로서 심층수 해협으로 분리된 인도네시아섬들을 지칭하며 아시아대륙과 호주대륙을 경계짓는 선반모양의 지층(地層)을 의미한다. Wallacea에는 이 그룹에서 가장 큰 섬인 Sulawesi와 Lombok, Sumbawa, Flores, Sumba, Timor, Halmahera, Buru, Seram이 포함된다. (위키피디아)

01 '아시아'와 '유럽'

1. 해가 뜨는 곳

아시아라는 단어는 아시리아(Assyria)에 기원을 두고 있다. 아시리아의 비문(碑文)에 아스(asu)와 에렙(irib) ereb의 대응, 즉 해가 뜨는 곳(東)과 해가 지는 곳(西)의 대비이고, 이 아스(asu)가 아시아(asia)로 바뀌었다. 이것이 그리스로 전해져서 아시아(Asia)와 유럽(Europe)이 되었으며, 라틴어에서는 오리엔스(Oriens) 또는 오리엔템(Orient-em)(떠오르는 태양, 東)과 옥시덴템(Occident-em)(지는 태양, 西)으로도 계승되었다. 흥미로운 점은 아시아라는 단어와 유럽이라는 단어가 쌍으로 탄생되었다는 것, 즉 쌍둥이라는 점인데 유럽에 대한 정의와 아시아에 대한 정의는 밀접하게 연관되어 있다는 것이고, 아시아라는 개념을 생각할 때 이 점은 시사하는 바가 매우 크다.

그림 0-1 메르카토르의 **아시아**지도, 1595년, **메르카토르**는 세계 전역에 걸친 세계지도 책을 완성시키고자 하였지만, 죽기 전까지 완성하지 못했다. 그가 죽은 다음해인 1595년, 아들의 손에 의해 완성되어 **'아틀라스'**라고 명명되어 출판되었으며, 세계지도책을 **아틀라스**라고 부르는 것은 이때부터 시작되었다.

유럽은 원래 에우로퓨라고 했다. 에우로파에우스=기독교 세계라는 지역적 구분이 사용되기 시작한 것은 15세기로, 에라스무스가 만들어 냈다고 알려져 있으며, 아시아라는 단어는 꽤 오래전부터 사용되고 있었다.

에우로퓨와 대응하는 아시아 즉 동방(東方)은 부(富)의 소재지, 경이로움의 원천을 의미했다. 그러나 아시아라는 말의 뜻은 하나의 의미로 한정되지 않았으며, 그것

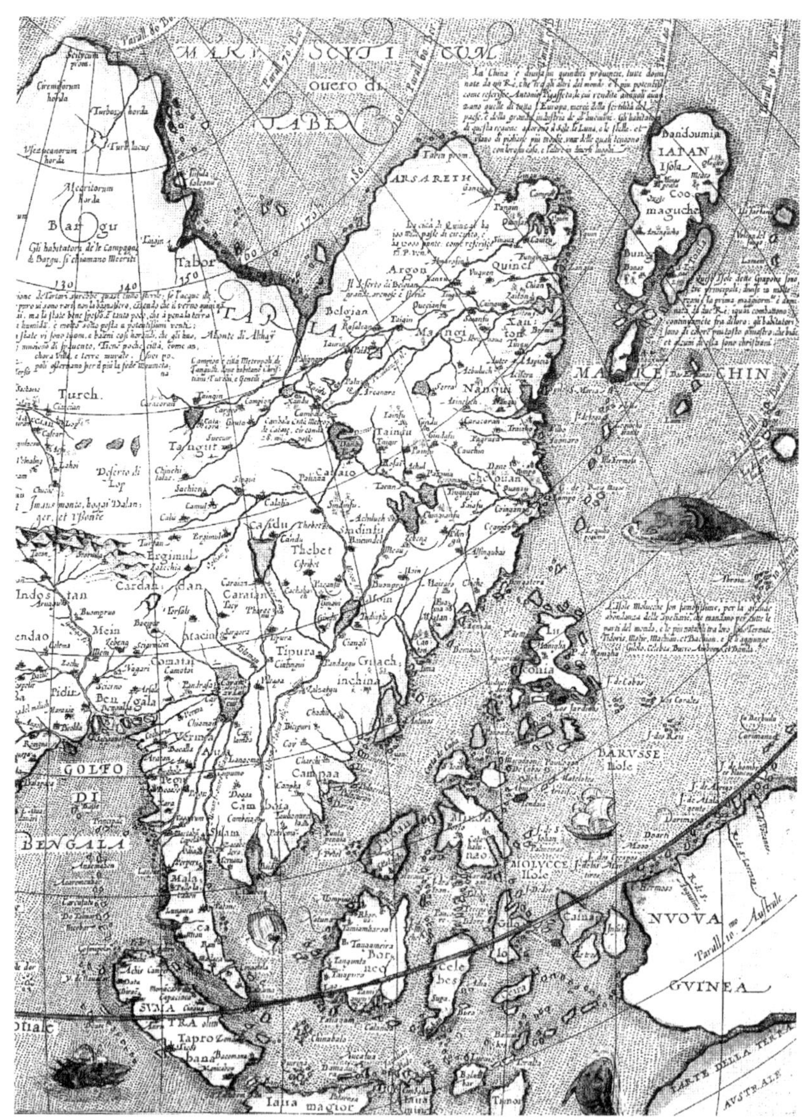

그림 0-2 오르테리우스의 **아시아**지도(동쪽 부분), 1608년 제작. **오르테리우스**는 1570년에 '지구의 무대'라는 제목으로 **라틴**어판 세계지도책을 발행했다. '지구의 무대'는 발간 후 약 40년간 40여판 넘게 증판되었고, 7개 국어로 발간되었다.

이 가리키는 공간적인 영역은 동쪽으로 이동해 왔는데, 아시아는 늘 불안정하여 흥망(興亡)이 심하고, 크고, 다양했기 때문이다.

2. 몽골제국의 판도

아시아는 또 다른 관점에서 볼 때 군사적 공간이라고도 할 수 있다. '몽골제국'의 지도를 떠올려 보면 이해할 수 있는데, 아시아라는 공간은 언제나 군사력과 무력으로 지배되어 왔기 때문에 유럽의 입장에서 본다면 '몽골제국' 판도의 흥망성쇠가 아시아의 범위였을 것으로 보인다. 오늘날 극동(極東), 동아시아, 동남아시아, 남아시아, 중동(中東)(미들·아시아), 근동(近東)(니어·아시아)이라고 부르는 호칭이 모두 서구(西歐) 세계로부터의 군사적 위치에 의한 것도 모두 그 연장선에 있으며, 아시아라고 부를 때는 항상 군사적, 정치적 맥락이 함께 따라다닌다고 생각해도 좋다.

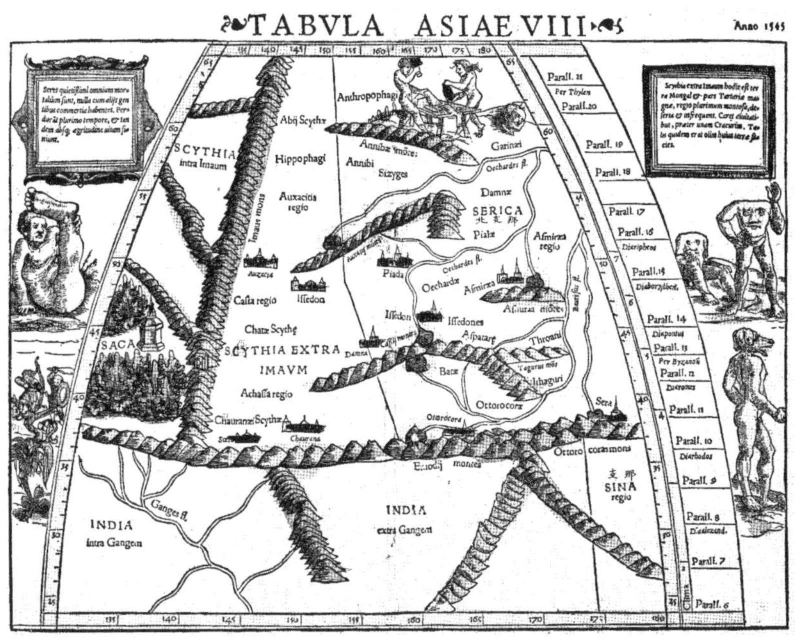

그림 0-3 **프톨레마이오스**의 **아시아** VIII (동**아시아**) 지도, 1545년, **프톨레마이오스**는 2세기 초의 지리학자로 고전과 고대의 지리적 지식을 집대성한 사람으로 명성이 높다. 이 세계지도 복원의 기초자료가 되었던 그의 저서 '지리학(**지오그라피아**)'은 **유럽**에서 15세기 초에 **이탈리아**에서 부활한다. 이 지도는 1545년의 **바젤**판(版) 동**아시아** 부분도이다.

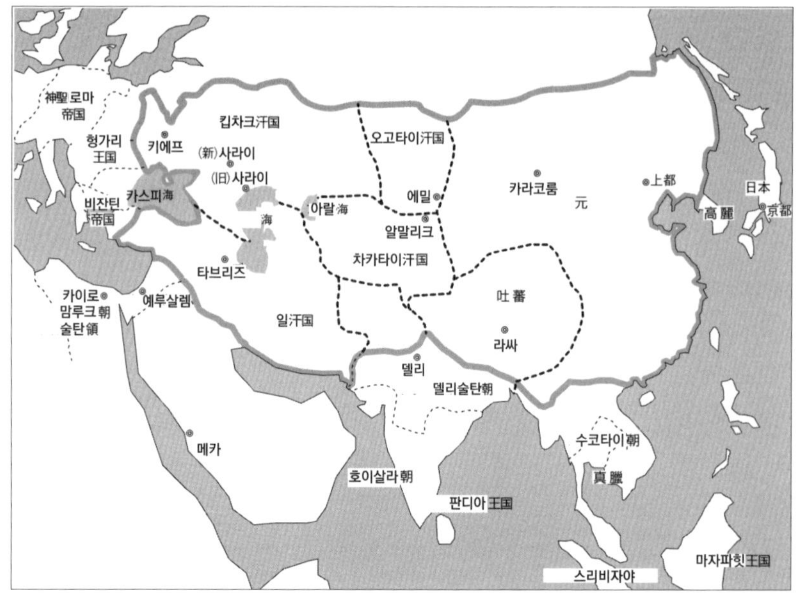

그림 0-4 몽골제국의 판도 (13세기 후반)

3. 오리엔탈리즘

'아시아'란 '아시아' 입장에서 보면 외부에서 부여한 개념이다. 즉, '아시아' 혹은 '동양', '오리엔트'라는 개념이 전적으로 유럽인의 시각에 의해 규정된 것임을 명확하게 지적한 사람은 팔레스타인 출신의 E. W. 사이드다. 그는 자신의 저서 「오리엔탈리즘(1978년)」에서 유럽인들이 오리엔트, 즉 동양을 어떻게 보아 왔는지를 밝히고 있는데, 유럽의 시각에 의해 동양의 이미지가 만들어지고, 동양의 모양이 정해져 간 역사를 추적했다. 사이드는 오리엔탈리즘을 "동양에 대한 유럽의 사고방식"이라고 정의한 후, 그 밑바닥에 깔려 있는 것은 "동양과 서양 사이에는 본질적인 차이가 있다고 하는 존재론적, 인식론적 구분에 따른 사고방식"이라고 보았으며, 나아가 오리엔탈리즘이란 '동양에 대한 지배방식'이기도 하다고 보았다.

그림 0-5 얀센의 중국지도, 1658년. 1658년에 간행된 **라틴**어판 '신지도첩(**新地圖帖**)'에 실린 지도. 한반도 남부와 **타이완**이 크게 묘사됨과 동시에, **류큐**열도가 동쪽으로 휘어진 것도 잘 표현되어 있으며, 동중국해역[1]의 묘사가 실제와 비슷하게 되어 있다. 다만, **홋카이도**(**北海道**)는 포함되지 않았다.

1 동중국해(東中國海)는 제주도 남쪽부터 대만(타이완)에 걸쳐있는 서태평양의 연해이다. 일본에서는 동지나해(東支那海, 일본어: 東シナ海 히가시시나카이[*])라고 부르고, 중화인민공화국과 대만에서는 동해(중국어 간체자: 东海, 정체자: 東海 둥하이[*])라고 부른다. (위키백과)

02 '아시아'와 '동양'

근대 일본에서 '아시아' 혹은 '아세아(亞細亞)'란 어떤 개념이었을까? 한자로 '아세아(亞細亞)'라고 표기한 것은 마테오·리치의 '곤여만국전도(坤與萬國全圖)'(1602년)가 최초이다. 이 지도는 발간되자마자 일본에 전해졌고, 일본에서 만들어지는 세계지도에 큰 변화를 일으켰다. 니시카와조켄(西川如見)은 '증보용장통상고(增補茸長通商考)'(호에이(宝永) 5년, 1708년)에서 '아세아(亞細亞)'라는 한자어에 '아사이아'라는 발음주석을 붙이고 있다. 그 당시 일본에 선교를 위해 와 있던 이탈리아인 시돗치(Sidotti)와의 대화를 기록한 '서양기문(西洋記文)'[쇼토쿠(正德)5년, 1715]에서 아라이하쿠세키(新井白石)는 '아시아'라는 가타카나 표기를 달았다.

1. '흥아(興亞)'와 '탈아(脫亞)'

먼저 기억해야 할 것은 메이지(明治)시대 이후, '아세아(亞細亞)'란 단순히 지리적 영역을 나타내는 단어가 아니라 오로지 정치적 맥락으로 사용되었으며, 서양의 아시아 진출에 대항하는 '흥아(興亞)'의 흐름, 일본의 서양화를 지향하는 '탈아(脫亞)'의 흐름이 크게 대립하게 되고, '아세아(亞細亞)'란 용어는 이에 따라 자연스럽게 사상적 맥락으로 사용되었다. 한편 메이지(明治)시대에는 오리엔트 혹은 이스트를 번역하여 '동양'이라는 표현을 사용했다.

'동양'이라는 단어는 중국, 인도를 포함한 문화의 공통성을 지칭하는 개념으로서 '아세아(亞細亞)'와는 조금 다른 뜻으로 정착(定着)되는데, 오카쿠라텐신(岡倉天心)의 '동양의 이상(理想)'[메이지(明治) 36년, 1903년]에서 말하는 '동양'이 그 예이다. 그러나 점차 이 두 개의 개념 즉, 정치적 개념으로서의 '아세아(亞細亞)'와 문화적 개념으로의 '동양'은 '동아(東亞)', '대동아(大東亞)'라는 단어에 흡수되어 간다.

그림 0-6 대동아공영권(1942년 8월)

2. 아시아주의

제2차 세계대전에서 패전할 때까지 근대 일본은 '아시아주의'라는 대외적 태도를 일관되게 유지했다. '아시아주의'란, 중국 등 아시아 국가들과 연대하여 서구 열강의 압력에 대항하고 억압으로부터 아시아를 해방하자는 것이며, 의식적, 무의식적으로 열강들의 아시아 진출에 앞서 일본을 아시아에 진출시키는 역할을 했다. 따라서 '아세아(亞細亞)'란 개념은 우선 그러한 '아시아주의'의 발생과 밀접한 관계가 있음을 파악할 필요가 있다.

매우 소박한 발생 초기 단계의 아시아주의는 후진국 일본의 독립을 확보하기 위해 중국, 조선과 진정한 연대를 하자는 것이었다. 그러나 이것은 곧바로 팽창주의와 결합하게 되며, 일본의 독립을 지키기 위해서는 대외적인 팽창을 도모하고, 일본을 열강화해야 한다는 주장으로 이어진다. 이러한 다양한 주장은 시대와 함께 변화해 가는데, 조선과 중국에서 근대화가 진행되지 못하고, 구미(歐美)열강에 의한 분할가능성이 높아지면서 일본에서 조선과 중국의 개혁을 지도해야 한다는 개혁지도론이 나타난 것은 1880년대이다. 러일전쟁 이후, 아시아주의는 열강의 새로운 진출을 저지하는데 머무르지 않고, 이미 진출한 열강세력을 쫓아내야 한다는 주장을 전개하기 시작한다. 제1차 세계대전 중에는 기타잇키(北一輝)와 도쿠토미소호(德富蘇峰)에 의해 '아세아(亞細亞)(동아시아) 먼로주의'가 제기되는데, 이 동아시아 해방 주장은 일본의 동아시아에 대한 패권요구로 이어지게 된다. 이렇게 아시아주의는 아시아 침략이데올로기로서의 성격을 드러내었으며, 중일전쟁, 대동아전쟁에 이르러 '동아(東亞) 신질서' '동아(東亞) 공동체' '대동아(大東亞)공영권'과 같은 관념으로 다양하게 표출되고, 그것들은 모두 일본의 아시아 침략사실을 은폐하고, 아시아 지배를 정당화하려는 의도에 따른 것이었다.

3. 아시아적 생산양식

아시아라는 개념과 관련되어 또 한 가지 기억해 둘 필요가 있는 것이 아시아적 생산양식에 대한 논쟁이다. 마르크스주의는 '세계사(世界史) 발전의 기본법칙'으로 생산양식의 발전단계를 보편적인 과정으로 상정(想定)하지만, 자본제 생산에 선행하는 여러 형태 가운데에서 아시아적 생산 양식을 가장 초기의 것으로 간주하고 있으며, 그 초기 형태로서 원시공동체, 고대노예제, 봉건제의 아시아적 변종(變種) 등 여러 가지 다양한 것을 예로 들고 있다. 그러나 어쨌든 아시아라는 개념은 정체, 늦어진 것이라는 뉘앙스가 결부되어 있으며, 아시아=후진성이라는 공식은 유럽 중심주의와 같은 것이었다.

03 아시아는 하나

1. 이토츄타(伊東忠太)

근대 일본의 건축과 '아시아'를 생각할 때, 가장 먼저 이토츄타(1867~1954년)를 거론할 필요가 있다. 그는 유라시아대륙을 답사하고, '아시아'라는 주제에 정면으로 달려든 거인이며, 세키노타다시(関野貞)(1868~1935년)와 궤를 같이 하는 건축사학(建築史學)의 시조(始祖)이자 츠키지혼간지(築地本願寺)와 헤이안(平安)신궁 등 사찰건축을 중심으로 수많은 명작을 만들어 낸 근대 일본 초창기의 건축가이다. 또한 건축본연의 자세를 둘러싸고 지속적으로 적극적인 발언을 계속한 비평가로도 알려져 있으며, 원래 서양에서 만들어진 아키텍처(architecture)라는 서구(西歐)의 용어에 '건축'이라는 번역어를 지어준 사람이기도 하다. 그리고 건축이란 분야를 일본에 정착(定着)시키고, 그 방향성을 자리매김하기 위해 가장 국제적(global)인 관점을 제시하고, '호류지(法隆寺)건축론'을 시작으로 광대한 아시아의 공간으로 눈을 돌린 인물이다.

그림 0-7 츠키지혼간지(築地本願寺), 이토츄타(伊東忠太)

그림 0-8 헤이안(平安)신궁, 이토츄타(伊東忠太)

이토츄타는 '아시아는 하나'라는 문장을 남겼는데, 이것은 '동양예술의 계통(系統)'이라는 논문의 한 구절이다. 그의 이 논문은 '게이메이카이(啓明会)'가 주최한 전시회 강연(1928년)에서 발표되었으며, 동양예술의 각 계통(系統)을 차례로 설명한 후 '오늘에서야 비로소 오카쿠라(岡倉)씨가 쓰신 권두(巻頭)의 세 글자가 지닌 의미가 정말 깊은 것임을 알게 되었습니다'라고 쓰고 있다.

2. 오카쿠라텐신(岡倉天心)

앞에서 언급한 오카쿠라(岡倉)씨는 오카쿠라텐신(岡倉天心)을 말하며, 권두(巻頭)의 세 글자란 '동양의 이상(理想)'이라는 책의 첫 문장인 'Asia is one'을 뜻한다. '두 가지의 강력한 문명, 공자(孔子)의 공동주의(코뮤니즘)를 가진 중국인과 인도 베다(Veda)의 개인주의를 가진 인도인을 히말라야산맥이 나누고 있다는 것도 양자 각각의 특색을 강조하려고 하는데 불과하다'라고 한 실로 대담한 서술의 시작이다. '동양의 이상(理想)'은 '이상(理想)의 영역'으로서의 아시아, 동양을 설정한 후 '일본의 원시미술' 그리고 계속해서 '유교-중국 북부', '노자교와 도교-중국 남부', '불교와 인도미술', '아스카(飛鳥)시대-550~700년', '나라(奈良)시대-700~800년'으로 구분하고, 이어서 '메이지(明治)시대·1850년부터 현재까지'로 구성하고 있다. 동양사상 그리고 동양문화, 동양미술에 관한 해박한 지식이 담겨서 '아시아적 이상(理想)의 역사'가 한 권에 그려져 있는데, '일본이 아시아 문명의 박물관'이라고 생각한 오카쿠라(岡倉)는 중국과 인도의 양대(兩大) 문명전통이 일본에서 직물로 짜여져 하나로 완성된다는 '스토리(物語)'를 입체적으로 묘사했다.

그림 0-9 기온가쿠(紙園閣), 이토츄타(伊東忠太)

인도에서 완성된 후, 1903년 런던에서 영문으로 출판된 이 "THE IDEALS OF THE EAST"는 판(版)을 거듭하여 라지파트·라이와 같은 인도의 애국자에게 전해진다. 일본에서 번역된 것은 1925년으로서, 이와나미(岩波)문고에서 출판한 것은 1943년이었으며, 이 '국수주의(國粹主義)', '아시아주의'가 일본에 결정적인 영향을 주게 된 것은 1925년대였다.

3. 다양성 속의 통일

원래부터 다양한 '아시아'를 '하나'라고 말할 때, 오늘날 아시아 각국에서 국민국가 통합원리의 구호로서 반복적으로 외치는 '다양성 속의 통일(Unity in Diversity)'이란 슬로건이 연상되는데, 이는 특히 인도와 인도네시아에서 두드러지게 사용되고 있다.

오카쿠라(岡倉)는 '아시아적 특성을 복잡함 속의 통일'이라고도 말하며, 조금 저속하게 표현한다면 '동양문화의 본능적인 절충주의'라고 할 수도 있다. 이러한 주장의 근본에 놓여있는 것이 '불이일원론(不二一元論 Advitism)'인데, 존재하는 모든 것은 외견상 다양하게 보이지만 사실은 하나이며, 어떠한 단편적인 현상에도 모든 진리가 발견가능하며, 아주 작은 것에도 전(全) 우주가 연결되어 있다는 철학이다.

이토츄타(伊東忠太)도 이에 대해서는 다소 단순하고 소박하게 설명하고 있다. '동양 예술의 계통(系統)'이라는 논문에서 '오늘 이집트에서 일본 류큐(琉球)왕국까지의 예술을 멀리 조망해 보면 과연 아시아는 하나가 되고 있습니다. 물론 그 사이에 각각의 변화가 있고, 천자만홍(千紫萬紅)이라고 할 수 있을 정도로 다양합니다만, 무엇인가 한 가지 관통하는 정신이 있는 것을 느끼지 않을 수 없습니다'라고 기술하고 있다. 이토츄타는 그 예로 이집트 콥트교도(敎徒) 태피스트리(織物)와 호류지(法隆寺)의 주구지(中宮寺)에 있는 천수국만다라(天壽國曼陀羅)[1]를 들었는데, 다음과 같이 기술하고 있다. '가장 극단적인 예는 서쪽 지방의 이집트에서 나온 콥트교도(敎徒) 직물의 도안과 색조인데, 내 직감에 이것은 동쪽 지방의 일본 호류지(法隆寺) 한 구석에 있는 주구지(中宮寺)의 천수국만다라(天壽國曼陀羅)와 똑같다 라고 느낀 것입니다... 동서(東西) 몇 천리가 떨어져 있음에도 비슷한 성질의 것이 존재한다는 것은 실로 기적입니다.....'

단 하나의 비슷한 예에서 '아시아는 하나'를 직감할 수 있다고 말하며, 엔타시스[2]와 프로포션[3], 문양(文様)[4] 등 단편적인 요소의 유사성을 바탕으로 한 논의의 수준이 높다고 할 수는 없는데, 그 이유는 '유사하다'라는 연속된 예시를 아무리 열거했어도 그것이 전파된 것임을 증명하진 못했기 때문이다. 그러나 이토츄타의 안목(眼目)은 후술하는 바와 같이 좀 더 중층(重層)적이었다.

4. 호류지(法隆寺)건축론

텐신(天心)와 츄타(忠太)의 교류는 츄타(忠太)가 1893년 2월에 도쿄(東京)미술학교 강사[건축장식술(建築裝飾術)]로 위촉되었을 때 시작된다. 텐신(天心)이 약관 29세에 미술학교 교장의 요직에 오른 것은 1890년이며, '유럽적인 방법을 더욱 현저하게 할 것'이라는 정부의 결정에 반발하여 즉시 사임한 것은 1898년의 일인데, 이는 텐신(天心)이 이미 아시아주의, 반(反)유럽화 주의를 가지고 있었음을 보여준다. 그 시대 유럽지상(至上)주의의 전성기 모습을 기시다히데토(岸田日出刀)는 "건축학자 이토츄타(伊東忠太)"에서 이 시기를 '쌀을 주식(主食)으로 하는 나쁜 습관을 깨트리고자 게이오(慶應) 학생들이 서양요리를 즐기는가 하면, 교토(京都) 게이샤(藝者)가 외국인 접대를 위해 영어를 공부한다. 남학생과 여학생이 뒤섞여 춤추도록 장려하거나, 문부성(文部省)이 나서서 주산(珠算)의 단점을 거론하며 주판(珠板)[5]을 폐지시

---

1 일본식 발음으로는 '덴쥬고쿠'이지만 만다라를 한국어로 표기했기 때문에 천수국이라고 적었다.
2 entasis; 기둥의 가운데가 불룩하게 나온 것을 의미하는 건축용어로 '배흘림'이라고 부른다. (역자 주)
3 proportion; 비례, 균형
4 무늬, 패턴(pattern), 디자인(design) 등을 의미함.
5 일본어 'ソロバン'을 번역한 것이다.

키는가 하면 키스(입맞춤)[6]와 기독교로 사회를 교정시키자고 주장하는 등 오늘날 되돌아보면 제 정신이 아닌 그야말로 로쿠메이칸(鹿鳴館)[7] 시대였다'라고 묘사하면서 이와 같은 시대적 상황이 이토츄타(伊東忠太)가 일본건축을 연구하게 된 동기(動機)의 배경이라고 적고 있다.

이토츄타(伊東忠太) 일생의 전체 논저 바탕에는 사실 '호류지(法隆寺)건축론'이 있다. 왜 호류지(法隆寺)인지, 왜 일본건축사(史)인지에 대해 이미 적지 않은 질문이 있는데, 애초에 '건축'이라는 개념을 도입시키는 것, '건축학'을 '학'으로 성립시키는 것, 나아가 '미술', '예술'의 한 학과로서 성립시키는 것, '일본건축'사(史)의 체계를 만들어내는 것, 이 모두가 호류지(法隆寺)와 연관되어 있다.

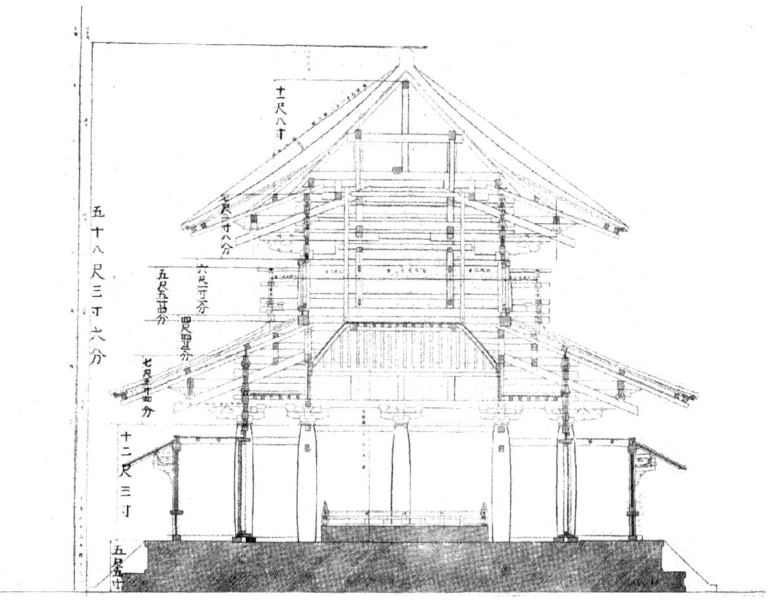

그림 0-10 호류지(法隆寺) 금당(金堂)[8] 단면도

6 본문에서는 '接物'이라고 표기하고 있다.

7 1883년 일본 정부 주도하에 서양화정책의 일환으로 건설된 서양관인데, 주로 국빈이나 외교관 접대에 사용되었다.

8 일본식 발음으로는 '곤도'라고 읽지만 한국의 금당과 같은 성격이어서 한국식으로 표현했다.

04 호류지(法隆寺)의 뿌리찾기

츄타(忠太)는 1902년 3월부터 1905년 6월까지 유라시아대륙 횡단여행을 감행했는데, 문부성(文部省) 파견에 의한 중국, 인도, 튀르키예로의 유학이었다. 외국유학이라고 하면 서양으로 가는 것이 통념인 시기에 왜 아시아였을까? 호류지(法隆寺) 가람건축이 백제에서 전래된 형식임은 알려져 있지만, 그 백제 가람건축의 실상은 무엇 하나 분명히 밝혀지지 않았기 때문에 불교건축의 원류(原流)를 대륙에서 찾으려 했던 것이다.

'호류지(法隆寺)'의 근원은 백제이며, 백제의 근원이 중국에 있다는 것을 안다고 해도 실제 현장에서 과거의 건축물을 통해 백제와 수, 당나라의 건축을 조사해야 하며, 한반도와 중국대륙으로 건너가서 현장을 통해 연구하지 않는다면 정확한 학문적 기술은 불가능하다. ... 순서대로 한다면 우선 가까운 백제부터 시작해야 하지만, 백제의 건축은 필시 중국을 규범으로 했을 것이므로 다음 기회로 하고, 중국대륙으로 향해야 하나 중국의 불교 또한 인도로부터 들어온 것이기 때문에 불교건축의 근원을 연구하기 위해서는 인도로 가지 않으면 안 된다. 또한 그 무렵 일본에 소개된 거의 유일한 건축역사책이라고 할 수 있는 제임스·퍼거슨(James Fergusson)의

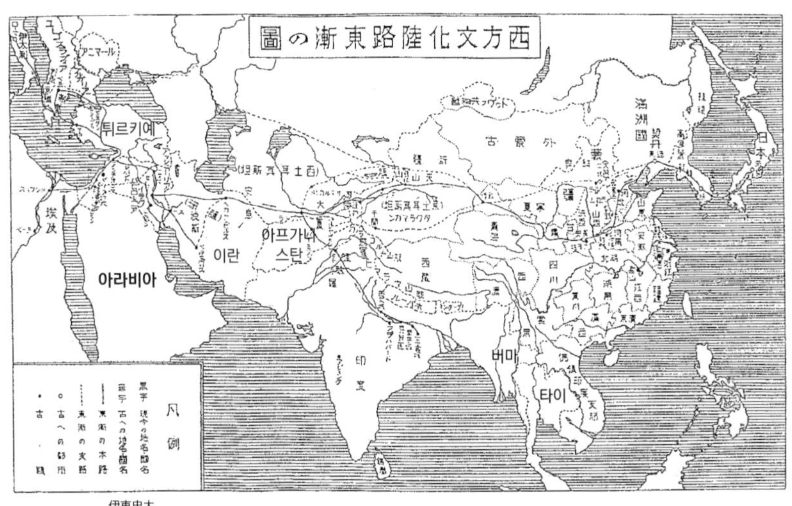

그림 0-11 이토츄타(伊東忠太)의 문화전파도[1]

1 그림에 있는 일본식 표기 지명들은 해독이 불가능하여 해독가능한 것만 번역했으며 한자어는 그대로 실었다. (역자 주)

건축사(建築史)에 따르면, 인도와 서방아시아의 건축교류도 보고되고 있고, 한(漢)나라, 육조(六朝), 당나라를 통해 중국과 서역 여러 지역과의 문화적 교류가 많았던 것은 중국의 문헌에도 세세하게 기술하고 있으니 인도뿐만 아니라 더 나아가 서(西)아시아의 땅까지 기록되어야만 한다.... "그렇다. 중국에서 인도를 거쳐 서(西)아시아까지 구석구석 답사하자"'

이토츄타(伊東忠太)는 호류지(法隆寺)와 파르테논을 연결시키는 것, 즉 호류지(法隆寺)의 기원을 그리스의 고전건축으로 거슬러 올라가 그 전파경로를 찾고자 하였기 때문에, 지금의 관점에서 보면 그의 프로그램은 실로 웅장한 것이었다고 할 수 있다. 이토츄타(伊東忠太)는 그렇게 유라시아를 횡단하게 되며, 이후 같은 곳은 두 번 다시 가지 않는다. 조선 신궁(神宮)[2] 건설을 위해 한국을 방문한 적은 있었지만, 결국 조선의 건축에 대한 조사는 하지 않았으며, 이 임무는 세키노타다시(関野貞)의 정교하고 치밀한 연구에 맡겨졌다.

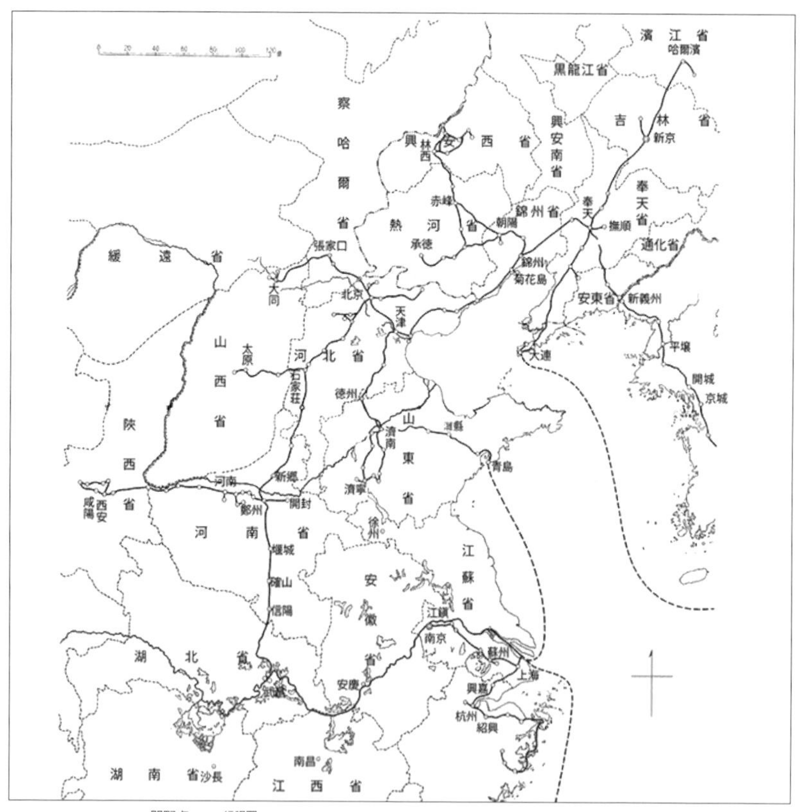

그림 0-12 세키노타다시(関野貞)의 여정도(行程圖)

2 신궁(神宮)은 일본발음으로 '진구우'이지만 우리나라에서는 관습적으로 신궁(神宮)으로 부른다. 일본 정부가 건립한 조선의 대표 신사로 서울 남산에 있었다. (역자 주)

05 일본건축의 기원

– 동양건축사의 시작(發端) –

1. 일본건축, 동양건축

동양건축사학이라는 분야의 성립은 건축에 대한 관점을 지탱하는 개념, 즉 사고의 틀과 본질적으로 관계가 있다. '동양건축사'의 기초를 다진 사람은 이토츄타(伊東忠太)와 세키노타다시(関野貞)이며, 후지시마가이지로(藤島亥次郎)와 무라타지로(村田治郎), 다케시마타쿠이치(竹島卓一), 이이다스가시(飯田須賀斯) 순으로 그 계보가 이어진다. 한편, '일본건축사'의 창시자 또한 이토츄타(伊東忠太)와 세키노타다시(関野貞) 두 사람인데, '일본건축사'의 성립과 '동양건축사'의 성립은 밀접하게 관련되어 있다고 보아도 되며, 이 모두가 '서양건축'에 대한 대립적인 개념으로 탄생한 것이다.

서양문명의 강렬한 충격과 함께 '건축'이라는 개념이 도입된 이후, '서양건축사(史)'에 맞서 어떻게 '일본건축사(史)'를 세울까(혹은 구축할까)가 주요 쟁점이 됐다. 이에 따라 '일본건축'의 기원(起源)과 근거 또한 당연히 화두가 되었으며, '동양건축'이 동시에 문제가 된 것은 '일본건축'의 기원(起源)을 '동양'과의 관계 속에서 찾아야 했기 때문이다.

이토츄타(伊東忠太)의 입장은 단순하다. 앞에서 살펴본 바와 같이 그의 학위논문 '호류지(法隆寺)건축론'(1898년)을 통해 알 수 있듯이, 세계에서 가장 오래된 목조건축으로 알려진 호류지(法隆寺)를 서양건축에 필적하는 것으로 위치시키는 것이 이 논문의 큰 목적이었다. 이토츄타는 호류지(法隆寺)를 파르테논신전에 필적하는 것으로 보고, 그 경위를 추적하려고 하는데, 매우 단순한 논리이지만, 호류지(法隆寺) 기둥의 배흘림은 파르테논신전의 엔타시스(entasis)가 전해진 것이라고 말한다. 물론, 그 뿐만 아니라 호류지(法隆寺) 각 부위의 비례가 황금비를 따르고 있다는 등 서양미술사의 체계 속으로 위치시키는 것이 그의 논법이며, 그리스의 건축문화가 간다라를 통해 고대 일본으로 전달되었다는 것이 그의 견해였다.

또한 호류지(法隆寺)의 뿌리 그 자체인, 불교건축의 기원에 대한 관심도 갖게 되는데, 일본에 소개된 불교건축에는 2개의 계통이 있으며, 중국의 한나라와 위나라에 서역(西域)을 가미한 산칸(三韓)식이 스이코(推古)식(불교전래부터 텐지(天智)천황까지)이고, 육조(六朝)에 서역(西域)을 가미한 수(隋)·당(唐)식을 텐지(天智)식이라고 하는 것이 애초부터의 가설이었다. 그리고 이토(伊東)는 자신의 주장에 따라 그 가설을 뒷받침하기 위해 7차례에 걸친 해외답사를 시도했으며, 당시 건축학자, 기술자가 선진적 기술을 배우기 위해 서양으로 가는 것이 일반적이었던 사회적 분위기 속에서 이토(伊東)의 행적은 매우 특이하다고 볼 수 있다.

2. 제임스·퍼거슨

이토(伊東)는 당시 서구의 건축사학자가 '일본건축', '동양건축'을 괄시하고 있다고 생각했다. 당시 참조된 배니스터·플레처(Banister Fletcher)의 건축사(建築史)는 '서양 이외의 건축(양식이 없는 건축 非−様式建築)'이라는 이름의 고작 1개의 장(章chapter)이라고 하는 매우 적은 양을 차지했기 때문이었으며, 이토츄타(伊東忠太)가 반발한 것은 당시 유일한 '동양(東洋)건축' 개설서였던 제임스·퍼거슨의 '인도 및 동양(東洋)건축사'였다. "중국건축에 일부를 할애하고 있지만, 여기저기 흩어져 있고, 고대 페루 및 멕시코와 동급으로 취급하는 것은 편향된 견해이다"라고 적고 있는데, 이토(伊東)는 중국역사에 대해 깊은 이해를 갖고 있고, 한자(漢字)도 이해하는 일본인이 '중국건축사' 또는 '동양(東洋)건축사'를 써야 한다는 생각을 가지고 있었던 것이다.

3. 운강(雲崗)석굴과 낙랑군 치소터

'호류지건축론'을 완성한 후, 이토(伊東)가 가장 먼저 다녀온 곳은 북경(北京)의 자금성(紫禁城)이다. 당시 가타야마도우쿠마(片山東熊)가 '간도다이다이리노세이(漢土[1]大内裏[2]ノ制)'에서 '우리나라 궁(宮)제도는 당(唐)대의 궁(宮)제도를 모방한 것이며 … 북경(北京) 궁성의 제도를 따라'라고 쓴 것과 같이 도성(都城)제도에 대해서도 일본의 뿌리를 밝히고자 했다. 상세한 실측도를 작성한 이토츄타(伊東忠太)의 '청국(淸國) 북경(北京) 자금성(紫禁城) 전문(殿門)의 건축(建築)'은 '동양건축사' 최초의 성과이며, 이듬해에 이토(伊東)는 북경(北京) 주변 산서(山西), 대동(大同) 등 중국 북부를 조사하면서, 운강(雲崗)석굴을 발견하였다.

이와 병행하여 세키노타다시(関野貞)의 작업이 시작되는데, 세키노(関野)가 1902년에 처음으로 향한 곳은 한반도이며, 서울에서 개성, 부산 등을 돌았다. 1906년에는 중국으로 건너갔고 1909년 이후 매년 한반도와 중국을 조사하며, 낙랑군(樂浪郡) 치소터의 발견은 세키노(関野)의 업적이다.

이러한 이토(伊東), 세키노(関野)의 동양건축에 관한 최초의 조사연구는 이토츄타(伊東忠太)의

1 여기에서의 한토漢土는 중국을 의미하는 용어로 해석된다.
2 일본 천황[일본어: 天皇, てんのう 덴노(*), 영어: Emperor of Japan]은 헤이안시대부터 도쿠가와 시대까지 '미카도'(御門, 帝)라거나 '긴리'(禁裏), '다이리'(内裏), '긴주'(禁中) 등의 여러 표현으로 칭해졌다. 미카도는 원래 어소(御所, 천황의 거처)에서 천황이 드나드는 문을 가리키며, 긴리·다이리·긴주는 그 어소를 가리키는 말이다. 이러한 표현은 천황을 직접 지칭하는 것을 피하기 위한 표현이다. (위키피디아)

‘중국건축사(支那建築史)’(1927년)·이토츄타(伊東忠太)·세키노타다시(関野貞)·쓰카모토야스시(塚本靖)의 ‘중국건축(支那建築) 상·하’(1929~32년), 세키노타다시(関野貞)의 ‘조선고적도보(朝鮮古蹟図譜)’(1915[3]~27년), ‘중국불교사적(支那仏教史蹟)’(1925~31년), ‘조선미술사(朝鮮美術史)’(1941년) 등으로 정리된다.

4. 무라타지로(村田治郎)와 후지시마가이지로(藤島亥次郎)

그림 0-13 운강(雲崗)석굴, **산서(山西) 대동(大同)**

이토(伊東)와 세키노(関野)의 뒤를 이어 후지시마(藤島), 무라타(村田)의 활동이 시작된다. 후지시마(藤島)가 경성고등전문학교, 무라타(村田)는 남만주(南滿州) 공업전문학교에 부임하게 되는데, 이는 일본식민지를 거점으로 하는 그 사회적 배경을 보여주고 있다. ‘동양건축사’의 전개와 일본의 동양진출은 결코 무관하지 않으며, 1929년에는 동방문화학원(東方文化学院)[4]이 개설되고, 도쿄(東京)연구소(도쿄(東京)대학 동양문화연구소(東洋文化研究所)의 전신), 교토(京都)연구소(교토(京都)대학 인문과학연구소(人文科学研究所)의 전신)를 거점으로 하는 조사연구가 전개되었다.

3 원본은 1925년으로 돼 있는데 단순오타로 보인다. (역자 주)

4 동방문화학원東方文化学院(일본식 발음은 도호우분카가구인とうほうぶんかがくいん이다)은 쇼와(昭和)시대 전쟁 전기(前期) 일본에 존재하고 있던 국립 동양학·아시아學 연구기관이다. (위키피디아)

06 동양예술의 계통

1. 예술파급의 원칙

이토(伊東)와 세키노(関野)의 조사연구는 한반도와 중국대륙에 그치지 않았으며, 멀리 인도, 실론(스리랑카)에까지 범위를 넓혔다. 또한 아마누마슌이치(天沼俊一), 무라타지로(村田治郎)도 인도를 방문하였는데, 불교건축에 대한 관심이 그 중심에 있었고, 그런 가운데 가장 국제적인 시각을 보인 것은 역시 이토츄타(伊東忠太)였다. 그는 앞에서 기술한 '동양예술의 계통'에서 원형(圓形)과 4각형의 형식으로 계통도를 보여주고 있는데, 4각형 계통도는 지도(지리적 위치관계)를 본떠 모식화하였고, 원형(圓形)계통도는 원(圓)에 근접한 관계를 정렬한 후, 상호관계를 화살표로 나타냈다. 우선, 흥미로운 것은 지역구분인데, 원형(圓形)계통도에서 시계방향으로 살펴보면 '일본', '류큐(琉球)', '자바(瓜哇)', '섬라(暹羅)[1](시암 ; 지금의 태국)', '인도', '페르시아', '콥트[2]', '사산왕조 페르시아[3]', '중앙아시아', '중국', '조선'이 나열되어 있다. 4각형의 계통도에는 이어 '후(後)인도'(동남아시아), '초기 이슬람 국가', '고대 페르시아', '극동 아시아', '그리스', '로마', '비잔틴'이 추가되고, '섬라(暹羅)(시암)'가 빠져 있다. 여기서 '콥트'란 원시 기독교의 일파로 알려진 이집트 콥트교를 의미한다.

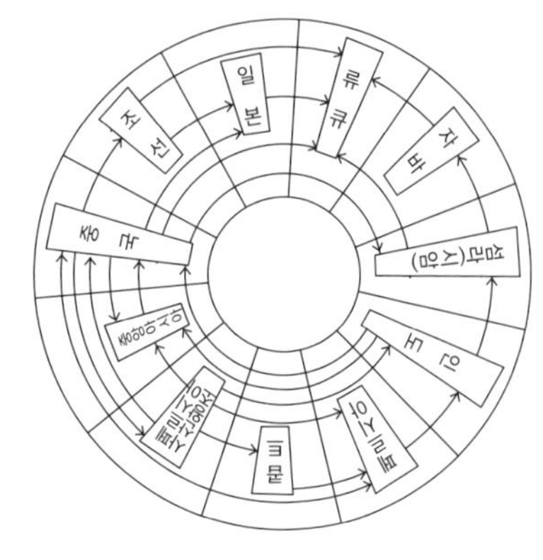

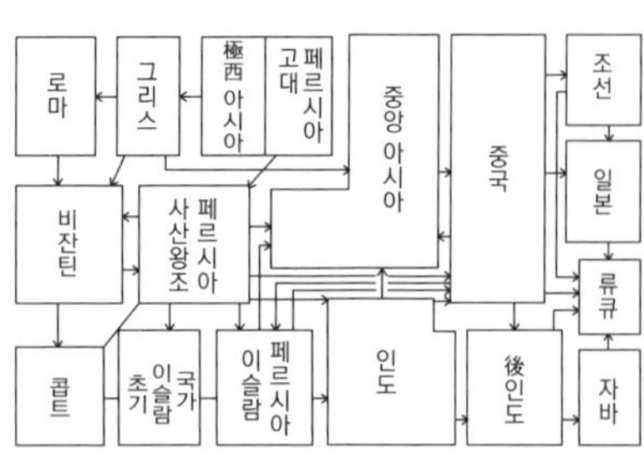

그림 0-14 2가지의 동양예술계통도 [**이토츄타(伊東忠太)** '동양건축계통도(東洋建築系統圖)'에 의함]

1 타이(Thailand)의 예전 이름인 시암(Siam)의 한자음(漢字音) 표기(表記)(네이버)

2 콥트교회에 소속하는 이집트의 그리스도교도. 아라비아어로 킵트(Qibt), 쿱트(Qubt). 현재에는 이집트 전체에서 10% 정도의 인구를 차지하는 소수파에 지나지 않지만, 그들 자신은 고대 이집트 이후의 전통을 계승하는 동시에 정통의 그리스도교 신자로서의 자부심도 지니고 있다. (네이버 지식백과)

3 Sasan dynasty, Sāsāniyan; 흔히 '사산조 페르시아'라고 하는 이 왕조는 오늘의 이란을 중심으로 한 지역에 건립된 나라다. 창건자 아르다시르 1세는 자신이 전전대(前前代)의 아케메네스조의 후예인 '사산'의 손자임을 강조하여 국명을 '사산'으로 지었다. (네이버 지식백과)

이어 이토(伊東)는 각 지역의 관계에 관심을 기울이는데, 그 전제(前提)로 삼은 생각이 '예술파급의 원칙'이고, 그 원칙에 사용되는 것이 '물결모양의 비유'이다. 어떤 하나의 예술이 어느 한 지역에 출현하면 수면에 돌을 던졌을 때 물결 모양이 퍼져 나가는 것처럼 예술이 퍼져 나가게 되는데, 멀리 갈수록 파도의 높이가 낮아지며, 도중에 높은 산이나 사막과 같은 장애물이 있으면 멈춘다는 이론이다. 2개의 파도가 서로 부딪치면 어떻게 될까? 어떤 경우에는 서로 합쳐져 물결이 높아지고, 어떤 경우에는 서로 상쇄되어 없어져 버리며, 기본적으로는 문화전파설이다. '예술의 부모는 국토와 국민'이며, '세계 각 지역에서 생겨나는 예술은 하나도 같은 것이 없다'는 것이 이치이지만, 토지와 국민의 상태에 따라 정도의 차이가 생기고, 고급, 저급으로 구별되며, 힘있는 예술이 지역을 넘어 파급되어 가는 것이다.

또한, 이토(伊東)에게는 '극서(極西) 이집트에서 극동(極東)의 일본, 류큐, 조선에 이르기까지의 예술은 과연 어떤 과정으로 어떤 파동으로 움직여 왔는지 그것이 가장 큰 관심사'였다. 그리고 콥트의 직물이 호류지(法隆寺) 주구지(中宮寺)의 천수국만다라(天壽國曼陀羅)와 똑같다고 하면서 다소 성급하게 '아시아는 하나다'라 말하고 있는데, 이 견해(見解) 그 자체는 다소 중층(重層)적인 면을 갖고 있다.

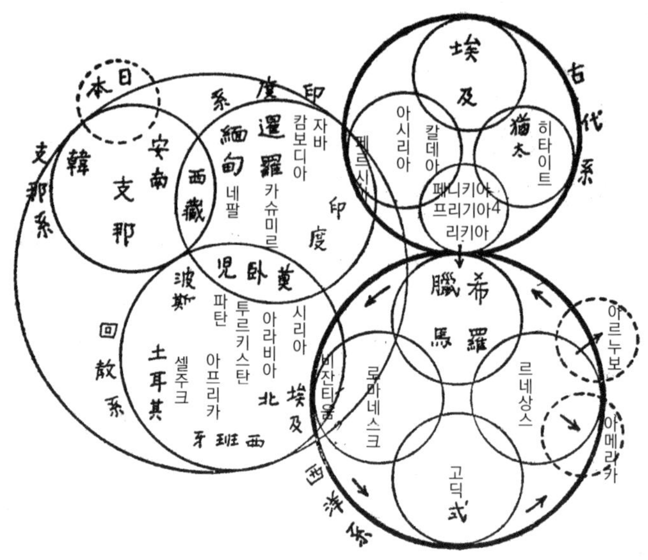

그림 0-15 동양건축계통도(東洋建築系統図)(**이토츄타**(伊東忠太))

2. 메소포타미아, 인도, 중국

먼저 우리가 주목해야 할 것은 동양예술 물결의 시작점이다. 아시아 대륙, 즉, 동양(東洋)에는 3개의 시작점과 계통이 있는데, 메소포타미아를 발상지로 하는 서방 아시아, 신드주(Sindh)[5]와 갠지스강(Ganges River) 유역을 기점으로 하는 인도, 황하(黃河)와 양자강(揚子) 유역에서 발생한 중국, 이 3지역이다. 이 3개의 계통에 간섭하는 파도로는 그리스계, 사산왕조 페르시아 및 동로마(비잔틴)계, 이슬람교계 등 3가지를 생각해볼 수 있으며, 주로 이 6개의 파도가 겹쳐져 계통도가 그려진다는 것이 이토(伊東)의 구도(構図)였다.

이토(伊東)는 이 구도(構圖)를 바탕으로 방대한 저술을 했다. '동양건축사연구 상·하'가 바로 그것인데, 주된 내용으로는 '중국건축사', '만주의 불사(佛寺)건축', '만주의 문화와 유적의 사적(史的) 고찰', '오대산(五臺山)', '광동(廣東)의 이슬람교 건축', '중국의 주택', '동양 건축사 개설', '인도건축사', '프랑스령 인도차이나', '인도건축과 이슬람교 건축의 교섭', '간다라 지방의 건축', '기원정사(祇園精舍)[6]와 앙코르·와트', '안남국(安南)(베트남, 하노이) 고성(古城) 발굴의 고대 기와', '이슬람교 건축', '사산왕조 건축', '탑'이 있다. 여기에는 불확

---

4 원본의 フリギア

5 신드주는 파키스탄의 주이다. 인구는 42,400,000명, 면적은 140,914km^2이다. 주도 및 최대도시는 카라치이며 우르두어와 신드어를 사용한다. 인더스강 하류에 위치하며 파키스탄 동남부지역에 속한다. 신드인이 살고 있으며 서쪽으로는 발루치스탄, 동쪽으로는 구자라트 및 라자스탄과 접하고 북쪽으로는 펀자브주와 접한다. 남쪽으로는 아라비아해와 접하며 고대 인더스문명 시절부터 해상무역이 융성한 지역이다. (나무위키)

6 일본식으로는 기온쇼우쟈ぎおしょうじゃ로 발음한다.

실한 기술이나 억측이 포함되어 있지만, 이만큼의 시각을 가진 건축역사가는 이토츄타(伊東忠太) 이외에는 전무후무하다.

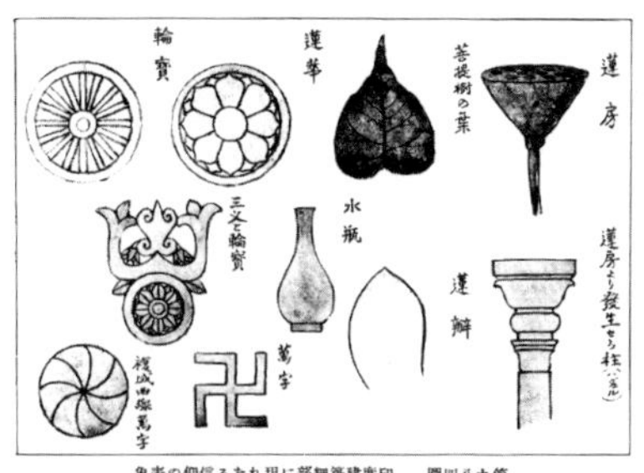

그림 0-16 인도건축 상세에서 보이는 신앙의 표상 (**이토**(伊東)에 의함)

그림 0-17 보로부두르(Borobudur)[6]조각에서 보이는 **스투파** 및 불구류(佛具類) (**이토**(伊東)에 의함)

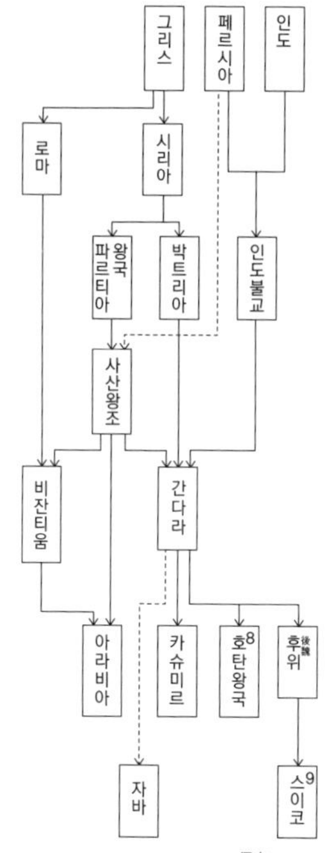

그림 0-18 간다라[7]건축의 기원(**이토**(伊東)에 의함)

7 인도네시아 자바섬 중부에 있는 불교유적. 8~9세기에 만들어졌으며, 사암(砂岩) 석재를 밀착시켜 쌓은 높이 30m, 둘레 30km에 이르는 9층의 대사원. 오랫동안 땅 속에 매몰되어 있다가 1814년에 발견됨. (네이버 사전) 네이버 사전에 의하면 ボロブドゥール로 표기하나 본문에서는 プロブドル로 표기되어 있다.

8 인도의 서북부, 지금의 파키스탄 페샤와르 일대의 넓은 지역을 가리키는 간다라는 기원전 326년 알렉산더대왕에 의해 점령당한 이후 거의 300년 가까이 그리스계 왕국에 의해 지배되었으므로 그리스·헬레니즘 문화가 널리 퍼져 있던 지역이었다. [네이버 지식백과] 동서문화의 십자로, 간다라(한국미의 재발견 – 불교 조각, 2003. 12. 31., 강우방, 곽동석, 민병찬)

9 중국 역사서에는 호탄 왕국은 우전국(于闐國) 혹은 호탄은 우전이라고 기록되었으며, 주나라 때부터 이 지역으로부터 연옥을 수입한 듯 하다. 일명 곤륜의 옥 생산의 중심지로 번영하였다. 자신들의 나라를 땅의 젖이라는 뜻의 쿠스타나(Kustana)로 불렀다. 한때 야르칸드의 사차국(莎車國)에게 지배를 받기도 했으나 이후 독립하였고 선선(鄯善國), 소륵(카슈가르), 구자(쿠차), 언기(카라샤르)와 함께 타림분지의 5대 강국이 되었다. (나무위키)

10 스이코[推古天皇]는 일본의 33대 천황이다. 일본 역사상 최초의 여제(女帝)로 조카인 쇼토쿠태자[聖德太子]를 섭정으로 등용하여 조정을 개혁하였다. 중국 수나라와 백제, 신라와 긴밀한 관계를 유지하면서 적극적으로 문물을 수용하고 이를 바탕으로 아스카문화[飛鳥文化]를 꽃피웠다. (네이버 지식백과)

07 동양건축계통사론(東洋建築系統史論)

1. 건축의 원형(原型)

이토(伊東) 이후, 동양전체를 다룬 건축역사 서술책으로 무라타지로(村田治郎)의 '동양건축사'(1972년)가 있지만, 그 구성이 I. 인도건축사, II. 중국건축사뿐이어서 진정한 의미의 동양건축사라고 하긴 어렵다.

그러나 그 이전에 흥미로운 것은 무라타지로(村田治郎)의 학위논문 '동양건축계통사론'(1931년)인데, 무라타(村田)는 이토츄타(伊東忠太)와는 달리 '민중의 생활을 반영하는 주택[1]'에 착안하여 그 계통을 그리려고 하였다. 원래는 '오리엔트' 전체가 아니라 '중국과 그 주변'을 다루려고 하였고, '극동 혹은 동아시아' 위주였지만, 건축의 원형(原型)에 대한 관심으로 인해 서술은 훨씬 서쪽 아시아까지 미치고 있다. 이론의 기초로 삼고 있는 것은 문화전파설이지만, 역사지리학 및 문화지리학의 필요성이 강조되고 있고, 또한 중국의 고(古)문헌을 이용한 것도 큰 장점이다.

먼저 다뤄지는 것이 '이동(移動)주택'인 '게르[2]와 전장[3]'인데, 게르는 몽고포(파오), 전장은 천막(텐트)을 의미한다. 다양한 유형과 분포에서 시작하여 그 기원과 전파 경로가 논의되며, 계속해서 '수레 위의 집[4]'으로서 전차(氈車)[5](차장(車帳))[6] 즉 '수레 위의 게르[7]'라 불리는 수레가 붙은 이동(移動)주거 그 자체, 나아가 '원추형(圓錐形)의 이동(移動)주택'을 연구했다. 건축구조와 건축형태의 원형(原型)전파에 대한 논의가 많이 다뤄지는 것을 보면, 그는 여기에 관심이 많았음을 알 수 있으며, 원추형의 텐트와 중간이 꺾어진 원추형 텐트, 파오(包)와의 관계, 발달과정에 대한 추론(推論)이 매우 흥미롭다.

그리고, 이동(移動)주택의 고정화로 관심이 이어지는데, 몽고의 파오(包), 원형(圓形) 창고 등 원형(圓形)건축에 특별히 주목하며 인도의 스투파, 비하라 등의 형태와 비교하였다. 이러한 비교검토는 후에 중국 불탑이나 불교 가람의 기원을 둘러싼 논의의 바

---

1 원본에는 住家로 표기되어 있다.

2 원본에는 穹廬(궁려, 일본식 발음 큐우로きゅうろ)로 표기되었으나 게르라는 이름으로 번역했다.

3 원본은 氈帳(일본식 발음 센초우せんちょう)로 표기되었으나 한국식 표현이 마땅치 않아서 그대로 한자를 한국식으로 읽어 전장(네이버 설명; 모전(毛氈)으로 만든 천막)으로 번역했다.

4 원본에는 '車上の住家'로 표기되어 있다.

5 일본식 발음은 센샤せんしゃ인데 한국식 발음으로 전차(또는 전거)라고 읽었다. 인터넷 자료 상에는 '전거'라고 표현하고 추위를 막기 위해 융단으로 치장한 수레라고 설명되어 있다. https://blog.naver.com/marusot/221981145066

6 일본식 발음으로 샤초우しゃちょう 이다.

7 원본에는 '車上の穹廬'로 표기되어 있다.

탕이 되며, 불탑의 원시형태에 대한 기원은 게르(穹廬) → 고정 게르(穹廬) → 고정 게르(穹廬)의 묘(墓) → 불탑의 복발(覆鉢)[8]로 추정하고, 이에 따라 이러한 연구는 돔과 볼트의 발생에까지 이어지고 있다.

이후 '정롱조벽(井籠組壁)[9] 건축', '우삼각상지송식천장(隅三角狀持送式天井)[10]', '유공천장(有孔)', '고상건축(高床)'에 관하여 연구가 진행되는데, '정롱조벽(井籠組壁) 건축'이란 기둥과 들보를 짜맞추는 구조가 아니라 나무를 횡으로 겹치게 쌓아 벽을 만드는 교창조(校倉造)[11]를 의미하며, 쇼소인(正倉院)의 교창(校倉)으로 알려져 있고 그 건축적 전통은 널리 북아시아에서 볼 수 있다.

2. 돔(Dome)의 기원

'우삼각상지송식천장(隅三角狀持送式天井)'이란 독일어로 라테르넨·뎃케(Laternen decke)라고 부르지만 현재까지도 정착된 이름이 없고, 사각형 45도 회전식 천정(天井)[12]이라고 설명적으로 불린다. 정사각형의 방에 지붕 또는 천장을 거는 방법으로, 각 변의 중앙점을 순차적으로 연결해 가거나 또는 구석에 직선 부재를 조금씩 걸쳐가는 (모서리에 직각 이등변 삼각형이 생긴다) 방식이다. 이 기법은 일반적으로 중국건축의 꺾어 올린 천장[13]에서 보이며, 돔의 발생, 특히 펜던티브(pendentive)의 발생과 관계가 있다.

'유공천장(有孔)'에 관심이 생기는 이유는 평(平)지붕[14]의 계보, 그리고 지붕에 출입구를 가진 건축의 전통인데, '유공(有孔)천장'은 중앙아시아부터 시베리아, 캄차카의 좁은 지역까지 분포하고 있으며, 일본의 수혈식(竪穴式) 주거와 관련이 있는지가 가장 궁금한 점이다. 마찬가지로 고상식(高床式) 건축을 둘러싼 논의도 광범위하며, 그 결론은 그 후의 발굴사례까지 더해 지금까지도 연구되고 있고, 일본주거의 전통을 살펴볼 때, 이 두가지는 매우 중요한 테마이다.

이렇게 무라타(村田)는 '동아시아의 건축계통'을 천막(天幕)계, 게르(穹廬)(궁려)계, 원추형 이동(移動)주택계[15], 정롱조벽(井籠組壁)계, 평지붕계, 고상(高床)계, 수혈(竪穴)계로 나누어 종횡으로 논의하면서 인도계, 중국계, 일본계, 프랑스령 인도차이나계·남양(南洋)계, 조선계 등을 구별하려고 했다.

---

8 일본식 발음은 후쿠바치ふくばち

9 일본식 발음은 세이로우せいろう

10 우리식 용어로 하면 모줄임 천장 또는 말각조정천장抹角藻井式天障을 의미하지만 일본식 원어를 그대로 채용했다.

11 일본식 발음으로는 아제쿠라즈쿠리あぜくらづくり 이지만 그대로 우리식 발음으로 표기했다. 우리식 건축용어로는 귀틀집이 있다.

12 일본에서는 天井, 즉 덴죠우라고 부르며 한국에서는 천장天障으로 표현하고 부른다.

13 원본에는 折り上げ天井 오리아게덴죠우おりあげてんじょう로 표현되어 있다.

14 일본용어 陸屋根(리꾸야네 りくやね)을 번역했다.

15 원본에서 圓錐系移動住宅系로 표기한 것을 원추형 이동주택계로 바꾸어 번역했다.

3. 세계건축사

무라타지로(村田治郎)는 1973년에 쓴 건축학대계(建築学大系) '동양건축사'의 서문에서 '동양건축사'로 '이란건축사(선사시대부터 이슬람교건축 이전까지)' '인도건축사(선사시대부터 중세, 즉 이슬람교건축 이전까지)' '중국건축사(선사시대부터 근세까지)' '서양계 건축의 전래와 보급의 역사' 등 여러 항목이 포함되어야 한다고 기술하였는데, 이슬람건축사는 '대계(大系)'에 포함될 수 없었다. 그 이유는 일본에서는 '서양건축사' '일본건축사' 라는 두 개의 분류만 존재하고 있었고, '서양건축사'가 구미(歐美)의 견해를 추종하여 고대 이집트, 고대 서남아시아, 나아가 고대 이란까지 자신들의 역사에 포함시켜 버렸기 때문이다.

적어도 무라타(村田)에게 있어서 세계건축사는 하나의 줄기로 기술되는 것이 이상적이었다.

第 11 圖 中世紀蒙古の氈車
(Yule: Travels of Marco Polo, vol. I.)

그림 0-19 중세기 **몽골**의 **전차(氈車)**(**무라타지로(村田治郎)**)

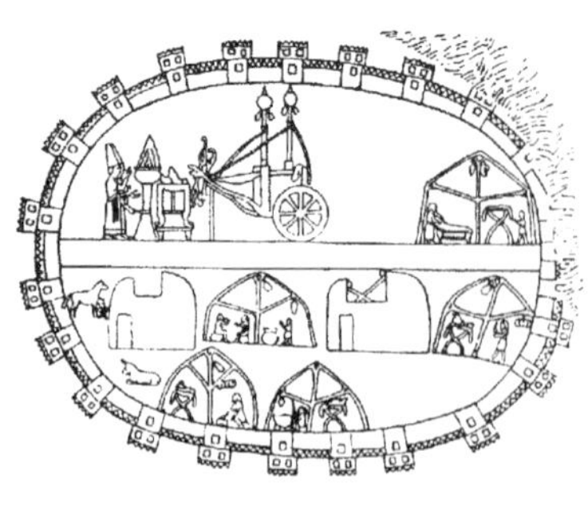

그림 0-20 아시리아 천막의 두가지 형태(출처 : **무라타(村田)** '동양건축계통사론')

그림 0-21 '**아르메니아**건축의 천장가구(架構)(출처: **무라타(村田)** '동양건축계통사론')

PART

01

1章

버내큘러건축(建築)의 세계(世界)

PANORAMA

세계단위(世界單位)와 주거(住居)

아시아에는 지역마다 다양한 건축적 전통이 있다. 아시아 각지의 전통적 주거, 버내큘러 건축[1]의 형태와 그 범위를 살펴보자. 버내큘러(vernacular)는 '그 토지 특유의 풍토적' 또는 '지방어' '방언'이라는 의미이다. '뿌리를 내린 곳', '거주'를 의미하는 인도-유럽어족 계통의 말로, 라틴어의 베르내큘룸(vernaculum)은 자기집에서 만든, 혹은 집에서 키웠다는 의미를 가진다.

적도 바로 아래의 열대부터 북극권의 한대까지 먼저 기후(기온, 습도, 강우량, 풍향, 풍량)에 대처하는 방법이 다르다. 또한 지형과 입지[평야, 분지, 구릉, 산지, 삼림, 삼각주, 해안·하안(河岸)(강가), 수상(水上)(물위)]에 따라 주거의 형태는 다르며, 기후와 지형에 따라 식생(植生)이 규정되고, 건축 자재가 달라진다. 나무, 대나무, 풀 등의 식물[2] 재료, 돌, 흙, 얼음 등 각 지역에서 이용가능한 재료가 사용되며, 이러한 건축재료에 따라 건축구법과 구조가 달라진다.

물론 자연의 생태조건에 의해서만 모든 것이 결정되는 것은 아니다. 건축은 인간의 생활과 함께 존재하기 때문에, 그 주거형태는 사회적, 경제적, 문화적인 생활의 산물이며, 표현이기도 하다. 지형과 기후는 농경과 목축 등 지역의 생업을 규정하며, 생업에 따라 필요한 공간은 다르다. 유목 등 이동생활의 경우에는 이동에 적합한 형태가 있으며, 또한 일반적으로 공동생활을 위한 시설, 특히 축제를 위한 공간으로 특별한 건축이 만들어진다. 비와 이슬을 피하고, 바람을 차단하거나 유입시키는 기능뿐만 아니라 그 형태가 갖는 상징적 의미가 중시되는 경우도 많다.

이와 같이 버내큘러건축의 세계는 지역의 자연, 사회, 문화의 생태가 복합하는 세계이며, 한편으로는 지역을 초월하거나 혹은 지역공통의 요소를 볼 수도 있다. 지역 간의 교류에 의해 건축의 요소나 기술이 전파되는데, 고도의 기술을 가진 큰 문명은 주변에 영향을 미치고, 상업 네트워크는 다양한 정보를 전달하게 마련이다. 예를 들어, 쌀 창고의 모양은 벼농사의 전파와 함께 각지로 전해져 나갔으며, 장식과 양식은 건축 기술자나 상인이 전파해 간 것으로 보인다.

우리가 주목할 부분은 일본주거와의 관계이다. 일본의 주거형태는 과연 독자적인 것인지, 아니면 어딘가에 기원이 있고, 그 영향을 받은 것인지, 일본주거의 원형(原型)이라는 것은 존재하는 것인지. 일본이라고 해도 홋카이도(北海道)에서 오키나와(沖縄)까지 주거의 형태는 다양하다. 그러나 크게 아시아 전체에서 보면 공통점이 있으며, 인근지역과의 유사성도 일반적으로 지적된다.

일본의 전통적 주거(민가)는 지상식(地上式)의 북방계와 고상식(高床式)의 남방계로 나뉜다. 북방계는 수혈식(竪穴) 주거에서 이어지는 서민주택의 계보가 되고, 남방계는 높은 창고, 신사, 그리고 침전조[3] 등 귀족주택의 전통을 만들었다. 또한, 주로 동북(東北) 일본이 북방계(혹은 서방계), 남서(南西) 일본이 남방계의 영향을 받았다는 것이 전통적인 견해이지만, 예를 들어 북방에도 고상식 창고건축의 전통이 있다. 그리고 기둥·보식 구조[4]가 일본의 주류라고 보는 사람도 있지만, 교창(校倉)형식의 전통도 있기 때문에 일본주택의 다양한 특성을 중층(重層)적으로 비교해서 생각할 필요가 있다.

---

1 토속건축 도는 민속건축, 민중건축, 건축가 없는 건축 등으로 번역되지만 원본 그대로 영어식 표현을 따랐다.

2 원본에는 生物로 표기되어 있다.

3 寢殿造り(しんでんづくり 신덴즈꾸리)로 표현할 수 있지만 우리나라에서도 침전조라는 용어로 번역된 적이 있기 때문에 이를 사용했다.

4 원본에는 柱梁構造로 되어 있으며 우리나라에서는 가구식(架構式) 구조로도 불린다.

01 아시아의 전통적 주거(住居)

아시아대륙의 경관을 개관하면 크게 숲, 사막, 초원, 평원, 바다의 5개 지역으로 구분된다. 대륙의 중앙부를 횡단하는 사막과 초원이 있고, 그 북쪽과 남쪽에 숲이 펼쳐진다. 동쪽과 서쪽의 끝 그리고 남쪽으로 중국, 유럽, 인도의 평원이 위치하며, 대륙 전체를 바다가 둘러싸고 있다.

사막은 기본적으로 인간이 거주하기엔 적합하지 않지만 곳곳에 오아시스가 있고, 교역을 위한 역참(驛站)마을[1]은 오아시스 도시를 발달시켰다. 초원은 목축이 이루어지고, 유목민이 이동하는 공간이다. 아한대(亞寒帶) 북방림(北方林)은 침엽수가 풍부하지만 겨울의 추위가 심하고, 연중생활이 어려우며, 곡물재배도 불가능해서 채집수렵 또는 목축을 생업으로 한다. 또한 남쪽의 열대우림은 풍부한 자원을 가지고 있지만, 병원균이나 해충 등으로 인간의 생활에는 적합하지 않은 조건이다. 따라서 대부분의 인간들은 들판에서 농경을 하며 살아왔다.

다카야요시카즈(高谷好一)는 이처럼 크게 경관을 구분한 후, 생태, 생업, 사회, 세계관의 복합체로서의 '세계단위'를 구별한다. 일본, 동아시아 해역, 몽골, 중화(中華), 대륙 산지, 태국 델타, 동남아시아 해역, 티베트, 인도, 인도양 해역, 투르키스탄, 페르시아, 시리아·이라크, 튀르키예가 그 단위인데, 각각의 '세계단위'에 주거와 마을형식이 하나씩 대응하여 나타나는 것은 아니며, 주거와 마을의 형식은 훨씬 작은 단위의 지역생태로 규정된다. 그러나 아시아대륙을 개관하기 위해서는 어떠한 구분이 필요하며, 사회문화의 생태역학을 중시하는 '세계단위' 론에 따른 구분을 하나의 예로 볼 수 있다.

또한 폴·올리버(Oliver, Paul)가 편찬한 '세계 버내큘러건축 백과사전(EVAW)'(1997년) 전3권도 참고해 보자. EVAW는 시베리아·극동아시아(I.1), 중앙아시아·몽골(I.2), 북인도·북동인도·방글라데시(I.5), 북서인도·인더스(I.6), 남인도·스리랑카(I.7), 일본(I.8), 카슈미르·서히말라야(I.9), 네팔·동히말라야(I.10), 태국·동남(東南)아시아(I.11), 동인도네시아(II.2), 서인도네시아(II.3), 말레이시아·보르네오(II.4) 멜라네시아·미크로네시아(II.5), 뉴기니(II.6), 필리핀(II.7), 아라비아반도(半島)[2](IV.1) 소아시아·남캅카스(IV.2), 동지중해·레반트(IV.4), 메소포타미아고원(IV.8)으로 구분하고 있다.

---

1 일본용어는 宿場町 しゅくばまち 슈쿠바마찌이다.

2 레반트(Levant)는 역사적으로 근동의 팔레스타인(고대의 가나안)과 시리아, 요르단, 레바논 등이 있는 지역을 가리킨다. (네이버 지식백과)

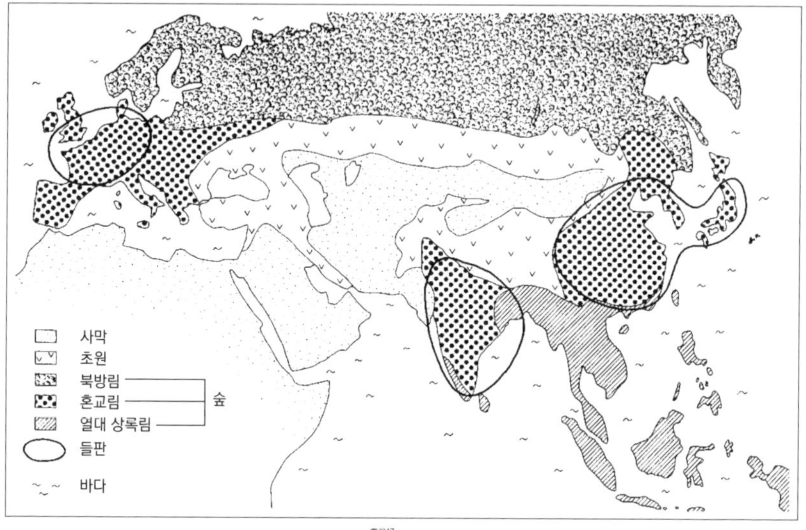

그림 1-1 유라시아의 5가지 생태구역 (**다카야요시카즈**(高谷好一))

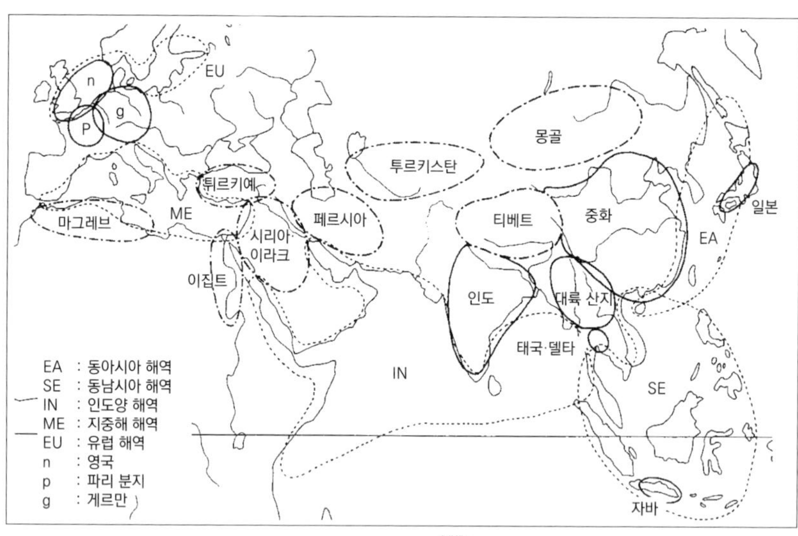

그림 1-2 유라시아에 있는 대표적인 '세계단위' (**다카야요시카즈**(高谷好一))

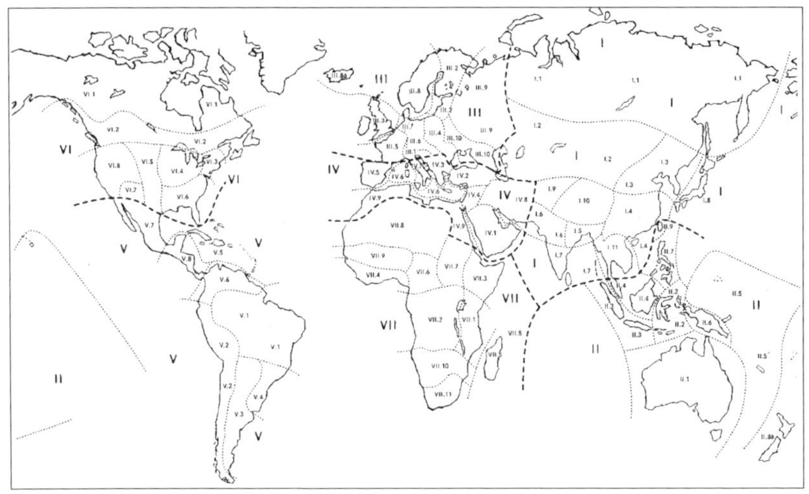

그림 1-3 폴·올리버의 지역구분도 : I: 동·중앙아시아 II: 호주·오세아니아 III: 유럽·러시아 IV: 지중해·남서아시아, V: 라틴·아메리카, VI: 북아메리카, VII: 사하라 이남 아프리카

1. 북방림(北方林)의 세계

북극해에 면하여 평탄한 툰드라지대가 있는데, 아한대림(亞寒帶林)이 이어진다. 시베리아산맥, 우랄산맥과 그 사이에 타이가가 펼쳐지며, 오비강, 예니세이강 유역이다. 이 지역에는 30개 이상의 민족이 살아 왔는데, 전통적인 마을은 점(點)처럼 산재(散在)해 있으며, 주거와 마을의 형태도 다양하다. 예니세이강 유역에서는 순록 사육, 바이칼호수 주변에서는 양(羊)을 방목하는 에벤키족처럼 같은 민족이어도 다양한 생업을 이어가며, 크게 분류하면 툰드라의 순록 방목, 타이가의 반(半)정주 수렵, 산지의 반(半)정주 유목, 연안부의 정주 어업, 스텝(Steppe)의 양, 말 방목으로 생업이 나눠진다.

거주형태는 생업에 따라 순록 방목민 캠프, 목축민 캠프, 반(半)사냥·반(半)어업에 종사하는 반(半)정주 이주민의 계절주거(봄, 여름, 가을, 겨울), 반(半)사냥·반(半)어업에 종사하는 반(半)정주민의 겨울 고정주거, 정주(定住)어민·바다사냥꾼[3]·농민의 상설주거 이렇게 5가지로 구별된다.

주거를 크게 나누면 유르트(게르, 파오)형(브리야트[4]인, 축치[5]인, 투반[6]인 등), 원추형

---

3 원어는 海獵師이다.

4 북방계 몽골리언 (네이버)

5 시베리아 동북부에 살던 고대 아시아민족 (네이버)

6 투반Tuvans 혹은 투바니안Tuvinians 이라고 불리는 이 민족은 투바, 몽골, 중국 등지에 사는 튀르키예계 시베리아 원주민을 가리킨다 (위키피디아 번역) : The Tuvans or Tuvinians (Tuvan: Тывалар, Tıvalar; Mongolian: Тува, Tuva) are Turkic indigenous people of Siberia who live in Tuva, Mongolia, and China.

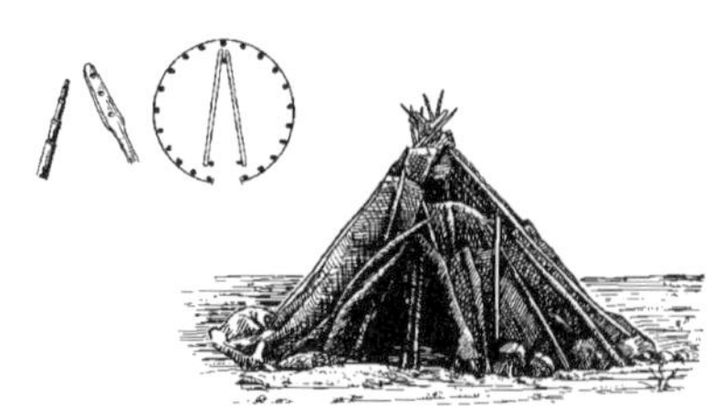

그림 1-4 응가나산의 원추형 주거, **시베리아**

그림 1-5 카파도키아의 지하주거, **튀르키예**

(에벤키인, 응가나산인, 야쿠트인 등) 외 기타, 텐트 및 사각뿔형의 흙바닥 주거, 셀쿠프[7]인의 반(半)지하 주거, 우데게[8]인과 같은 박공[9]지붕의 기둥·보식 구조가 있으며, 이 모두가 제한된 소재를 활용한 간소하고 원초적인 형태이다. 그리고 동유럽에서 북유럽에 걸쳐 일반적으로 볼 수 있는 것이 이른바 로그·하우스, 정롱조(井籠組)의 건축이며, 키안티[10]의 고상(高床) 교창(校倉)처럼 교창식 건축 전통은 북방(北方)이 중심이다.

2. 초원(草原)의 세계

초원에서는 유목이 행해지는데, 특히 말, 소, 낙타, 양, 산양 등 5가지 가축이 중요하다. 소는 우유, 고기, 가죽이 모두 이용되며, 양과 산양은 식용은 물론이고, 그 털이 펠트로 이용된다. 낙타와 말은 이동에 필수적이며, 이들 덕분에 기마(騎馬)민족이 예전부터 초원을 지배할 수 있었다. 기마(騎馬)민족은 흉노(匈奴), 유연(柔然), 돌궐(突厥), 위구르, 몽골 등이 있는데, 초원의 기마(騎馬)민족은 몽골제국부터 원(元)나라에 걸쳐 절정을 이루었다.

몽골의 주거는 게르(유르트, 파오)인데, 게르는 카자흐스탄, 우즈베키스탄, 투르크메니스탄 등 중앙아시아 일대에서 볼 수 있다. 몽골 인민공화국 주민의 10분의 1은 지금도 게르에 살고 있으며, 울란바토르의 대형 매장에서는 그 규격품을 살 수 있다.

중앙아시아의 중앙에는 타클라마칸사막과 고비사막 등이 펼쳐져 있고, 오래전부터 알려진 실크·로드가 서아시아까지 이어지고 있다. 아프가니스탄 북부의

---

7 셀쿠프인은 우랄어족(語族)의 언어를 사용하는 민족 중 사모예드 그룹에 속한다. 셀쿠프인을 포함한 사모예드계 민족은 10세기 초반 시베리아 북부의 토착종족들과 사모예드계 언어를 사용하는 종족들이 사얀고원(시베리아 중남부)으로 건너와 오랜 시간동안 교류하는 과정에서 형성됐다. (네이버 지식백과)

8 러시아 연해주 및 하바롭스크에 살고 있는 퉁구스계 원주민이다. 중국 동북과 러시아 연해주에 분포하는 나나이족처럼 흑수말갈의 후손이기도 하다. (나무위키)

9 切り妻 きりづま 키리즈마의 번역이다.

10 원어 キャンティ ; 이탈리아 산악 지방의 이름 (네이버)

타이마니족도 유르트를 사용하며, 아나톨리아의 투르크멘에는 11~14세기에 중앙아시아로부터 이동해 온 투르크계 유목민이 거주하고 있는데, 여름이나 의식(儀式)이 있을 때에는 유르트를 사용하고 있다. 투르크멘이라고 하면 카파도키아의 동굴주거 및 지하도시가 잘 알려져 있는데, 이곳에 처음 살기 시작한 것은 초기 기독교인들로 아랍인과 페르시아인의 침입에 대비하여 지하에 2,000명까지도 살 수 있는 도시를 만들었으며, 여름의 높은 기온과 겨울의 추운 날씨에 훌륭하게 대응하는 주거형태로 존속해 왔다.

유목민의 주거는 주로 천막집이다. 일반적으로 초원지역에는 천막집이 보이는데, 베두인[11]은 보통 '가죽집[12]'(텐트주거)에 살고 있다. 요르단의 비들족(Biddle)[13]도 검은 텐트주거에 살며, 파키스탄, 아프가니스탄, 이란 등 3국 국경지대의 바루치족, 아프가니스탄 남서부의 파슈툰족[14] 등도 천막집에서 생활한다.

평지, 구릉지, 스텝[15], 그리고 사막, 오아시스에는 각각의 거주형태가 있다. 위구르족은 투르판, 우루무치를 중심으로 거주하며, 어도비벽돌[16]로 지은 중정식 주거가 전형적이다.

티베트 민족은 농민과 유목민으로 나뉘며, 조칸사원[17], 포탈라궁전이 있는 순례도시 라싸에는 도시주거가 발달했다.

3. 사막(砂漠)의 세계

사막의 오아시스에는 오래 전부터 사람들이 정착했다. 고대 문명은 기본적으로 오아시스를 거점으로 전개된 것인데, 메소포타미아, 이집트, 인더스, 황하(黃河) 모두 도시문명을 꽃 피웠으며, 이슬람세계가 그 네트워크를 연결해 왔다.

---

11 아랍어의 바드우(badw)라는 말을 프랑스인이 발음을 잘못해 부른 것이 베두인Bedouin이라는 호칭의 시작이다. 바드우는 바디야(badiyyah, 도시가 아닌 곳)에 사는 사람들을 가리키며, 도시에 사는 사람들인 하다르(ḥaḍar)에 대응된다. 따라서 도시라고는 할 수 없는 작은 오아시스나 와디(마른 강)에서 농업을 하는 사람들도 바드우이다. 그러나 일반적으로는 동물을 사육하면서 이동생활을 하고 있는 사람들, 즉 아랍계의 유목민을 가리켜 베두인이라고 부른다. (네이버 지식백과)

12 원본의 '皮の家'을 번역함.

13 원본의 'ビドゥル族'을 번역함.

14 아프가니스탄과 파키스탄에 걸쳐 거주하는 이란계 민족. 파키스탄에 3천 2백만명, 아프가니스탄에 1천 4백만명, 인도에 3백만명이 거주한다. (나무위키)

15 '스텝(steppe)'은 본래 시베리아에서 중앙아시아에 걸쳐 나타나는 짧은 풀들로 뒤덮인 넓은 초원을 가리키는 말이었으나, 쾨펜(W. Köppen)이 세계의 기후구분 중 건조기후의 하나로 스텝기후(BS)를 분류하면서 세계적으로 비슷한 환경의 모든 초원지대를 가리키는 말로 확장되었다. (네이버)

16 아도비, 아도베adobe(스페인어)라 부르기도 하며 건조한 문명지대에서 진흙과 물 및 식물섬유를 섞어서 이긴 다음 햇볕에 말린 벽돌 등의 건축재를 말한다. (네이버 지식백과) 원본에는 '日干煉瓦'로 표기되어 있다.

17 티베트의 라싸에 있는 사원으로 Jo bo khang이라고 쓰며 대초사(大招寺)라고도 한다. (네이버)

오아시스의 농업은 기본적으로 관개(灌漑)농업이며, 카나트[18](암거도수(暗渠導水)) 관개(灌漑), 번드[19](제방(堤防)) 관개(灌漑) 등 관개(灌漑)기술의 형태는 평지, 산지 또는 강 유역 등의 입지에 따라 달라진다.

메소포타미아부터 이란고원에 걸쳐

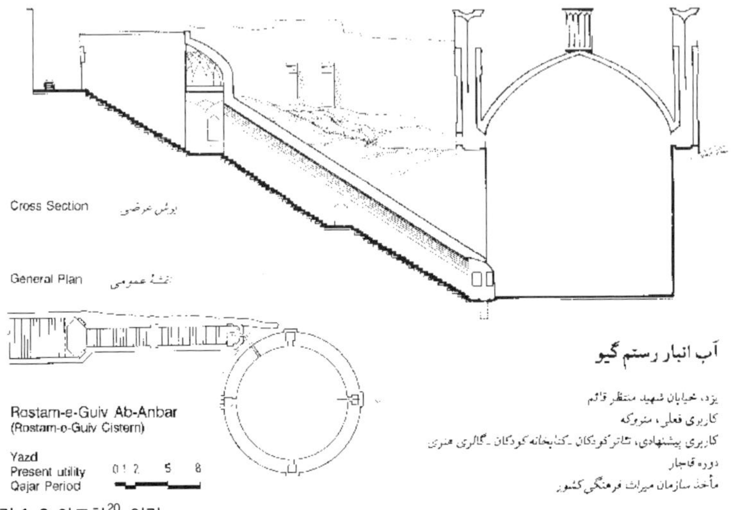

그림 1-6 야크찰[20], 이란

볼 수 있는 집은 어도비벽돌에 의한 중정식 주거이며, 바그다드, 이스파한, 카샨, 야즈드 같은 도시들에서는 지금도 이러한 주택을 볼 수 있는데, 흥미로운 것은 야크찰이라 부르는 얼음방과 바드

그림 1-7 마단[21]족 주거의 가구(架構), 이라크

18 카나트(qanat); 페르시아 말로서, 지표수 관개가 불가능한 건조지대에 분포하는 지하수로식 관개 시설로, 북아프리카에서 서남아시아를 거쳐 중앙아시아에까지 분포한다. 파키스탄과 아프가니스탄에서는 카레즈(karez), 모로코에서는 레타라(lettara), 북부 아프리카에서는 포가라(foggara), 중국에서는 칸칭이라고 한다. 카나트는 산지에 내린 풍부한 강수가 지하수로서 산록을 흐를 때, 산록에서 수직갱을 파서 원우물을 끌어낸 다음 수평식 지하 수로를 평지까지 연결하여 필요한 곳에서 지표로 끌어올려 관개 및 생활용수로 사용한다. (네이버 지식백과)

19 원본 バンド의 번역어로 영어로는 bund이다. (항구의) 해안길. 부두 등을 뜻하는데 한자용어 堤를 참조하면 제방이나 둑을 의미하는 것으로 파악된다.

20 원본 ヤフチャール을 번역한 것으로서 영어로는 Yakhchāl(페르시아어 : یخچال "ice pit"이다. yakh 는 "ice"를 의미하고 chāl은 "pit"을 의미))는 고대 유형의 증발식 냉각기이다. 지상은 돔형이지만 지하 저장공간이 있었으며, 얼음을 저장하는 데 자주 사용되었지만 때로는 음식을 저장하는데도 사용되었다. (위키피디아)

21 원본의 マダン을 한국식으로 표현함.

기르[22]라 부르는 바람의 탑이다.

물론 서아시아에도 다양한 거주형태가 있는데, 이란 북부의 기란지방에는 습한 기후 탓에 우진각 지붕[23]을 가진 집의 정면에 베란다를 만든 독특한 집이 있다. 이라크 북부의 쿠르드지역은 천막집이 일반적이며, 거의 2m 간격으로 기둥을 세우고, 산양의 털로 짠 펠트를 밧줄로 고정시키는 구조이다. 또한 쿠르드족의 정착민들은 일반적으로 어도비벽돌로 만든 평지붕의 중정식 주거에 살며, 그 외에도 티그리스·유프라테스 습지에 사는 마단족의 갈대를 이용한 볼트형 집도 볼 수 있다.

그림 1-8 강 위에 떠 있는 **마단**족의 주거

그림 1-9 사나의 고층 주거군, **예멘**

아라비아반도에 거주하는 주요 민족은 아랍인과 유목민 베두인이다. 집의 형태는 크게 해안과 내륙으로 나뉘어지는데, 내륙에는 소성(燒成) 벽돌구조로 열과 더위에 대응하기 위해 고안된 두꺼운 벽과 작은 창이 특징이다.

흥미로운 것은 예멘의 고층 주거인데, 서부의 산악지대인 자발(Jabal)에는 여러 층으로 된 탑상(塔狀)주거를 볼 수 있다. 아래층은 환기구, 창고로서 가축용으로만 사용되며, 2층 이상을 생활공간으로 하고, 옥상에는 테라스, 밑으로 천창(天窓)이 만들어진다. 동부 사막의 완만하게 경사진 마슈리크[24] 지역에도 같은 형식의 탑상(塔狀)주거가 보이며, 옛날부터 수도(首都)였던 사나(Sanaa)의 주거는 7, 8층의 고층인데, 이들은 모두 석조(石造), 소성(燒成)벽돌조 또는 그 두 가지를 병용하고 있다.

4. 평원(平原)의 세계

아시아대륙에 있는 평원의 세계는 구체적으로 중국의 황하(黃河)유역과 장강(長江)[25] 유역을 중심으로 하는 중화세계와 인도의 인더스강 유역과 갠지스강 유역을 중심으로 하는 인도세계이다. 중화세계와 인도세계는 모두 생태학적으로 다양하며, 초

22 바드기르(badgir); 이란의 전통 가옥에서 볼 수 있는 독특한 구조로, 건물 위에 우뚝 솟은 탑의 모양을 하고 있다. 공기의 대류현상을 이용한 환기 장치이다. (네이버 지식백과)

23 원본의 奇棟屋根 요세무네야네 よせむねやね를 우진각 지붕으로 번역했다.

24 원본에서는 マシュリク로 표기되었다.

25 양쯔강揚子江(양자강)이라고도 불리지만 본래의 명칭은 창장[長江(장강)]으로, 전체 길이가 6,300km에 달해 중국에서 가장 길 뿐 아니라, 세계에서도 세 번째로 긴 강이다. (두산백과)

원, 사막의 요소도 포함하는데, 이들 지역은 한자와 유교, 그리고 힌두교와 카스트제도에 의해 문화적으로는 통합적인 세계가 유지되어 왔다. 모두 일찍부터 농경생활이 이루어져 고대 도시문명을 발달시켜 왔으며, 광대한 농지를 개간하고 많은 인구가 집중되어 왔다.

그림 1-10 **파탄**(Patan)의 **바하**(Baha)와 **바히**(Bahi), **카트만두**분지

그림 1-11 **나마수드라**(Namasudra)족 주거, **방글라데시**

그림 1-12 **타타**(Thatta)의 바람의 탑(**망그**(mangh)), **파키스탄**

중화세계는 크게 초원의 유목민, 사막의 상인, 황토의 농민, 숲의 화전민, 그리고 바다의 어민으로 나누어진다. 그 거주 형태는 각각 다른데, 일반적으로 크게 남북의 차이를 지적할 수 있다. 북쪽은 벽돌을 쌓아 만들어 벽이 두껍고, 개구부가 적다. 또한 단층집(平屋[26] 平房[27])이 많은 반면, 남쪽은 목조 부재를 노출시켜 벽은 석고, 석회 마감이 많으며, 개구부는 크고, 2층집이 많다. 북쪽에는 벽돌(소성(燒成)벽돌), 어도비벽돌, 판축(版築) 등이 많고, 남쪽에는 목조가 많고 현조(懸造[28] 吊脚楼[29])와 고상식(高上式)주거(간란(干闌)[30])도 보인다.

중화세계를 대표하는 주거형식으로 먼저 들 수 있는 것은 사합원(四合院)(삼합원(三合院))이라고 부르는 중정식 주거이다. 북경(北京)을 비롯한 화북(華北)지역의 전형적인 도시형 주거이며, 지역이나 시대에 따라 약간의 변화는 있지만, 중앙의 마당인 원자(院子)를 둘러싸고 북쪽의 안채를 정방(正房)(당옥(堂屋)), 동서의 옆 건물을 상방(廂房), 남쪽 건물을 도좌(倒座)라고 부른다. 이 단위가 남북으로 이어지면서 일진(一進), 양(이)진(兩(二)進), 삼진(三進)이라 부르는데, 이 사합원(四合院)은 하북성(河北省)에서 산서성(山西省)까지 분포하지만, '천정(天井)'이라고 부르는 중정이 작아지는 유형(타입)까지 포함한다면 길림(吉林), 섬서(陝西), 산동(山東), 하남(河南), 강소(江蘇), 복건(福建) 외에 사천(四川), 광동(廣東), 운남(雲南)까지 광범위하게 분포한다.

---

26 히라야ひらや로 발음하며 단층집을 의미한다.

27 원본에는 발음으로 ピンファン 으로 표기되어 있다.

28 일본에서는 가케즈쿠리로 발음하는데 "절벽 등 높이 차가 큰 땅에 긴 목조 기둥이나 보로 건물의 바닥 아래에 인공지반을 만들고 그 위에 건물을 세우는 양식"을 의미한다. (네이버)

29 원본에는 발음으로 ディアオチアオロウ로 표기되어 있으며 우리식으로 발음하면 조각루(吊脚樓)가 된다.

30 원본에는 발음으로 ガンランで으로 표기되어 있으며, 우리나라에서도 간란이라고 읽고 땅에서 들어 올린 고상식 건축을 간란식 건축이라고 부른다. (역자 주).

황하(黃河)유역에 있는 흥미로운 주거형태 중에 야오동(窑洞)[31]을 발견할 수 있다. 절벽에 횡혈(橫穴)을 파는 형태(횡혈식(橫穴式))와 땅을 파고 내려가 중정을 만들고 횡혈(橫穴)을 파는 형태인 하침식(下沈式)이 있으며, 평면형식은 사합원(四合院)과 동일하다.

도시형 주거 가운데 남쪽에는 다른 유형이 보이는데, 곤명(昆明) 주변의 '일과인(一顆印)'[32], 광주(廣州)의 이른바 '죽통(竹筒)'[33]주거(住居) 등이 있다. 중국 남부에서 흥미로운 것은 객가(客家)[34]이다. 원형, 사각형 모양의 다층 토루[35]로 만들어진 공동주택을 볼 수 있으며, 또한 운남(雲南) 산간지역에는 메오족과 타이족, 둥족[36] 등 수많은 소수민족이 각각 목조주택의 전통을 유지해 오고 있다.

인도세계는 생태적으로 데칸고원, 인더스 건조계곡, 갠지스 습지계곡, 동부 구릉지, 서해안 다우림(多雨林)지대, 북부 산지로 나뉜다.

인도 도시에서 흔히 볼 수 있는 것도 중정식 주거이며, 북인도, 서인도의 하벨리(Haveli)가 잘 알려져 있다. 구자라트(Gujarat), 라자스탄(Rajasthan)을 중심으로 이러한 유형의 주거를 볼 수 있으며, 남인도에서는 도시주거의 전통이 약해진다. 도시형 주택이라는 의미에서 흥미로운 것은 네팔, 카트만두분지의 네와르족의 집인데, 바하(Baha), 바히(Bahi)라고 불리는 중정식 주거가 바탕이 되어 도시를 형성하고 있으며, 또한 오래전부터 3~4층의 집합형식을 발달시켜 왔다.

갠지스강 유역에서 흥미로운 것은 방글라데시 나마수드라(Namasudra)족의 주거이다. 각 건물은 동남아시아에서 흔히 볼 수 있는 안장모양 지붕과는 반대로 중앙이 높은 원호모양으로 구부러져 있으며, 방그라(bhangra)라고 불리는 벵골지역의 사원건축에서도 보이는 지붕 모양이다. 인더스강 유역에서 흥미로운 것은 타타(Thatta)(파키스탄 남부)에 망그(mangh)라고 불리는 시원한 바람을 실내로 불어 넣기 위해 설치된 바람의 탑이 독특한 마을경관을 만들어 내고 있다. 데칸고원의 주거는 폐쇄적인 중정을 가진 것이 특징이지만, 카스트제도의 계급별로 구조와 규모가 달라진다. 낮은 계급은 흙벽과 초가지붕으로 기본적으로 2실(室) 정도 규모의 주택에 살며, 일반적으로 벽을 공유한 평지붕 상자형 주택[37]을 볼 수 있지만, 부유한 계급은 넓은 대지에 석조건물을 분동(分棟)형식으로 짓는다.

---

31 동굴집이나 토굴집을 의미하는 한자어로 중국에서는 窑洞, 한국에서는 窯洞으로 표현한다. 우리식 발음으로는 요동이라고 읽어야 마땅하나 이미 야오동이라는 용어로 정착되어 있으므로 그대로 표기했다. (역자 주)

32 중국에서는 '이커인'으로 발음한다.

33 중국에서는 '주우통'으로 발음한다.

34 '하카' Hakka라고 발음한다.

35 중국식으로는 土樓 [tǔ lóu], 영어로는 Tulou로 표기한다.

36 侗族 (Dòngzú); 중국의 55개 공식 소수민족 중 하나이며, 고대 백월(百越)을 시작으로 요(僚), 흘령(仡伶), 흘로(仡伶), 동묘(侗苗), 동인(峒人) 등의 명칭으로 불렸다. (나무위키)

37 원본의 箱形住宅을 번역한 용어이다.

5. 열대림(熱帶林)의 세계

전형적인 열대림은 동남아시아의 열대 다우림(多雨林)이다. 키가 큰 나무부터 키가 작은 나무까지 많은 수종(樹種)이 층을 이루고 있으며, 연중 고온다습하기 때문에 미생물도 많아 거주에 적합하지 않다. 열대 다우림에서는 채집, 수렵, 뿌리채소류[38] 재배, 화전[39]경작 그리고 벼[40]재배를 해 왔다. 이 열대림의 세계에는 매우 다양한 주거형태가 있는데, 그중에서도 큰 규모의 고상식(高床式) 주거가 특징적이며, 여기엔 공통된 배경으로 풍부한 목재자원, 습윤열대라고 부르는 기후가 있다.

지붕형태는 지붕 끝이 위로 솟아오르는 안장형[41] 지붕 또는 배모양[42]의 지붕이라 부르는 주거형태가 도서(島嶼)지역에서 광범위하게 보이며, 지붕의 중앙부가 돌출된 지붕형태도 숨바(Sumba), 플로레스(Flores), 그리고 자바(Java), 마두라(Madura)섬 등에서 보인다. 원형, 타원형의 주거도 드물지 않으며, 수마트라섬 서쪽의 니아스(Nias)섬부터 순다(Sunda) 열도를 따라 티모르(Timor)섬, 서이리안(Irian)까지 크고 작은 섬이 흩어져 있는데, 인도양의 니코바르(Nicobar)섬, 안다만(Andaman)섬에도 원형 주거가 있다.

태국의 산간지역에는 나뭇잎을 엮어서 다양한 형태로 작은 지붕을 만든 소수민족의 민가가 있다. 평야로 내려가면, 폭이 좁은 박공[43]지붕의 고상식(高床式)

그림 1-13 니아스섬의 주거, 인도네시아

그림 1-14 티모르의 원형(圓形)주거, 인도네시아

그림 1-15 서이리안의 주거, 인도네시아

38 원본의 根菜를 번역한 용어이다.
39 원본의 燒畑을 번역한 용어이다.
40 원본의 水稻를 번역한 용어이다.
41 원본의 鞍形을 번역한 용어이다.
42 원본의 舟形을 번역한 용어이다.
43 원본의 切妻 きりづま키리즈마를 번역한 용어로서 우리나라에서는 맞배라고 부르기도 한다.

오두막[44]을 연결해가는 형태가 보이는데, 삼각주에 사람이 살기 시작한 때부터 내려온 전통으로는 새롭다. 차오·프라야(Chao Phraya)강에는 많은 수상(水上)주거가 보이며, 말레이반도를 남쪽으로 내려오면 이른바 말레이·하우스[45]가 있는데, 높은 마루를 가진 우진각지붕 건물형태이고 장식에서는 중국의 영향도 보인다.

그림 1-16 **차오·프라야**강의 선상(船上)주거, 태국

6. 바다세계(海)

수상(水上)주거 또는 선상(船上)주거라는 거주형태가 드물지는 않지만 일반적으로 바다는 인간이 거주할 만한 공간이라 할 수 없는데, 그곳에도 어업에 종사하며 살아가는 사람들이 있다. 바다는 예로부터 풍부한 자원을 제공하고, 교역의 네트워크를 지원해 왔으며, 바다세계와 그것을 연결하는 교역의 거점은 육지와 마찬가지로 매우 중요하다. 세계사적인 교역권을 고려하면 아시아는 동아시아 해역세계, 동남아시아 해역세계, 인도양 해역세계, 지중해 세계로 둘러싸인 바다와 함께 살아왔다.

그림 1-17 **루손**섬 산악지방의 고상(高床)주거, **필리핀**

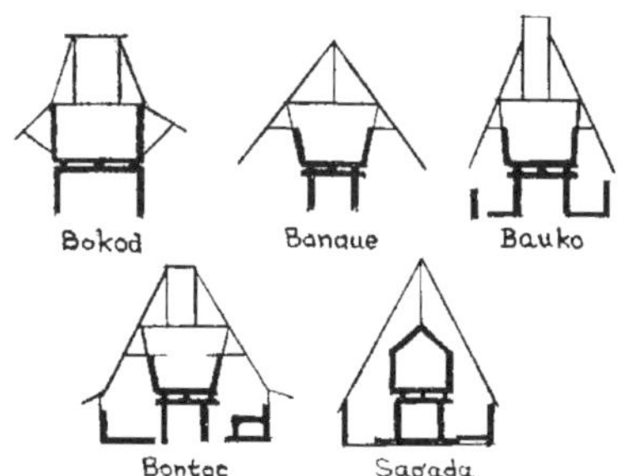

그림 1-18 **루손**섬 산악지방의 고상(高床)주거. 소규모의 창고형 주거가 다수 분포하고 있다.

건축양식과 기술은 바다를 통해서도 전해지며 필리핀 루손섬의 산악지방에는 이푸가오(Ifugao)족의 주거 등 일본 남서(南西)제도(諸島)의 고창(高倉)[46] 형식과 동일한 구조의 집이 있어서, 분명히 이 둘 사이에는 직접적인 관계가 있다. 고상식(高床式) 건축전통은 특히 광범위한데, 그 건축전통을 지탱해 온 바다가 오스트로네시아세계이다.

그림 1-19 **아마미**섬(奄美)의 고창(高倉)(**다카쿠라**)

44 원본의 小屋 こや 고야를 번역한 용어이다.
45 원본의 マレーハウス를 번역했는데 실제 인터넷 사이트에 있는 사진들은 박공지붕 모양을 하고 있어 검증이 필요해 보인다. (역자 주)
46 다카쿠라 ; 지면으로부터 높이 들어 올려서 기둥으로 지탱하는 창고. (역자 주)

02 오스트로네시아(Austronesia)[1] 세계

– 일본 건축의 원상(原像) –

1. 북방계와 남방계

일본 민가의 전통에는 남방계와 북방계 2가지가 있다. 남방계의 고상식(高床式) 주거나 고창(高倉)(다카쿠라)이 신사[2]나 귀족주택(침전조(寢殿造)[3]와 서원조[4])의 전통으로 이어지고, 북방계의 지상식(地床, 土間[5]) 주거는 수혈식(竪穴式) 주거에서 시작하여 민가의 전통으로 이어졌다는 것이 일반적인 이해이다. 그리고 전자(前者)가 일본의 남서부에서, 후자(後者)가 일본의 동북부에서 주로 나타나 일본 민가의 지역성도 형성되었다고 하는데, 이러한 견해에 큰 오류가 있는 것은 아니지만 정확한 것도 아니다. 예를 들어 북방에도 고상식(高床式) 전통이 있으며, 똑같은 고상식(高床式)이어도 쇼소인(正倉院)[6]의 교창(校倉)은 북방계이고, 이세신궁(伊勢神宮)[7]은 남방계이기 때문에 민가의 전통은 좀 더 상세하게 살펴보아야 한다.

일본의 전통적 민가의 특징은 우선 목조(木造)라는 점인데, 중국과 한국도 모두 목조의 전통은 강하지만 벽돌도 함께 쓰인다. 동남아시아는 목조문화라 할 수 있으며 적도 바로 아래에서도 높이 올라가면 침엽수도 성장하여 건축용 목재가 생산되는 곳에서 목조문화의 꽃이 피는 것은 당연하다.

힌두교와 불교의 기념비적 건축에는 돌이나 벽돌구조를 볼 수 있지만, 주거의 경우에는 살아있는 재료[8]로 건축하는 것이 일반적이다. 동유럽과 북유럽, 일본과 나란히 목조건축의 보고(寶庫)라고 할 수 있는 곳이 동남아시아이다. 일본의 주거는 확실히 동남아시아와 연관이 있다.

---

1 서쪽의 마다가스카르에서 말레이 반도를 거쳐 동쪽의 하와이, 이스터 섬에 이르는 광대한 대양의 섬 지역. 각 지역 주민이 서로 친족 관계에 있는 교착어(언어의 문법적 기능을 어근과 접사의 결합으로 나타내는 언어. 우리나라 말도 교착어임)를 사용하고 있기 때문에 인류학자들이 붙인 이름이다. 그들의 언어를 총칭해 오스트로네시아어라 하며, 언어학상 인도네시아, 폴리네시아, 멜라네시아의 3개 아역(亞域)으로 구분된다. (네이버 지식백과)

2 神社; '진쟈'라는 일본식 발음으로 표기하는게 원칙이지만 우리나라에서는 신사라는 이름으로 통용되기에 한국식 발음으로 표기한다.

3 일본식 발음으로 신덴즈쿠리

4 書院造(り) しょいんづくり 쇼인즈쿠리; 室町(무로마치)시대에 발생하여 桃山(오오야마)시대에 발달한 주택건축양식[(선종(禪宗)의 서원건축 양식이 공가(公家)나 무가(武家)의 집에 채택되어서 생긴 것으로 현관·도코노마床の間·선반·장지문·맹장지가 있는 집 구조; 현재 일본건축의 주택은 거의 이 양식을 따름)]. (네이버)

5 일본식 발음으로 도마 どま[土間]라고 하며 흙바닥으로 되어 있는 방으로 우리나라에서는 봉당 또는 토방이라고 부른다. (역자 주)

6 정확히 발음하면 しょうそういん 쇼우소우인이지만 우리에게 익숙한 발음인 쇼소인으로 통일한다.

7 神宮; 일본식 발음으로는 '진구우 じんぐう'라고 읽는다.

8 원본에는 생물재료生物材料라고 표기되어 있다.

동남아시아의 민가에서 눈에 띄는 것이 박공지붕 또는 선형(船形)지붕, 안장형(鞍形)지붕이라고 불리는 지붕모양인데, 마룻대가 크게 휘어지고, 끝 부분은 박공벽(妻壁)[9]에서 많이 튀어나와 있다. 물론, 박공, 우진각, 방형(方形)[10], 원형(圓形)지붕 등 다양한 지붕형태가 있지만 이렇게 지붕끝이 위로 올라간 형태는 동남아시아를 대표한다. 수마트라섬 북부의 바탁족(Batak)의 주거, 같은 수마트라섬 서부의 미낭카바우족(Minangkabau) 주거, 술라웨시섬(Sulawesi)의 토라자족(Toraja)의 주거를 대표적인 예로 들 수 있으며, 대륙부에서는 카친족(Kachin) 등에서 보이고 도서(島嶼)지역으로는 팔라우 등에서 보인다. 동남아시아의 주거라고 하면 하나의 공통적인 이미지가 떠오르는 이유가 이 안장형(鞍形)지붕이 있기 때문이다.

그림 1-20 미낭카바우족의 주거, **수마트라**섬, 인도네시아

2. 동손(DongSon)[11] · 동고(銅鼓)[12]

동남아시아는 베트남을 제외하면 먼저 인도의 영향을 받은 후, 이후 이슬람문화의 영향을 받았으며, 기층(基層)문화로서 토착의 문화가 있고 인도문화, 힌두문화가 혼재한다. 중국문명의 영향은 지속적으로 있었으며, 주거의 전통을 고려할 때 결코 무시할 수 없는 것이 서구열강에 의한 식민지화의 오랜 역사가 있다. 그렇기 때문에 이 지역 특유의 건축형태를 파악하기는 어렵지만 꽤나 오래전부터 각 지역의 주거가 지금과 같은 모습이었거나 동남아시아의 주거가 같은 기원과 전통을 가지는 것이 아닐까 라고 유추할 수 있는 단서는 있다.

그림 1-21 동손·동고(銅鼓)에 그려진 주택 그림

그 한 가지는 동손(DongSon)·동고(銅鼓)라는 청동기의 표면에 그려진 가옥문양이며, 앙코르·와트와 보로부두르 벽체에 그려진 집의 그림이 있고, 중국 운남(雲南), 석채산(石寨山) 등에

9 일본어로는 츠마카베 つまかべ 로 발음한다. 츠마는 측면을 의미하므로 측면벽으로 번역될 수 있지만 박공하부의 측면벽을 의미하므로 박공벽으로 번역했다.

10 우리나라에서는 모임지붕, 사모지붕 등으로 통칭되지만 방형지붕이라는 말도 쓰이므로 원본을 존중해 주는 의미에서 그대로 방형으로 번역했다.

11 동손유적 Dong-So'n 遺跡; 베트남 타인·호아(Thanh Hoa) 동북쪽 4km 부근에서 발견된 청동기·철기 시대의 유적으로서 기원전 4세기부터 기원전 3세기까지 북쪽에서 도입된 청동기 문화의 영향을 받아 형성한 문화이다. (네이버 국어사전)

12 일본식 발음은 '도우고 どうこ'이며 번역하자면 구리북이란 뜻인데 우리나라 사전에는 꽹과리라고 표기하기도 한다.

서 발굴된 주택모형과 저패기(貯貝器)[13]가 있다. 석채산(石寨山)은 1950년대 후반에 발굴된 전(前)한시대의 무덤군인데, 수많은 주택모양의 구리그릇과 주택문양이 출토되어 주거의 원형(原形)을 추정할 수 있는 큰 단서를 제공하고 있다.

그림 1-22 동손·동고(銅鼓)

그림 1-23 저패기(貯貝器)

집의 그림을 늘어놓아 보면, 예를 들어 석채산(石寨山)의 주택모형과 저패기(貯貝器)의 손잡이는 미낭카바우족의 거주지와 흡사하며, 동손·동고에 그려진 주택그림도 마찬가지이다. 끝이 휘어져 올라간 파풍(破風)[14]의 지붕형태가 꽤나 오래 전부터 동남아시아에 존재해 온 것을 보여주고 있으며, 예부터 고상식(高床式)주거가 일반적이었음이 분명하다.

동손·동고(銅鼓)는 인도네시아 각지에서 발견되고 있으며, 자카르타의 국립박물관도 방 한개의 전체를 동고(銅鼓)에 할당하고 있다. 모든 동고(銅鼓)에 주택 그림이 있는 것은 아니지만, 소(小)순다열도의 숨바와(Sumbawa)섬 근처 산제앙(Sangeang)에서 발견된 동고(銅鼓)의 주택 그림은 고상식(高床式)으로 초석의 기둥에는 쥐막이판[15] 같은 것이 있다. 마루 밑에는 가축이 있으며 지붕에는 용마루장식이 있고, 마룻대공 같이 그려진 다락방에는 가재(家財) 같은 것이 놓여 있다.

산제앙(Sangeang)[16]의 청동고 주택 그림과 운남성(雲南省) 석채산(石寨山)의 전한(前漢) 무덤에서 출토된 주조(鑄彫)[17]모형은 매우 비슷하며, 중국의 남쪽과 동남아시아가 직접적으로 연결되어 있

---

13 저패기[貯貝器 zhubeiqi] 고대 중국에서 조개를 저장했던 청동제 용기. (네이버 지식백과)

14 원본에 破風으로 표기되어 있다. 박공(牔栱)의 다른 말로서 하후 はふ [破風·搏風]로 발음하며 (일본 건축에서) 합각(合閣)머리에 '∧' 모양으로 붙인 널빤지를 의미하는데 그림을 보아 활처럼 끝이 휘어져 올라간 파풍(破風)지붕으로 번역했다.

15 원본의 ネズミ返し를 번역했으며 집으로 쥐가 올라오는 것을 막기 위해 기둥 위에 사각형의 판을 넓게 덮어서 기둥을 타고 올라오는 쥐를 방지하는 장치이다. 참고 그림은 다음 사이트를 참고 https://ameblo.jp/hirofumikodama/entry-12265541768.html

16 원본의 サンゲアン을 번역한 것으로 산제앙섬[Sangeang Island]을 의미한다. 인도네시아 소(小)순다열도에 속한 화산섬으로서 너비 약 13km이다. (두산백과)

17 원본에는 彫鋳로 표기되어 있으나 우리나라에서는 사용하지 않는 용어이므로 이렇게 표기했다.

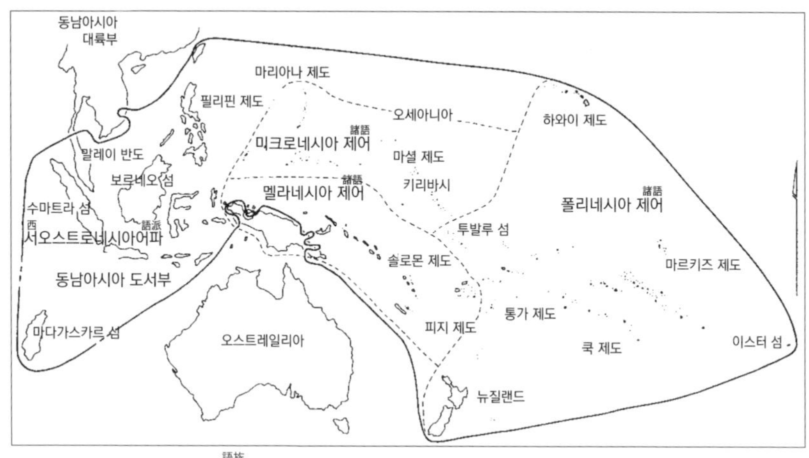

그림 1-24 오스트로네시아어족(語族)의 분포범위(P. Bellwood)

다는 것을 직감할 수 있다. 다만 이상한 것 은 동고(銅鼓), 저패기(貯貝器) 등에 표현된 가옥의 모습이 그것이 발견된 중국의 소수민족 거주지역에서는 볼 수 없다는 점이다.

3. 오스트로네시아어족

대부분의 동남아시아 제도(諸島)에서 사용되는 언어들은 언어학자들 사이에서 오스트로네시아어라고 불리는데, 이 언어는 세계에서 가장 큰 어족(語族)을 구성하고 있다. 가장 서쪽에 위치한 마다가스카르에서부터 가장 동쪽에 위치한 이스터섬까지 지구 반 바퀴 이상에 걸쳐 분포하며 동남아시아 제도(諸島) 전체, 미크로네시아, 폴리네시아, 말레이반도 일부, 남부 베트남, 타이완 이외에 뉴기니의 해안까지 걸쳐 있다. 이 광대한 지역의 여러 언어는 모두 언어학에서 프로토·오스트로네시아어라고 불리며, 적어도 6000년 전까지는 존재하고 있던 언어를 기원으로 하고 있다고 알려져 있는데, 언어학적 발자취는 자연 인류학이나 고고학의 분석결과와 매우 잘 일치하며 신석기 시대 동남아시아 해역에서 일어났던 초기 이주상황을 잘 알려 주고 있다.

그림 1-25 부논족의 주거, **타이완**

그림 1-26 야미족의 주거, **타이완**

프로토·오스토로네시아어의 어휘분포를 복원함으로써 사람들의 생활양식을 다양하게 파악할 수 있는데, 집은 고상식(高床式)이고, 상층의 마루로는 사다리를 이용하여 올라갔으며, 도리[18]가 존재하는 것을 통해 지붕은 박공지붕이었던 것을 알 수 있다. 그 지붕은 역(逆)아치형 나무와 대나무로 형태를 만들고, 사고야자[19] 잎으로 덮혀 있었으며, 어휘로부터 화로(爐)가 항아리(壺)나 땔감나무를 위에 얹어 놓는 선반과 함께 바닥 위에 만들어져 있었던 것 등을 알 수 있다.

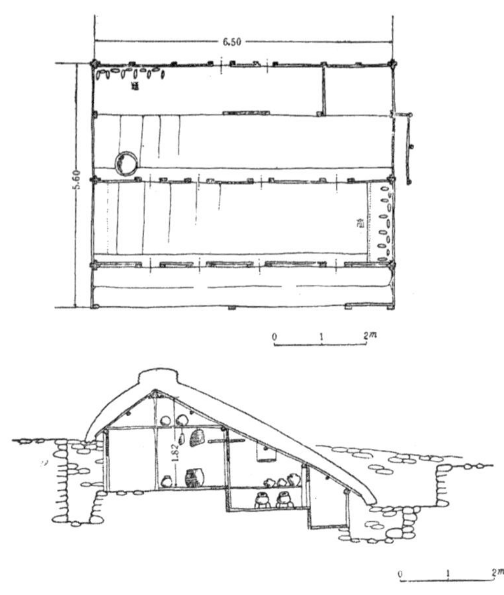

그림 1-27 야미족의 주거(평면·단면도)

신석기시대에 고상식 주거가 발달했다는 것은 태국의 고고학적 자료에 의해서도 뒷받침되고 있다. 태국 서부에서 3천 수백년 전부터 2천 수백년 전 무렵의 토기군이 발견되어 반·카오(Ban Kao)문화라고 불리고 있는데, 언어학자 폴·베네딕트가 복원한 프로토·오스트로 태국어는 '기단 / 층', '기둥', '사다리 / 주거에 이르는 계단' 등의 단어를 포함하고 있다고 한다. 즉, 고상식 주거는 오스트로네시아어족, 특히 하위그룹인 마라요·폴리네시아(marayo porineshia)어족과 밀접한 관계를 가지고 있다는 이론이다.

오스트로네시아어족의 근원에 대해서는 중국 화남(華南) 또는 인도차이나에서 찾는 것이 정설이지만 완전히 결론이 난 것은 아니며, 타이완에서 그 근원을 찾는 견해도 유력한 학설로 보고되고 있다.

18 건축용어로서 기둥의 상부를 연결해주는 보의 일종이다. (역자 주)

19 사고야자(sago palm); 사고란 말레이시아의 음료를 의미하며 토속어 사구(sagu)에서 유래한다. 말레이시아·말루쿠제도·뉴기니·사모아·피지 원산이다. (두산백과)

column 1

물소와 배 - 용마루장식

동남아시아 건축에서 반복적으로 볼 수 있는 것은 교차하는 뿔모양의 용마루장식이다. 이 용마루장식은 부기스(Bugis)와 말레이의 예와 같이 서까래의 연장으로 간소하게 만들어진 것도 많지만, 때때로 아주 정성을 들여 조각했으며, 이 용마루 끝부분 장식의 이름은 많은 경우 '뿔'이라는 단어에서 유래하고 있다.

인도 동북부의 나가(Naga)족, 태국 북부, 수마트라의 바탁(Batak)족, 예전의 중앙 술라웨시(Sulawesi) 등은 물소뿔을 사용하며, 바탁·카로(Karo), 바탁·시말룽운(Simalungun), 바탁·만다일링(Mandailing) 등은 건물에도 아주 구체적인 물소 뿔조각을 놓았다.

서(西)플로레스의 망가라이(Manggarai)와 로티(Roti)섬, 중앙 술라웨시(Sulawesi)의 포소[1] 등에서는 새와 나가(Nāga)[2]모양으로 조각되는데, 말레이 주거의 실랑·군팅(silang gunting)의 경우는 벌려진 가위 모양으로 표현되기도 한다.

뿔의 모티브로 물소를 선택했다는 것은 의심할 여지없이 동남아시아의 많은 사회에서 물소가 매우 중요하다는 것을 보여준다. 물소의 뿔은 전쟁 시(時)의 중요한 무기이기 때문에 뿔장식은 집을 지키는 역할을 상징적으로 한다는 설이 있으며, 일반적으로 부(富)의 기준은 소유하고 있는 물소의 수로 대표되고 물소는 종종 의식(儀式)에 있어 가장 중요한 공물(貢物)[3]로 알려져 있다. 잘 사는 집일수록 정성스럽게 뿔을 장식하며, 그 장식적 요소는 지위와 신분을 넌지시 나타내는 역할을 수행하는데, 높은 가문의 중요한 건물에만 뛰어난 조각을 장식하는 것이 각 지역에서 보이는 보편적인 현상이다.

물소가 제물(祭物)[4]의 역할을 함으로써 천상(天上)과 하계(下界)를 중개한다는 설도 있는데 죽은 자는 천상(天上)계(또는 사후(死後)의 세계)에 물소를 타고 간다고 믿는 것이다.

일본에서는 궁전과 함께 이세(伊勢)신궁(神宮), 이즈모(出雲)대사(大社) 등의 신사(神社)만이 교차 모양의 뿔, 즉 천목(千木)[5]장식을 허용하고 있다. 일본의 천목(千木)과 견목(鰹木)[6]의 기원은 태국의 산간부에서 찾을 수 있다는 설이 있는데, 과연 그럴지는 의문이다.

용마루의 끝부분은 배의 앞과 뒤를 상징하기도 하는데, 옛날에는 동남아 각지에 띄엄띄엄 분포하고 있는 롱·하우스[7]의 건물 끝부분에는 큰 규모의 웅장한 용마루장식이 설치되어 있었다고

---

1 포소(Poso); 인도네시아 중부 술라웨시(Central Sulawesi)의 행정 수도이다. (두산백과)

2 나가란 산스크리트어로 뱀(특히 코브라)이라는 의미인데, 불경(佛經)과 함께 중국으로 들어갈 때 '용'이라는 한자로 번역되었다. 또한 드래곤의 어원이 산스크리트어라는 점을 생각해보면 이 나가라는 말에서 서양의 드래곤이 파생된 것인지도 모른다. 나가는 일반적으로 볼 수 있는 평범한 뱀이 아니라 정령의 하나인 뱀신(神)을 일컫는 말이다. (네이버 지식백과)

3 원본의 *手奉げ物*

4 원본의 生け贄 (いけにえ) 를 번역한 용어이다.

5 千木: 치기 (ちぎ)라고 부르며, 고대의 건축에서 지붕 위의 양끝에 X자 형으로 교차시킨 길다란 목재[현재는 신사(神社)의 지붕에만 쓰임]. [=氷木(ひぎ)] (네이버사전) / 김왕직, 조현정 역 일본건축사(한국학술정보, 2011) 65쪽에서는 신사의 용마루 위에 깍지끼듯이 교차시켜 올긴 장식부재로 고구려 건축에서는 바람에 지붕이 날아가지 않도록 고정시키는 누름목이라고 설명되어 있다.

6 鰹木: 카쯔오기 (かつおぎ) 또는 카츠오기라고 부르며 신사(神社)나 궁전의 마룻대 위의 장식으로 마룻대와 직각 방향으로 늘어놓은 통나무. (네이버사전) / 김왕직, 조현정 역의 일본건축사(한국학술정보, 2011) 65쪽에서는 신사 등의 건물 용마루 위에 용마루 방향과 직교하여 일정 간격으로 늘어놓은 원형(圓形)단면의 장식부재를 가리킨다고 설명되어 있다.

7 롱·하우스(long house); 1동(棟)의 가옥을 벽으로 막아 다수의 가족이 독립된 생계를 영위하면서 공동으로 주거하는 단층 연립주거 형식을 말한다. 보르네오 이반족의 주거가 전형적인 예인데, 평

하며, 안장형 지붕자체가 배를 상징하고 있다는 설도 있다.

후로크라헤(Vroklage)[8]가 1936년에 쓴 '동남아시아와 남(南)태평양의 거석문화와 배'라는 글에서 뾰족한 곡선지붕(박공지붕 끝부분의 휘어져 올라간 합각머리 파풍(破風)(지붕)이 실제로는 인도네시아 제도(諸島)에서 문화를 가져온 사람들이 타고 온 배를 상징한다고 하였으며, 그는 이 지붕양식을 '선형(船形)지붕'이라고 불렀는데, 그 이유로 그는 다음과 같은 사례를 인용하고 있다. 즉, 주거와 마을을 배에 비유하거나 주거나 마을의 명칭에 배의 용어를 사용하는데, 예를 들어 촌장이나 다른 고위직 사람들을 '선장(船長)'이나 '타수(舵手)' 등의 칭호로 부르기도 하고, 사망자의 영혼이 배를 타고 내세로 여행을 떠난다고 믿으며, 시체를 배 모양의 관, 즉 '배[9]'라고 부르는 돌 옹관(甕棺)이나 무덤에 넣어 매장하는 등 인도네시아 사회에서 많이 볼 수 있는 사례이다.

그 후 '돛대(Mast)'를 의미한다는 주장이 있는 단어가 원래 단순히 '기둥'이라는 의미에 불과하다고 밝혀졌는데, 그 단어가 반드시 배에만 국한된 말이 아니라는 비판도 있으며, 또한 배라고 하는 상징주의가 부족한 지역도 당연히 있다. 그러나 배라는 모티브가 동남아시아 각지에서 드문드문 보이는 것은 사실이다.

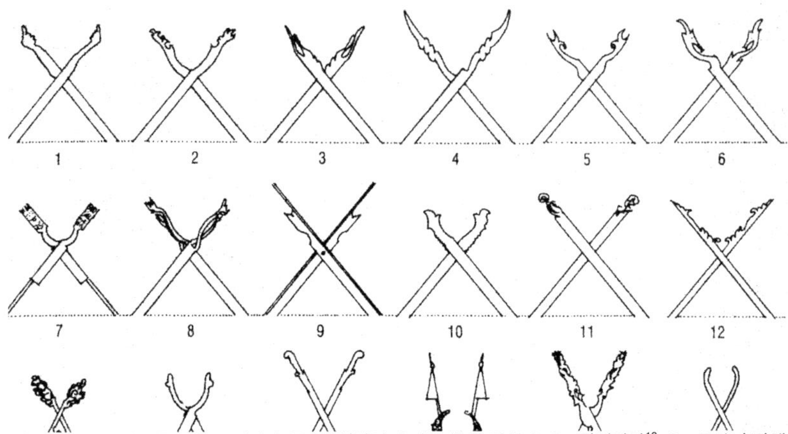

그림 1-28 많은 자료를 참고로 정리된 동남**아시아**의 용마루 뿔형 장식 1~6 : **칼리만탄**[10], 7 : 중앙 **술라웨시**, 8 : 동남 **술라웨시**, 9~10 : 남부 **술라웨시**, 11 : **플로레스**, 12 : **싱가폴**, 13 : **리아우**[11], 14 : 서부 **수마트라**, 15 : 서부 **자바**, 16 : **타님바르**[12] 제도, 17~18 : **로티**, 19~22 : **라오스(유안)**[13], 23 : 태국, 24 : **캄보디아**[14](Waterson R.에 의함)

면은 옆으로 100m 이상이고, 넓은 복도로 이어 있으며, 폭은 20m 가량이고 칸을 막아 가구(家口)당 거실로 쓴다. 가구수가 60가구에 이르는 것도 있다고 하는데, 이러한 가족은 롱·하우스의 공동체를 형성하며, 공동체는 의식(儀式)을 공동으로 가지고 관습법 유지에 관여하는 수장(首長)을 두고 있다. 롱·하우스는 인도의 아삼, 수마트라 중부, 멘타와이 제도(諸島), 북아메리카 인디언(이로쿼이족) 등에서도 찾아볼 수 있으며, 선사시대의 유럽에도 있었다고 한다. (두산백과)

8 인터넷 검색이 어려운 것으로 보아 우리나라에는 소개가 안 된 인류학자인 듯하다. 원본에는 'フロクラーヘ' 로 표기되어 있다.

9 원본에서는 주(舟)로 표기하고 있다.

10 칼리만탄(인도네시아어: Kalimantan 깔리만딴[*])은 인도네시아에 속한 보르네오섬의 남쪽 부분을 부르는 말이다. (위키백과)

11 리아우 제도(인도네시아어: Kepulauan Riau)는 인도네시아의 섬으로, 행정상으로는 리아우제도주에 속하며, 지리적으로는 싱가폴 남쪽에 위치하고 있다. (위키백과)

12 타님바르 제도[Tanimbar Is.] 인도네시아 몰루카(말루쿠)제도 남동부에 있는 섬무리로서 행정상으로는 말루쿠주(州)에 속하며 티모르섬 북동쪽에 있다. (두산백과)

13 원본에는 'ユアン' 으로 표기되어 있다.

14 원본에는 캄푸치아로 표기되어 있으나 현재의 이름인 캄보디아로 바꾸어 번역함.

03 원시(原始) 팔작지붕
– 구조(構造)발달론 –

왜 오스트로네시아라는 넓은 영역에 공통의 건축문화가 존재하는지를 둘러싼 유력한 근거가 있는데, 그것은 바로 목조라는 구조원리이다. 목재를 이용한 공간조립방법이 무한히 많지는 않으며, 하중에 견디고 풍압에 저항하기 위해서는 기둥과 보의 굵기와 길이에 저절로 제한이 생길 수밖에 없고, 또한 구축방법 및 조립방법에 제약이 있을 수밖에 없기 때문에 오랜 시행착오 끝에 몇 가지 구조방식이 만들어져 온 것이다.

1. 가옥문경(家屋文鏡)

일본 고대 주거형태를 파악하는데 큰 단서가 되는 것이 가옥문경(家屋文鏡)과 동탁(銅鐸)[1]에 그려진 가옥문양(家屋文様)이나 집모양 토우(土偶)[2]이다. 가옥문경(家屋文鏡)이라 불리는 직경 23.5cm의 거울은 나라(奈良) 분지 서부, 우마미(馬見)[3]라고 불리는 고분군(古墳郡) 속의 사미타다카라즈카(佐味田宝塚) 고분(古墳)에서 발견된 완형(完形) 26면(面) 중 하나인데, 4세기에서 5세기 초까지의 고훈시대(古墳)[4] 초기의 것으로 알려져 있다.

가옥문경(家屋文鏡)에는 4개의 다른 건물(주택)이 그려져 있는데, 거울 위에서부터 오른쪽 방향으로 낮고 작은 팔작지붕의 건물(A동), 박공지붕의 고상식(高床式) 건물(B동), 팔작지붕의 고상식(高床式) 건물(C동), 팔작지붕의 단층건물(D동)이다. 이 4개의 건물유형이 무엇을 의미하는지, 일본주거(건축)의 원형(原型)이 그려져 있는 것이 아닐까 라는 관심 속에서 다양한 해석이 시도되어 왔다.

기무라노리쿠니(木村徳国)는 고사기(古事記)[5], 일본서기(日本書紀)[6], 만엽집(万葉集)[7]과 잔존하는 5국(国)의 옛 풍토기(古風土記)[8]

---

1 청동기시대부터 쓰이기 시작한 방울소리를 내는 청동제 의기(儀器) 또는 말종방울[馬鐸]. (한국민족문화대백과)

2 원본의 埴輪 はにわ 하니와를 번역한 것으로서 옛날 무덤의 주위에 묻어 두던 찰흙으로 만든 인형이나 동물따위의 상을 의미하며 토용(土俑)이라고 부르기도 한다. (네이버 사전)

3 馬見 うまみ ; 일본 후쿠오카현 가마시(福岡県 嘉麻市)의 지명 (네이버 오픈사전)

4 こふんじだい(古墳時代) ; 일본에서 많은 고분(古墳)이 축조되었던 시대 (야요이弥生시대 다음으로 약 4–6세기경을 이름). (네이버 사전)

5 일본식 발음으로는 '고지키'로 읽어야 하나 우리나라에서 고사기로 많이 번역된 사례가 있어서 한국식 그대로 표현했으며 이하 같다.

6 일본식 발음으로는 '니혼쇼키'이다.

7 일본식 발음으로는 만요우슈우 まんようしゅう(万葉集); 일본에서 가장 오래 된 시가(詩歌)집(20권; 奈良시대 말엽에 이루어짐). (네이버 사전)

8 「出雲風土記」, 「播磨風土記」, 「常陸風土記」, 「豊後風土記」, 「肥前風土記」의 5개를 일컬음 (역자주)

를 근거로 일본의 고대어(上代語)[9]에서 나타나는 건축형식의 명칭을 수집하고, 그 기록을 통해 건축형식을 복원하면서 무로(室), 쿠라(倉·藏·庫/神庫·寶倉)·호쿠라, 미야·미아라카(宮·宮殿), 도노(殿) 등 이 4가지 계열을 가옥문경(家屋文鏡)의 4가지 형상의 바탕으로 이해하려고 하였다[기무라노리쿠니(木村德国) 1979, 1988]. 또한 이케코조(池浩三)는 오키나와 및 남서제도(諸島)에 남아 있는 신(神) 아샤게[10]를 그 제사(祭祀)의 구조에서 벼를 쌓는 제사(祭祀)시설로 보고, 그 원형(原型)적 요소를 일본 고대의 신상(新嘗)[11], 대상제(大嘗祭)[12]의 중심적 시설인 무로(室)와 비교하였으며, 나아가 가옥문경(家屋文鏡)의 4가지 건축유형을 대상제(大嘗祭) 시설의 원형(原型)으로 간주한다[이케코조(池浩三) 1979, 1983].

가옥문경(家屋文鏡)의 A~D동은 가구(架構)형식으로만 본다면 동남아시아에서 일반적으

그림 1-29 가옥문경(家屋文鏡)

그림 1-30 집모양 토우(土偶)

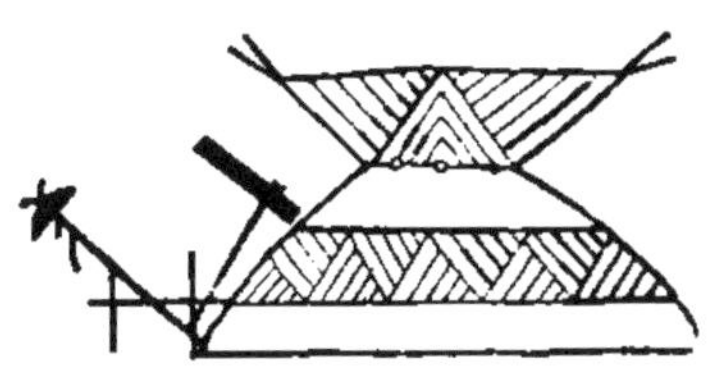

그림 1-31 가옥문경(家屋文鏡) A동

그림 1-32 가옥문경(家屋文鏡) B동

그림 1-33 가옥문경(家屋文鏡) C동

그림 1-34 가옥문경(家屋文鏡) D동

9 じょうだいご; 6세기경부터 奈良시대 말기까지의 일본어 또는 그 단어. (네이버 사전)
10 원본의 アシャゲ
11 일본식 발음으로는 니이나메 にいなめ; 왕이 햇곡식으로 신(神)에게 제사 지내고 친히 먹기도 하는 것. (네이버 사전)
12 일본식 발음으로 다이죠우사이 だいじょうさい; 일본 天皇이 즉위 후 처음으로 거행하는 新嘗祭. (네이버 사전)

로 많이 볼 수 있는데, A동은 원시 팔작지붕 구조로 일반적으로 수혈식(竪穴式)주거이다. B동은 그 자체로 동남아시아의 전형적 주거인 기울어진 파풍(破風)지붕[13], 선형(船形)지붕, 안장형(鞍形)지붕이며, D동을 단층으로 한정한다면 동남아시아에서는 그 수가 적지만, A·C동을 포함한 팔작지붕은 각지에서 보인다.

2. 원시 팔작지붕[14]

동남아시아와 일본의 주거를 생각할 때 흥미로운 학설이 G. 도메니크[15]의 구조발달론(構造發達論)이다(도메니크 1984). 이 학설에 따르면 실로 다양하게 보이는 동남아시아 주거의 가구(架構)형식을 통일적으로 이해할 수 있으며, 일본 고대(古代)건축의 가구(架構)형식을 포함하여 그 발생기원에 대한 흥미로운 논의가 전개된다.

G·도메니크는 동남아시아와 고대(古代) 일본건축의 공통적인 특성이 '박공지붕의 용마루는 처마보다 길고, 파풍(破風)이 바깥쪽으로 기울어져 있는 것'(엎어진 파풍(破風)지붕)이라고 한다. 그리고 이 바깥쪽으로 넘어진 파풍(破風)지붕은 박공지붕에서 발달한 것이 아니라 원추형 오두막(小屋)에서 파생된 원시 팔작지붕 주거와 함께 발생했다고 주장한다.

원시 팔작지붕 주거에 대해서는 이미 몇 개의 복원안이 있다. 일반적으로는 원추형 오두막(小屋)이 변화하여 발생했다고 보고 있는데, 연기를 배출시키기 위해 박공지붕의 마룻대가 고안되고, 몇 개의 삼각대공[16] 위에 종도리를 놓는 형태가 생겨났다고 알려진다. 이에 대해 G. 도메니크는 도리를 받치는 기본 삼각대공은 2개뿐이며, 원래부터 사용되었다고 하고, 미묘한 차이가 있지만 실제 건설과정을 생각하면 매우 명쾌하다.

G. 도메니크가 말하는 발달과정 5단계를 그림 1-35에 나타냈다.

원추형으로 보를 집중시킨 형태에서 2개의 교차시킨 삼각대공을 기본으로 하는 형태로 변화한다. 이어서 4개의 기둥이 생기며, 그 단계는 아래와 같다.

① 삼각대공 구조와 서까래만으로 지어진 원추형 오두막(小屋)에서 직접 파생된 원형(原型) ② 2개의 보 모양의 목재를 도입하여 연기를 배출시키는 용도의 얇고 긴 틈이 생김 ③ 연기를 배출시키는 구조가 변화하여 도리와 보 구조[17]가 생김 ④ 보와

---

13 원본의 車云び 破風 屋板

14 入母屋造 (いりもやづくり 이리모야즈쿠리)로서 우리나라 팔작지붕과는 약간 다르지만 다른 말로 번역할 수 없어서 그대로 팔작지붕으로 했다.

15 원본의 G.ドメニク를 한국어로 표현했으나 영어 이름은 찾지 못했다.

16 叉首 さす 일본식 발음은 '사스'인데 우리나라에서 번역된 건축용어가 없다. 삼각형 모양의 대공을 가리키기 때문에 삼각대공으로 번역했다.

17 기둥상부를 연결하여 지붕의 하중을 분담하는 기능은 동일하지만 보는 짧은 방향, 도리는 긴 방향의 부재를 가리킨다. (역자 주)

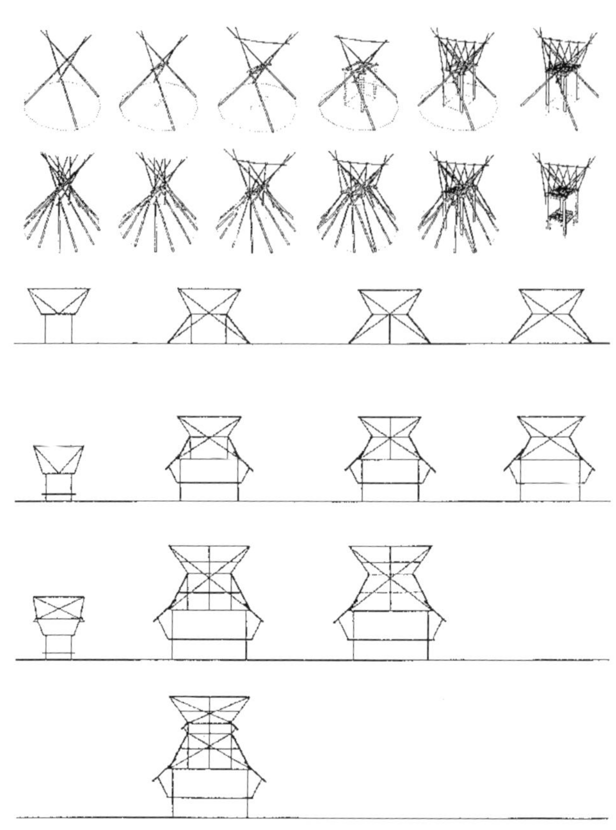

그림 1-35 주거구조의 발달단계(G. **도메니크**에 의함) 상단 : 원시 팔작지붕 주거에서 **고창**(高倉(다카쿠라))구조로의 발달과정. 하단 : **바탁·카로**(Karo Batak)의 주거 발달과정

도리구조가 발전함에 따라 내부공간이 넓어지고, 밝아진다. 구축과정 중 보조기둥이 필요하게 되며, 완성 후 제거된다 ⑤ 보조기둥은 대규모의 기둥·보 구조에서는 마지막까지 유지되며, 몇 개를 땅 속에 매립시키고 상단은 보와 도리와 연결된다.

그림 1-36 바탁·카로(Karo Batak) 우두머리의 집(납골당). **수마트라**섬

이 단계에서 새로운 지지(支持)구조가 생겨나고, 구조역학적 시스템은 근본적인 변화를 맞이하게 되는데, 교차 삼각대공 구조는 특히 바람에 대항하는 경사부재로서 작동하고, 그리고 더 나아가 시공할 때 발판으로 이용된다. 즉 기둥·보 구조가 새로운 지지(支持)기능을 하기 때문에 완성된 건물에서 교차 삼각대공 구조는 지지(支持)구조로서의 기능을 하지 않는다.

또한 흥미롭게도, G. 도메니크는 이 ⑤단계에서 고창(高倉(다카쿠라))구조가 탄생했다고 본다. 원시 팔작지붕을 북방계의 원추형 지붕과 다른 고창(高倉(다카쿠라))계의 박공지붕과의 결합체로 보는 견해가 있는 가운데, 박공지붕의 고창(高倉(다카쿠라)) 또한 원시 팔작지붕 구조에서 발달해 온 것이라는 구조발달론(構造發達論)에는 일관성이 있다.

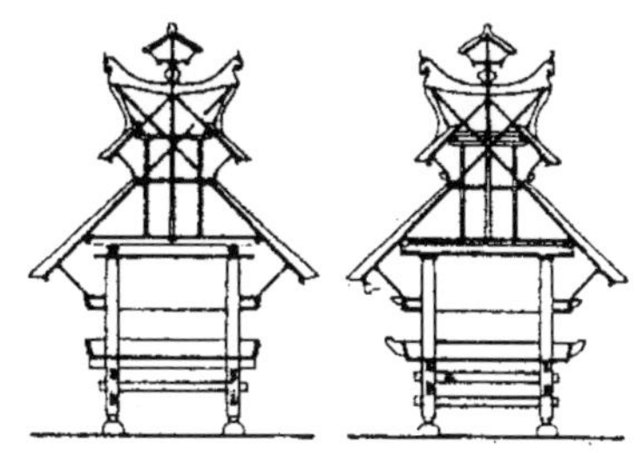

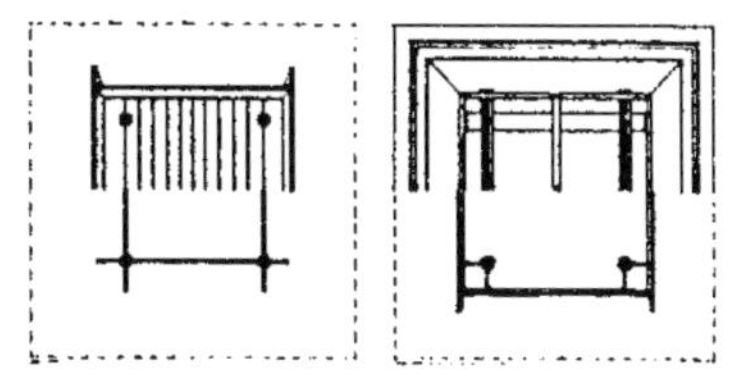

그림 1-37 바탁·카로(Karo Batak) 우두머리의 집(납골당) (입면도, 평면도)

04 이동주거(移動住居)

– 파오(몽고포(包))[1], 텐트, 원추형 주거 –

대륙으로 눈을 돌려보자. 해역(海域)세계가 먼 고대부터 밀접하게 연결되어 있었다는 것은 안장형(鞍裝形)지붕이나 고상식(高床式) 집의 분포가 보여주고 있지만, 대륙에서도 장대한 스케일로 건축문화의 교류가 있었으며, 유목민들의 이동(移動)주거 전통이 그것을 보여주고 있다.

그림 1-38 게르, 몽골

이동(移動)주거의 형태에는 우선 ① 게르(몽고포, 유르트)가 있으며 다음으로 ② 텐트가 있다. 그 형태는 박공, 팔작, 방형(方形)(사각뿔형[2]) 등 다양하며, 통나무를 원추형으로 조립하는 ③ 원추형 주거가 있다.

1. 게르, 몽고포(包), 유르트

게르, 이른바 몽고포(包)는 몽골평원을 중심으로 매우 광범위하게 분포한다. 바이칼 호수 근처에 사는 브리야트족, 카자흐스탄의 키르기스족, 아프가니스탄의 우즈베크족, 투르크메니스탄의 요무트족, 이란 북동부 카스피 해안의 얌족, 또한 아나톨리아의 투르크멘족 등이 게르를 사용하는데, 가장 일반적으로 사용되는 명칭은 유르트이다.

원형(圓形)의 내부공간은 입구로 들어서면 정면 중앙에 화로(火爐)가 있고, 그 안쪽이 주인 자리, 주인을 향해 왼쪽이 남자의 공간, 오른쪽이 여자의 공간이라는 단순한 구성이다.

게르의 뼈대는 동그란 고리가 달린 중앙의 기둥과 둥그런 벽, 그리고 그것을 연결하는 서까래가 있다. 각각은 밧줄로 묶여 있으며, 구조재료는 몽고(蒙古)의 물가에 많은 버드나무 가지 또는 포플러나무이다. 버드나무 가지는 다양한 기물(器物)에도 이용되지만, 3cm 정도의 줄기를 격자로 짠 것을 연결하여 '하나'라고 부

1 몽고포(蒙古包)는 이동식 텐트 거주양식의 하나로서 만주족이 몽고족 유목민의 주거시설에 대하여 부르던 호칭에서 유래된 것이며 '포'(包, "빠오")는 만주어로 '집'이라는 뜻이 있다. '몽고포'는 대개 원형 지붕에 외부를 양모로 짠 천으로 두르기 때문에, 전포(氈包) 또는 전장(氈帳)이라고 부른다. (네이버 지식백과)

2 원본에는 보형(宝形)으로 표기되어 있다.

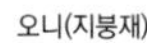

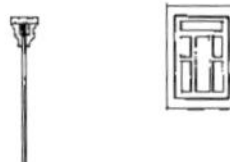

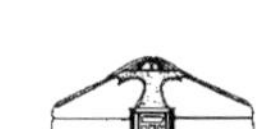

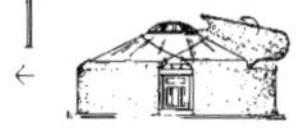

그림 1-39 게르(골조, 조립방법)

르는 원통형의 벽을 만든다. 1단위(unit)가 1.8m×1.8m 정도이며, 크기는 직경 3m에서 4.5m, 3~12단위로 이루어진다. 지붕은 딱 우산 같은 구조인데, 지붕의 서까래 재료를 '오니'라고 부른다. '토노'라고 부르는 원형(圓形)의 천창(天窓)용 부품을 '바가나'라고 부르는 1쌍의 주목[3]이 연결된 기둥으로 지지하며, '토노'에는 오니를 꽂는 이음구멍이 새겨져 있고, 다른 쪽은 '하나'의 윗부분에 연결시킨다. 줄이나 끈은 '마루'라고 불리는 가축, 낙타 또는 말의 털로 만들며, 골조(骨造)를 펠트(양탄자[4] 모전(毛氈))로 덮는다. 나무문과 그 문틀도 부품화 되어 있으며, 입구에는 '하루가'라는 여닫이 판문이 삽입된다. 조립에 필요한 시간은 2시간정도로 여성도 참여하며, 5, 6명이 있으면 1시간 만에 완성할 수 있는데 '톨가[5]'라 하는 화로(火爐)를 게르의 중심에 두고, '토노'에서 연기가 나오면 완성이다.

이동할 때에는 집을 접는데 30분 정도면 가능하다고 한다. 이동은 수레를 이용하거나 낙타를 이용하는데, 1세대(世代)용 게르의 숫자는 일정하지 않지만 부부는 별동에서 생활하므로 2채는 필요하며, 낙타와 수레, 가축을 많이 준비해 둔다. 고정식 게르도 있으며, 농경생활을 하는 정주(定住)지역에서는 게르도 상설(常設) 모양을 취한다. 반(半)농경 반(半)수렵이 되면 게르와 일반주거를 병용(併用)하는 형태가 되며 게르는 여름의 집으로 사용하고, 겨울의 집으로는 고정적 주거를 사용한다.

그림 1-40 스키타이족의 **차장(車帳)**

그림 1-41 베두인의 **텐트**주거, **사우디아라비아**

3 肘木 ひじき'히지키'로 발음되는데 일본어사전에 의하면 첨차로 번역되지만, 우리나라 전통건축의 첨차와는 조금 기능이 달라서 한국식 발음 그대로 '주목'으로 차용했다. (역자 주)

4 원본에는 氈子

5 원본의 トルガ

게르는 중국의 문헌에서 궁려(穹廬), 불려(拂廬) 또는 전장(氈帳), 노장(廬帳) 등이라 불렸으며, 적어도 전한(前漢) 시대의 흉노(匈奴)가 이용하고 있었던 것은 분명하다. 더욱 흥미로운 것은 문헌에 전차(氈車), 차장(車帳), 흑차(黑車), 고차(高車)라고 기록되는 수레가 달린 주거, 수레 위 주거인데, 수레 위에서 생활하는 이동민이 오래전부터 존재하고 있었던 것이다. 스키타이(Scythai)족이 수레에서 생활했던 것은 옛날부터 그리스에 알려져 기록으로 남아 있으며, 명기(明器)[6] 등의 모형도 출토되고 있다. 흉노(匈奴)가 전차(氈車)를 이용했던 것은 잘 알려져 있고, 원나라 때에는 유럽인 여행자의 기록도 있는데, 구체적으로는 몽고포(包)를 그대로 수레에 싣고, 몇 마리에서 20여 마리의 소가 끌고 가는 형태이다. 또한 반원(半圓)[7](볼트)지붕 모양의 마차형태도 있다.

2. 텐트

텐트도 유목민 사이에서는 일반적으로 이용된다. 몽골에서도 마이칸[8]이라고 불리는 2개의 기둥과 2칸 정도의 연결보[9]를 박공형태로 덮는 텐트가 있어 여름에 사용되었다. 유르트보다 간편하지만 일반적으로 한랭지에는 적합하지 않으며, 티베트와 부탄같은 고지대에서도 볼 수 있지만, 초원이나 사막에 적합하다.

게르는 흰색 펠트이지만, 서아시아에서 일반적으로 볼 수 있는 것은 검은 천막이며, 야크 또는 검은 염소의 털로 만들고, 북아프리카부터 아라비아반도, 이란, 아프가니스탄까지 광범위하게 분포한다. 베두인이 대표적이며 텐트형태는 다양한데, 아라비아반도 북부 루왈라(Ruwallah)족의 텐트는 2열로 기둥을 세우고, 20m 정도의 펠트를 기둥에 따라 종횡으로 당겨서 수평에 가깝게 만든다. 방의 칸막이가 필요하면 커튼을 매달며, 기둥열을 늘리면 대형 텐트주거도 가능하다.

3. 원추형 주거

가느다란 통나무를 원추형으로 조립한 골조를 짐승의 가죽이나 나무껍질로 피복한 집을 원추형 주거라고 부른다. 에벤키(Evenki)족, 응가나산(Nganassans)족, 야쿠트(Yakut)족 등 북방림의 세계에서 볼 수 있으며, 시베리아 일대에서 이른바 네오(신석기)·시베리안이라 불리는 여러 민족들이 사용해 왔다.

같은 원추형 주거라고 불러도 좋지만, 경사진 부재로만 골조를 만드는 것이

6 식기(食器), 악기(樂器), 무기(武器) 따위를 무덤에 함께 묻으려고 실물(實物)보다 작게 상징적(象徵的)으로 만든 그릇 (네이버 한자사전)

7 원본의 카마보코カマボコ를 번역한 용어이다.

8 원본의 マイカン을 그대로 발음했다.

9 원본의 小屋梁 こやばり코야바리, 네이버 사전에는 영어로 tie beam으로 해석되어 있다.

아니고 벽을 세워 올리는 것도 있다. 즉 원형(圓形)으로 기둥을 세우고 그 꼭대기를 보로 연결시킨 후, 그 위에 서까래를 원추형으로 짜는 공법인데, 형태는 몽고포(包) 모양이고 '허리꺾인 원추형(腰折圓錐形)'이라고 부른다. 축치족(Chukchi), 코랴크족(Koryak) 등의 사례가 있는데, 극동지방에서 본다면 파라에오(palaeo)[10](구석기)·시베리안이라고 불리는 더 오래된 민족의 주거에서 보인다.

그림 1-42 원추형 주거, 시베리아

기술적인 측면에서 본다면 원추형 주거 → 허리꺾인 원추형 주거 → 몽고포(包)로 가는 발전 과정을 거친 것으로 보이지만, 더 오래된 민족이 이미 허리꺾인 원추형 주거를 사용하고 있는 것을 어떻게 해석할까는 매우 흥미로운 주제이다.

그림 1-43 축치족의 주거, 시베리아

다음은 무라타지로(村田治郎)의 해설이다.

① 파라에오·시베리안이 극동으로 이동했을 때, 몽골에서 시베리아에 걸쳐 원추형 주거와 그 진화형인 허리꺾인 원추형 주거는 이미 존재하고 있었다.

② 그에 반해 서아시아, 남러시아에서는 꽤 훗날까지 원추형 주거가 사용되고 있었다. 투르크계 민족의 압박에 밀려 북으로 온 네오·시베리안은 원추형 주거를 그대로 가지고 이동했다.

③ 몽고포(包)는 서아시아에서 발생한 것이 아니라 허리꺾인 원추형 주거를 바탕으로 몽골지방에서 발생했다.

10 일반적으로 접두사 형식으로 붙여 '고대와 관련됨'을 나타낸다. (역자 주)

05 정롱조(井籠組)[1]

– 교창조(校倉造)[2] –

일본의 목조건축은 기본적으로 기둥·보식 구조이며, 목재를 종횡(縱橫)으로 직각 결합시켜 골조를 만든다. 그러나 쇼소인(正倉院)의 교창(校倉)처럼 목재를 가로방향으로 중첩되게 쌓아 만드는 교창(校倉)형식의 구조형식도 있는데, 현재의 로그·하우스[3]이다. 실제 일본에도 교창(校倉)형식의 목조건축이 많이 세워졌을 가능성이 있지만, 교창(校倉)형식은 굴립주(堀立柱)[4](홋타테 바시라[5]) 형식과 달리 유적이 남아있지 않다.

교창(校倉)형식은 창고 및 사원의 경장(經藏)[6]뿐만 아니라 일반건축에도 사용되어 정롱조(井籠組) 또는 정롱조(井籠組)벽으로 불린다. 나무를 찜통[7]처럼 우물모양으로 짜기 때문인데 정롱조(井籠組)는 누목식(累木式)이라고도 한다. 벽이 하중을 지지하는 벽식구조라는 점에서 기둥·보식 구조와는 다르며, 우물모양 뿐만 아니라 코랴크족(Koryak)[8], 알타이지방의 여러 민족처럼 팔각형 등 다각형으로 짜는 사례도 적지 않다.

1. 북방의 정롱조(井籠組)

정롱조(井籠組)는 산림자원이 풍부한 한랭지의 구조형식으로 파악된다. 일반적으로 유라시아 북부, 러시아부터 스칸디나비아반도, 알프스고지(高地)에서 볼 수 있는데, 사할린, 캄차카, 아무르강 연안, 한반

그림 1-44 알타이지방의 주거, 러시아

1 일본식 발음 세이로우구미 せいろうぐみ

2 일본식 발음으로는 あぜくら 아제쿠라 ; 각재(角材)나 삼각재(三角材)를 짜 올려서 지은 창고[(습기가 많은 계절에는 재목이 불어 안이 습해짐을 막고 건조기에는 재목 사이로 공기가 잘 통함)]. (네이버 사전)

3 원본의 ログハウス 이며 일본식 조어 log+house 이다. 일한사전에는 통나무집으로 번역되며 로그캐빈 ログキャビン과 동의어로 소개되어 있다. (역자 주)

4 굴립주건물 [掘立柱建物] ; 땅을 파서 기둥을 세우거나 박아 넣어서 만든 건물로, 바닥면이 지면 또는 지표면보다 높은 곳에 있는 건물을 말한다. 굴립주(堀立住)는 우리나라 말로 '백이기둥'이라 하며, 바닥면의 위치에 따라 지상식(地上式)과 고상식(高床式)으로 나눌 수 있다. (고고학사전, 2001. 12.)

5 원본의 堀建て홋타테; <호리타테의 음변화> 초석을 두지 않고, 기둥을 직접 땅에 박아 세우는 것으로서, 의역하면 간단히 세우는 구조물을 말한다. (역자 주)

6 일본식 발음 쿄우조 きょうぞう ; 불경(佛經)을 넣어 두는 집이라는 뜻으로서 우리나라에서는 '경판고' 또는 '장경판고' 라는 용어가 일반적이다. (역자 주)

7 원본의 증롱(蒸籠)

8 캄차카반도의 동북부와 그 주변에 사는 소수민족. 고(古)아시아 제족(諸族)의 하나로, 주로 순록 사육과 해수(海獸) 사냥에 종사한다. (네이버 사전)

도 북부, 예니세이강 유역, 알타이지방, 그리고 히말라야산맥 등에서 이동주거와 함께 정롱조(井籠組)구법을 볼 수 있다. 중국에서도 예로부터 교창(校倉)형식의 건축이 지어져 온 것은 그림으로도 남아 있으며, 각종 문헌에서도 확인할 수 있다. 한반도에서는 '횡루목(橫累木)' '적목(積木)' 혹은 '부경(桴京)'이라는 용어가 사용되고 있는데 부경은 고상식(高床式) 교창(校倉)이며, 중국에서도 '정간루(井幹樓)' '정원(井垣)' '정한(井韓)' '적목(積木)' '누만목(累萬木)'이라는 용어가 사용되고 있다. 북방 아시아 외에 아프가니스탄 북동부 고원의 누리스탄(Nuristan)족과 파키스탄 북부의 스와트(Swat)족은 정롱조(井籠組)로 짠 나무 사이에 흙을 채우는 공법을 사용하고 있으며, 튀르키예 폰틱(Pontic)지방에서도 정롱조(井籠組) 공법을 볼 수 있는데 모두 추운 지역이다.

그림 1-45 동고(銅鼓)에 그려진 **교창(校倉)**형, **석채산(石寨山)**, **운남(雲南)**

2. 남방의 정롱조(井籠組)

정롱조(井籠組) 공법은 흥미롭게 열대 지역에도 존재하며, 유명한 예로는 트로브리안드(Trobriands)섬의 얌(yam)[9] 저장창고가 교창(校倉)형식이다. 그러나 나무와 나무 사이의 틈을 채우는 것은 북방의 교창(校倉)과는 매우 다른데, 예를 들어 바탁·시말룽운(Simalungun)족 주거의 기초는 정롱조(井籠組)이다. 같은 지역에 기둥·보식 구조와 정롱조(井籠組) 두 가지 형태가 함께 있는 경우도 적지 않으며, 놀랍게도 기둥·보식 구조와 정롱조(井籠組)를 동시에 사용한 건물도 있다. 기초구조에 한정되지만, 사단·토라자(Sadan Toraja)족의 주거에서도 정롱조(井籠組) 기초를 가진 것이 있고, 동일한 지역에 2가지 가구(架構)형식이 병존하는 것은 부기스(Bugis)족의 주거에서도 볼 수 있다. 정롱조(井籠組)의 전통이 동남아시아에 이르고 있다는 것은 의심할 여지가 없다.

그림 1-46 얌(Yam) 저장고, **트로브리안드**섬, **파푸아·뉴기니**

정롱조(井籠組)의 구조형식, 즉 교창(校倉)형식이 모두 동일한 기원을 갖는지는 분명하지 않지만 흥미로운 것은 이동 유목민과 정롱조(井籠組)의 분포가 일치하는 것이다. 많은 텐트, 유르트가 병용되고 있으며, 실제로 이 정롱조(井籠組)를 해체하여 이축(移築)하는 일이

9 외떡잎식물 백합목 마과 마속(Dioscorea)에 딸린 덩굴성 식물의 총칭. (네이버 사전)

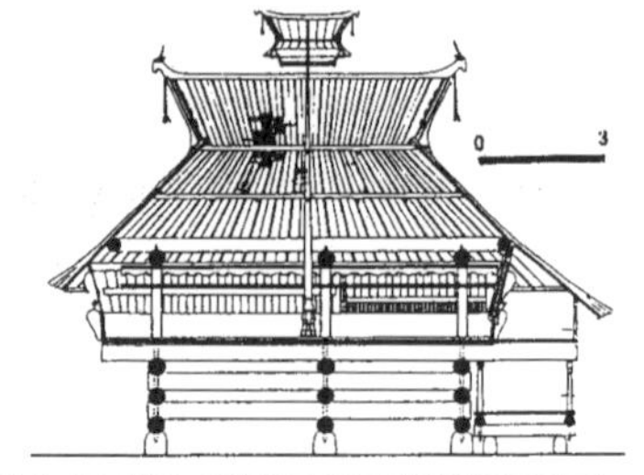

그림 1-47 바탁·시말룽운족의 주거. **수마트라**섬

그림 1-48 바탁·시말룽운족의 집회건물(단면도)

벌어지고 있다. 로마시대 비트루비우스(Vitruvius)의 '건축십서(建築十書)'에 흑해 연안에 정롱조(井籠組) 건축이 존재했다고 기록되어 있으며, 흑해 연안에서 서유럽·북유럽으로, 그리고 중앙아시아를 거쳐 남쪽(서북 인도, 티베트, 히말라야)과 북쪽(시베리아)의 두 가지 경로를 거쳐 일본에 이르렀다는 가설을 세울 수는 있겠지만, 과연 어떨지는 알 수 없다.

06 석조(石造)·벽돌조

− 돔(dome), 볼트(vault), 펜던티브(pendentive)의 기원 −

1. 판축[1], 어도비 벽돌[2], 소성(燒成)벽돌(전(磚))

목조자원이 부족한 지역에서는 석조 또는 벽돌조 등 조적조가 사용되거나 목조와 조적조를 혼용하며, 중국에서는 예로부터 판축, 어도비(흙) 벽돌, 소성벽돌(전(磚))이 사용되어 왔다. 판축은 흙을 밟아 단단하게 하는 공법인데, 흙, 벽돌, 돌로 벽을 만드는 것은 그렇게 어려운 일이 아니다. 문제는 지붕인데 목재를 이용할 수 있다면 목조건축처럼 지붕을 만들거나 바닥을 만드는 것은 비교적 쉽다. 한반도와 중국은 목조와 벽돌의 혼합 구조이지만, 목재가 부족하게 되면 흙과 돌로 지붕을 만들어야 하며, 그래서 만들어진 것이 돔(dome)과 볼트(vault)구조이다.

돔(dome), 볼트(vault)는 이집트, 서아시아, 중앙 아시아, 인도, 중국 등에서 광범위하게 볼 수 있으며, 고대 메소포타미아에서 그 예를 볼 수 있기 때문에 서아시아에 기원을 두는 것이 일반적이다. 볼트(vault)의 기원 또한 알기 쉬운데, 벽돌이나 돌을 안쪽으로 조금씩 밀어 아치(arch)(위로 갈수록 좁아지는 아치)를 만들면 볼트가 만들어진다.

2. 원형(圓形) 건축

흥미로운 것은 원형(圓形)건축인데, 이라크 동북부, 이란 국경근처 햄린(Hamrin)분지의 텔·굽바(Tell Gubba)유적(아카드 시대, BC 2300~2100년)에는 거대한 원형(圓形)건축이 있다. 메소포타미아와 그 주변에는 원형(圓形)건축 유적이 많이 분포하고 있으며, 지붕은 돔이었을 것으로 생각된다. 현재도 이란과 아프가니스탄의 가장 건조하고 척박한 사막지역에는 목재가 없기 때문에 '군바트[3]'라고 불리는 원형(圓形)돔 지붕의 민가(民家)가 기본이다.

그림 1-49 돔을 지탱하는 모서리의 **펜던티브**

원형(圓形)건축에서 게르를 빼놓을 수 없는데, 게르

---

1 판축(版築); 판자를 양쪽에 대고 그 사이에 흙을 넣어서 단단하게 다져 담이나 성벽 등을 쌓는 일, 곧 토목공사를 말함. 판(版)은 흙을 쌓을 때 흙이 무너지지 않도록 양쪽에 대던 판자이고, 축(築)은 흙을 다지는데 사용하던 방망이 같은 도구를 의미한다. (네이버 지식백과)

2 고대 라틴·아메리카 안데스문명에서 사용한 건축재. 어도비란 라틴·아메리카의 건조한 안데스문명 지대에서 진흙과 물 및 식물섬유를 섞어서 이긴 다음 햇볕에 말린 벽돌 등의 건축재를 말한다.

3 원본의 グンバート.

가 고정화되면서 흙으로 바르고 굳힌 사례를 몽골과 중국 북부에서 많이 볼 수 있다. 게르의 형태는 이동(移動)주거로 동서(東西)에 걸쳐 널리 사용되어 왔으며, 하나의 공간원형(原型)으로서의 게르형태가 조적조(組積造)로 대체되는 과정을 상정해 볼 수 있을 것이다.

그림 1-50 모줄임 천장

3. 모줄임 천장[4]

사각형 평면에 둥근 돔(dome)지붕을 올려 놓기 위해서는 어떻게 해야 할까? 돔의 아랫면은 원형(圓形)이기 때문에 정사각형 위에 올려 놓기 위해서는 정사각형을 원(圓)에 내접시킬지 외접시킬지에 따라 형태가 달라진다. 그러나 그 전에 흥미로운 방법이 있는데 직선부재를 쌓아 올려 지붕 또는 천장을 만드는 방법이다. '모줄임' 또는 '라테르넨·뎃케[5]' '사각형 45도 회전식'이라고 하지만, 정착된 이름은 아니며 예로부터 각지에서 볼 수 있는 방법이다[그림 0-21].

정사각형 각 변의 중앙을 연결하는 정사각형을 남기고, 각 모서리의 직각 이등변 삼각형 부분을 막는다. 이 남겨진 중앙의 정사각형에 대해 같은 작업을 반복하면 이 정사각형의 내부에 점점 정사각형을 내접시켜 지붕을 만드는 셈이 되며, 결국 폭을 좁히기 위한 방법이기 때문에 처음부터 시작을 정사각형 대신 팔각형으로 만드는 예도 있다.

석재로 만든 예로 고구려의 쌍영총 고분(5-6세기), 산서성(山西省) 대동(大同)의 운강(雲崗)석굴이 있으며, 목조의 예로는 중국의 궁전건축이 있다. '영조법식(營造法式)'에서는 '궐팔조정(闕八藻井)'이라 부르고 있으며, 신장(新疆), 티베트, 카슈미르에서는 일반주거가 이 방법으로 지어지고 있다. 또한 아프카니스탄의 바미안석굴, 인도아(亞)대륙의 자이나교 사원 등에서 볼 수 있으며, 흑해 주변의 정롱조(井籠組)건축, 그리고 아르메니아 목조건축의 다수가 이 방법으로 지어지고 있는 것으로 보인다. 이슬람 건축도 이 방법을 광범위하게 채용하고 있는데, 이슬람 건축은 이미 펜던티브(pendentive)나 스퀸치(squinch) 등의 돔 기술을 발달시켜 갔다.

4 원본의 일본식 용어로는 '隅三角状持送式' 이며, 우리나라에서는 말각조정(末角藻井) 또는 모줄임천장(-天障)으로 지칭하고 고구려 고분에서 볼 수 있는 건축양식의 하나이다. 현실(玄室)의 주벽(周壁) 위 부분에 주벽(周壁)과 평행하여 계단식 층급(層級)받침을 보통 2-3층, 많을 때는 5층까지 안으로 내밀어 천장면적을 좁힌 다음, 그 위에 주벽선(主壁線)과 엇갈리도록 네 귀퉁이에서 각각 삼각평석(三角平石)의 받침돌을 내민 가구가 보인다. 속칭 투팔천장(鬪八天障)이라고도 불리는 이 형식의 특색은 건축내부의 같은 평면의 공간을 한층 넓히는 효과를 가졌다. (네이버 및 위키백과 참조)

5 원본의 ラテルネン·デッケ를 한국식으로 표기했으며 일영사전에는 Laternen Decke 로 나온다.

column 2

대나무(죽[竹])와 나무(목[木])

일본 그리고 동남아시아는 나무문화권 또는 대나무문화권에 속한다. 중국, 한반도에서도 나무는 사용되지만, 벽돌과 돌을 함께 사용한다. 남인도의 케랄라[Kerala]지방과 히말라야 등과 같이 나무가 주로 사용되는 지역도 있지만, 서쪽으로 갈수록 흙 문화 또는 돌 문화가 강하게 나타난다.

그림 1-51 발리섬의 대나무집(지붕재도 모두 대나무), **인도네시아**

그림 1-52 롬복섬의 창고, **인도네시아**

일본에서는 건축자재로 소나무, 삼나무 등 침엽수가 사용되며, 동남아시아도 그렇다. 케시야 소나무[Pinus kesiya](두잎)는 루손[Luzon]섬 산간지역의 벵게트[Benguet]주에 많기 때문에 벵게트소나무라고 불리고, 본톡[Bontoc]족 등 여러 민족주거의 구조재는 이 나무로 만들어진다. 북부 수마트라의 바탁[Batak]족, 서부 수마트라의 미낭카바우[Minagkabau]족의 주거는 메르쿠시소나무[Pinus merkusii](세잎)가 많은데, 적도 바로 아래에서도 고도가 높으면 소나무가 자라기 때문이다.

습윤열대를 대표하는 것이 이엽시과[1]나무이다. 이엽시과 중 필리핀에서 합판으로 사용된 것이 '라왕[2]'으로 불리는데, 이엽시과나무는 총 570여종이 있으며, 이들 대부분은 인도에서 뉴기니까지 주로 동남아시아의 도서[島嶼]지역에 분포하고 있다. 말레이반도에만 168종, 보르네오에만 260종 이상이 있다고 하며, 석가가 그 나무 아래에서 입적했다는 사라쌍수[3]는 이엽시과이지만, 일본에서 말하는 사라쌍수[沙羅雙樹](동백나무과)와는 전혀 다르다.

티크[Teak]는 인도네시아 및 말레이시아에서는 자티[Jati], 미얀마에서는 큔[kyun][4], 태국에서는 마이·삭[mai saak], 중국에서는 유목[柚木](유무[5])이라고 불린다. 단단하고 내구성이 뛰어나기 때문에 구조재로 사용되어 왔으며, 배를 만드는 재료로도 쓰였다. 오늘날에는 고급 가구, 인테리어, 조각재로만 이용되고 있으며, 주로 인도, 미얀마, 태국, 라오스 등 동남아[東南亞] 대륙에서 생산된다. 습윤열대 혹은 몬순[monsoon]열대, 즉 건기가 뚜렷하게 있는 고도가 높은 지역에 분포하며, 자단, 흑단, 모과[6] 등도 마찬가지이다. 간분[寛文] 원년[元年](1661년)에 인겐[隠元] 선사[禅師]에 의해 창건된 교토[京都] 우지[宇治]의 오우바쿠산[黄檗山][7] 만뿌쿠지[萬福寺][8] 본

---

1 원본에는 フタバガキ 科로 표현되어 있으며 이우시과(二羽柿科)로 번역되기도 한다. 이엽시과[Dipterocarpaceae, 二葉柿科]는 딥테로카르푸스과라고도 하며, 아시아 남부와 아프리카 원산이다. 117속 530종으로 이루어지며 구세계의 열대지방에서 자라는 주요 경제수종을 포함한다. (두산백과)

2 라왕[lauan, 羅王] ; 필리핀, 인도, 인도네시아 등지에서 산출되는데 백나왕·적나왕 등 여러 종류가 있음. 강도는 높지 않고 균질이다. 가공, 세공하기 쉬우므로 기구, 가구, 건축용재 등으로 쓰이며, 천연수지 타마르를 산출 함. 나왕이라고도 함. (네이버 지식백과)

3 沙羅双樹 さらそうじゅ ; 석가(釋迦)가 열반(涅槃)에 들었을 때 그 사방에 두 그루씩 나 있었던 사라수. (네이버 사전)

4 원본에서는 キュン으로 표기되어 있음.

5 원본의 ユーム

6 원본의 カリン

7 일본어 표기 おうばく-さん

8 일본어 표기 まんぷくじ

당(대웅보전)의 기둥은 모두 티크이다. 1척 5치(45cm), 길이 12m에 달하는 4각 기둥 40개 이상이 어떻게 옮겨졌는지는 알 수 없지만, 열대지역의 목재가 중국을 통해 오래전부터 알려져 있던 것은 확실하다.

지붕재료로 일반적으로 사용되는 것이 아란(alan)[9]이다. 보통 인도네시아어 아란이 사용되지만, 벼과(科)의 풀[10]로서 영어 이름은 코곤그라스(Cogongrass)이며, 다른 곳에선 '라란', '쿠나이'라는 이름으로 불린다. 목재가 풍부한 곳에서는 나무판자가 지붕재료로 사용되는데, 너와집[11]방식, 우드·쉬글(wood shingle)[12]방식으로 지붕을 올리며, 수마트라, 보르네오, 필리핀의 저지대 열대우림에서 볼 수 있는 보루네오 경질목[13] 너와지붕이 잘 알려져 있다. 아란과 함께 사용되는 지붕재는 야자섬유이며, 코코야자, 기름야자[14], 사고야자, 탈라야자[15], 파르미라야자[16] 등 야자의 종류는 수십종에 이르지만, 초가지붕 재료로 사용되는 것은 사탕야자의 섬유이다. 야자는 그야말로 야자문화라고 해도 좋을 만큼 동남아시아의 생활에 밀착되어 있고, 식량은 물론 야자술이나 연료 등으로 다양하게 사용되고 있다.

대나무 또한 지붕재료로 사용되며, 대나무를 반으로 자른 후 위 아래를 포개서 기와처럼 지붕을 덮는다. 사단·토라자(Sadan Toraja) 부족의 안장형 지붕은 대나무를 몇 겹으로 겹쳐서 지붕을 만들며, 전체가 대나무로만 만들어지는 주거가 곳곳에 있고, 천장재, 바닥재, 개구부에도 사용되며, 용수관[18]도 대나무이다. 벽에 사용되는 대나무를 엮어 만드는 대나무 매트도 있으며, 건설현장의 비계는 지금도 대나무가 사용되고, 뗏목으로 엮어 수상(水上)주거의 바닥이 되기도 한다. 나아가 생활 곳곳에 대나무가 쓰이는데 각종 바구니, 소쿠리, 접시, 물병, 빗자루, 담배 파이프, 피리나 대금, 생황 등의 악기, 시시오도시[19]나 장난감 등 대나무는 동남아시아의 일상생활과 깊이 관련되어 있다. A.월리스[20]가 "대나무는 자연이 동양 열대의 주민에게 준 가장 큰 선물이다"라고 말한 것처럼 동남아시아의 문화는 대나무 문화이다.

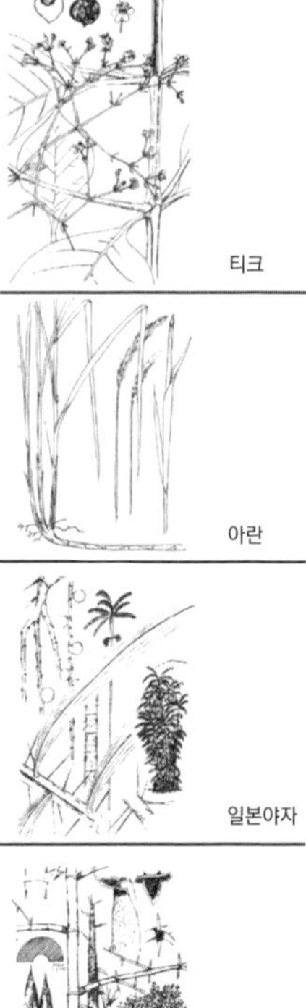

그림 1-53 건축재료로 사용되는 나무

---

9 원본의 일본어 표기 アラン·アラン
10 원본 치가야 チガヤ (茅萱·茅草·茅)의 번역이다.
11 원본의 ぶき 부키 (葺き)의 번역임.
12 원본의 ウッドシングル
13 원본의 ボルネオテツボク
14 African oil palm을 말한다.
15 원본의 タラバシ를 번역한 것인데 タラヤシ의 오타로 간주했다.
16 원본의 バルメラヤシ 번역인데 이것도 パルミラヤシ 의 오타로 간주함.
17 원본의 マライトゲダケ번역인데 이것도 マライトゲタケ 의 오타인 듯함. 한자어 簕竹을 그대로 발음한 것으로서 참조 사이트는 http://ylist.info/ylist_detail_display.php?pass=10937 이다.
18 원본의 한자어 樋인데 상하수, 우수관 등을 통칭하는 의미로 용수관이란 용어로 번역했다.
19 鹿威し(ししおどし, 시시오도시); 대나무 통에 물을 흘려 시소처럼 움직이는데 대나무 한쪽 끝이 돌을 치면서 간헐적인 타격음을 발생시킨다. 현재는 쾌음과 고요함을 즐길 수 있는 것이지만, 원래는 정원으로 들어오는 동물을 쫓아 보내는 것이었다. (위키백과)
20 앨프리드·러셀·월리스(Alfred Russel Wallace, OM, FRS, 1823년 1월 8일~1913년 11월 7일)는 영국의 자연주의자, 탐험가, 지리학자, 인류학자이자 생물학자이다. 찰스·다윈과 독립적으로 자연선택을 통한 진화의 개념을 만들었다. (위키백과)

07 고상식(高床式) 주거

1. 고상식(高床式), 지상식(地床式)의 분포

고상식(高床式)(항상(杭上)) 주거는 전 세계에 분포하지만, 아시아지역은 동남아시아에서 집중적으로 볼 수 있으며, 카스피해 연안, 중국 남부, 해남도[1], 인도 북동부, 네팔 등에서도 나타난다.

그러나 오스트로네시아 중에도 고상식(高床式)이 존재하지 않는 예외적인 지역이 있는데 자바섬, 발리섬, 롬복섬 서부, 대륙부 베트남의 남(南)중국해 연안부, 서이리안[2]과 티모르의 고(高)지대이며, 말루쿠(Maluku)제도의 작은 섬, 부루(Buru)섬에는 고상식(高床式) 주거의 전통이 없다.

그러나 신기하게도 보로부두르(Borobudur)와 프람바난(Prambanan) 등 중부 자바, 동부 자바에는 남아 있는데, 9세기부터 14세기에 지어진 찬디(Chandi)(힌두교 사원)의 벽 부조(浮彫)에는

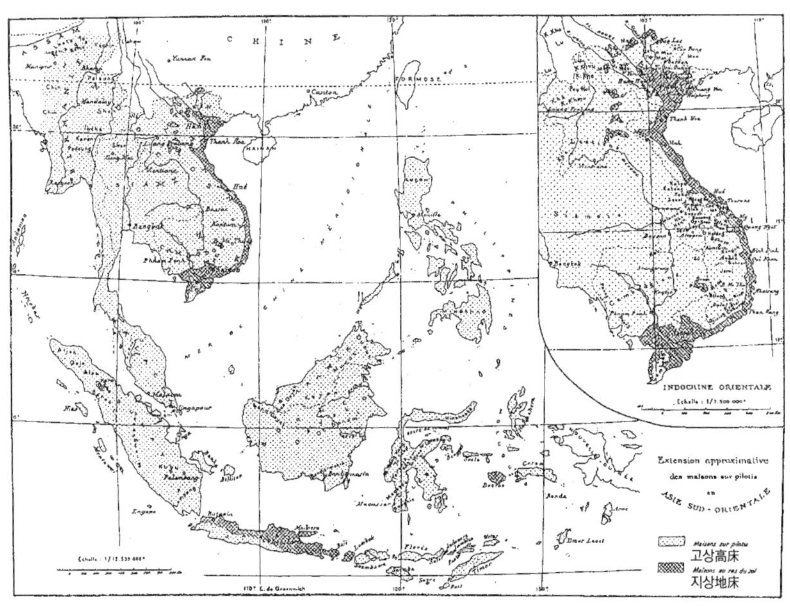

그림 1-54 고상식(高床式)과 **지상식(地床式)**의 분포도(N. van Huyen에 의함)

1 하이난섬으로 발음하는 게 원칙이지만 일본 고유명사를 제외하고는 모두 한글식으로 발음함.
2 '이리안자야주'의 전(前) 이름이며 영어로는 Irian, 현재는 서뉴기니(West New Guinea)라고 부른다.

지상식(地床式) 건물이 보이지 않는다. 옛날에는 고상식(高床式) 주거가 일반적이었을 가능성이 높으며, 같은 자바섬에서도 순다(서부 자바)의 전통적 주거는 고상(高床)인데, 자바섬 서부의 바두이(Badui)마을과 프리안간(Priangan)(반둥을 중심으로 하는 지역)의 나가(Naga)마을의 예가 있다.

왜 자바, 발리, 롬복의 주거가 지상식(地床式)일까에 대해서는 몇 가지 설(說)이 있는데, 우선 지상식(地床式)의 전통을 가진 남인도의 영향을 들 수 있다. 중국과의 관계를 중시해서 생긴 영향 때문이라는 설도 있으며, 그리고 이슬람의 평등주의가 힌두-자바의 카스트사회를 공격하는 과정에서 고상식(高床式) 주거를 금지했다는 설도 있다.

그림 1-55 로로·존그란(프람바난) 부조(浮彫)의 가옥형상. **자바, 인도네시아**

그림 1-56 들어 올려진 바닥(양상(揚床)으로 되어 있는 **나가**의 주거. **프리안간(Priangan), 인도네시아**

그림 1-57 바두이의 주거. **순다, 인도네시아**

베트남의 남(南)중국해 연안부가 지상식(地床式)인 것은 명백히 중국의 영향이지만, 중국이 넓기 때문에 모두 지상식(地床式)이라는 뜻은 아니다. 한나라 이전의 장강(長江) 유역 이남에 고상식(高床式) 주거가 분포하고 있었다는 것은 이미 밝혀진 사실이며, 화남(華南)에도 고상식(高床式) 주거가 있지만, 서남부의 소수민족 주거에 고상식(高床式) 주거가 많다. 중국·티베트어 계열의 민족들[장동(壯洞)어족(Kam-Tai language group)]은 고상식(高床式)인데, 백월(百越)사 연구에서는 장족, 부이족, 동족, 수이족, 이족 등의 태국계 벼농사 경작민을 백월(百越)의 후예로 보는 설이 유력하며, 간란식(干欄式)(고상식(高床式)) 건축은 백월(百越) 문화의 중요한 구성요소로 간주되고 있다.

2. 마루[3]

그림 1-58 롬복섬의 주거, 인도네시아. 지상식이지만, 단차(段差)가 있다.

한반도의 주거는 온돌이라고 부르는 바닥난방장치가 독특하며 마루 혹은 대청이라 부르는 나무바닥공간[4]이 있다. 온돌과 마루의 기원을 둘러싸고 몇 가지 논의가 있다. 흙바닥[5]이 발전하여 토단(土壇)과 같은 바닥이 만들어지고, 그것이 발전하여 온돌이 되었으며, 후에 마루(나무바닥)로 바뀌었다는 것이 하나의 설(說)이다. 즉, 나무바닥은 남쪽으로부터의 전통은 아니고 북쪽의 전통, 즉 중국의 종교건축, 궁전건축의 영향이라고 간주되는데, 서울 근교에 마루가 많은 것은 그 때문이며, 도시로부터 남쪽 방향으로 마루가 전파되었다고 주장한다. 이에 대한 반론으로 중국에는 나무바닥이 없다는 점, 그리고 궁전에서 주택으로 나무바닥이 보급되어 간 것이 아니라는 점을 들어 마루는 남방(南方)계이며, 남한은 남쪽 해양문화적이고, 북한은 중국적이었다는 남방(南方)설이 있다. 이 이론에 의하면 온돌은 고구려 세력과 함께 남하하여 온 것이고, 남쪽에서 나무바닥이 북쪽으로 올라와서 합쳐졌다는 주장인데, 마루는 남쪽에 많으며 제주도에도 있다. 남방(南方)설이 더 상식적이라고 생각되지만 마루는 주택의 중심으로서 성(聖)스러운 장소, 가신(家神)이나 조상의 영혼에게 제사하는 장소를 의미하고, 퉁구스계의 텐트에서 마루, 마로라고 부르는 성(聖)스러운 장소가 있다고 하는 지적도 유력하다.

3. 쌀농사와 고상식(高床式)

쌀농사와 고상식(高床式) 주거의 연관성은 많이 지적된다. 쌀창고를 고상식(高床式) 주거의 원형(原型)으로 간주하는 견해도 있으며, 중국에서 발굴된 유적을 통해 쌀농사 이전에도 고상식(高床式) 주거가 존재하고 있었다는 것이 밝혀졌다. 금속용기와 고상(高床)의 기술 관계도 논의되고 있지만, 석기(石器)로 고상(高床)을 만드는 것은 충분히 가능했다. 하모도[6](BC 5000년0경)의 고상식(高床式) 건물에서 사용된 것은 석기(石器) 뿐이었는데, 석제(石製)공구(工具)로는 도끼와 끌(鑿) 뿐이었으므로 목재가공을 위해서는 별도로 쐐기와 나무망치, 목봉(木棒)이

---

3 원본에는 한자식 표현인 抹樓로 표기되어 있다.

4 원본의 板間(いたま이타마)로서 통상 마루방으로 번역할 수 있지만 우리나라의 대청은 일반적으로 개방된 공간이 많기 때문에 나무바닥공간으로 번역했다. (역자 주)

5 원본의 土間(どま도마)의 번역.

6 중국식 발음은 허무두河姆渡; 1973년에 남쪽 지방, 즉 양자강 이남인 절강성 여요(餘姚) 하모도(河姆渡)에서 벼농사 유지가 발굴되었다. (네이버 지식백과)

사용된 것 뿐이다.

쌀농사와 고상(高床)의 발생은 관계가 없으며, 높은 창고(高倉)는 쌀농사에만 있는 것도 아니고 북방에서 보이는 바닥이 높은 창고는 기본적으로 쌀농사와 관계가 없다. 그러나 쌀농사가 시작된 이래 쌀농사와 높은 창고(高倉)형식의 전파는 당연히 관계가 있으며, 동남아시아 각지의 높은 창고(高倉)를 보면 매우 유사하다. 예를 들어 북부 루손의 산악지대 이푸가오(Ifugao)족과 본톡(Bontoc)족의 창고는 일본의 남서 제도(諸島)에서 보이는 높은 창고(高倉)와 동일하다.

쌀농사 기술과 쌀창고 건축기술은 함께 전파됐을 가능성이 높은데, 쌀창고를 해체시켜 이축하는 경우도 있었으며, 쌀창고가 모델이 되어 고상(高床)의 기술을 각지로 전파시켰을 가능성은 매우 크다고 생각된다.

4. 곡식창고(穀倉)형 주거

한편 창고와 주거는 명확한 관계가 있다. 동남아시아 각지의 쌀 창고는 주거의 축소판이라고 해도 좋을 만큼 비슷한 부분이 많으며, 단순한 축소판만이 아니고 주거가 창고로부터 만들어졌다고 생각되는 사례가 동남아시아 일대에서 보인다. 곡식창고(穀倉)형 주거에도 중심기둥 위의 곡식창고 부분에 거주공간을 두는 형식과 중심기둥의 중간, 곡식창고 부분의 아래에 거주용 바닥을 추가한 형식, 지상에 흙바닥으로 된 거주공간을 만든 형식 등 몇 가지의 유형이 있다.

08 중정식(中庭式) 주거

– 코트 · 하우스 –

동서고금을 막론하고 전 세계에서 보편적으로 볼 수 있는 것이 코트·하우스(코트야드·하우스), 즉 중정식(中庭式) 주거이다.

1. 고대 그리스와 로마

고대 그리스의 올린토스(Olynthos)와 프리에네(Priene)에서 볼 수 있는 주거는 문(프로튜론(prothyron))을 들어서면 중정(中庭)(아우레(aulē))이 있고 그 중정(中庭)에 면하여 주실(主室)(안드론(andrōn)) 및 침실, 부엌, 욕실, 창고 등의 여러 방이 회랑[1]에 접해 배치되어 있다. 안마당 주위 전체에 기둥이 늘어선 것을 페리스틸리움(peristylium)[2]이라 부르며, 고대 근동(近東)에는 크레타와 미케네의 유적에서 볼 수 있는 메가론(Megaron)이라 부르는 형식이 있고, 현관 포치, 전실(前室), 난로가 있는 넓은 주실(主室)이 세로로 길게 늘어선 직사각형의 구성이다. 그리스 주거의 기원이 이 메가론이며, 안마당을 둘러싸고 메가론을 결합시킨 형태로 중정식(中庭式) 주거가 성립했다고 알려지고 있다.

고대 로마에는 도무스(Domus)라는 단독주택과 인술라(insula)라는 공동주택이 있었다. 도무스의 중정(中庭)은 아트리움(atrium)과 안쪽의 사적(私) 공간인 페리스틸리움(peristylium)의 두 공간으로 이루어지며, 아트리움은 에트루리아(Etruria)에 기원을 두고 있는 넓은 입구 안마당으로 지붕 중앙부의 뚫린 구멍에서 떨어지는 빗물을 받는 빗물받이 수조(水盤)(임플루비움(impluvium))가 중앙에 있다. 인술라는 3~5층으로 지어졌는데, 1층에 타베르네(tabernae)라는 점포가 있고 2층에 임대주택이 있으며 그 위층에 건물주인의 주거공간이 위치한다.

2. 4대 도시문명

더 거슬러 올라가 고대 이집트, 카훈(Kahûn)과 텔·엘·아마르나(Tell el-Amarna)의 유적을 보면 중정식(中庭式) 주거가 정연하게 늘어서 있다. 또한 메소포타미아의 우르(Ur) 등에서도 중정식(中庭式) 주거를 볼 수 있고, 인더스문명의 모헨조·다로(Mohenjo Daro)에서도 중정식(中庭式) 주거가 일

---

1 원본에는 步廊

2 그리스와 로마건축에서 기둥으로 둘러싸인 회랑 또는 뜰을 말하며, 특히 로마주택에서는 가장 안쪽에 있는 주랑으로 둘러싸인 정원 구역을 가리킨다. 사전적 의미는 '기둥으로 둘러싸여 있다'는 뜻이다(두산백과). 원본에는 ペリステュロス 페리스튜로스로 표기되어 있다.

반적이며 중국의 한(漢)족을 중심으로 하는 사합원(四合院)도 전형적인 중정식(中庭式) 주거이다.

이렇게 중정식(中庭式) 주거는 고대의 4대 문명 모두에서 볼 수 있으며, 도시문명의 등장과 함께 중정식(中庭式) 주거가 나타났다. 티그리스강과 유프라테스강, 인더스강, 나일강, 황하(黃河), 양자(揚子)강의 각 유역이 공통적인 풍토를 가졌기 때문이라고도 할 수 있지만, 기후와 상관없이 각지에서 유사한 형식을 볼 수 있으며, 확인해야 할 것은 중정식(中庭式) 주거가 중국에서도 그리스, 로마에서도 기본적으로는 도시형 주거, 타운·하우스라는 것이다. 도시적인 집주(集住)상황에 대처하기 위해서는 통풍과 채광 등 자연을 누려야 하기 때문에 중정(中庭)이 필요한데, 이 중정(中庭)은 자연과 일체화하는 공간이며 환경조절 기능을 가지고 있다. 그러나 그 뿐만 아니라 자연환경을 담보하는 기능이 첫 번째라고 한

그림 1-59 중국 사합원(四合院)의 원자(院子)[3], 서안(西安)

그림 1-60 하벨리(Haveli), 서인도

그림 1-61 자이푸르의 하벨리 밀집지역, 인도

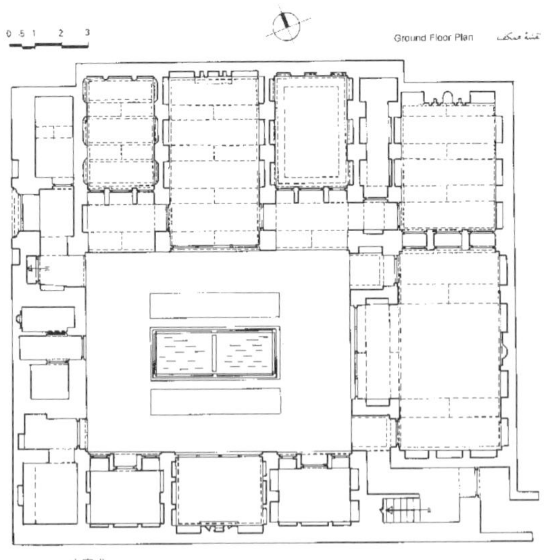

그림 1-62 이스파한의 중정식(中庭式) 주거(평면도), 이란

3 안뜰, 안마당, 정원이라는 뜻의 원자(院子)를 한국식으로 발음했다.

다면 중정(中庭) 자체가 야외를 즐기게 하는 또 하나의 공간이라는 것이 두 번째로 중요한 점이다. 또한 중정(中庭)은 작업공간이 될 수도 있으며, 각 방을 연결시키는 기능도 가진다. 이처럼 다양한 기능을 담당하는 모습으로 중정식(中庭式) 주거가 성립하였다.

그림 1-63 파탄[4]의 하벨리, 구자라트, 인도

3 코트야드·하우스의 유형

물론 중정식(中庭式) 주거에도 다양한 형태가 있다. 중정(中庭), 코트(court)의 호칭은 지역별로 다른데, 코트(영국), 쿠르(프랑스), 코르테(이태리)는 같은 어원이지만, 아트리움, 페리스틸리움(peristylium), 원자(院子), 천정(天井)[5] 외에도 파티오, 마당(한국), 호(壼)... 등이 있다. 인도의 하벨리는 고대 아랍어 하오라(haola)(파티션이라는 뜻)에서 유래되었다고 하며, 무굴제국 초기의 지방 이름 또는 현대 아랍어 하베라(havaleh)[6](둘러싸다라는 뜻)에서 유래되었다는 설(說)도 있다. 또한 인도의 서벵골에서는 라지바리(rajbari), 마하라슈트라(Maharashtra)에서는 와다(Wada), 안드라(Andhra)에서는 데오리(deori), 케랄라(Kerala)에서는 나레쿳타(nalekutta)(nalukettu) 등으로 불린다.

마그레브(Maghreb)(북아프리카) 지역의 중정식(中庭式) 주거에는 두 종류가 있으며, 중정(中庭)이 포장된 경우를 다르[7], 나무가 심어져 있는 경우를 리아드라 부른다.

중정식(中庭式) 주거를 개략적으로 분류해 보면 다음과 같다.

① 단층형(표준형) - 모든 방이 지상 뜰에서 연결되는 형식. 카이로, 다마스쿠스, 튀니지 등, 중국의 사합원(四合院)도 여기에 포함된다.

② 2층형 - 2층 건물로 중정(中庭) 상부에 천창(天窓)을 설치한 형식. 이 형식의 중정식(中庭式) 주거옥상은 일상적으로 사용된다. 리비아 사막의 가리안(Gharyan) 등, 중동(中東) 도시의 카라반·사라이(Caravan Saray)도 이에 속한다.

③ 지하형 - 지하에 중정(中庭)을 가진 형식. 리비아 사막의 가담, 튀니지 사막의 마트마타 등, 화북(華北)의 황토고원 야오동도 여기에 속한다.

④ 계단형 – 위층에 안뜰이 있고, 아래층은 서비스실로 사용되는 형식, 예멘의 사나(Sa·n'a) 등.

⑤ 지붕형 – 안뜰에 지붕을 덮어 그 사이에 창문을 만든 형식, 모로코의 마라케시 등.

---

4 원본의 パタン
5 天井 ; 중국의 안채와 사랑채 사이 마당을 뜻하는 용어로 사합원의 院子와 비슷한 용어이다.
6 원본의 ハヴェラ
7 원본의 ダール

요약하자면, 중정(中庭)의 층수와 빛, 통풍의 도입방법에 따라 몇 가지로 유형화 할 수 있다.

아랍·이슬람권에서 일반적으로 볼 수 있는 중정식(中庭式) 주거는 무어인(무슬림)과 함께 이베리아 반도에 이른다. 스페인의 파티오는 아름다운 나무와 꽃으로 덮이며, 이 스페인의 중정식(中庭式) 주거는 식민지과정을 통하여 라틴·아메리카에 소개되었다. 또한 네덜란드와 같은 서구 열강들이 스리랑카의 골(galle) 등 아시아 각지에 도시형 건물을 독특한 중정식(中庭式) 주거형식으로 만들어 갔다.

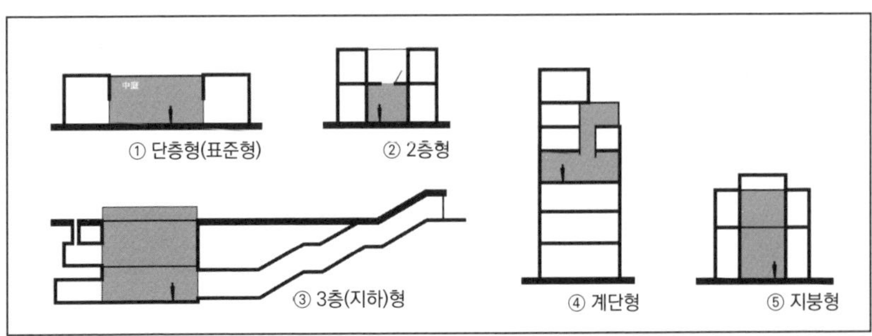

그림 1-64 코트·하우스의 유형

09 가족(家族)과 주거형식

일반적으로 가족형태는 ① 부부가족(영국, 북유럽, 미국, 스리랑카의 싱할라족 등) ② 직계가족(프랑스, 독일, 아일랜드, 이탈리아 북부, 스페인 북부, 일본, 필리핀 등) ③ 복합가족[인도, 중국, 중동, 발칸의 자드루가(Zadruga) 등]으로 나뉘며, 경우에 따라서는 ④ 복혼(複婚)가족 (a) 일부다처제 가족, (b) 일처다부제 가족, (c) 집단혼(集團婚) 가족으로 구별된다. 주거형태는 위와 같은 가족의 유형에 따라 다르지만 각각의 가족유형에서도 주거형식은 다양하게 있을 수 있는데, 대가족제 ②·③ 혹은 복수(複數)가족(세대)이 거주하는 예를 중심으로 명쾌한 구성원리를 가지는 것을 들어 보자. 집합의 원리, 공용공간의 구성에 주목한다.

그림 1-65 이반족의 롱·하우스, 칼리만탄, 인도네시아

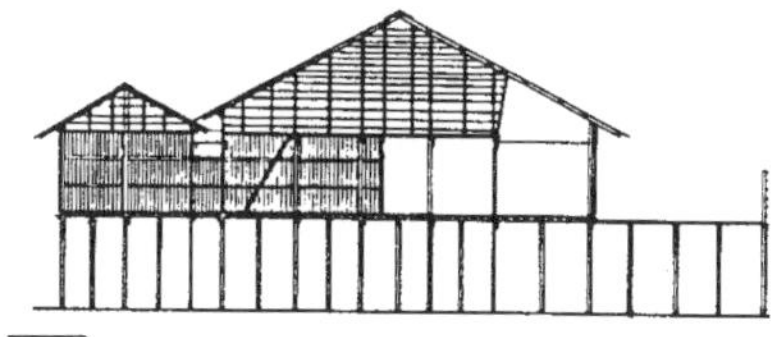

그림 1-66 이반족의 롱·하우스(단면도)

1. 롱·하우스(Long house)

먼저 눈에 띄는 것이 동남아시아 대륙부 및 도서(島嶼)지역에서 모두 발견되는 롱·하우스라 불리는 연립주택[1] 형식의 공동주거이다. 도서(島嶼)지역은 보르네오(사라왁(Sarawak), 사바(Saba), 칼리만탄(Kalimantan))의 이반족, 다약족, 켄야족, 카얀족 등이 있고, 인도양 멘타와이(Mentawai)제도(諸島)의 시케레이(Sikerei)족, 민다나오(Mindanao)섬의 마라나오족이 있다. 내륙에서는 베트남 고(高)지대의 자라이(Jarai)족, 에데(Ede, Rhade)족 등이 있고, 미얀마, 태국 고(高)지대의 카친족, 카렌족 등이 있다. 미얀마 고(高)지대와 접해 있는 북동부 인도에서도 미싱(Mishing)족과 니시족처럼 고상(高床)의 롱·하우스를 볼 수 있다.

롱·하우스의 구성은 매우 다양하며, 일반적으로는 긴 복도(통로)와 개방된

1 長屋 ながや 나가야를 번역한 용어로서 우리나라의 연립주택과는 약간 의미가 다르지만 유사한 용어로 채택했다. (역자 주)

베란다(緣台 연대)에 연결되어 있는 독립적인 방들로 구성되어 있다.

2. 미낭카바우(Minagkabau)의 주거

미낭카바우족은 서부 수마트라의 파단고원 일대에 살고 있다. 므란따우(Merantau)(出稼 출가) 관행을 갖고 있으며, 말레이시아 말라카 주변에도 이주해 있다. 세계 최대의 모계(母系)제 사회를 형성하고 있는 것으로 알려져 있으며, 집은 고상식(高床式)으로 곤종(Gonjong)이라는 첨탑을 가진 특이한 지붕모양을 하고 있다.

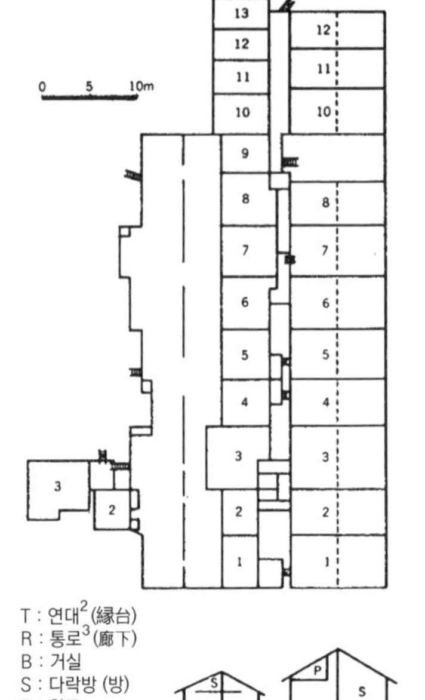

그림 1-67 **이반**족의 **롱·하우스**(평면, 단면도)

9개 기둥집, 12개 기둥집 등 기둥의 개수에 따라 주거를 분류할 수 있으며, 가족의 규모에 맞춰 기둥간격을 늘린다. 첨탑은 2개, 4개, 6개의 3종류이고, 주거의 앞부분에 한 쌍의 쌀 창고를 갖는다. '안종[4]'이라고 불리는 계단모양의 끝 부분은 관혼상제 등 의례(儀禮)시에 사용되며, 도리방향은 '루앙[5]'이라는 단위로 세고,

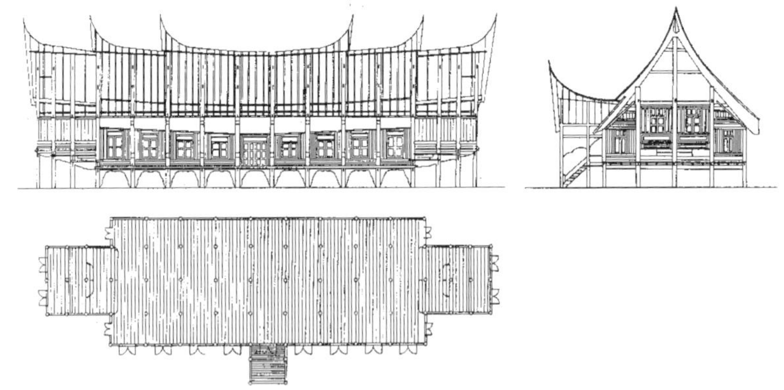

그림 1-68 **미낭카바우**의 주거(도면), **수마트라**섬

2 원본의 緣台えんだい 엔다이; 일본어사전의 설명으로는 대오리·나무오리로 짠 긴 걸상[(여름에 집 밖에서 쓰이는 평상(平床)의 일종)]이지만 그림에서 보면 고상식(高床式) 주거의 들어 올려진 인공마당이어서 그냥 우리식 발음으로 표기했다. (역자 주)

3 원본의 廊下를 번역한 것인데 통상 廊下는 복도로 번역하지만 도면상에서는 단순한 복도가 아닌 진입공간이나 진입마당을 보여주고 있어 통로로 번역했다. (역자 주)

4 원본의 アンジョング

5 원본의 ルアング

보방향은 '라브·가단[6]'이라는 단위로 숫자를 센다. '사·부아·파루이'라 불리는 모계(母系) 대가족이 거주하는데, 원칙적으로 안쪽의 한 칸을 기혼여성의 가족이 차지하며, 전면부(前面)는 각 세대가 공유한다.

그림 1-69 미낭카바우의 주거

가족 및 주거의 규모를 결정하는 것은 기혼여성의 수인데, 규모가 큰 것은 보 4칸(4 라브·가단)으로 '라자·바밴딩[7]'이라고 불리며, 최대 수십에 달하는 가구(家口)가 살고 있는 예도 있다.

흥미롭게도 말라카 주변으로 이주한 미낭카바우는 전혀 다른 주거형식으로 산다. 전면(前面)에 베란다, 거주부분, 주방을 놓고, 후면에 건물동(棟)을 추가해 나가는 형태인데, 같은 민족이면서 주거형식을 완전히 다르게 하는 것은 흥미롭다.

3. 바탁(Batak)의 주거

바탁족은 북부 수마트라 일대에 살고 있다. 바탁·토바족(Batak·Toba), 바탁·카로족(Batak·karo), 바탁·시말룽운족(Simalungun), 바탁·만다일링족(Mandailing) 등 6개 종족으로 나뉘며, 서로 가깝게 있으면서 주거형식은 조금씩 다르다는 것이 흥미롭다. 토바(Toba)호수와 사모서(Samosir)섬 주변에 거주하는 바탁·토바족의 주거, 마을이 전형적이다.

그림 1-70 바탁·토바족의 주거, **수마트라** 섬

주거는 용마루가 크게 꺾여 있고, 파풍[8]을 크게 앞뒤로 밀어 낸 안장모양의 지붕을 하고 있으며, 내부는 칸막이 없이 하나로 이어져 있다. 이 대형주거에 '리페[9]'라고 불리는 핵가족을 단위로 몇 개의 그룹[10]이 화로[11]를 공유하며 거주하게 되는데, 3세대의 확대가족이 거주단위로서 한 집에 살며, 가장(家長)의 공간은

---

6 원본의 ラブ·ガダン
7 원본의 ラジャ·ババンディング
8 破風 ; 일본발음으로 하후 はふ 라고 읽으며 우리나라 박공과는 조금 다른 뜻이다. 일본어 사전에는 지붕의 처마에 있는 합장형태의 장식판(屋根の切妻にある合掌形の装飾板)으로 설명되어 있다. https://www.weblio.jp/content/%E7%A0%B4%E9%A2%A8
9 원본의 リペ
10 원본의 組 くみ 구미
11 원본의 炉

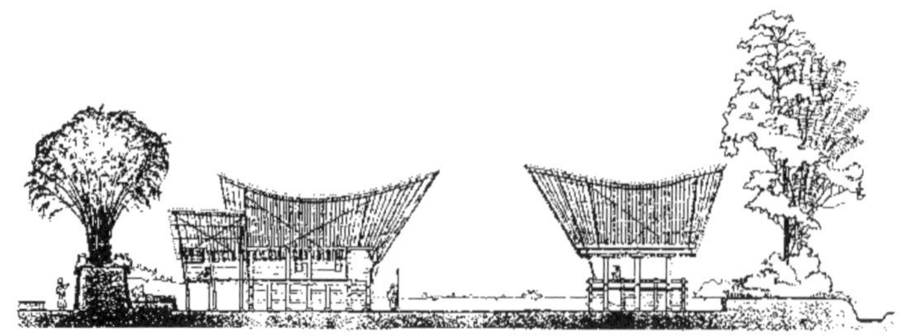

그림 1-71 **바탁·토바**족의 주거(입면도)

입구를 들어선 오른쪽 안쪽에 위치하듯이 내부공간에는 위계(hierarchy)가 있다.

마을은 토루[12]와 대나무숲으로 둘러싸여 있고 주거동(棟)과 쌀창고가 평행하게 배치되며, 주거 건물과 쌀창고 사이의 광장은 다목적으로 사용된다. 이 주거와 쌀창고를 평행하게 배치하는 형식은 남부 술라웨시(Sulawesi)의 토라자(Toraja)족, 마두라섬(Madura)의 마두라족, 롬복섬(Lombok)의 사사크(Sasak)족 등 동남아(東南亞) 일대에서 볼 수 있다.

그림 1-72 **바탁·카로**족의 주거, **수마트라**섬

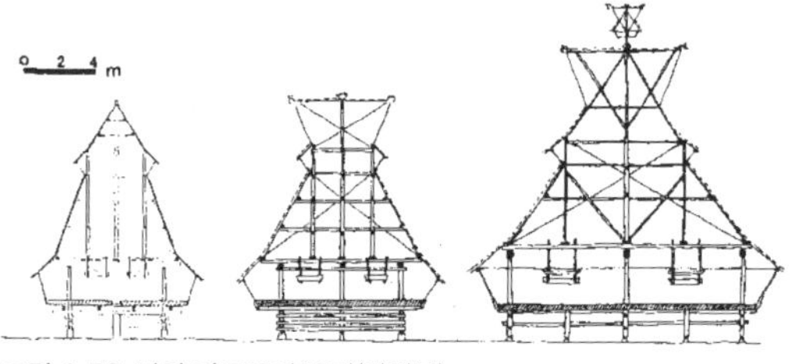

그림 1-73 **바탁·카로**족의 주거(단면도)

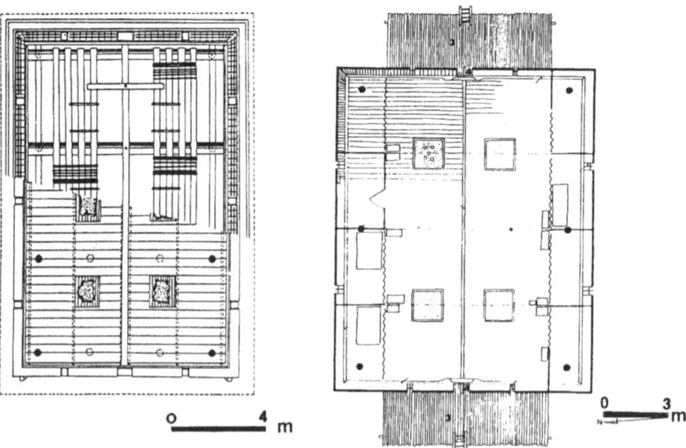

그림 1-74 **바탁·카로**족의 주거(평면도)

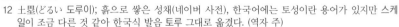

12 土塁(どるい 도루이); 흙으로 쌓은 성채(네이버 사전), 한국어에는 토성이란 용어가 있지만 스케일이 조금 다른 것 같아 한국식 발음 토루 그대로 옮겼다. (역자 주)

바탁·카로의 집은 바탁·토바보다 크다. 내부는 4~6개의 화로로 나눠지며, 하나의 화로를 1 내지 2 가족(자브[13])이 사용한다. 전체로는 4~12 가족이 함께 살게 되고, 20~60명이 방 하나에 거주하는 것이 된다. 마을은 주거동이 용마루 방향을 맞춰 (강의 상류에서 하류 방향에 맞추는 것이 원칙) 정렬되며, 쌀 창고, 탈곡 등의 작업동(棟), 청년회관, 납골당 등의 제반 시설이 배치되는데, 카로[14]고원의 링거[15] 마을처럼 2,000명 규모에 달하는 것도 있다.

4. 사단·토라자(Sadan Toraja)의 주거

남부 술라웨시(Sulawesi) 북방 고지대 사단·토라자족의 주거는 '통코난(tongkonan)'이라 불리며, 통코난은 1개의 방이지만 3구역으로 나눠진다. 맨 가운데 '사리[16]'라는 공간은 바닥 레벨이 낮고 화로가 놓이고, 거실, 식당, 주방 겸용의 다목적 공간이다. 안쪽의 '순분[17]'이 가장(家長)의 공간이 되고, 입구의 '파루앙[18]'이 손님방 또는 다른 구성원의 공간이 된다.

그림 1-75 사단·토라자족의 주거, **술라웨시**

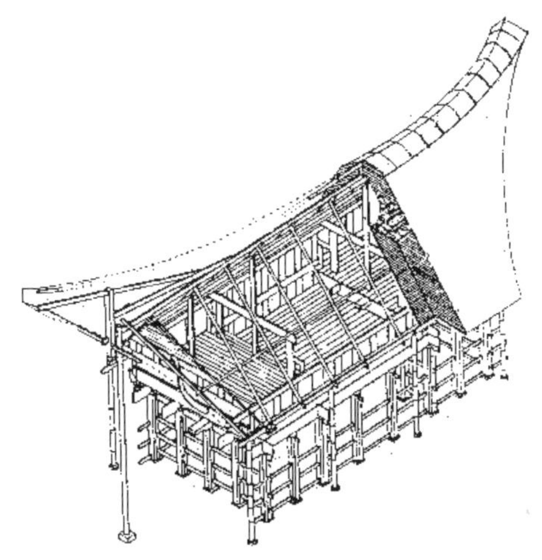

그림 1-76 사단·토라자족의 주거(조감도, 입면도)

---

13 원본의 ジャブ
14 원본의 カロ
15 원본의 リンガ
16 원본의 サリ
17 원본의 スンブン
18 원본의 パルアン

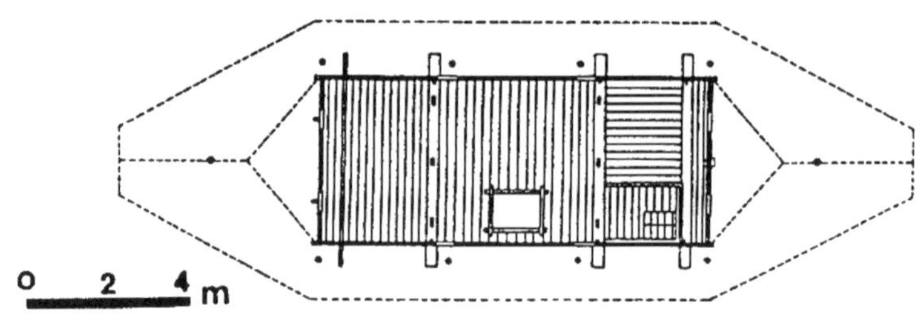

그림 1-77 사단·토라자족의 주거(평면도)

사단·토라자족은 쌍계(雙系)적 친족원리를 갖고 있으며, 남녀를 구분하지 않고 아이들에게 평등하게 상속의 권리를 부여하고 있다. 또한, 토라자의 주거형태를 보면, 다른 통코난이 구별되고, 부모의 출생지, 조부모의 출생지, 더 멀리 떨어져 있는 선조(先祖)의 출생지에서 자신의 가문을 찾을 수 있다고 한다. 친족관계에 관한 표현은 종종 '집'이라는 어휘로 표현되어, '통코난 안의 형제', '통코난 결합' 등으로 불려진다. 통코난의 자손은 자신들의 집단 내에서 한가족을 선출하고, 그 가족은 관리인으로서 가문이 사용하던 통코난에 거주한다.

10 우주(宇宙)[1]로서의 집

1. 삼계(三界)관념

오스트로네시아 언어권에 꽤 널리 퍼져 있는 '바누아[2]'라는 말이 있는데, 대륙, 토지, 취락, 마을, 도시, 나라라는 뜻이다. 인도네시아어로 '브누아[3]'는 대륙과 영토를 의미하고, 사단·토라자에서 '바누아'는 주거를 의미하며, 인근의 부기스(Bugis)에서 '와누아[4]'는 장로(長老)나 영주(領主)가 통치하는 영역을 의미한다. 북부 술라웨시의 미나하사(Minahasa)에서 '와누아'는 마을과 지역을 뜻하고, 필리핀 남부 민다나오섬의 언어에서 '반와[5]'는 영지(領地), 지역 또는 마을의 집합을 가리키며, 니아스(Nias)섬에서 '바누아'는

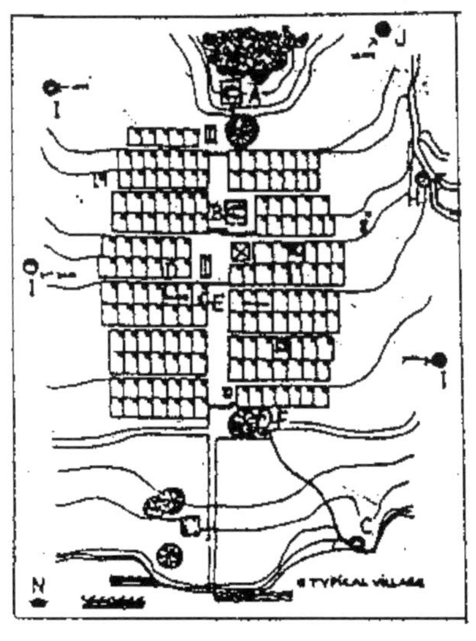

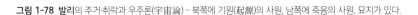

그림 1-78 발리의 주거·취락과 우주론(宇宙論) - 북쪽에 기원(起源)의 사원, 남쪽에 죽음의 사원, 묘지가 있다.

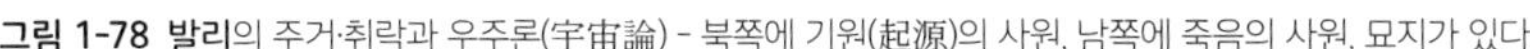

1 원본의 코스모스 コスモス cosmos를 번역한 용어이다.
2 원본의 バヌア
3 원본의 ブヌア
4 원본의 ワヌア
5 원본의 バンワ

마을, 세계 그리고 공기 또는 하늘을 의미하기도 한다.

이렇게 '바누아'라는 말의 확산은 주거와 마을의 배치가 우주(宇宙) 자체의 배치를 반영한다는 생각의 확산을 나타내고 있다. 대표적인 것이 우주(宇宙)가 3개의 층, 즉 천상계, 지상계, 지하계라는 삼계(三界) 관념이며, 동남아시아 도서(島嶼)지역 대부분에서 위와 아래의 세계 사이에 인간이 거주하는 세계가 끼여서 존재한다는 개념을 공유하는 것을 들 수 있다.

발리섬에서는 섬, 마을, 주거지, 건물, 기둥의 각자 구성에 우주(宇宙)(매크로·코스모스 : 대우주(大宇宙))와 신체(마이크로·코스모스 : 소우주(小宇宙))를 관통하는 하나의 질서가 있다고 생각하며, 먼저 천인지(天人地)라는 우주(宇宙)의 삼층(三層)구조에 대응하여 발리섬 전체를 산과 평야부, 바다 세 부분으로 나누어 생각한다. 그리고 각 마을도 머리, 몸통, 다리의 세 부분으로 나누고, '카얀간·티가(Kahyangan Tiga)'라고 부르며 모든 마을에는 반드시 '프라·프세(Pura Puseh)(기원(起源)의 사원)', '프라·데사(Pura Desa)(마을의 사원)', '프라·다렘(Pura Dalem)(죽음의 사원)'이라고 부르는 3개의 사원이 한 세트가 되어 배치되고 있다. 각 건물은 지붕, 벽, 기단(基壇)이라는 3부분으로 나누어 생각하고, 기둥도 주두(柱頭)(기둥머리)와 주각(柱脚)(기둥다리)에는 특유의 조각이 새겨져 3부분으로 나누어진다. 모두 머리, 몸통, 다리라는 신체의 구조에 대응하여 신체와 주거를 포함한 환경 전체가 우주(宇宙)(코스모스)인 것이다.

원래 고상(高床)주거의 구조는 우주(宇宙)의 삼계(三界)관념을 반영하고 있다고 생각되는데, 주거바닥의 아래 영역은 가장 더러운 부분으로서 쓰레기나 배설물을 버리고 돼지 등의 동물을 사육한다. 바닥 위의 공간은 인간이 사는 곳이며, 지붕 밑의 다락방은 선조로부터 전해져 내려오는 가보(家寶)나 벼를 보관하는 가장 신성(神聖)한 공간이다.

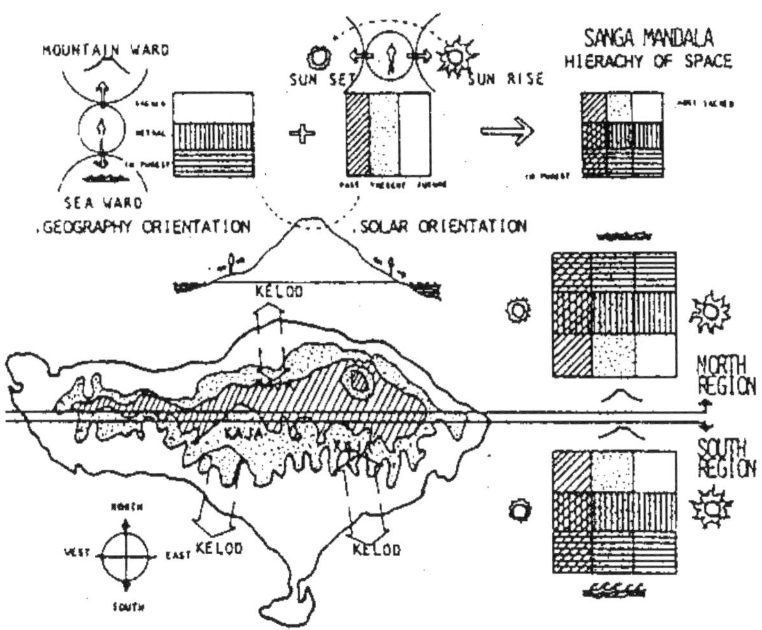

그림 1-79 발리의 주거·취락과 우주론 - 공간의 위계: 동-성(聖)스러움, 서-사악함, 산-성(聖)스러움, 바다-사악함이라는 방위감각에 따라 주거지는 9개로 구분된다. 발리섬의 북부와 남부에서는 각 방향의 위계가 다르다.

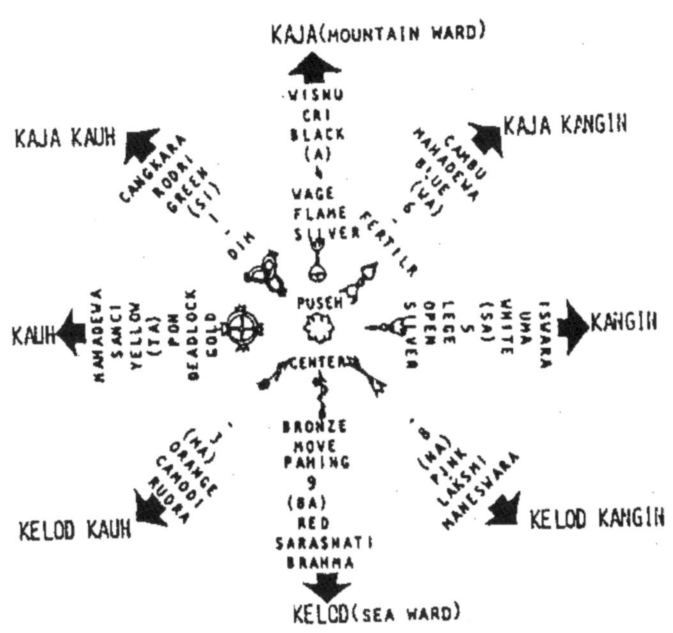

그림 1-80 나와·상가(Nawa Sanga): 발리에서 사용하는 방위개념(오리엔테이션)

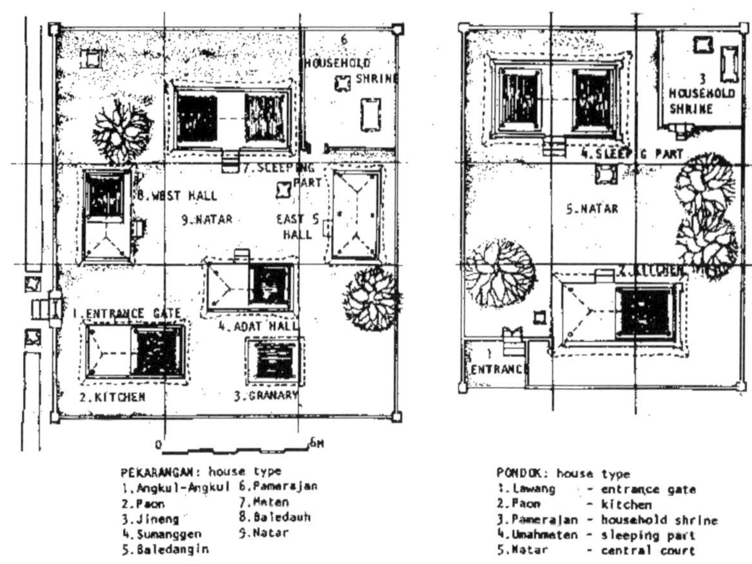

그림 1-81 발리섬의 주거 배치: 크게 3x3으로 분할하는데, 북동쪽 모서리에 대지의 신(神)을 모시는 사당(祠堂)이 놓이며, 북쪽에 '**우마·메텐**[6]' 이라고 하는 주(主)침실이 놓인다.

2. 방위(方位)(오리엔테이션)

주거 또는 마을의 배치는 오리엔테이션(방위(方位))에 대한 다양한 규칙에 따르며, 그 규칙에는 지역과 민족의 우주관(宇宙觀)이 투영된다.

발리섬에서의 오리엔테이션 감각은 매우 분명하며, 먼저 일출(日出)의 방향은 정(正)(삶), 일몰(日沒)의 방향은 부(負)(죽음)라는 관념이 있다. 그리고 산의 방향 '카쟈'[7]가 성(聖)스러움, 바다 방향 '크롯도[8]'가 사악함을 의미하는데, 발리섬의 남부에서는 북쪽이 성(聖)스러운 '아군[9]'산의 방향이며, 남쪽이 악령이 오는 더러운 바다의 방향이다. 동-서, 산-바다라는 두가지 축(軸)을 기준으로 각 집의 대지는 북동쪽 모서리를 가장 신성한 장소로 하고, 남서쪽을 가장 가치가 낮은 장소로 하는 위계질서에 따라 구분하여 각 건물을 배치하며, 북동쪽 모서리에는 '상가[10]'라고 불리는 대지(垈地) 신(神)이 모셔진다. 반대로 발리섬의 북부 지역으로 가면 남쪽이 산의 방향이 되고, 남동이 대지(垈地) 신(神)의 장소가 된다.

---

6 원본의 ウマ·メテン
7 원본의 カジャ
8 원본의 クロッド
9 원본의 アグン
10 원본의 サンガ

보르네오의 응가주·다약[11]족처럼 강(江) 상류와 강(江) 하류로 구분하는 지역도 있으며, 산-바다 또는 상류-하류라는 지리학적인 특징이 주거, 마을의 배치에 영향을 주고, 방위감각을 규정한다. 또한 좌우의 구별이 오리엔테이션 감각에 영향을 주는 중요한 예가 있는데, 로티[12]와 아토니[13](티모르)는 모두 동서축(軸)을 고정된 축(軸)으로 간주하고, 동쪽을 향해서 북쪽과 남쪽을 왼쪽과 오른쪽으로 나타내기도 한다. 엔데(Ende)(동부 플로레스)에서는 바다 - 산이라는 축(軸)을 고정시키고, 왼쪽과 오른쪽은 바다를 향했을 때를 기준으로 정의된다.

바탁·카로족의 주거는 주거 내부에 지리적 은유(隱喩)가 들어간다. 중앙의 하수구 혹은 통로의 양쪽에 나란히 2개의 높은 마루가 있고, 바닥은 벽에서 중앙을 향해 약간 기울어져 있다. 높은 부분을 '구눙(산)'이라고 하며, 가장 명예로운 곳이고 사람이 자는 곳이다. 중앙에 가깝고 가장 낮은 경시하는 부분을 '사와(밭)'라고 부르는데, 내부공간의 구조가 일종의 경관을 만들어 내고 있으며 자연계를 반영하고 있는 것이다.

또한 오리엔테이션의 규칙은 잘 때 머리를 두는 방향에도 적용되는데, 선상(船上)생활을 하는 바자우(Bajau)족은 항상 배와 십자(十字)모양으로 진다. 그 이유는 시체(屍體)

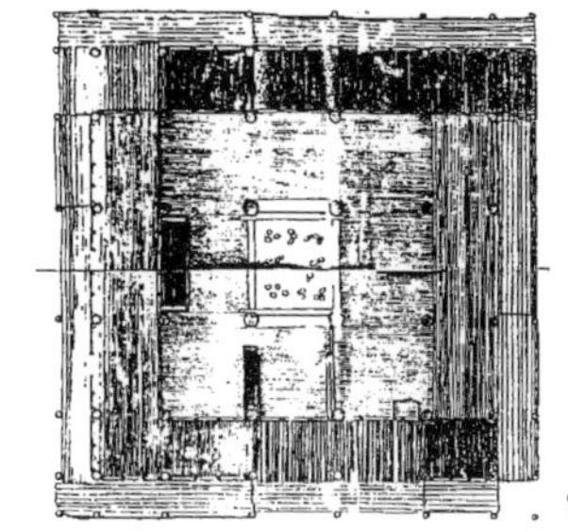

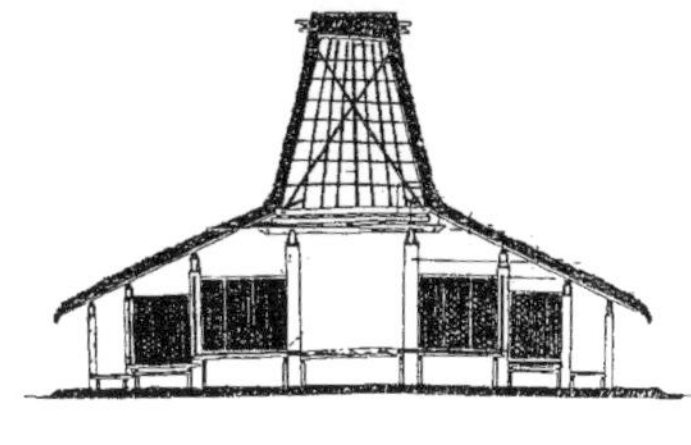

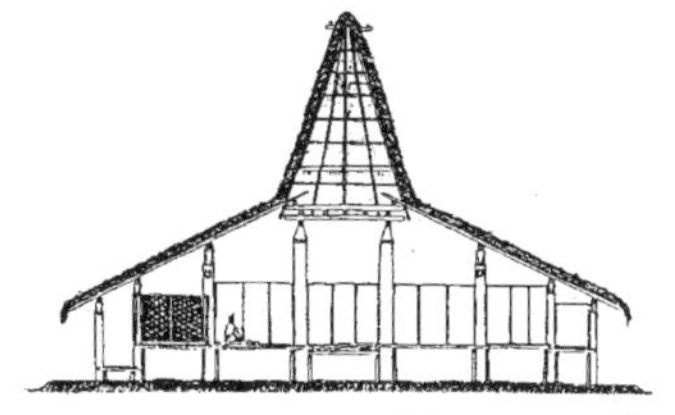

그림 1-82 **숨바**의 주거, **우마**[14], **브라이·야왕**[15]마을, 인도네시아

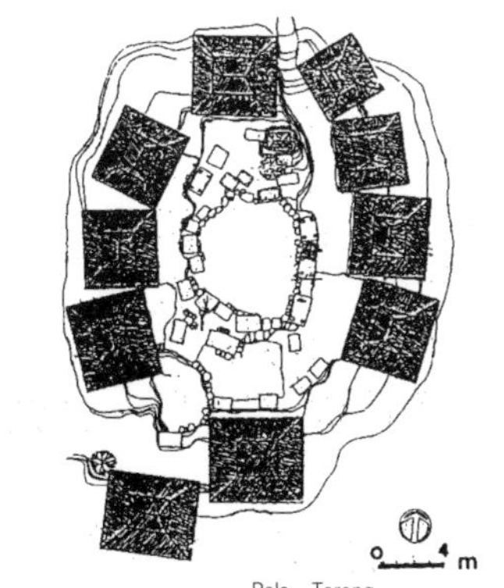

그림 1-83 **숨바**의 주거, **폴라(Pola)**[16], **타롱(Tarong)**[17]마을, **인도네시아**

11 원본의 ンガジュ·ダヤク
12 원본의 ロティ
13 원본의 アトニ
14 원본의 ウマ
15 원본의 ブライ·ヤワン
16 원본의 ポラ
17 원본의 タロン

가 배를 본 따서 만들어진 관(棺)에 세로로 묻히기 때문인데, 죽음에 관하여 나쁜 방향은 어디서나 의식되고 있다. 부기스(Bugis)족의 경우에는 북쪽 방향으로 자는 것은 죽은 자가 되는 것이며, 일본에서도 북쪽으로 머리를 두는 것은 재수가 없다고 여겨진다. 누아우르(Nuaulu)인은 동서축(軸)을 따라 자는데 산-바다(남-북)축(軸)을 따라 자면 죽는다고 믿으며, 토라자족도 동서(東西)로 잔다. 태국 북부도 동쪽으로 머리를 두고 자며, 다른 방향은 위험하다고 생각하고 있다.

3. 신체(身體)로서의 주거

주거의 각 부분을 소우주(小宇宙)(마이크로·코스모스)로서 신체부위에 비유하기도 한다. 사부(Savu)에서 주거는 머리, 꼬리, 목, 얼굴, 호흡을 하는 공간, 가슴 그리고 늑골

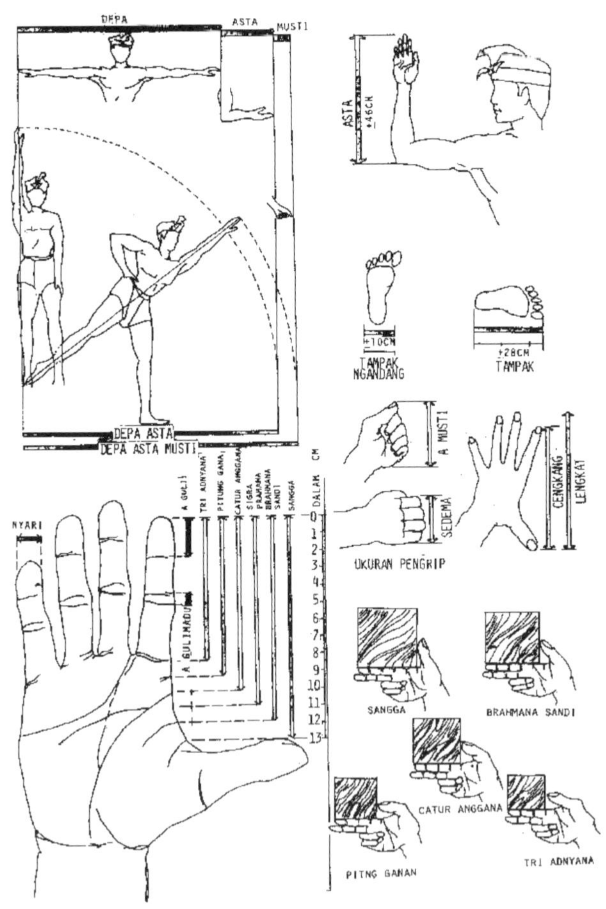

그림 1-84 신체 치수

을 가진다고 하며, 티모르 테툼(Tetum)족의 경우 주거는 척추, 눈, 발, 몸, 항문, 얼굴, 머리, 뼈 그리고 자궁이나 질(膣)이 있는 것으로 간주된다.

숨바에서도 주거, 무덤, 마을, 경작지, 하천 그리고 섬 자체가 신체로 비유되며, 모두 머리와 꼬리를 가진다. 긴 방향의 중앙부에 있는 문(門)은 요문(腰門)(허리문)이라고 부르고, 마을의 중심부는 배나 배꼽 또는 심장이라 불린다.

주거를 신체로 보는 사고방식은 수평적으로도 그리고 수직적으로도 볼 수 있다. 주거의 앞면은 사람의 머리이며, 뒷면은 엉덩이로 간주되고, 주거의 꼭대기는 '머리묶음' 등이라 표현된다. 린디족에 따르면 꼭대기는 주거의 가장 중요한 부분이며, 사람이 사는 부분은 꼭대기의 연장 또는 팔다리로 간주된다.

티모르의 테툼족 주거는 길쭉한 맞배지붕의 건물이지만, 앞면은 얼굴이라 부르고, 남성용 문은 '주거의 눈(目)'이라 부른다. 뒷면의 여성용 문은 '주거의 질(膣)'이라고 부르며, 측벽은 다리, 용마루는 등뼈 또는 척추, 뒷벽은 항문이 된다. 주거에는 3개의 방이 있는데, 의례(儀禮)적으로나 거주의 측면에서도 가장 넓고 중요한 방은 뒷방이며, '주거의 자궁(子宮)(우마·로론)'이라 부른다.

주거의 각 부분은 신체치수에 따라 만들어지는 것이 일반적이다. 발리의 경우, 남성 세대주의 몸이 치수의 기준이 되며, 롬복섬의 사사크(Sasak)족은 부인의 몸을 기준으로 하는데, 그것은 집에서 가장 긴 시간을 보내고 일을 하는 사람이 부인이기 때문이라고 한다. 모든 치수체계가 신체치수에 기초하여 결정되기 때문에 건축법규나 기준이 없어도 자연스럽게 통합적인 경관이 만들어진다. 치수는 신체 그 자체이며, 이 치수에 혼(魂)을 불어넣으면 목숨이 생기게 되고, 이 경우 치수의 영(靈)을 인도네시아(말레이시아)어로 지와·우쿠란(Jiwa ukuran)이라고 부른다.

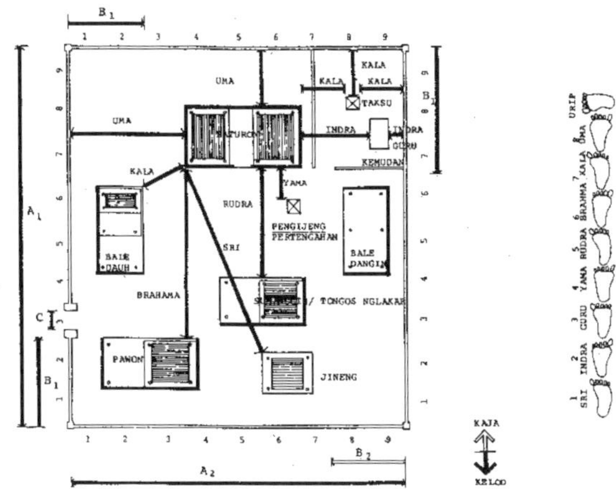

그림 1-85 인동간격(隣棟間隔) 결정방법

PART 02

2章

불교건축(佛教建築)의 세계사 –불탑(佛塔)이 들어온 경로

불교의 탄생과 전파

불교에 관한 제반(諸般)시설, 즉 부처를 예배하는 장소, 불교의 신들을 모시는 장소, 불교를 가르치고 배우는 장소, 불교를 전파하기 위한 장소 등에 필요한 건축물이 불교건축이다.

석가가 설법을 시작한 때부터 곳곳에 설법을 위해 필요한 도장(道場)이나 제자가 기숙하기 위한 숙소가 필요했을 것으로 추측된다. 곧 이어서 부처의 사리를 숭배하는 불사리(佛舍利) 신앙이 일어나는데, 불상을 만드는 일이 처음엔 금지되었기 때문에 부처의 유품, 불족석(佛足石)[1] 등의 차이티야(chaitya)[2](예배대상)를 숭배하게 되며, 이를 위해 먼저 사리(舍利)와 유품을 보관하는 스투파(stupa)가 만들어졌다.

스투파의 형태는 하나의 원형(原型)을 상정할 수 있다. 불교유적에 그려진 도상(圖像)에 공통된 형태가 있고, 실제로 그 형태와 같은 산치(Sanchi)의 스투파 같은 사례가 있기 때문이다. 그러나 각지로 불교가 전파되는 과정에서 다양한 형태가 나타나는데, 그 지역의 토착 건축문화가 불탑의 형태에 크게 영향을 미치기 때문이다. 인도로부터 아득히 먼 일본에 다다르게 되면 세계에서 가장 오래된 목조건축 호류지(法隆寺)의 오층탑이 되며, 자바에서는 '입체 만다라(曼荼羅)'라고 불러도 좋을 보로부두르(Borobudur)의 사례도 있기 때문에, 그 형태변천의 과정은 불교건축사의 중요한 분야가 된다.

이윽고 불상(佛像)이 세워지면서 불당(佛堂)이 건립되며, 이 불당(佛堂)은 스투파, 차이티야와 함께 사찰의 중심이 된다. 불교를 가르치고 배우는 장으로 필요한 것이 비하라(Vihāra)이고, 다른 말로는 상가라마(samgha-ārāma)라 한다. 비하라[3]는 정사(精舍)[4]라고 음역[5]되며, 기원정사(祇園精舍)(Jetavana-Vihara)[6]의 정사(精舍)를 말한다. 상가라마

1 부처의 발 모양을 새긴 돌 또는 그 발 모양을 <불족적(佛足跡)>이라고 한다. 족형은 좌우 한 쌍인 것이 대부분인데, 가끔 한쪽 발만 있는 것도 있다. 부처(석가)가 평생 여러 곳을 여행하고, 설법한 발자취를 남긴다는 의미에서 부처의 족문(足文)을 돌에 새긴 것으로, 예배의 대상으로 하였다. 인도의 초기 불교에서는 부처의 형상을 새기는 것을 두려워해서, 1세기경까지는 그 조상(彫像)을 하지 않았다. 그 대신에 사리(불타의 유골)를 안치한 불탑, 부처의 성도(成道)를 나타내는 보리수, 마찬가지로 그 설법을 나타내는 법륜(윤보)이나 보좌 등이 부처의 존재 그 자체를 상징하는 도상(圖像)으로서 이용되었는데 불족적도 그 하나이다. (네이버 지식백과)

2 차이티야(팔리어로는 체티야cetiya)는 고대 인도에서 예배공양의 일반대상을 가리킨 비(非) 아리아적 기원의 것으로 신수(神樹) 등을 말할 때가 많고, 야크샤가 사는 곳이라 하여 건조물을 수반(신사, 영묘)하는 경우도 있었던 것 같다. 불교에서도 초기에 있어서는 중심적인 예배 대상이었던 스투파를 특히 남인도에서 차이티야라고 불렀던 경우가 있다. (네이버 지식백과)

3 산스크리트어로 산책하는 것 및 그 장소를 가리키는 원뜻에서, 불교나 자이나교의 출가자의 주거, 또는 승원, 정사(精舍)를 의미하며, 음역해서 비하라(毘訶羅)라고 한다. (네이버)

4 원래 산스크리트어(語)인 비하라(僧院)의 한역(漢譯)으로서 사용됨. '중들이 묵는 곳', 즉 승원(僧院)을 가리키며 후에는 불교사원 전체를 지칭하게 되었으며, 또 가람(伽藍)을 말하기도 한다. 중국에서는 유생(儒生)이 공부하는 학교나 서재, 도사가 기거하는 곳도 정사라 불렀다. (네이버 지식백과) 사찰(한국 미의 재발견 – 용어 모음)

5 음역(音譯)이란 용어는 한자(漢字)의 음(音)을 가지고 외국어(外國語)의 음(音)을 나타내는 일. 곧, 아시아(Asia)를 아세아(亞細亞)로 나타내는 따위를 말한다(네이버). 여기에서는 승원(僧院)을 한자로 표현한 말이므로 한역(漢譯)이라고 표현하는 것이 적절할 것인데, 원본에 음역(音譯)이라고 표현되어 있어서 그대로 차용했다. (역자 주)

6 기원정사(祇園精舍, Jetavana); 기수급고독원(祇樹給孤獨園)정사의 약어이다. 인도 마갈타국의 기타태자(祇陀太子) 소유의 동산을 수달장자(須達長者, 給孤獨長者)가 구입하여 석가에게 보시(普施)한데서 비롯되었다는 승원(僧園)이다. 인도 북부 우타르 프라데시 주 북쪽, 사위성지[舍衛城址, 마헤트(Maheth)] 남문밖의 사헤트(Saheth) 숲이 이에 해당되는 지역으로서 200×500m의 불교사원 터가 발굴되었다. 부처가 그의 생애 중 여기서 가장 자주 우기(雨期)를 보냈다고 전해진다. (네이버 지식백과)

는 '승가람마(僧伽藍摩)'로 음역된다. 승가람마(僧伽藍摩)는 다시 한역(漢譯)되어 승가람(僧伽藍)이 되며, 더 생략되어 가람(伽藍)이 되고, 칠당가람(七堂伽藍) 등으로 불린다. 불교사원에는 승려가 생활하기 위해 승방(僧坊) 등 제반시설(諸般)이 필요하고, 이 제반시설(諸般)의 배치가 각 지역별로 어떻게 전개되어 나가는지도 또 하나의 중요한 연구분야가 된다.

여기에서는 불교의 탄생 이후, 그 전파과정을 밟아가며 불교건축이 퍼져간 흔적을 살펴본다.

13세기 초에 인도에서 모습을 감추게 되는 불교는 각각의 전파계통을 밟아 오늘까지 그 법맥(法脈)을 이어 오고 있다. 그 큰 계통(系統) 중 하나가 일본과 티베트 불교이며, 미얀마, 태국, 스리랑카 등은 원시불교의 전통을 중시하여 엄격한 계율유지를 자랑하는 남방 상좌부불교[7]가 살아 있다.

---

7 상좌부불교(上座部佛教) 또는 테라바다 또는 테라와다(Theravada)는 부처의 계율을 원칙대로 고수하는 불교를 말한다. 대중부불교와 함께 인도불교의 2대 부문(部門)의 하나이다. (위키백과) 테라바다(Theravada)라는 말은 "장로(長老)들의 길"이란 뜻으로 상좌부(上座部)라고 한역되었다. 상좌부불교에서는 고타마·붓다가 사용한 언어인 팔리어(빠알리어)로 된 경전을 근간으로 하는데, 이는 산스크리트어로 쓰인 대승경전과 대비된다.

01 불교의 성지(聖地)

– 석가의 일생과 불적(佛蹟) –

1. 부처(불타)(佛陀) 석가

불교는 부처에 의해 설파된 종교이며, 부처의 가르침이자 부처가 되기 위한 가르침이다. 불타(부처)는 산스크리트어의 붓다(Buddha)이고, 붓다는 '진리에 눈을 뜬 사람'이라는 의미로 자이나교의 교조(教祖) 마하비라[1] 등과 함께 사용되는 일반명사이다. 불교를 연 부처는 출신 가문인 석가(사캬, 샤캬, Sakya)족의 이름을 따서 석가(Shaka) 또는 석존(釋尊)(석가족의 존자(尊者))이라고도 하지만, 속명(俗名)은 고타마·싯다르타(Gotama Siddhārtha)이며, 고타마는 '가장 좋은 소', 싯다르타는 '목적을 성취했다'라는 의미이다.

석가는 BC 463년경에 인도 북부 룸비니(Lumbini)(현 네팔)에서 태어나(4월 8일) 80세의 나이에 쿠시나가르(Kuśinagara)에서 죽었다고 알려져 있으나, 몇 가지 전래되는 기록이 석가의 입멸(入滅)부터 아소카(Aśoka)(아육(阿育))왕 즉위까지의 연수(年数)를 표시하고 있어서 석가의 출생과 사망에 대해서는 이견(異見)이 있다. 남방 상좌부불교가 전하는 '도사(島史)[2]' '대사(大史)[3]'를 바탕으로 하여 BC 563~483년이라고 하는 것이 독일 가이가[4]의 주장인데, 유럽의 역사학자들은 이 주장에 힘을 싣고 싶어 한다. 반면 설일체유부[5] 불교를 중심으로 중국에 전승된 것을 기반으로 한 설(說)이 우이하쿠쥬(宇井伯寿)의 BC 466~386년 설(說)이며, 이를 채택하여 보강·수정한 것이 나카무라하지메(中村元)의 설(說)로 일본에서는 주류(主流)를 이루고 있다(기타 BC 624~544년이라는 설도 있다).

석가는 코살라왕국 석가족 왕족의 한 아들로 아버지는 슈도다나(Śuddhodana)(정반(淨飯)), 어머니는 마야(Māyā)(마야(摩耶))이며, 카필라(Kapila)(Kapilavastu) 성에서 자랐다. 마야 부인은 석가모니를 낳고

---

1 마하비라(Mahāvíra) 자이나교의 개조(開祖)로서, 불교의 석가와 동시대에 활약한 당시의 대표적인 자유사상가의 한 사람이다. 마하비라는 <위대한 영웅>이라는 의미의 존칭으로, 한역 불전에서는 <대웅>이라고 하는데 본명은 바르다마나[Vardamāna, (번영하는자)라는 뜻]이다. (네이버 지식백과) 마하비라(Mahāvíra) (종교학 대사전, 1998. 8. 20.)

2 시(詩)로 이루어진 편년체 역사책이다. 4세기 후반에서 5세기 초엽에 완성된 것으로 팔리어로 기록되어 있다. 5세기 말부터 기록된 《대사(大史, Mahnamsa)》와 함께 스리랑카의 역사와 불교사를 연구하는 데 귀중한 문헌이다. 《도왕통사(島王統史)》라고도 한다. 저자는 알려지지 않는다. (네이버 지식백과)

3 스리랑카의 역사를 기록한 책으로 5세기의 마하나마(Mahanama)를 비롯하여 13세기의 담마키티(Dhammakitti) 등 여러 사람이 저술하였으며, 스리랑카의 왕통을 편년체(編年體)로 기록하였다. 팔리어로 되어 있으며 《대왕통사(大王統史)》라고도 한다. (네이버 지식백과)

4 원본의 *ガイガー*

5 설일체유부(説一切有部, 산스크리트어: सरवास्तिवाद sarvâsti−vāda 사르바스티바다)는 부파불교 시대의 종파 또는 부파들 중에서 가장 유력한 부파이며, 부파불교의 사상적 특징을 가장 잘 보여주는 부파이다. 줄여서 유부(有部)라고도 한다. 음역하여 살바다부(薩婆多部)라고도 한다. (위키백과)

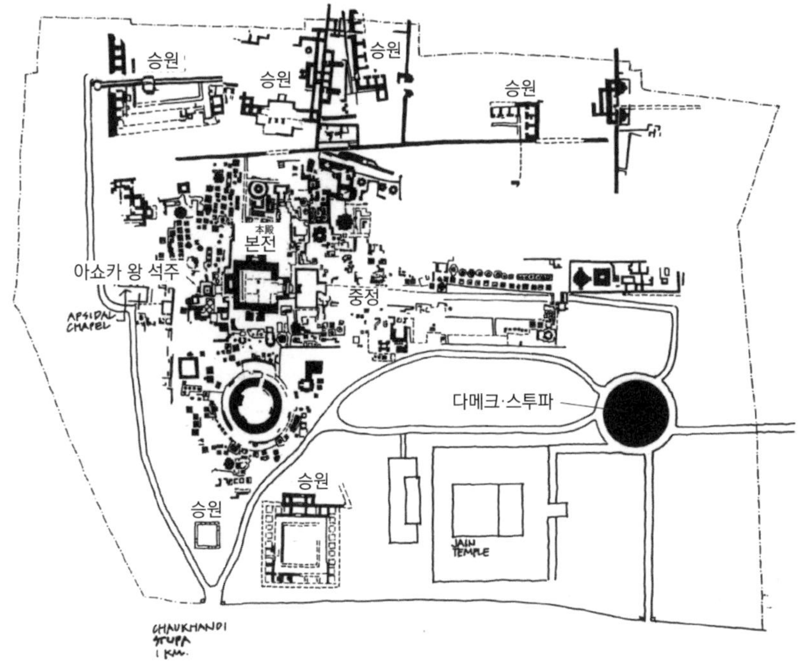

그림 2-1 사르나트(배치도)

그림 2-2 다메크·스투파

7일째에 사망하고, 아버지는 왕비의 동생 마하·프라자파티(Mahā prajāpati)와 재혼, 이복동생이 있다. 석가는 16세에 야쇼다라(Yaśōdharā)와 결혼하여 첫째 아이 라훌라(Rāhula)를 낳았다.

석가는 29세에 출가하여 수행자가 된다. 6년간 고행(苦行)을 했지만 성과가 없었고, 부다·가야(Buddha Gaya)의 보리수나무(菩提樹) 아래에서 명상(瞑想)에 들어가 7일째 아침 깨달음을 얻어(成道. 중국, 일본에서는 12월 8일) 당시 35세의 나이에 부처가 되었다.

부처는 처음엔 바라나시(Vārānasī) 교외의 사르나트(sārnāth)(鹿野苑)(녹야원)에서 하급의 수업동료 5명에게 설법(說法)을 하여 제자로 둔다. 이 첫 포교를 '초전법륜(初轉法輪)'이라고 부르고, 이때 삼보(三寶) 즉 깨달음을 얻은 사람(佛)(불), 그 가르침(法)(법), 가르침을 추구하며 수행하는 사람(僧)(승)의 세 가지가 성립한다.

이후 부처는 마가다왕국의 수도 라자그리하(Rajagriha)(王舍城)(왕사성)와 코살라 왕국의 수도 슈라바스티(śrāvastī)(舍衛城)(사위성)의 2개 도시를 중심으로 하여 갠지스강 중류지역에서 포교에 종사하는데, 제타바나·비하라(Jētavana-vihara)(祇園精舍)(기원정사)란 슈라바스티(śrāvastī)(舍衛城)(사위성)의 수다타(Śudatta) 장자(長子)가 기부한 승방(僧坊)이다.

45년간의 포교 끝에 부처는 쿠시나가르(Kuśinagara)의 2개의 사라(sala)(사라쌍수(沙羅雙樹))나무 사이에 누워서 죽는다(2월 15일. 열반회(涅槃会)). 시신(屍身)은 화장되어 그 유골(遺骨)은 신자들에게 나누어진 다음 탑(塔)에 모셔졌다.

2. 8대 성지(聖地)

수많은 부처의 족적(불적(佛跡)) 가운데 탄생지인 룸비니, 깨달음의 땅 부다·가야, 처음 법륜(法輪)을 설파한 땅 사르나트, 입멸(入滅)의 땅 쿠시나가르가 4대 성지(聖地)로 알려져 있으며, 라자그리하(Rajagriha)(라즈기르), 기원정사(祇園精舍)가 있는 사헤트·마헤트(Sahēth Mahēth)(슈라바스티), 부처 입멸(入滅) 이후에 바이샬리(Vaiśali), 산가샤(Sānkāsha)가 더해져 8대 성지(聖地)가 된다. 바이샬리는 부처가 말년에 자주 설법하기 위해 방문한 마을로 입멸(入滅) 후 제2회 불전(佛典) 결집이 열린 땅으로 알려져 있으며, 산카샤는 부처가 하늘로 오르고 마야(摩耶)부인에게 진리(眞理)를 말한 후 춤추면서 내려왔다는 전설의 땅이다.

룸비니에는 19세기에 재건된 마야성당(Māyā Devi Mandir)과 아소카왕 석주(石柱)(BC 249년 창건), 싯다르타연못을 중심으로 성원(聖園)이 복원·정비되어 있으며, 카필라성 유적으로 알려진 것이 룸비니 서쪽 27km에 있는 틸라우라코트(Tilaurakot) 유적이다. 부다·가야에는 부처가 깨달음을 연 땅에 마하보디(Mahābodhi) 사원(대보살사(大菩薩寺) 5~6세기 창건)이 건립되고, 부처가 앉았던 장소를 나타내는 금강옥좌(金剛玉座)가 놓여 있다. 사르나트에는 6세기에 건립되어 일부 파괴된 채로 남아 있는 다메크·스투파와 함께 가람(伽藍)의 흔적이 남아 있으며, 승방(僧坊)의 흔적 등 사찰구성을 엿볼 수 있다. 쿠시나가르의 부처입멸(入滅)의 땅을 기념하는 니르바나(Nirvāna)사원(열반당(涅槃党)) 앞에는 2개의 사라나무가 잎을 무성하게 피우고 있지만, 아소카왕이 지었다고 전해지는 대(大)스투파는 아직 발견되지 않았다.

column 1

현장삼장의 여정

중국 법상종의 개조 현장삼장(c. 602~664년)은 희대의 명승으로 그리고 오승은의 '서유기'(c. 1570년) 주인공으로 그 이름이 널리 알려져 있다.

13세에 출가하여 낙양의 정토사에서 수행한 현장은 전란을 피해 촉 나라의 성도에 가서 연구를 거듭하여 20세에 수계한다. 그 후 장안으로 들어가 당시의 2대 사찰인 선광사의 법상, 홍복사의 승변으로부터 배웠다. 이미 학명이 높았지만, 당시 중국 불교계에서 대승불교를 둘러싼 교리적 불일치, 경전과 그 해석을 둘러싼 다양한 이설에 대해 근본적으로 이해하고, 그 비밀을 밝히고자 했던 현장은 인도(천축)로 구법여행을 가기로 결심한다. 불교 철학의 최고봉 '17지론(유가사지론)'을 입수하는 것이 목적이었다.

629년(627년이란 설도 있다)에 출발하여 16(18)년에 걸친 여행 후 645년에 귀국하며, 그 고난의 여행 후 '대당서역기'가 탄생했다. 또한 그 여행경위에 대해서는 '대당대자은사삼장법사전'이 제자들이 의해 출간되었고, 그 경로는 (그림 2−3)과 같다.

태주 → 난주 → 양주 → 과주로 금지령을 피해 국내에서 준비하는 것부터 여행은 시작된다. 과주를 나와 옥문관을 통과, 혼자서 고비사막을 지나 하미에 이르기까지가 가장 힘든 여정이었다. 하미에서 고창국으로 천산북로를 향해 서쪽으로 방향을 정하고, 천산남로로 들어가 굴지국(쿠차)에서 눈이 녹기를 기다렸다. 거기에서 천산북로의 소엽수성(Tokmark), 타라즈, 타슈켄트, 사마르칸트를 거쳐 더 서쪽으로 나아가며, 각 나라 지도자의 비호아래 강의를 하면서 여행했다. 후에 이슬람이 지배하게 되는 동서교통의 오래된 도로는 당시는 불교의 길이었으며, 마침내 아무·다리야(옥수스)강을 건너 활국(쿤두즈)에 들어갔다. 활국은 아프가니스탄 지방을 통치하는 서돌궐의 중심으로 고창국과 인척 관계였다.

인도(파라문)에 들어서면서 각지의 성스러운 유적을 탐방하는 여행이 되었다. 박갈국(박트라)에는 가람이 100개 이상 있었고, 3000여명의 승려가 소승을 배우고 있었다. 범연나국(바미얀)에서는 가람이 수십 곳, 도시의 동북쪽에는 높이 150척의 황금빛으로 빛나는 입불석상이 있었는데, 바미얀의 대불이며 현장이 본 이 유산은 2001년 이슬람 원리주의자에 의해 파괴된다. 가필시국(카피시), 나가라갈국(나가라하라, 현재의 잘랄라바드)을 거쳐 건타라국(간다라)에 이른다. 간다라의 수도는 포로사포라(푸르샤프라, 현재의 페샤와르)였으며, 예로부터 무저, 세친 등의 성현이 태어난 곳이다. 성 밖 동남쪽으로 100여 척 높이의 보리수가 있고, 4개의 여래상이 있으며, 그 옆에 카니시카왕이 만든 스투파가 있었다. 고대 이래 인더스강을 건너는 지점에 있던 오탁가한도성(우가카칸다[1], 현재의 안도[2]), 저차시라(탁사실라, 현재의 탁실라), 그리고 가습미라(카슈미르)로 여행은 계속되었고, 현장은 카슈미르에서 승칭[3]법사를 따라서 2년간 수행을 한다. 카슈미르에서 수행을 마친 현장은 곳곳에서 연구를 더욱 거듭하면서 마게타(마가다)국의 나란타(날란다)사로 향했다. 말토라국(마투라), 기원정사가 있는 실라벌실저국(슈라바스티), 석가의 탄생지인 가비라위국

1 원본의 ウガカカンダ

2 원본의 アンド

3 원본에서는 僧 称(サンガキールティ)으로 한 칸 띄워서 표시되어 있는데 이를 떼어서 번역하면 僧은 승가(僧伽)의 줄임말임. 일본어 표기는 "サンガ"인대 뒤의 キールティ[कीरतिः (kīrtiḥ)]는 명성 혹은 유명한 인물을 가리키는 말이다. 따라서 원본의 띄어쓰기를 존중한다면 명성 있는 승려 또는 승려 중 유명한 인물을 지칭하지만, 현장법사에 대한 인터넷 검색에 승칭법사라는 이름이 나오므로 이를 붙여쓰기로 해석하여 법사의 이름으로 번역했다. (역자 주)

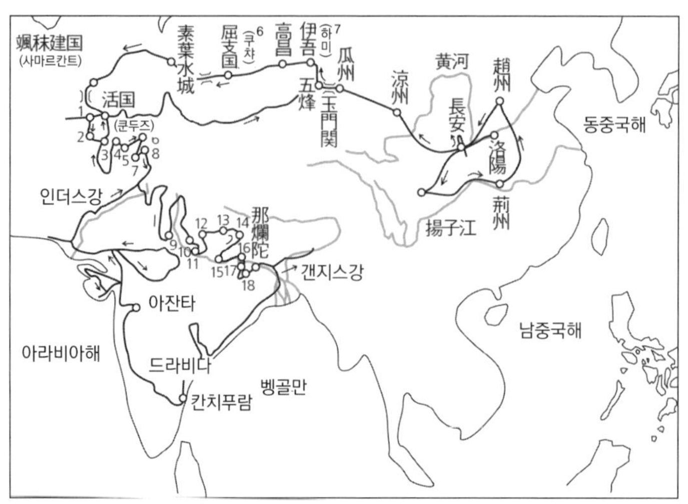

그림 2-3 현장법사의 여정 1 : **박트라**, 2 : **바미얀**, 3 : **카피시**[8], 4 : **나가라하라**, 5 : **간다라**, 6 : **웃디야나**[9], 7 : **탁사실라**, 8 : **카슈미르**, 9 : **마투라**, 10 : **카냐쿱자**[10], 11 : **카우샴비**, 12 : **슈라바스티**, 13 : **카필라바스투**, 14 : **쿠시나가르**, 15 : **바라나시**, 16 : **바이샬리**, 17 : **파탈리푸트라**, 18 : **라자그리하**

(카필라바스투), 석가 입멸(入滅)의 땅인 구시나갈라국(拘尸那揭羅國)(쿠시나가르), 처음 설법(說法)을 한 땅인 녹야원(鹿野苑)(사르나트) 등 대부분의 성지(聖地)를 순례했으며, 많은 사원이 황폐하고, 석존이 깨달음을 열었다는 보리수 아래 금강옥좌도 황폐해져 현장(玄奘)은 가슴 아파했다.

날란다사(寺)에서는 계현노사(戒賢老師)를 따라 5년간 수행을 한 후, 동, 남, 서인도 전역의 성역(聖域)을 둘러보는 여행을 시작하는데, 당시의 교통로와 함께 현장(玄奘)이 찾아간 대승(大乘)의 길을 엿보는 것은 흥미롭다. 첫째, 갠지스강을 따라 동으로, 그리고 이어서 남으로 향한다. 인도양을 따라서 남으로 향한 후, 일단 북상(北上)하여 코살라국에 들러 칸치푸람에 이르렀다. 칸치푸람에서 서쪽 방향으로 북상하여 아잔타, 엘로라 등을 본 후, 인더스강 하구(河口)에 이른다.

그림 2-4 바미얀의 입불상(立佛像)

날란다사(寺)로 돌아온 현장(玄奘)은 이미 인도에서 일급 학자였고, 각지에 초청되어 강의를 할 정도였다. '유가사지론(瑜伽師地論)'을 비롯한 여러 학문의 교리를 연구한 현장(玄奘)은 귀국여행을 시작하며, 많은 불상과 경전을 가지고 돌아가는 귀국길은 왔던 길에 못지않게 힘든 여정이었다. 귀국한 현장(玄奘)은 장안(長安)의 홍복사(弘福寺), 나아가 648년에는 새로 건립된 자은사(慈恩寺)의 상좌가 되어 자은사(慈恩寺)의 번경원(翻經院)에서 번역작업에 몰두했다. 높이 180척의 전탑(磚塔)(대안탑(大雁塔))이 세워진 것은 652년, 대자은사(大慈恩寺)의 비석이 세워진 것은 656년이었다.

---

4 원본의 クチャ
5 원본의 ハミ
6 원본의 カピシー
7 원본의 ウッディヤーナ
8 원본의 カニャクブジャ

02 | 불교의 계보(系譜)

1. 불전(佛典) 결집

석가 입멸 후, 시간이 지나면서 설교상의 해석 차이가 점차 커졌기 때문에, '결집'을 통해 경전 편찬이 이루어진다. 제1회 불전 결집은 부처의 시자(侍者)였던 아난다를 중심으로 라자그리하에서 이뤄졌고, 제2회 불전 결집은 바이샬리에서 열렸다. 그럼에도 불구하고 부처 입멸 후 100년이 지나면서 여러 가지 갈등이 심해지고, 주로 계율(戒律)을 둘러싼 대립으로 교단들이 분열되기 시작했다. 우선 '상좌부(上座部)'와 '대중부(大衆部)'로 나뉘는 '근본 분열'인데, '상좌부(上座部)'가 보수적이었다면 '대중부(大衆部)'는 시대에 맞게 규칙도 바뀌어야 한다는 입장을 취했다.

2. 아소카왕

BC 317년경 찬드라굽타왕(Chandragupta Maurya)이 인도 서북부를 통일하고 마우리아왕조가 성립(BC 317~180년)했는데, 수도는 파탈리푸트라(화씨성(華氏城), 현 파트나(Patna))이다. 제3대 아소카왕(BC 268~BC 232) 시대에 제3회 불전결집(BC 244년)이 열려 '상좌부(上座部)' 불교가 형성된다. '상좌부(上座部)'의 일파는 나중에 실론(스리랑카)에 전해지고 나아가 동남아시아로 그 법맥을 넓혀가게 된다.

그림 2-5 아소카왕 석주, 라우리야·난단가르(Lauriyā Nandangarh)

아소카왕은 불교에 귀의하고 포교에 노력했다. 부처와 관계가 깊은 성지(聖地)에 기념 석주(石柱)를 세우고, 그 아래에 왕의 법칙문(法勅文)을 새겼으며, 법칙(法勅)을 길 한복판의 사람 눈에 잘 띄는 바위 표면에 새겼다. 각지에 남아있는 아소카왕 석주(石柱)와 비문(碑文)이 그 확산을 보여주고 있으며, 아소카왕 석주(石柱)는 파탈리푸트라 주변에서 많이

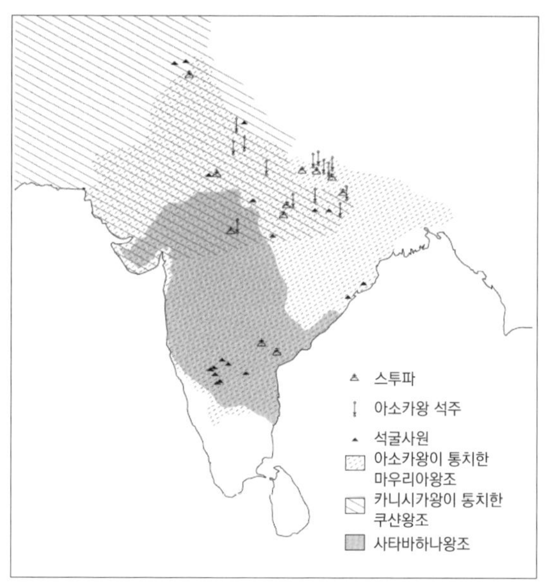

그림 2-6 아소카왕 석주의 분포도

출토되고 있다. 주두(柱頭)에는 연꽃 꽃잎 위에 원형 받침대가 놓여 사자와 소 등의 성수(聖獸)가 자리 잡고 있으며, 석재는 바라나시 남쪽 외곽의 추나르(Chunar)에서 산출된 사암(砂岩)이다. 현재까지 15개의 석주(石柱), 석두(石頭)가 확인되고 있으며, 완전한 형태로 남아있는 것은 라우리야·난단가르(Lauriyā Nandangarh)의 석주(石柱)로서 높이는 12m이고 2m 정도 땅속에 묻혀 있다.

그림 2-7 아소카왕 석주(石柱)(주두(柱頭)), **사르나트**

3. 부파(部派) 불교

불교 교단은 양부에서 더욱 분열이 가속화(지말분열(枝末分裂))되어, 부처 입멸 후 200년 후에는 20부(상좌부(上座部) 12파, 대중부(大衆部) 8파) 가까이 되었는데, 이 시대의 불교를 '부파(部派)불교'라고 부른다.

부처 입멸 후 400년이 지난 기원 전후부터 종교개혁 운동이 시작되었으며, '상좌부(上座部)'를 중심으로 한 기존의 '부파(部派)불교'를 경멸하여 '소승불교(Hināyāna)'라고 부르고, 자기들 스스로를 '대승불교(Mahāyāna)'라고 불렀다. 대승은 '큰 탈 것', 소승은 '작은 탈 것'을 의미하는데, 소승불교는 자신의 깨달음만을 목표로 하는 반면(자리(自利)), 대승불교는 타인까지 구원하는 깨달음을 목표로 한다(이타행(利他行), 이타구제(利他救濟)). '부파(部派)불교'가 출가자(出家者)

만의 것이 되어 섬세한 교리의 해석에 몰두하고 있는 반면, 대승불교의 수행자는 재가신자와 함께 생활하며 중생의 구제(자비)를 이상으로 하며, 쿠샨왕조(AD 45~240년)의 카니시카왕(AD 140년~170년경) 시대의 제4회 불전결집(AD 150년경)을 통해 대승불교가 공식화되었다. '공(空)의 사상'을 수립하여 대승불교의 교학을 수립했다고 알려지는 사람이 나갈쥬나(용수(竜樹), 150~250년경)이며, '유식(唯識)사상'의 대표자는 간다라 출신의 무저(無著)(310~390년경), 세친(世親)(320~400년경)형제이다.

4. 남전계(南傳系) · 북전계(北傳系)

이렇게 '상좌부 불교'(소승불교)와 '대승불교'라는 불교의 두 계통이 분리되며, 이 두 계통은 다시 남전계(南傳系)와 북전계(北傳系)로 나뉘어져 전해지게 된다. 남전계(南傳系) 불교가 팔리어(Pali) 경전, 북전계(北傳系) 불교가 산스크리트어, 그리고 한역(漢譯) 불전에 따라 불교의 내용도 크게 나뉘게 되었는데, 일본에 전해진 경전의 대부분은 대승불교의 경전이다.

A 남전계(南傳系) – 상좌부 불교 – 실론(스리랑카), 미얀마, 태국, 캄보디아 – 팔리어 경전

B 북전계(北傳系) – 대승불교 - 중국, 한반도, 일본 – 한역(漢譯) 불전

그림 2-8 포탈라궁, 라싸

그림 2-9 티베트의 불탑, 라싸

5. 밀교

7세기경 바라문교[1] 등의 영향을 받아 밀교가 성립된다. 부처의 깨달음을 신비적인 경험을 통해 달성할 수 있는 것으로 보고, 관정(灌頂)이라는 의례를 거친 사람 이외에는 그 비밀을 열지 않는 '비밀의 가르침'이 밀교이다. 반면, 모든 사람에게 개방하고, 말과 논리를 통해 이해시키고 접근 가능하게 하는 것이 '현교(顯敎)'이며, 일

1 바라문교(婆羅門敎 , Brahmanism); 바라몬교라고 부르기도 하는데, 인도대륙을 정복한 아리아(Arya)인들에 의해 시작된 종교로서, 기원전 1000~800년경 카스트(caste) 제도가 확립됨에 따라 브라만(brāhmana, 婆羅門) 계급을 중심으로 하여 성립된 종교이다. 엄밀한 의미에서 하나의 명확한 체계를 갖춘 종교는 아니고, 고대의 베다(veda)사상을 계승하여 점차 발달하여 오늘에 이른 인도의 정통 철학사상·신관(神觀)·제례(祭禮) 등을 모두 포괄하는 것으로, 인도의 전통적 생활방식이며 사상이라고 할 수 있다. (네이버 지식백과)

본에 밀교를 전한 사람은 구우카이(空海)이다.

밀교는 기존 대승의 입장에 대응하여 '금강승[2](바즈라야나)(Vajrayāna)'을 일컬으며, 불교학에서는 밀교를 대승불교의 일환 혹은 대승불교의 도달점으로 보고 있다.

인도 밀교사의 시대구분은 전기(6세기까지), 중기(7세기), 후기(8세기 이후)로 나눈다. 티베트에 전해진 것은 8세기 후반의 후기 밀교이며, 토번(吐蕃)왕국을 건립한 송첸캄포왕(581년경~649년) 시대에 2명의 외국인 왕비로부터 중국불교와 인도, 네팔 불교가 전해진 것으로 알려진다. 토번(吐蕃)왕국은 트리송데첸왕(742~797년) 때에 최전성기를 맞이하여 당나라의 장안(長安)을 일시 점령하는 세력을 자랑했으며, 이 시대에 불교를 국교화하여 779년에는 티베트인 출가자에 의한 승단이 성립되었다.

밀교가 일본에 전해진 것은 7세기 중반에 성립된 태장계(胎蔵界)[3]를 대표하는 '대일경(大日経)[4]'과 금강계(金剛界)[5]를 대표하는 '금강정경(金剛頂経)[6]'이지만, 중국을 경유하였기 때문에 인도 본래의 모습에서 변형된 면도 있다. 반면 티베트 불교 경전의 중심은 '티베트 대장경(大藏經)'이며, '대일경(大日経)' 계통에 이어 '금강정경(金剛頂経)'계통이 우세하게 되지만, 그 이후에

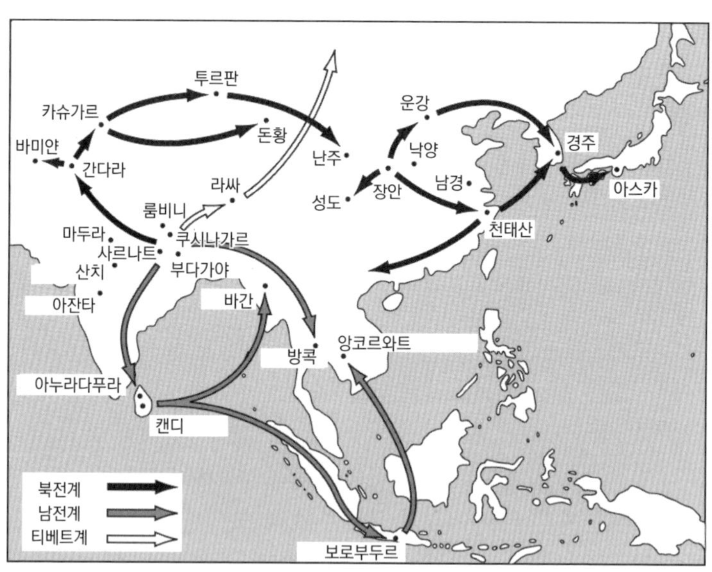

그림 2-10 불교의 전파

2 금강승金剛乘은 산스크리트어 vajra-yāna이다. 불교에서 소승(小乘)·대승(大乘)이라 하듯이, 밀교(密教)에서 대일여래(大日如來)의 가르침은 금강과 같이 견고하다고 하여 이와 같이 부른다. (시공 불교사전, 네이버)

3 일본식 발음으로는 다이조우카이 たいぞうかい

4 일본식 발음 다이니치쿄우 だいにちきょう

5 일본식 발음 콘고우카이 こんごうかい

6 일본식 발음 콘고우쵸우쿄우 こんごうちょうぎょう

성립된 '무상유가(無上喩伽)[7](요가)' 등도 중시되고, 또한 토착의 본교(Bon)[8]와 융합해 11세기 이후에 놀라운 전개를 이룬다. 13세기경부터는 몽골에서 시베리아까지 퍼져 라마교라고도 불리며, 힌두교의 영향이 짙은 것도 특징이다. 8세기에는 티베트문자가 만들어져서 티베트어 불전이 성립되며, 이렇게 크게 또 하나의 티베트계(系) 불교계통을 구별할 수 있다.

C 티베트계 – 티베트, 몽골 각지 – 티베트어 불전

6. 티베트 불교

현재의 티베트 불교는 14세기에 나온 종카파(Tsong-kha-pa)(1357~1419년)에 의해 확립되었다. 총카파 종파는 몽골 포교에 성공하고, 소남갸초(Bsod-nams- rgya-mtsho)[9](1543~88)는 몽골의 왕으로부터 '달라이·라마'라는 칭호를 얻는다(1578년). 달라이는 몽골어로 '큰 바다'를 의미하며, 라마는 교황[10]을 의미하며, 달라이·라마는 관세음보살의 화신(化身)이라는 최고의 활불(活佛)(살아있는 부처)로 간주되었다. 달라이·라마의 임명방법은 독특한데, 달라이·라마 2세(1476?~1542년) 이후 아이들 중에서 달라이·라마의 환생자(轉生者)(전생자)를 발탁하여 후계자로 삼았다. 달라이·라마 5세는 몽골의 원조를 받아 티베트를 통일했고(1642년), 달라이·라마 14세(1935년~)는 인도로 망명(1959년)하여 오늘날에 이르고 있다.

부처가 창시한 불교는 이렇게 아시아 각지로 퍼져 나가 번영하지만, 인도에서는 점차 그 기반을 힌두교에 빼앗기게 되었다. 1203년 마지막 거점이었던 동부 벵골의 비크라마실라(Vikramaśīla(超戒寺)) 승원(僧院)이 무슬림에 의해 파괴된 것이 결정적인 계기가 되었으며, 이후 인도에서는 불교가 사라지게 된다.

---

7 일본식 발음 무죠우유가 むじょうゆが

8 티베트지역의 토착종교로서 '본(Bon)교'라고도 하고 '뵌교'나 '폰교'라고도 한다. 8세기 무렵에 시작했다고는 하지만 사실상 티베트의 역사와 맥을 같이한다. 서구쪽에는 융두룽·뵌(Yungdrung Bön), 애니미스틱·뵌(Animistic Bön), 뉴·뵌(New Bön) 등의 분파들이 약간 퍼졌다. 특정 민족의 전통종교 중에서는 매우 특이하게도 전혀 관계없는 문화권에까지 전파된 사례이다. (나무위키)

9 원본의 ソナムギャジオ

10 원본에는 법왕法王으로 표기되어 있다.

03 스투파의 원형(原型)

1. 사리

부처 입멸(入滅) 후, 시신(屍身)은 화장(火葬)[1]되어 사리(śarīra)를 모신 스투파가 사람들의 예배대상으로 되었으며, 사리는 8개 장소에 배분되고(팔분기탑(八分起塔)) 용기(容器) 및 재와 함께 10곳에 스투파(사리탑 8, 병탑(甁)[2] 1, 회탄탑(灰炭) 1)가 만들어졌다.

사리를 모시고 있는 것은 일종의 무덤이며, 스투파는 졸탑파(卒塔婆)[3]라는 한자로 번역된다. 일본에서 졸탑파(卒塔婆)라고 부르면 추선공양(追善供養)을 위한 무덤을 세우는 것이고, 상부를 탑 모양으로 만들어서 범자(梵字)·경문(經文)·계명(戒名) 등을 적는 가늘고 긴 판을 말한다. 그러나 무덤이라고 해도 석가 개인의 무덤은 아니다. 옛날 인도에서 무덤을 건축하는 것은 극히 드문 일이었으며, 그 이유는 '윤회전생(輪廻轉生)'을 믿었기 때문이다. 심지어 아소카왕조차도 그 무덤이 알려져 있지 않았고, 아소카왕은 스투파를 깨고 불사리(佛舍利)를 꺼내 8만 4000개로 세분하여 방방곳곳에 스투파를 건설했다고 알려져 있다.

스투파는 원래 산스크리트어(범어(梵語))로 높이 나타난다는 뜻이다. 부처가 달성한 열반(涅槃), 즉 더 이상 '윤회전생(輪廻轉生)'이 없는 완벽히 평화로운 세계를 상징하는 것이 스투파이며, 불교의 세계관이 표현된 최초의 불교건축이라고 할 수 있다.

2. 차이티야

석가와 관련된 성스러운 물건으로 예배의 대상이 되는 것을 차이티야[한자식 번역으로는 제다(制多), 제저(制底), 지제(支提) 등]라 부른다. 차이티야에는 석가의 유골(치아, 머리카락, 손톱 등을 포함하는 사리), 석가가 사용한 것[의복과 식기 등, 특히 보리수(聖樹)], 그리고 부처를 상징하는 것(성단(聖壇), 법륜(法輪), 삼보표(三寶標) 등)이 있다. 스투파는 차이티야 중에서 가장 중

그림 2-11 산치의 스투파

1 원본에서는 다비荼毘로 표현됨.
2 병탑[甁塔] ; 붓다가 입멸(入滅)한 후, 유골을 분배받지 못한 부족이 유골을 담았던 병을 가지고 가서 그것을 보관하기 위해 세운 탑. (네이버 지식백과)
3 일본식 발음으로는 소토바 そとば 또는 소토우바 そとうば

요하다. 스투파를 구성하는 다양한 부분에도 부처를 상징하는 여러 가지 도상(圖像)표현을 볼 수 있으며, 스투파 자체도 릴리프(浮彫)(부조조각)로 그려진다.

아소카왕 시대의 스투파 유적이라고 생각되는 것이 산치의 제1탑(BC 2세기)이며, 탁실라의 다르마라지카(Dharmarajika) 스투파(BC 1세기~AD 2세기), 바라나시 남서부의 바르후트(Bharhut) 스투파(BC 2세기)가 있다. 부조(浮彫)에 그려진 스투파의 예로서 유명한 것은 인도 아마라바티(Amaravati)의 스투파이며, 또한 차이티야굴에도 스투파가 있다. 이러한 유례(遺例), 또 다양한 도상(圖像)에서 엿볼 수 있는 스투파의 원형(原型)은 다음과 같다.

그림 2-12 아마라바티 부조의 스투파

3. 스투파의 원형(原型)

반구형의 전체는 5개 부분으로 구성된다.

A 대기(台基)(토대, medhi) – 최하단의 원통형 기단.

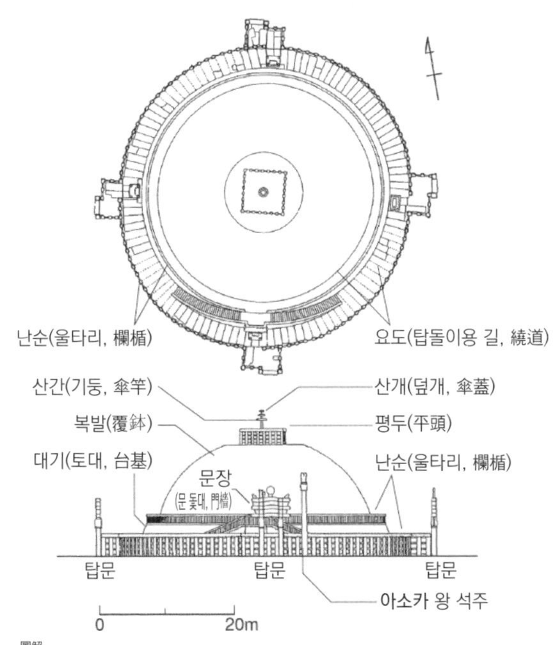

그림 2-13 스투파의 도해(圖解)

B 복발(覆鉢)(anda) – 대기(台基) 위의 반구(半球)
C 평두(平頭)(harmika) – 복발(覆鉢) 정상부에 설치하는 사각형 상자
D 산간(傘竿)(yasti) – 평두(平頭) 위에 설치되는 봉(棒)(막대기), (양산 자루)
E 산개(傘蓋)(chatra) – 스투파 꼭대기의 양산 모양 장식물

불사리는 복발(覆鉢)의 중심, 대기(臺基) 위에 사리실을 만들어 설치하는데, 산간(傘竿)과 산개(傘蓋) 형태는 다양하다. 산치 제3탑은 1층이지만, 제1탑은 3층의 산개(傘蓋)가 있다. 다양한 도상(圖像)에 따르면 3개나 5개인 것도 있고, 각각 모양이 다른 천 모양[4]으로 장식되어 있다.

사람들은 스투파를 오른쪽 (어깨)방향으로 돌면서 예배하며, 이를 위해 주위에 요도(繞道)(pradakshima patha)가 마련되고, 규모가 커지면 대기(台基)의 위와 아래에 2단으로 요도(繞道)가 설치된다. 그리고 그 요도(繞道)를 따라 난순(欄楯)(고란(高欄), 난간(欄干), vedikā)이라는 울타리가 만들어지는 것이 일반적이다. 난순(欄楯)을 스투파 주위에 둘러싸는 것은 성(聖)스러운 영역을 구획한다는 의미를 가지며, 이 구획의 입구에 설치하는 것이 토라나(torana)라고 하는 문(門)이다. 남아 있는 예로 산치 외에 바르후트의 스투파가 있고, 2개의 기둥 사이에 3개의 보를 관통시키는 형태이다.

4 원본의 布樣

column 2

부처의 모습 – 불상(佛像)의 성립

부처 사후, 사람들이 부처를 성자(聖子)로 받들기 시작하면서 초인적이며 절대적인 존재로 간주한다. 부처의 모습은 여러 가지로 형상화되지만 이후 32상(相) 80종호(種好)라는 형태로 정리되는데, 그 육체의 특징은 32가지이고 자세하게 보면 80가지가 있다는 것이다. 다만 이것이 모두 한 군데에 쓰여 있는 것이 아니라 여러 경문(經文)에 쓰여 있는 것을 모으면 32상(相) 80종호(종호)가 되는 것이며, 부처 입멸(入滅) 후, 아라한(阿羅漢)(직제자(直弟子))들이 모여 부처의 모습을 이것저것 말한 것이 경전 속에 남아 있는 것이다.

그 몸은 금색이었고, 피부는 섬세하고 부드러웠으며, 체모(體毛)는 감청색으로 위로 나부끼며 오른쪽으로 휘어져 있다. 머리 꼭대기는 상투를 틀고 있는 듯이 봉긋한데, 지혜 주머니가 여분으로 있어 부풀어 있었다는 것이다. 모발도 감청색으로 길며, 이마는 넓고 미간에 백호상[1](흰 털이 1개)이 있다. 눈썹은 가늘고 길며, 눈동자는 금색의 수정(水晶)으로 약간 푸른빛이 돈다. 코는 높고, 입술은 붉으며 치아는 40개이다.

부처의 모습은 처음에는 법륜(法輪)(태양을 도안화한 것)과 불족적(佛足迹), 성수(聖樹)(보리수(菩提樹))와 성단(聖壇)에 의해 상징되었으며, 그 후 '본생도(本生圖)'나 '불전도(佛傳圖)' 등 설화적 표현이 이루어지고, 입멸(入滅) 후, 상당한 시간이 지나 불상(佛像)이 만들어지게 되었다.

불상(佛像)이 언제 어디에서 만들어졌는지에 대해서는 크게 간다라설(說)과 마투라설(說)이 있다. 불상(佛像)의 기원을 최초로 언급하고, 불상(佛像)의 간다라 기원설을 주장했던 사람은 프랑스의 인도학자 푸쉐(A. Foucher)(1885~1952년)이다. 저서 '간다라의 그리스적 불교미술'(1905, 1922, 1951년) 등에서 불상(佛像) 표현에서의 그리스적 영향을 상세하게 논했다. 푸쉐는 간다라미술을 그리스인을 아버지로, 인도인을 어머니로 둔 불교도에 의해 만들었을 것으로 보고, 동서 문화교류의 결과 불상(佛像)이 만들어지는 것은 기원전 2세기경까지 거슬러 올라간다고 하였다.

이에 대해 불상(佛像)의 인도 기원을 주장한 사람은 A. K. 쿠마라스와미(Ananda Kentish Coomaraswamy)이다. '불상(佛像)의 기원'(1927년)에서 인도에서는 고대부터 나무의 신(樹神) 야크샤와 뱀신(龍神) 나가 등의 조형이 만들어지고 있었으며, 그 전통 속에서 자연스럽게 불상(佛像)이 제작되게 되었다고 주장한다. 구체적으로는 예로부터 내려오는 야크샤상을 바탕으로 마투라 불상(佛像)이 제작되었다고 보고, 연대가 명백한 초기 불상(佛像)은 카니시카왕 원년(AD 120년경)이라고 한다. 독자적인 편년(編年)해석을 통해 A. K. 쿠마라스와미의 설(說)을 보강한 것이 반·로하이첸·데·레우[2]로, 연대가 명확한 간다라 불상(佛像)보다 마투라는 상당히 빠르며, BC 1세기 후기, 늦어도 AD 1세기 전반에는 마투라에서 불상(佛像)이 제작되고 있었

그림 2-14 마투라불상(佛像)

---

1 백호상[白毫相]; 부처의 두 눈썹 사이에 있다는 흰 털로서, 오른쪽으로 말려 있고 여기에서 광명을 발한다고 한다. 불상(佛像)에는 진주·비취·금 따위를 박아 표시하며, 백모상(白毛相)이라고 부르기도 한다. (네이버 지식백과) (시공 불교사전, 2003. 7. 30., 곽철환)

2 원본의 ファン·ロハイツェン·デ·レーウ

다고 주장한다(1949년).

과연 불상(佛像)의 기원이 인도·그리스 시대까지 거슬러 올라갈 수 있는가? H. 부흐탈(H. Buchthal) 등은 오히려 로마미술과 깊은 관련이 있다고 주장한다. 예를 들어, 초기 간다라 불상(佛像)은 초기 로마 황제상을 거의 그대로 모방하고 있으며, 부흐탈은 간다라의 불전(佛傳) 장면과 로마미술과의 도상(圖像)형식의 유사성을 지적한다(1943년). 또한 모티브나 양식 면에서 로마미술의 동방전개의 일환으로 생각한 사람이 B. 롤랜드(Roland)이며(1936, 46년), 결과적으로 간다라의 가장 오래된 불상(佛像)은 1세기 말경이라 본다.

그림 2-15 간다라불상(佛像)

그 후, J. 마샬[3]은 간다라미술의 편년(編年)을 양식적 변천을 바탕으로 체계화하려고 '간다라의 불교미술'(1960년)을 정리한다. 그리고 그것을 이어 받아 다카타오사무(高田修)가 '불상(佛像)의 기원'(1967년)을 저술하며, 다카타는 데·레우의 마투라설(說)도 검토하면서 불상(佛像)의 기원에 대해 결론을 제시한다. 우선, 간다라미술의 탄생은 AD 1세기 중엽이며, 불전도(佛傳圖)의 주역으로서 처음으로 부처의 모습을 표현한 것, 즉 불상(佛像)이 만들어진 것은 AD 1세기 말경이라는 것이다. 그리고 마투라 불상(佛像)은 간다라 불상(佛像)과 전혀 다르고, 옛날의 야크샤상(像) 등 인도적인 전통에 따라 AD 2세기 초 이후에 만들어진 것으로서, 즉, 간다라와 마투라에서 각각 별개의 불상(佛像)이 만들어져 간 것이다.

이 다카타설(說)은 반드시 정설(定說)로 받아들여지고 있는 것은 아니다. 연대가 확실한 가장 오래된 불상(佛像)은 카니시카왕 시대이고, 그 이전의 불상(佛像)에 대해서는 근거가 없다. 또한 카니시카왕의 즉위 연대에 대해서도 여러 설(說)이 결론을 보지 못하고 있으며, 간다라 불상(佛像)과 마투라 불상(佛像)이 완전히 독립적이라는 것에도 의문이 남는다. 데·레우는 '불상(佛像)의 기원에 관한 새로운 증거'(1981년)에서 간다라 일군(一群)의 초기 불상(佛像)을 예로 들어 그들이 마투라의 영향을 받아 만들었다는 것을 더욱 강조한다. 여사(女史)에 따르면 BC 1세기 후반에 마투라 불상(佛像)이 이미 만들어졌으며, 그 영향을 받아 BC 1세기 말에는 간다라 불상(佛像)제작이 시작되었다는 것이다.

따라서 위의 두 가지 설(說)은 아직 결론에 이르지 못했다고 해야 할 것이다.

---

3 원본의 J. マーシャル

04 차이티야와 비하라

– 석굴(石窟)사원과 가람(伽藍) –

1. 비하라(Vihara)

불교를 배우는 도장(道場)을 상가라마 또는 비하라(정사(精舍))라 부른다. 상가라마는 승가람마(僧伽藍摩)로 음역(音訳)되지만, 상가 즉 '무리(衆)'와 아라마 즉 '원(園)'을 합친 말이다. '중원(衆園)' 즉 '중생의 무리에게 법(法)을 설교하는 학원(學園)'이라고 하는 것이 원래의 의미이며, 승가람마(僧伽藍摩)는 번역되면서 승가람(僧伽藍)이 되고, 다시 한번 번역되면서 가람(伽藍)이 되었다.

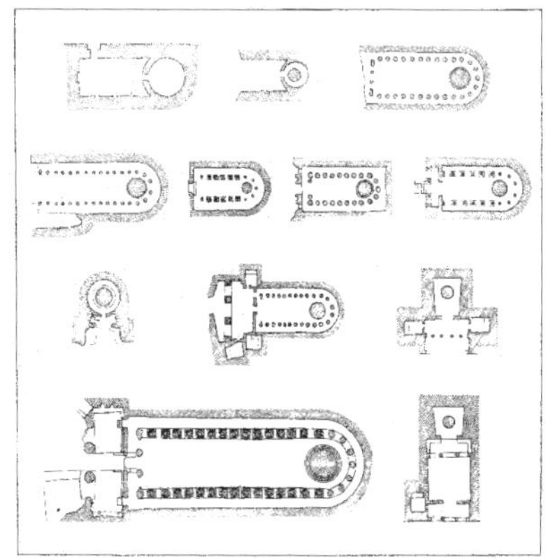

그림 2-16 차이티야굴의 예시(평면도)

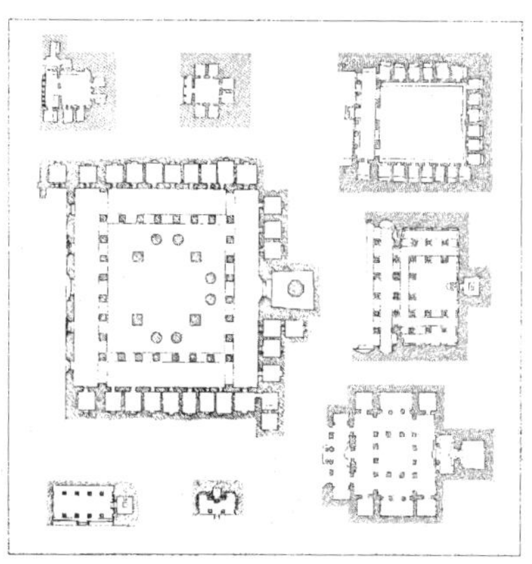

그림 2-17 비하라굴의 예시(평면도)

그림 2-18 카를라석굴

그림 2-19 아잔타(전경)

가람(伽藍)의 기원은 제타바나·비하라(기원정사(祇園精舍))이다. 슈라바스티(사위국(舍衛國))의 부호(富豪), 수다타(수달장자(須達長者))가 석가를 위해 정사(精舍)를 만든 것으로 전해지며, 법현(法顯)의 '불국기(佛國記)'에는 기원정사(祇園精舍)를 방문했을 때의 모습이 적혀 있고, 현장(玄奘)의 '대당서역기(大唐西域記)'에는 폐허의 모습만이 그려져 있어 그 구체적인 형태는 알 수 없다. 석가가 주로 설법한 정사(精舍)는 기원정사(祇園精舍), 죽림정사(竹林精舍), 취령정사(鷲嶺精舍), 미후강정사(獼猴江精舍), 암라수원정사(菴羅樹園精舍) 5개로, 이를 천축(天竺) 5정사(精舍)라 하며, 중국과 일본의 5산제(五山制)는 이를 모방한 것이다.

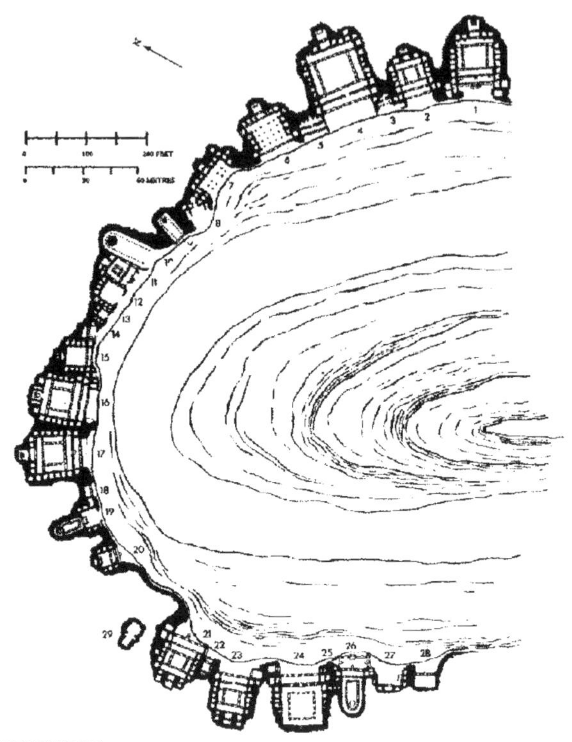

그림 2-20 아잔타(배치도)

2. 석굴사원

초기 불교사원의 형태를 밝힐 단서로 남아 있는 것이 석굴사원이다. 아소카왕 시대에 많이 만들어졌는데, 석굴에는 차이티야를 모시는 차이티야굴(chaitya-griha)과 승방으로 이뤄진 비하라굴이 있다. 차이티야굴에는 수다마(Sudāma), 콘디브테(Kondivte), 콘다네(Kondāne), 바자(Bhājā),

그림 2-21 엘로라 제11굴

그림 2-22 시르캅, 탁실라

그림 2-23 다르마라지카, 탁실라

나시크(Nāsik), 아잔타(Ajantā) IX, 준나르(Junnār), 브드레냐(Budhlenya), 군투팔리(Guntupalli), 베두사(Bedsā), 카를라(Kàrlā), 쿠다(Kuda) I & XV, 비하라굴에는 바자 XIX, 아잔타 XⅢ, 나시크 Ⅲ, 바구(Bagh) III, 바다미(Bādāmi) Ⅲ, 아우랑가바드(Aurangābād) 등이 있다.

차이티야굴은 전방후반원(前方後半圓)(앞은 사각형, 뒤는 반원)의 형태가 많으며, 안쪽에 원형(圓形)의 스투파가 놓이고, 그 뒤의 뒷벽은 스투파에 면해 반원형(半圓形)이 된다. 입구에서 안쪽을 향하여 기둥이 좌우로 마주 보며 평행하게 정렬되어 있고, 스투파 뒤의 반원형(半圓形)으로 이어진다. 천장은 볼트 모양으로 굴삭(堀削)되며, 이에 반해 비하라굴은

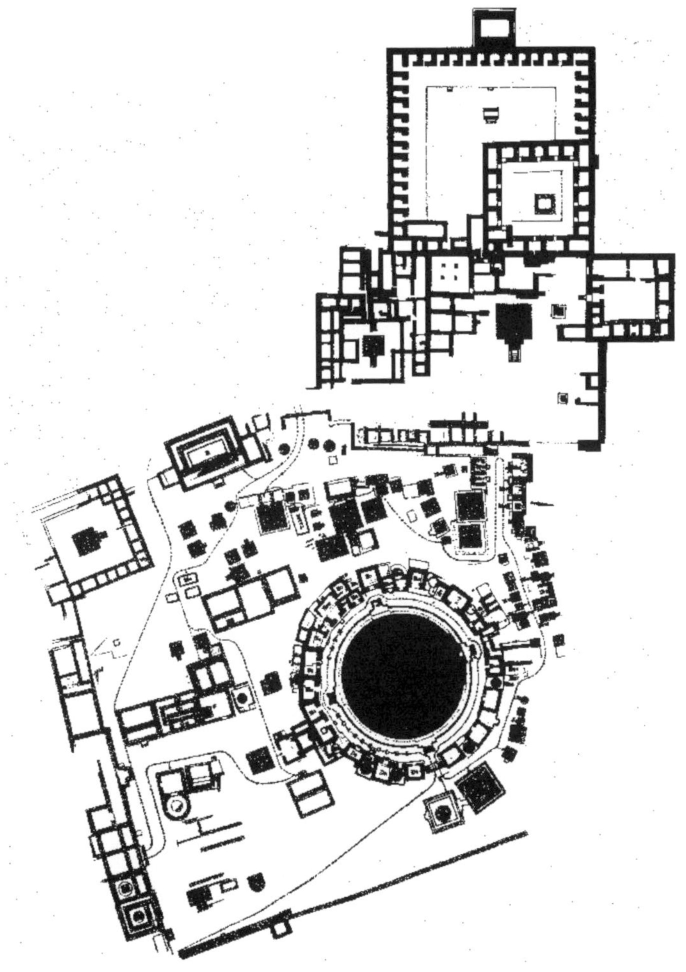

그림 2-24 탁실라(부지도(敷地圖)[1])

1 배치도와 평면도를 합친 그림으로서 우리식으로 표현하면 1층 배치평면도 정도가 가장 적합한 용어이지만 원본의 용어를 존중하는 차원에서 그대로 우리식으로 발음하여 적었다. (역자 주)

사각형의 홀을 둘러싸고 각 변에 승방(僧坊)을 나란히 파낸 형태이다. 모두 매우 단순한 구성이며, 원초적 형태를 나타낸다고 볼 수 있다.

석굴사원은 서(西)인도의 아잔타, 엘로라가 유명하다. 아잔타는 1819년에 사냥하러 온 영국 군인에 의해 발견되었다. 하나의 차이티야굴과 몇 개의 비하라굴이 인접하는 형태로 배치되어 있는 것을 볼 수 있으며, 크고 작은 30개의 석굴 중 9, 10, 19, 26, 29번이 차이티야굴, 나머지가 비하라굴이다. 조영(造營)은 기원전 1세기에 시작되어 2세기에 중단되었다가 5세기 말에 재개되어 7세기까지 이어졌으며, 벽화가 많이 남아 있어 불교회화의 원류로서 귀중하다. 엘로라는 7~8세기에 만들어졌으며, 힌두교, 자이나교의 석굴도 포함되는데, 전체 34개의 굴 중 남쪽 1~12번 굴이 불교굴이다.

석굴사원과 함께 불교사원도 건립되어 왔으며, 주요 요소는 스투파, 차이티야당(堂)(사당(祠堂)), 비하라이다. 불상(佛像) 건립 이후에는 불당(佛堂), 불전(佛殿)이 차이티야당(堂) 중에서도 중요해진다.

3. 초기 가람(伽藍)배치

그림 2-25 죠리안, 탁실라

그림 2-26 탁티·바히, 탁실라

초기의 가람(伽藍)배치를 엿볼 수 있는 유적으로는 탁실라의 차이티야당(堂)과 쌍두(雙頭)수리(鷲) 모양의 스투파로 알려진 시르캅 도시유적(BC 1세기~AD 1세기), 소사당(小祠堂)들이 주탑(主塔)을 원형(圓形)으로 둘러싸고 승방을 여러 개 가진 다르마라지카사원(BC 1세기~AD 2세기), 3개의 승원과 다탑원(多塔院)으로 구성된 칼라완(Kalawan) 유적(1~3세기), 소사당(小祠堂)들이 주탑(主塔)을 4각형으로 둘러싼 탑원과 2층의 4면 승방으로 이루어진 죠리안(Jaulian)사원(2~5세기), 4각형의 주탑원(主塔院)과 승원 사이에 다탑원(多塔院)을 가진 마르단 북쪽 교외의 탁티·바히(Takhti-Bahi)[2]사원 (2세기경) 등이 있다.

남쪽 데칸고원에도 이크슈바크(Ikshvaku)왕조의 수도 바자야프리에 나가르주나콘다(Nāgārjunakonda)의 불교유적(2~3세기)이 있는데, 4각형의

2 타프티·바히로도 검색되며(네이버 종교학 대사전) 원본에는 タフティ·バーイー로 표기되어 있다. (역자 주)

다주실(多柱室)(만다파) 3면에 승방을 두고, 마주 보는 한쌍[3]의 말굽모양 차이티야당 사이로 큰 스투파가 놓여 있다.

쿠샨왕조가 사산왕조 페르시아에 의해 멸망한 후, 찬드라굽타왕 1세에 의해 굽타왕조(320년~550년경)가 들어섰다. 수도는 파탈리푸트라이며, 산치에는 다시 대규모 공사가 이루어져 이 시기를 대표하는 제17사당(祠堂)이 세워졌다.

쿠마라굽타 1세(재위 415년~454년경) 시대에 날란다사원이 건립되어 대승불교의 가장 큰 학원(學院)으로 12세기까지 존속하는데, 법현(法顯)이 방문하고, 현장(玄奘)과 의정(義淨)이 배운 것으로도 알려져 있다. 전성기에는 수천명부터 1만명에 이르는 인원이 배웠다고 하며, 동서 250m, 남북 600m의 가람(伽藍)은 5개의 사당(祠堂)과 10개의 승원(僧院)으로 구성된다. 동쪽으로 8개의 대승원(大僧院)이 서향(西向)으로 나란히 있고, 남쪽에는 2개의 작은 승원이 북향(北向)으로 놓여 있다. 서쪽으로 평행하여 크고 작은 5개의 사당(祠堂)이 늘어서 있으며, 가장 커다란 제3사당(祠堂)은 남쪽 끝에 위치하고, 7회에 걸친 확장이 확인된다. 승원(僧院)은 팔라왕조(8~12세기)에 지어진 것으로 알려져 있으며, 벽 두께로 볼 때 2~3층 높이였을 것으로 추측되고 있다.

4. 고탑(高塔)

굽타왕조 때 창건된 불교건축으로 주목해야 할 것은 '초전법륜(初轉法輪)'의 땅 사르나트의 다메크·스투파와 '대각성(大覺醒)[4]의 땅' 부다·가야의 마하보디·비하라인데, 모두 그때까지는 없었던 고탑(高塔)형식이다.

사르나트에는 가람(伽藍)유적이 남아 있으며, 다르마라지카·스투파의 주변을 소사당(小祠堂)이 둥그렇게 둘러싸고 있는 형태가 있고 직사각형의 중정형 4면(四面) 승원(僧院) 등의 정형(定型)을 볼 수 있다. 그러나 다메크·스투파는 보기에도 거대하며 전체의 모양은 추측할 수밖에 없지만 반구형(半球形)의 원형(原型)과는 매우 다르다.

쿠샨왕조로 들어가면 스투파의 형태에 변화가 보인다. 대기(토대) 밑에 기단을 만들어 세로로 긴 프로포션(비율, 비례)을 채택하는 동시에 대기(토대), 기단을 전면적으로 장식하며, 차이티야로서 소형화한 것도 많다[5]. 카를라[6]의 차이티야굴이나 아잔타석굴(石窟)의 스투파는 상당히 높은 기단 위에 놓여있고, 대(大)스투파 주변에 소(小)스투파가 부속되는 형태도 출현한다. 그중에서도 주목해야 할 것은 간다라에서 볼 수 있는 5중(重), 7중(重) 산개(傘蓋)를 쓴 소(小)스투파이며, 이 탑 모양의 형태는 탁

---

3 원본의 一対를 번역한 용어

4 원본의 大悟

5 원본에서는 '大きい' 로 표기되어 있어 '크다'라고 번역하는 것이 일반적이지만 문맥이 통하지 않아 '많다'라고 번역했다. (역자 주)

6 원본의 カールラー

실라의 모흐라·모라두(Mohrā Morādu)유적(5세기)의 소(小)스투파에서도 볼 수 있다. 다메크·스투파가 과연 이 간다라식 스투파와 유사한 모양을 하고 있었는지의 여부가 하나의 관심사이다.

한편 부다·가야의 마하보디·비하라 고탑(高塔)은 스투파가 아닌데, 대(臺) 안에는 불상(佛像)을 모시는 방이 마련되어 있다. 이 사각뿔 대(臺)의 위에 상륜(相輪)을 놓는 형식과 중앙의 대탑(大塔)과 네 모서리의 소탑(小塔)이라는 5탑형식, 금강보좌탑(金剛寶座塔)은 어디에서 가져온 것일까 하는 것도 커다란 수수께끼이다. 현재의 고탑(高塔)은 19세기 말 버마[7]의 불교 집단이 크게 수리를 하여 만들어진 형태이며, 어디까지 원형(原型)을 간직하고 있는지에 대해서는 의문이 많다. 또한 날란다의 제3사당(祠堂)은 5탑형식으로의 변화를 보여주며, 금강보좌탑(金剛寶座塔)이 오래전부터 시도되어 온 것임은 의심할 여지가 없다.

바르다나왕조(606년~647년) 이후 힌두교의 우위가 명확해지면서 힌두교나 자이나교의 고탑(高塔)형식과의 영향관계가 중요하며 특히 마나사라(Manasara)[8]에서 나가라식이라고 분류하는 북방형의 포탄(砲彈)(옥수수)형 탑이 불탑에 큰 영향을 주었다고 생각되며 중국의 밀첨식(密檐式) 탑이 매우 닮았다.

그림 2-27 마하보디사원, 부다·가야

그림 2-28 밀첨식 탑, 산서(山西)·대동(大同)

7 원본은 ビルマ

8 『마나사라』(Manasara, 6~7세기)는 남인도의 대표적 건축론이고, 북인도의 것은 『사마란가나·수트라다라』(Samarangana Sutradhara, 11세기)이다. (네이버, 미술 대사전)

05 불탑(佛塔)의 여러 형태

매우 단순하고 명쾌한 형태로 세워진 스투파가 중국을 거쳐 머나먼 일본에 이르게 되자 스투파는 목탑(木塔)형식으로 세워지게 된다. 불교의 계보를 거슬러 올라가며 불탑(佛塔)의 형태를 뒤쫓아 보자.

1. 스리랑카

우선, 스리랑카부터 살펴보자. 스리랑카는 BC 3세기에 아소카왕의 왕자 마헨드라(Mahendra)가 '상좌부(上座部)' 불교를 전한 것으로 알려진다. 중심 사원은 마하비하라사원이며, 5세기에는 부다고사(Buddhaghosa)가 이곳에 와서 팔리어로 3장(三藏)(경(經), 율(律), 론(論))의 주석서를 쓰고, '청정도론(清淨道論)'을 저술하여 상좌부(上座部)불교의 교학(教學)을 확립했다고 전해진다.

스투파를 다가바(Dāgaba) 또는 다고바(Dāgoba)라고 부르는데, 다투·가르바(Dhatugarba), 즉 다투(사리), 가르바(용기)에서 비롯되었다.

아누라다푸라(Anuradhapura)에 있는 3개의 거대한 다가바가 알려져 있다. 루반벨리세야(Ruvanvalisaya)[1]·다가바(BC 2세기), 아바야기리(Abhayagiri)·다가바(BC 1세기), 제타바나(Jetavana)·다가바(3~4세기)이며, 모두 스투파의 원형(原型)을 전하는 것으로 보인다. 아바야기리·다가바는 높이 105m, 제타바나·다가바는 높이 120m에 달하는 세계 최대급의 벽돌조 스투파이며, 모두 스투파를 둘러싸고 중정식(中庭式) 주거가 배치되어 있다.

그림 2-29 제타바나, 아누라다푸라

그림 2-30 투파라마불탑, 아누라다푸라

그림 2-31 란콧·비하라, 폴론나루와

1 다른 곳에서는 영어표기를 Ruwanwelisaya라고도 하지만 원본의 영어표기를 그대로 따랐다. (역자 주)

아누라다푸라는 BC 2세기 이후 스리랑카에서 유일한 불교 성지(聖地)로 번영하여 8세기 말까지 존속하며, 주변에는 승방(僧坊), 식당, 저수(貯水)시설 등을 가진 많은 가람(伽藍) 흔적이 남아 있다.

타밀족의 거듭된 침략을 받아 8세기 말에 폴론나루와(Polonnaruwa)로 수도를 옮기는데, 많은 유적이 남아 있지만, 스투파의 모양은 변하지 않고, 알라하나·파리베나(Alahana Parivena)라는 학문사(學問寺), 마닉 베헤라(Manik Vehera) 승원(僧院) 등의 다가바는 그 원형(原型)을 유지하고 있다.

14세기 이후에는 캔디로 거점을 옮기며, 왕궁과 함께 달라다·말리가바 사원(불치사(佛歯寺))이 창건된 것은 16세기 말로 알려져 있다. 이 싱할라 왕조의 3개 도시를 묶어 문화의 삼각지대라고 부르고, 담불라(Dambulla)의 석굴사원 (BC 3세기), 시기리야의 복합유적 등을 포함한 많은 유적이 세계문화유산으로 등재되어 있다.

그림 2-32 달라다·말리가바사원(불치사(佛歯寺)), 캔디

그림 2-33 스와얌부나트사원, 카트만두

2. 네팔

원형(原型)에 가까운 스투파는 네팔에서도 볼 수 있으며, 네팔에는 인도에서 전해진 대승불교가 힌두교와 공존하면서 오늘날에 이르고 있다. 리차비(Licchavi) 시기(4~8세기)의 유적은 확인된 것이 없지만, 파탄(Patan)의 중심과 동서남북 4개의 시역(市域) 경계에 설치된 스투파는 아소카왕 시대의 것이라고 한다. 12세기에 건립되었지만, 스와얌부나트 사원의 스투파는 호수였던 카트만두 분지를 문수보살(文殊菩薩)이 개척했던 때에 처음으로 나타났다는 전설을 가진 언덕 위에 세워져 있으며, 보드나트에는

그림 2-34 보드나트사원, 카트만두

6세기에 세워진 세계 최대의 스투파가 있다.

원형(原型)에 가깝다고는 하지만 평평한 머리부분에 부처의 눈, 얼굴이 그려져 있어 네팔의 스투파임을 바로 알 수 있으며, 또한 평평한 머리부분에 신(神)들이 새겨져 있는 반원형(半圓形)의 부조(浮彫) 토라나(Torana)가 세워져 있는 것이 특징이다. 스투파 내부에는 부처가 묻혀 있으며 사방 두루 자비의 눈으로 응시하고 있다는 관념이 숨겨져 있는데, 이는 불전(佛殿)과 스투파가 합체하는 하나의 형식이라고 볼 수 있다. 대기(台基)(토대)는 원형(圓形)이지만 4각형의 기단을 가지는 것도 있으며, 보드나트의 경우 4개의 소(小)스투파를 가진 금강보좌형(金剛寶座形)으로 되어 있다.

그림 2-35 쿰베쉬와르사원, **파탄**

한편 네팔에서 주목해야 할 것은 쿰베쉬와르(Kumbeshwar)[2]사원의 5중탑(五重塔)(17세기 말)과 같은 목조탑이다. 전체적인 비례, 처마를 지탱하는 사선 버팀대(方杖)[3]의 존재 등 중국, 일본과는 다르지만 목탑과 석조, 벽돌조의 병존이 흥미로우며, 목탑(木塔)은 발리섬, 롬복섬의 힌두사원 목조 고탑(高塔)과 비슷하다.

3. **동남**아시아

비교적 오래된 양식을 전하는 스리랑카, 네팔에서 동남아시아로 눈을 돌려보자.

마하비하라 사원을 중심으로 하는 실론 불교는 미얀마, 태국 등 동남아시아 불교에 큰 영향을 주게 된다. 태국에 상좌부(上座部)불교가 전해지는 것은 13세기(혹은 그 이전)로 알려져 있으며, 수코타이왕조(1220년~1438년경)를 거치면서 상좌부(上座部)불교의 지위가 확립되고, 아유타야왕조(1351년~1767년경), 톤부리왕조 (1767년~1782년)를 거쳐 방콕을 수도(首都)로 하는 현 라타나코신왕조(1782년~)로 계승되고 있다. 7세기 후반부터 수마트라를 거점으로 한 스리비자야[4]와 8세기 중반부터 자바에서 번성한 사일렌드라가 불교를 보호했기 때문에 불교문화가 동남아시아 각지로 광범위하

2 우리나라에서는 쿰베쉬르, 쿰베슈와르 등으로도 발음된다. 원본은 クンベシュワル

3 方杖(호우즈에 ほうづえ); 수평재와 수직재가 만나는 곳에서 보강하기 위해 집어넣는 사선의 부재를 지칭한다. (네이버 일본어사전을 참고하여 역자 번역함)

4 스리위자야, 슈리비자야 등으로도 발음된다. (역자 주)

게 퍼졌으며, 이 시기 인도에서는 밀교(密敎)가 번성하였고, 밀교(密敎)계통의 불교가 전해졌다고 한다.

미얀마

미얀마에서는 스투파를 파고다(pagoda)라고 부른다. 미얀마어 파야(paya)와 스리랑카의 다고바가 결합한 말이라고 알려지며, 사당(祠堂)은 체디 또는 제디라 불리는데 차이티야에서 비롯된 말이다.

그림 2-36 보보지·파고다, 후모자[8]

먼저 에야와디(이라와디)강 유역에 스리·크세트라(Sri Ksetra), 베익타노(Beikthano), 할린(Halin)[5], 마잉마우(Maingmaw) 등 퓨(Pyu)족의 유적이 알려져 있고, 보보지[6], 파야지[7], 파야마 3개의 파고다가 가장 오래된 유적으로 알려진다. 보보지(7세기)는 높이가 46m로 5층의 원형 대기(台基)(토대) 위에 세워진 복발(覆鉢)은 원통형인데, 평두(平頭)가 빠지고, 정상부만 원추형이다. 다른 두 개도 포탄(砲彈)모양을 하고 있어서 스투파의 원래 형태와는 다르다.

그림 2-37 바간의 불탑군

바간왕조 시대 (11~13세기 말)에는 수천개의 당탑(堂塔)이 건립되었다고 알려져 있으며, 2000개 이상의 건축물이 남아 있다. 힌두사원의 시카라처럼 파고다 모양의 탑을 사당 위에 올려놓은 것이 일반적이고, 고탑(高塔)이 즐비한 독특한 경관이 남아있다. 바간의 체디는 주위의 벽으로 상부 고탑(高塔)의 하중을 받을 수 있도록 하나의 방으로 만든 것과 직접 두꺼운 벽기둥으로 받는 것 두 가지로 나눌 수 있으며, 아치·볼트가 이용되고 있는 것이 특징이다.

파고다와 체디의 형태는 시대에 따라 몇 가지로 유형화된다. 단순히 모양으

5 원본의 ハリン
6 '바우바우지'라고 부르기도 한다. (역자 주)
7 '바야지'라고 부르기도 한다. (역자 주)
8 원본의 フモーザ

로만 보면 먼저 기단이 계단모양으로 설치되는 것이 특징이며, 증축과 확장(마우루디[9])을 반복하여 규모(단수, 높이)를 확대해 왔다고 이해할 수 있다. 기단에는 원형(圓形) 기단과 방형(方形) 기단이 있으며, 방형(方形) 기단은 대규모가 되면 피라미드 모양이 되고, 각 단의 각 모서리에는 소(小)사당이 위치하는 형태가 된다. 또한 복발(覆鉢) 부분 혹은 원형(圓形) 기단은 매끄럽게 이어지도록 되어 있어 결국에는 종(鐘)모양의 형태가 만들어진다.

태국

6~11세기에 차오프라야강 유역에는 몽족의 국가 드바라바티가 번성했다. 이 시기의 유적으로 알려진 나콘파톰의 프라파톰·체디는 멋진 범종[10] 모양이며, 이처럼 기단을 계단 모양으로 쌓은 형태는 인도에서는 볼 수 없다. 스리랑카, 네팔에서는 몇 개의 사례가 보이지만, 기단을 피라미드 형태로 구성하는 예는 동남아시아에서 눈에 띄는데, 신사(神祠)를 단대(段臺) 위에 설치하는 형태는 동남아시아의 기층(基層)문화에 공통된다.

그림 2-38 왓·소라삭, 수코타이

그림 2-39 왓·시사와이, 수코타이

태국의 경우, 수코타이와 그의 부도(副都)인 북부의 시·사차날라이(Si Satchanalai), 남부의 전초기지 캄팽·펫(Kanpaeng Phet)사원을 보면 범종(梵鍾) 모양의 가운데에 '연꽃의 봉오리[11]'형태라는 체디(chedi)가 눈에 띄며, 힌두교의 영향을 받은 프랑(prang)이라는 포탄(砲彈)(옥수수) 형태도 적지 않다. 태국에서는 차이티야를 체디라고 부르는데, 체디와 스투파는 일반적으로 구별되지 않는다. 범종(梵鍾) 모양을 체디, '연꽃 봉오리'형태의 체디를 스툽(stup)이라고 구분하는 경우가 있지만, 이 '연꽃 봉오리'형태는 태국의 독자적인 것이다. 시·사차날라이(Si Satchanalai)의 왓·체디·체트·태오(Wat Chedi Chet Thaeo),

9 원본의 マウルディ

10 원본의 조종(釣鐘)으로서 우리식 용어인 범종(梵鐘)으로 번역했다. 사원의 종루에 달아놓은 큰 종을 의미한다. (네이버 사전)

11 원본의 蓮の蕾

수코타이의 왓·마하탓(Wat Mahathat) 등이 대표적이며, 일탑(一塔)형식이 많지만 아유타야의 왓·차이·왓타나람(Wat Chai Watthanaram)처럼 금강보좌(金剛寶座) 형식을 취한 것도 있다.

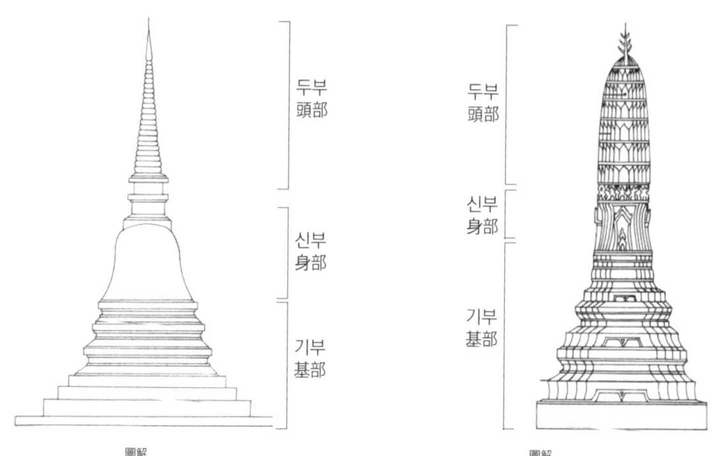

그림 2-40 체디의 도해(圖解)

그림 2-41 프랑의 도해(圖解)

캄보디아

그림 2-42 왓·차이·왓타나람, 아유타야

그림 2-43 앙코르·와트, 시엠레아프

캄보디아를 보자. 동남아시아에서 가장 일찍부터 인도화된 나라는 부남(扶南)(1~5세기)이다. 전성기는 4세기이며, 중심은 메콩·델타, 영토는 베트남 남부, 캄보디아, 태국, 라오스 전체에 이르렀다. 힌두교가 지배했지만, 산스크리트어를 사용한 남방 상좌부(上座部)불교가 보급된 것으로 알려져 있다. 부남(扶南)지역에서 색다른 나라가 진랍(眞臘)(6세기~)인데, 진랍(眞臘) 즉 크메르는 9세기에 들어 자야바르만 2세가 왕위에 올라(802년), 이후 앙코르왕조가 번영하며 앙코르·와트(12세기 전반), 바이욘사원(12세기 말) 등 현란한 건축유산을 남겼다. 그러나 흥미로운 것은 이 건축이 스투파 유적이 아니며, 크메르의 여러 왕들(諸王)은 시바교를 믿었지만, 비슈누신앙도 있었고, 왼쪽 반신(半身)이 비슈누, 오른쪽 반신(半身)이 시바에서부터 온 하리하라신의 신앙도 있었다. 대승불교도 수용하여 시바신앙과 뒤섞여져 관세음보살(觀世音菩薩) 신앙이 번성하였다.

자바

인도네시아의 챤디[12]도 기본적으로는 사당(祠堂)이며, 그 가운데 유일하게 내부 공간이 없어 스투파로 간주되는 것이 보로부두르이다. 1814년 중부 자바의 케두 분지 거의 중심, 밀림 속에서 발견되었으며, 대승불교를 바탕으로 한 사일렌드라왕조가 건립한 것으로 알려진다.

그림 2-44 보로부두르의 꼭대기 원(圓) 부분, **족자카르타**[13]

그림 2-45 보로부두르의 입면

안산암 마름돌을 쌓아 올려 만들어진 거대한 구조물의 최하층은 1변이 약 120m의 방형 기단(뒤에 숨겨진 기단이 발견되었다)이 있다. 총 6단의 정사각형 계단식 대(臺)의 위에 3층의 원형(圓形) 제단이 놓이고, 그 중심에 범종(梵鍾) 모양의 스투파가 설치되었다. 정사각형 기단 주위에는 불전(佛傳)에 기반하여 만들어진 웅장한 부조(浮彫)가 장식되었으며, 좌상(座像)을 수납한 불감(佛龕)이 바깥을 향해 열려있다. 원형(圓形) 제단에는 밑에서부터 순서대로 듬성듬성 돌로 쌓은 범종(梵鍾) 모양의 공간에 불상(佛像)을 담은 32기, 24기, 16기의 작은 스투파가 배치되어 있다. 최상단만이 완전한 원형(圓形)이며, 다른 곳은 일그러진 원형(圓形)이다.

스투파의 경우, 다른 곳에서는 전혀 비슷한 예를 찾아볼 수 없는 형태이다. 이 보로부두르가 의미하는 것을 둘러싸고 여러 학설이 있지만, 이 중에서 가장 일반적인 것은 우주 삼계(三界)의 구조를 나타내는 입체 만다라(曼荼羅)라는 학설이다.

4. 중국

자, 그럼 중국으로 눈을 돌려 보자.

중국에 불교가 전해진 것은 후한(後漢)시대(25~220년)로 알려져 있다. 일설(一說)에 따르면 AD 67년 후한(後漢)의 명제(明帝)시대라고 하며, 간다라에서 파미르고원을 넘는 이른바 실크·로드가 불교전래의 루트이다.

조심스러운 점은 이미 불상(佛像)이 만들어졌을지도 모른다는 것인데, 불상(佛像)이 있는 불당(佛堂)과 스투파는 동시에 전해지고, 불사리(佛舍利) 신앙은 불상(佛像)과 불당(佛堂)이 전해진 후에

12 '찬디'라고 부르기도 한다.
13 욕야카르타, 욕자카르타 등으로 부르기도 한다.

들어왔을 가능성이 높다는 것이다.

중국에서 스투파는 '졸탑파(卒塔婆)'라고 한문으로 번역되지만, 이미 그 이전에 부도(浮屠) 내지는 부도(浮圖)라는 단어가 있었다. 현장(玄奘) 삼장(三藏)이 '작리부도(雀離浮圖)'라고 기록한 카니시카왕의 대스투파는 페샤와르 근교의 샤·지·키·데리 유적으로 추정되고 있으며, 스투파는 졸탑파(卒塔婆)로 음역(音譯)되고 있다. 부도사(浮屠祠), 부도지사(浮圖之祠)는 불교사원 또는 불당(佛堂), 불전(佛殿)이 있는 곳으로 여기서 부도(浮屠)는 부처를 의미하며 부도(浮屠)가 불탑(佛塔)을 가리키게 되는 것은 남북조 이후라는 설이 있고, 목조누각식 탑이 만들어진 후에 졸탑파(卒塔婆), 탑파(塔婆)라는 용어가 만들어졌던 것이다.

그림 2-46 응현(應縣)의 목탑(불궁사(佛宮寺) 석가탑(釋迦塔)), 산서(山西) 응현(應縣)

그림 2-47 운강(雲崗)석굴의 탑, 산서(山西) 대동(大同)

중국에 현존하는 가장 오래된 전탑(磚塔)은 숭악사(嵩嶽寺) 탑이다. 북위(北魏)의 선무(宣武)황제 때(520년) 건립된 것으로 외관은 12각형으로 15층의 포탄(砲彈)모양을 하고 있고, 정상에는 복발(覆鉢) 또는 평평한 머리모양 양식[14] 위에 7겹의 상륜(相輪)이 실려 있다. 제1층의 기단은 2단으로 나뉘는데, 그 상단에는 8개의 불감(佛龕)이 설치되어 있고 내부는 8각형이며 바닥을 만들어 10층으로 나누었다. 그리고 가장 오래된 목조누각식 탑은 '응현(應縣)의 목탑'이라 불리는 불궁사(佛宮寺) 석가탑(釋迦塔)이며, 요(遼)나라 청녕(淸寧) 2년(1056)에 건립되었다. 평면은 8각형이고 내부는 9층으로 되어 있지만 이 중 4개 층은 다락방(암층(闇層))이므로 기본적으로는 5층이다. 이 내부의 각층마다 불상(佛像)이 안치되는데, 외관은 첫 층에 차양이 부가된 5중(五重)탑으로 아래층과 위층의 크기는 거의 같으며 정상에 작은 스투파 모양 또는 오륜탑(五輪塔) 모양의 상륜부(相輪部)를 올려놓았다. 중국에서는 전자를 밀첨식(密檐式) 탑, 후자를 누각식(樓閣式) 탑이라고 부른다.

14 원본의 '平頭樣'을 번역한 용어이다. (역자 주)

목조누각식 탑파(塔婆)의 기원

초기 스투파 형태는 문헌 혹은 고고학적인 유물, 집 모양 명기(明器) 및 그림으로 추측할 수밖에 없다. 주목할 점은 궁전과 저택, 능묘(陵墓)의 문에 사용된 궐(闕, 문의 양측에 있는 망루)이며, 명기(明器)에서 보이는 2층, 3층의 누각이다.

목조누각식 탑파(塔婆)의 기원에 대해서는 여러 가지 설이 있다. 그중 하나는 세키노타다시(関野貞)의 간다라식 소(小)스투파가 모델이 되었다고 하는 간다라설이며, 불교가 중(中)인도로부터 중국으로 전달되었을 경우 간다라를 경유했다는 것이 하나의 근거이다. 벽돌조(磚造)의 경우, 탑신(塔身)의 윗부분이 상륜(相輪)이 되고 기단이 발달하여 다층형이 되었다고 해석하며, 목조의 경우는 기단을 목조로 만들지만, 구조상의 필요에 의해 지붕이 놓여 다층탑이 되었다고 해석한다. 그러나 세키노(関野)의 설은 왜 간다라식 스투파를 벽돌조에서 그대로 실현하지 않았을까라는 의문이 남는다.

이에 대해 중국에서 새로운 양식이 탄생했다고 주장하는 사람이 이토츄타(伊東忠太)이다. 기존의 누각(樓閣)건축과 스투파의 요소를 융합시킨 것이 중국식 불탑이라고 하는 것이며, 원래 중국에 있던 누각(樓閣)건축이 차용되고, 꼭대기에 스투파 모양의 상륜(相輪)이 실렸다는 해석이다. 실제로 운강(雲崗)석굴의 부조(浮彫)는 3층의 목조 누각 위에 평두(平頭), 산간(傘竿), 산개(傘蓋)를 올려놓는데, 이토(伊東)의 설은 결과만을 설명하고 있는 것에 지나지 않는다.

따라서 목조누각형 탑파의 원형(原型)이 이미 인도에 있었고, 그것이 중국에 소개되었다는 설이 아다치코우(足立康)에 의해 주장되었다. 작리부도(雀離浮圖)라고 간주되는 샤·지·키·데리 유적은 기단이 높은 간다라식 스투파와 같은 모양이고 또한 어떤 일정 시기에 목조 고탑건축이 세워졌다고 주장하지만, 이 학설도 구체적인 근거가 있는 것은 아니다.

그래서 나온 것이 무라타지로(村田治郎)에 의한 비마나(vimāna)설이며, 비마나란 인도의 고탑(高塔)을 가리킨다. 확실히 숭악사(嵩嶽寺) 탑은 포탄형의 비마나와 매우 유사하기 때문에 중국에서는 스투파가 아닌 비마나가 모델이라는 것이다.

우선 첫 번째로 중국의 불탑은 한나라 때의 신선(神仙)사상에 따라 건설된 대(臺)건축이 기반이 되며, 대(臺)건축의 위에는 신선(神仙)이 강림하기 때문에 꼭대기에 청동제 승로반(承露盤)을 둔 누각(樓閣)형 목조건축(관(觀))을 만드는 것이 일반적이었다. 그 승로반(承露盤)이 작은 스투파로 대체되어 불탑이 되었다고 하는 것이고, 재래 종교건축이 그대로 불교건축으로 이행되었다는 의미에서 단순한 절충, 융합설과는 다르다.

그러나 문제는 인도에 그러한 원형(原型)이 없다는 것이다. 사르나트의 다메크·스투파는 6세기 굽타왕조가 세운 것인데, 복발(覆鉢)이 2단으로 되어 있고 고탑(高塔)형이었을 것으로 생각되지만 미완성이 아니었다면 현재 상부가 붕괴되어 전체의 모습을 알 수 없다. 중국의 불탑에서 특히 논란이 되는 것은 기단의 각 층에 불상이 안치되는 방이 있느냐의 문제이기 때문에 여기에서 주목해야 할 것이 불상을 안치한 고탑(高塔) 비마나이다.

문제는 비마나의 기원과 원형(原型)이 분명하지 않다는 점이다. 굽타왕조가 세웠다는 부다·가야의 마하보디·비하라의 고탑(高塔)이 선구적인 것으로 알려져 있지만 그 중앙의 대탑(大塔)과 4방(四方)의 소탑(小塔), 5탑으로 이루어진 금강보좌탑(金剛寶座塔)의 성립기원도 분명하지 않으며 이것 역시 굽타왕조가 세운 것이다. 결국 비마나의 원형(原型)은 4각(四角)의 고층형 건축의 꼭대기에 소(小)스투파를 올린 형태이고, 간다라에서 만들어져 중국으로 전해졌다고 하는 것이 무라타설(村田 說)인데 아직 결론이 나지 않았으며, 목탑의 성립에 관해서는 네팔에 있는 목탑의 존재 또한 고려해야 할 것이다.

중국 불탑(佛塔)의 유형

중국에 현존하는 탑을 형태로 분류하면 밀첨(密檐)식 탑, 누각(樓閣)식 탑 이외에 단층, 2층탑이 있으며, 시대가 지나면서 라마탑, 금강보좌탑(金剛寶座塔)이 추가된다.

그림 2-48 자은사(慈恩寺) 대안탑(大雁塔), 서안(西安)

가장 오래된 석탑인 산동성(山東省) 역성(歷城)의 신통사(神通寺) 사문탑(四門塔)(611년)은 방형 평면으로 4면에 아치형의 입구를 갖고 있고, 내부는 중앙에 방형의 심주(心柱)를 두어 4면에 1개씩 불감(佛龕)을 새겼다. 이 형식에서 기단이 높아지고 복발(覆鉢)이 생략된 형태 또는 사각뿔형(보형(寶形))으로 되었다고 볼 수 있으며, 이 경우 이미 내부공간을 가진 불당(佛堂)형식이 되고 있다. 단층탑에서 직육면체(기단) 위에 복발(覆鉢) 혹은 더 나아가 상륜(相輪)을 올린 그림은 적지 않다. 단층과 2층탑은 소(小)스투파의 모양을 그대로 베낀 것으로도 생각할 수 있으며, 일본의 목조 다보탑(多寶塔)은 분명히 이 연장선상에 있다.

원나라 시기에 이르면 티베트불교 이른바 라마교가 전해지며, 이와 함께 지어지는 것이 라마탑이다. 북경(北京) 묘응사(妙應寺) 백탑(白塔)(1271년)이 최초의 사례로 알려져 있고, 명(明)나라 오대산(五臺山) 탑원사탑(塔院寺塔)(1407년) 등 많은 사례가 남아있다. 라마탑은 스투파의 원형을 충실하게 모방한 것으로 알려지지만 복발(覆鉢)의 모양이 다르고 다메크·스투파의 비례를 연상시키기 때문에, 이 다메크·스투파의 상부는 라마탑과 비슷했을지도 모른다.

금강보좌탑(金剛寶座塔) 형식은 명나라 영락(永樂) 연간(1403~1424년)에 인도의 승려 판적달(板的達(斑迪達))에 의해 도입된 것으로 알려져 있는데 대표적으로 진각사(眞覺寺) 금강보좌탑(金剛寶座塔)이 1473년 창건된 것으로 알려진다. 청나라 시기에는 자등사(慈燈寺) 금강보좌탑(金剛寶座塔)(내몽골, 1727년), 벽운사(碧雲寺) 금강보좌탑(金剛寶座塔)(북경(北京), 1748년) 등의 예가 있으며, 현존하는 중국의 주요 탑을 정리하면 <표 2-1>과 같다.

<표 2-1> 중국에 현존하는 주요 불탑

위·진·남북조

- 숭악사(嵩嶽寺)/밀첨식 탑/하남(河南) 등봉(登封)/북위(선무제)/520/가장 오래된 탑/12(8)각 15(10)층/40m

수·당

- 불광사(佛光寺) 조사탑(組師塔)/단층이층탑/산서(山西) 오대산(五臺山)/600전후/육각 2층
- 신통사(神通寺) 4문탑(四門塔)/단층이층탑/산동(山東) 역성(歷城)/수/611/가장 오래된 석탑/단층 방형/13m
- 자은사(慈恩寺) 대안탑(大雁塔)/밀첨식 탑/섬서(陝西) 서안(西安)/652/사각 7층/60m
- 서안성(西安城) 흥교사(興教寺) 현장탑(玄奘塔)/누각식 탑/669/사각 5층/20m
- 운거사(雲居寺) 석탑/단층이층탑/하북(河北) 방산(房山)/700전후/방형 단층
- 천복사(薦福寺) 소안탑(小雁塔)/밀첨식 탑/섬서(陝西) 서안(西安)/당/707~709/방형 15→13층/43.3m
- 숭성사(嵩聖寺) 천심탑(千尋塔)/밀첨식 탑/운남(雲南) 대리(大理)/남소(南紹)/836/방형 16층

오대·요·송·금

- 영은사(靈隱寺) 석탑/누각식 탑/절강(浙江) 항주(杭州)/960/팔각 9층/10~15m
- 호구운엄사(虎丘雲嚴寺) 탑/누각식 탑/강소(江蘇) 소주(蘇州)/북송/961/팔각 7층/50m
- 서하사(棲霞寺) 사리탑(舍利塔)/밀첨식 탑/강소(江蘇) 남경(南京)/오대남당/937~975/석회암/팔각 5층/15m
- 나한원(羅漢院) 쌍탑(雙塔)/누각식 탑/강소(江蘇) 소주(蘇州)/982/팔각 7층/35m
- 개원사(開元寺) 요적탑(料敵塔)/밀첨식 탑/하북(河北) 정현(定玄)/북송/1055/팔각 11층/70m
- 우국사(祐國寺) 철탑(鐵塔)/누각식 탑/하남(河南) 개봉(開封)/북송/1049/팔각13층(전신(前身) 팔각 13층의 목탑)/57m
- 불궁사(佛宮寺) 석가탑(釋迦塔)/누각식 탑/산서(山西) 응현(應縣)/요/1056/현존 가장 오래된 목탑/팔각 9층
- 천녕사(天寧寺) 탑/밀첨식 탑/북경(北京) 북평(北平)/11세기/팔각 13층/70m
- 개원사(開元寺) 진국탑(鎭國塔)/누각식 탑/복건(福建) 천주(泉州)/남송/1237, 1250/동서쌍탑/석탑/팔각 5층/48.24m

원

- 묘응사(妙應寺) 백탑(白塔)/라마탑/북경(北京)/원/1271/방형 밀첨/53m
- 천녕사(天寧寺) 허조선사(虛照禪師) 명공탑(明公塔)/밀첨식 탑/하북(河北) 순덕(順德)/1290/육각 3층/14m

명

- 오대산(五臺山) 탑원사(塔院寺) 탑/라마탑/산서(山西) 오대(五臺)/1407
- 진각사(眞覺寺) 금강보좌탑(金剛寶座塔)/금강보좌탑(金剛寶座塔)/북경(北京)/명/1473/15m
- 광혜사(廣惠寺) 화탑(華塔)/금강보좌탑(金剛寶座塔)/하북(河北) 정정(正定)/35m
- 대탑원사(大塔院寺) 탑/금강보좌탑(金剛寶座塔)/산서(山西) 오대(五臺)/80m
- 자수사(慈壽寺) 대탑(大塔)/밀첨식 탑/북경(北京)/1578/팔각 13층

청

- 서황사(西黃寺) 반선(班禪) 라마 청정화탑(淸淨化塔) 라마탑/북경/1723
- 자등사(慈燈寺) 금강보좌탑(金剛寶座塔)/금강보좌탑(金剛寶座塔)/내몽골/1727
- 벽운사(碧雲寺) 금강보좌탑(金剛寶座塔)/금강보좌탑(金剛寶座塔)/북경(北京)/1748/30m

5. 한반도

그림 2-49 황룡사(9층탑 복원모형)

불교가 전해진 4세기 후반 이후 한반도에도 다양한 탑이 건립되는데, 고구려의 요동성(遼東城)(요녕성(遼寧省) 요녕(遼寧))에 아육왕(阿育王)탑(아소카 왕주)이 있었다는 설화가 있다. 평양 근교의 정릉사와 금강사(청암리 폐사)탑은 그 기단 흔적에서 볼 때 8각형의 목탑이 있었을 것으로 추정되고 있다. 반면 7세기 중반에 건립되었다고 생각되는 백제의 정림사, 미륵사 탑은 석탑이며, 신라에는 수도 경주의 황룡사 9층 목탑(645년)과 사천왕사의 쌍탑(679년)이 알려져 있다. 또한 신라시대부터 통일신라 초기에 걸쳐 감은사지 동서 3층 석탑, 고선사지 3층 석탑, 황복사지 3층 석탑 등 돌로 만든 쌍탑이 많이 세워졌으며, 또한 벽돌로 만든 분황사와 같은 예도 있다. 서울 경복궁에 있는 갈항사(葛項寺) 3층 석탑, 그리고 경주의 불국사 석가탑, 다보탑은 8세기 중엽이며, 원원사(遠願寺)와 화엄사 3층 석탑은 8세기 후반에 건립되었다. 목조 가구 모양을 본뜬 불국사 다보탑은 독특하며, 경주 정혜사지의 13층 밀첨탑, 화엄사 4사자 3층 석탑 등의 특수한 형태도 보인다.

고려시대에는 수도 개성에 연복사(演福寺) 5층탑, 평양에 중흥사(重興寺) 9층탑 등 대형 목탑이 건립되었지만 현재 남아 있지 않으며, 현화사(玄化寺)지 7층 석탑, 남계원(南溪院) 7층 석탑 등 다층 4각 석탑이 남아 있고, 월정사 탑과 같은 8각 다층탑이 있다.

조선시대의 사례로는 법주사 팔상전(1624년)과 같은 목탑이 있으며, 원각사 10층 석탑과 낙산사 7층 석탑 등이 있다.

column 3

오륜탑(五輪塔)

밑에서부터 직육면체, 구형(球形), 삼각뿔, 접시형, 그리고 의보주형(擬寶珠)을 이루고 있으며, 각각 땅, 물, 불, 바람, 공기의 5가지를 본뜬 것이다. 방형의 지륜(地輪), 구형의 수륜(水輪), 삼각형의 화륜(火輪), 반원형(앙월(仰月))의 풍륜(風輪), 보주(寶珠)(단(團))형태의 공륜(空輪)이 소위 오륜탑(五輪塔)이다. 이 오륜탑(五輪塔)은 일본에서는 도처에서 볼 수 있지만, 중국과 인도에는 없다고 한다.

모모야마(桃山)시대에 다이고지(醍醐寺) 엔코인(円光院)에서 출토된 오토쿠(応徳) 2년(1085년)이라고 새겨진 오륜탑(五輪塔)이 가장 오래된 예이지만, 실체는 불분명하다. 또한 오래된 예로 홋쇼지(法勝寺)의 와당(瓦當), 수막새(1122년)에 그려져 있지만, 방형 지륜(地輪)의 높이가 낮은 보탑(寶塔)에 가깝고, 기와로 만든 오륜탑(五輪塔)(1144년)이 하리마(播磨)의 죠우후쿠지(常福寺)에 있다. 현존하는 석탑의 오래된 예로 츄우손지(中尊寺) 샤쿠손인(釈尊院)(1169년), 분고(豊後)에 2기(1170, 1172년)가 있고, 그 외 후쿠시마(福島)현 고린보우(五輪坊) 묘지(1181년)에 있다고 한다. 삼각형 화륜(火輪)에는 사각뿔과 삼각뿔의 두 가지가 있고, 삼각뿔 모양은 모두 13세기에 도다이지(東大寺) 재건에 참가한 슌죠우보우(俊乗房) 쵸우겐(重源)과 관계가 있다는 흥미로운 사실도 있다.

그림 2-50 간센지(岩船寺)의 오륜탑(五輪塔)

오륜탑(五輪塔) 형태의 기원에 대해 먼저 천개(天蓋)를 가진 사리병(舍利瓶) 모양에서 왔다는 설이 있지만 형태만으로는 근거가 약하며, 이에 비해 보다 큰 근거로 제시되는 것이 밀교의 오륜오대(五輪五臺)와의 결부설이다. 당나라의 불공(不空)이 번역한 '보실지성불다라니교(寶悉地成佛陀羅尼敎)'에 오륜탑(五輪塔)이란 문구가 있고, 선무외(善無畏)가 번역한 '존승불정수유가법궤의(尊勝佛頂修瑜伽法軌儀)'에는 땅, 물, 불, 바람, 공기의 5지륜(智輪)을 사각형, 원형, 삼각형, 반원형(앙월(仰月)), 보주(寶珠)형의 5가지 형태로 a, va, ra, ha, kha의 범자를 넣어 표시하여 오륜도(五輪圖)를 표시하고 있다고 하지만, 중국에는 오륜탑(五輪塔)의 실례가 없다.

그래서 인도의 옛 사례가 요구되는데, 부처·법·승려(Triratna)를 상징하는 삼보도(三寶圖), 오대(五大)를 의미하는 팔리(Pali)어 문자를 조합시켜 산치의 제1스투파에 있는 상징도(象徴圖), 아마라바티의 스투파의 부조(浮彫) 등을 들고 있지만 딱 들어맞지는 않는다.

가장 가깝다고 생각되는 것은 라마탑인데, 티베트의 라마탑이 오대(五大)를 상징한다는 설도 유력하다. 문제는 라마탑의 모양이 어떻게 성립됐을까 하는

그림 2-51 코우야산(高野山) 속의 원(院) 오륜탑(五輪塔)

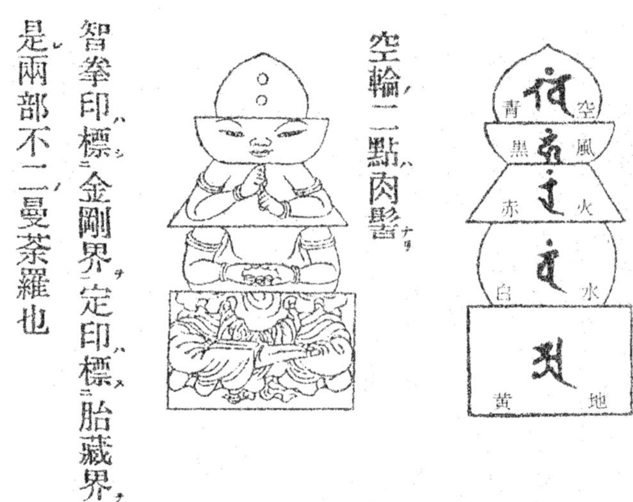

그림 2-52 오륜(五輪)과 신체의 대응

점인데, 일본의 오륜탑(五輪塔)은 더 순수한 형태를 하고 있다는 점에서 주목된다.

오륜탑(五輪塔)에 대해서는 다음과 같은 가설들을 생각할 수 있다.

① 밀교 경전의 오륜도(五輪圖)는 인도에서 만들어졌으며, 그 형태는 후기 스투파의 중요한 윤곽을 선으로 묘사한 상징도인데, 오륜(五輪)의 각 그림과 크기가 반드시 스투파와 같지 않은 것은 당연하다.

② 티베트의 라마탑은 인도의 후기 스투파에 기반을 둔 점이 크다. 그러나 옛 사례에서 상륜(相輪)의 하단(下端)이 현저하게 큰 것은 역으로 오륜도(五輪圖)의 삼각형 화륜(火輪)의 영향도 있을 것이다.

③ 중국에서는 후기 스투파 모습이 남북조(5, 6세기)에서 나타났지만, 금새 중국화 되면서 이른바 보탑형(寶塔形)과 보협인탑형(寶篋印塔形)으로 바뀌어 유행했다.

④ 중국과 한반도에서는 오륜탑(五輪塔) 유적이 지금까지 발견되지 않았다. 오륜탑(五輪塔)은 일본의 창작물인 것 같다.

⑤ 창작은 한자로 번역한 경전(經典)의 오륜도(五輪圖)를 교본으로 했지만, 그림은 평면적인 선으로 묘사했기 때문에 그것을 입체화시키면서 보탑(寶塔)의 모양이 크게 영향을 주었고, 화륜(火輪)이 보형(寶形)지붕의 모습이 되었다.

⑥ 따라서 일본의 오륜탑(五輪塔)은 인도 스투파의 직계라고 할 것이며, 일본에서 오륜탑(五輪塔)이 무덤에 널리 이용되고 있는 것은 스투파 본래의 의미를 잘 계승한 것이라 할 수 있다.

또한, 일본 승려의 묘석(墓石)이 포탄형 스투파의 형태를 취하는 것도 흥미롭다.

06 불교사원

13세기 초 인도에서 자취를 감추게 된 불교는 각각의 전파계통을 따라 오늘까지 그 법맥(法脈)을 전해 오고 있는데, 그 큰 계통의 하나가 일본이며, 티베트이다. 또한 원시불교의 전통을 중시하고 엄격한 계율유지를 자랑하는 태국, 미얀마 등 남방 상좌부(上座部)계 불교가 있으며, 동남아시아 대륙부 국가와 스리랑카가 그 계보를 유지하고 있다.

이미 앞에서 불탑의 양식을 추적하면서 대표적인 사원에 대해서는 언급했지만, 가람(伽藍)배치와 그 외 건축물에 대하여 보충해 보자.

그림 2-53 챠·바히[1], 카트만두

1. 바하, 바히

인도에서 불교가 소멸한 13세기 이후, 네팔은 부탄과 함께 인도아(亞)대륙에서 불교가 지속적으로 살아남은 지역이고, 네팔, 특히 카트만두분지에는 중정(中庭)을 중심으로 주위에 승방(僧坊)을 배치하는 4각형의 불교승원(僧院)(비하라)이 많이 존재했다. 카트만두분지에 사는 네팔 사람들은 오래전부터 도시적인 집합형식을 발달시켜 왔는데, 1층을 창고 또는 가축을 위한 공간으로 사용하고, 최상층에 주방을 놓는 3~4층의 맞벽[2]형식을 볼 수 있었을 뿐만 아니라, 이 불교 승원(僧院)이 바탕이 된 중정식(中庭式) 주거가 모여 있는 구역이 있다. 이렇듯 파탄 등 불교를 중심으로 성립한 도시의 구성을 살펴보는 것은 매우 흥미롭다.

중정형(中庭型) 승원(僧院)에는 바히(Bahi), 바하(Bahah)라 불리는 2 종류가 있으며, 두 가지가 통합된 바하·바히라고 불리는 형식도 있는데, 바히는 독신승려를 위한 승원(僧院)이며, 바하는 가정을 가진 승려용 승원(僧院)이다.

1 원본의 チャ·バヒ
2 원본에서는 '連棟'으로 표기되어 있음.

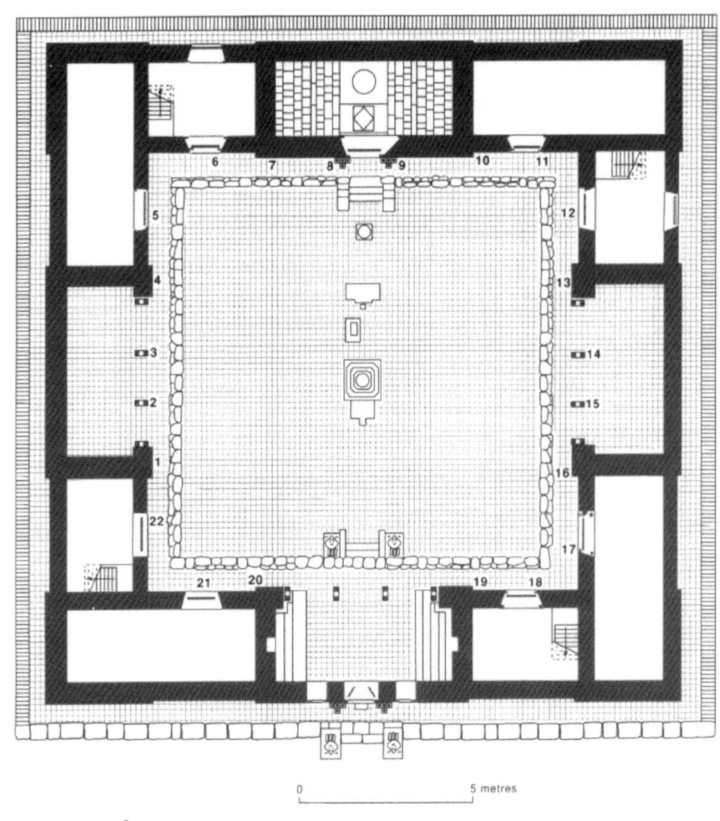

그림 2-54 츄샤·바하[3] (평면도), **카트만두**

카트만두 교외, 데오·파탄에 있는 챠·바히는 아소카왕의 딸 챠르마티[4]가 네팔의 왕자 데바팔라와 결혼했을 때 창건되었다고 전해지고 있으며, 주변에는 리차비 시기에 만들어진 스투파와 석불(石佛)이 남아 있다. 2층짜리 건물로 1, 2층 모두 중정(中庭) 측에 바람이 통하는 복도가 있으며, 남쪽 건물 중앙의 지붕을 관통하는 형태로 신사(神祠)의 탑이 세워지고, 중정(中庭)에는 1열의 차이티야가 놓여 있다.

바하의 대표는 카트만두의 츄샤·바하로 기본적으로는 바히와 같은 형식이지만 탑은 없고 정면 중앙에 있는 방 하나를 사당(祠堂)으로 삼고 있다. 간소하게 만들어진 챠·바히에 비하면 매우 섬세하게 만들어져 있다.

원래는 왕궁으로부터 조금 떨어진 곳을 택하여 사원주변으로 바히가 늘어선 형태로 수행이 행해지고 있었다고 생각되며, 7세기경 밀교 성립과 함께 바하

3 원본의 チュシャ·バハ
4 원본의 チャルマティ

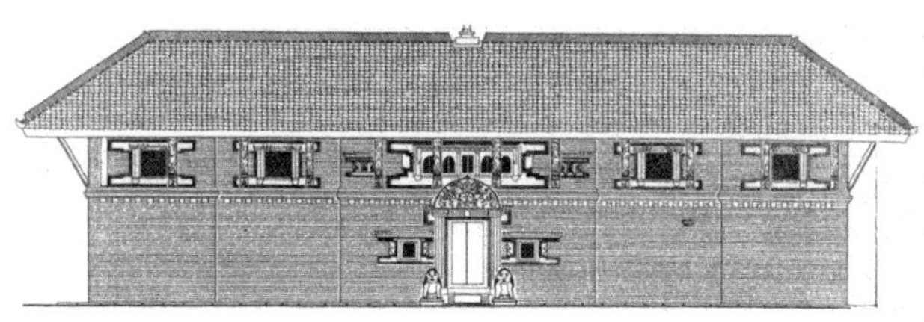

그림 2-55 츄샤·바하(입면, 단면도)

가 세워진다. 12~13세기에는 가정을 가진 승려의 수가 늘어나고, 재가(在家)수행이 많아지면서 도시발전과 함께 점차 도시 안으로 흡수되게 되었다. 바하·바히는 지역의 중심에 있는 바히가 바하의 기능을 함께 갖게 되면서 만들어지는데, 바하·바히에 의해 구성되는 구역은 일정 주거구역 단위마다 광장(廣場)을 두고, 히티[5]라고 불리는 수(水)공간[6], 파티[7]라고 불리는 정자(亭子)[8], 차이티야 등이 놓인다.

2. 체디, 비함, 우보솟

태국에서는 불교사원을 왓(wat)이라고 부른다. 13세기 수코타이왕조 시대부터 상좌부(上座部) 불교를 믿어 오고 있는데, 방콕의 왓·아룬, 왓·프라깨오, 왓·벤차마보핏 등 뛰어난 불교사원이 많이 있다.

태국 사원의 기본 구성요소로서 체디(chedi), 우보솟(ubosoth), 비함(viharn), 몬돕(mondop), 살라(sala)(정자(亭子))가 있으며, 체디는 차이티야이지만 스투파도 체디에 포함된다. 비함의 주위에 잔뜩 나열한 체디를 체디·라이(ray)라고 구별할 수 있으며 중심에 두는 탑도 함께 체디라고 부른다. 불사리(佛舍利), 그리고 부처의 유품이 안치된 탑, 사당(祠堂)의 총칭이 체디인데, 엄밀하게 말하면 불사리(佛舍利)를 보관하는 스투파와는 구별된다. 특히 '연꽃 봉오리' 모양의 탑을 스투파라고 부르는 경우가 있는데, 이 경우 체디는 범종(梵鍾) 모양을 말하며, 포

5 원본의 ヒティ

6 원본의 수장(水場)을 번역한 것으로, 우리나라 전통 마을을 생각하면 우물터 또는 빨래터 등을 의미할 것 같다. (역자 주)

7 원본의 パティ

8 원본의 東屋

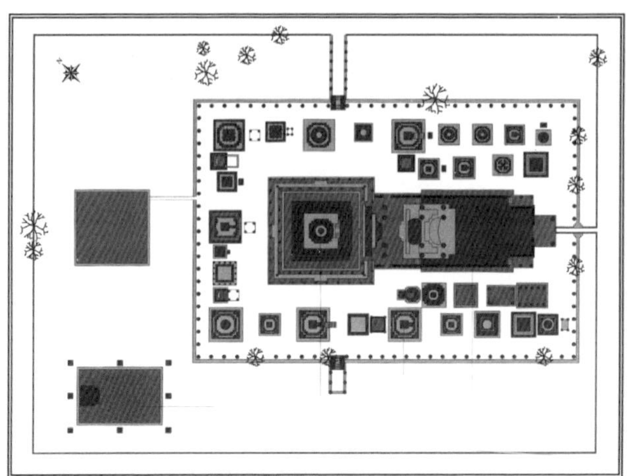

그림 2-56 왓·체디·쳇·태오(Wat Chedi Chet Thaeo)(평면도), 씨·사차날라이(Si Satchanalai)

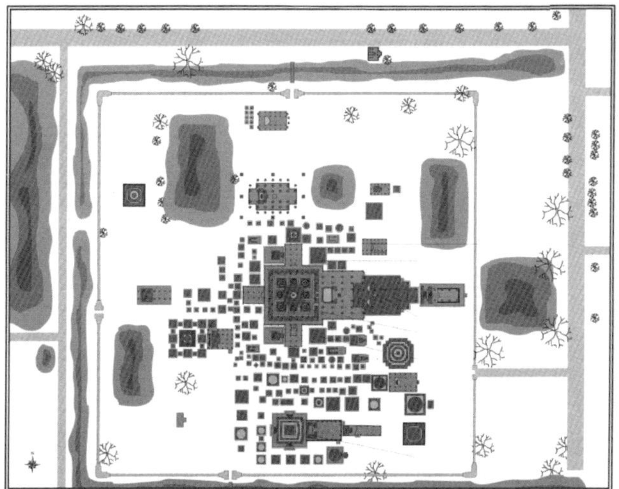

그림 2-57 왓·마하탓(평면도), 수코타이

탄(옥수수)형태의 비마나(시카라)는 프랑[9]이라고 부른다.

비함은 비하라이지만 불상(佛像) 앞에서 다양한 의례를 행하며, 설교도 열린다. 기능적으로는 우보솟과 같지만, 우보솟이 승려의 수행장소로만 사용되는데 비해 비함은 평신도의 예배에만 사용되고 있다. 우보솟과 비함의 구별은 간단한데, 우보솟은 내부에 불상(佛像)이 있고 그 주위에 세마(sema)[10]돌을 8개 놓아 거룩한 장소임을 나타낸다. 몬돕(mondop)은 만다파이지만 내부공간이 있으며, 내부공간에는 종종 거대한

9 원본의 プラン
10 원본의 セマ

불상(佛像)이 안치되어 금당(金堂)의 역할을 한다.

작은 사원의 경우에는 전면(前面)에 비함이 놓여지고 후방에 체디가 배치되며, 그리고 항상 주위를 울타리로 둘러싸는 간단한 가람(伽藍)의 기본 구성을 취한다. 수코타이, 씨·사차날라이의 두 개의 왓·창·롬(Wat Chang Lom)처럼 규모가 커져도 비함+체디라는 구성은 일반적으로 보인다. 기본적으로 불상(佛像)은 동쪽을 향해 있고 신자(信者)는 서쪽을 향해 예배를 드린다.

복합적인 구성이 되면 위와 같은 기본구성이 하나의 동일한 축선(軸線)모양으로 반복되는 경우가 많다. 몬돕, 우보솟도 축선(軸線)모양으로 배치되고, 주위에 체디를 배치함으로써 보다 복잡한 형태를 만들게 된다.

3. 중국 불교 10대 사찰

'삼국지(三國志)'에서 작융(笮融)이 서주(徐州)에 부도사(浮屠祠)를 지었다고(188~193년) 하듯이 중국에서 불교건축의 기록은 후한(後漢)시대 말부터 보인다. 북위(北魏) 말, 낙양(洛陽) 안팎으로 1000여 개의 사원이 있었고, 그중에서도 9층의 방형 대탑을 가운데에 둔 영녕사(永寧寺)가 장려함을 뽐냈다고 한다. 이 영녕사(永寧寺)는 북위(北魏)시대인 519년에 준공되었고, 공장(工匠)은 곽안흥(郭安興)으로 알려져 있다. 가람(伽藍)배치는 불분명하지만, 이 무렵 하나의 탑을 회랑(回廊)으로 둘러싸는 형식, 쌍탑형식… 등 일본의 시텐노지(四天王寺)식, 호류지(法隆寺)식… 으로 이어져 몇 가지 형식이 성립된 것으로 보인다.

북위(北魏)시대부터 남북조(南北朝)시대에 걸쳐 운강(雲崗)석굴, 용문(龍門)석굴, 돈황(敦煌)석굴 등 석굴사원이 많이 만들어졌는데, 우선적으로 인도 석굴사원의 영향을 생각해 볼 수 있지만 몇 가지 큰 차이가 있다. 먼저 석굴을 주거로 사용한 비하라굴이 극히 적으며, 차이티야의 모양이 다른데, 차이티야굴의 중심에 놓이는 것은 탑주(塔柱) 또는 방탑(方塔)이다. 탑주(塔柱), 방탑(方塔)은 북위(北魏)시대 석굴의 특징으로 목조건축을 모방한 것이 많다. 누각식 목조건축을 기본으로 하고, 두공(枓栱)은 인(人)자형 화반(花盤)을 사용하고 있다. 그리고 중국석굴은 인도에서는 볼 수 없는 불상(佛像)을 중심으로 하는 존상굴(尊像窟)이 있다.

그림 2-58 운강(雲崗)석굴 제20굴, 산서(山西) 대동(大同)

그림 2-59 하화엄사(下華嚴寺), 산서(山西) 대동(大同)

대표적인 가람(伽藍) 몇 개를 들면, 오대산(五臺山)(산서성(山西省))은 당나라 시대부터 불교의 중심지이며, 산 속에는 수많은 불사가 있었지만, 현존하는 최고(最古)의 목조건축으로 알려진 남선사(南禪寺) 대전(大殿)(산서(山西) 오대(五臺), 782년)이 있다. 또한 대표적인 불교 사찰로 불광사(佛光寺) 대전(大殿)(산서(山西) 오대(五臺), 857년)이 있다. 산의 경사면을 등지고 정면 7칸, 측면 4칸인 대전(大殿)은 서쪽을 향하고 있고, 전방 좌우로 배전(配殿)이 있으며 정면폭은 7칸이며 3층인 미륵대각(彌勒大閣)이 있고, 뒤쪽 측면에는 무구정광탑(無垢淨光塔)이라 불리는 8각형의 전탑(塼塔)이 있다. 남선사(南禪寺) 대전(大殿)이 더 오래됐지만, 이 건물은 사방 3칸으로 규모가 작고 가구형식도 단순하다. 불광사(佛光寺) 대전(大殿)은 기둥 사이에 외2출목의 주간포(柱間包)[11]를 올려 놓

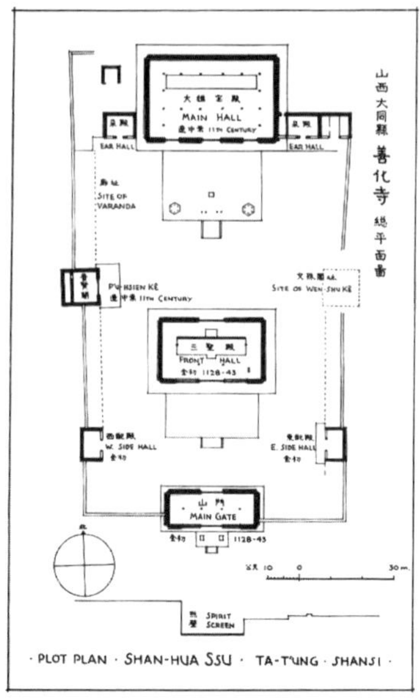

그림 2-60 선화사(善化寺)(배치도), 산서(山西) 대동(大同)

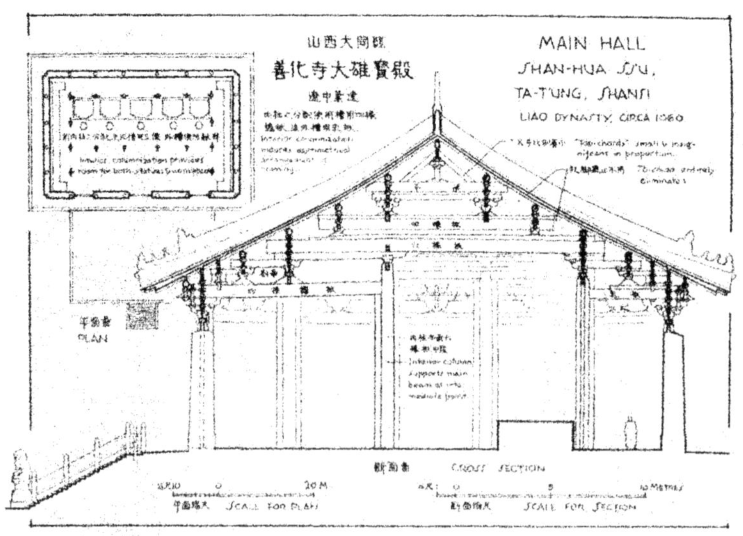

그림 2-61 선화사(善化寺) 대웅보전(大雄寶殿)(단면도)

11 원본의 나카조나에노키구미なかぞなえのきぐみ 후타테사키구미보노ふたてさきぐみモの를 번역한 용어로서, https://kotobank.jp/word/%E7%B5%84%E7%89%A9−56045 사이트를 참조함.

은 소위 다포식(多包式)[12]의 전(前)단계로 알려져 있다. 중국건축의 기본형식은 송나라 때의 '영조법식(營造法式)[13]'으로 총정리되지만, 불광사(佛光寺)의 부재는 상당히 크다. 다포계의 기술은 당나라 말부터 5대의 시기에 걸쳐 오대산 일대에서 발전되었다고 알려져 있으며, 이에 비해 남선사(南禪寺) 대전(大殿)처럼 기둥 위에만 공포(栱包)를 가진 형식을 주심포식(柱心包)[14]이라고 부른다. 시대를 조금 더 내려오면 복건성(福建省) 복주(福州)의 화림사(華林寺) 대전(大殿)(964년)은 주심포(柱心包) 형식으로 굽받침[15]과 살미첨차[16]를 가지며, 일본의 다이부츠 양식[17]으로 계승된 것으로 알려져 있다.

요, 금나라 시대의 사찰로는 대동(大同)의 선화사(善化寺), 대화엄사(大華嚴寺)가 있고, 대화엄사(大華嚴寺)는 명나라 시대에 상화엄사(上華嚴寺), 하화엄사(下華嚴寺)로 나누어졌다. 또한 독락사(獨樂寺)(천진(天津)시, 984년), 봉국사(奉國寺)(요녕(遼寧) 의현(義懸), 1020년)가 알려져 있다.

송나라 시대에는 선종(禪宗)사원이 단독으로 융성하며, '가람칠당(伽藍七堂)'이라는 제도가 유행한다. 선종(禪宗)사원의 칠당(七堂)이란, 불전(佛典), 법도(法道), 승당(僧堂), 고원(庫院)[18], 산문(山門)[19], 동사(東司)[20], 욕실(浴室)이다. 규모가 커지게 되면, 강당(講堂), 경당(經堂), 선당(禪堂)[21], 탑(塔), 종(鐘), 고루(鼓樓)가 추가되며, 대표적으로 융흥사(隆興寺)(하북성(河北省) 정정(正定), 1052년), 보국사(保國寺)(절강성(浙江省) 여조(余姚), 1013년) 등이 있다.

광승사(廣勝寺)(산서(山西) 홍동(洪洞), 1309년)가 원나라 시대의 불교건축으로 알려져 있지만, 그 시대의 유적은 많지 않다. 원나라 시대에는 티베트 불교가 퍼져 나갔으며, 민중 불교로 백련교(百蓮敎)와 백운종(白雲宗)이 번성하였다. 명(明)나라 시대에는 불교가 일반 민중에게도 침투하지만 도교(道敎)와 섞이게 되고, 청(淸)나라 시대에는 특히 티베트 불교가 비호되어 많은 사원이 건립되었다.

중국 불교 역사를 통틀어 10대(大) 사찰로 알려진 것은 다음과 같다.

① 여산(廬山) 동림사(東林寺) – 강서성(江西省) 북부의 명산, 여산(廬山)에 있으며, 북쪽으로는 장강(長江), 동

---

12 원본의 힐조(詰組 츠메구미)를 번역한 용어이다.

13 원본에는 영조방식(營造方式)으로 표기되었으나, 우리나라에서는 영조법식으로 정착되었다.

14 원본의 소조(疎組 소구미)를 번역한 용어이다.

15 원본의 사라토さらと

16 원본의 사시히지키さしひじき

17 大仏様을 번역한 용어로 일본식 발음으로는 다이부쓰요(우) 또는 다이부츠요(우)로 불린다.

18 고원(庫院)의 어의(語義)는 '창고'라는 뜻으로, 세 가지 기능(식자재 창고, 주방, 사무실)을 가지고 있다, 고원은 칠당(七堂)의 하나로 불전(대웅전) 좌측에 있고 건물도 매우 크다. 주방(廚房)과 식자재 창고, 그리고 총림의 모든 살림살이와 종무소도 고원에 집결되어 있고, 감원·도사·감사·부사·전좌의 거처도 고원에 있다. 따라서 고원은 선종사원의 본부라고 할 수 있다. *출처 : 현대불교신문, http://www.hyunbulnews.com/news/articleView.html?idxno=295715

19 삼문(三門)이라고도 한다. 사찰의 본당을 열반(涅槃)으로 비유하여 건물의 문은 하나이지만 산문은 열반에 이르는 3가지 해탈문(解脫門)을 말한다. 즉, 공문(空門)·무상문(無相門)·무작문(無作門)이다. 한편, 산문은 절의 상징으로 쓰여 절을 뜻하기도 하며, 종단의 한 문중(門中)을 뜻하기도 한다. (네이버 지식백과)

20 선종(禪宗) 사원에서의 변소를 말한다. 본래는 동서(東序, 東班)의 승려가 사용하는 것이었으나 나중에는 변소의 일반적인 호칭이 되었다. (네이버, 미술대사전)

21 '좌선당(坐禪堂)'을 줄여 부르는 것으로, '선방(禪房)' 또는 '승당(僧堂)'이라고도 한다. 이것은 여러 승려들이 모여 좌선할 때 쓰는 넓은 대청이 있는 건물을 가리킨다. (네이버백과)

쪽으로는 광대한 번양호(藩陽湖)에 접해 있다. 중국 정토교(淨土敎)의 원류(源流)이며, 혜원(慧遠)(334년~416년)이 터를 닦아 태원(太元) 11년(386년)에 창건.

② 천태산(天台山) 국청사(國淸寺) - 절강성(浙江省) 천태현(天台縣). 천태종(天台宗)의 연원(淵源). 지의(智顗)(538년~597년)가 태건(太建) 7년(575년)에 창건.

③ 태백산(太白山) 천동사(天童寺) - 절강성(浙江省) 영파시(寧波市), 일본 조동종(曹洞宗)의 원류(源流), 의흥(義興), 진나라(晉)(300년).

④ 섭산(攝山) 서하사(棲霞寺) – 강소성(江蘇省) 남경시(南京市) 현무호(玄武湖)의 남쪽에 있는 구화산(九華山)에 있다. 삼론종(三論宗)의 중심이며, 길장(吉藏)이 터를 닦아 당(唐) 대중(大中) 5년(851년)에 창건.

⑤ 양주(揚州) 대명사(大明寺) - 양주(揚州)의 서북쪽에 있다. 일본 율종(律宗)의 원조로 감진(鑑眞)이 공부했다. 457~464년 창건.

⑥ 자은사(慈恩寺)(대안탑(大雁塔)) – 섬서성(陝西省) 서안시(西安市). 법상종(法相宗)의 발상 사원(현장(玄奘) 삼장(三藏)). 자은(慈恩)(632년~682년). 당(唐) 정관(貞觀) 22년(648년) 창건.

⑦ 종남산(終南山) 화엄사(華嚴寺) – 서안시(西安市) 동남쪽, 화엄종(華嚴宗)의 성지(聖地). 두순(杜順)(557년~640년). 당(唐) 정관(貞觀) 14년(640년) 창건.

⑧ 석벽산(石壁山) 현중사(玄中寺) - 산서성(山西省) 교성현(交城県). 정토교(淨土敎)의 성지(聖地). 도작(道綽)(562년~615년). 북위 연흥(延興) 2년(472년) 창건.

⑨ 낙양(洛陽) 백마사(白馬寺) – 낙양시(洛陽市) 동쪽 교외지역·중국에서 처음으로 지어진 사원이라고 한다. 동한(東漢) 영평(永平) 11년 (68년) 창건.

⑩ 향적사(香積寺) - 서안(西安)의 남서쪽, 장안현(長安縣) 향적촌(香積村)에 있다. 정토종(淨土宗)의 제3조(祖) 선도(善導)의 묘탑이 있다.

그리고 하나 더 일본과의 연관성을 찾아보자면, 청룡사(青龍寺)를 들 수 있다. 장안성(長安城)의 동남쪽 교외에 위치하고, 진언종(眞言宗)의 개조(開祖)인 공해(公海)가 공부한 사원이다. 수나라 시대 개황(開皇) 2년(582년)에 창건되었다. 또한 청룡사(青龍寺)는 수나라 문제(文帝)(양견(陽堅))가 태어난 장소이기도 하다.

4. 한반도

한반도에 불교가 전해지는 것은 4세기 후반, 삼국시대이다. 372년 진(秦)나라의 왕 부견(苻堅)이 승려 순도(順道)를 고구려에 파견하여 375년에 이불란사(伊弗蘭寺)를 창건했다고 알려지며, 또한 374년에 승려 아도(阿道)가 방문하여 초문사(肖門寺)를 열었다. 광개토대왕 3년(394년)에는 평양 주변에 9개의 사원이 세워졌다고 하며, 5세기에 건립된 정릉사, 청암사(금강사)라는 유적이 발견되었는데, 팔각형의 탑을 3개의 금당(金堂)이 둘러싼 일탑삼금당식(三金堂)[아스카(飛鳥寺)지식]이다.

백제에는 384년에 마라난타[22]라고 불리는 인도의 승려가 방문하여 수도

22 원본의 摩羅難陀

한산(漢山)에 불사(佛寺)를 열었다. 성왕(523년~554년) 시대에 본격적으로 불교가 보급되고, 불사(佛寺)가 세워졌다. 백제 최후의 수도 부여(사비) 주변에는 정림사, 금강사, 미륵사의 유구가 있다. 정림사, 금강사는 중문, 탑, 금당, 강당이 일직선상에 놓이는 일탑식(시텐노지식(四天王寺)) 가람배치이며, 미륵사는 일탑식 가람의 동·서원, 중원이 3열로 늘어선 구성이고, 정림사 탑과 미륵사의 동·서원 탑은 석탑(5층 석탑)이다.

통일신라 이전 신라의 불교승인은 법흥왕(514년~540년) 무렵으로 백제를 통해 중국 양(梁)나라에 사신을 파견하였다. 흥륜사, 황룡사가 알려져 있으며, 흥륜사는 일탑식으로 추정되고 있지만, 신라 최대의 황룡사는 백제의 공장(工匠) 아비지(阿非知)를 초청하여 645년에 완성했다고 하는 9층의 거대한 목탑 뒤에 3개의 금당(金堂)이 늘어선 형식이다.

그림 2-62 불국사 다보탑, 경주

그림 2-63 석굴암, 경주

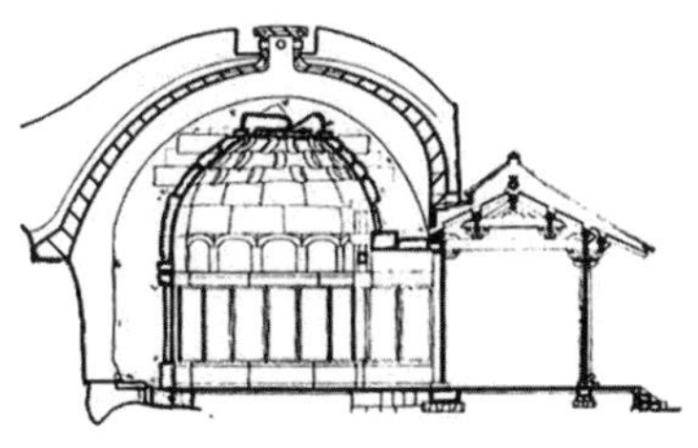

그림 2-64 석굴암(단면도)

한국 불교가 번성한 것은 통일신라(676년~918년) 때인데, 원효, 의상 등에 의해 법상종과 화엄종이 통합되고, 실천적인 불교가 확립되었다. 정순밀교(正純密教)가 전해지고 본격적으로 보급되었으며, 아미타신앙과 염불을 중심으로 한 정토교가 서민들 사이로 퍼져 나갔다. 통일신라의 사원을 특징짓는 것은 금당(金堂) 앞에 동서 2개의 탑을 배치하는 쌍탑식(야쿠시지식(薬師寺)) 가람인데, 탑은 목탑(사천왕사, 망덕사)과 석탑(감은사, 불국사 등)이 모두 있다. 가장 유명한 불국사는 동서(東西)로 다보탑과 석가탑(무영탑)이라는 2개의 석탑이 배치되어 있으며, 특히 흥미로운 다보탑은 목조건축을 모방한 이형석탑(異形石塔)이고, 석굴암은 같은 시기인 8세기 중엽에 건립되었다고 알려져 있다.

고려시대(918년~1392년)에는 불교가 국교로 지정되어 번성했다. 지눌(知訥)(1158년~1210년)에 의해 선종(禪宗)이 확립되고, 한국불교의 주류가 된다. 한반도의 선종(禪宗)은 화엄과 계속 결합하여 조계종으로 불리며, 현재에도 한국에서는 조계종이 큰 영향력을 가지고 있다. 1251년에 '대장경'이 만들어지고 오늘날까지 해인사에 남아 전하는데, 고려 '대장경'은 일본에도 많이 전래되었다[23].

조선(1392~1910년)은 유교를 국교로 정하고 불교를 탄압했기 때문에 불교는 점차 쇠퇴하게 되었다.

23 원본의 将来された

column 4

중국 불교의 전개

불경을 한문으로 번역함에 따라 불교는 급속도로 퍼져 나가게 된다. 원래 한문번역은 지루가참, 안세고에 의해 이루어지지만, '대반야경', '법화경', '아미타경', '대지도론' 등 다수의 주요 경전을 한자 번역한 사람은 구마라즙(쿠마라지바, 350년~409년경)이다. 또한 중국인에 의해 이론연구도 진행되었으며, 초기 교단정비에 큰 역할을 한 것이 사제관계인 도안(312년~385년)과 혜원(334~416년)이다. 이후로 여러 종파가 성립되어 갔는데 '법화경'에서 최고의 평가를 받은 천태종을 연 것은 지의이며, '중론', '12문론', '백론'을 통해 삼론종을 연 것은 길장(549년~623년)이고, 나중에 천태산에서 천태종을 공부한 사람이 사이쵸이다. 사이쵸는 이 밖에도 선림사에서 선을 공부하고, 용흥사에서 밀교를 배웠다. 히에이잔의 엔랴쿠지는 원(천태), 밀(밀교), 선, 계의 종합불교 본산으로 큰 세력을 과시하게 된다.

당나라 시기에 접어들면서 현장(602년~664년)이 등장한다. 629년 옥문관을 몰래 출국하여 중앙아시아를 거쳐 인도로 들어가 날란다 등에서 불전을 공부한 후, 645년에 귀국했다. 그 16년간의 여행은 '대당서역기'로 알려져 있으며, 현장은 귀국 후, '대반야경', '구사론', '성유식론' 등의 번역에 착수하여 완성했다. 산스크리트어 원문에 충실한 번역은 기존의 것과 차별화된 것이었다.

현장에 의해 한문으로 번역된 불경은 중국 불교에 큰 영향을 미쳤다. 특히 유식계통의 불경이 번역되고, 현장의 제자 자은대사(규) 기(632년~682년)에 의해 유식설을 중심으로 하는 법상종이 성립되었다. 일본에서는 도쇼(629년~700년) 등에 의해 수차례 전해져 남도육종의 일파를 형성했다. 중심사원이 된 것은 간고지, 고후쿠지이며, 또한, 호류지도 1950년에 성덕종을 세울 때까지 법상종의 대본산이었다.

현장의 한문번역에 협력한 도선(596년~667년)에 의해 계율연구가 이뤄졌으며, '계'란, 재가신자가 지켜야 할 규범이며 '율'이란 교단의 규칙이다. 도선은 '사분율' 연구를 통해 계율을 정리, 체계화함으로써 남산율종이라는 일파를 이루었으며, 도선의 손자제자가 '감진'이다. 당시 일본에 정식으로 가르침을 전할 자격을 갖춘 승려는 없었기 때문에 중국에 요청하여 파견된 것이 감진이다. 11년 동안 수차례 일본상륙에 실패를 거듭하며 5번째 시도 끝에 겨우 일본에 도착한 감진이 연 사찰이 도쇼다이지이다. 일본의 율종은 가마쿠라시대에 도쇼다이지, 카이단인, 사이다이지, 센뉴지로 나뉘지만, 메이지시기의 불교정책에 따라 진언종이 율종을 흡수하여 현재는 이에 저항한 도쇼다이지만이 율종을 대표하고 있다.

또한 법장(643년~712년)에 의해 '화엄경'을 중시하는 화엄종이 크게 번성하였다. 우주전체를 포괄하고 두루 비추는 것이 '비로자나불'이라고 믿는 화엄종은 일본에서는 도다이지가 그 명맥을 잇고 있으며, 이 사찰의 대불이 바로 비로자나불이다. 종파의 시조는 로우벤으로 그는 법상종의 학자였지만, 쇼무천황의 부탁으로 도다이지의 전신인 곤슈지의 주지가 되고, 신라에서 심상을 초청하여 강의를 받았다고 전한다.

당나라 초기에 선도(613년~681년)가 담란(476년~542년경)이 시작한 정토종을 퍼뜨리기 시작한다. 그의 '관무량수경소'는 호우넨에 큰 영향을 미치고 정토종에서는 '무량수경', '아미타경'을 더한 3개를 근본 경전이라고 하며 '정토삼부경'이라고 부른다. 정토종의 총본산은 교토의 치온인, 대본산은 도쿄의 조우죠우지, 교토의 곤카이코우묘우지, 하쿠만벤치온지, 쇼우죠우케인, 구루메의 젠도지, 가마쿠라의 코우묘우지, 나가노의 젠코우지 등이 있다. 호우넨의 사후 제자인 신쿠우, 벤쵸우, 쇼우쿠우, 신란이 가르침을 계승하고, 정토종, 정토종 서산파, 정토진종으로 오늘날에 이르고 있다.

선종(禪宗)은 양(梁)나라 시대 달마(達磨)(?~530년경)에 의해 중국에서 전달되었다. 신수(神秀)(606년~706년, 북종선(北宗禪))와 혜능(慧能)(638년~713년, 남종선(南宗禪))에 의해 확립되었으며, 후자가 번성하여 그 계통으로부터 임제종(臨濟宗), 조동종(曹洞宗)이 생겨난다.

송나라 시대(960년~1279년)가 되면 인도로부터의 새로운 경전 유입이 끊어지고, 그러한 가운데 선종(禪宗)이 번창하게 된다. 원나라 시대에는 티베트불교가 번성하고 민중불교로서 백련경(百蓮經)과 백운종(白雲宗)이 흥했다. 명나라 시대에는 불교가 일반 민중에 침투하여 도교(道敎)와 섞였으며, 청나라 시대에는 티베트불교가 비호되어 많은 사원이 세워졌다. 건륭제(乾隆帝)(1711년~1799년)는 '용장(龍藏)'이라는 대장경을 간행하고 티베트어 번역도 완성시켰다.

이렇게 중국에서 불교는 큰 흐름을 이루지만, 항상 중국사회에 받아들여진 것은 아니다. 배불(排佛)정책을 취한 황제 '삼무일종(三武一宗)'이 유명한데, 즉 북위(北魏)의 태무제(太武帝)에 의한 배불(排佛)(446년~453년), 북주(北周)의 무제(武帝)에 의한 배불(排佛)(574, 577년), 당나라 무종(武宗)에 의한 배불(排佛)(845년), 오대(五代)후주(後周)의 세종(世宗)에 의한 배불(排佛)(955년)이 그것이다. 배불(排佛)의 배후에는 중화세계에서 봤을 때 '오랑캐인 인도의 종교'라는 불교관이 자리잡고 있다. 중화민국(1912년~1949년)에서는 불교부흥의 움직임도 보이지만, 중화인민공화국의 성립으로 중국 불교계는 큰 타격을 받았으며, 특히 문화혁명 기간동안(1966년~1976년)에는 많은 사원들이 파괴되었다.

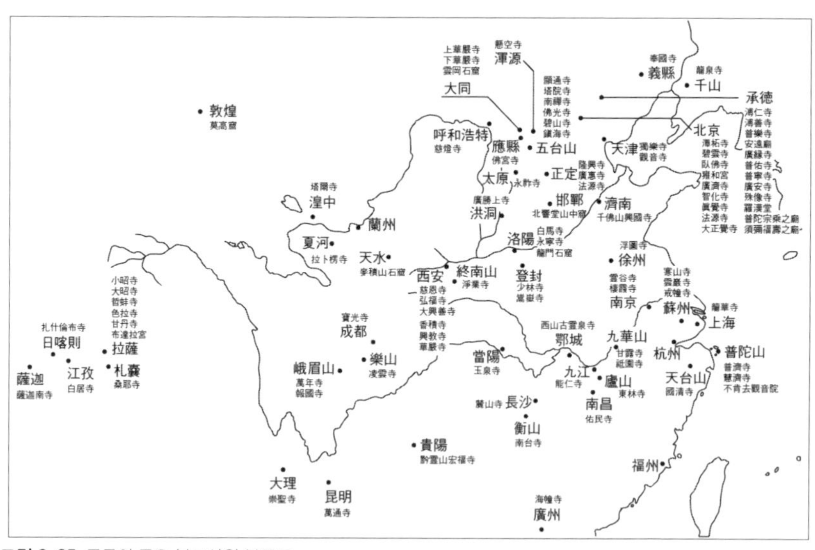

그림 2-65 중국의 주요 불교사원 분포도

07 불교의 우주관

– 신(神)들의 판테온 –

1. 만다라(曼陀羅)[1]

산스크리트어인 만다라(mandala)라는 용어는 원래 '본질을 얻는 것'을 의미하며, 그 깨달음의 경지는 완전한 형태인 원(圓), 바퀴(윤)(輪), 구(球)로 나타난다. 티베트어에서는 '킬콜[2]'(중심 '킬'을 둘러싸는 것이 '콜')로 번역되었고, 신(神)들이 나타나는 장소와 신들을 합쳐서 '만다라'라고 부른다. 만다라는 하나의 그릇이며, 그 속에서 신들이 각각의 직능에 따라 위치를 점하고 있다.

우선 만다라는 의례(儀禮)를 위한 장치로서의 역할을 하고 있다. 원래 인도에서 토단(土壇)을 쌓고, 신(神)들을 부르는 제사가 있었으며, 그 토단(土壇)의 의례(儀禮)를 불교에서 가져온 것으로 알려진다. 인도불교의 전통을 계승한 티베트불교에서는 오늘날에도 토단(土壇)을 쌓고, 백색 분말로 선을 긋고, 호마[3]를 태우는 의식이 남아 있다. 그러한 제사에서 신들의 '판테온[4]'배치가 '만다라'이다.

기원후 1~3세기에 성립한 '아미타경'과 '화엄경' 등 초기의 대승불교 경전에는 엄청난 수의 부처와 보살이 등장한다. 7세기경에는 불교의 '판테온'이 완성됐다고 전해지며, 따라서 '만다라'는 세계의 구조를 나타내는 것이라고 보고 있다. 일본에서는 '정토(淨土)만다라' 혹은 '정토(淨土)변상도(變相圖)', '지광(智光)만다라', '청해(靑海)만다라', '당마(當麻)만다라'가 알려져 있으며, '정토(淨土)만다라'는 정토(淨土)의 이미지를 표현한 것이고, '지광(智光)만다라'는 나라(奈良)시대 말의 승려 지광(智光)이 만들었다.

9세기 초 쿠우카이(空海)에 의해 '금강계(金剛界) 만다라(曼陀羅)'와 '태장계(胎藏界) 만다라(曼陀羅)'가 한 쌍이 되는 양부(兩部)(계(界)) 만다라가 정립되었다. 대비태장생(大悲胎藏生) 만다라(曼陀羅)는 '대일경(大日經)[5]'를 바탕으로 하였으며, 중심에 있는 대일여래(大日如來) 주위에 네 명의 부처와 네 명의 보살이 놓여 있는 8

---

1 일본에서는 曼荼羅로 표현하지만 우리나라에서는 曼荼羅 또는 曼陀羅로 표기하므로 우리식 한자로 바꿔서 표기했다. (역자 주)

2 원본에서의 キルコル

3 호마(護摩)는 homa의 음사로서 범소(梵燒)라고 번역된다. 호마는 베자전통에 뿌리를 두고 있으며, 고대에 불교와 자이나교에 채택되었는데, 지혜의 불로 미혹·번뇌의 나무를 태우고, 진리의 성화(性火)로 마해(魔害)를 없애는 것을 뜻하는 밀교의 수법(修法)이다. 이것은 본래 인도에서 화신(火神) 아그니(Agni)를 공양(供養)해서 악마를 제거하고 행복을 얻기 위해 행하여진 화제(火祭)를 불교에서 채용한 것으로 되어 있다. (위키백과)

4 한 부족, 민족, 국민 등의 다신교 신화, 신앙, 전통에서 등장하는 모든 신. (나무위키)

5 일본식 발음으로는 다이니치쿄(우) だいにち-きょう

잎의 연꽃 받침(蓮弁)[6]이 둘러싸는 배치형식을 취한다. 반면 '금강정경(金剛頂経)[7]'을 바탕으로 한 금강계 만다라는 3×3=9의 정방형(나인스퀘어)을 중심으로 하는 배치 형식을 취하며, 중앙의 정방형에 위치하는 것은 대일여래(大日如來)와 그것을 둘러싼 37존(尊)이다. 이 두 개의 만다라를 쌍(雙)으로 하는 사상은 인도가 아니라 중국 고유의 것으로 알려져 있다.

만다라에는 성벽, 문, 왕궁 등이 묘사되어 있기 때문에 고대 인도의 도성(都城)이 모델이 되었다고 보고 있으며, '아르타샤스트라[8]'의 도성 설명과 비교해보면 매우 흥미롭다. 또한 만다라는 대(大)우주, 소(小)우주의 구조, 즉 세계의 배치를 나타낸다.

세계의 구조에 대해 적극적으로 체계화시킨 것은 대승불교 이전의 '아비달마[9]'불교이며, 서기 4세기경 세친[10]이 저술한 '구사론(俱舍論)'에서 가장 잘 정리된 형태를 볼 수 있다.

'구사론(俱舍論)'에 따르면, 세계의 중심에 수미산(須彌山)이 우뚝 솟아 있고, 그 주위를 정방형의 7겹 산맥과 바다가 번갈아 둘러싸고, 그 사방으로 4대륙(4대주(四大洲))과 8개의 섬(8소주(八小洲))이 있다. 가장 바깥쪽에는 금륜(金輪)이라는 테두리가 있으며, 우리가 사는 곳은 수미산(須彌山)의 남쪽 '잠부·드위파(Jambu-dvipa) 첨부주(瞻部洲)(염부제(閻浮提))'이다.

2. 부처, 보살(菩薩), 명왕(明王), 하늘(天)

불교의 만다라에는 자이나교와 힌두교와 같은 인체우주도는 없고, 모두 신(神)들의 배치를 통해 표현된다는 것이 특징이다.

불교는 본래 신(神)의 존재를 인정하지 않았지만 밀교로 들어서면서 다양한 부처와 보살이 탄생한다. 불교의 신(神)들은 일본에서는 ① 불(佛)(여래(如來)), ② 보살, ③ 명왕 ④ 하늘(天) 4가지로 분류된다.

① 불(佛)(여래(如來))은 부처이다. 눈을 뜬 것, 깨달은 것을 의미하며, 원래는 석가(釋迦)를 의미했지만 시대가 지나면서 많은 부처가 탄생한다. 부처는 한 시대에 한 명밖에

6 일본식 발음 렌벤 れんべん 으로 연꽃 또는 연꽃받침을 의미하는 것으로 해석했다. (역자 주)

7 일본식 발음으로는 콘고우쵸(우)교(우) こんごうちょうぎょう

8 Arthaśāstra; 산스크리트어로 쓰인 정치, 외교, 경제, 군사 따위에 관한 문헌. 고대 인도의 공리주의적 정치사상을 아는 데에 귀중한 문헌으로, 찬드라·굽타왕의 재상 카우틸랴(Kautilya)가 지었다고 전하여진다. 15권 150장. (네이버 사전)

9 아비달마(阿毘達磨 , 阿鼻達磨); 산스크리트어 abhidharma의 음사. 대법(對法)·무비법(無比法)·논(論)이라 번역. dharma는 법, abhi는 '~에 대하여'라는 뜻. 부처의 가르침에 대한 주석·연구·정리·요약을 통틀어 일컫는 말. 불전(佛典)을 경·율·논의 삼장(三藏)으로 나눈 가운데 논장(論藏)을 말함. (네이버 지식백과) (시공 불교사전, 2003. 7. 30, 곽철환)

10 세친(Vasubandhu, 世親); 천친(天親)이라고도 한다. 산스크리트 바수반두를, 바수반두(婆數槃豆) ·벌소반도(伐蘇畔度) 등으로 음역한다. 인도의 승려로 형인 무착(無著)의 유식학(唯識學)을 계승하여 이를 완성시켰으며 여러 대승경전(大乘經典)을 연구하여 대승의 개척자로 불린다. (네이버 두산백과)

없다는 '한 시대 한 부처사상'이 있는데, 우리가 살고 있는 현세 시대의 부처인 '가우타마' 부처는 7번째의 부처라고 한다. 8번째 부처로 미륵[彌勒]이 56억 7천만 년 후에 출현한다고 하며, 서방정토에 사는 아미타불(여래[如來]), 동방유리광[東方瑠璃光] 세계에 사는 약사불(여래[如來]) 등이 있다.

동서남북과 중앙에 5명의 부처가 있으며, 대일여래[大日如來](중앙), 보생여래[寶生如來](동), 개부화왕여래[開敷華王如來](남), 무량수여래[無量壽如來](서), 천고뇌음여래[天鼓雷音如來], 아미타여래[阿彌陀如來](북)를 태장계[胎藏界]의 오지여래[五智如來]라고 부른다.

여래[如來], 즉 부처의 모델은 깨달음을 연 석존[釋尊], 불타[佛陀]이기 때문에, 그래서 32상[相] 80종호[種好]가 특징으로 표현된다. 머리카락은 나발[螺髮][11], 머리에는 육계[肉髻][12], 이마 중앙에 백호[白毫], 귀에 이타환[耳朶環][귀걸이처럼 생긴 귓불, 귓불에 있는 구멍(혈)]이 있고, 납의(분소의)[13]만으로 몸을 감싸고 있다. 좌선[座禪]형태로 앉은 형태를 결가부좌[結跏趺座]라고 부르며 오른발 바깥을 항마좌[降魔座], 왼발의 바깥쪽을 길상좌[吉祥座]라고 부른다. 여래[如來]의 구별은 손가락과 손의 모양, 인상[印相]으로 구분한다.

② 보살은 '보디·사트바'[Bodhisattva]의 음사[音寫] 약어이다. 아직 깨달음(보디)을 얻지 못했지만, 깨달음을 향한 용기(사트바)를 가진 사람을 의미하며, 관음[觀音](관자재[觀自在])보살, 문수보살[文殊菩薩] 등이 있다.

③ 명왕[14]은 불법[佛法]을 수호하는 신[神](호법신[護法神])으로서 '명[明](비디아[15])'의 '왕[王](라자[16])'을 의미하며, 부동명왕[不動明王] 등이 있다.

④ 하늘은 천[Deva](데바[17])이며, 그야말로 신[神]들을 뜻한다. 인도에서 옛날부터 내려오는 '베다' 신들과 힌두교 신[神]들이 불교의 신[神]들로 포함되었는데, 인드라는 제석천[帝釋天]이고, 브라흐만은 범천[梵天]이다. 불법의 수도[都] 혹은 수미산[須彌山]의 네 개의 문[門]은 지국천왕[持國天王](동), 광목천왕[廣目天王](서), 증장천왕[增長天王](남), 다문천왕[多聞天王](북)이라는 사천왕[四天王]이 지키고 있다.

교토 토지[東寺]의 강당[講堂]에는 21개의 존상[尊像]이 남쪽으로 면하여 안치되어 있다. 중앙에 대일여래[大日如來]를 중심으로 하는 5명의 부처(오지여래[五智如來])가 있으며, 이곳을 향해서 오

---

11 불상(佛像) 중 소라모양으로 된 여래상(如來像)의 머리카락. (네이버 두산백과)

12 불정(佛頂)·무견정상(無見頂相)·정계라고도 한다. 부처 32길상의 하나로서 보통 부처의 머리 위에 혹과 같이 살(肉)이 올라온 것이나 머리뼈가 튀어 나온 것으로 지혜를 상징한다. 원래는 인도의 성인들이 긴 머리카락을 위로 올려 묶던 형태에서 유래한 것으로 보인다. (네이버 지식백과)

13 본래는 세속사람들이 버린 옷을 기워 입었다 하여 납의(衲衣)라고도 하고, 버린 옷은 똥을 닦는 헝겊과 같으므로 분소의(糞掃衣)라고도 한다.

14 명왕(明王) 대일여래(大日如來)의 영을 받들어 여러 악마를 항복시키고 불법을 수호시키는 제존(諸尊)으로서 광명한 빛과 같은 지혜의 힘으로써 마귀의 힘을 물리친다는 의미로 사용되었음. 악마를 항복시키기 위하여 무서운 표정을 하고 있음. (네이버 지식백과)

15 원본의 ヴィディアー

16 원본의 ラージャ

17 데바(देव Deva)는 신(영어의 god 또는 deity)을 뜻하는 산스크리트어 낱말로, 특히 힌두교의 남신(男神)을 가리킨다. (위키백과)

른쪽(동)에 5대 보살(菩薩), 왼쪽(서)에 5대 명왕(明王)이 있다. 그리고 이 3개의 그룹 주위로 사천왕(四天王)이 있으며, 동쪽 끝에 범천(梵天), 서쪽 끝에 제석천(帝釋天)이 서 있다. 부처, 보살(菩薩), 명왕(明王)이 동심원상에 배치되지 않는 것이 특징이다.

3. 탄트라

탄트라(tantra)는 '지식(知識)'을 의미하는 산스크리트어 tatri 또는 tantri를 어원으로 한다. 원래는 '종사(縱絲)'라는 피륙을 짤 때 세로 방향으로 놓인 실이라는 의미이며, '탄(tan)'은 넓힌다는 의미로서 지식을 넓힌다는 해석도 있다. 따라서 탄트라는 종교가 아니며, 인생체험이자, 인간이 선천적으로 가지고 있는 영적인 힘을 끌어내는 방법이고, 체계이다. 구체적으로 '요가(瑜伽)(유가)'의 행법(行法)은 탄트라의 의례(儀禮) 중 하나로 탄트라는 궁극적으로는 거룩한 깨달음에서 거룩한 깨달음으로 도달하는 직감(直感)의 학문이며 정신의 행법(行法)이다.

그림 2-66 토지(東寺)의 금강계(金剛界) 만다라

그림 2-67 토지(東寺)의 태장계(胎藏界) 만다라

탄트라의 가르침은 고대 인도의 비아리아계 원주민으로부터 전해져 왔고, '베다'의 행법(行法)과도 밀접한 관계를 가진다. 또한 탄트리즘은 불교, 힌두교, 자이나교에도 영향을 미친다.

탄트라에 따르면 이 세상은 모두 '푸르샤(purusa)'라는 남성(男性)원리와 '샤크티(Sakti)'라는 여성(女性)원리로 이루어져 있는데, 시바신앙과 샤크티신앙은 옛날부터 연결되어 있다. 남녀의 성적(性的) 교합은 시바신과 샤크티와의 창조적 결합에서 높아진다는 것이 탄트라의 기본사상이며, 탄트라경전(수트라)은 일반적으로 64가지라고 한다.

불교의 경전에 탄트라라는 말이 나오는 것은 7세기 후반이며, 브라만교의 전통으로 회귀하는 흐름이 생기는 가운데 불교 이전의 신(神)들이 불교의 판테온에 포함되어 불교의 부처, 보살(菩薩), 명왕(明王), 하늘(天)로 환생하였다고 본다.

다양한 행위와 법식(法式), 더 내면적인

명상법을 중요시하는 것이 행(行)탄트라이고, 그 대표적인 것이 '대일경(大日經)'이다. 또한 요가의 명상법을 중심으로 부처와 보살의 일체화를 도모한 것이 유가(瑜伽)탄트라로 그 대표적인 것이 '금강정경(金剛頂經)'이다. 탄트라사상은 명상을 통해 마음에 비춰지는 것을 다양한 도형으로 표현하는데, 힌두교의 탄트라에서는 그것을 '얀트라'라고 부르고, 불교 탄트라에서는 '만다라(曼陀羅)'라고 부른다.

PART

03

3章

중화(中華)의 건축세계(建築世界)

중국건축의 세계

중국문화의 기원은 보통 황하(黃河)의 중하류(중원이라고 부름)와 양자강(揚子江) 유역으로 알려져 있으며, 유사이래 중국에서 핵심적인 위치를 차지했던 왕조가 도읍을 만든 곳도 중원(中原)(장안(長安), 낙양(洛陽), 개봉(開封) 등) 또는 북부 연해지역(북경(北京) 등)이나 양자강(揚子江) 하류(항주(杭州), 남경(南京) 등) 지역이었다.

고(古)문헌에 사방의 미개민족을 가리키는 '동이(東夷), 서융(西戎), 남만(南蠻), 북적(北狄)'이라는 표현이 있는데, 여기에 반해 중원(中原)의 도시문명권을 가리키는 것이 '중국'이며, 그 주인으로서의 '한(漢)족'은 다분히 문화적인 개념이고, 실제로는 사방을 둘러싼 민족들의 문화가 융합되어 형성된 것이다. 마찬가지로 중국건축도 중원(中原)과 그 주변지역을 중심으로 하고 남북을 비롯한 여러 지방의 건축문화가 교류와 융합을 반복하면서 형성되어 왔다고 볼 수 있으며, 전쟁, 교역, 민족이동 등이 그 원동력이었다. 또한 한나라, 당나라 등 오랜 기간 지속되었던 통일왕조 시대에는 수도(首都)에 있는 건축의 기술적, 형식적인 집약화와 함께 지방으로의 보급도 진행된 것으로 보이고, 원나라, 청나라 등의 이민족(異民族) 왕조가 이러한 과정을 크게 촉진시켰다.

한편 인도 및 서역(西域)과의 건축적 교류는 히말라야산맥(남서(南西))과 사막지대(서북(西北))에 가로막혀 극히 부분적인 것에 그쳤으며, 오히려 중국의 건축문화는 지리적으로 열린 한반도와 일본(동쪽), 그리고 베트남(남쪽) 등으로 규범적인 영향력을 가지고 퍼져 나갔다.

이렇게 중국건축을 크게 보면 굵은 줄기를 이루면서 발전해 왔다고 할 수 있다. 예를 들어, '사합원(四合院)'이라고 불리는 주택에서 전형적으로 볼 수 있는 중정형의 공간구성은 궁전과 사원 등 건축물 종류와 관계없이 널리 중국에서 빈번하게 이용되어 왔지만, 그 연원(淵源)은 3000년 또는 더 멀리 거슬러 올라간다.

이번 장에서는 먼저 궁성이나 예제(禮制)와 관련된 건축 등 왕권과 관련된 여러 건축의 전통을 개관한다. 이를 통해 중국건축에서 보편적이라 할 수 있는 기본적이고 규범적인 공간구성과 그 연원(淵源)의 깊이를 확인하고자 한다.

이어 동아시아 건축문화 형성에 크게 기여한 목조 건축물의 기술과 형식에 주목하고 선진(先秦)시대에서 당나라 시대에 이르는 확립기의 양상과 송(宋), 원(元)대 이후의 전개를 살펴보는 것은 일본의 목조 건축역사를 생각하는 데 있어서도 중요하기 때문이다.

중국건축에는 주택과 궁전, 예제(禮制)건축, 불전(佛殿) 이외에도 많은 종류가 있는데, 여기에서는 문묘(文廟) 등 유교건축 및 도교건축 이른바 도관(道觀)을 먼저 소개한다. 또한 중국의 건축문화와 깊은 관련을 갖고 있으며, 특히 청나라 때 두드러졌던 티베트건축과 몽골건축과의 교류를 다루는 동시에 건축과 함께 중국 환경조형 문화의 양축(兩軸)을 이끌어 온 정원(庭園)에 대해 다룬다.

01 자금성(紫禁城)

– 왕권(王權)의 공간(空間) –

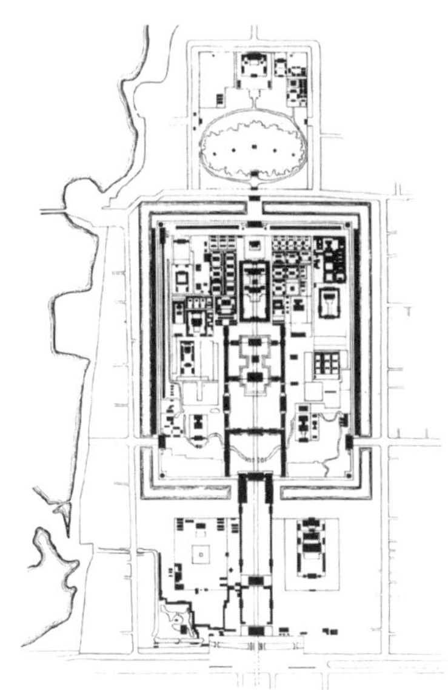

그림 3-1 자금성(紫禁城)(평면도), 북경(北京)

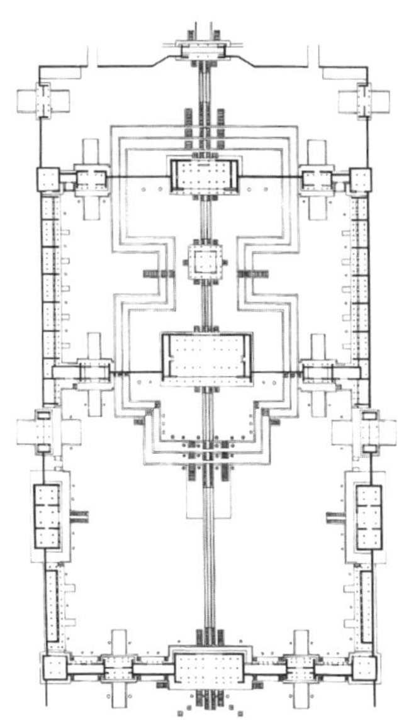

그림 3-2 자금성(紫禁城)(중심부 평면도) 태화전(太和殿), 중화전(中和殿), 보화전(保和殿)

1900년 8월, 의화단(義和團)의 난(亂)을 진압한다는 명목으로 독일, 프랑스, 일본 등 8개국 연합군이 북경(北京)을 점령했다. 연합군은 곧 철수했지만, 1912년 선통제(宣統帝)의 퇴위로 자금성(紫禁城)은 유구한 중국역사의 마지막 궁성(宮城)이 되었다.

연합군이 점령하고 있을 때 일본군이 관리를 담당했던 자금성(紫禁城)에 도쿄(東京)제국대학에서 학술조사대가 파견되었다. 일본 건축사학의 개척자인 이토추타(伊東忠太)도 여기에 합류하게 되고, 이에 따라 본격적인 중국건축사 연구의 막이 열렸다.

이토(伊東)는 중국건축의 특징으로 가장 먼저 '궁실(宮室)중심'을 들고 있다. 종교건축이 건축사의 주요 위치를 차지하는 유럽이나 인도 등과는 달리 중국에서는 궁실(宮室)건축이 중심이라는 것이며, 실제로 자금성(紫禁城)의 공간구성을 봄으로써 다른 건축유형

그림 3-3 경산(景山)에서 본 자금성(紫禁城)

에도 공통적으로 나타나는 중국건축의 일반적인 성격을 많이 알 수 있다.

1. 자금성(紫禁城)의 구성

자금성(紫禁城)이라는 이름은 천제(天帝)의 별을 자미원(紫微垣, 북두칠성의 북쪽에 위치한 별자리)이라고 부르는 것에서 유래하는 '자궁(紫宮)'과 황제의 거처 '금성(禁城)'이란 두 단어를 결합한 것이다. 이 명칭 자체가 궁성(宮城)이 가진 우주론적인 의미를 말해 주는데, 중국에서 황제는 천제(天帝)의 명을 받아 세계질서를 유지하는 '하늘의 아들(천자(天子))'이라고 생각했기 때문이다.

그림 3-4 자금성(紫禁城) 태화전(太和殿)

그림 3-5 자금성(紫禁城) 오문(午門)

자금성(紫禁城) 즉 명·청(明·淸)궁전은 명(明)나라 제3대 성조(成祖) 영락제(永樂帝)의 명에 의해 건설되어 1420년에 준공했다. 그 후 500년 사이에 여러번 소실되고, 재건과 복구를 거듭하고 있지만, 현존하는 건축은 청나라 중·후기의 것으로 전체적인 배치구성은 당초의 모습을 전한다.

자금성(紫禁城)은 성벽으로 둘러싸여 남북 960m, 동서 760m의 규모를 가지며, 이 궁성을 황성(皇城), 내성(內城), 외성(外城)이 순서대로 감싸고 있어 도성(북경성(北京城))의 도시공간을 구성하고 있다. 궁성의 건축군은 천안문(天安門)과 경산(景山)을 연결하는 중심축선상에 엄격한 좌우대칭성을 가지고 배치되고, 이 축선(軸線)은 도시전체의 축(軸)이기 때문에 자금성(紫禁城)은 왕도(王都) 북경(北京)의 공간구성에서 틀림없는 중심인 것이다.

자금성(紫禁城)의 기능은 외조(外朝)(남측)과 내정(內廷)(북측)의 두 블록으로 나뉘며, 공적(公的), 의례적인 장소인 조정(朝廷)을 전면(前面)에, 그리고 사적(私的)인 생활공간인 내정(內廷)을 뒤에 두는 이른바 '전조후침(前朝後寢)'의 전통적인 원칙을 따르고 있다.

외조(外朝)는 3개의 전(殿)으로 이루어지며, 모두 3층의 높고 커다란 기단 위에 목조건축을 세웠다. 가장 앞에 있는 것이 황제의 옥좌(玉座)가 놓인 태화전(太和殿)이며, 황제의 즉위, 명절행사, 조서(詔書)의 공포 등 국가의식(儀式)이 거행되었다. 중앙의 중화전(中和殿)은 황제의 국가의식(儀式) 준비 건물이며, 맨 뒤의 보화전(保和殿)은 향연과 과거를 치르는 시험장으로 사용되었다.

한편, 내정(內廷)은 황제의 거처이지만 외조(外朝)와 마찬가지로 3개의 거대한 건물을 중앙의 축(軸) 위에 연달아서 배치하고 있다. 그 양옆에는 궁녀들의 주거가 배열되고 북쪽에는 어화원(御花園)이 마련되어 있다.

태화전(太和殿) 앞에는 넓은 중정이 있고, 그 동쪽, 서쪽, 남쪽에 부속 건물과 문루(門樓)가 놓이는데, 이들이 서로 회랑(回廊)으로 연결되어 하나의 구획을 이루고 있다. 자금성(紫禁城)은 동일한 구성을 가진 엄청난 수의 크고 작은 구획을 '전조후침(前朝後寢)'이라는 궁성의 전통적인 원칙에 충실하면서 깔끔하게 배열된 것이라고 할 수 있으며, 수나라와 당나라의 장안(長安)과 낙양(洛陽)의 궁성도 같은 구성을 가지고 있었다고 알려져 있다.

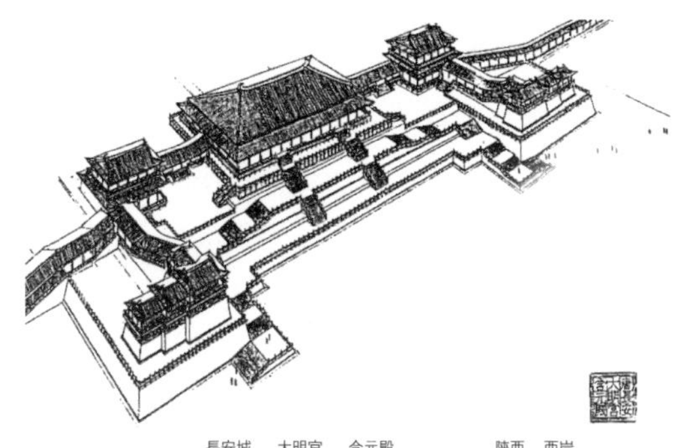

그림 3-6 당나라 장안성(長安城) 대명궁(大明宮) 함원전(含元殿)(복원도), 섬서(陝西) 서안(西岸)

2. 궐(闕)

'오문(午門)'이라고 불리는 자금성(紫禁城)의 정문은 다른 것과 구별되는 독특한 형식을 갖고 있으며, 凹자형 평면의 높고 큰 성벽을 쌓고, 중앙에 2중(重)의 우진각 지붕구조의 문루(門樓)를 두었다. 그곳으로부터 성벽을 따라 보행(步行) 회랑(回廊)을 길게 연장시키고, 좌우의 굴곡부와 선단부(先端)에 연결되는 2중(重) 모임지붕 구조의 정자 4개 동을 배치했다. 따라서 오문(午門)은 일반적으로 '오봉루(五鳳樓)'라고도 불렀지만, 이 명칭은 당나라 이후 모든 궁성의 문에 사용되어 왔던 것이다. 이처럼 궁전과 묘, 무덤 등에서 중앙의 문과 좌우의 누각 사이에 凹자형 평면을 만들고, 그 중앙을 넓은 통로로 하는 형식을 '궐(闕)'이라고 부르며, 그 기원은 오래되어 주(周)나라 이전까지 거슬러 올라간다.

궐(闕)의 예로는 당나라(618년~907년) 장안성(長安城) 대명궁(大明宮)(섬서(陝西) 서안(西安), 당나라, 63년)의 함원전(含元殿)이 널리 알려져 있으며, 이것은 궁성의 정문에 해당하지만, 오히려 정전(正殿)으로서 국가의식(儀式)의 무대로 사용되었다. 그리고 이 함원전(含元殿) 정면의 중앙에 용미도(龍尾道)라고 부르는 장대한 경사로가 존재했었는지의 여부는 아직까지 결론이 나지 않았다.

중국 이외에서는 고대 일본의 헤이안큐우(平安宮) 오우텐몬(応天門)이 궐(闕)의 형식을 채용한 궁문(宮門)으로 알려져 있다. 각 누각(樓閣)의 명칭 등도 함원전(含元殿)과 일치하며, 자금성(紫禁城)을 모방하여 만들어진 베트남 후에 자금성(紫禁城) 오문(午門)(1833년)의 예도 있다.

3. 모듈(module)과 하이어라키(hierarchy)

자금성(紫禁城)의 건물은 모듈과 기둥 칸수부터 지붕형태, 장식, 색채에 이르기까지 태화전(太和殿)을 정점으로 엄격하게 서열화되어 있으며, 청나라 시대 관선(官撰) 기술서인 '공정주법(工程做法)'(1734년)에서 이에 대응하는 제도를 발견할 수 있다. '공정주법(工程做法)'에는 관청식 건축을 소식(小式), 대식(大式), 전식(殿式)의 3종(鍾)으로 나누고, 각 종(鍾)의 형식을 표시하는 한편, 등급화된 '두구(斗口)'(공(栱)=첨차의 폭)를 모듈로 하고 이에 따라 각 부분의 치수 및 배치를 결정하였으며, 사용되는 재료 및 품셈 등도 합리적으로 계산할 수 있게 하였다.

예를 들어 태화전(太和殿)은 11칸×5칸(약 64m×37m), 높이 30m의 규모이며, 2중(重)의 우진각 지붕구조 형식, 세부장식과 색채 등 모든 요소에 걸쳐 최고의 격식을 가진다. 그 외 건물도 그 중요도에 따라 규모와 의장이 정해졌다.

청나라 시대에는 궁전과 각 지방의 지배기구와 관계된 대형 건축물을 대량으로 지어야만 했다. 황제를 정점으로 하는 유교적인 계층구조를 유지하면서 방대한 사업을 운영하기 위해서는 모듈과 비례를 통해 건축을 총괄할 필요가 있었으며, 이러한 제도(制度)와 기술(技術)은 이미 송나라의 '영조법식(營造法式)'(1100년)에 총망라하여 종합적으로 정리하고 있다.

column 1

황제의 일상생활

외조(外朝)는 황제가 각종 의례를 행하고 정무를 처리하는 공적(公的) 공간이다. 반면 황제의 사적(私的)인 공간은 내정(內廷)이며, 황제는 황후와 일상생활을 내정(內廷)에서 보냈고, 그 후궁(後宮)의 시중을 든 것이 환관이다. 시대에 따라 다르지만 황제를 알현할 수 있는 것은 대신급이었기 때문에 일반 관료는 자금성(紫禁城) 내에 들어갈 수 없었으며, 명나라 시대에는 대신도 내정(內廷)에 들어가는 것이 금지되었다. 청나라 시대에는 대신과 관료도 비교적 자유롭게 내정(內廷)에 출입할 수 있게 되었다고 하는데, 명나라 시대에는 종종 황제와 일상생활을 함께 하는 환관이 권력을 휘둘렀으며, 내정(內廷)에 틀어박혀 모든 정치를 환관에게 맡긴 황제도 있었다.

청나라 제3대 순치(順治)황제 시절부터 일상의 정무는 태화전(太和殿)을 떠나 내정(內廷)인 건청궁(乾清宮)에서 보게 되었다. 64년의 긴 세월에 걸쳐 황제, 태상황의 자리에 있었던 제6대 건륭제(乾隆帝)(1711~1799년)는 옹정제(雍正帝)의 넷째 아들로 옹화궁(雍和宮)(라마교 사원)에서 태어났으며, 6세가 되었을 때 할아버지인 강희제(康熙帝)에 의해 자금성(紫禁城)에 들어오게 되고, 서육궁(西六宮)의 북쪽에 있는 중화궁(中和宮)을 받아, 이후 내정(內廷)이 건륭제(乾隆帝)의 생활공간이 된다. 강희제(康熙帝)는 여름이 되면 열하(熱河)의 피서산장(避暑山莊)에 갔는데 항상 손자인 건륭(乾隆)을 동반했다고 한다.

건륭(乾隆) 연간에 청나라의 영토는 중국 사상 최대 규모에 달하는데, 건륭제(乾隆帝) 자신은 한 번도 전쟁에 나가지 않았으며 이는 막대한 경비가 들기 때문이라고 전해진다. 그러나 건륭제(乾隆帝)가 자금성(紫禁城)에 틀어박혀 있었던 것은 아니고, 매년 4월에서 9월까지 열하[1]에 외출 나가는 것 이외에 '남순(南巡)'이라고 하는 남방으로의 순행(巡幸)을 실시하였으며, 산동(山東) 곡부(曲阜)의 공자묘(孔子廟) 등에 참배하곤 했다.

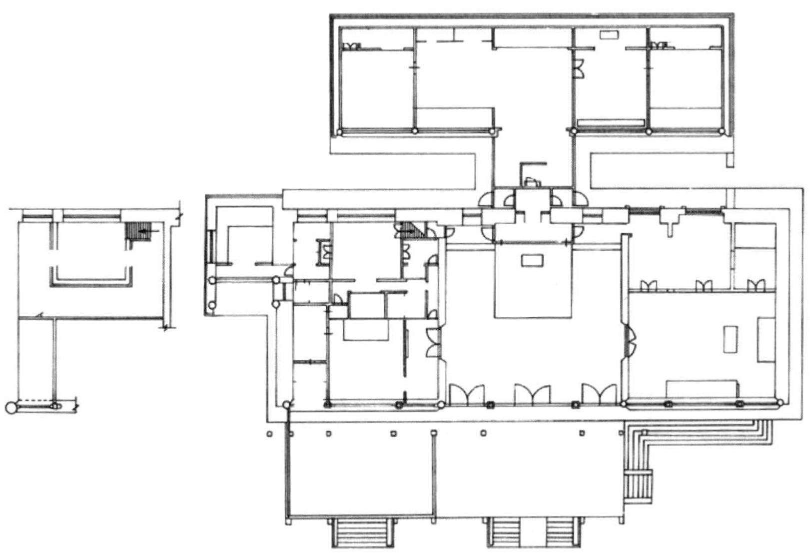

그림 3-7 양심전(養心殿)(평면도)

1 러허 Rehe(熱河) 1. 지명 '청더[중국 허베이성(河北省) 북부 러허강(熱河江) 서쪽 기슭에 있는 도시]'의 옛 이름.

그림 3-8 건륭제(乾隆帝)

건륭제(乾隆帝)는 일상생활을 옹정제(雍正帝) 이래 양심전(養心殿)에서 지냈다. 양심전(養心殿)은 건청궁(乾清宮) 남서쪽에 위치하며, 전전(前殿)과 후전(後殿)으로 나뉜다. 전전(前殿)의 중앙에는 집정, 알현 장소인 옥좌와 동서로 동난각(東暖閣), 서난각(西暖閣)이 있다. 난각(暖閣)이란, 온돌시설이 완비된 방이었으며, 서난각(西暖閣) 서쪽에는 귀중한 책이나 그림을 보관하는 삼희당(三希堂), 북쪽에는 작은 불당이 있고, 후전의 5개 방은 황제의 침실이었다.

건륭제(乾隆帝)의 일상은 다음과 같다. 4시경 일어나 먼저 부처님께 경배하고, 조상의 치적이나 교계(敎戒)를 기록한 '실록'과 '보훈'을 읽는다. 7시경 아침식사를 하고, 양심전(養心殿) 또는 건청궁(乾清宮)에 나와 정무를 본다. 오후 3시경 난각(暖閣)으로 올라 저녁을 먹는데, 당시의 식사는 정찬이 2회, 간식이 2회, 총 4회였다. 그 후 자유시간을 즐기고, 오후 9시가 넘으면 잔다.

건륭(乾隆) 연간에 자금성(紫禁城)은 대규모 정비를 한다. 창음각(暢音閣)이라는 큰 무대가 내정(內廷)의 북쪽에 건설되어 궁중에서 연극을 상영하게 되었다.

건륭제(乾隆帝) 시대에는 후궁제도도 정비된다. 황후 이하, 황귀비 1명, 귀비(貴妃) 2명, 비(妃) 2명, 빈(嬪) 6명으로 정원(定員)이 정해져, 동쪽 6궁 서쪽 6궁에 나누어 기거하였다. 정원(定員)이 정해져 있지는 않지만 그 아래로 귀인(貴人), 상재(常在), 답응(答應), 궁녀(宮女), 수녀(秀女)가 있었고, 그들은 곤녕문(坤寧門) 양쪽의 판방(板房)에 살았다.

02 사합원(四合院)

자금성(紫禁城) 외곽의 크고 작은 규모의 부지에서 보였던 중정을 둘러싸는 공간 구성은 궁궐뿐만 아니라 건축의 종류와 상관없이 사용되는 중국건축의 기본적인 평면유형인데, 특히 사합원(四合院)이라는 한(漢)족의 주택은 그 전형적인 예라고 할 수 있다.

1. 사합원 주택

사합원(四合院)은 동서남북으로 4동(棟)의 건물이 중앙의 안뜰[1](중정)을 둘러싼 형식을 말하며, 북경(北京) 성내(城內) 및 산서(山西), 산동(山東), 하북(河北), 하남(河南) 등 북방의 여러 성(省)에 널리 분포하는 것이 전형이라고 알려진다. 북경(北京)의 경우, 안뜰의 북쪽에서 남쪽을 향하고 있는 안채(主屋)를 '정방(正房)', 동서로 마주하는 건물을 '상방(廂房)', 남측에 위치한 건물을 '도좌(倒座)'라고 부르며, 모두 장방형의 단층 건물로 안뜰을 향해 열려있고 나머지 삼면은 닫혀 있다. 각 건물마다 안뜰에 면하는 쪽에 회랑(回廊)[2]을 설치하여 4개 건물을 서로 연결하는데, 이렇게 안뜰과 사방에 있는 건물들이 일체가 되어 좌우대칭의 폐쇄적인 공간을 만드는 것이 사합원(四合院) 주택의 기본단위이다.

사합원(四合院)의 큰 특징은 이 기본단위를 후방과 좌우로 반복하여 자유자재로 전체를 구성하는 점이며, 특히 중심축선상으로의 전개는 매우 명쾌하다. 중정을 둘러싸는 단위가 후방으로 반복되는 수를 '진(進)'으로 계산하여 '일진(一進)', '양진(兩進)[3]', '삼진(三進)' 등으로 부른다.

도시공간을 구성하는 실제의 사합원(四合院) 주택은 좀 더 복잡한데, 북경(北京)에서 남북방향의 큰 길에서 들어가면 호동(胡同)(후퉁)이라 불리는 동서방향 소로(小路)에 원칙적으로는 북쪽을 안쪽으로 한 남향의 대지가 늘어서 있다. 호동(胡同)에는 주택을 보호하는 높고 견고한 벽이 이어지고, 각 주택의 대문을 한 단(段) 높게 만들고 있다. 대문은 부지의 남쪽에 있는 도좌(倒座)의 동쪽 모서리에 놓는 것이 일반적이며, 이것은 풍수지리학적 이유이기도 하지만, 안뜰을 중심으로 하는 생활공간이 길에서 직접

---

1 원본의 원자(院子)를 번역한 용어로서 안마당, 안뜰, 마당, 정원 등으로 번역될 수 있겠는데, 우리나라의 마당과는 그 성격이 다르고 또한 정원이라고 보기도 어려워서 안뜰이 가장 적합하다고 판단했다. (역자 주)

2 원본에서는 走廊(주랑)으로 표기되어 있다.

3 원본에 있는 용어로서 우리나라에서는 이진(二進)이라고도 부른다.

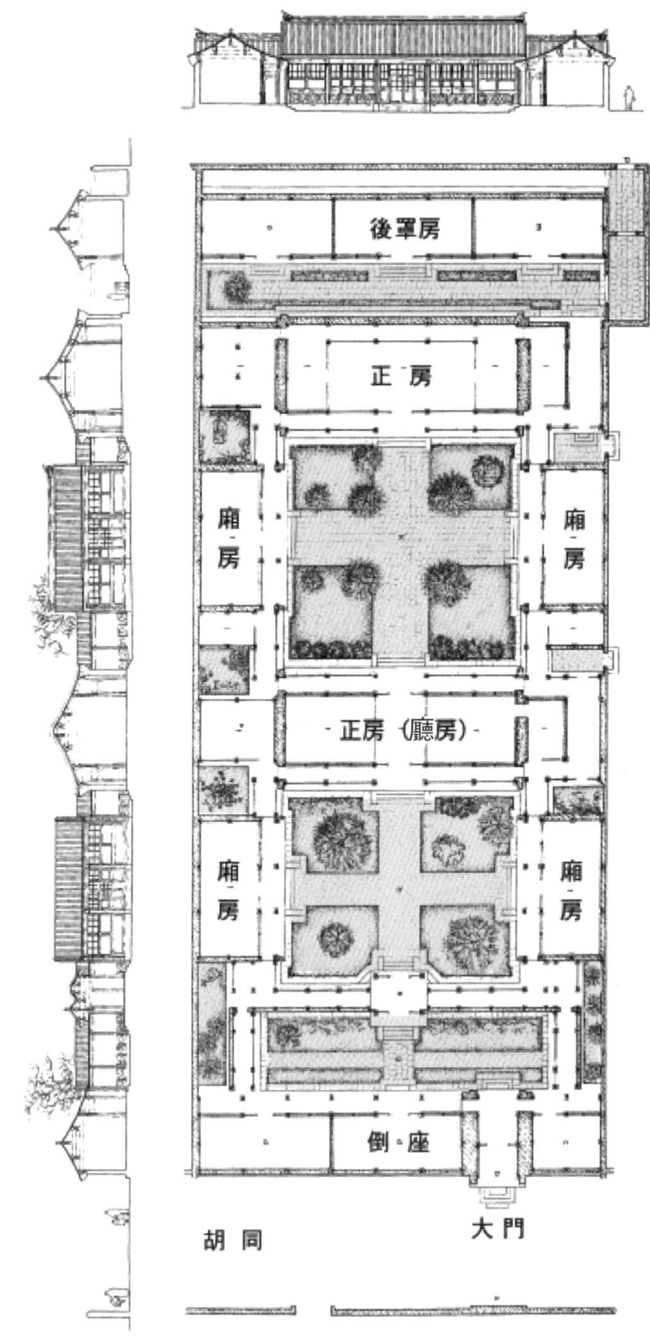

그림 3-9 북경(北京) 사합원(四合院) 주택의 예

적으로 보이는 것을 막기 위해서이다.

대문을 들어서면 앞길을 막는 '영벽(影壁)(조벽(照壁))' 이 있고, 왼쪽으로 꺾어 들어가면 중심축선상(中心軸線上)에 서 있는 '수화문(垂花門)'이 보인다. 중간 규모 이상의 사합원(四合院)에서는 이와 같이 정방(正房), 동서 상방(廂房), 도좌(倒座)로 둘러싸인 구획이 이 수화문(垂花門)에 의해 내원(內院)과 외원(外院)으로 나뉘는 것이 일반적이다. 외원(外院)은 도좌(倒座)를 끼고 골목에 평행하게 설치되는 얕은 정원이자 외부공간의 연장으로서 공적인 의미를 갖는다. 영벽(影壁)에는 전조(磚彫)를 하고, 수화문(垂花門)은 문양을 조각하고 채색된 수화주(垂花柱)라고 부르는 기둥을 갖는 등 주택 중에서도 유난히 화려하게 꾸며지며, 도좌(倒座)는 하인의 거실, 창고, 문지기 실, 응접실 등으로 사용되었다.

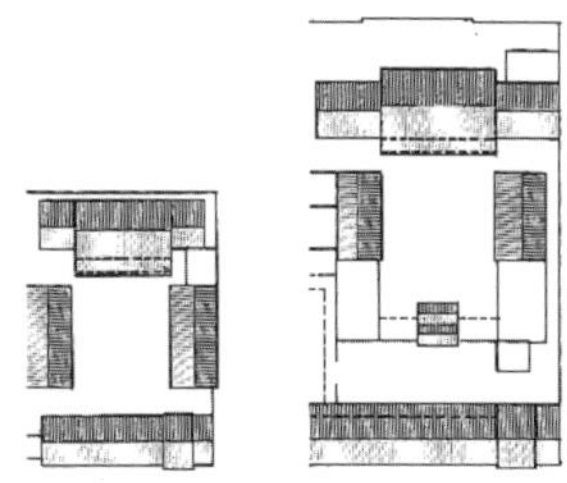

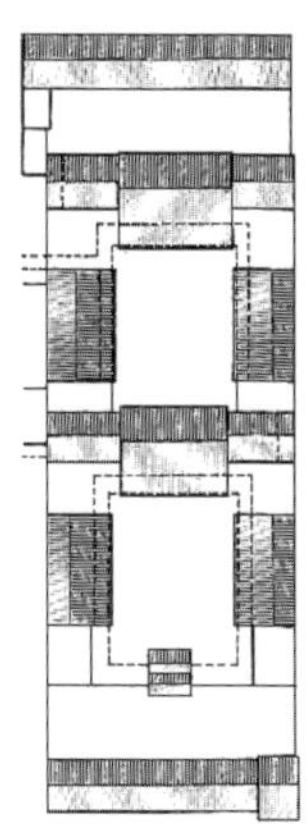

그림 3-10 사합원(四合院) 평면구성의 예

수화문(垂花門)을 지나면 정방형에 가까운 비례를 가진 내원(內院)이 펼쳐지고, 여기에서부터 사(私)적인 주택공간이 시작된다. 정면에 보이는 정방(正房)은 주인, 즉 가장(家長)의 공간이며, 특별히 '청방(廳房)'이라고도 불리고, 동서로 있는 상방(廂房)은 가족과 하인의 거실로 사용된다. 각 건물은 대개 3개의 방으로 이루어지며, 입구가 있는 중앙의 방을 당(堂)이라 하고, 좌우의 방을 와실(臥室)(침실)로 하는 '일명양암(一明兩暗)'의 구성을 갖는다. 청방(廳房)의 당(堂)은 가장(家長)의 자리이며, 조상을 모시고 또한 관혼상제 의례(儀禮)의 장이 된다.

이 전원(前院)은 주택 가운데에서도 의례(儀禮)적인 의미를 가지지만, 청당(廳堂)의 뒤에 있는 후원(後院)의 안쪽은 여성과 어린이를 포함한 가족의 일상적인 생활공간이다. 이 관계는 궁전의 '전조후침(前朝後寢)'과 같은 성격이며, 특히 더 뒤쪽에는 추가로 동서로 긴 건물이 배치되어 하인의 거실이나 창고로 이용되고, 호동(胡同)에서 다음 호동(胡同)까지 차지하는 규모가 큰 주택에서는 북쪽의 호동(胡同)에 등을 대고 있는 건물을 '후조방(後罩房)'이라고 불렀다. 오래전부터 중국의 상류층에서는 대가족이 사는 것으로 알려져 있지만 각 마당과 각 건물의 사용방법은 유교적인 장유존비(長幼尊卑)의 서열(序列)관계에 따라 정해졌다.

2. 중국건축의 평면구성

자금성(紫禁城)과 사합원(四合院) 주택이 공간구성의 기본적 원리를 공유하고 있다는 것은 매우 확실하다. 이토추타(伊東忠太)는 주택이나 궁전뿐만 아니라, 관아(官衙), 능묘(陵墓), 불사(佛寺),

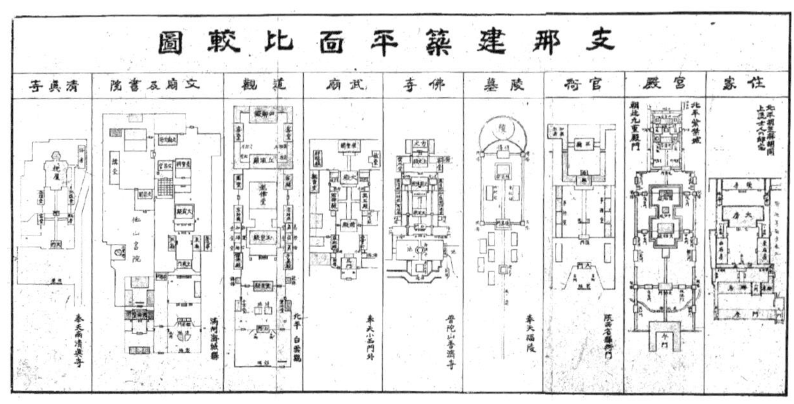

그림 3-11 이토츄타(伊東忠太)의 중국건축 평면 비교도(1930년)

무묘[4], 도관[5], 문묘(文廟) 및 서원(書院), 청진사(清眞寺)(모스크)의 평면을 비교하여 중국건축의 평면 구성이 그 종류를 불문하고 거의 일률적인 법칙이 있다는 것을 알기 쉽게 보여주고 있다.

중국건축은 일반적으로 주요한 당옥(堂屋)의 남쪽에 안뜰이 있고, 다른 당옥(堂屋)과 회랑(回廊)[6]으로 연결하여 좌우대칭의 구획을 만든다. 각 건물은 중정에 면해서는 개방적이지만, 사방의 뒷면은 견고한 벽으로 폐쇄시킨다. 각 당옥(堂屋)은 3개 실, 5개 실 등 홀수로 방을 나누고, 중앙을 입구로 하는 좌우대칭형으로 일정한 독립성이 있으며, 전체 규모의 확대와 기능의 복합화가 필요한 경우에는 이렇게 중정을 둘러싸는 기본단위를 증가시킨다. 따라서 일반적으로 중국건축은 하나의 단일 건물보다는 여러 건물이 합쳐진 건축군으로서 변화무쌍한 경관을 만들어 내며, 폐쇄적인 중정군이 전개시키는 이런 공간 구성을 가리켜 '봉폐원락식(封閉院落式)'이라는 단어를 사용하기도 한다.

'천자(天子)는 천제(天帝)가 앉은 북극성을 등지고, 당옥(堂屋) 앞에 있는 기단에 서서 광장에 모여 있는 신하에게 천자(天子)의 명령을 내린다'라는 중국 고사(故事)가 있는데, 어떠한 종류의 건축에서도 그 주인은 가장 중요한 당옥(堂屋)을 차지하여 남쪽을 향한다. 그 전방(前方)에 외부환경과 분명하게 구획된 마당을 펼치는 것이 원칙이며, 그 후방의 유닛(unit)이 사적인 생활공간으로서의 의미를 갖는 것이 많은 종류의 건축에 공통된다. 사합원(四合院) 형식의 평면구성은 이러한 유교적인 질서와도 연결되어 정형화되고, 오랫동안 유지되어 온 것으로 생각된다.

---

4 武廟; 중국(中國) 삼국(三國)시대 촉한의 장수(將帥) 관우(關羽)의 영을 모신 사당(祠堂), 같은 뜻을 가진 한자어(유의어) 關王廟 관왕묘, 關帝廟 관제묘.

5 道觀; 도교(道教)의 사원(寺院). 도사(道士)가 수도(修道)하는 곳.

6 원본에서는 廻廊으로 표현함.

3. 사합원(四合院)의 연원

사합원(四合院) 형식의 주택은 지방에 따라 다채로운 변종(變種)[7]이 있지만, 대부분 한(漢)족의 거주 범위가 중첩되고 확장되는 만큼 넓게 분포하고, 나아가 그 공간구성 형식은 건축종류를 뛰어넘는 중국건축의 기본 원리가 되고 있다. 그렇다면 이 형식의 역사적 기원은 언제쯤 일까?

신석기시대에 속하는 주거의 발굴유구에는 BC 3000년경의 지상주거(地上住居)에 연실형(連室型), 분실형(分室型) 등이 있으며, 1실(室)(즉, 기능의 미분화) 단계에서 탈피하는 모습을 볼 수 있지만, 선사시대에 사합원(四合院) 형식의 주택이 존재했음을 보여주는 자료는 없다. 고(古)문헌의 기록에 따르면 주(周)나라 시기(BC 1100년경~BC 256년)의 관료·지식층의 주택이 중심축선을 가진 중정형이었다고 알려져 있지만, 이것은 당(堂)의 주위를 담으로 둘러싸고, 남쪽에 대문간[8]을 두는 것으로서 기본적으로는 가장 중요한 한 건물을 평면의 중심에 두는 형식이다. 그러나 한나라(전한(前漢): BC 202년~BC

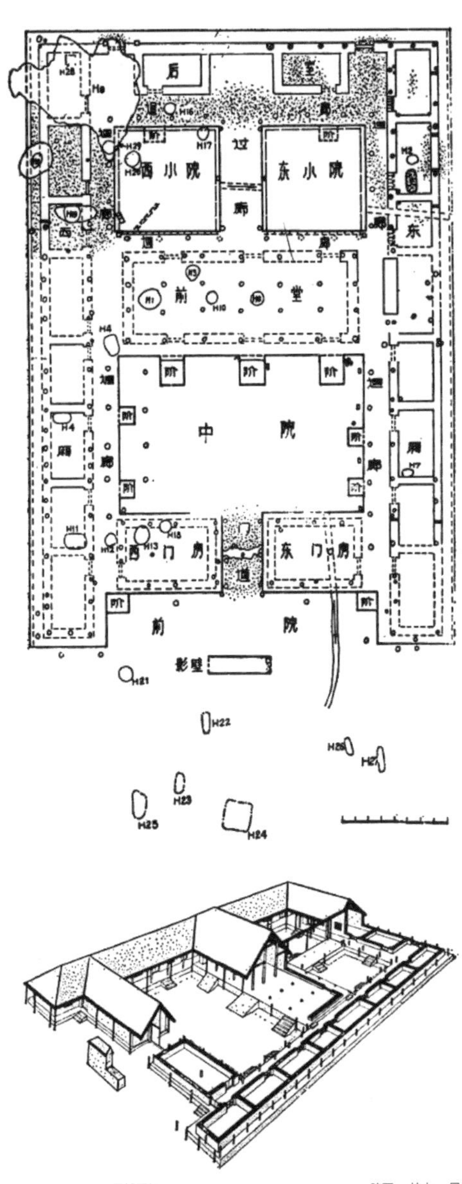

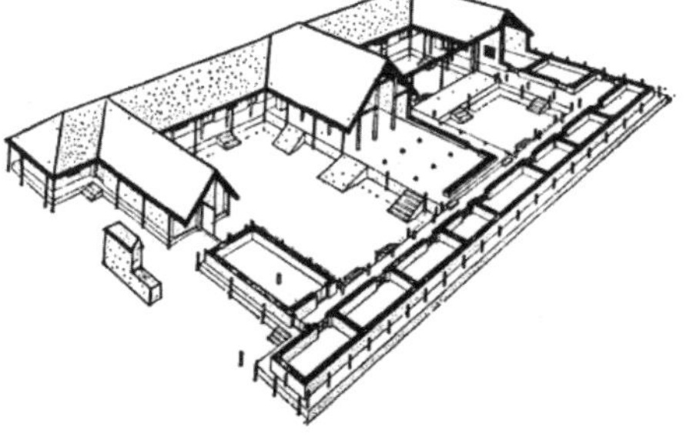

그림 3-12 봉추갑조(鳳雛甲組) 건물터(평면도 및 복원도), **섬서(陝西) 기산(岐山) 봉추(鳳雛)**, BC 1100년경

7 원본의 variation을 번역한 용어이다.

8 원본의 문방(門房)을 번역한 용어로서 대문간, 행랑방 또는 문간방 등으로 번역하는 게 맞을 듯하다. (역자 주)

8년, 후한(後漢): 25년~200년)의 명기(明器)(능묘(陵墓)에 부장된 기물(器物))나 그림 자료에는 북측의 주된 건물 앞에 중정을 두고, 동·서·남의 3면을 회랑 또는 건물로 둘러싸는 주택을 많이 볼 수 있게 된다. 부유한 관료·지주와 상인 등 중형(中型)이상 주택은 이 무렵 이미 사합원(四合院)과 유사한 질서의 정연한 평면을 가지고 있었다고 생각되지만, 그것이 언제까지 거슬러 올라가는지는 알 수 없다.

그러나 궁실(宮室)건축의 발굴유구까지 시야를 넓히면 사합원(四合院) 형식의 기원은 훨씬 더 멀리까지 거슬러 올라간다. 특히 1976년부터 시작된 발굴에 의해 발견된 주원(周原)건축 유적지 중 봉추갑조(鳳雛甲組) 건물터(섬서(陝西) 기산(岐山) 봉추(鳳雛), BC 1100년경)는 완전한 사합원(四合院)의 형식을 보여주고 있기 때문에 중요한 의미를 가진다. 주나라 시기의 종묘(宗廟)로 추측되는 건물로서 동서 32.5m, 남북 45.2m의 규모를 갖는데, 남쪽에 문옥(門屋)(행랑채 또는 문간채), 북쪽에 3칸으로 칸막이된 후실(後室), 그리고 중앙에 전당(前堂)을 두고 이들 3개동(棟)을 남북으로 긴 건물의 양쪽에 끼워 넣은 것 같은 모습이며, 건물은 모두 기단 위에 있고 전체 건물의 지붕이 끊어지지 않게 짜 맞추어져 있었던 것으로 추정되어 전체적으로는 양진(兩進) 사합원(四合院)이라 할 수 있다.

또한 1984년에 발굴된 은나라 시기의 궁전으로 보이는 시향구(尸鄉溝) D4호 궁전터(하남(河南) 언사(偃師), BC 1700년경)는 정전(正殿)의 좌우에 붙어있는 상방(廂房)이 전면(前面)의 중정을 둘러싸는 형태로 사합원(四合院)에 가깝다. 또한 오늘날까지 알려진 것 중 평면구성이 명확한 가장 오래된 건물군 터로는 1987~1988년에 발굴된 이리두(二里頭) 2호 궁전터(하남(河南) 언사(偃師), BC 1800년경)가 있다. 정전(正殿)의 주위를 회랑과 흙벽이 둘러싸는 모습이지만, 정전(正殿)을 북쪽으로 치우치게 하여 중정을 남쪽으로 넓게 확보하고 있다.

이처럼 사합원(四合院) 형식의 공간구성은 경탄할 정도의 유구한 전통에 뿌리를 두고 있다고 봐야 할 것이다.

03 '명당(明堂)'과 예제(禮制)건축

중국황제는 예로부터 유가(儒家)사상에 기초한 예(禮)의 제도(예제)(禮制)에 따라 여러 종류의 의례(儀禮)를 거행하였으며, 그 무대가 되는 시설로는 조정(朝廷) 외에도 묘(廟)와 단(壇) 또는 능묘(陵墓)에 부설되는 능침(陵寢) 등을 들 수 있다.

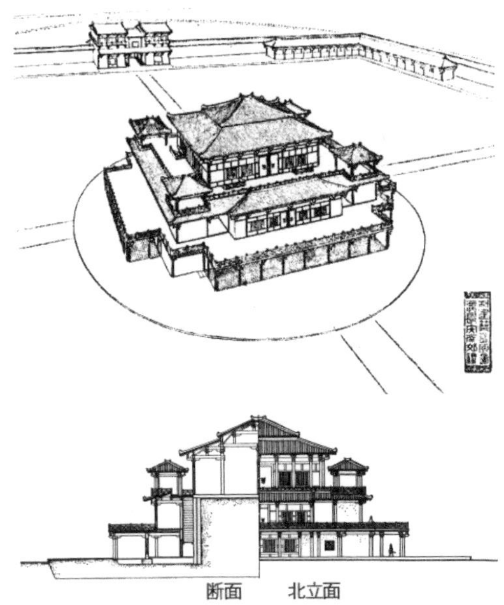

그림 3-13 전**한(前漢) 장안(長安) 남교(南郊)** 예제(禮制)건축(복원 조감도 및 입면, 단면도), **섬서(陝西) 서안(西安) 대토촌(大土村)** AD 4년

한나라는 그 거대한 전제적 중앙집권체제를 구축할 때, 예제(禮制)건축 확립을 고심했으며, 그때 정통적인 규범으로 채택한 것이 주나라의 예제(禮制)였다. 특히 천자(天子)가 제후(諸侯)들을 맞이하고, 정(政)과 교(教)를 밝게 했다고 전해지는 명당(明堂)은 궁실(宮室)에서 가장 중요한 예제(禮制)건축이었고, 후세로 가면서 명당(明堂)에서 조정(朝廷), 종묘(宗廟), 사직(社稷) 등이 분화·독립된 것으로 생각된다. 명당(明堂)의 건축형태에 대해서는 여러 설이 있지만 공통적으로 상정(想定)되어 온 것은 가운데에 높은 구조물을 두고 4면 대칭으로 하는 구심적인 구성이며, 이는 사합원(四合院) 같은 형식과는 다른 또 하나의 전통이라고 해도 좋다.

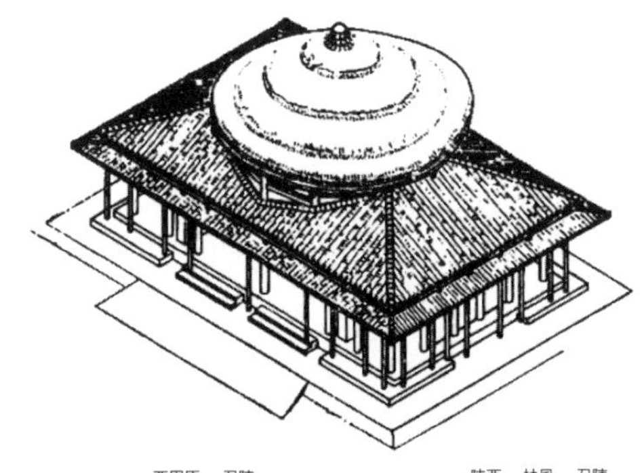

그림 3-14 서**주원(西周原) 소진(召陳)** F3호 건축(복원도), **섬서(陝西) 부풍(扶風) 소진(召陳)**, BC 980년경

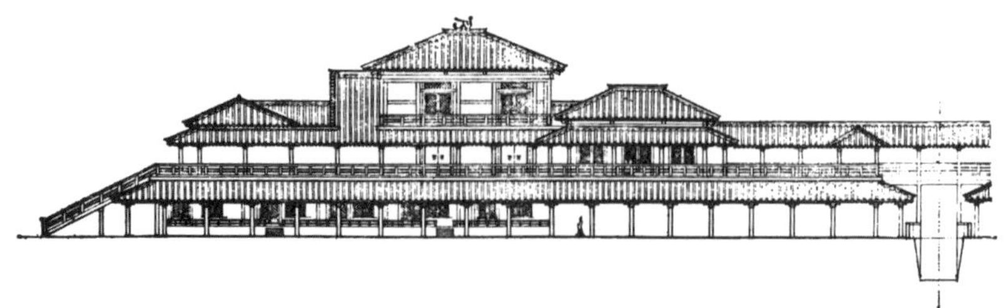

그림 3-15 진(秦) 함양궁(咸陽宮) 1호 유구(복원도), **섬서(陝西) 함양(咸陽)**

1. 명당(明堂)

‘주례(周禮)’, ‘고공기(考工記)’의 장인영국조(匠人營國条)는 잘 알려진 도성제도에 대한 설명에 이어서 ‘하후씨세실(夏后氏世室)’, ‘은인중옥(殷人重屋)’, ‘주인명당(周人明堂)’이라는 3대(代)의 궁실(宮室)건축에 대해 다루고 있으며, 이것이 선진(先秦)시대의 궁실(宮室)건축에 대해 기록한 유일한 시료이다. 처음 두 개는 각각 하나라의 종묘(宗廟), 은나라의 왕궁(王宮) 정전(正殿)을 가리키지만, 구체적인 설명이 부족하다. 이에 비해 ‘명당(明堂)’은 비교적 잘 정리된 기록으로 전체 치수와 방 치수의 차이, 높은 ‘대(臺)’를 가지는 것, 방의 개수가 5개라는 것 등을 알 수 있지만, 이 또한 구체적인 형태를 규정하기엔 어려워서 역대의 고증학자들에 의해 주석이 거듭되었고 복원을 둘러싼 논쟁이 격화되었다. 이처럼 유가(儒家)적인 사상 속에서 이념적인 형태를 강력히 추구하는 것 또한 중국건축이 지향하고 있는 것 중의 하나라고 할 수 있다.

한나라 장안성(長安城) 남쪽 교외지역에 전한시대 예제(禮制)건축군으로 간주되는 건축유구 10여개가 발견되었는데(섬서(陝西) 서안(西安) 대토촌(大土村), AD 4년), 이 중 1개는 십자형 평면을 가지며, 2단(段)으로 된 기단의 4면과 상부에 목조건축을 배치하는 형태로 복원되어 있다. 둘레벽의 길이는 한 변이 235m이며, 그 바깥을 지름 368m의 원형(圓形) 물해자(垓子)[1]가 둘러싸고 있는 철저하게 구심적인 구성으로 전한시대에 실제로 건축된 명당(明堂)으로 간주되고 있다.

또한 주원(周原)건축 유구 중 소진(召陳) F3호 건축유구(BC 980년경)는 기둥이 건물 중앙에서부터 동일 원주(圓周)상에 배열되고 있기 때문에 우진각 지붕의 상부에 원형 지붕을 돌출시키는 형태로 복원되고 있다. 많은 문헌에서 명당(明堂)을 ‘천원지방(天圓地方)’이라는 유가(儒家)적 우주관을 표현하는 형태라고 해석하고 있으며, 주나라 시대 궁성(宮城)에 이 같은 형태의 건축물이 있었다는 것은 명당(明堂)과의 관계에서도 주목받을 만하다.

1 원본의 水濠

2. 대사(臺榭)와 궁실(宮室)건축

전한의 예제(禮制)건축처럼 높은 기단을 만들어 그 위에 목조건축을 짓는 형식을 '대사(臺榭)'라고 부르며, 종종 기단 아래에도 기단에 덧대어 회랑형태의 목조건축을 만들어 입체적인 목조건축 모습을 나타낸다. 기단은 흙을 층층이 다져 만들며, 이를 '항토(夯土)'(일본에서 말하는 판축(版築))라고 부른다.

춘추시대(BC 770년~BC 403년)와 전국시대(BC 403년~BC 221년)에 전국 각지에 대사(臺榭)식 건축이 만들어진 것은 문헌이나 청동기의 그림문자로 알 수 있다. 시대가 더 흘러 진나라 시기(BC 221년~BC 207년)에는 진(秦) 함양궁(咸陽宮) 1호 유구(BC 221년)가 있고, 이는 전국을 통일한 시(始)황제가 축조했다는 함양궁(咸陽宮)의 일부로 생각된다. 동서 6km, 남북 2km의 범위에 펼쳐진 궁전의 중심지역 일부에서 발굴되었는데, 장방형의 'ㄱ'자[2] 평면을 갖고, 외관을 3층으로 보이게 하는 '대사(臺榭)'형식의 건물이다. 이처럼 대사(臺榭)형식은 목조 누각을 조립해 올리는 기술이 한나라에서 발달할 때까지 건축을 다층화(多層化)시키는 효과적인 방법으로, 특히 궁실(宮室)건축을 중심으로 빈번히 채택되었을 것이다.

명당(明堂)의 '당(堂)'은 선진(先秦) 시대에는 높고 커다란 방형 기단 모양의 것을 가리켰다. '주례(周禮)'에서 말하는 명당(明堂)도 기단 위에 1실(室), 그 사방 하단(下段)에 4실(室)의 목조부분을 배치하여 전체적으로 십자형(十字型) 평면의 대사(臺榭)건축이었다고 생각된다.

3. 묘(廟)와 단(壇)

묘(廟)는 조상의 영혼을 모시며, 단(壇)은 자연을 모시고 제사하는 시설이다. 역대 황제의 영혼에게 제사 지내는 종묘(宗廟)와 토지, 곡물의 신(神)을 모시는 사직단(社稷壇)을 궁성(宮城)의 좌우에 마련하는 것은 중국도성의 오랜 전통이다.

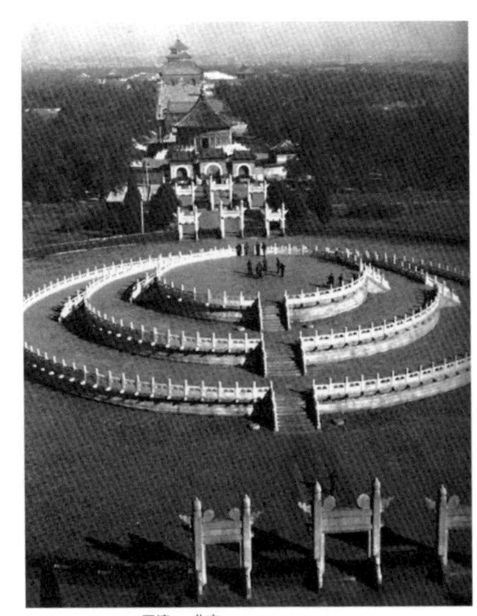
그림 3-16 천단(天壇), 북경(北京)

주나라 시대의 종묘(宗廟)라고 간주하는 발굴 유구로서 앞서 다룬 서주원(西周原) 봉추(鳳雛) 종묘(宗廟) 터가 있다. 일반적으로 묘(廟)에는 궁성의 '전조후침(前朝後寢)'과 같은 방법으로 앞부분에 위패(位牌)를 안치하는 '묘(廟)'를 두고, 뒷부분에 의관(衣冠)과 생활도구를 나란히 놓는 '침(寢)'

2 원본의 曲尺型

을 배치한다. 또한 같은 유지(遺址) 뒷부분의 구획을 보면 전당(前堂)과 후실(後室) 사이를 한단 높게 만든 묘(廟)로 결합시켜 'エ'자형 평면을 만들고 있으며, 이 또한 고대의 문헌에서 나타나는 건축유형 중 '묘(廟)'에 해당하는 것의 특징이다. 시대가 아래로 내려와도, 예를 들어 명나라 시대의 유구인 산동·곡부(山東·曲阜)의 공자묘 등 묘(廟)건축은 일반적으로 정전(正殿)과 침전(寢殿)을 복도(랑(廊))로 연결하는 평면의 예가 적지 않아 옛 제도가 오랫동안 답습되어 온 것으로 보인다.

이에 대해 전한(前漢) 장안(長安) 남교(南郊)의 예제(禮制)건축 유구에서는 구심적인 대사(臺榭)건축에 의한 묘(廟)가 보이는데, 동일 규모, 동일 형식의 12개 건축유구가 정연하게 3줄로 배열된 것으로서 모두 4면 대칭형 대사(臺榭)건축이었다.

한편 단(壇)으로 오늘날까지 가장 널리 알려진 것은 북경(北京)의 천단(天壇)(명나라, 1420년 창건)일 것이다. 왕도(王都)의 남쪽 교외에 환구(圜丘)를 만들어 하늘을 모시고, 북쪽 교외에 방택(方澤)을 만들어 땅을 모시는 것이 고대 이래의 관습이었지만, 특히 하늘을 모시는 의식(儀式)은 하늘의 명을 받는 자인 황제의 권리이자 의무였다.

천단(天壇)은 북경(北京)성 남쪽에 280ha 규모의 광대한 영역을 가지고 있다. 이 전체 배치의 남변은 방형으로 하고, 북변은 각(角)을 만들어 둥글게 하는 '천원지방(天圓地方)'의 우주관을 나타내며, 이 외에도 하늘을 나타내는 원형(圓形)과 음양의 '양(陽)'을 나타내는 홀수가 곳곳에 이용되고 있다. 중심이 되는 것은 환구(圜丘)인데, 정방형 벽으로 둘러싸인 부지 내에 중복하여 원형(圓形)의 담을 둘러친 3층의 단(壇)이지만, 황제는 여기에서 매년 동지에 하늘을 모시는 의식(儀式)을 거행했다. 중심축선을 따라 그 북쪽에는 하늘의 위패(位牌)를 안치하는 황궁우(皇穹宇), 나아가 초봄에 풍년을 기원하기 위해 기년전(祈年殿)이 놓이며, 서쪽으로는 황제가 목욕재계(결재(潔齋))를 하는 재궁(齋宮)이 있다. 각각의 단(壇)과 건축은 가운데를 높인 구심적, 입체적인 구성을 가지고 있다.

04 | 능침(陵寢)건축

죽은 왕이나 황제를 매장하는 능(陵)에 대응하여 이에 부속하는 건축적인 시설을 '침(寢)'이라고 부르며, 무덤 주인의 생활공간 이상의 의미를 갖는다. 황제 능(陵)에 침(寢)을 부설하고, 여러 종류의 제사를 거행하는 제도는 전국시대 중기부터 전한(前漢)에 걸쳐 시작하여 후한(後漢)에 확립된 것으로 보이며, 당나라, 송나라 및 명나라와 청나라를 통해 발전했다.

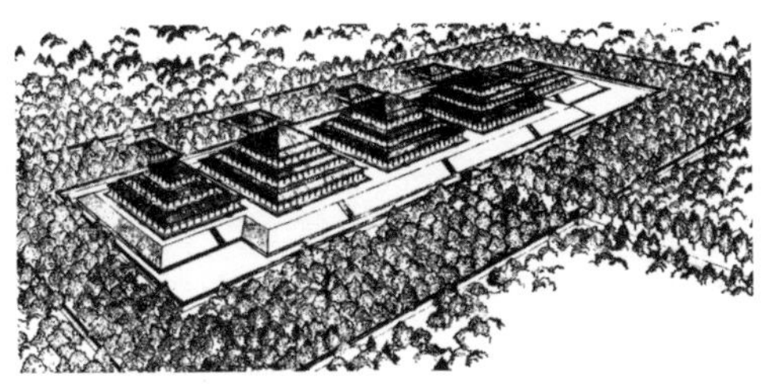

그림 3-17 중산(中山) 왕릉(王陵)(복원 조감도), **하북(河北) 평산(平山)**, **전국**시대, BC 310년경

1. 능침(陵寢)의 확립

전한(前漢)까지는 '능측기침(陵側起寢)'(능(陵) 근처 또는 정상에 침(寢)을 세운다) 및 '능방입묘(陵傍立廟)'(능(陵) 곁에 묘(廟)를 세우다) 제도가 확립되었다고 전해진다.

전국시대의 발굴 유구로는 중산(中山) 왕릉(王陵)(하북(河北) 평산(平山), BC 310년경)이 유명하다. 동서 90m, 남북 110m, 높이 15m의 3층 계단식 피라미드 방형 무덤인데, 유구로부터 사방에 목조 기와지붕 회랑을 두른 대사(臺榭)건축이었다고 추정할 수 있으며, 구심(求心)적인 건축계열에 속한다고 할 수 있다. 특히 이 능(陵)에서는 동판(銅版)에 금과 은을 상감(象嵌)[1]하여 그린 '조역도(兆域圖)', 즉 무덤지도가 출토되어 현존하는 가장 오래된 건축설계도로 알려져 있다. 이 그림은 바라보는 방향의 왼쪽부터 부인당(夫人堂), 애후당(哀后堂), 왕당(王堂), 왕후당(王后堂), ㅁ당(ㅁ은 문자가 불분명) 등 총 5동(棟)이 둘레 벽의 안쪽에 나란히 있는 전체 모습을 보여 주며 발굴 유구는 그중 왕당(王堂)에 해당한다는 것을 알 수 있다. 이 기단 위의 건축, 즉 '당(堂)'을 제사를 위한 '묘(廟)'(향당(享堂))로 보느냐 또는 무덤 주인의 생활공간인 '침(寢)'(능침(陵寢))으로 보느냐는 논의는 이루어지지 않았으며, 병마용갱(兵馬俑坑) 발견으로 널리 알려진 진시황제릉(秦始皇帝陵)도 이 중산왕릉(中山王陵)과 유사한 구성이다.

후한 시기에는 황제가 무덤으로 가서 조배(朝拜)·제사를 지내는 이른바 '상릉(上陵)의 예'가 시작되었다. 이에 따라 능침(陵寢)은 조배(朝拜)·제사를 위한 '침전(寢殿)', 신령(神靈)이 일상생활

1 원본의 象眼

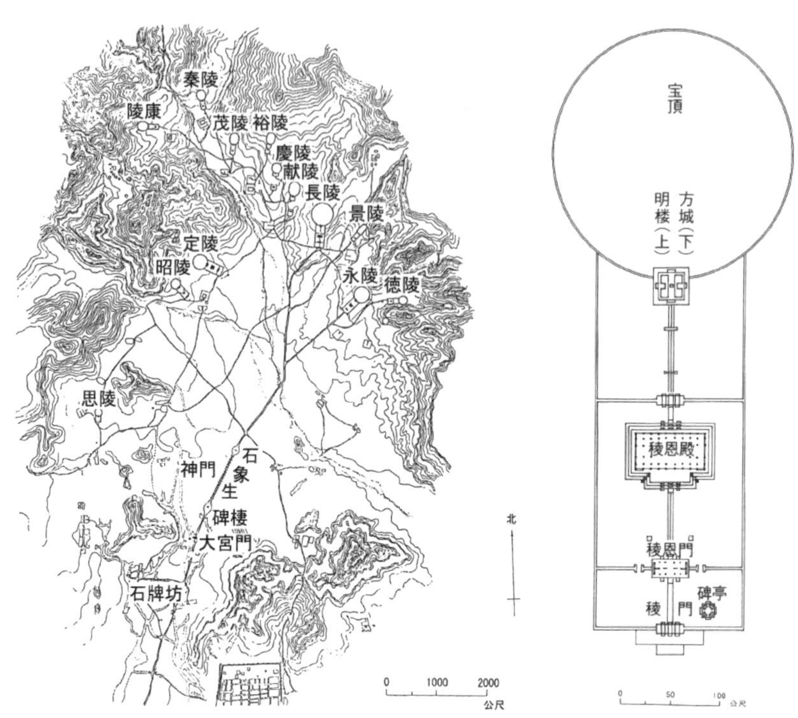

그림 3-18 명나라의 13릉(陵)(전체 배치), 북경(北京), 명나라 1435년~

그림 3-19 장릉(長陵)(평면도), 북경(北京), 명나라 1474년

을 보내기 위한 '침궁(寢宮)', 무덤 주인의 영혼이 즐기는 '편전(便殿)'으로 구성되게 되며, 당나라와 송나라 시대에는 이들을 각각 '헌전(獻殿)(제전(祭殿), 상궁(上宮))', '침궁(寢宮)(외궁(外宮))', '신유전(神遊殿)'이라 부르고, 묘실(廟室)의 앞, 산 아래, 능문(陵門) 근처에 배치했다.

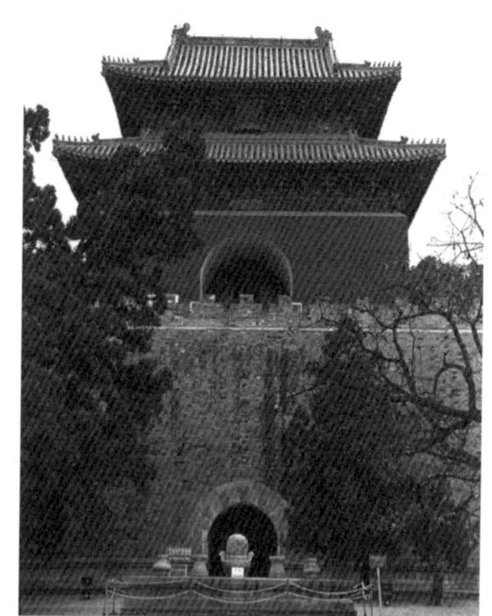

그림 3-20 장릉(長陵) 방성(方城) 명루(明樓)

2. 명나라 시대의 개혁

원나라 시대에는 능침(陵寢)제도를 채택하지 않고 몽골족의 습관에 따랐는데, 명나라 시대에는 다시 부흥하여 여러 종류의 개혁이 이루어졌다. 첫째, 능묘(陵墓)는 방형(方形)에서 원형(圓形)으로 바뀌었다. 두 번째로 침궁(寢宮)(외궁(外宮))의 조영(造營)을 그만두고, 제전(祭殿)(상궁(上宮))을 확장했다. 세 번째로 능원(陵園)을 깊이가 깊은 장방형으로 하고, 그

것을 3개의 원(院)(중정이 있는 구획)으로 구분하여 앞에서부터 각각 능문(陵門), 제전(祭殿)(형전(亨殿)), 방성명루(方城明樓)(방형의 기단 위에 누각을 놓고 묘비를 세움)를 배치했는데, 능(陵) 앞쪽으로 긴 묘원(墓園)을 두고, 제전(祭殿)을 중심으로 하는 중정군(中庭群)의 구성으로 정비한 것이다.

명나라의 13릉(陵)(북경(北京))은 제3대 영락제(永樂帝)의 장릉(長陵)(1474년)에서 시작하여 이에 이어지는 역대 황제릉이 모여 있는 곳이며, 각 능침(陵寢)의 규모에는 큰 차이가 없다. 장릉(長陵)에서는 동서 150m, 남북 340m의 붉은 담장으로 둘러싸인 부지를 3개의 원(院)으로 분할하여 세로 방향으로 건축물을 전개하고 있다. 제전(祭殿)에 해당하는 것은 능은전(稜恩殿)으로, 정면 9칸, 2중(重) 팔작지붕 구조인데, 명루(明樓) 하부의 방성(方城)부터 벽돌조의 둘레 벽이 원형(圓形)의 봉분(封墳)을 에워싸고 있으며, 봉분(封墳) 아래에 묘실(墓室)이 있다. 청나라의 능침(陵寢)도 이러한 명나라의 규격에 따라 만들어졌다.

05 목조건축의 발달

중국건축의 기본 구조는 크게 나누어 돌이나 벽돌, 블록을 쌓는 계통과 나무로 된 선재(線材)를 조립하는 계통이 있다.

기단 위에 기둥을 정연하게 나란히 세우고, 복잡한 목조 가구(架構)에 의해 커다란 기와지붕을 지탱하는 목조건축의 독자적인 기술적·형식적 체계는 한나라에서 발전하고, 당나라에서 양식적으로 확립되었다고 생각하는 것이 일반적일 것이다.

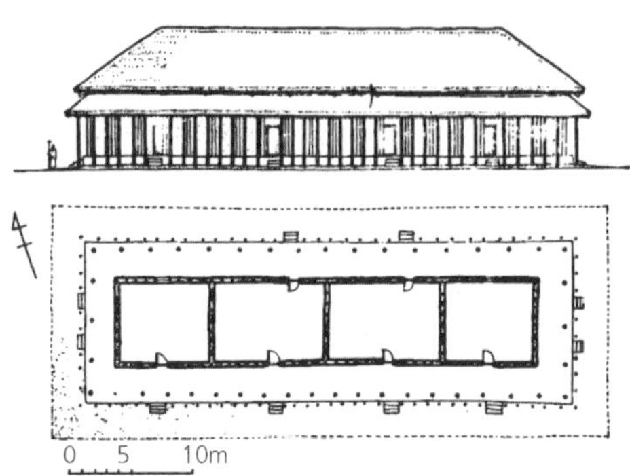

그림 3-21 반룡성(盤龍城) 궁전 유구(복원 평면·입면도), 호북(湖北) 황파(黃陂) 반룡성(盤龍城), BC 1300년경

그러나 중국에 현존하는 목조건축 유적은 그 시기가 겨우 당나라 시대의 중반을 지나서부터이며, 게다가 그 유적 또한 겨우 3채에 불과하다. 따라서 선진(先秦) 시대부터 당나라에 이르기까지 목조건축 확립기의 양상은 발굴유적 이외에 벽화 등의 도상(圖像)자료 및 일본의 아스카(飛鳥)·나라(奈良)시대의 유적을 바탕으로 실마리를 찾을 수밖에 없다.

그림 3-22 하모도(河姆渡)유적 출토 건축부재, 절강(浙江) 여요(余姚) 하모도(河姆渡), BC 5000년경

그림 3-23 운강(雲岡)석굴 제12굴, 산서(山西) 대동(大同)

1. 선진(先秦) 시대

은나라 시대 중기의 반룡성(盤龍城) 궁전유구(호북(湖北) 황파(黃陂) 반룡성(盤龍城), BC 1300년경)를 보면 단단하게 다진 흙으로 만든 벽을 구축하여 방을 만들고 있지만, 그 주위에 나란히 세운 기둥을 보면 앞뒤가 맞지 않는다. 즉 주요 구조는 벽인데, 주위에 있는 기

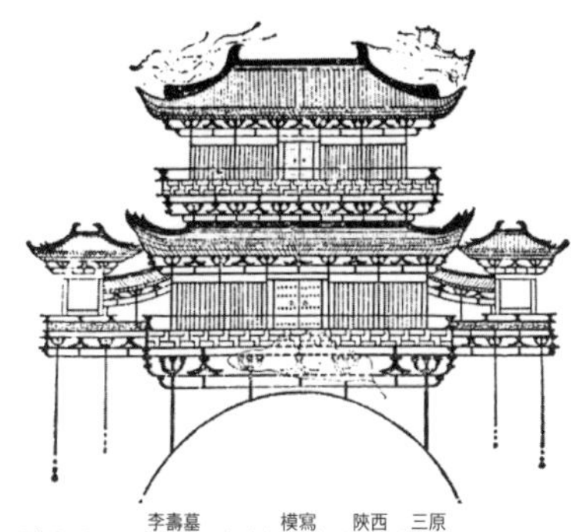

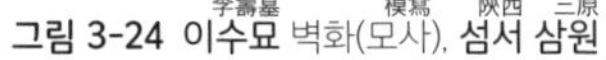

그림 3-24 이수묘(李壽墓) 벽화(모사)(模寫), 섬서(陝西) 삼원(三原)

그림 3-25 자은사(慈恩寺) 대안탑(大雁塔) 석각(石刻) 불전도(佛殿圖), 섬서(陝西) 서안(西安)

등에서 이 벽으로 간단한 지붕 가구를 걸쳐놓은 것으로 보이기 때문에, 이 시점에서는 아직 정연한 격자 모양의 기둥·보식 구조가 정비되어 있지 않은 것이다.

그러나 위에서 언급한 서주(西周)시대의 종묘(宗廟) 유구(BC 1100년경) 등을 보면, 격자 모양의 기둥배치가 정연해져서 구조적으로 벽에 의존하지 않게 되는데, 후대로 이어지는 중국건축의 기본적인 목구조 시스템의 기원을 보여주는 하나의 획기적인 유적이라 할 수 있다.

이어지는 춘추·전국시대에 단단하게 다진 흙으로 기단을 높고 크게 구축하여 목조건축을 다층화하고 입체화하는 대사(臺榭)형식이 활발하게 사용된 것은 이미 언급한 바와 같지만, 이것은 일종의 혼합구조이며, 목조 다층건축의 발달은 한나라 이후라고 생각된다.

한편 장강(長江) 유역 및 그 이남에서는 위와 같은 황하(黃河)유역을 중심으로 하는 북방의 전개와는 다른 굴립주[1]를 사용한 목조 고상식(高床式) 건축의 오랜 전통이 있다. 잘 알려진 절강성(浙江省)의 하모도(河姆渡) 유적(BC 5000년경)은 강남(江南)의 초기 벼농사 문화를 대표하는 신석기시대 유적으로 말뚝 모양과 판(板) 모양 등 엄청난 수의 목조건축 부재가 출토되고 있으며, 추정되는 건물 중 하나는 안쪽 길이 약 6.4m의 몸통 건물에 약 1.3m의 차양(遮陽)[2]을 추가하고, 정면 길이 23m 이상 되는 대규모 주택이다. 이처럼 기단을 만들지 않고, 굴립주(堀立柱)를 세운 후 이음, 맞춤기법을 사용하여 목재를 조립하는 순수한 목조 고상(高床)건축을 '간란식(干欄式) 건축'이라고 부른다.

한편, 호북성(湖北省) 기춘현(圻春縣)에서 주나라 시대 간란식(干欄式) 건축유구(BC 1000년)가 발굴되었는데, 잘 짜인 기둥구조를 추정할 수 있다. 위에서 언급한 은나라 시대 궁전

1 땅속에 박아 세운 기둥을 말한다. 대개 결구법이 발달하지 않은 원시 건물에서 기둥머리를 튼튼히 잡아준다는 것은 어려운 일이었기 때문에 기둥을 땅에 박아 견고히 할 필요가 있었다. 굴립주(掘立柱)건물의 단점은 지면 습기에 의해 잘 썩는다는 것이다. 이를 극복하기 위해 결구법과 난방이 발전함에 따라 지금처럼 초석 위에 기둥을 세우는 지상화가 진행되었다. (네이버 지식백과) 굴립주 (알기 쉬운 한국건축 용어사전, 2007. 4. 10, 김왕직)

2 원본의 庇

유구도 같은 호북성(湖北省)에서 출토되고 있다는 점으로 보아 중원(中原)의 기단, 벽식 구조의 계통과 남방의 고상(高床), 기둥·보식 구조의 계통이 이 지역에서 만나 공존하고 있었던 것으로 보이며, 두 계통의 문화적, 기술적인 접촉이 다음 시대의 목구조를 창출하는 계기가 되었던 것으로 생각할 수 있다.

2. 한나라, 남북조 시대

한나라에서 남북조 시기까지 목조건축의 구체적인 양상을 나타내는 자료로는 우선 입체자료로 석궐(石闕)(능묘(陵墓)의 문(門))과 집모양 명기(明器)를 들 수 있다. 목조건축을 돌이나 구리, 도자기로 표현하고 있으며, 그림자료로는 묘장화(墓葬畵)(무덤 주인의 생전 활동을 재현한 벽화) 등을 들 수 있다.

이러한 자료에 의하면, 한나라의 목조건축은 치미(鴟尾)를 얹은 우진각지붕과 맞배지붕이 주로 사용되었고, 서주(西周)에서는 최초라고 알려진 기와시붕이 있었으며, 각 층마다 고란(高欄)[3]을 돌린 다층(多層)의 누각건축이 발달했다. 공포(栱包)(두공(斗栱))에 대해서는 전국시대 이후 한나라까지는 전체적으로 쌍두(雙斗)가 정통기법이었던 것으로 보이며, 후한(後漢) 시대에는 일부에서 삼두(三斗)가 나타난다.

남북조시대에는 불교가 융성하여 북조(北朝)에서는 왕성하게 석굴사원을 굴착했다. 산서(山西) 대동(大同)의 운강(雲岡)석굴(북위(北魏), 주요 석굴은 460~494년), 산서(山西) 태원(太原)의 천룡산(天龍山)석굴 제16굴(북제(北齊), 560년)등에 그려진 목조건축 모습은 기둥의 주두(柱頭) 위에 도리를 올려놓고 그 위에 삼두(三斗)(기둥 위)와 人자 모양의 대공(臺工)(기둥 사이)을 반복하는 소벽(小辟)[4]의 띠를 만드는 것이 두드러진 특징인데, 한나라까지 주류였던 쌍두(雙斗)는 소멸하고 운강(雲岡)에서는 공포에 명두(皿斗)[5]형이 많다. 卍자무늬 살을 넣은 고란(高欄)도 특징적인데, 한반도에서는 고구려의 벽화무덤(5~6세기)에서 삼두(三斗)와 人자 모양의 대공(臺工)이 보인다.

일본의 호류지(法隆寺) 도인(東院)건축(나라(奈良), 670년 이후)에는 한나라부터 남북조까지의 양식적 특징이 혼재하고 있다. 세부적으로 가장 큰 특징인 운두운주목(雲斗雲肘木)[6]은 한나라 시대까지의 주류였던 쌍두(雙斗)계의 장식적 변형으로 보이며, 상부 난간대[7] 주위에 보이는 삼두(三斗)와 人자 모양 대공(臺工)을 나란히 세운 띠는 운강(雲岡)석굴 등에서 보이는 북제(北齊)시대 이래의 형식이고, 고란(高欄)의 卍자 무늬를 해체한 난간살은 북위(北魏)에서 온 것으로

3 높게 설치한 난간 또는 툇간, 툇마루, 층층대 따위에 높게 꾸민 난간. (네이버 국어사전)

4 우리나라 전통건축 중 가장 유사한 용어를 찾으면 포벽(공포와 공포사이에 생기는 작은 벽체)이 있지만 원본의 용어를 존중하는 측면에서 그대로 한국식 발음으로 표기했다. (역자 주)

5 기둥 위를 장식하며 공포를 받치는 넓적하고 네모진 나무. (네이버 국어사전)

6 일본건축에서 斗(일본 이름 마스이며 우리나라 소로를 의미한다. 大斗 다이토일 경우는 우리 건축의 주두(柱頭)를 의미한다)와 肘木(일본 이름 히지키)은 보통 우리나라의 주두, 첨차, 소로 등을 의미하는 용어인데 여기에서 운두운주목이라 함은 아마도 구름무늬가 있는 부재를 의미하는 것으로 해석할 수 있으므로 '운형첨자'로 해석할 수도 있겠다. (역자 주)

7 원본의 上層縁을 번역한 용어이다. (역자 주)

보인다. 한편, 매몰된 상태 그대로 출토된 야마다테라(山田寺)(나라 7세기 중엽)에서는 약간 다른 특징이 발견되는데, 이렇게 아스카(飛鳥)시대의 불교건축이 같은 시대의 수나라, 당나라보다도 오래된 고(古)식의 다양한 시대의 양식기법이 혼재하는 이유는 양식이 전파될 때 한반도를 거쳐 왔기 때문이라고 추정된다.

3. 당나라 시대

당나라 초기가 되면 비교적 상세한 건축도면을 수반한 무덤 벽화를 많이 볼 수 있게 된다. 벽체구조[8]로서 기둥을 관통하는 뜬장혀[9]와 장혀[10]를 근접시키고, 그 사이에 작은 기둥을 세워 벽체를 견고하게 만드는 소위 '양층란액(兩層闌額)(난액은 반자껠대를 뜻함)' 수법이 일정한 유형을 만들고 있다. 삼두(三斗)와 人자 모양 대공(臺工)을 나란히 세운 띠는 언뜻 보기에는 앞서 기술한 석굴의 그것과 유사하지만, 목조 벽체의 구조를 긴결하는 기초적인 수법으로 장혀는 당나라 초기에 처음 나타나는 것이며, 반대로 남북조시대의 주두(柱頭) 위에 도리를 올려놓는 방법은 서역(西域)의 석조건축 계통 잔재라고 생각된다. 격이 높은 건물에서는 하앙(下昂)[11]을 포함하는 3출목(手先)의 공포(栱包)가 보이고, 처마[12]는 평연(平椽)(평행 서까래)[13]으로 서까래[14], 부연(付椽)[15]을 중첩시켜 겹처마로 하는 표현이 명확하게 읽힌다. 이수묘(李壽墓)(섬서(陝西) 삼원(三原), 당나라 630년)의 건축도면 등에서는 높게 올린 독립 기둥열 위에

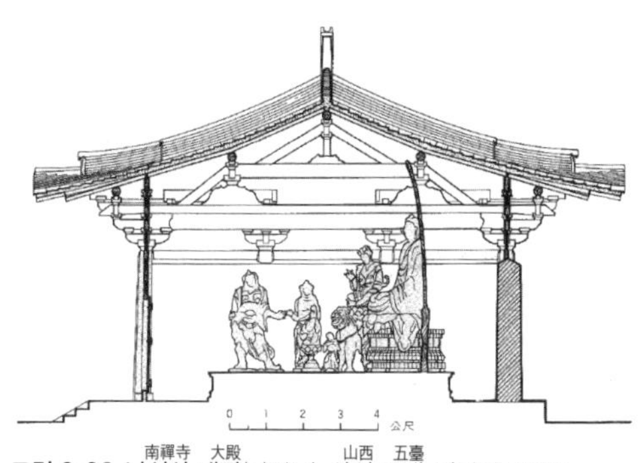

그림 3-26 남선사(南禪寺) 대전(大殿)(단면도), 산서(山西) 오대(五臺), 당나라 782년

그림 3-27 불광사(佛光寺) 대전(大殿), 산서(山西) 오대(五臺)

8 원본의 軸組
9 원본의 飛貫
10 원본의 頭貫
11 원본의 尾垂木
12 원본의 軒
13 원본의 平行垂木
14 원본의 地垂木
15 원본의 飛檐垂木

요조(腰組)[16]을 만들고 있어 발달한 누각건축의 존재를 볼 수 있다.

그림 3-28 불광사 대전(佛光寺 大殿)(단면투시도)

당나라 말기에 이르면 남선사 대전(南禪寺 大殿)(산서 오대(山西 五臺), 당나라 782년), 광인왕묘 정전(廣仁王廟 正殿)(산서 예성(山西 芮城), 당나라 831년), 불광사 대전(佛光寺 大殿)(산서 오대(山西 五臺), 당나라 857년) 등 3채의 현존 유구가 나타나며, 이 가운데 불광사 대전(佛光寺 大殿)은 4출목의 공포를 짠 본격적인 건축이다. 몸체에는 입구 측 기둥으로부터 첨차를 4단 내밀어 보[17]를 지탱하고, 그 위에 화반[18]을 두고 꺾여 올라간 천장을 설치하여 차수[19]를 설치한 지붕구조를 숨기고 있는데, 내부공간을 볼트(vault)형상으로 조형하는 유사가구가 만들어지는 것이다. 이러한 당나라 말기 양식에 대응하는 일본의 대표적인 유적은 도쇼다이지 금당(唐招提寺 金堂)(나라(奈良), 770년대)이며, 내부공간도 대들보와 화반을 이용하여 꺾여 올라간 천장을 만드는 동일한 양식의 정통적인 형식이지만 출목(出目)수는 적고 불광사 대전(佛光寺 大殿)보다는 한 단계 단순화한 형태라고 할 수 있다.

4. '영조법식(營造法式)'과 중국건축의 기법

북송(960년~1126년) 시대였던 1100년, 국가의 건설을 담당하는 장작감(將作監) 직위에 있던 이계(李誡)(이명중(李明仲))는 북송의 휘종(徽宗) 황제에게 궁궐, 관청건축 등에 대한 기준서인 '영조법식(營造法式)'을 올렸는데, 전체 34권 중 1~2권은 건축의 명칭과 술어(述語) 고증, 노동일수 산출법, 3~15권은 건축 각 부분의 시공

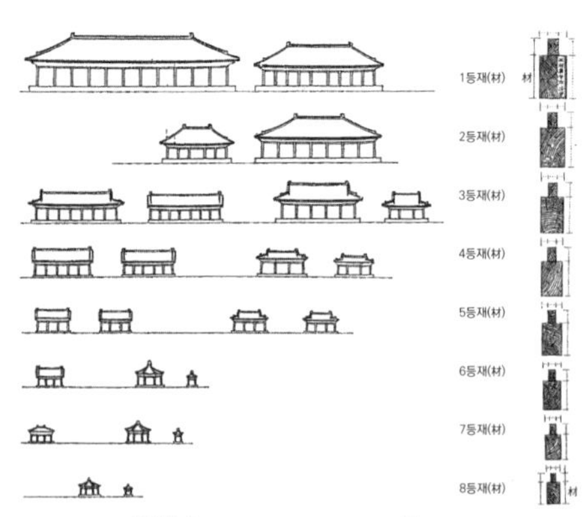

그림 3-29 '영조법식(營造法式)'(송나라, 1100년)의 '재(材)'와 건축형식

16 일본 용어로는 코시구미 こしぐみ 라고 발음하는데 우리나라에서는 마땅히 번역된 용어가 없으며, 난간 등의 하부에서 난간을 받치는 공포모양의 부재를 총칭한다.

17 원본의 虹梁

18 원본의 蟇股

19 원본의 扠首(일본식 발음 さす사스). 우리나라 건축에서는 보기 힘든 것으로 서까래 아래에 구조보강을 위해 일정 간격으로 소슬합장 모양의 삼각형 트러스 구조체를 설치한다. 이 책의 앞부분에서는 삼각대공으로 번역하기도 했다. (역자 주)

기법, 16~28권은 각 공사의 적산(積算)규정을 나타냈으며, 29~34권에는 관련 부도(附圖) 등을 게재하고 있다.

'영조법식(營造法式)'에는 공포(栱包) (첨차(檐遮)) 단면치수를 기준으로 한 8개 등급의 '재(材)'를 정하고, 이것을 기준으로 한 건축구조를 표시하여 적산(積算)방법이나 노동시간 등을 상세하게 규정하고 있다. 유가(儒家)적인 계층구조를 유지하면서 건설사업을 효율화 하려는 것으로, 국가 재정개혁의 일환이었다고 생각된다. 한편, '영조법식(營造法式)'은 건축기술의 세부정보가 포함되어 있어 당시의 설계방법과 시공기술을 구체적으로 알 수 있는 귀중한 문헌사료가 되고 있다.

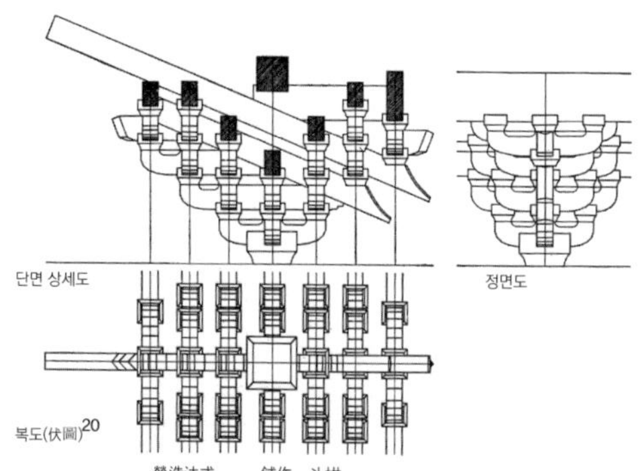

그림 3-30 '영조법식(營造法式)'의 포작(鋪作)(두공(斗栱)) 예

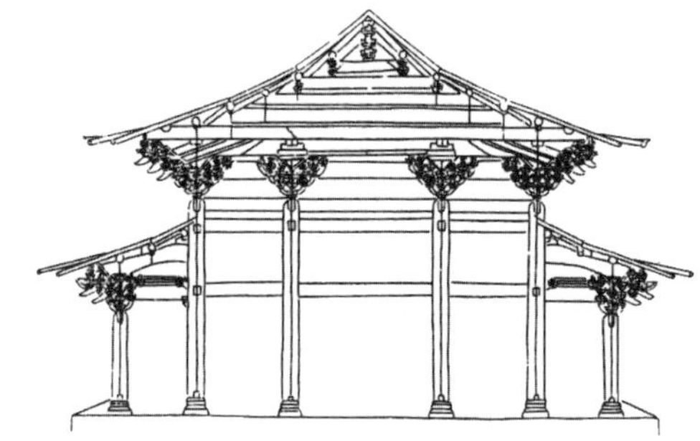

그림 3-31 '영조법식(營造法式)'의 측양도(側樣圖), 전당(殿堂)의 예

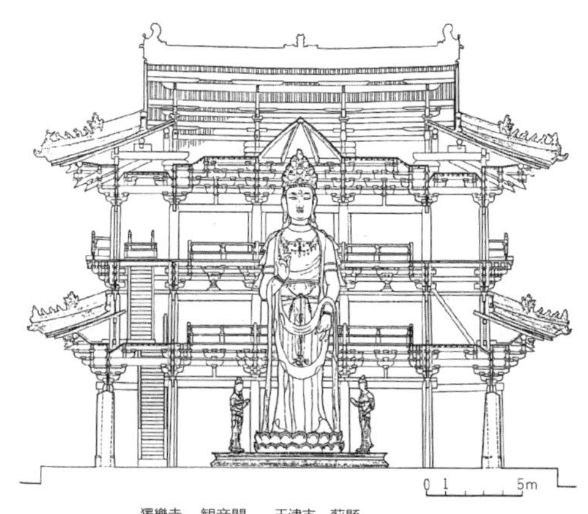

그림 3-32 독락사(獨樂寺) 관음각(觀音閣), 천진시(天津市) 계현(薊縣)

'영조법식(營造法式)' 서술방식의 한 예로, 건축의 주요한 구조를 다루는 '대목작(大木作)' 가운데 '서까래' 부분의 내용을 소개해 보면, 이 항(項)에서는 '가(架)'(도리[21] 사이의 수평거리)를 6자 이내로 하고, 서까래의 길이는 경사에 따라 구하는 것 등이 기술되어 있으며, 이어서 서까래 간격과 서까래를 부채꼴로 배치할 경우 그 방법 등을 보여주고 있다. 중국

20 일반적으로 평면도와 동의어로 사용되지만, 우리나라의 경우에는 밑에서 위를 올려다 보고 그린 그림인 앙시도를 의미하는 경우도 있다. 천장복도, 보복도 등의 사용예가 그러하다. (역자 주)

21 원본의 母屋桁

건축에서 서까래는 도리마다 꺾어서 이어 나가고 처마도리 위에서만 치고 넘어가 처마를 내밀게 된다. 이렇게 지붕곡선을 결정해 나가는 것을 '거절(擧折)'이라고 부르고, 이에 대해서도 하나의 항(項)을 할애하여 설명하고 있다. 이처럼 중국건축에서는 도리배치가 구조의 기준이 된다.

그림 3-33 태국사(泰國寺) 대웅전(大雄殿), 요녕(遼寧) 의현(義縣)

'영조법식(營造法式)'은 다양한 항목에 대해 상세한 설명을 하면서 여러 형식과 규모를 나타내는 22장의 '측양도(側樣圖)'(대들보방향[22] 단면도)로 기록하고 있다. 이러한 측양도(側樣圖)에는 예를 들어 '십가연전후삼연복용사주(十架椽前後三椽栿用四柱)'라는 설명이 붙어있는데, 이 경우 도리가 10칸이며, 앞뒤의 처마[23]에는 보[24]를 3중(重)으로 걸치고, 대들보방향으로 기둥을 4개 사용한다는 의미로서 역시 도리를 기준으로 한 구조와 규모의 표기이다. 이처럼 규모와 구조의 기본적인 정보를 나타내어 건축을 유형적으로 파악하고, 건물의 종류에 어울리는 형식을 채용하여 격에 맞는 등급을 사용하도록 함으로써 건축을 규격있게 생산할 수 있었던 것이다.

5. 목조가구(架構)의 개혁

당(唐)나라 시대에 일정 부분 확립된 것으로 보이는 중국의 목조건축은 송나라 혹은 요(遼), 금(金), 원(元)나라 등을 거치면서 구조적으로 발달하고, 그에 따라 의장상의 변화와 정비도 진행되었다.

먼저 주목해야 할 것은, 기둥 위뿐만 아니라 보간(補間)[25](기둥과 기둥사이)에도 공포(栱包)가 놓이게 된 것인데(보간포작(補間鋪作)[26]), 이것은 일본의 츠메구미(詰組)양식[27]으로 그 시초는 이미 당나라 말기에 보인다. 앞에서 본 불광사(佛光寺) 대전(大殿)이 그 예로서, 주두(柱頭)에서는 4출목이지만, 보간(補間)에서도 2출목으로 간략화시키면서 앞으로 두공(斗栱)을 튀어나오게 하는 방식으로 배치하고 있다. 이것은 보간(補間)에 처마를 지탱하는 구조상의 지지점을 마련하고자 하는 연구의 결과이며, 독락사(獨樂寺) 관음각(觀音閣)(천진시(天津市) 계현(薊縣), 요나라, 984년)도 같은 단계를 보여준다.

---

22 원본의 梁行
23 원본의 庇
24 원본의 虹梁
25 우리나라 용어는 주간 柱間이다.
26 우리나라 용어는 주간포작 柱間包作이다.
27 우리나라 용어는 다포식 多包式이다.

그 후, 보백방(普柏枋)(일본의 평방[28])이라는 긴 받침대를 기둥 위에 두고, 두공(斗栱)을 올려 높이를 맞추고, 주두(柱頭)와 보간(補間)에도 똑같은 두공(斗栱)을 늘어놓아 가는 형태가 가능해져서 츠메구미(詰組)양식은 형식적으로 완성된다. 이처럼 일본에서 츠메구미양식은 중세에 중국의 기법을 도입함으로써 갑자기 출현하지만, 중국에서는 앞에서 언급한 것처럼 과도기적 단계를 밟으면서 적지 않은 시간을 할애하여 획득된 것이었다.

완성된 츠메구미(詰組)양식은 '영조법식(營造法式)'에서도 확인할 수 있는데, 현존 유구로는 현묘관(玄妙觀) 삼청전(三靑殿)(복건(福建) 보전(莆田), 북송, 1016년), 태국사(泰國寺) 대웅전(大雄殿)(요녕(遼寧) 의현(義縣), 요(遼)나라, 1020년), 선화사(善化寺) 대전(大殿)(산서(山西) 대동(大同), 요(遼)나라, 11세기) 등이 초기의 예이지만, 12세기가 되어서도 과도기적인 형태가 병존하였다.

츠메구미(詰組)양식에서 중요한 것은 벽체구조와 지붕가구의 긴결강화이다. 당나라 때까지는 기둥을 수평으로 연결하는 방법으로는 장혀와 뜬장혀, 보 밖에 없었으며, 상부가구의 기본적인 발상은 기둥 위에 소로와 첨차, 하앙(下昂)[29], 도리 등을 차례로 위로 올려 조립하여 천칭(天秤)처럼 균형을 잡는데 있었다. 그러나 '영조법식(營造法式)'에서는 양상이 달라지는데, 중소규모의 건축 유형에서 대부분 중도리까지

그림 3-34 하화엄사(下華嚴寺) 박가교장전(薄伽教藏殿) 내(內) 천궁누각(天宮樓閣), 산서(山西) 대동(大同)

그림 3-35 선화사(善化寺) 대전(大殿), 산서(山西) 대동(大同)

그림 3-36 심원사 보광전, 북한, 황해북도

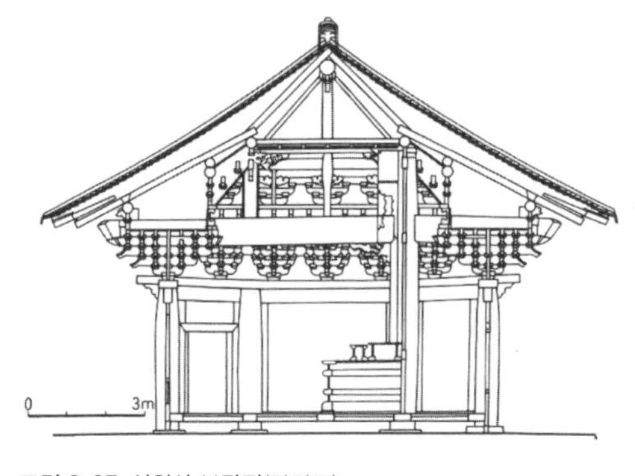

그림 3-37 심원사 보광전(단면도)

28 원본의 台輪
29 원본의 尾垂木

받치던 기둥이 인방[30]과 보[31]를 많이 사용하게 되면서 수평방향으로 긴결되고, 이 지붕지지 구조체를 노출시켜 케쇼고야구미(化粧小屋組)[32]로 처리하는 한편 격식이 높은 '전당(殿堂)'에는 출목이 많은 공포(栱包)를 이용해 천장을 덮지만, 지붕가구는 큰 보를 중첩되게 쌓아 올려 일체식으로 고정시키고 있다.

그림 3-38 엔가쿠지(円覺寺) 샤리덴(舍利殿) 내부 가구(架構), **가마쿠라(鎌倉)**

이렇게 목구조에 대한 연구가 점차 새로운 단계에 이르고 나면, 그 이후는 명, 청나라 시대까지 이러한 구조를 전제로 한 형식상의 정비와 변용이 진행되어 간다. 예를 들어 본래 천칭(天秤)효과를 기대했던 하앙(下昂)은 그 의미를 잃고, 대신에 첨차와 보의 끝부분을 하앙(下昂)모양의 형태로 만들어 내는 '쇠서[33]'가 일반화되었다. 또한 다포(多包)형식에 의해 공포(栱包)는 소형화되면서, 수를 늘리고, 장식적 의미를 강화해 갔다.

6. 한반도의 다포식(多包式) 건축과 일본의 젠슈요(禅宗樣)[34]

당나라 시기까지 중국건축을 기반으로 발전하고 있었던 한국과 일본의 목조건축에 있어서 위와 같은 중국의 새로운 단계의 목조가구(架構) 도입은 큰 영감을 주게 되었는데, 이 점을 염두에 둘 필요가 있다.

한반도에서는 고려시대에 이르러서야 처음으로 목조건축의 현존 유구가 나타나며, 이후의 목조건축은 일반적으로 주두에만 공포를 설치하는 '주심포식(柱心包)'과 '다포(多包)양식'으로 분류된다. 고려는 1270년에 원나라의 지배하에 들어간 이후 각각의 수도인 대도(大都)(원(元))와 개경(고려) 사이에 정치적, 문화적으로 많은 교류가 이루어졌다. 다포(多包)식 건축은 이러한 관계를 배경으로 화북(華北)의 첨단 건축기법을 도입한 것이라고 할 수 있고, 이것을 기본으로 조선시대의 건축도 발전하여 간다. 이에 비해 주심포(柱心包)식은 당나라의 영향을 기본으로 이미 성립되어 있던 형태로, 이것도 다포(多包)형식의 영향을 받으면서 소형건축을 중심으로 지속적으로 사용되었다.

---

30 원본의 貫으로서 우리나라 건축에서는 인방, 창방 등이 이에 해당된다고 볼 수 있다.

31 원본의 虹梁

32 우리나라에서 적절한 용어를 찾을 수 없어서 원어발음 그대로 표기했다. 여러 자료를 종합해서 판단해 보면 부재를 대패 등으로 매끄럽게 다듬어서 내부에서 지붕구조체를 볼 수 있도록 노출시키는 양식을 의미한다. 참고로 우리나라의 경우는 실내에 지붕구조체를 노출시키는 천장을 연등천장, 삿갓천장이라고 부른다. (역자 주)

33 원본의 仮昂(昂은 하앙의 의미)

34 원 발음은 ぜんしゅうよう '젠슈우요우' 이지만 축약시켜 발음하는 성향에 맞춰 '우' 발음을 생략했다. (역자 주)

화북(華北)의 건축은 일반적으로 대들보 등 수평재의 크기(부재를 만드는 치수)가 커지는 경향이 있으며, 이 대들보의 끝을 외부로 돌출시켜 장식하는 '보뺄목'이 널리 사용되게 되었다. 이것이 앞에서 서술한 공포(栱包), 쇠서와 함께 처마를 장식하는데, 심원사 보광전(북한 황해북도 연탄, 고려, 1374년) 등의 고려 이후 다포(多包)식 건축도 이러한 특징을 가지고 있다.

한편, 중세 일본이 선종(禪宗)을 통해 흡수한 것은 금나라에 쫓겨 수도를 강남(江南)으로 옮긴 남송(1127~1279년)의 건축이었다. 남송 5산(五山)을 본따서 만들어진 가마쿠라(鎌倉) 고산(五山)(나중에 교토(京都) 고산(五山)이 추가됨)제도를 배경으로 하여 정형화된 양식이 전국에 유포되었다. 이것이 젠슈요(禅宗様)이며, 그 양식의 확립은 13세기 말부터 14세기 전반으로 보이고, 그 기초가 된 것은 송나라에 들어갔던 승려가 가져온 남송 5산(五山)건축의 도면 및 기타 정보였던 것으로 보인다.

강남(江南)지방에서는 공포(栱包)의 소형화에 맞춰 대들보의 폭을 줄이는 대신에 높이를 높이는 경향이 있었다. 남송의 5산(五山)건축은 현존하는 유구가 없지만, 일본의 젠슈요(禅宗様)에서는 완성된 츠메구미(詰組)양식 및 기타 기법이 도입되어 그 내부 가구는 얇고 높은 보가 종횡으로 놓여 치수가 작은 소로, 첨차, 하앙(下昂)이 서로 교차하여 섬세하면서 엄격한 인상을 주며, 엔가쿠지(円覚寺) 샤리덴(舎利殿) (일본, 가마쿠라(鎌倉)·무로마치(室町)시대) 등이 대표적인 유적이다.

column 2

다이부츠요(大仏様)의 특이성

아스카(飛鳥), 나라(奈良)시대의 건축은 의심할 여지없이 한나라부터 당나라에 이르는 중국건축의 영향을 받아 성립하였다. 일본건축이 받은 두 번째 영향은 송나라 건축이며, 그것은 헤이안(平安)시대까지의 일본건축에 구조적인 혁신을 이끌어 냈고, 여기에 젠슈요(禅宗様)와 다이부츠요(大仏様)라는 중세의 2가지 새로운 양식이 만들어진 것으로 보고 있다. 그러나 다이부츠요(大仏様)는 그 구조적 명료성에 비해 역사적인 위치에 있어서 오히려 논리적이지 않다. 선행 모델이 분명하지 않고, 게다가 후대에 미친 양식적 영향력이 너무 약하기 때문이다.

1180년에 불에 탄 후, 도다이지(東大寺)의 재건은 국가적 과제가 되었지만, 기존의 헤이안(平安)양식으로는 해결할 수 없다는 기술적 난제를 안고 있었다. 도다이지(東大寺)의 재건조(再建造)로 발탁된 준승방(俊乗房) 쵸우겐(重源)은 송나라에 갔던 경험을 살려 새로운 기술을 구사하였고, 이를 통해 다이부츠덴(大仏殿), 난다이몬(南大門) 등의 거대한 건축공사를 마무리했다. 쵸우겐(重源)의 건설업적은 그 외 각지에 있는 도다이지(東大寺)의 별소(別所) 등 기록에 남은 것만으로도 60여 동(棟)이 있지만, 유구로는 연대순으로 하리마(播磨) 별소(別所)인 효고(兵庫)의 죠도지(浄土寺) 죠도도(浄土堂)(1194년), 나라(奈良) 도다이지(東大寺) 난다이몬(南大門)(1199년), 도다이지(東大寺) 카이산도우(開山堂)(1200년)의 3동(棟)이 있을 뿐이다.

그렇다면 쵸우겐(重源)이 참고한 북송의 건축은 어떤 것이었을까? 이 물음에서 출발한 다나카탄(田中淡)은 다이부츠요(大仏様)의 특이한 성격을 분명히 하고 있는데, 그의 설명을 아래와 같이 개략적으로 소개한다.

우선 도다이지(東大寺)의 난다이몬(南大門)과 같은 건축은 규모나 형식이 특수하며, 중국에서 비슷한 예를 찾을 수 없다. 죠도지(浄土寺) 죠도도(浄土堂)의 특징과 건립 연대가 가까운 유구는 중국 대륙 남부의 복건성(福健省)에 집중되어 있고, 그 근원은 북송 말기의 같은 지방에서 보인다.

죠도지(浄土寺) 죠도도(浄土堂)는 사방 3칸(三間)의 1층 보형조(寶形造)[1]로 형식적으로는 작지만, 1칸이 20척으로 모듈(module)이 파격적이며, 내부에는 수직으로 뻗어 올라간 기둥, 사천주(四天柱)로부터 측회주(側廻柱)에 걸친 둥근 단면을 가진 커다란 3중(重)보 등이 명쾌하면서도 강력한 구조를 보여준다. 장혀[2], 삽주목(挿肘木)[3]을 통한 벽체 구조의 긴결, 기둥과 기둥 사이에 놓인 분리된 하앙(遊離下昂)[4], 노출된 가구를 그대로 의장으로 성립시키는 의도 등은 모두 헤이안(平安)시대까지는 볼 수 없었던 것이다.

이 죠도지(浄土寺) 죠도도(浄土堂)의 특징을 공유하는 중국의 예로는 화림사(華林寺) 대전(大殿)(복건(福健) 복주(福州), 북송, 964년)을 비롯하여 원묘관(元妙觀) 삼청전(三清殿)(복건(福健) 보전(莆田), 북송, 1016년), 진태위궁(陳太尉宮)(복건(福健) 나원(羅源), 남송) 등을 들 수 있다. 다만, 이러한 중국의 사례들에서는 장혀, 모서리의 선자연[5], 3중(重)보 등 다이부츠요(大仏様)(특히 죠도지(浄土寺) 죠도도(浄土堂))와 공통점을 보이지만, 그 공통점이 모든 건물에서 하나로 정리되어 나타나는 것은 아니다.

중국에서는 화북(華北)·중원(中原)의 관청건축 가구법(架構)인 '대량식(臺梁)'과 구분하여 강서(江西), 절강(浙江) 이남부터 복건(福健), 광동(廣東), 광서(廣西)에 걸쳐서 일반적인 장혀를 많이 사용하는 가구법을 '천투식(穿鬪式)[6]'('천(穿)'은 중국 남쪽에서 장혀

---

1 정사각형 모양을 지닌 평면에 4각뿔 모양의 지붕을 가진 형태를 의미하는데 방형조(方形造)란 용어로 대체될 수 있다. 우리나라에서는 모임지붕이라는 용어가 쓰인다. (역자 주)

2 원본의 貫

3 '사시히지끼'라고 부르는 독특한 방식인데 통상 주두위에 첨차와 소로를 올려놓는 것이 아니라 기둥 몸체에 직접 첨차를 꽂아 넣어 상부의 보나 도리를 받치는 형태이다. 우리나라의 초익공 형식과 유사한 점이 있지만 전적으로 독특한 방식이다. (역자 주)

4 원본의 遊離尾垂木

5 원본의 扇垂木

6 우리나라에서는 천두식(穿斗式)이라고 부른다.

를 가리키는 용어)라고 부른다. '영조법식(營造法式)'의 대목작(大木作) 제도 도양(圖樣)에는 죠도지(浄土寺) 죠도도(浄土堂)와 유사한 3중(重)보의 가구(架構)를 나타내는 것이 있다. 이것도 특수한 지방 양식이라고 설명되어 있으며, 죠도지(浄土寺) 죠도도(浄土堂)보다 먼저 건립된 화림사(華林寺) 대전(大殿), 원묘관(元妙觀) 삼청전(三清殿)에서도 처마를 지탱하기 위하여 삽주목(插肘木)을 이용하지 않고 복건(福健)지방에서도 중원(中原)의 정통적인 기법을 도입하고 있는 것으로 알려진다. 즉, 장혀와 삽주목(插肘木)을 많이 사용하는 다이부츠요(大仏様)는 같은 시대의 중국에서는 지방식이며, 게다가 구식(舊式)이었던 것이기 때문에 쵸우겐(重源)이 참조한 원형(原型)은 사실 복건(福健)지방에조차 없었던 것일지도 모른다.

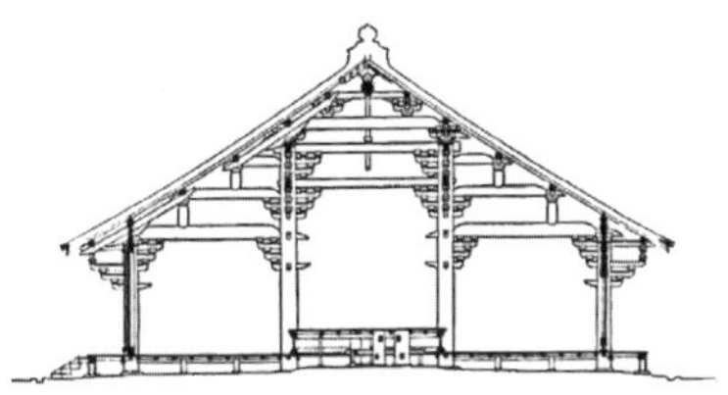

그림 3-39 죠도지(浄土寺) 죠도도(浄土堂), 효고(兵庫)

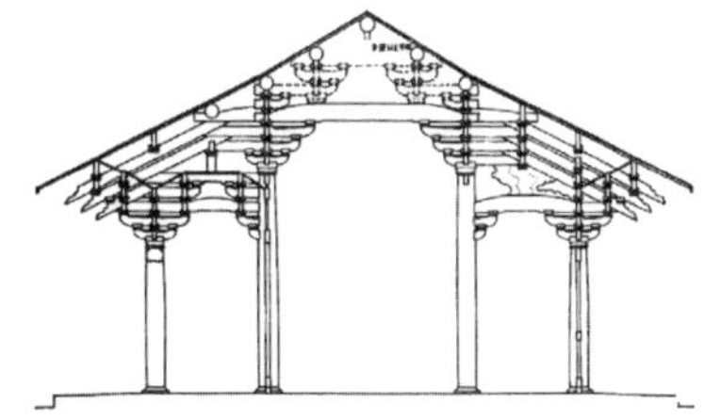

그림 3-40 화림사(華林寺) 대전(大殿), 복건(福健) 복주(福州)

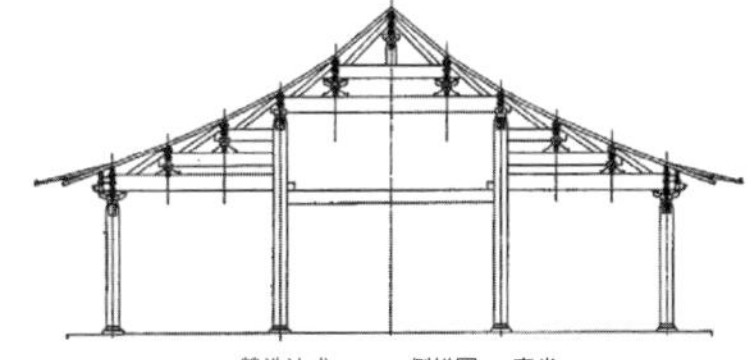

그림 3-41 '영조법식(營造法式)'의 측양도(側樣圖), 청당(廳堂)의 예

한편 다이부츠요(大仏様)에는 일본에서 만든 오해와 변형이라고 보이는 특징도 있다. 죠도지(浄土寺) 죠도도(浄土堂)에서는 도리마다 서까래를 잘라서 연결하는 중국 목조건축의 기본적인 기법인 '거절(擧折)'을 채용하면서 주심도리[7]의 위치에까지 이를 채택하여 천칭(天秤)의 기능을 잃고 있으며, 또한 원칙적으로 붙이면 될 비은판(鼻隠板)(이것 자체는 복건(福健)양식의 직계)의 뒷면에 미리 장붓구멍을 정밀하게 만들고, 서까래를 설치하는 추가적인 손작업 같은 것도 본래의 의미에서 보면 불합리하다.

헤이안(平安) 말기에는 송나라와 일본의 통상이 활발하여 인적 왕래도 빈번했다. 주조(鑄造) 기술자였던 진화경(陳和卿)도 상업적으로 몇 번이나 일본에 왔지만, 선박이 난파하여 산제이(鎮西)[8] 하카타(博多)에 머물고 있던 것을 쵸우겐(重源)이 발견하여 도다이지(東大寺) 재건 공사 기술면의 총책임자로 활약시켰다. 이러한 송나라 공장(工匠)들이 북송 말기 복건(福健)양식과 기법을 직접 전달했다고 생각되지만, 한편으로 위에서 언급한 바와 같은 다이부츠요(大仏様)의 특징으로 보아 일본인 공장(工匠)도 상당수 참여한 것으로 보인다. 젠슈요(禅宗様)가 일정한 도면에 기초하여 정형적(定型的)으로 보급된 것과는 달리 다이부츠요(大仏様)는 처음부터 일본과 송나라 기술자가 가지고 있는 기술을 취사선택하고, 변형하며 만들어 낸 불안정한 복합양식이었다고 할 수 있다. 다이부츠요(大仏様)가 쵸우겐(重源)의 사후에 하나로 정리된 형태로 남아있지 않는 것은 이처럼 양식으로의 불안정성을 증명하는 것으로 간주할 수 있다.

7 원본의 側桁

8 현재의 큐슈九州

06 문묘(文廟)와 도관(道觀)

중국에는 이슬람교와 티베트 불교(티베트에서 발달한 대승불교의 일파)를 포함한 다양한 종교가 있었지만, 특히 유교, 도교, 불교가 큰 역할을 해 왔다. 불당(佛堂) 등의 주요 건축유구는 이미 살펴보았으므로 여기에서는 유교와 도교의 건축을 다룬다.

1. 문묘(文廟)와 서원(書院)

춘추시대, 노나라의 창평향(昌平鄕) 추읍(陬邑)(현재의 산동(山東) 곡부(曲阜))에서 태어난 공자(孔子)(BC 551~BC 479년)는 옛날부터 내려오는 사상을 대성(大成)하여 유교의 시조가 되었는데, 인(仁)을 도덕의 이상으로 삼고, 효제(孝悌)와 충서(忠恕)를 통해 이 이상을 대성(大成)시키는 뿌리로 삼은 것이 유교이다. 유교는 나라를 다스리는 방법으로, 후한 이후의 역대 왕조에 의해 존중되고, 예제(禮制)건축 등 왕권과 관계되는 건축물의 설계사상에는 특히 강력하게 작용했다.

공자의 영혼을 모시는 사당을 공묘(孔廟)(공자묘(孔子廟)) 또는 문묘(文廟)라고 부른다. 수도(首都)에는 최고 학부인 태학(太學)과 함께 공묘(孔廟)를 두었으며, 현성(縣城) 이상의 도시에서도 학교를 부설한 공묘(孔廟)가 있어 관료·지식층의 형성에 역할을 하였다. 공묘(孔廟)는 원래는 공자의 옛집을 사당으로 만든 것에서 발전했다고 알려져 있지만, 후한 말에 처음으로 국가가 건설한 이래 각 왕조가 모셔왔다.

산동성(山東省)의 곡부(曲阜)는 현성(縣城) 전체가 중국에 현존하는 가장 크고 가장 오래된 공묘(孔廟)(명나라 1504년, 청나라 1724~1730년)를 중심으로 구성되어 있다. 묘(廟)는 동서 폭 140~150m, 남북 630m로 깊이방향이 더 길고, 전체 면적이 10ha에 달한다. 부지의 중심축을 따라 남쪽 끝의 영성문(靈星門)[1]에서 북쪽으로 규문각(奎文閣), 대성문(大成門), 대성전(大成殿), 침전(寢殿), 성적전(聖迹殿) 순으로 주요 건물이 늘어서 있어 전체적으로 8개의 중정이 차례로 펼쳐진다. 대성전(大成殿)은 중앙에 공자상(孔子像)을 모시고 양쪽에 안회(顔回), 증삼(曾參) 등 4명의 성현 및 12명의 제자를 배치하였다. 황금색의 유리기와로 씌운 2중(重) 팔작지붕은 황제의 궁전에 버금가는 규모와 격식을 나타낸다. 건물은 청나라 시대인 1730년에 재건된 것으로 석축 2층 기단의 전면에 있는 월대(月臺)는 제사 때의 무악(舞樂)에 사용한다.

1 원본의 한자는 櫺星門이지만 우리나라 미술사전을 참고하여 靈星門으로 고쳐 적었다. (역자 주)

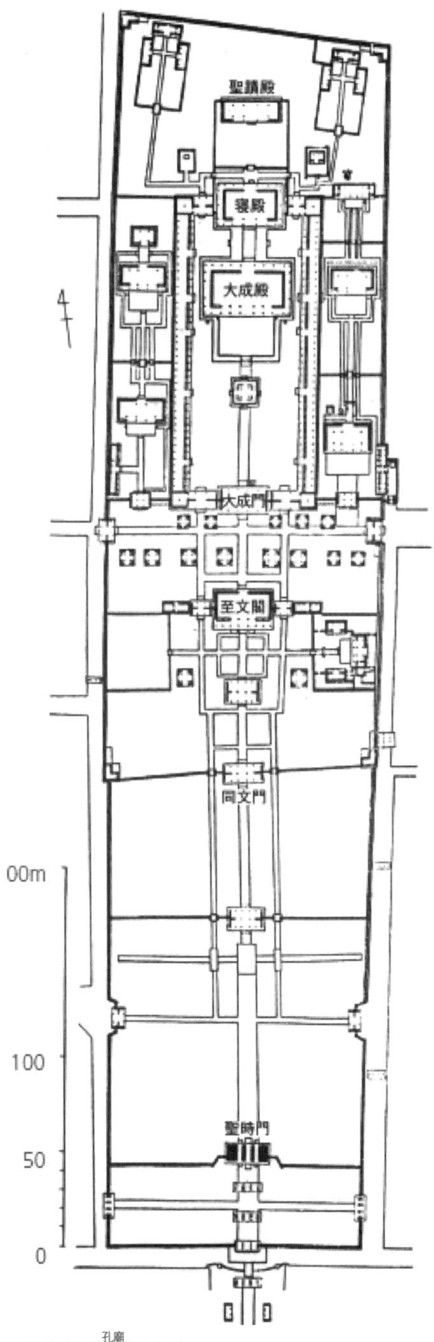

그림 3-42 공묘(孔廟)(평면도)

중국 각지의 문묘(文廟)는 이와 유사한 배치형식을 취하며, 중국문화의 영향을 강하게 받은 베트남에서는 곡부(曲阜) 공묘(孔廟)를 모방했다고 하는 하노이 문묘(文廟)(15세기)가 있다. 한반도와 일본에서도 율령체제 하의 대학 기숙사에 부설된 문묘(文廟) 등에서 공자를 모셨고, 조선에서는 특히 유교교육이 장려되어 공적 기관으로서의 향교와 민간기관으로서의 서원이 왕성하게 설치되었다. 향교는 서울의 성균관을 정점으로 각 부(府), 목(牧), 군(郡), 현(縣)에 1개씩 설치되었으며, 각 향교는 강당인 명륜당과 문묘(文廟)인 대성전으로 구성되었기 때문에 조선에서도 각 지방에 반드시 문묘(文廟)가 건설되었다. 서원(書院)은 유교의 선현(先賢)을 모시는 사당과 유교를 가르치는 재(齋)[2]로 구성되는데, 전형적인 사례로는 도산

그림 3-43 공묘(孔廟), 산동(山東) 곡부(曲阜)

2 원래 서원에서의 재는 향교와 마찬가지로 기숙사의 기능을 갖는다. (역자 주)

서원(경상북도 안동, 조선 1574년)이 있고, 일본에는 에도(江戶)의 유시마세이도우(湯島聖堂)(현존(現存))가 유명하다.

2. 도관(道觀)

도교는 황제(黃帝)와 노자(老子)를 시조로 받드는 다신(多神)적 종교로 유교, 불교와 함께 중국의 주요 종교 중 하나이다. 무위자연을 가르치는 노장(老莊)사상의 흐름을 이어받고, 여기에 음양오행설과 신선(神仙)사상을 가미하여 불로장생의 기술을 추구하며, 부주(符呪), 기도(祈禱) 등을 한다. 후한 말의 장도릉(張道陵) 이후 불교의 교리 등을 받아들여 점차 종교의 형태를 갖추었고, 현재에 이르기까지 중국사람들의 민간풍속에 오랫동안 영향을 미치고 있다. 불교사원은 불사(佛寺), 불각(佛閣)이라 부르지만, 도교의 사원은 도관(道觀)이라고 부르며, 도교는 북위의 구겸지(寇謙之)(363~448년)에 의해 교단조직을 갖추고, 국교(國敎)가 되어 도관(道觀)도 각지에 건설되었다.

춘추시대 진나라의 시조 당숙우(唐叔虞)를 모시는 산서(山西) 태원(太原) 진사(晉祠)의 건축군(群) 중에서 송나라 시녀(侍女)의 소상(塑像)을 안치하는 성모전(聖母殿)(북송, 1102년)은 송나라의 건축양식을 잘 전해주는 비교적 오래된 도교건축이다. 정면 7칸, 측면 6칸, 2중 팔작지붕 구조인데, 이계(李誡)의 '영조법식(營造法式)'과의 대응관계를 알려주는 유구로서도 대표적인 사례 중 하나이다. 건축유형으로는 '영조법식(營造法式)'의 '전당(殿堂)'의 좋은 예이며, 또한 주위를 둘러싸고 개방된 처마의 하부공간[3]은 이 책에서 '부계주잡(副階周匝)'이라고 불리며 내부에는 감주법(減柱法)을 적용하여 기둥을 두지 않는다.

현묘관(玄妙觀) 삼청전(三淸殿)(강소(江蘇) 소주(蘇州), 남송, 1179년)은 삼청상(三淸像)을 모시는 정면 9칸, 측면 6칸의 2층 팔작지붕 구조이지만, 같은 시대 다른 건물과 달리 감주법(減柱法)을 사용하지 않는다는 점에서 명나라, 청나라 시대의 전각에서 보이는 추세의 선구로 간주된다.

그림 3-44 진사(晉祠) 성모전(聖母殿), 산서(山西) 태원(太原)

이 밖에 영락궁(永樂宮)(산서(山西) 예성(芮城), 원나라, 1262년)은 원나라 시대에 번성했던 신흥 3대 도교의 일파로서 전진교(全眞敎)의 거점으로 유명하다. 배치는 중심축선상에 앞에서부터 무극문(無極門), 삼청전(三淸殿), 순양전(純陽殿), 중양전(重陽殿)이 있고, 이들을 장벽(牆壁)으로 둘러

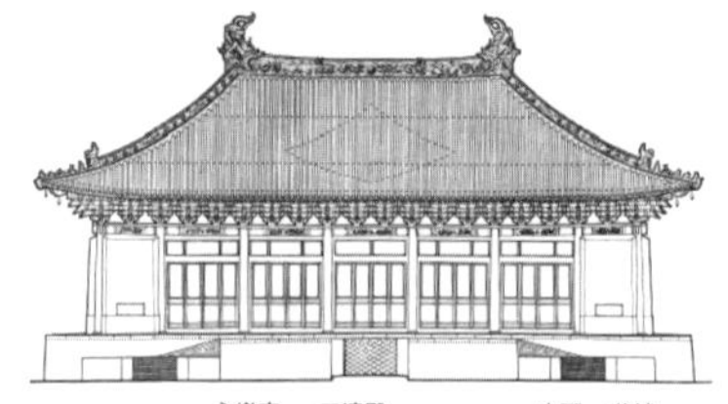

그림 3-45 영락궁(永樂宮) 삼청전(三淸殿)(입면도), 산서(山西) 예성(芮城)

3 원본의 裳階

싸고 있다. 구조는 쇠서를 이용함으로써 츠메구미(詰組)의 공포(栱包)도 대부분 구조적인 의미를 잃어 명·청 시대에 유명무실해지는 형해화(形骸化)의 조짐을 보이고 있다. 전진교(全真教)의 본산은 북경(北京)의 서군문(西軍門) 밖에 있는 백운관(白雲觀)으로 50여 개의 당(堂)으로 구성된 중국 최대의 도관(道觀)이다.

그림 3-46 백운관(白雲觀) 산문(山門), 북경(北京)

또한 중국뿐만 아니라 동남아 도시의 차이나·타운에 존재하는 관제묘(關帝廟), 낭랑묘(娘娘廟), 성황묘(城隍廟) 등도 도관(道觀)의 일종이다.

07 티베트건축, 몽골건축과의 교류

중국의 남서쪽에 국경을 맞대고 있는 티베트는 독특한 지형과 기후뿐만 아니라 중국, 인도, 서아시아 등과의 위치관계 속에서 독자적인 건축문화를 축적해 왔다. 한편 몽골을 비롯하여 북쪽으로 넓은 유목지대는 그 생활양식에 적합한 이동, 조립식 건축문화를 키워왔다. 이러한 건축문화는 특히 원나라와 청나라 시대에 중국건축과 접촉하여 복합적인 건축으로 발전했는데, 여기에서는 그 대표적인 사례를 살펴본다.

1. 티베트건축

티베트건축의 대표적 사례로 유명한 것은 달라이·라마의 궁전인 포탈라궁(라싸, 1645년~, 1682~94년)이다. 정교합일(政敎合一)의 원칙 아래 라마교 사원은 종교시설인 동시에 국가의 지배기구였는데, 포탈라궁은 그 정점에 있다. 현재의 건축은 17세기 재건당시 달라이·라마 5세인 롭상·갸초(Lobzang Gyatso)가 백궁(白宮)을 짓고, 그의 아들인 대섭정 상게·갸초(Sangye Gyatsho)가 홍궁(紅宮)을 각각 조성했다. 백궁(白宮)은 달라이·라마의 침궁(寢宮), 독경당(讀經堂), 승관학교(僧官學校) 등이며, 홍궁(紅宮)은 대경당(大經堂)과 달라이·라마 5세의 묘이다.

이 2개의 궁은 마르포·리(Marpo Ri)(홍산(紅山))의 산 위에 우뚝 솟아 전체 면적은 41ha, 총높이 117m를 자랑한다. 화강암을 이용한 평지붕의 고층건축은 티베트 민족의 건축기술, 형식을 나타내는 것이지만, 넓게 보면 인도 북서부와 서아시아 등 건조지대의 보편적인 특징을 보인다. 또 한편으로는 홍궁(紅宮)의 평지붕 위에 팔작지붕 구조의 누각건축을 올려놓고, 세부적으로는 청나라 시대의 특징을 나타내는 공포(栱包)도 보이는 등 중국건축의 형식과 기법도 도입하고 있다.

2. 티베트건축의 도입

라마교 사원은 원나라 때 중국 각지로 진출한 다음 청나라 시대의 보호 아래 눈부시게 발전했다. 북경(北京)을 비롯한 각지에 라마탑이 건립되고, 몽골족을 위한 라마사원 건설도 활발하게 이루어졌으며, 청나라 다섯번째 황제 옹정제(雍正帝)에 이르러서는 자신의 왕부(王府)(즉위하기 전의 저택)를 라마교 사원으로 개조하여 옹화궁(雍和宮)이라 불렀다.

이 옹화궁(雍和宮)과 함께 티베트족과 몽골족의 회유책으로 건설된 것이 '열하유적(熱河遺跡)'으로 알려진 승덕(承德)의 외팔묘(外八廟), 즉 8대(大) 라마사원(하북(河北) 승덕(承德), 청나라, 1713~80년)이며, 이것은 피서산장(避暑山莊)이라 불리는 황제의 행궁에 부속하여 지어진 11개 라마교 사원 중 8개의 절을 가리킨다. 모두 산을 등진 비탈면에 좌우대칭을 유지하며, 깊이가 깊은 건축물들이 펼쳐져 있으며, 또한 라마교의 만다라를 구상화한 시설배치와 색채구성을 곳곳에서 볼 수 있다.

이 중 보타종승(普陀宗乘)(포탈라)묘(廟)는 앞에서 서술한 바와 같이 포탈라 궁전을 모방한 건물로 달라이·라마의 행궁으로 사용했다. 또한 수미복수(須彌福壽)(타쉬룬포 Tashilhunpo)묘(廟)는 시가체[1]의 타쉬룬포사원을 본떠 지어진 것으로 판첸·라마의 행궁으로 사용했다. 티베트식 평지붕 고층건축에 중국식 사각뿔 모양이나 팔작지붕 구조의 목조 누각을 올려놓는 것이 큰 특징이지만, 각 부분의 의장은 티베트족, 한족(漢), 만주족의 3가지 양식이 섞여 있다.

그림 3-47 포탈라궁, 라싸, 티베트

그림 3-48 보타종승묘(普陀宗乘廟), 하북(河北) 승덕(承德)

3. 몽골의 게르형식 건축

라마교는 13세기에 몽골에도 공식적으로 전해져 명, 청대를 지나며 융성했기 때문에 티베트건축이 대대적으로 도입되었다. 또한 중국건축의 기술과 디자인도 몽골건축에 큰 영향을 주었는데, 예를 들어 17세기 몽골의 사원건축과 궁전건축은 중국건축과 티베트건축이 복합되었고, 그 반영 정도도 다양하다. 그러나 옛날에는 유목민의 게르(파오)를 목조가구(架構)로 거대하게 만든 게르형태의 사원이 일반적이었고, 이를 계승하고 발전시킨 건축도 하나의 유형을 이루고 있다.

1 중국 서장(西藏)자치구에 있는 도시

그림 3-49 간단·테그친린사원, 울란바토르, 몽골

울란바토르 서부 구릉에 있는 간단·테그친린사원(Gandantegchinlen / gandantegutinrenziin)[2]은 교육기관을 병설한 라마교 사원으로 건설되어(1838년) 현존하는 대표적인 사원 중 하나이다. 사원 중에 가장 몽골적인 건축으로 눈에 띄는 것은 촉친·도간[3](묘廟)인데, 한 변 21m의 정방형 평면을 갖는 2층 목조건물로 중앙 정면 안쪽의 제단을 중심으로 승려의 기도석이 늘어서 있고, 신자는 주위를 둘러싸며 예배한다. 1층의 지붕은 몽골의 텐트형 게르에서 발전한 형태이며, 4각추 사다리꼴(臺形)로 펠트로 만든 천창(天窓)을 열게 되어 있다[4]. 위층에는 누대(樓臺)가 서 있고, 난간이 있는 테라스가 둘러싸고 있는데, 이러한 형식을 게르 누대(樓臺)형식이라고 부르고 있다.

2 간단사원(몽골어: Гандантэгчинлэн хийд)은 몽골의 수도인 울란바토르에 위치하고 있는 사원이다. 정식 이름은 간단테그치늘렌 사원이며, 한자로는 감단사(甘丹寺)로, 완벽한 기쁨의 위대한 장소라는 의미를 가진다. (위키백과)

3 원본의 チョクチン·ドガン

4 원본의 "フェルト張りの天窓を開ける"를 번역한 문장이다.

08 중국정원의 세계

중국에서는 궁성(宮城)과 이궁(離宮), 능묘(陵墓) 또는 사저(私邸), 불교사원과 도관(道觀), 문묘(文廟) 등 모든 건축에 정원이 설치되며, 독자적인 환경문화를 발전시켜 왔다.

옛날에는 신선(神仙)사상에 심취한 진시황제와 한무제(漢武帝)가 만들어 운영한 정원이 유행하였다. 해변풍경을 모티브로 하여 봉래산(蓬萊山)이라고 부르는 중간 섬을 넣은 것이었으며, 뵤도인(平等院) 호오도(鳳凰堂)(일본, 교토(京都), 1053년) 등 일본의 죠도(淨土)정원도 그 영향을 받고 있다. 이러한 사의(寫意)[1]정원에 반해 남북조시대 무렵부터 사대부들의 은둔사상을 반영하여 자연 그대로의 풍취를 중시하는 임천식(林泉式)정원이 뒤를 이었다. 수나라, 당나라 시대에는 연못과 운하를 만들어 주유식(舟遊式) 정원이 운영되었고, 송나라 시대가 되면 문인(文人)들이 선종(禪宗)사상의 영향을 받아 시화(詩畵)예술을 조경에 반영하는 이른바 문인(文人)정원이 성행하여 현재 우리가 보는 중국정원의 원형이 형성된다.

1. 궁정(宮廷)정원

우선 궁정(宮廷)정원의 예로 이화원(頤和園)(북경(北京), 청나라, 1750~64년, 1888~94년 재건)을 들 수 있다. 원나라 때부터 아름다운 땅으로 알려져 있던 북경(北京)성의 서쪽 교외에 있는 명나라 시대의 호산원(好山園)을 보수하여 청나라 강희(康熙), 옹정(雍正), 건륭(乾隆)황제가 피서를 위한 대규모 행궁(行宮)정원군을 조성했는데, 그것이 창춘원(暢春園)(1690년), 원명원(圓明園)(1744년), 향산정의원(香山靜宜園)(1751년), 옥천사(玉泉寺) 정명원(靜明園)(1753년) 및 만수산(萬壽山) 청의원(淸漪園)(현재의 이화원(頤和園))의 3산(山) 5원(園)이다.

그림 3-50 이화원(頤和園), 북경(北京)

그림 3-51 유원(留園), 강소(江蘇) 소주(蘇州)

1 그림에서 형태(形態)나 실경을 꼭 같게 그리지 않고 그 내용(內容)만 그럴듯하게 그림 (네이버 한자사전)

이화원(頤和園)은 총면적 3.4㎢의 광대한 규모를 자랑한다. 건륭제(乾隆帝)의 강남(江南)지방의 풍경에 대한 사랑에서부터 시작하여 주변에 늘어선 산과 논밭을 배경으로 한 것으로 항주(抗州)의 서호(西湖), 무석(無錫)의 황부돈(黃埠暾) 경관과 비견되며, 만수산(萬壽山)과 곤명호(昆明湖)라 불리는 '북산남호(北山南湖)'의 지형을 기본구성으로 하고 있다. 만수산(萬壽山)에는 중앙에 대보은연수사(大報恩延壽寺)(현재는 불광각(佛光閣)의 일부)를 두고 앞의 호수와 함께 '범천락토(梵天樂土)'를 나타낸다. 또한 곤명호(昆明湖) 가운데에는 봉래(蓬萊), 영주(瀛州), 방장(方丈)이라고 불리는 동해(東海)의 삼신산(三神山)을 모방한 섬을 두었는데, 이것은 앞서 말한 진나라, 한나라 시대의 신선식(神仙式) 정원의 전통을 계승한 것이며, 정원 내의 해추원(諧趣園)은 무석(無錫)의 기창원(寄暢園)(명나라, 1506~21년)을 본뜬 것으로 강남(江南)의 풍경을 모방하고 있다.

2. 강남(江南)지방의 정원

강남(江南)의 정원으로는 소주(蘇州) 4대 명원(明園) 중 하나로 여겨지는 유원(留園)(명나라, 1522~66년, 청나라, 1798년, 1876년)을 들 수 있다. 강남(江南)정원은 일반적으로 귀족, 관료, 부유한 상인들의 주택에 부설된 것이 많지만, 여기에서도 함벽산방(涵碧山房)의 북쪽으로 펼쳐지는 연못이 전직 관료의 주택 뒤에 위치하고, 유원(留園)의 중심이 된다. 연못의 남쪽과 동쪽에 건축물을 집중시키고, 북쪽과 서쪽은 산을 만드는 것이 일반적이었는데, 이러한 배치를 '남청북산(南廳北山)'이라고 부르며, 강남(江南)정원에서는 일반적으로 볼 수 있는 것이다. 또한 강남(江南)정원에서 태호석(太湖石)을 다양한 형태로 이용함으로써 산(山) 등의 지형을 나타내지만, 유원(留園)에서는 임천기석지관(林泉書碩之館) 뒤에 커다란 바위 봉우리인 '관운봉(冠雲峰)'이 있다. 강남(江南)정원에서는 이 밖에 사합원(四合院) 형식의 깔끔한 주택에 연못을 교묘하게 연결시킨 망사원(網師園)(소주(蘇州), 청나라 18세기 중반) 등이 세련된 사례로 알려져 있다.

column 3

풍수설(風水說)

중국에서 지상학(地相學), 택상학(宅相學), 묘상학(墓相學)으로 옛날부터 전승되어 온 것이 풍수설(風水說)이며, 감여(堪輿), 지리(地理), 청오(靑烏)라고도 한다. 그 기본은 산맥, 구릉, 수맥 등의 지형을 관찰하고, 음양오행설과 역학 등도 도입하여 도성, 주거, 분묘 등의 건설을 위해 가장 좋은 위치를 선택하는 방법으로 살아있는 사람의 주거를 양택(陽宅), 죽은 사람의 집인 묘지를 음택(陰宅)이라고 부른다. 풍수설(風水說)의 체계가 확립된 것은 관로(管路)(209~256년)와 곽박(郭璞)(276~324년)에 의한 것이라고 알려진다.

풍수설(風水說)은 매우 광범위하게 퍼졌는데, 이것을 전문적으로 고객을 위해 길상(吉相)의 땅을 감정하는 직업으로 지관(地管), 감여가(堪輿家), 풍수(風水)선생 등이라 칭한 소위 풍수사(風水師)를 만들었으며, 9세기에는 양균송(楊筠松)을 중심으로 지세판단을 중시하는 형세학파, 11세기에는 왕급(王伋)을 중심으로 천지(天地)의 운행원리를 중시하는 원리학파(原理學派)를 낳았다.

근대과학은 풍수(風水)를 유사과학 또는 미신으로 취급해 왔지만, 한반도, 타이완, 오키나와 등에서는 뿌리 깊게 사용되어 왔으며, 중국에서도 최근 생태학적 관점에서 재검토되고 있다.

풍수설(風水說)에 따르면 대지에 깃든 ‘기(氣)’를 받아 인간은 생명을 얻게 된다. 이 ‘기(氣)’가 모이는 곳을 ‘혈(穴)’이라고 하며, 이 ‘혈(穴)’에 주거지를 지을 때, 사람들은 ‘기(氣)’를 육체에 담아 번영하게 되며, ‘혈(穴)’에 ‘기(氣)’를 모아두기 위해서는 ‘4신사(四神砂)’(현무(玄武), 주작(朱雀), 백호(白虎), 청룡(靑龍))가 필요하게 된다. 풍(風)은 ‘기(氣)’를 싣고 오기도 하고, 싣고 가기도 하는 것이기 때문에 풍(風)을 저장할 수 있는 ‘장풍(藏風)’[1]의 지형이 좋아야 하며, 흘러 들어오는 물은 일단 ‘혈(穴)’에 저장한 후 흘러 나가게 만드는 ‘득수(得水)’의 모양이 좋아야 하므로 결국 풍수설(風水說)은 지형의 길흉(吉凶)을 다양하게 체계화하고 있는 것이 된다.

한반도에서는 삼국시대에 보급되기 시작하여 도읍의 선정근거로 중요시되었으며, 신라 말부터 고려 초에 걸쳐 도선에 의해 체계화되고, 고려에 들어서는 절의 건립과 관련하여 왕실에서 중시되었다. 왕조의 번영을 위해서는 풍수(風水)가 좋은 땅을 구해야 했고, 종종 천도론의 논거가 되기도 했다.

고려의 수도(首都)인 개경의 선택과 관련해서 백두산부터 시작하여 전국 각지를 한 바퀴 돌아 가장 풍수(風水)가 좋은 땅을 선택했다는 전설이 있으며, 한반도에서 ‘기(氣)’는 백두산에서 시작하는 산맥을 따라 땅속을 흐르는 것으로 알려져 있다. 개경은 사방이 산으로 둘러싸여 있고, 거기에 도달한 ‘기(氣)’가 다른 곳으로 새어나가지 않는 ‘장풍(藏風)’의 지형이 된다. 조선을 개국할 즈음 개경에서 한양으로 천도한 것도 풍수설(風水說)이 근거가 되었으며, 북쪽으로 삼각산과 백악산이 있고, 백악산이 한양의 진산(鎭山)이 되었는데, 남쪽으로 남산이 있고, 북동쪽에서 한강이 흐르고 있는 것이 풍수상 길상이라고 알려졌다. 풍수(風水)는 한국 사회에 깊이 뿌리내리고 있으며, 식민지 시대에는 일본에 의한 조선총독부청사 건설이 한반도의 기맥을 잘랐다는 설(일제단맥설(日帝斷脈說))이 만들어졌다.

중국에서 만들어진 풍수(風水)는 한반도, 일본뿐만 아니라, 라오스, 베트남, 필리핀, 태국 등으로도 확산되는데, 흥미로운 것은 인도네시아 자바에서 발견된 프림본(Primbon)과의 비교이다.

서구인의 저서로는 데·호로트의 ‘The Religious System of China’(6 vols, 1892–1910: ‘중국의 풍수사상’ 第一書防, 1987년)이 있고, 일본인의 저서로는 무라야마지준(村山智順)의 ‘조선의 풍수’(조선총독부, 국서간행회(國書刊行會) 복각, 1972년), 중국에는 대저서인 ‘풍수(風水)와 건축(建築)’(중국공업출판사(中國工業出版社), 2000년)이 있다.

1 우리나라의 경우는 일반적으로 바람을 막는다는 뜻의 藏風이라는 한자를 사용한다. (역자 주)

PART

04

4章

建築世界

힌두의 건축세계

神 宇宙

-신들의 우주

인도세계

인도세계란 공간적으로는 인도아대륙, 1947년까지의 영국령 인도영토를 말한다. 오늘날 일반적으로 남아시아라고 불리며, 남아시아에는 인도 외에도 파키스탄, 네팔, 부탄, 방글라데시, 스리랑카, 몰디브의 6개국이 있다. 북쪽으로 카라코람산맥, 히말라야산맥, 동쪽으로 아라칸산맥, 서쪽으로 토바카카르산맥에 의해 나누어지고, 남쪽으로는 인도양에 역삼각형 모양으로 돌출되어 있어서 예로부터 상대적으로 독립성이 높은 지역이다.

인도·산스크리트어로 신드(Sindhu)(인더스강), 페르시아어로 힌두(Hindhu), 그리스어로 인도스(Indos), 한역(漢譯)되어 신독(身毒), 현두(賢頭), 천축(天竺)이 하나의 세계로 인식되는 것은 기원전 3세기경이라고 한다. 옛날에는 리그·베다에서 보이는 가장 유력한 부족인 바라타(Bharata)족의 영토를 바라타바르사(Bharatavarsa)라고 불렀으며, 불교에서는 잠부·디파(첨부주(瞻部洲), 염부제(閻浮提)) 혹은 전륜성왕(轉輪聖王)(차크라바르틴(Cakravartin))의 국토이다.

인도건축사의 선구자인 제임스·퍼거슨[1]의 '인도 및 동양건축사'는 1권이 I : 불교건축, II : 히말라야건축, III : 드라비다양식, IV : 찰루키아(Cālukya / Chalukya)양식, 이어 2권이 V : 자이나교 건축, VI : 북방 / 인도·아리아양식, VII : 인도·사라센양식, 그리고 동양건축사로 이어져 VIII : 후방(後方) 인도 IX : 중국과 일본으로 구성되어 있는데, 드라비다양식에서는 남아시아, 찰루키아양식에서는 데칸고원의 힌두건축을 다루고 있다.

이토츄타(伊東忠太)의 '인도건축사'는 머리말, 제1장 : 총론에 이어 제2장 : 불교 건축, 제3장 : 자이나[2]교 건축, 제4장 : 인도교[3] 건축으로 구성되어 있으며, 제4장에서는 퍼거슨을 따라 '인도·아리아식', '찰루키아식', '드라비다식' 3개를 다루고 있다. 무라타지로(村田治郎)는 서론(1)에 이어 선사시대와 원시시대(2)를 다루고, 고대(3), 중세(4), 근세(5)라는 시대구분에 따르며, 인도계 건축(6)으로 네팔, 실론, 인도네시아, 캄보디아, 미얀마, 아프가니스탄을 다루고 있는데, 불교건축, 자이나교 건축, 힌두건축 그리고 이슬람건축이라는 종교건축별 구분, 북부와 남부 (또는 중부)와 같은 지역구분, 인더스문명 이후의 힌두시대, 이슬람시대, 영국령 식민지 시대, 독립이후와 같은 편의적인 시대구분을 전제로 깔고 있다.

본 장에서의 초점은 힌두건축이지만, 자이나교 건축 또한 인도와 관련성이 깊기 때문에 함께 다루고자 한다. 불교건축, 이슬람건축 혹은 식민지건축의 전개, 그리고 인도의 도성(都城)에 대해서는 다른 장에서 다루지만, '인도화'된 동남아시아는 여기에서 다룬다.

1 James Fergusson(1808.1.22.~1886.1.9.); 영국의 건축사가. 인도의 고대 건축을 10년간 연구하고 돌아온 후, 건축에 관련된 서적을 집필했다. 《근대건축사》, 《인도 및 동양 건축사》, 《인도의 석굴사원》 등으로 인도 건축사학 발전에 기여했다. (네이버 지식백과)

2 원본 闍伊那

3 힌두교의 다른 표현.

01 힌두교의 신(神)들

1. 힌두교의 성립

인도에 가장 먼저 정착한 민족은 오스트로아시아어족계 민족으로 알려져 있으며, BC 3500년경에 서쪽에서 드라비다어족계 민족이 도래하여 거주영역을 넓혀갔다. BC 2300년경 인더스강 유역을 중심으로 청동기문명인 인더스 도시문명(하라파, 모헨조·다로 등)이 생긴다. 인더스문명의 문자가 해독되지 않아 문헌으로 알려진 것은 BC 1500년경부터 시작된 아리아민족의 침입 이후이며, 침입 이후, 원래 유목민이었던 아리아사람들은 급속히 농경생활을 시작한다.

농경사회의 발전과 함께 브라만(사제(司祭))이 나타나고, BC 1200년경에는 '리그·베다'가 만들어지며, BC 500년경에는 다른 여러 경전(經典)도 생겨나 바라몬교는 전성기를 맞이한다. 이 무렵에는 카스트제도의 원형(原形)인 바르나제도도 생겨났으며, BC 600년경이 되면 정치·경제·문화의 중심이 동방의 갠지스강 유역으로 옮겨간다. 여러 도시국가가 패권을 경쟁하는 가운데 두각을 나타낸 나라가 마가다왕국이다. BC 4세기 중반에는 '갠지스'유역 전체를 지배하게 되지만, 그 사이에 바라몬교에 대항하는 새로운 종교로 자이나교, 불교가 성립한다.

이러한 사회변동 속에서 BC 2~3세기에 바라몬교는 토착문화인 비(非)아리아적 요소를 흡수하여 현대에 이르며, 점차 힌두교로 변모해 간다.

인더스강 유역은 아케메네스왕조 페르시아의 속주가 되고, 알렉산더대왕의 정복을 받는데(BC 326~325년), 이 그리스인 세력을 일소하고, 인도 역사상 최초로 통일제국을 성립시킨 것은 마가다왕국에서 발생한 마우리아왕조이며, 아소카왕은 '달마[1]'에 따라 통치를 하고, 불교를 넓혔다. BC 1세기경부터 다시 서북쪽에서 여러 민족이 침입하는데, 이란계로 보이는 쿠샨족이 세운 나라가 쿠샨왕조이며, 카니시카왕은 불전을 모으고, 불교를 극진히 보호했다.

한편 기원 전후에 걸쳐 힌두교의 핵심이 되는 장편 서사시인 '라마야나' 와 '마하바라타', 그리고 '마누[2]법전'이 성립한다. 이 2개의 대서사시는 BC 수 세기에

---

1 dharma 達磨; 산스크리트어로 '다르마(धरम, dharma)'이며 '자연계의 법칙'이라는 뜻을 갖는데, 힌두교와 불교, 자이나교, 시크교 등 인도의 모든 종교에서 사용된다. 종교에 따라 다른 의미를 갖는데, 힌두교에서는 사회적·도덕적 의무, 또는 종교 그 자체를 가리킨다. 불교에서는 깨우친 사람들의 가르침을 뜻하는 '법(法)'이란 말로 사용되며, 보통 인간행위를 규정하는 규범 전체를 가리킨다. (네이버 지식백과)

2 마누(산스크리트어: मनु)는 인도신화에 나오는 대홍수 신화의 주인공이며 동시에 마누법전의 저자이다. (위키백과)

걸쳐 원형(原型)이 만들어지면서, 3~4세기에는 이미 완성된 것으로 알려지며, '마누법전'은 BC 200년부터 AD 200년에 걸쳐 만들어진 것으로 알려지고 있다.

4세기 초 찬드라·굽타 1세(재위 319~335년)가 나오고, 아들 빈두사라(재위 335~376년)와 함께 마우리아왕조 이래 강력한 통일정권이 된 굽타왕조를 열었으며, 그 굽타왕조 하에 오늘에 이르는 힌두교 질서가 확립되게 된다.

2. 힌두교

힌두교는 특정한 지도자에 의해 창시된 것이 아니다. '리그·베다(Rg-Veda)', '야주르·베다(Yajur-Veda)', '사마·베다(Sama-veda)', '아타르바·베다(Atharva-Veda)'라는 베다경전을 기반으로 발달한 바라몬교가 토착 민간종교를 흡수하여 크게 변모시킨 것이며, 넓은 의미로는 바라몬교를 포함한다.

그림 4-1 수리야

경전으로는 베다 이외의 2개의 대서사시, 그 일부인 '바가바드·기타', '프라나(古譚)(고담)', 그리고 '마누법전' 등 엄청난 수의 산스크리트어 문헌이 있다.

힌두교는 다신(多神)교이다. 태양신 수리야, 물의 신 바루나, 불의 신 아그니, 바람의 신 바유, 폭풍우 신 루드라, 강의 여신 강가, 영웅 신 인드라 등 실로 다채로우며, 모든 자연경관의 요소(나무, 언덕, 산비탈, 동굴, 샘, 호수....)에 신(神)이 머무는 것으로 여기고 있다.

가장 대중적으로 알려진 신(神)은 시바신과 비슈누신이며, 브라흐마를 추가하여 3신일체(三神一体)(트리무르티(trimurti))로 간주한다. 브라흐마는 우주를 창조하고, 비슈누는 그것을 유지하며, 시바는 파괴와 재생을 담당하고 있다.

비슈누는 락슈미(吉祥天)(길상천)를 왕비로 두고, 10개의 화신(化身)(아바타라)으로 알려져 있으며, 맛쓰야(물고기), 꾸르마(거북이), 와라하(돼지), 나라싱하(사자(獅子)인간), 와마나(난쟁이), 빠라슈라마, 라마, 끄르쉬나, 붓다, 깔끼가 그 10개의 화신이다.

또한 힌두교에서는 수많은 여신을 숭배하고 있다. 여신숭배는 고대부터 행

그림 4-2 비슈누

그림 4-3 시바와 파르바티

그림 4-4 시바의 가족

그림 4-5 칼리

그림 4-6 사라스바티

해지지만, AD 7세기 이후 특히 번창하게 된다. 시바의 첫 번째 왕비는 정녀(貞女)신 사티, 두 번째 왕비가 파르바티이다. 물소 마신(魔神)을 죽이는 두르가, 피를 좋아하는 칼리여신은 파르바티의 별명이며, 시바와 비슈누의 힘(샤크티)을 만든 것이 대모신(大母神) 마하데비인 것으로 알려져 있고, 그 외 비슈누의 왕비인 락슈미와 브라흐마의 왕비이자 예지(叡智)의 여신 사라스바티(변재천(辨才天)) 등 다채롭다.

또한 방위에 관한 수호신으로 인드리(제석천(帝釋天) : 동쪽), 야마(염마천(閻魔天) : 남쪽), 바루나(수천(水天) : 서쪽), 쿠베라(재보신(財寶神) : 북쪽), 아그니(화신(火神) : 동남쪽) 등이 있다. 또한 야크샤(야차(藥叉)[3]), 간다르바(건달파(乾闥婆)) 등의 반신반인(半神半人), 난디(소), 하누만(원숭이) 등의 동물, 셰샤[4](사왕(蛇王), 뱀) 등 셀 수 없을 만큼 많다.

힌두교는 비슈누파와 시바파로 크게 나눠진다. 다른 중요한 종파로 시바신의 왕비인 두르가 혹은 칼리를 숭배하는 샤크티(성력(性力))파 혹은 탄트라파가 있으며, 이슬람 신비주의(수피즘)의 영향을 받아 힌두교와 이슬람의 융합을 도모하고자 16세기에 성립한 것이 시크교이다.

힌두교도의 사회생활을 규정하는 법(달마)은 카스트제도를 기초로 하고 있다. 카스트는 포르투갈어의 카스(가문, 혈통)에서 유래하지만, 인도에서는 내부의 결혼제도에 기반을 두는 동일혈통의 집단을 자티(가문)라고 부르며, 바라몬(사제(司祭)), 크샤트리아(왕족, 귀족), 바이샤(서민·농목상(農牧商)), 수드라(노예)의 4성(姓)을 바르나라고 부르는데, 바르나는 본래 '색(色)'을 의미한다. 4개의 바르나의 범위 밖에 두는 것이 불가촉민(不可觸民)(지정(指定) 카스트)이며, 이 자티·바르나제도 하에서 결혼, 공식의례(共食儀禮), 직업 등에 다양한 제약과 규칙이 만들어져 있다.

또한 힌두교도의 생활은 실로 많은 의례(儀禮)에 따라 규제되고 있으며, 일생에

---

3 인도의 베다에 나오는 신적 존재로 야차(夜叉)라고도 쓴다.

4 원본의 シェーシャ

40개 이상의 통과의례(儀禮)가 있다. 매일 아침 강이나 연못에서 목욕하고 신상(神像)에 예배한 후 식사를 하며 깨끗하게 청소한 출입구에 얀트라도형을 그리는 등 일상생활도 다양한 의례(儀禮)행위로 이뤄지기 때문에, 그러한 의례(儀禮)행위의 장소로서 힌두교 사원을 비롯한 공간이 만들어진다.

3. 신(神)들의 도상(圖像)

힌두교 건축, 그리고 공간을 체험하기 위해서는 그 신(神)들의 세계를 그릴 필요가 있다. 힌두교 신(神)들은 불교 속에도 들어가 있어 일본인에게도 친밀한 것이 적지 않은데, 동물 등 도상(圖像)은 이해하기 쉽기 때문에 먼저 힌두신(神)들을 구별하는 특징을 아는 것이 필요하다.

그림 4-7 춤추는 시바

단서가 되는 것은 신상(神像)의 소지품, 옷, 타고 있는 물건이며, 또한 신(神)들의 관계(가족, 화신(化身))이다. 신상(神像)은 보통 4개의 손을 가지고, 각각 고유의 소지품을 쥐고 있으며, 독특한 의상, 머리 장식, 목걸이를 하고 있다. 그리고 신(神)들은 고유한 타는 물건(바하나)으로 특정 동물과 연관되고 있다. 아래에서 자세히 살펴본다.

그림 4-8 링가

시바는 나체에 호랑이 옷을 입고, 목에 염주와 뱀을 감은 모습으로 그려지는데, 이마에 제3의 눈을 가진 것이 특징이다. 손에 세 갈래의 창(삼차극(三叉戟))과 작은 북, 작은 항아리를 가지고 있으며, 최대의 심볼은 남근(男根) 모양의 링가이다. 타고 다니는 동물은 난디(소)이며, 삼차극(三叉戟), 난디, 링가가 있으면 시바이다. 또한 시바는 종종 왕비 파르바티, 아들인 가네샤(코끼리 얼굴의 신(神)), 사건타(위태천(偉駄天))를 더하여 시바가족으로 그려지는 경우가 많다. 부

그림 4-9 가네샤

(富)와 번영, 지혜와 학문의 신 가네샤는 코끼리 얼굴을 하고 있으며, 가네샤가 타고 다니는 동물은 쥐, 전쟁의 신 사건타가 타고 다니는 동물은 수탉이다. 시바는 춤추는 왕으로도 부르고, '춤추는 시바'상은 인기가 있다.

비슈누는 5개 내지 7개의 머리를 가진 나가(뱀) 우산을 머리 위에 쓰고, 아난타(영원이라는 뜻) 용왕(龍王)의 위에 보통 반가상(半跏像) 형태로 걸터앉는다. 4개의 팔은 원륜(圓輪) 차크라, 곤봉(棍棒), 소라고둥, 연꽃을 가지고 있는데, 타고 다니는 동물은 가루다(금시조)(金翅鳥)이며, 앞에서 말했듯이 물고기, 거북이, 멧돼지, 사자(獅子)인간은 비슈누의 화신(化身)이다. 비슈누의 왕비 락슈미(길상천)(吉祥天)는 부(富)와 행운의 여신으로 물에 떠있는 연꽃 위에서 손에 연꽃을 들고 있으며, 부(富)의 상징으로 동전과 지폐, 보석이 그려지는 경우가 많고, 타고 다니는 동물은 코끼리이다.

브라흐마(범천)(梵天)은 4 베다를 나타내는 네 개의 얼굴로 그려진다. 네 개의 팔에는 염주, 경전 베다, 물병, 숟가락을 가지고 있으며, 타고 다니는 동물은 함사(거위, 백조)이다. 브라흐마의 왕비 사라스바티(변재천)(辨才天)은 학문과 기예의 신이며, 한 쌍의 팔에 염주(念珠)와 베다(야자문서)(椰子)를 들고, 한 쌍의 팔로는 비나(비파)를 연주한다. 타고 다니는 동물은 공작이며, 물의 신이기 때문에 뒤에 강이 그려지는 경우가 많다.

시바의 왕비 파르바티는 다양한 이름을 가지고 성격을 바꾸는데, 무기를 잡고 싸우는 여신이 되면 그 이름은 두르가와 칼리가 된다. 두르가여신은 10개의 팔에 다양한 무기를 가지고 살육(殺戮)을 벌이는 장면으로 그려지며, 타고 다니는 동물은 호랑이 또는 사자이다. 칼리여신은 더 무섭게 살아있는 머리 등을 들고 있는 모습으로 그려지는 경우가 많다.

그 외에 우리가 잘 아는 것은 손오공의 모델이 되었다고도 하는 원숭이 신 하누만이다. 신(神)들이 타고 다니는 동물에 주목하는 것이 '라마야나', '마하바라타'의 세계와 함께 힌두건축의 세계로 이르는 지름길이다.

그림 4-10 힌두신(神)들의 그림(왼쪽 상단부터) 비슈누의 화신(化身) **맛쓰야**, **꾸르마**, **와라하**/**비슈누**의 화신(化身) **나라싱하**(사자인간) / **비슈누**의 화신(化身) **라마**와 **끄르쉬나**, (중간 왼쪽부터) **인드라**/**아그니**, (아래 왼쪽부터) **브라흐마**/**하누만**/**브라흐마**

02 힌두건축

1. 힌두사원

힌두사회의 중심에 있는 것이 힌두사원이다. 사원은 신에게 예배를 드리는 장소로 다양한 의례(儀禮)가 열리고, 교육의 장이며, 예술활동(무용, 조각)의 장소이다. 힌두교도에게는 삶의 전부인 장소이기 때문에 실제로 사원에서의 활동을 중심으로 마을의 경제도 이루어져 왔다. 힌두의 우주관과 도성(都城)에 대해서는 5장에서 다루겠지만, 우주(宇宙) 그리고 도시의 중심에 놓인 것이 바로 힌두사원이다.

먼저 힌두사원은 신(神)의 자리 또는 단(壇)(프라사다), 신의 집(데바·그리함[1])이다. 신(神)의 형상과 그 상징이 그 안에 자리하며, 신(神)들은 신(神)의 형상에 잠시 머무는 것을 통해 나타나는 것으로 간주된다. 그리고 사람들에게 힌두사원은 예배라는 행위를 통해 신(神)과의 합일을 체험하는 자리 즉, 사원은 예배장소이며, 신(神)과의 교류를 위한 제사장소이다. 제사를 맡는 사제(司祭)가 바라몬인데, 바라몬은 지역사회의 대표로 신(神)과 인간세계를 중개하는 역할을 하고, 평소 제례(祭禮)를 행하면서 집단제례(祭禮)도 담당하며, 매년 정기적 제사로 산거(山車)[2](라타[3])를 사용하는 순행(巡行)축제도 있다. 제사의 경우 오른쪽 방향(시계방향)으로 신상(神像)과 사원의 주위를 탑돌이(프라다크쉬나[4]) 하며, 사원이 위치한 장소와 사원의 형식은 이러한 제사형식에 크게 영향을 미친다.

힌두사원은 '신(神)의 집'으로 우주와 같은 모양을 한 것으로 보인다. 힌두세계의 중심, 그 우주의 중심에 있는 것은 메루산[5]이며, 또한 시바신(神)이 살고 있는 천상(天上)의 거처는 티베트 서부 카이라사산의 꼭대기로 알려져 있다. 힌두사원은 종종 아주 높은 산(기리[6])에 비유되며, 그 형태는 산봉우리, 산 정상(시카라)을 상징한다. 힌두사원은 거룩한 동굴에 비유되기도 한다. 동굴은 자궁(子宮)이며, 신(神)이 머무는 곳이기 때문에 그러한 공간으로 힌두사원이 만들어져 왔다.

---

1 원본의 デヴァ·グリハム
2 제례(祭禮) 때에 수레 위에 산·바위·인물 같은 것을 꾸며서 끌던 수레. (네이버)
3 원본의 ラタ
4 원본의 回繞 プラダクシナー, 원어로는 Pradakshina, 영어로는 circumambulation, 한국에서는 요도(繞道)라고 부르기도 한다.
5 고대 인도의 우주관에서 세계의 중심에 있다는 상상의 산으로 수미산(須彌山)이라고 부른다. 수미·소미루(蘇迷漏) 등은 산스크리트의 수메루(Sumeru)의 음사(音寫)이며, 약해서 '메루'라고도 하는데, 미루(彌樓·彌漏) 등으로 음사하고 묘고(妙高)·묘광(妙光) 등으로 의역한다. (네이버 두산백과)
6 원본의 ギリ

2. 마나사라의 세계

인도에는 고대부터 건축기술에 대한 매뉴얼이 있다. '실파·샤스트라(Śilpa Śāstra)'라고 불리며, '여러 기예의 책'이라는 뜻으로 도시계획, 건축, 조각, 회화 등을 다룬 산스크리트어 문서를 말한다. 가장 완전한 것은 '마나사라(Mānasāra)'이며, 그 외에 '마야마타(Mayamata)', '카샤파(Kāśyapa)' 등이 있다. '마야마타'의 저자는 마야로서 천문학 서적 '수리야·싯단타(Surya Siddhanta)'의 편저자로 간주되고 있으며, 내용은 '마나사라'와 큰 차이가 없다.

'마나(māna)'는 '치수'를 뜻하고 '사라(sāra)'는 '기준'을 의미하기 때문에 '마나사라' 란 '치수의 기준'이라는 의미인데, 마나사라가 저자의 이름이라고 하는 설(說)도 있다. 또한 '실파'는 '기예', '샤스트라'는 '과학'을 의미한다. '바스투(Vāstu)'란 '건축'을 의미하기 때문에 '바스투·샤스트라'는 '건축의 과학'이라는 뜻이며, 따라서 원래는 '마나사라·바스투·샤스트라'라고 불린다.

'마나사라'는 산스크리트어로 쓰여 있지만, 그 내용은 P. K. 아차리아(Acharya)에 의한 영어 번역 및 도식화(1934년)에 의해 널리 알려졌다.

전체 70장으로 구성되는데, 먼저 1장에서 세계의 창조주 브라흐마에 대한 기도(祈禱)와 함께 전체 내용이 간단히 언급되고, 건축가의 자격과 치수체계(2장), 건축의 분류 (3장), 부지선정 (4장), 토양검사 (5장), 방위봉(方位棒) 건립 (6장), 부지계획 (7장), 공희(供犧)·공물(供物)(8장)로 이어진다. 9장은 마을, 10장 도시와 성채(城砦), 11장에서 17장까지는 건축의 각 부분, 18장부터 30장까지는 1층에서 12층까지의 건축이 순차적으로 취급된다. 31장 궁궐에서 시작하여 이하 42장까지 건축 유형별 서술이 이어지고, 43장은 수레(車), 특히 가구(家具), 신상(神像)의 치수에 이르기까지 서술이 이어지고 있다. 매우 종합적이고 체계적인 책으로 출판연대에 대해서는 여러 설(說)이 있지만, 아차리아에 의하면 6세기부터 7세기에 걸쳐 남인도에서 쓰인 것으로 알려져 있고, 흥미로운 것은 BC 1세기 로마시대 비트루비우스의 저서인 '건축 십서(十書)'의 구성과 매우 비슷하다는 점이다.

3. 힌두건축의 기법

먼저 치수체계를 보면 제2장은 건축가의 자격, 계층(건축가, 설계제도사, 화가, 도편수 및 소목장)을 설명한 후, 치수체계를 기술한다. 8진법이 사용되며 인지(認知)가능한 최소의 단위는 파라마누(paramānu)(원자(原子)), 그 8배는 라타두리(rathadhūli)(먼지[7], 분자(分子)), 그 8배가 바라그라(vālāgra)(머리카락), 나아가 릭샤(likshā)(곤충[8]의 알), 유카(yuka)(곤충), 야바(yava)(큰 보리쌀), 앙그라(angula)(손가락 폭)가

7 원본의 車塵
8 원본의 シラミ

된다. 이 앙그라에는 대, 중, 소가 있으며, 8야바, 7야바, 6야바의 3종이 있다.

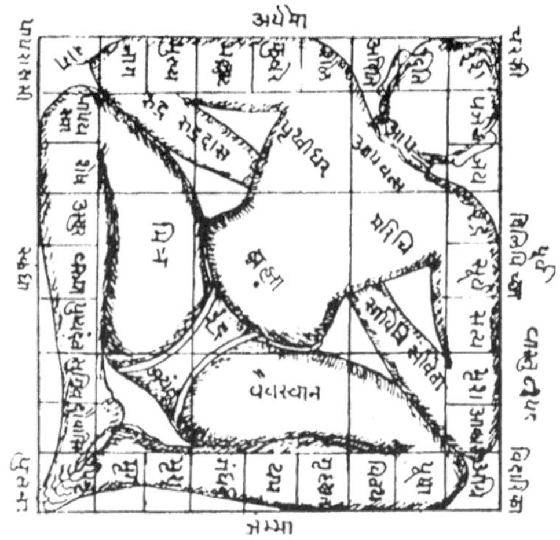

그림 4-11 푸루샤(원시인간)·만다라

건축에서는 이 앙그라가 단위로 이용되지만, 그 12배는 비타스티[9](스팬[10] : 엄지손가락과 새끼손가락 사이)가 된다. 계속해서 그 2배를 키슈크[11], 거기에 1앙그라를 더한 것을 파라자파차[12], 즉 팔꿈치 길이(큐빗[13])로 사용한다. 24앙그라 또는 25앙그라가 큐빗이 되지만 26, 27앙그라도 있어 복잡하다. 26앙그라를 '다눌·무슈티[14]'라고 부르며, 그 4배는 단다[15]가 되고, 그 8배가 라쥬[16]가 된다. 키슈크는 일반적으로 널리 사용되지만 주로 수레, 파라자파차는 주거(住居), 다눌·무슈티는 사원 등의 대형 건축물에 사용되며, 또한 거리에 이용되는 것이 단다이다.

배치계획은 9장(마을), 10장(도시, 성채(城砦)), 32장(사원(寺院)·가람(伽藍)), 36장(주택), 40장(궁궐)에서 기술되고 있으며, 만다라의 배치를 이용하는 것이 일반적이다. 그 만다라의 패턴을 설명하는 곳은 7장인데, 정방형을 순차적으로 분할해 나가는 패턴이 거기에서 구별되고 명명되고 있다. 즉, 사카라[17](1×1=1), 페챠카[18](2×2=4분할), 챤라칸타[19](32×32=1024분할)의 32종류이고, 원(圓)과 정삼각형의 분할도 마찬가지이다.

그리고 이 분할패턴에 소(小)우주로서의 인체, 그리고 신(神)들의 배치로서의 우주가 겹쳐지며, 그 신체로부터 우주와 4성(姓)(인간)이 만든 원시인간 푸루샤에 적용시킨 것을 바스투·푸루샤·만다라라고 부른다. 가장 일반적으로 사용되는 것은 파

9 원본의 ヴィタスティ
10 원본의 スパン
11 원본의 キシュク
12 원본의 パラージャーパチャ
13 큐빗(cubit)은 고대 서양 및 근동(近東)지방에서 쓰이던 길이의 단위이다. 팔꿈치에서 가운데 손가락 끝까지의 길이에 해당하며, 시대와 지역에 따라 그 길이는 조금씩 달랐다. 고대 이집트에서는 523.5mm, 고대 로마에서는 444.5mm, 고대 페르시아에서는 500mm를 1큐빗으로 사용했다.(위키백과)
14 원본의 ダーヌール·ムシュティ
15 원본의 ダンダ
16 원본의 ラジュ
17 원본의 サカラ
18 원본의 ペチャカ
19 원본의 チャン ラカーンタ

라마샤인[20](9×9=81분할) 또는 만두카[21](8×8=64분할)이다.

마을계획, 도시계획에 대해서는 각각 8가지 유형으로 구별되며, 마을에 대해서는 단다카(Dandaka), 사르바토바드라(Sarvatobhadra), 난디야바르타(Nandyāvarta), 파드마카(Padmaka), 스바스티카(Svastika), 프라스타라(Prastara), 카루무카(Kārmuka), 차투르무크하(Chaturmukha)의 8가지가 있다.

건축설계에 대해서는 우선 전체의 규모, 형식을 결정하고, 이를 바탕으로 세부 비례관계를 결정하는 방법이 소개되어 있으며, 일반 건축물에 대해서는 1층부터 12층까지, 각각 대, 중, 소, 전부 합하여 36종류로 나누어져 있다. 그리고 건물의 폭에 대해 높이를 어떻게 할 것인가에 대해서는 1 : 1, I : 1.25, 1 : 1.5, 1 : L.75, 1 : 2 와 같이 5가지 비례가 제시되어 있다.

4. 힌두사원의 유형

이상과 같이 힌두건축의 양식에는 건축 종류마다, 또한 규모마다 몇 가지 유형이 있다. 또한 마나사라에는 건축양식에 대해 나가라식(Nāgata), 드라비다식(Drāvida), 베사라식(Vesara)과 같이 3가지 구분이 많이 나오는데, 나가라는 도시를 의미하고, 드라비다는 민족의 이름, 베사라는 동물인 노새(수컷 당나귀와 암컷 말 사이의 잡종)를 말한다. P.K.아차리아의 번역과 해설에 따르면 8층 건물의 꼭대기(26장), 산거(山車)(43장), 링가(52장)의 모양에 대하여 나가라는 4각형, 드라비다는 8각형 또는 6각형, 베사라는 원형(圓)이라고 하며, 나가라는 북방, 드라비다는 남방, 베사라는 동방이라고 서술하는, 즉 지역유형으로 설명한다.

퍼거슨은 힌두의 건축양식을 크게 지역으로 구분하여 북방을 인도·아리아양식, 남방을 드라비다양식, 그 중간을 왕조의 이름을 딴 찰루키아양식이라고 불렀으며, E. B. 하벨(Havell)은 그 지역구분을 마나사라에서 말하는 3가지 구분으로 나누어 각각 나가라식(북인도양식), 드라비다식(남인도양식), 베사라식(혼합양식)이라고 불렀다. 용어는 다소 혼란스럽지만, 어느 쪽이든 북부(히말라야의 산기슭부터 데칸고원의 북단), 중부(데칸고원), 남부(타밀나두주, 카르나타카주)라고 하는 지역유형이 일반적으로 인정되고 있으며, 또한 서부의 구자라트, 동부의 오리사[22] 등에서 특별히 더 지역적인 변화가 보인다.

북방형과 남방형의 알기 쉬운 구분은 상부구조의 차이인데, 북방형을 특징짓는 것은 시카라(sikhara)라고 불리는 포탄(옥수수) 모양의 정상부이다. 남방형의 경우, 기단 위에 기둥과 보의 모양으로 구조체가 짜여지고 그 위에 상부가 놓이는데, 위

20 원본의 パラマシャーイン
21 원본의 マンドゥーカ
22 현재는 오디샤주(영어: Odisha, 오리야어: ଓଡ଼ିଶା)라는 이름으로 불리고 있으며, 과거에 오리사주(Orissa)라는 이름으로 불렸다. (역자 주)

로 갈수록 작아지는 테라스가 중첩되어 다층의 지붕 형태가 된다. 많은 실파·샤스트라에서는 전자를 프라사다[23], 후자를 비마나(vimāna)라고 불러 구별하고 있는데, 시카라는 북방에서는 상부 구조 전체를 가리키지만, 남방에서는 고탑(高塔) 전체를 비마나라고 부르기도 하며, 시카라식, 비마나식으로 나누어 구분하기도 한다.

북방형과 남방형의 차이는 평면이나 장식, 성상(聖像)의 배열에서도 보인다. 북방식 사원은 가르바·그리하(garbha-griha)(글자의 의미로는 '자궁실(子宮室)', 사원의 내진(內陣))라고 불리는 성소(聖所)와 그 앞에 놓인 만다파(mandapa)[홀, 기둥으로 지지된 전전(前殿)]라고 불리는 예배당으로 구성된다. 전자에는 포탄형, 후자에는 피라미드(사각뿔) 형태의 지붕이 설치되는 것이 일반적이며, 남방형을 특징짓는 것은 고푸람(gopuram)[24]이라고 불리는 누문(樓門)이다. 사당(祠堂)보다 훨씬 높고, 단면이 사다리꼴 또는 사각뿔 모양의 대(臺)에 마차포장형(웨건·볼트[25])의 지붕이 우뚝 솟아

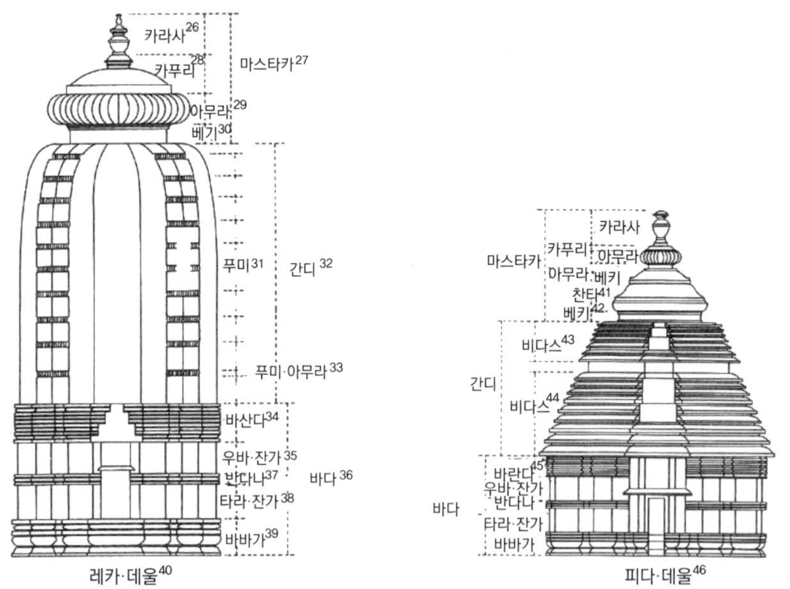

그림 4-12 사원 내부의 명칭

있으며, 남방형의 사원은 2중, 3중의 장벽으로 둘러싸는 대가람(大伽藍) 배치를 취하는 것이 특징이다. 그리고 사원을 둘러싼 장벽의 동서남북 중앙에 사각형 모양의 고푸람을 세우는데, 이 문(門)이 있으면 인도 이외의 지역이더라도 남인도로부터 힌두교가

23 원본의 プラサーダ

24 원본에는 고푸라 gopura로 표기되어 있으나 우리나라 국어사전의 표기에는 고푸람 gopuram이 표준어이므로 고푸람으로 용어를 통일했다. (역자 주)

25 원본의 ワゴン·ヴォールト로서 배럴·볼트 Barrel vault의 다른 이름이다.

전해진 것이라 추측할 수 있다.

베사라는 위에서 말한 것들의 중간형이라 일컬어지지만, 엄밀하게는 지역에 따라 그리고 각 왕조(王朝)에 따라 다르다. 지역적 양식은 각 왕조(王朝)의 양식과 거의 일치하기 때문에 굽타왕조(王朝) 양식, 찰루키아양식, 챤드라양식, 팔라바양식, 촐라양식 등 왕조(王朝) 이름에서 딴 양식구분도 볼 수 있으며, 다음 절에서 구체적으로 살펴본다.

---

26 원본의 カラーサ
27 원본의 マスタカ
28 원본의 カプリ
29 원본의 アムラ
30 원본의 ベギ
31 원본의 ブーミ
32 원본의 ガンディ
33 원본의 ブーミ·アムラ
34 원본의 バサンダ
35 원본의 ウバー・ジャンガ
36 원본의 バーダ
37 원본의 バンダーナー
38 원본의 タラジャンガー
39 원본의 バハガ
40 원본의 レカー・デウル
41 원본의 チャンタ
42 원본의 ベキ
43 원본의 ビダース
44 원본의 ビダース
45 원본의 バランダ
46 원본의 ピダー・デウル

column 1

바라나시의 가트

그림 4-13 가트 원경(遠景)

그림 4-14 가트의 사람들

가트(Ghat)는 계단모양의 형태를 총칭하는 용어로 동서 양쪽에 있는 가트산맥의 이름도 여기에서 유래한다.

인도의 주요 하천이나 연못, 호수의 물가에는 그 일부 또는 전역에 걸쳐서 반드시라고 해도 좋을 만큼 가트가 건설된다. 기능적으로 말하자면 가트는 호안(護岸)과 친수(親水)시설이지만, 원래부터 물가는 인도뿐만이 아니라 세계적으로 인간생활에 빼놓을 수 없는 장소이며, 계단은 수위에 관계없이 수면으로 접근할 수 있도록 만들어진 형태인데, 인도만큼 수변(水邊)을 건축화하는 것에 집착하는 지역은 세계적으로도 유례가 없다. 그 형태 또한 물가를 따라 만든 단일 계단에서부터 여러 층의 계단과 테라스, 문, 사원, 궁전을 동반하는 복잡한 대규모의 콤플렉스까지 다양하기 때문에 일본에서 최근 사용되는 '친수(親水)'개념으로는 이것을 설명하기 어려우며, 가트가 건설되는 배경에는 수변(水邊)이 힌두교에서 매우 중요한 종교적 의미를 갖기 때문이다.

힌두교에서는 성지(聖地)를 띠르타(tirtha)라고 부르며, 이 말은 본래 산스크리트어로 '물가' 혹은 '나루터'를 의미한다. 여기에서 단적으로 나타나듯이 힌두교는 물과 관련된 장소(특히 강)를 신성시한다. 그 이유는 우선 물 자체가 성(聖)스러운 힘을 갖는다는 관념이 있기 때문으로, 물을 물리적 오염뿐만 아니라 죄와 더러움도 정화하는 힘으로 보는 것이다. 그 직접적 이용법인 목욕 또는 강물과 냇물로 몸을 씻는 것은 힌두교에서 가장 중요한 의례(儀禮) 중 하나이며, 둘째 힌두교에서 특히 중요한 것은 '물가'가 '죽음'과 깊은 관련을 갖는다는 점이다. 남부 아시아에서 가장 널리 행해지고 있는 장례방식은 화장이지만, 이것은 남은 유골을 강에 흘려보내는 수장(水葬)의례(儀禮)를 수반한다. 그 유골은 강을 따라 내려가 결국은 시바가 사는 히말라야의 품에 다다른다고 보기 때문에, 즉 '물가', '강가'는 죽은 자가 다른 세계로 향하는 출발점이며, 그런 의미에서 신성한 장소인 것이다. 따라서 가트는 신성한 물에 접하는 장소로 가장 원초적인 형태를 나타내는 것이며, 말하자면 물을 신(神)의 몸으로 여기는 배전(拜殿)이라고 불러야 할 종교건축인 것이다.

현재 건축적으로도, 그리고 활용상황으로도 가장 매력적이며 동시에 장엄하고 화려한 가트들이 보이는 것은 힌두의 성도(聖都) 바라나시(Vārānasi)이다. 시가지는 인도에서 가장 두텁게 숭배하는 갠지스강 서안(西岸)에 펼쳐져 있고, 강가에는 6km에 걸친 수많은 가트를 따라 장례가 치러지고 있다. 인도 각지의 마하라자[1]가 건설한 궁전을 배경으로 크고 작은 사원과 사당(祠堂)으로 장식된 가트는 매일 아침 성스러운 방향인 동쪽에서 떠오르는 태양을 경배하면서 목욕을 하는 사람들로 북적이는데, 그

---

1 마하라자(산스크리트어: महाराजा)는 인도문화권에서 대왕의 의미로 사용되는 군주칭호이다. 인도문화권에 속하는 여러 왕국에서 라자와 함께 국왕의 칭호로 사용되었으며 오늘날 태국에서는 마하라자의 태국어 표현인 마하랏(태국어: มหาราชา)을 군주칭호로 사용하고 있다. (위키백과)

모습은 마치 성스러운 갠지스강을 감상하는 거대한 원형(圓形)극장이며, 건너편에서 떠오르는 태양에게 기도를 올리는 태양숭배의 사원이라 할 수 있다. 또한 바라나시에는 인도에서 가장 훌륭한 화장(火葬)가트인 마니카르니카·가트(Manikarnikā-Ghat)가 있어서 인도 각지에서 옮겨져 온 시신(屍身)을 화장(火葬)하는 연기가 하루 종일 끊이지 않는데, 여기에서 화장(火葬)을 하고 남은 재를 갠지스강에 흘려보내면 반드시 윤회전생(輪廻轉生)으로부터 해방되어 해탈(解脫)한다고 믿기 때문이다. 가트 주변에는 생전(生前)부터 여기에서 죽고 싶은 사람들이 머무는 '죽음을 기다리는 사람의 집'이 여럿 있고, 그 일대에는 화장용 섶나무가 쌓여 있어 농밀(濃密)한 죽음의 공간이 형성되고 있다. 바라나시에서 가트가 늘어서 있는 서쪽 물가는 산 자의 공간이고, 동쪽 물가는 죽은 자의 공간으로 인식되어 동쪽의 물가에는 가트가 없다.

하지만 가트의 중요성은 종교적 측면뿐만이 아니며, 가트는 취사, 세탁, 목욕, 휴식 등 사람들의 삶의 무대이기도 한데, 이것은 화장(火葬)가트에서조차 예외가 아니다. 일상생활과 사후세계와의 접촉이 혼연(渾然)히 하나가 되는 장소에서 이루어진다는 힌두의 공간적 특징을 가트의 광경에서 명확하게 볼 수 있는 것이다.

그림 4-15 사원과 **가트**

03 가장 초기의 힌두사원

– 북방형 사원의 성립 –

1. 굽타왕조

다양한 부조(浮彫)에 그려진 건물을 보면 목조이며, 이후 석굴(石窟)사원과 석조(石彫)사원이 목조를 모방하고 있기 때문에 힌두건축 또한 원래는 목조건축이었음을 알 수 있다. 오래된 사례는 남아 있지 않지만, 석조(石彫)[1]사원은 4세기의 굽타왕조 때 성립된 것으로 생각된다.

쿠샨왕조 멸망 후, 북부 인도는 분열상태에 있었지만, 얼마 되지 않아 마가다지방의 지배자였던 찬드라굽타 1세가 세력을 얻어 갠지스강 중앙유역의 패권을 쥐게 되는데, 그는 마우리아왕조와 마찬가지로 파탈리푸트라(현재의 파드나)에 도읍을 정하고, 320년에 굽타왕조를 열었다. 그의 아들 산드라굽타(재위 335~376년)부터 찬드라굽타 2세(재위 376~414년)의 통치 아래 굽타왕조는 최고 전성기를 맞이하여 동쪽의 벵골만에서 서쪽의 아라비아해에 이르기까지 인도 북부일대를 지배하는 광대한 제국을 이루었다. 그 번영 아래에서 힌두교가 번성하고, 특히 비슈누와 시바, 2신(神)에 대한 숭배가 활발해졌으며, 굽타왕조의 많은 왕들은 비슈누의 신봉자로 '비슈누·프라나' 나 '바가바드·기타' 등 비슈누 신앙을 지탱하는 경전과 서사시가 편찬되고, 왕조의 문장(紋章)에는 비슈누신(神)이 타고 다니는 동물인 가루다(금시조(金翅鳥))가 사용되었다. 힌두신(神)들의 성상(聖像) 조각은 쿠샨왕조 후기에 나타나지만, 이 시대에 본격적으로 만들어진다.

2. 티고와, 데오가르, 우다이푸르

5세기 초 마디아·프라데시주 티고와(Tigowa)[2]의 칸칼리·데비(Kankali Devi)사원은 초기 힌두사원의 원형(原型)을 잘 전하고 있다. 가공한 돌을 쌓아 만든 아름다운 외관으로 평평한 지붕을 한 정사각형의 성소(聖所)인 가르바·그리하와 열주(列柱)가 서있는 포치가 몇 개의 간소한 기단 위에 세워져 있고 연속된 처마의 몰딩[3]에 의해 일체화되어 있는데, 이 형식은 산치의 제17불당과 매우 비슷하여 이 사원형식이 종교의 차이를 넘어 널리 이용되고 있었다는 것을 알 수 있다. 산치의 기둥이 분명히 마우리아왕조의

---

1 원본에는 石造로 되어 있지만 石彫의 오타로 판단했다.
2 티가와 Tigawa 또는 티그완 Tigwan 으로 부르기도 한다. (위키피디아)
3 원본의 刳形(くりかた)

양식인 반면 티고와에서는 항아리 잎 모양 장식[4]의 주두(柱頭)가 채용되고 있다. 401년이라는 각문(刻文)이 새겨진 가장 오래된 힌두유적인 중인도의 우다야기리의 석굴사원에도 주두(柱頭) 의장은 항아리 잎 모양 장식이며, 이들은 새로운 양식의 출현을 보여주고 있다.

그림 4-16 다샤바타라사원, 데오가르

5세기 후반이 되면 인도의 사원건축에서 기본적인 특성이 명확하게 드러난다. 그 특성은 ① 벽면의 분절, 벽면 중앙부의 돌출과 장식 문, ② 성상(聖像)을 새겨 넣은 돌출부에 의한 초석부분의 장식화, 둥근 대좌 위에 둥근 고리모양의 돌출부가 있고, 그 위를 주름 모양의 장식이 감싸고 있는 상단부 ③ 상부구조(시카라) 건립 ④ 순회(巡回)하는 요도(繞道)의 표현이다.

그림 4-17 비슈누사원, 비타르가온

우다이푸르(Udayapur) 초기의 사당(祠堂)에서는 벽면이 수직으로 3분할되어 중앙의 구획이 돌출하고, 마름모꼴 무늬가 조각된 돌출부의 띠가 벽면을 수평으로 2분할하고 있다. 벽 아래에는 장식적인 기단부가 있으며, 상부에는 돌출된 처마주름을 돌리고 그 위에 한 층의 지붕판을 추가하여 상부구조 발전의 단초를 보여주고 있다.

6세기 초 데오가르(Deogarh)의 다샤바타라(Dashavatara)사원은 이 시기의 가장 발전된 단계의 것이다. 넓은 기단 위에 건립되었으며, 이후 힌두건축에서 일반화된 오당(堂) 형식(판차·야타나[5])을 채택하고 있다. 상부구조는 많이 손상되어 있지만 벽면의 중앙구획에 대응하여 돌출시킨 피라미드모양의 지붕이 실려 있다.

데오가르의 넓은 기단에는 요도(繞道)가 놓이는데, 성소(聖所)를 도는 지붕 부착 방식 요도(繞道)형식의 발달을 잘 보여주는 예로는 부마라[6]의 시바사원과 나츄나(Nachna)[7]의 파르바티사원을 들 수 있다. 나츄나에서는 시바신(神)이 사는 카이라사산을 표현했다고 생

4 원본의 壺葉飾り
5 원본의 パンチャ・ヤタナ
6 원본의 ブマラ
7 원본의 ナーチュナー

각되는 루스티카[8] 풍석을 쌓은 기단 위에 정방형의 성소(聖所)가 세워져 있다.

성소(聖所)공간의 상부가 고층화되면서 시카라가 건설되기 시작했다. 5세기 비타르가온의 비슈누사원은 이 시대에 지어진 건물 중 현존하는 유일한 벽돌조 건축물이다. 높은 기단 위에 세워져 3부분으로 나눠진 성소(聖所)는 붙임기둥으로 나눠지며, 비슈누신과 시바신의 신상(神像)을 모방한 테라코타 패널이 주요한 구획에 삽입되어 있다. 시카라는 위로 올라갈수록 가늘어지는 형태로 반원형 장식의 열(列)이나 돌출에 의한 층 모양의 구성을 하고 있으며, 데오가르사원과 마찬가지로 중앙구획의 돌출이 상부까지 연속되어 수직성이 강하게 강조되고 있다. 성소(聖所)와 입구홀이 함께 지탱되는 볼트(vault)구조인데 반해 이들을 연결하는 통로부분은 힌두건축에서는 매우 이례적으로 아치(arch)가 이용되고 있다.

---

8 루스티카(Rustication, Rustica); 서양의 석조건축에서 외벽 화장법의 일종으로 돌에 요철을 만들고 견고함과 위용을 표현하는 기법. (네이버 지식백과) 러스티카라고 부르기도 한다. (역자 주)

04 석굴(石窟)사원과 석조(石彫)사원

1. 석굴사원

인도의 석굴사원은 BC 3세기 마우리아왕조의 아소카왕이 아지비카[1]교(불교에서는 '사(邪)'라고 부른다)에 바친 비하르주, 가야 북방의 바라바르언덕의 석굴에서 시작한다. BC 2세기 말부터는 인도 서부를 중심으로 불교 석굴의 개굴(開窟)이 활발해지고, 아잔타, 바쟈, 카를라(karla)[2], 나시크 등의 전기(前期) 불교굴(窟)이 열렸다. 5세기가 되면 후기 불교굴(窟)의 개굴(開窟)에 영향을 받아 힌두굴(窟)이 열리게 되며, 우다야기리에 최초의 힌두굴(窟)이 열린다. 6세기 중기부터 후기에는 데칸지방 북서부의 조게슈와리와 바다미, 엘레판타섬 등에서 개굴(開窟)되고, 엘

그림 4-18 엘로라 제29굴

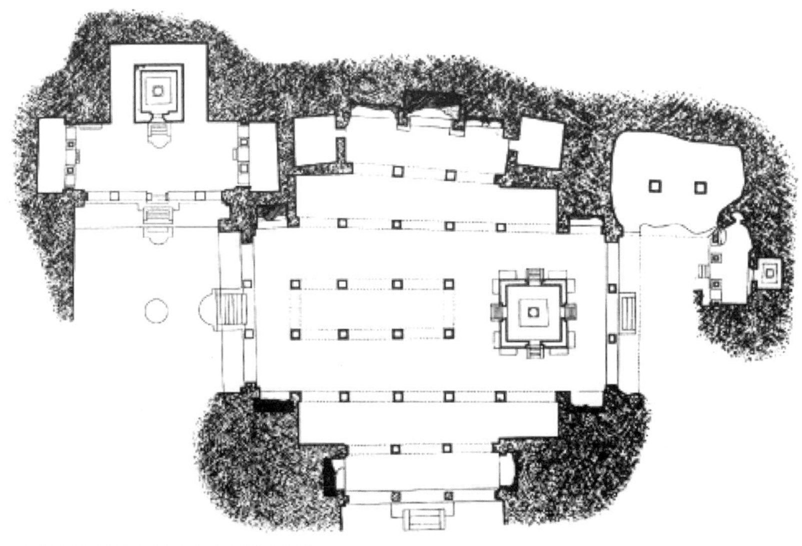

그림 4-19 시바사원(평면도), 엘레판타섬

1 아지비카, 사명외도(邪命外道): 고대 인도종교의 이단적인 종파의 하나이다. 기원전 5세기에 창시되고, 인간은 84,000회 환생하며, 마침내는 미리 운명지어진 정신적 해방을 얻게 된다고 설교한다. (네이버 사전)

2 Karli라고 부르기도 한다. (위키백과)

로라에서는 힌두굴을 따라 불교굴과 자이나교굴도 전개된다. 또한 인도 남동부 특히 마하발리푸람에서도 새로운 석굴이 열렸다.

그림 4-20 카일라사사원(**엘로라** 제16굴)

힌두굴은 불교의 비하라[3]굴(窟)에서 발전했다고 알려져 있지만, 힌두교도가 수도(修道)적 생활을 할 필요가 없는 것을 자각하게 되면서 승방(僧坊)이 홀을 둘러싸는 집중적 형식은 변화하게 된다. 6세기 중반에 시작하는 전기(前期) 찰루키아왕조의 수도(首都)가 조성된 바다미의 제1~3굴은 내부 홀과 전면(前面)의 주랑형(柱廊型) 베란다로 구성되어 있으며, 안쪽 암벽에 시바 또는 비슈누 신상(神像)을 모신 요도(繞道)가 없는 성소(聖所)가 굴착되어 있다. 불교굴(窟)에서는 홀의 양측 면에 설치되어 있던 승방(僧坊)이 없어지고, 부조(浮彫)

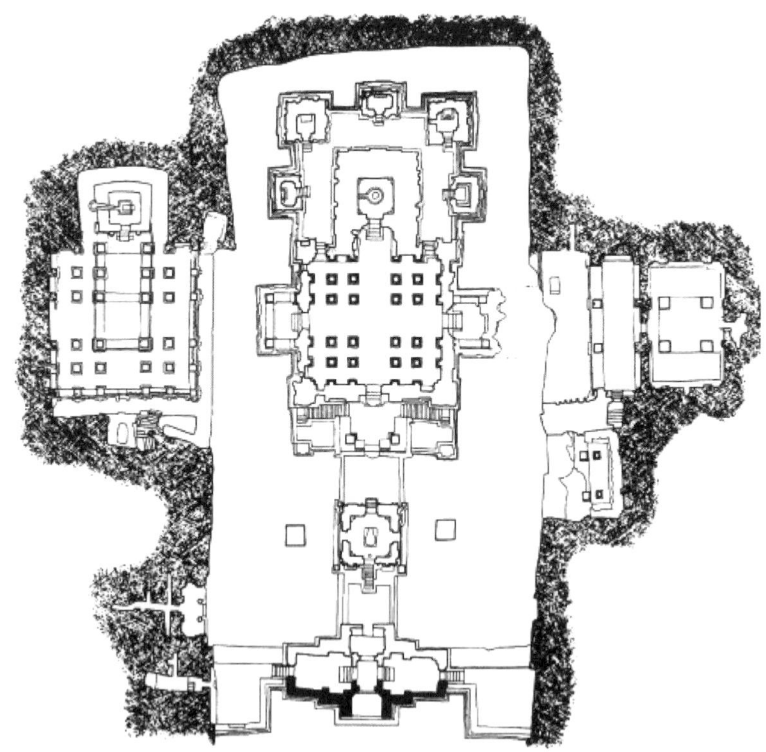

그림 4-21 카일라사사원(평면도)

3 비하라(vihāra, 毘訶羅); 산스크리트어로 산책하는 것 및 그 장소를 가리키는 원뜻에서, 불교나 자이나교 출가자의 주거, 또는 승원, 정사(精舍)를 의미하며, 음역해서 비하라(毘訶羅)라고 한다. (네이버 지식백과)

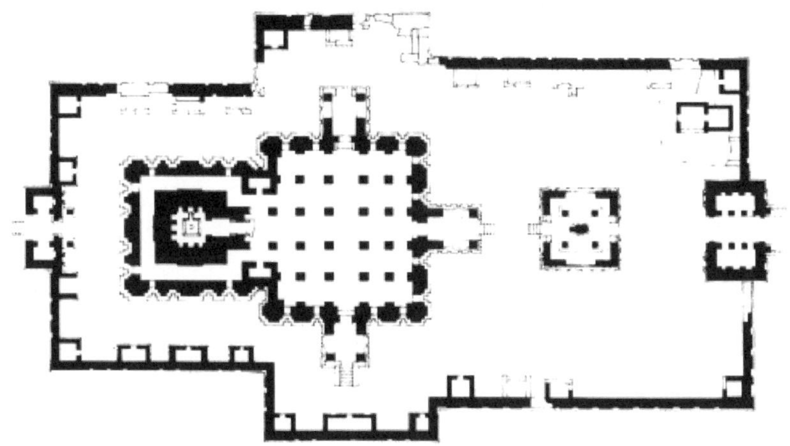

그림 4-22 비르팍사[4] 사원, 파타다칼

그림 4-22 비르팍사사원, 파타다칼

된 조각상 패널로 대체되며, 벽면은 붙임기둥이나 반(半)기둥으로 구획되었다. 천장에 조각된 보 모양의 방향은 제1굴(窟)은 베란다와 평행하며, 제2굴(窟)은 베란다에 직각, 제3굴(窟)에서는 홀을 둘러싸는 것 같은 동심형(同心形) 등 각각 다른데, 특히 제3굴(窟)에서는 베란다 앞에 사각형의 앞마당을 마련하는 등 힌두굴(窟)의 독자적인 공간구성에 대한 시도를 엿볼 수 있다.

전기(前期) 찰루키아왕조 시대, 6세기 후반부터 개굴(開窟)이 시작된 엘로라에서는 입구를 마주하고 배치되는 성소(聖所) 주위를 돌 수 있도록 요도(繞道)를 만들어 성소(聖所)와 홀 사이의 관계를 더욱 여실히 보여주게 되었다. 초기 라메슈바라굴(窟)(제21굴(窟))에서는 난디(성스러운 소)상(像)이나 작은 사당(祠堂)이 있는 앞마당을 두고, 석굴 내부는 가로방향으로 긴 주랑(柱廊) 모양의 홀과 요도(繞道)를 구비한 큰 성소(聖所)로 이루어진다. 이것은 힌두사원의 기본인 만다파(전전(前殿))와 성소(聖所)로 이루어진 구성이지만, 홀의 양쪽 끝에는 부사당(副祠堂)이 배치되고, 그것들을 연결하는 축선(軸線), 그리고 난디상(像)과 성소(聖所)를 잇는 축선(軸線), 이 두 개의 직교하는 축선(軸線)이 양립하여 더욱 동적인 공간구성을 만들고 있다. 이러한 구성은 같은 엘로라의 두마르·레나굴(窟)(제29굴(窟) / 6세기 후반)과 엘레판타섬의 시바사원(제1굴(窟) / 6세기 경)에서 가장 발전된 형태를 보여준다. 두 개 모두 정방형에 가까운 열주(列柱) 홀을 안쪽 방향으로 벽이 둘러싸고 있는 형태이며, 그 사방에 입구를 가진 성소(聖所)가 배치된다. 입구와 성소(聖所)를 연결하는 동서방향의 주축선(主軸線)은 천장에 새겨진

4 Virūpākṣa; 우리나라에서는 보통 광목천왕(廣目天王)으로 번역되어 부른다. (역자 주)

보의 모양으로도 강조되지만, 동시에 성소(聖所) 앞에서 남북방향의 축선(軸線)이 직교하여 전체적으로 십자형의 평면구성을 취한다. 두마르·레나굴(窟)에서는 성소(聖所) 안쪽이 바위로 막혀 있어 주축선(主軸線)의 시작과 끝이 명확하게 나타나고, 남북축(軸)의 양단에는 외부로 열리는 문이 설치된다. 한편, 엘레판타섬은 동서방향 주축선(主軸線)의 양쪽 끝에 외부로 열린 중정(中庭)이 설치되고, 그중 하나는 별도의 석굴 입구와도 통하고 있다.

2. 석조(石彫)사원

8세기가 되자 석굴은 더욱 발전하여 사원 전체를 바위로부터 파낸 석조(石彫)사원이 등장한다. 라슈트라쿠타왕조(753~973년)의 크리슈나 1세(재위 757~775년)에 의해 세워진 엘로라의 카일라사사원(제16굴)은 폭 45m, 깊이 85m에 이르는 바위산을 파낸 것으로, 그 웅장한 규모는 타의 추종을 불허하며, 그 구성을 보면 전기(前期) 찰루키아왕조의 3번째 수도(首都)였던 파타다칼의 비르팍사사원을 모방한 것으로 알려진다. 고푸람(누문(樓門))를 구비하고 앞마당에는 난디당(堂)이 놓이며, 그 양쪽에 기념기둥이 세워져 있는데, 특히 포치와 발코니, 현관이 붙은 홀에서 성소(聖所)로 동선을 유도하고 있다. 성소(聖所)의 상부에는 4층의 비마나(본전(本殿))가 솟아 있고, 바깥은 지붕이 없는 요도(繞道)가 둘러싸고 있으며, 5개의 부사당(副祠堂)이 이를 감싸고 있다. 이러한 석조(石彫)사원이 등장함에 따라 석굴사원의 발전은 끝을 맞이하게 된다.

3. 남인도의 초기 사원

남인도에서는 7세기경부터 팔라바왕조와 판디아왕조, 그리고 주변 국가에서 석굴이 건립되었다. 특히 팔라바왕조의 석굴은 남방형 사원의 각종 요소가 나타나는 초창기의 사례로 중요한데, 그 기본형식은 마헨드라발만 1세(재위 600~630년)의 통치 하에 발전하고, 달라바누루(Dalavanūr)의 샤토르맛라[5]굴과 티루치라팔리(Tiruchirapalli)의 라리타니크라[6]굴 등이 있다. 고대의 목조건축 양식을 도입한 것으로, 동쪽이나 서쪽에 면한 정면에 열주(列柱)가 늘어서 있고, 내부의 기둥으로 분절된 홀 안쪽이나 측면에 몇 개의 성소(聖所)가 굴착되었다. 정사각형 또는 팔각형의 단면을 갖고, 초보적인 까치발 모양의 주두(柱頭)를 가진 기둥이 있으며, 간소한 기단의 돌출차양과 붙임기둥, 수문신[7]을 모시는 성소(聖所) 이외에는 대체로 평활한 공간이다.

---

5 원본의 シャトルマッラ

6 원본의 ラリタニクラ

7 守門神(dvārapāla); 문위신(門衛神)이라고도 하고 인도에서 사원의 입구 좌우에 선 수호신을 말한다. 일반적으로 무인 모습으로 창을 들고, 팔라바왕조 이후의 인도에서는 곤봉을 든 것이 많다. 또 강가, 야무나 두 여신이 이 역할을 담당하는 경우도 있다. (네이버 지식백과)

그의 후계자 나라시마·바르만[8] 1세(재위 630~668년)가 건설한 것이 첸나이 남쪽 마하발리푸람의 사원들인데, 그것들은 전기(前期) 팔라바왕조의 유적으로 '라타(수레)'라고 불리는 화강암 덩어리를 깎아 만든 석조(石彫)사원 그리고 석굴사원도 있다. 3개의 성소(聖所)가 있는 마히샤마르디니(Mahishamardini)굴과 성소(聖所)가 하나인 바라하[9]굴이 마하발리푸람에 있는 나라시마왕의 초기와 후기를 대표하는 석굴이다.

8 원본의 ナラシンハ·ヴァルマン

9 원본의 ヴァラーハ

05 5개의 라타

– 남방형 사원의 원형(原型) –

1. 마하발리푸람

그림 4-23 '5개의 라타', 마하발리푸람

남인도에 남아있는 가장 오래된 건축유구는 마하발리푸람의 이른바 '5개의(Pancha) 라타(ratha)'(짐수레, 마차, 전차(戰車), 산차(山車), 나아가 사원을 의미한다)이다. 팔라바왕조의 나라시마·바르만 1세 시대에 조각된 이 '5개의 라타'는 마치 5개의 건축양식과 흡사하며, 흥미로운 점은 보, 서까래, 공포(栱包), 기둥 등 목구조를 충실하게 모방하고 있다는 것이다. 북쪽에서 남쪽으로 다르마라자(Dharmaraja)·라타(No.1), 비마·라타(No.2), 아르주나(Arjuna)·라타(No.3), 드라우파디(Draupadi)·라타(No.4), 약간 떨어져 서쪽에 나쿨라·사하데바·라타(No.5)가 있고, 각 라타의 이름은 '마하바라타'의 영웅과 관련이 있다.

그림 4-24 다르마라자·라타(No.1)

No.1은 방형 평면에 피라미드모양인데 지붕이 계단형으로 만들어져 가장 꼭대기에는 야트막한 팔각형의 시카라가 올라가 있으며, 각 층의 차양(遮陽)에는 잘게 가공한 말굽모양의 몰딩(쿠두[1], 차이티야창)이 설치되어 있다. No.3은 거의 다르마라자를 작게 한 복사품이며, No.2는 장방형 평면에 포장마차[2](웨건·볼트) 모양(샤라카라[3])의 지붕과 정면의 2개 기둥이 사자상(獅子像)으로 지지되고 있다. No.4는 곡선모양의 모임지붕으로 소박한 민가풍이며, No.5는 No.1과 No.2의 양식을 겸비하는데, 정면에 2개의 사자(獅子)모양 기둥을 가지며, 입구가 건물 측면으로 나있다. 그

그림 4-25 비마·라타(No.2)

1 원본의 クードゥ
2 원본의 幌
3 원본의 シャーラーカーラ

러나 최상부의 후면은 원형(圓形)으로 되어있어서 이것을 코끼리 백[4] 지붕이라고 부르기도 하는데, 평면(平面)도 앞은 방형, 뒤는 원형(圓形)이며, 마치 디자인을 검토하는 것처럼 보인다. 사원으로 만들어진 것은 아니지만, No.1은 미완성인 채로 있다. No.1, No.3의 지붕형태가 이른바 드라비다양식, 즉 남방형의 전형이며, No.2는 고푸람(누문(樓門))의 지붕형태로서 가장 일반적이다.

그림 4-26 아르주나·라타(No.3)

이 석조(石彫)사원은 나라시마·바르만 2세 라자시마(Rajasimha)(재위 690~728년) 때 조석조(組石造)[5]로 대체되며, 해안(海岸)사원이 대표적인 예이다.

그림 4-27 드라우파디·라타(No.4)

그림 4-28 나쿨라·사하데바·라타(No.5)

해안(海岸)사원은 방향이 다른 크고 작은 2개의 시바신전으로 이루어지며, 바다(동쪽)를 향하는 큰 사당(祠堂)에는 시바·링가, 육지(서쪽)를 향하는 작은 사당(祠堂)은 시바

4 원본의 エレファント・ バック
5 우리나라에서는 조적조(組積造)라는 용어가 일반적으로 사용되어 돌이나 벽돌, 콘크리트 블록 등을 쌓아 올리는 구조 방식을 의미한다. (역자 주)

그림 4-29 해안(海岸)사원, 마하발리푸람

그림 4-30 카일라사나타사원, 칸치푸람

그림 4-31 난디상(像), 칸치푸람

그림 4-32 바이쿤타·페르마르사원, 칸치푸람

와 파르바티, 그의 아들 스칸다가 모셔져 있다. 비슈누의 와상(臥像)을 모시는 좁고 긴 사당(祠堂)이 2개의 사당(祠堂)을 연결하는데, 2개의 사당도 단순히 짧은 포치를 가진 정방형의 성소(聖所)로만 구성되지만, 크고 작은 것을 교묘하게 비튼 멋진 디자인이다. '5개의 라타' 모델에 비하여 매우 가파른 경사지붕이 있는 것은 석조(石彫)사원으로부터 구축(構築)사원으로 바뀌면서 생긴 큰 변화이다.

2. 칸치푸람

마찬가지로 라자싱하 시대에 지어진 칸치푸람의 카일라사나타(Kailasanatha)사원은 동서로 늘어선 주(主) 사당(祠堂)과 전실(前室), 예배실을 작은 사당(祠堂)이 빽빽이 늘어선 둘레벽으로 감싸고 있으며, 동쪽으로 돌출하는 형태로 입구가 설치되어 있다. 입구 바깥에도 먼저 작은 사당(祠堂)이 나란히 늘어서 있고, 30m 정도 떨어져 난디상(像)이 마주 보고 있으며, 주사당(主祠堂)인 비마나는 4층의 피라미드형으로 입구의 시바사당(祠堂)에는 포장마차 모양(幌形)의 지붕이 있다. 가람배치는 승방(僧坊)이 중정(中庭)을 둘러싸는 형태로 모두 비슷하며, 화강암이 초석과 주요 구조재로 사용된다. 기타 조각에 벽돌이 사용되는 것을 제외하면 전체적으로 사암(砂巖)이 쓰이고 있으며, 전체는 치장 회반죽으로 덮여 채색되어 있다.

특히 중요한 것이 바이쿤타·페르마르(Vaikuntha-perumal)사원이다. 주신전(主神殿)과 예배실을 사자(獅子)모양의 기둥이 늘어선 회랑(回廊)으로 둘러싸고(내진(內陣)), 전실(前室)이 돌출되는(외진(外陣)) 구성이 뚜렷하다. 주신전(主神殿)은 4층으로 이루어지며, 모든 층에 성소(聖所)가 있고, 아래 3단에는 비슈누상(像)이 안치되어 있어 가는 곳마다 다양한 성상(聖像)과 왕가(王家)의 부조(浮彫)가 벽을 장식하고 있다.

06 찰루키아의 실험

풀라케신 1세에 의해 6세기 중반에 흥했던 전기(前期) 찰루키아왕조는 바다미(Badami)를 수도(首都)로 정하고, 데칸 일대를 다스리며 라슈트라쿠타왕조에게 멸망 당하는 8세기 중반까지 존속했다. 이 전기(前期) 찰루키아왕조 아래 아이홀레, 파타다칼, 마하쿠타(Mahakuta) 등지에 수많은 사원이 건설되었으며, 찰루키아왕조의 건축양식은 퍼거슨이 찰루키아양식이라는 카테고리를 만들었듯이 북방형과 남방형의 두 요소를 함께 가지고 있어서 다양하다.

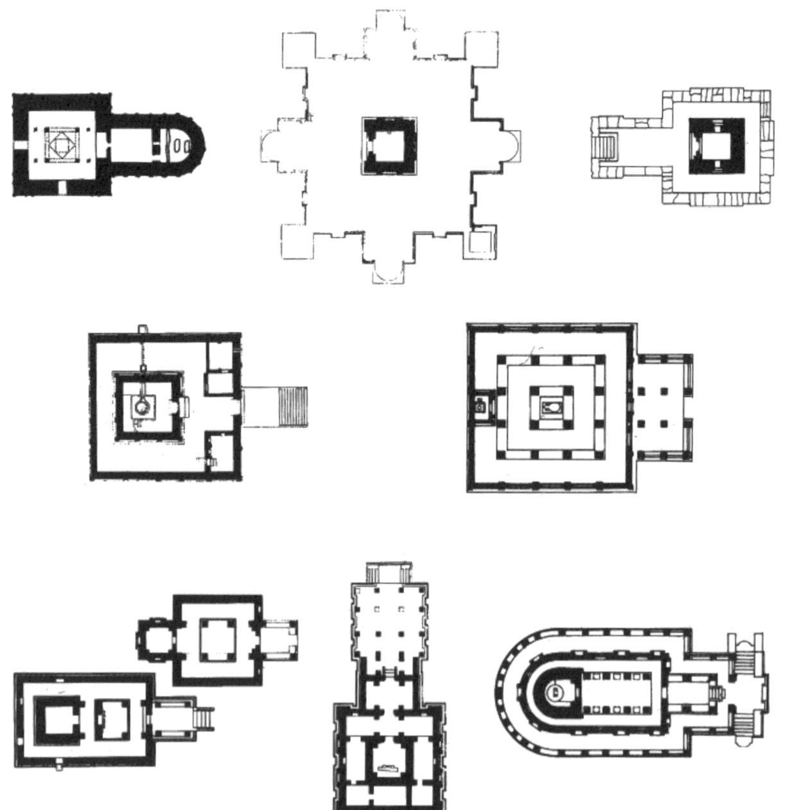

그림 4-33 전기(前期) **찰루키아**왕조 사원의 여러 가지 예(평면도)

1. 아이홀레의 시도(試圖)

아이홀레(Aihole) 초기의 사원은 굽타왕조 나츄나의 파르바티사원 같은 북방형의 흐름을 따라간다.

라드·칸(Lad Khan)(7세기 말)의 입구에는 12개(4x3)의 기둥이 늘어선 전실(前室)(포치)이 설치되는데, 나인·스퀘어(3x3)의 평면이 확장된 성소(聖所)(4x4)는 하나의 중심을 두고 기둥을 나열하여 2중(二重) 회랑(回廊)을 만들고 있으며, 중앙에는 난디상(像)이 놓여있다.

콘티구디(Kontigudi)(gudi는 사원이라는 뜻)의 사원군은 더 소박한 형식이며, 장방형의 만다파(전전(前殿))가 굵은 기둥열에 의해 세로 방향으로 분할되어 있다. 이들 초기 사원의 기둥은 돌덩어리 그대로여서 장식이 별로 없지만, 목조 가구(架構)의 주요한 요소를 재현하고 있다. 기둥은 하나의 바위를 정방형 단면으로 제작하였으며, 주춧돌은 없지만 기둥머리에는 간단한 처마 지지장치를 갖고 있고, 라드·칸 내부 기둥의 일부는 팔각형으로 처마를 지지하기 위해 물결모양의 돌출부가 새겨져 있다.

그림 4-34 타랏파구디사원, 아이홀레

그림 4-35 후치말라구디사원, 아이홀레

그림 4-36 두르가사원, 아이홀레

그림 4-37 메구티사원, 아이홀레

찰루키아왕조의 사원은 성소(聖所)가 중앙에 없고 요도(繞道)가 가로막힌 라드·칸사원의 단점을 극복하기 위해 이후 가장 외곽부의 회랑(回廊)을 없애고, 중앙의 높은 신랑부(身廊部)와 양쪽의 낮은 측랑부(側廊部)로 분할하는 구성을 취하였다. 그중 하나는 나인·스퀘어형의 홀 뒤쪽에 성소(聖所)를 두기 위해 요도(繞道)가 없는 만다파가 3칸 추가되고, 또 다른 하나는 측랑부(側廊部)가 길게 늘어나서 성소(聖所)를 둘러싸는 요도(繞道)가 된다. 전자(前者)는 홀과 성소(聖所) 사이에 전실(前室) 같은 공간이 추가되며, 후자(後者)는 성소(聖所)와 홀 내부기둥 사이를 막아서 전실(前室) 같은 공간을 만든다.

타랏파구디(Tarappagudi)[1]사원과 나라야나(Narayana)사원은 전자(前者), 후치말라구디(Huchi- mallagudi)[2]사원은 후자(後者)의 예이다.

후자(後者)의 형태변형 사례는 두르가사원이며, 불교 차이티야당(堂)의 말굽모양 형식을 답습하고 있다. 앱스[3]형(전방후원(前方後圓))의 만다파는 주(主) 홀(hall)과 요도(繞道)가 둘러싸고 있는 성소(聖所)를 포함하고 있으며, 그 바깥쪽에 열주(列柱) 회랑(回廊)이 주위를 둘러싸서 또 다른 순회로(巡回路)를 형성한다.

풀라케신 2세를 칭송하는 634~5년의 각문(刻文)이 있는 자이나교 메구티(Meguti)사원은 아이홀레에서 유일하게 기년(紀年)이 기록된 사원으로 인도에서 정확한 연대가 적힌 가장 오래된 구축식(構築式) 사원이다. 언덕 위에 세워진 이 사원은 위의 두 가지 형태와는 다른 독자적인 형식을 가지며, 만다파와 성소(聖所)는 각각 하나씩의 구획을 이루고, 현관 부분은 2개의 구획 사이에 배치되어 있다.

2. 파타다칼의 경연

메구티사원은 곡선이 있는 기단부와 붙임기둥을 통한 벽면분할 등 남방형 요소를 갖고 있지만, 바다미에 있는 2개의 시바라야사원은 특히 남방형의 요소가 강하다. 북쪽 시바라야(7세기 초)는 전실(前室)이 없어져 버렸지만 성소(聖所)를 요도(繞道)가 둘

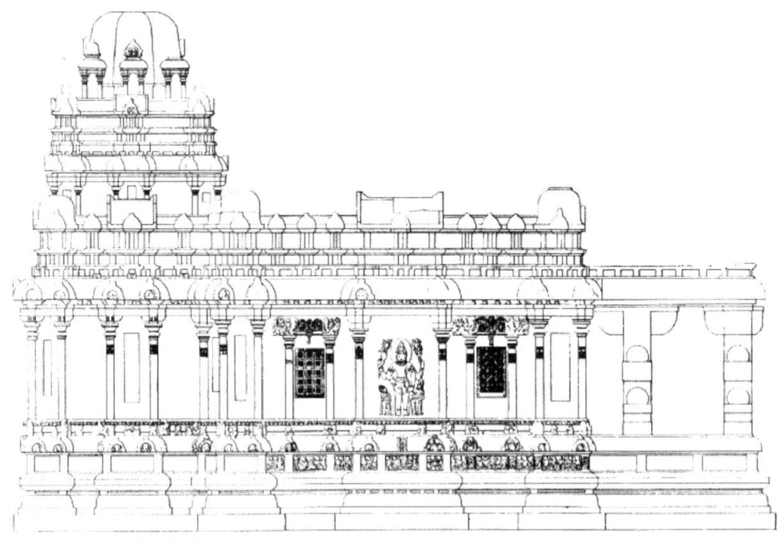

그림 4-38 시바라야사원, **파타다칼**

1 원본의 タラッパグディ
2 원본의 フッチマッラグディ
3 앱스(apse, 後陳); 건물이나 방에 부속된 반원 또는 반원에 가까운 다각형 모양의 내부공간. 초기 기독교 교회에서는 입구의 반대쪽, 신랑(身廊)의 동쪽 끝에 앱스를 두고 성직자가 의식을 집행하는 프레스비테리움(presbyterium)이 위치하는 주제단(主祭壇)을 설치함. (네이버 지식백과) (대한건축학회 건축용어사전)

러싸고 있는 구성이며, 마레깃티·시바라야(7세기)는 요도(繞道) 없이 주실(主室)[4], 전실(前室)과 4개의 기둥이 있는 포치(porch)로 단순하게 구성되어 있다.

그림 4-39 말리카르주나사원, 파타다칼

또한 마하쿠타에도 7세기까지 거슬러 올라가는 사원들이 있는데, 마하쿠테슈바라사원은 요도(繞道)로 둘러싸인 성소(聖所), 4개의 기둥이 있는 전실(前室)(포치(porch)), 그리고 전방(前方)에 난디사당(祠堂)이라는 기본형식을 완성시키고 있다. 말리카르주나(Mallikarjuna)사원도 마찬가지이지만, 전실(前室)이 8개 기둥으로 구성되어 있는데, 탱크(목욕 연못)를 둘러싸고 작은 사당(祠堂)이 나란히 늘어선 가람(伽藍)구성이며, 북방형의 시카라도 있어서 남과 북이 뒤섞여 있다.

그림 4-40 마하쿠테슈바라사원, 파타다칼

그림 4-41 상가메슈와라사원, 파타다칼

위와 같은 초기형식을 거쳐 대규모의 사원군(群)이 건립된 곳은 파타다칼이다. 비르팍사사원과 말리카르주나사원은 제8대 비크라마디티야(Vikramāditya) 2세가 팔라바왕조를 무너뜨린 기념으로 745년 무렵 세운 것이다. 칸치푸람의 건축가 군다[5]가 지은 것으로 알려져 있으며, 같은 지역의 카일라사나타(Kailasanathar)사원의 영향을 강하게 받고 있다고 알려져 있지만, 만다파의 세 방향에 입구를 붙인 것이 특징적이다. 여기에 상가메슈와라사원을 추가하여 이 3대 사원은 팔라바왕조의 영향을 받은 남방형이지만, 파파나타, 갈라가나타(Galaganatha), 카시비슈와나타(Kashi Vishwanatha), 잔브링가 등은 북방형 시카라를 가지고 있다.

4 원본의 正室
5 원본의 グンダ

07 시카라의 융성(隆盛)

– 북방형 사원의 발전 –

1. 프라티하라왕조

8세기 이후, 북부 인도의 중앙을 지배한 것은 카나우지를 수도(首都)로 하는 프라티하라왕조(Pratiharas)이다. 이 왕조에서 북방형 사원은 한층 성숙한 모습을 보여주며, 10세기 중엽에 뒤를 이어 등장한 찬델라왕조는 카주라호를 중심으로 힌두건축의 꽃을 피운다.

또한 오리사의 부바네스와르를 중심으로 번성한 칼링가왕조, 동(東)강가왕조가 수많은 힌두사원을 남기고 있는데, 그 초칭기 원형(原型)이 파라수라메스와라사원(7세기)이며, 성소(聖所)와 만다파에서 유래된 기본형식을 취한다. 이어지는 오래된 예로 바

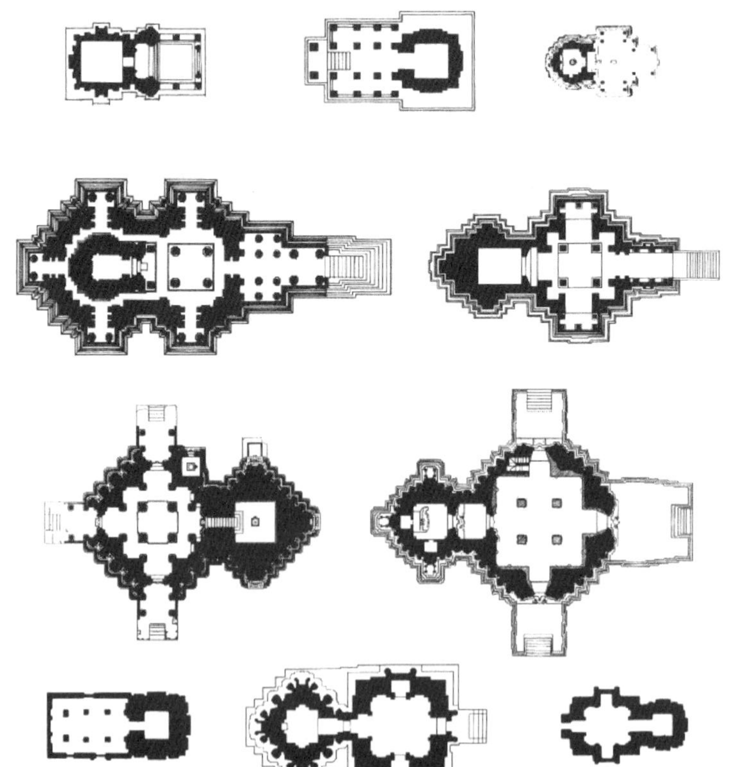

그림 4-43 북방형 사원의 여러 예(평면도)

이탈·데울사원(8세기)이 있다. 시카라의 모양이 볼트형(vault)으로 독특한 예이며, 민가(民家)의 지붕에서 유래하여 카카라[1]라고 부르지만, 다른 곳에서는 이러한 예를 찾아볼 수 없다.

오리사지방에서는 성소(聖所)를 데울, 만다파를 자가모하나라고 부르는데, 포탄형의 시카라가 실린 성소(聖所)를 레카·데울[2], 피라미드모양의 지붕이 실린 만다파를 피다·데울이라고 부른다. 이 2가지로부터 유래된 전형(典型)으로 묵테슈와라사원(10세기 후반)이 있으며, 또한 브라흐메스와라(Brahmeshwara)사원(1060년)은 가람(伽藍)의 네 모서리에 작은 사당(祠堂)을 건립하는 5당(堂)형식(판차·야타나[3])을 완성시키고 있고, 다른 곳에 있는 라자라니사원(11세기 초)도 전형적인 오리사형식이다. 가장 대표적인 것은 최대 규모를 자랑하는 링가라자사원(11세기 후반)이다. 데울과 자가모하나의 앞에 나타만디르(춤의 방)와 보가만다파(음식을 준비하는 장소)를 두고 있으며, 오리사 힌두건축의 정점(頂點)에 서있는 것은 코나라크의 수리야사원(13세기 전반)이다. 레카·데울은 없어졌지만 하늘을 나는 태양신(神) 수리야의 거대한 7두(頭) 마차에 비유

그림 4-42 파라수라메스와라사원, 부바네스와르

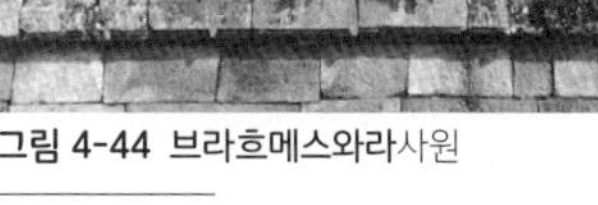
그림 4-44 브라흐메스와라사원

그림 4-45 라자라니사원, 부바네스와르

1 원본의 カーカラ
2 원본의 レカー·デウル
3 원본의 パンチャ·ヤタナ

그림 4-46 링가라자사원, 부바네스와르

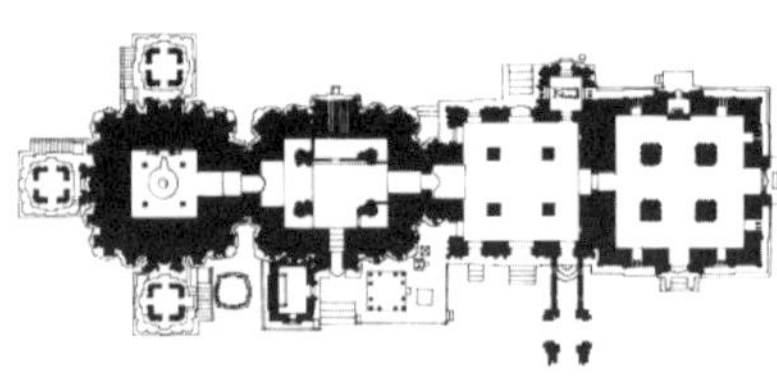

그림 4-47 수리야사원, 코나라크

그림 4-48 칸다리야·마하데바사원, 남녀교합 조각상, 카주라호

그림 4-49 락슈마나사원, 카주라호

그림 4-50 비슈바나타사원, 카주라호

그림 4-51 비슈바나타사원, 벽면 조각들

한 피타·데울[4]은 거대하며, 벽면 조각의 풍요로움은 빼어나다.

프라티하라왕조(8~9세기 말)의 사원은 동서로 성소(聖所)와 만다파가 나란히 서서 동쪽을 향하는 구성이 기본이며, 5당(堂) 형식은 아직 보이지 않는다. 그러나 평면 구성은 점점 복잡해지는데, 초기의 사례로는 오시안의 하리하라사원이 있다. 또한 다른 형태이지만 구와리올의 텔리·카(Teli-ka)사원이 프라티하라왕조의 유구(遺構)로 알려져 있으며, 바로리[5]의 가테슈바라(Ghateshvara)사원, 갸라스푸르(Gyaraspur)의 말라·데비(Mala Devi)사원이 있다.

2. 카주라호

10세기에 들어서면 요가의 행법(行法) 등으로 직접 몸을 통해 해탈을 얻는 탄트리즘이 큰 영향을 미치기 시작한다. 여성의 힘인 샤크티를 숭배하고, 남성원리와 여성원리의 결합에 의해 행복을 얻고자 하는 이 운동은 힌두교와 불교, 그리고 자이나교에도 확대되는데, 카주라호의 사원에 새겨진 매우 개방적인 남녀 교합의 조각상(미투나)은 그 관대한 세계관을 보여주고 있다.

그림 4-52 칸다리아·마하데바사원(왼쪽)과 **자가담바**사원(오른쪽)

그림 4-53 파르슈바나타사원, **카주라호**

당가[6]왕(950~1002년) 통치하에 중원을 차지한 찬델라왕조는 수많은 유적을 남겼으며, 수도(首都) 카주라호의 유적군은 서쪽, 동쪽, 남쪽 3개로 나뉜다. 가장 오래된 유구(遺構)는 서쪽군(群)의 남쪽에 있는 차우사트·요기니(Chaunshat Yogini)사원으로 알려져 있으며, 전형(典型)은 락슈마나(Lakshmana)사원(954년)에서 시작한다. 그리고 비슈바나타(Vishvanatha)사원(1002년), 치트라그프타(Chitragupta)사원(11세기 초), 데비·자가담바(Devi Jagadamba)사원(11세기 초), 칸다리야·마하데바(Khandariya Mahadeva)사원(11세기 중엽)으로 이어지며, 가까이에 시카라가 즐비하게 늘어서 있는 서쪽의 사원군(群)이 장관을 이룬다. 이들의 특징은 우선 기단 위에 사당(祠堂)이 만들어지는 것, 또한 5당(堂) 형식을 취하는 것, 그리고 4개의 사당(祠堂)이 일렬로 늘어서고 시카라가 점점 높아지는 것이라 할 수 있는데, 최대 규모를 가지며 가장 우아한 것이 칸다리야·마하데바로 북방형 사원의 대표작으로 알려지고 있다. 동쪽은 자이나교 사원

4 원본의 ピター·デウル
5 원본의 バロリ
6 원본의 ダンガ

군(群)으로 그 중심에 파르슈바나타(Parshvanatha)사원이 있다.

오리사, 카주라호와는 별도로 서인도에서 북방형 힌두사원의 전개가 보이는데, 구자라트의 마이트라카왕조(5세기 말~8세기)와 그것을 계승한 솔랑키왕조(10~13세기), 라자스탄의 오시안 건축군(群)이 그것이다.

솔랑키왕조를 대표하는 것이 수도(首都) 모데라의 수리야사원(11세기)이다. 이 사원은 동서축(軸) 모양으로 늘어선 2개의 건물, 즉 홀(hall)과 요도(繞道)가 둘러싼 성소(聖所)와 만다파, 그리고 계단식 목욕 연못으로 구성된다. 치밀하고 풍만한 조각이 솔랑키양식을 특징짓고 있으며, 솔랑키왕조는 구자라트의 기르나르산 등에 많은 자이나교 건축을 남기고 있다.

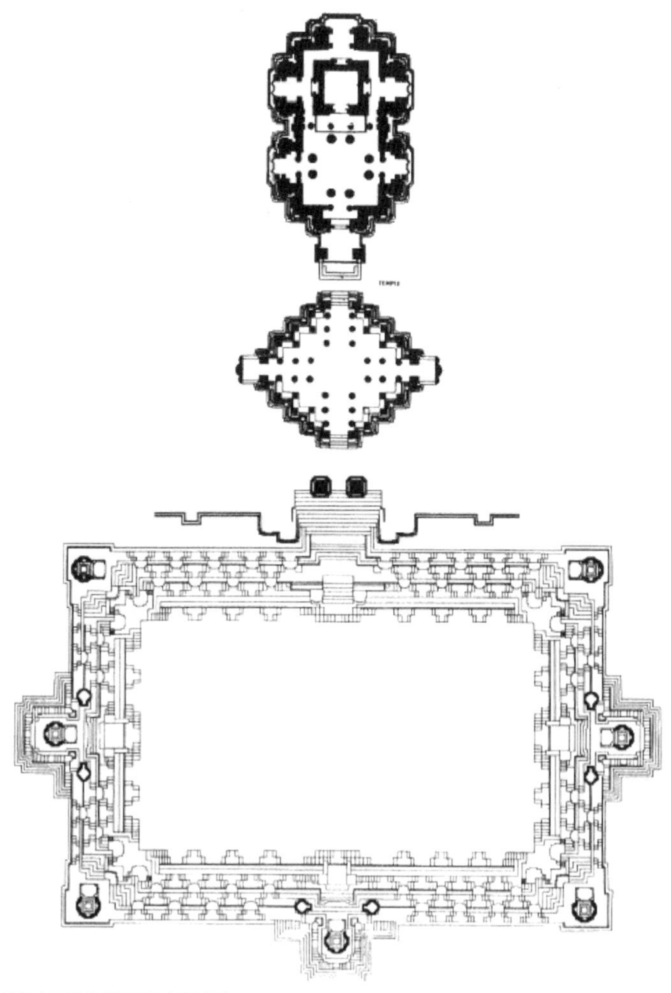

그림 4-54 수리야사원(평면도), **모데라**

08 높이 솟은 고푸람

– 남방형 사원의 발전 –

1. 촐라왕조의 건축

남방형 힌두건축을 그 정점(頂點)으로 이끈 것은 촐라왕조(Cholā)(9세기 중반~13세기)이다. 우선 팔라바왕조로부터 촐라왕조의 과도기 사원으로서는 나룻타말라이(Narttamalai)의 비자야라야·촐리슈바라사원(Vijayalaya cholishvara)(9세기 중반)이 있으며, 주위에 8개의 작은 사당(祠堂)을 거느리는 원형(圓形)의 성소(聖所)를 가진 것이 특징이다. 초기의 것으로서 코둠발루르(Kodumbalur)의

그림 4-55 비자야라야·촐리슈바라사원, 나룻타말라이

그림 4-56 무바르코빌사원, 코둠발루르

그림 4-57 나게슈바라슈바라사원, 쿰바코남

그림 4-58 브라흐마·푸리슈바라사원, 탄자부르

그림 4-59 티야가라자·슈바미사원, 티루바루르

무바르코빌(Muvarkovil)사원(880년)이 있는데, 만다파가 없어지고, 성소(聖所)도 3개 중 2개밖에 남아 있지 않지만 16개의 작은 사당(祠堂)이 있는 가람(伽藍)이 현존하고 있다.

파란타카 1세(907~955년)의 통치 초기에 만들어진 나게슈바라슈바라(Nagashvarashvara)[1]사원과 브라흐마·푸리슈바라(Brahmapurishvara)사원 등에서 중요한 발전을 볼 수 있는데, 즉 고푸람이 주(主) 사당(祠堂)보다 높이 솟은 가람(伽藍)형식이 나타난다. 또한 3사당(祠堂) 형식이 되며 벽 안에 조각상이 놓이게 된다.

그 후, 웃타마·촐라왕(Uttama Chola, 재위 969~985년)과 라자라자(Rajaraja) 1세(재위 985~1016년) 통치하에 티루바루르[2]의 아차레슈바라(Achaleshvara)[3]사당 같은 정밀하게 장식된 멋진 건축이 완성되며, 이것을 계승한 티야가라자·슈바미(Thyagarajas shvami)[4]사원(13~17세기)은 전형적인 남방형 사원으로 알려져 있다.

라자라자 1세의 마지막 10년

그림 4-60 브리하디슈바라사원, 강가이콘다촐리푸람

그림 4-61 아이라바테스바라사원, 다라수람

그림 4-62 후기(後期) 찰루키아왕조 사원의 여러 예(평면도)

에 제국의 수도(首都) 탄자부르(Tanjavur)에 거대한 브리하디슈바라(Brihadishvara)사원이 세워진다(1010년). 전체는 약 75m×150m의 회랑(回廊)으로 둘러싸여 60m를 넘는 비마나가 치솟고, 동서축(軸) 모양으로 고푸람, 난디사당(祠堂), 2개의 만다파, 전실(前室), 성소(聖所)가 일직선으로 놓이는데, 전실(前室)의 남북에도 출입구가 설치되는 것이 촐라왕조 힌두사원의 기본형식이 된다. 고푸람은 아직 낮은 수평이지만, 규모면에서 뿐만 아니라 구성면에서도 남방형 사원의 정점(頂點)에 있는 것이 이 사원이다.

그림 4-63 카시비슈바나타사원, **락쿤디**

그리고 그것에 필적한다고 알려진 것이 라젠드라 1세(1012~1044년)에 의해 만들어진 새로운 수도(首都) 강가이콘다촐라푸람(Gangaikondacholapuram)(강가를 정복한 촐라의 수도(首都))의 브리하디슈바라(Brihadishvara)사원이다. 비마나는 탄자부르가 직선적이란 점에서 '남성적', 이곳 비마나가 둥근 모양을 띄고 약간 낮은 점에서 '여성적'이라고 평가받는다.

이 2개의 브리하디슈바라사원의 연장으로 촐라왕조를 대표하는 것이 다라수람의 아이라바테스바라(Airavateshvara)사원(12세기 중반)과 트리브바남의 캄파하레스바라(Kampahareshvara)사원(13세기 초)이다.

2. 후기(後期) 찰루키아왕조와 호이살라왕조의 건축

후기(後期) 찰루키아왕조(9세기 말~12세기 말)는 촐라왕조에 저항하면서 남인도에 영향을 주었는데, 주요 건축으로는 락쿤디(Lakkundi)의 카시비슈바나타[5]사원, 잇타기(Ittagi)의 마하데바사원, 쿳카누르(Kukkanur)의 카레스와라사원, 하베리[6]의 싯데슈바라[7]사원, 니라르기[8]의 시다라메슈바라[9]사원 등이 있다.

요도(繞道)가 없으며 성소(聖所)(성당(聖堂))+안타라라(전실(前室))+만다파(예배당(禮拜堂))가 직선적으로 줄지어 있는 것이 기본구성이지만, 평면형과 규모는 각각 다르다. 공통적인 특징은

1 원본의 ナーゲーシュバラシュヴ ァラ
2 원본의 ティルヴァールール
3 원본의 アチャレシュヴァラ
4 원본의 ティヤガラージ ヤ・シュヴァミー
5 원본의 カーシーヴィシュヴァナータ
6 원본의 ハーヴェリ
7 원본의 シッデーシュヴァラ
8 원본의 ニラルギ
9 원본의 シダ ラメシュヴァラ

비마나를 중심으로 매우 섬세하게 장식되어 있다는 점인데, 특히 도르래(녹로(轆轤))를 이용하여 깎아낸 기둥은 사원마다 고유의 디자인을 만들고 있다.

서(西)강가왕조를 이어받아 마이소르지역에서 번성했던 호이살라왕조의 건축은 수도(首都) 할레비드, 그리고 벨루르, 솜나트푸르를 중심으로 볼 수 있다.

호이살라왕조의 사원건축은 비마나가 잘게 분절되어 성소(聖所)의 평면이 거의 원형(圓形)에 가까워지는 것이 특징이다. 각기 다른 자태의 비슈누신(神)에게 바치는 비마나를 3개 갖는 특이한 평면형이며, 솜나트푸르의 케샤바사원(1268년)이 그 완성형으로 보인다.

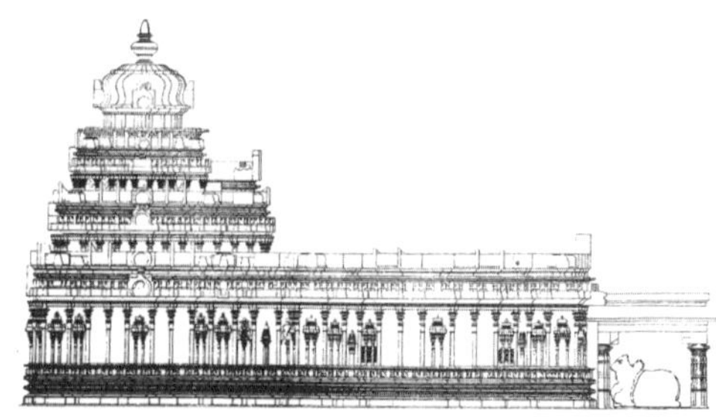
그림 4-64 카레스와라사원(입면도), 쿳카누르

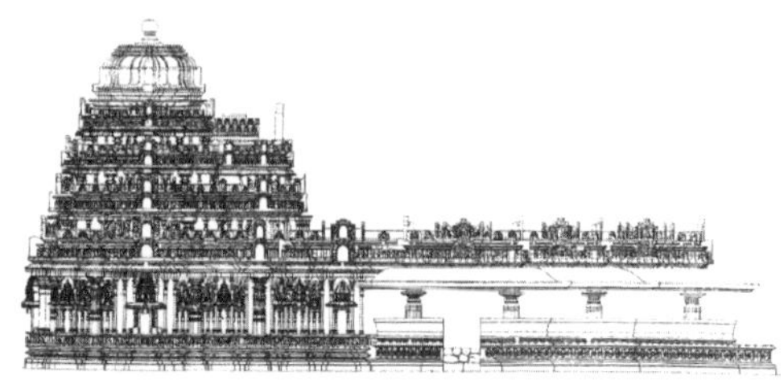
그림 4-65 싯데슈바라사원(입면도), 하베리

그림 4-66 케샤바사원, 솜나트푸르

3. 비자야나가르왕조와 나야카왕조의 건축

남인도는 12세기 이후 판디아왕조, 비자야나가르왕국, 그리고 나야카왕조에 의해 순차적으로 지배된다. 그리고 남인도형 사원은 큰 발전을 이루는데, 특히 15~16세기의 비자야나가라제국에서 사원은 거대화하고, 가람(伽藍)은 도시규모를 갖추기에 이르렀다.

그림 4-67 미나쿠시사원, 마두라이

성소(聖所) 주위를 장벽이 겹겹이 둘러싸고, 여러 개의 문을 거쳐서 들어와야 내진(內陣)에 다다르는 구성이 일반화된다. 또한 거대한 누문(樓門)인 고푸람이 세워지는데, 사원이 도시생활과 적극적으로 관계를 맺으면서 사원이 확대되고, 이에 따라 다

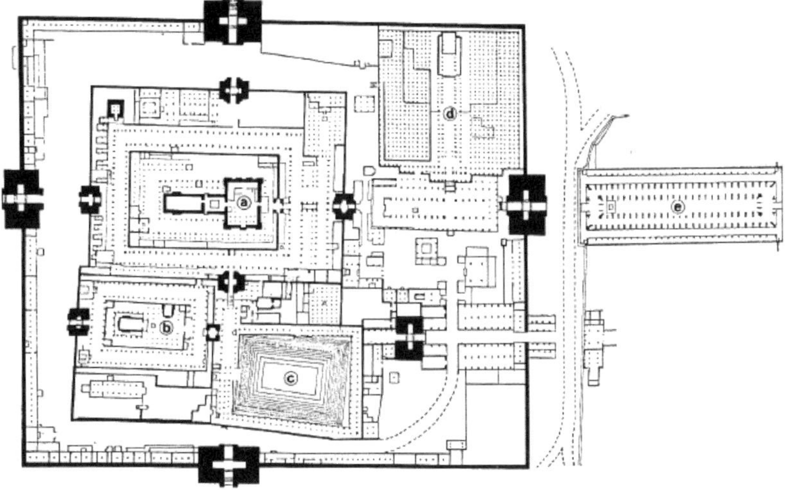

그림 4-68 미나쿠시사원(평면도)

양한 시설을 포함하게 된다. 실제로 슈리랑감처럼 사원이 도시자체를 형성하게 된 예도 있으며, 힌두교의 성지(聖地)인 마두라이의 미나쿠시사원은 경내(境內)에 열주(列柱) 홀(hall)과 인공연못 등을 도입하고 있다.

column 2

백아(白亜)의 우주 – 자이나교 사원의 발달 –

인도 동부 비하르에서 태어난 바르다마나(Vardhamana)·마하비라(BC 549~477년 혹은 BC 444~372년)에 의해 번성한 자이나교는 비살생(非殺生), 비폭력(非暴力)(아힘사(Ahimsa))을 교리(教理)로 하고, 고행(苦行), 금욕을 근본으로 하였다. 또한 집권적인 교단을 만들지도 않고, 포교조차 열심히 하지 않았기 때문에 불교만큼 큰 영향력을 가지지 않았으며, 인도세계 밖으로도 나갈 수 없었지만, 13세기에 인도에서 소멸한 불교에 비해 자이나교는 서인도를 중심으로 현재까지 살아남아 많은 뛰어난 건축을 남기고 있다.

자이나는 지나(Jina)(승리자)의 가르침을 말한다. 마하비라는 30세에 출가(出家)하여 12년의 고행(苦行) 끝에 지나가 되었는데, 그때 이미 23명의 지나조사(祖師)(티르탄카라(Tirthankara), 티르타는 강을 건너게 해주는 사람으로서 구제자(救済者)의 뜻)가 있었으며, 24번째 조사(祖師)가 마하비라이다.

자이나교는 바라몬의 희생 공물[1]을 바치는 의례와 제사를 비판하며 베다경전의 권위를 부정하고 성립했기 때문에 본래는 무신론이라 할 수 있다. 단정(斷定)을 피하고, 항상 '어떤 점에서 보면(스야트(syat)[2])'이라는 조건을 붙이는 상대주의를 취한다.

마하비라 사후(死後), 그의 가르침과 교단은 제자들에게 인계되어 마우리아왕조에는 찬드라굽타왕의 비호를 받아 크게 융성한다. 그 후 교단은 백의파(白衣派)(Svetambara)와 나행파(裸行派)(Digambara)의 두 파로 분열하며, 전자(前者)가 승니(僧尼)의 착의(着衣)를 인정하는 반면, 후자(後者)는 무소유의 가르침에서 나행(裸行)준수를 가르치고, 여성의 해탈을 인정하지 않는다. 현재 백의파(白衣派)의 대부분은 구자라트, 라자스탄 등에 있고, 나행파(裸行派)는 남인도에 많이 거주한다.

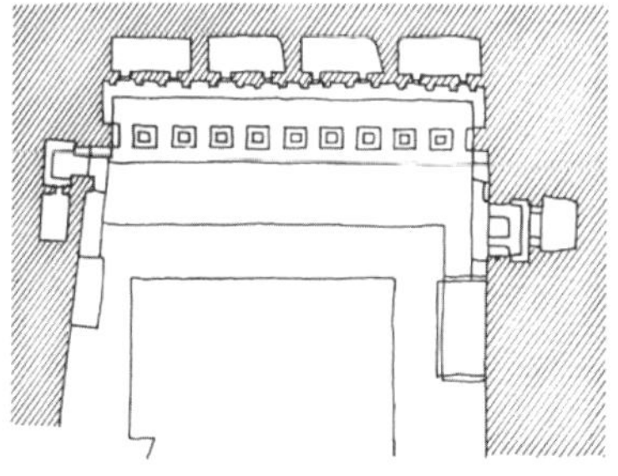

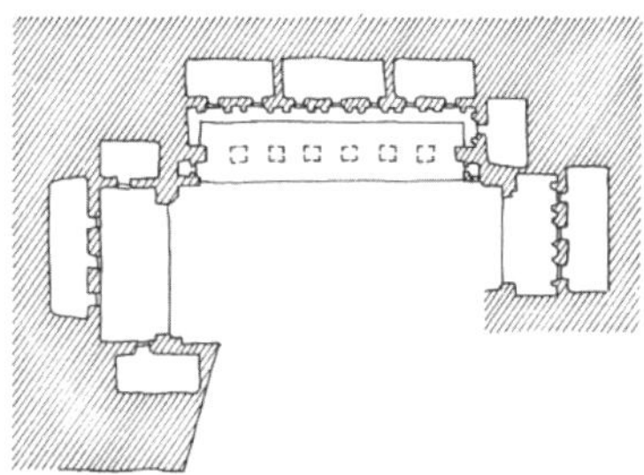

그림 4-69 우다야기리석굴(평면도)

자이나굴

자이나교도 일찍부터 석굴을 만들었으며, 오리사주의 칸다기리(Khandagiri), 우다야기리(Udayagiri)의 여러 굴(BC 2~1세기)이 고대에 만들어진 예이다. 2개의 언덕이 마주 보며 각각 15굴, 18굴이 남아 있는데, 가장 큰 것이 라니·군파[3]로 기둥열의 안쪽에 승려실이 늘어서 있으며, ㄷ자 형으로 전면(前面) 광장을 둘러싸고 있다. 이와는 달리 호랑이 입(虎口)을 본뜨고, 개구리처럼 보이는 바그·군

그림 4-70 라니·군파, 우다야기리

1 원본의 供犠
2 원본의 スヤート
3 원본의 ラー ニー·グンパー

파[4], 코끼리 조각상이 놓인 가네샤·군파[5] 등이 있다.

마디아·프라데시주의 우다야기리에 자연굴에 가까운 자이나굴(5세기)이, 바다미에는 티르탄카라상이 곳곳에 조각된 자이나굴(6~7세기)이, 카르나타카주의 아이홀레에서는 만다파를 3면에서 사당이 둘러싼 형식의 자이나굴(6~8세기)이, 그리고 엘로라에는 5개의 자이나굴(제30~34굴, 9세기)이 각각 남아 있으며, 모두 힌두굴과 병존하고 있다. 엘로라의 제32굴이 가장 크고, 2층으로 되어 있으며, 당은 자이나교 특유의 차투르무카(4면당) 형식을 취하고 있다.

자이나교 사원

자이나교도들의 최대 순례지는 첫 번째 조사 아디나타가 자주 찾았다는 구자라트의 샤트룬자야산이다. 10세기 경부터 많은 사원이 건립되어 가장 큰 산악사원 도시를 구성하고 있으며, 사원의 양식은 시카라를 이고 있는 북방형으로 통일되어 있다.

그림 4-71 엘로라 제32굴 4면당, **인드라·사바**

샤트룬자야산에 이은 두 번째의 산악사원 도시가 22대 조사 네미나타가 열반한 성산 기르나르산이며, 11세기 초에 솔랑키왕조가 건설한 것이 그 기원이다. 각 사원은 여기에서도 시카라를 이고 있지만, 만다파에 흰색을 기조로 하는 모자이크 타일의 돔 지붕이 실려 있는 것이 눈에 띈다. 타일은 물론 최근 만들어진 것이다.

마우리아왕조의 설립자 찬드라굽타왕은 자이나교로 개종하여 남부 인도의 카르나타카 지역으로 이주하고, 슈라바나·벨라골라에서 고행한 것으로 알려졌는데, 남인도 최대의 자이나교 성지가 여기이다. 찬드라기리 언덕에 10개의 사원이 늘어서 있으며, 여기에서는 남방형 힌두사원을 답습하고 있는 점이 흥미롭다.

그림 4-72 자이나교 사원, **카주라호**, **힌두**사원과 **모스크**가 합체된 독특한 예

4 원본의 バーグ·グンパー
5 원본의 ガネシャ·グンパー

09 힌두·버내큘러

– 토착화하는 힌두건축 –

북방형, 남방형, 그리고 그 중간인 중부형이라는 큰 구분은 앞에서 설명한 바와 같지만, 각 왕조의 핵심지역 이외의 주변부에서도 다양한 변형이 만들어져 왔다. 기후풍토(氣候風土) 차이에 따라 이용가능한 건축자재가 다르며, 필요로 하는 건축기술도 조금씩 다르기 때문인데, 굽타시대에 주변지역이었던 카슈미르와 벵골, 남인도의 케랄라 등에서는 힌두사원의 다른 형태를 볼 수 있다.

그림 4-73 하와·마할(바람의 궁전(宮殿)), 자이푸르

그림 4-74 잔타르·만타르(천문대(天文臺)), 자이푸르

1. 벵골

벵골지방은 석재(石材)가 풍부하지 않아 옛날부터 벽돌, 흙, 대나무가 주된 건축재료이었던 탓에 고대 건축유적은 거의 남아 있지 않다. 원래 불교의 영향이 강하고, 12세기에 세력을 가졌던 세나왕조가 13세기에는 이슬람에 편입되었던 것도 힌두건축 유구가 적은 이유이다. 이러한 가운데 비슈누푸르(Vishnupur)에 독특한 힌두사원군(群)이 남아 있는데, 케슈타·라야(1655년), 샤마·라야[1](1643년) 등 17세기부터 18세기에 걸쳐 건축된 것으로 무엇보다 눈길을 끄는 것은 방갈다르(bangaldar)라는 건물이며 독특하게 휘어진 모양의 지붕을 갖고 있다. 이 모양은 벵골지역의 농가(農家) 방글라[2]의 형태를 모방하고 있는데, 다른 라테라이트(적색토(赤色土))로 만든 벽돌도 사용

1 원본의 シャーマ·ラーヤ
2 원본의 バングラ

되었으며, 테라코타·패널로 장식되고 평면은 정사각형으로서 구심성(求心性)이 높다. 또한 반슈베리아[3]의 한세슈바리[4]사원(1814년) 등 이슬람과 힌두의 혼합양식도 흥미로운 곳이다.

그림 4-75 궁전(宮殿), 우다이푸르

2. 히말라야

카슈미르 등 북부 인도의 힌두건축도 지역성이 풍부하다. 강우량(降雨量)이 매우 많기 때문에 가파른 경사의 박공, 우진각 지붕, 모임지붕이 이용된다. 상부구조는 없어졌지만 마르탄드의 수리야사원(750년경), 아반티푸르의 아반티스와민[5]사원(9세기), 브니얄[6]의 비슈누사원(900년경) 등이 오래된 예이며, 또한 히말라야 삼(杉)나무 등 목재가 풍부한 지역에는 나가르, 순그라[7], 사라한 등 각지에 목조 힌두사원도 발견된다. 산으로 덮인 히마찰·프라데시 주에서는 참파의 락슈미·나라야나[8] 사원군(群)(14세기)처럼 시카라의 상단을 삿갓으로 뚜껑을 씌운 것 같은 목조지붕이 보인다.

그림 4-76 메헤랑가르성(城), 조드푸르

그림 4-77 자이살메르의 조감사진

3. 케랄라

히말라야지역과 마찬가지로 인도아대륙의 최남단 케랄라지역도 비가 많은 지역이며, 목조건축 전통이 살아있다. 트리반드룸의 마하데바사원(11세기)은 벽체는 라테라이트(적색토(赤色土))이지만, 지붕은 목조이다. 케랄라주를 대표하는 것은 트리수르의 바다쿤나탄사원(12세기)에 있는 원형(圓形)의 사당(祠堂)이 독특하다.

---

3 원본의 バンシュベリア
4 원본의 ハンセーシュヴァリ
5 원본의 アヴァンティスワーミン
6 원본의 ブニヤール
7 원본의 スングラ
8 원본의 ラクシュミー·ナーラーヤナ

그림 4-78 자이살메르(배치도)

4. 라자스탄

라자스탄은 왕(王)의 나라라는 뜻이지만, 예로부터 라지푸트족의 나라(라지푸타나 Rājputāna)라고 부르는 인도에서도 특이한 지역으로 알려져 있으며, 고대부터 크샤트리아의 후손이라고 칭하고, 이슬람왕권의 무굴제국 지배하에서도 힌두적 요소를 계속 유지했다.

18세기 초 자이신[9] 2세에 의해 힌두 도시원리(都市原理)를 바탕으로 건설된 자이푸르가 좋은 예인데, 자이푸르에는 하와·마할(바람의 궁전), 잔타르·만타르(천문대 天文臺) 등 독특한 건축을 볼 수 있다. 또한 우다이푸르, 조드푸르, 자이살메르 등 라지푸트족이 세운 주옥(珠玉)같은 도시가 있으며, 앙베르성(城), 아지메르성(城), 쥬나가르성(城) 등 성곽(城郭)과 궁전에 볼 만한 것이 많다. 치토르가르는 8세기부터 15세기 말까지 메와르왕국의 수도였으며, 치토르성(城) 외에도 '명예의 탑', '승리의 탑'이라고 부르는 다른 곳에서 볼 수 없는 고탑(高塔)이 남아 있다.

---

9 원본의 ジャイシン

5. 네팔

카트만두분지(盆地)에는 카트만두, 파탄, 박타푸르(바드가온)라는 3개의 오래된 도시가 있고, 리차비왕조 시대(5~9세기)부터 이어져온 30개 이상의 소(小)도시와 마을이 있다. 불교와 힌두교는 토착적 관습과 신앙에 더하여 옛날부터 네와르족에게 계승되어 왔으며, 힌두사원과 불교승원(僧院) 및 불탑(佛塔)은 아주 가까운 곳에 동시에 함께 지어지고, 힌두사원과 불탑(佛塔)이 하나의 가람(伽藍)을 구성하는 예도 많다. 카트만두분지의 도시 가로(街路)와 광장에는 도시 커뮤니티의 일상생활을 위하여 불교승원(僧院), 힌두신(神)들을 모시는 사원과 사당(祠堂), 약수터, 휴식처 등이 지어져서 독특한 경관을 만들고 있으며, 특히 세

그림 4-79 명예의 탑, **치토르가르**

그림 4-80 다르바르광장, **파탄**

그림 4-81 카스타·먼더프사원, **카트만두**

그림 4-82 시바사원, **박타푸르**

그림 4-83 파슈파티나트사원, **카트만두**

도시의 왕궁(王宮)과 다르바르(왕궁(王宮) 앞)광장은 건축의 보고(寶庫)이다.

그림 4-84 창구·나리얀사원, 카트만두

도시시설로는 먼저 다람살라[10]로 총칭되는 순례자용 숙박시설, 집회시설이 있는데, 규모에 따라 삿타르[11], 파티[12], 만다파, 챠파트[13] 등으로 나뉜다. 카트만두의 카스타·먼더프가 최대의 다람살라이며, 다람살라에는 바하, 바히, 그리고 바하·바히라고 부르는 3가지 종류가 있다. 바히는 독신자용, 바하는 유부남용이며, 그 구역의 중심적 회당(會堂)이 된 것을 바하·바히라고 부른다. 모두 중정(中庭)을 둘러싸는 집합형식을 취하고, 가로(街路)구획을 질서 있게 만들고 있다.

네팔건축은 목조를 기본으로 하고, 벽돌 구조가 병용(倂用)되는 것이 특징이다. 특히 목조탑이 독특한데, 공포(栱包)가 아니라 버팀대(사재(斜材))로 처마를 지탱하는 점, 벽돌을 병용(倂用)하는 점 등 일본의 탑과는 분위기가 많이 다르다.

힌두교 사원의 중심은 시바파의 총본산 파슈파티(수주(獸主))나트사원이며, 또한 창구·나리얀사원은 리차비왕조 시기에 만들어진 대표적인 사원이다.

10 원본의 ダラムサラー
11 원본의 サッタル
12 원본의 パティ
13 원본의 チャパト

10 바다를 건넌 신(神)들

– 동남아시아의 힌두건축 –

동남아시아 지역의 '인도화'가 시작되는 것은 대략 기원전후로 판단되며, '인도화'란 인도세계를 성립시켜 온 원리 혹은 그 문화가 낳은 여러 요소, 구체적으로는 힌두교, 불교, 데바라자[1](신왕(神王)) 사상, 산스크리트어, 농업기술... 등이 전파되고 수용되는 것을 말한다.

그림 4-85 코끼리의 테라스, 앙코르

그림 4-86 유해교반(乳海攪拌)[3]의 상(像), 앙코르

인도화 이전의 동남아시아에는 수전(水田) 쌀농사, 소, 물소 사육, 동손 청동기문화[2], 철의 사용, 정령(精靈)숭배, 조상 신앙.... 등의 일반적인 기층(基層)문화가 존재했던 것으로 보고 있다. 세데스(Georges Coedès)는 선(先)아리아문화라고 부르는데, 그 단계에서도 인도대륙과 동남아시아는 잦은 교류가 있었다. 예를 들어 물소는 인도 동부에서 가축화되어 전래되었을 가능성이 높으며, 인도 문화요소의 전파에 있어서도 인도대륙의 원주민인 오스트로아시아 어족계 집단이 아리아인의 침입으로 인해 이동하고, 그 문화를 동남아(東南亞)로 가져왔다는 설도 있다. 카스트제도는 왜 동남아시아에 전해지지 않았을까 등의 '인도화'를 둘러싼 논의는 흥미롭지만, 여기에서는 힌두건축

---

1 데바deva는 신(神), 라자raja는 왕(王)이라는 뜻으로 왕을 신격화한 신왕(神王)을 의미한다. 캄보디아의 앙코르시대(9~15세기 전반)에 행해진 독특한 신앙형태로서 초대왕인 자야바르만 Jayavarman 2세(재위 802~854) 때부터 확립되었다. 앙코르시대의 여러 왕들은 주로 힌두교의 시바신을 숭배하였으므로 신왕(神王)은 링가의 형태로 신앙시되었다. (네이버 지식백과)

2 동손문화(Dong–so'n); 동남아시아의 청동기, 철기문화의 하나로서, BC. 4~AD. 2세기경. 베트남의 북부, 청화(단호아)의 북쪽 동산(동손)의 주거지, 고묘군에서 프랑스의 파조(M· Pajot) 등이 1924~28년에 발굴하여, 유견석부(有肩石斧) 등 마제석기와 토기, 동고(銅鼓)·화형동부, 청동용기·무기·장식품 등이 출토되었다. 중국의 영향을 받아 금속기문화를 이해한 인도네시아계 주민이 낳은 문화라 생각되며, 이 계통의 문화는 주변지역에도 퍼져 있다. 북으로는 중국 윈난성의 석채산 유적이 이 계통이며, 남(南)은 인도네시아, 동(東)은 뉴기니 중앙 북해안에 이르고 있다. (네이버 지식백과)

3 사무드라 만타나(산스크리트어: समुद्र मंथन) 또는 유해교반(乳海攪拌) 설화는 바가바타 푸라나, 마하바라타, 비슈누 푸라나에서 언급된 설화로 인도신화의 여러 전설들 중에서도 제일 널리 알려진 이야기 중 하나이다. (위키백과)

의 전개를 중심으로 살펴본다.

동남아시아에 현존하는 힌두건축은 7세기 이전까지 거슬러 올라가는 유구가 거의 없기 때문에 크게 지역구분을 하여 주요 왕조를 축으로 살펴본다.

1. 크메르 - 앙코르

동남아시아에서 가장 오래된 인도화 국가는 후난[4](부남 扶南)으로 메콩·델타를 지배영역으로 하고, 최전성기는 4세기로 알려진다. 옥애오유적이 알려져 있고, 남방상좌부불교가 전해졌지만, 힌두교가 문화의 중심이었을 것으로 생각된다.

6세기 말경 메콩강 중류에서 발흥(勃興)하여 7세기 중반에 후난을 정복한 것이 크메르(진랍 真臘)이며, 이샤나프라(이사나성 伊奢那城, 현 산보르·프레이·쿡크[5])에 도읍(都邑)을 두었다. 그 주변에는 힌두교의 소성(燒成) 벽돌조 사당(祠堂)의 유구(遺構)가 남아 있는데, 기단 위에 직육면체의 본 건물을 놓고 그 위에 지붕을 얹는 형태에는 크게 단대(段臺) 피라미드를 다층(多層)으로 중첩시킨 것과 고탑(高塔)형식의 2종류가 있다.

802년에 자야바르만 2세(재위 802~834년)가 앙코르왕조를 창시했으며, 이 때를 기준으로 전(前)앙코르시대와 앙코르시대를 구분한다. 앙코르는 산스크리트어의 나가라[6](도시)를 어원(語源)으로 하고, 이 시기 이후 천도(遷都)는 자주 있었지만, 크메르족의 수도(首都)는 앙코르지역 내로 고정된다. 자야바르만 3세를 거쳐 인드라바르만 1세(재위 877~889년)가 등장하여 롤루오스에 수도(首都) 하리하라라야(Hariharalaya)를 건설했으며, 앙코르·와트(12세기 전반), 바이욘(12세기 말)을 건

그림 4-87 관세음보살(觀世音菩薩)얼굴(面), 바이욘, 앙코르

그림 4-88 바콩, 앙코르

그림 4-89 피미아나카스, 앙코르

4 원본의 フナン
5 원본의 サンボール・プレイ・クック
6 원본의 ナーガラ

설하던 시기에 앙코르왕조는 최(最)전성기를 맞이했다.

크메르의 모든 왕(王)들은 시바파를 신봉하고, 활발하게 링가를 숭배했지만, 비슈누신앙과 하리하라신앙도 있었다. 또한 대승불교도 혼합되고, 앙코르·톰의 바이욘(중심산사, 中心山寺)의 건설자인 자야바르만 7세(재위 1181~1220년)는 관세음보살(觀世音菩薩)을 중시한 것으로 알려져 있다.

그림 4-90 바푸욘, 앙코르

<표 4-1> 앙코르의 주요 왕조(王朝)와 건축양식

하리하라라야	인드라바르만 1세(877~889년)

롤루오스 유적군: 프라·코[7] 양식
프라·코 879년 바콩 881년 롤레이사당(祠堂) 893년

앙코르 제1차(야쇼다라프라)	야쇼바르만 1세(890~910년) 하르샤바르만 1세(910~922년) 이샤나바르만 2세(922~928년)

바켕양식
프놈·바켕 야쇼다라타타카 프놈·크롬
프라사트·크라반 921년

코케	자야바르만 4세(928~942세)

코케양식

앙코르(제2차)	라젠드라바르만(944~968년) 자야바르만 5세(968~1001년) 수르야바르만 1세(1011~1049년)

동(東)메본 952년 쁘레룹 961년
반테아이·스레이 967년 …… 반테아이·스레이양식
따·케오 피미아나카스 크레앙[8] …… 크레앙양식

앙코르(제3차)	우다야디티야바르만 2세(1049~1066년) 하르샤바르만 3세(1066~1080년) 자야바르만 6세(1080~1107년)

바푸온양식
바푸온 서(西)바라이 무앙·탐

	수르야바르만 2세(1113~1150년)

앙코르·와트양식
앙코르·와트 피마이 톰마논

앙코르(제4차)	자야바르만 7세(1181~1220년)

바이욘양식
바이욘 앙코르·톰 따·프롬 반테아이·쿠디 프라·칸[9]
닉·뽀안 따·솜

---

7 원본의 プラ・コー
8 원본의 クレアン
9 원본의 プラー・カン

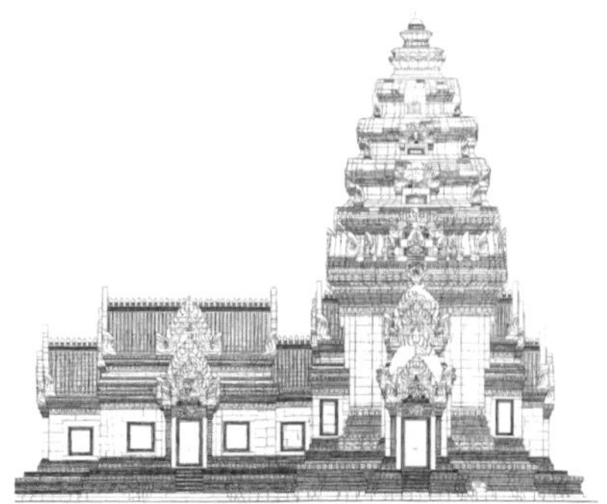

그림 4-91 피마이(입면도), 앙코르

그림 4-92 따·케오, 앙코르

그림 4-93 바이욘, 앙코르

그림 4-94 따·프롬, 앙코르

그림 4-95 반테아이·스레이, 앙코르

그림 4-96 프라·코의 조각(彫刻), 앙코르

앙코르시대의 수도(首都) 이름, 왕(王) 이름, 주요 건물 등을 열거하면 (표 4-1)과 같다. 양식은 장식문양이나 부조(浮彫)로 구분되며, 앙코르에서는 5개의 머리와 7개의 머리를 가진 나가[10]의 상(像)이 곳곳에 보인다. 또한 유해교반(乳海攪拌)의 모티브가 특징적이며, 관세음보살(觀世音菩薩)의 안면탑(顔面塔)을 장식한 바이욘 등은 다른 곳에서는 유례를 찾아볼 수가 없다.

크메르에는 스투파 유구가 없고, 사원을 구성하는 것은 사당(祠堂)이다. 사당(祠堂)은

10 나가(नाग, Naga)는 인도신화에서 대지의 보물을 지키는 반(半) 신격의 강력한 힘을 소유한 뱀이나 용이다. 나가라는 말은 산스크리트어로 뱀, 특히 코브라 등의 독사를 가리키는 말이기 때문에 대개 목을 쳐든 코브라의 모습으로 몇 개의 머리를 갖기도 하고 상반신은 인간의 모습으로 묘사되기도 한다. (위키백과)

그림 4-97 롤레이, 앙코르

그림 4-99 닉·뽀안, 앙코르

그림 4-100 북(北)크레앙의 살창(箭窓)[11], 앙코르

그림 4-98 동(東)메본, 스라·스랭, 앙코르

기단(基壇), 신사(身舍), 옥개(屋蓋)의 세 부분으로 구성되어 인도적 우주관으로서의 삼계(三界) 관념-힌두교에서 말하는 스바르로카(Svarloka)(천계(天界)), 부바르로카(Bhuvarloka)(공계(空界)), 부르로카(Bhurloka)(지표계(地表界)·타계(他界)), 그리고 대승불교에서 말하는 아르파다츠(Ārūpadhātu)(무색계(無色界)), 루파다츠(Rūpadhātu)(색계(色界)), 카마다츠(Kāmadhātu)(욕계(欲界)), 또한 남방 상좌부 불교에서 말하는 카마로카, 루파로카, 아루파로카-중국불교에서는 로카를 '세(世)', 다츠를 '계(界)'라고 번역한다-를 구체화한 것으로 생각된다.

사원의 형식은 매우 기하학적이고 이해하기 쉽다. 평면형식으로는 중심사당이 1기(基)인 것(①), 3기(基) 형식(②), 중심의 1기(基)를 4기(基)의 부사당(副祠堂)으로 둘러싸는 5기(基) 형식(③ 금강보좌(金剛寶座)), 6기(基) 형식(④) 등이 있으며, 입면형식으로는 전체가 평면상으로 펼쳐있는 것(평지(平地)형식), 언덕 위에 서있는 것(구상(丘上)형식), 단대(段臺) 피라미드 위에 세워지는 것(당산(堂山)형식), 산의 경사면에 단대(段臺) 테라스 형태로 만들어지는 것(산복(山腹)형식)의 4가지가 있다.

①에는 바콩, 피미아나카스, 바푸온, 서(西)메본, 톰마논, 피마이 등이 있고, 이들

11 원본의 連子窓

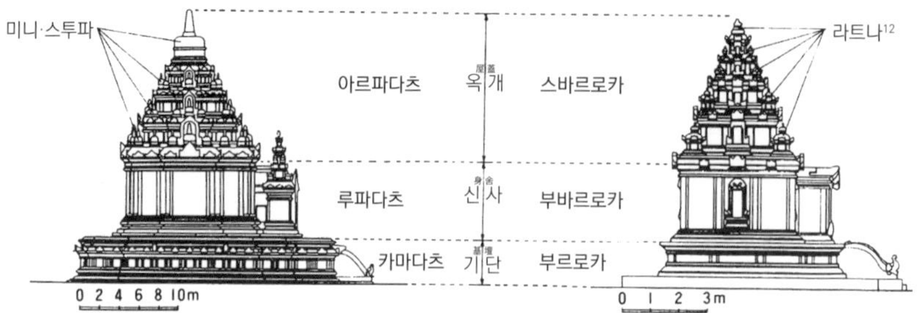

그림 4-101 불교 **찬디**(좌)와 **힌두**교 **찬디**[12](우)

은 크게 내진(內陣)이 1실인 것과 평면분화가 진행되어 십자형 평면을 가지는 것 두 가지로 구별된다. ②에는 프놈·바켕, 동(東)메본, 쁘레룹, 따·케오 등이 있다. 따·케오는 십자형 평면을 하고 있으며, 단대(段臺)피라미드 위에 5기(基)의 사당(祠堂)을 세웠는데, 앙코르·와트와 바이욘, 따·프롬, 반테아이·쿠디 등도 이 5기(基) 형식이 복잡화한 것으로 생각된다. ③에는 프놈·크롬, 반테아이·스레이, 왓·시사와이(수코타이) 등이 있으며, ④는 프라·코가 알려져 있다.

가람배치는 매우 구심적인 만다라 형식을 취하지만, 본전(本殿) → 배전(拜殿) → 누문(樓門)을 일직선상에 배치하는 것도 적지 않고, 남인도 혹은 동북(東北)인도와의 유사성이 지적된다. 기본적으로 묘묘(墓廟)인 앙코르·와트가 서향(西向)인 것을 제외하고는 거의 모든 주사당(主祠堂)은 가장 성(聖)스러운 방향인 동쪽을 향하고 있다.

2. 자바

앙코르왕조의 크메르에 앞서 힌두·불교건축의 꽃을 피운 곳은 자바이다. 지금까지 출토된 산스크리트 비문(碑文)으로부터 5세기에는 인도문명이 자바에 전해졌다고 알려지지만, 그 기원에 대해서는 불분명하다.

그림 4-102 로로·존그란사원, **프람바난**

찬디·아르주나, 찬디·비마 등 가장 오래된 건축유구는 중부 자바의 디엔고원에 있다. 7세기에 세워졌다고 하며, 이후 사일렌드라왕조(750~832년)를 중심으로 7세기 말부터 10세기 초에 걸쳐 지어진 많은 건축이 중부 자바에 남아 있다.

힌두교이든 대승불교이든 자바에서는 사원을 일반적으로 찬디(candi)라고 부른다. 체디와 마찬가지로 산스크리트어 차이티야에서 왔다고 생각할 수 있지만, 내부공

12 원본의 ラトナ

간이 없는 스투파라고 생각되는 찬디·보로부두르와 비하라 또는 경장(經藏)으로 간주되는 다층(多層)의 찬디·사리와 찬디·푸라오산을 제외하면 모두 신불상(神佛像)과 링가를 모시는 사당(祠堂)이다.

가장 유명한 것은 찬디·보로부두르와 찬디·로로·존그란(일명 프람바난)이다. 전자(前者)는 사일렌드라 왕조가 세운 대승불교 유적으로 1814년에 발견되었다. 6층의 방형(方形) 단대(段臺) 피라미드 위에 3층의 원형(圓形) 단대(段臺)가 중첩되고, 중심 스투파를 둘러싸고 3층 원형(圓形) 단대(段臺) 위에 각 32, 24, 16의 총 72개의 작은 스투파가 원형(圓形)으로 배열되어 있다. 각층의 벽면은 불교의 전파와 관련된 부조(浮彫) 패널로 장식되어 있으며, 보로부두르가 도대체 무엇을 의미하는가를 둘러싸고 여러 해석이 분분한데, 동쪽으로 1.8km와 3km 거리에 있는 찬디·파온과 찬디·문두트가 같은 축(軸)에 나란히 있는 것으로 보아 하나의 그룹으로 간주되고 있다.

찬디·로로·존그란은 시바신(神)을 주신(主神)으로 하는 힌두사원으로 856년에 창건된 것으로 알려져 있다. 크고 작은 240개의 찬디군(群)으로 이루어지며, 크게 외원(外苑), 중원(中苑), 내원(內苑) 등 3개의 경내(境內)로 구분되며, 내원(內苑)에는 중심 사당(祠堂)과 양쪽 옆의 협사당(脇祠堂), 그들에 각각 대응하는 작은 사당(祠堂)을 합하여 6개의 찬디가 세워져 있다.

그 외에 찬디·콤플렉스로 찬디·세우, 찬디·룸붕, 찬디·푸라오산 등이 있고, 모두 매우 기하학적인 구성을 하고 있다.

10세기 중엽이 되면 힌두·자바 문화의 중심은 동부 자바로 옮겨 간다. 사일렌드라왕의 힌두교 개종, 스리비자야왕국의 위협, 므라피산의 폭발 등 여러 설이 있지만, 힌두왕국의 중심은 차례로 크디리(930~1222년), 싱가사리(1222~1292년), 마자파힛(1293~1520년)으로 옮겨 가는데, 모두 브란타스강 상류에

그림 4-103 찬디·세우, 프람바난

그림 4-104 고아·가자, 발리

그림 4-105 구눙·카위, 발리

그림 4-106 발리건축의 입구로 사용되는 찬디·분타르(쪼개진 문), 발리

그림 4-107 찬디·스쿠, 자바

위치하고, 수라바야가 그 외항(外港)이다.

동자바 시기가 되면, 힌두교와 대승불교의 혼합은 더욱 진행되고 밀교화(密敎)한다. 스투파, 비하라 없이 신상(神像)을 모시는 사당(祠堂) 찬디가 곳곳에 남아 있지만, 중부자바 시기와 비교하면 일반적으로 폭이 짧고 높이가 높다. 또한 카라·마카라 장식 가운데 윗부분의 카라만 남는데, 카라는 육지의, 마카라[13]는 바다의 상상동물로 개구부 위아래에 사용되는 장식이다. 많은 유적이 있지만 발리섬의 고아·가자, 구눙·카위는 크디리왕조의 것이며, 찬디·키달, 찬디·자고, 찬디·파나타란이 싱가사리왕조의 대표적인 찬디이다. 또한 트로울란 주변에 찬디·자위, 찬디·티쿠스 등 마자파힛왕국의 유구가 남아 있다.

그림 4-108 찬디·쵸트, 자바

마자파힛왕조는 16세기 초에 이슬람 세력에 쫓기어 발리섬으로 거점을 옮기게 되는데, 이 힌두교 쇠퇴기에 세워진 독특한 유적이 중부자바 라우산의 찬디·스쿠와 프나쿤간[14]산에 남은 찬디·쵸트[15]이다.

3. 파간

크메르, 자바와 함께 동남아시아 힌두, 불교건축의 3대 중심으로 알려진 것은 미얀마의 에야와디강 중류 유역인 파간이다.

에야와디강 유역에는 오래전부터 퓨족의 문화가 발전하고 있었다고 알려진다. 옛날부터 인도의 영향이 미치고 있었는데, 예를 들어, 베익타노 유적에는 남부 인도의 안드라왕조(BC 1세기~AD 3세기 중반)의 영향이 남아 있으며, 또한 스리크

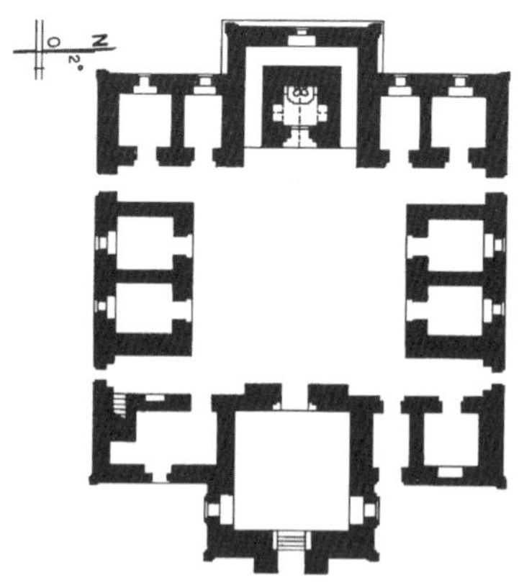

그림 4-109 소민디사원(평면도), 파간

13 Makara(영어); 인도신화에 등장하는 거대한 바다 괴어(怪魚)로, 갠지스강의 여신인 강가와 물의 신 바루나가 타고 다니는 괴물로 나온다. 수호신 역할을 한다고 알려져 마카라 조각이나 동상을 사원의 입구에 설치한 힌두교 및 불교 사원이 많다. 중국에서는 산스크리트어인 마카라를 마갈어(摩竭魚), 마가라(磨伽羅), 마가라어(麼迦羅魚) 등으로 표기한다. (네이버 지식백과)

14 원본의 プナクンガン

15 원본의 チャンディ·チョト

세트라 유적에는 인도 동해안 중부의 아마라바티지방 또는 벵골, 오리사지방의 영향이 엿보이는 파고다가 남아 있다.

이 에야와디강 유역에 북쪽에서 남쪽으로 내려온 버마족이 세운 것이 파간왕조이다. 파간왕조의 시작은 2세기 초까지 올라간다고 전해지지만, 전성기를 맞이한 것은 에야와디강 유역을 통일한 아노야타왕(재위 1044~1077년) 이후의 250년 동안이다. 파간왕조의 역대 왕들이 축조한 당탑(堂塔)의 수는 5000개에 이르며, 현재 2000개를 넘는 유구가 남아 있는데, 남방상좌부 불교가 파간왕조의 중심이지만, 8세기 이전에는 대승불교의 영향이 강하고, 퓨족 이래 힌두교의 영향도 짙다.

파간왕조의 건축은 일반적으로 북인도식, 즉 시카라풍의 고탑(高塔)을 세우며, 탑 즉 파고다와 사당(祠堂) 체디의 탑부(塔部)에 대해서는 2장에서 언급했지만, 12세기가 되면 몽(Hmong)문화 대신 버마문화가 성립되어 11세기 중엽에 이른바 버마형의 파고다가 성립한다. 비하라의 유구로는 소민디[16], 타마니[17], 아마나[18] 등이 있지만 중정(中庭)을 둘러싸는 방형(方形) 평면의 기본형이 있다.

4. 참파

동남아시아 대륙부의 남(南)중국해 연안부는 예로부터 중국의 영향이 강하다. 특히 북부는 기원전 111년에 한무제(漢武帝)에게 정복되어 그 지배하에 놓이게 되며, 중국의 지배에서 벗어나 2세기 말에 건국한 것이 참족의 참파이다. 이 나라는 이 시기에 남(南)중국해 연안부에서 흥했던 인도화 국가 중의 하나이며, 그 역사는 임읍기(林邑期) 192~758년), 환왕기(環王期)(758~860년), 점성기(占城期)(860~1471년)로 나뉘는데, 2세기 말부터 15세기 말까지 존속된다. 힌두교가 주된 종교였으며, 불교가 두 번째였는데, 임읍기(林邑期)의 핵심영역은 중부 베트남의 차키우[19], 미선[20], 동즈엉 일대로 산스크리트어로 아마라바티라고 불리는 지역이며, 현재 남아있는 유구는 대부분이 힌두교의 사당(祠堂)으로 카랑이라고 불린다.

환왕기(環王期)가 되면 핵심지역이 남쪽의 콴호아, 판란(판드란가) 주변으로 옮겨 가며, 호아라이에는 802년경 왕위에 오른 하리바르만 1세가 건립했다는 카랑군(群)이 남아 있다.

점성기(占城期)가 되면 핵심영역은 다시 북쪽으로 이동하여 콴남 주변이 되며, 대표적 유적으로 남은 것은 미선 남부의 동즈엉이다. 9세기의 인드라바르만 2세가 대

16 원본의 ソーミンディ
17 원본의 タマニ
18 원본의 アマナ
19 원본의 チャーキュウ
20 원본의 ミーソン

승불교를 받아들였는데, 이 시기에 참파에서는 유일하게 불교가 융성했다.

참파의 건축양식은 인접한 크메르와 굽타왕조의 인도와 관계가 깊고, 또한 자바와도 오래전부터 교류해왔으며, 중국의 영향도 볼 수 있다.

PART 05

5章

都城
아시아의 도성과 코스몰로지

도성(都城)이란 성곽(城郭)도시를 말하는 것인가?

도성(都城)에 대한 정의로 '코우지엔(広辞苑)' 에서는 '(주위에) 성곽(城郭)을 만든 도시', 그리고 '세계 고고학 사전(世界 考古学 事典)'에서 세키노타케시(関野雄)는 '주위에 성벽(城壁)을 돌린 도시의 유적, 종래의 관례로 보면 중국, 조선, 일본으로 한정시키는 것이 보통이다'라고 하고 있다. 이 두 가지 설명을 보면 도성(都城)이란 '성곽(城郭) 또는 성벽(城壁)으로 둘러싸인 도시'라고 하는 점에서 공통적이다.

그러나 넓게 유라시아를 바라보면, 위벽(圍壁)이란 도시뿐만 아니라 큰 마을에서도 볼 수 있는 보편적인 시설일 뿐이다. 따라서 그 존재를 아무리 강조해도 그것은 유라시아 도시의 일반적인 특징을 말하는 것이기 때문에 도성(都城)이라는 특별한 도시에 대한 설명이 되지 않으므로 '도성이란 무엇인가'에 대해 다시 생각해 볼 필요가 있다.

도성(都城)은 '도(都)의 성(城)'이며 전근대에서 '도(都)의 성(城)'은 왕권(王權)의 소재지로 다른 도시로부터 초월한 최고의 존재다. '도(都)'란 제왕이 국가의 이름으로 정사(政事)와 제사(祭事)를 지내는 장소를 의미한다. 왕궁, 관아 등의 정사(政事)시설과 신전 및 사원 등의 제사(祭事)시설이 이런 점을 보여주며, 이 두 개는 합쳐져 제정(祭政)일치라는 '도(都)'의 핵심을 구성하는 경우가 많았다. 한편, '성(城)'이란 도성(都城)이 갖는 군사적 측면을 의미한다. 시벽(市壁)과 해자(垓子)[1] 등으로 나타나는데, 도성(都城)을 '성벽(城壁)으로 둘러싸인 도시'로 정의하는 것은 '도성(都城)'의 '성(城)'에만 주목하고 있는 것에 지나지 않는다. 물론 시벽(市壁)은 군사시설일 뿐만 아니라 중국에서는 문명의 표상이자 서아시아와 인도에서는 도시의 격식을 나타내는 지표이기도 했다.

일본의 도성(都城)은 '도성(都城)' 중 '도(都)'만을 채택하고 '성(城)'을 수용하지 않았는데, 그럼에도 불구하고 일본에서는 이상하게도 '성(城)'을 강조하여 도성(都城)이 정의된다.

정사(政事), 제사(祭事), 군사(軍事)라는 3가지는 왕권의 권위와 권력을 기반으로 전개되며, 왕권 권위의 원천은 경전(經典)과 신화를 통해 전해지는 코스몰로지[2]에 있었다. 이것은 고대 중국의 '천제(天帝)가 지상으로 보낸 자식으로서의 천자(天子)'라는 왕권 사상, 또한 '산스크리트어 성전(聖典)[3]의 독점자인 바라몬에 의해 크샤트리아 중에서 인증된 제왕(帝王)'이라는 고대 인도의 왕권사상 등을 상기하면 분명하다. 그 때문에 왕권에 의해 건설된 도성(都城)은 왕권을 매개로 코스몰로지와 결합하며, 도성(都城)은 '지상에 실현된 코스몰로지의 축도'이고, 이러한 도성(都城)은 당연히 왕권의 소재지인 왕도(王都)에 한정된다.

그러나 당초의 신화와 성전(聖典)에 종속된 왕권이 권력확대를 바탕으로 자기신장(自己伸張)[4]을 도모하게 되는데, 그 결과 코스몰로지에서 벗어나 왕권에 의한 도성(都城)의 세속적 재편 즉 바로크화가 시작된다. 예를 들어 왕궁에 서있는 제왕(帝王)의 비스타를 나타내는 축선(軸線) 도로의 출현이 그 좋은 예인데, 이렇게 도성(都城)의 형태전개를 생각하기 위한 기본개념으로 코스몰로지, 왕권(王權), 바로크화라는 3가지 개념을 설정할 수 있다.

---

1 원본의 濠

2 코스몰로지(Cosmology) ; 우주론. 우주에 관한 체계적인 사고가 미술에서는 우주상(像)으로 표현된다. 이러한 사상은 원시미술의 단순한 부적류(符籍類)에서 고대 이집트미술의 천공도(天空圖)나 고대 그리스 올림피아의 제우스상(페이디아스 작, 현존하지 않음)과 그것을 둘러싼 도상장식, 고대 로마의 판테온신전, 불교미술의 대스투파, 대불(大佛), 변상도(變相圖), 만다라도(曼荼羅圖), 그리스도교 미술의 『마예스타스 도미니』나 『천상의 예루살렘』의 도상, 비잔틴 성당의 판토크라톨을 중심으로 하는 도상체계 등, 그 표현형식은 가지각색이다. (네이버 지식백과)

3 원본의 성전(聖典)

4 원본에서는 伸長으로 표현.

01 도성(都城)과 코스몰로지

– 두 개의 아시아 –

1. 도성(都城)사상과 아시아 - A·B 양대 지역

도성(都城)을 왕권(王權)의 소산이라고 할 때, 당연히 그 형성은 제국이 성립되었던 지역에 한정된다. 그러나 아시아의 제국성립 지역이 모두 도성(都城)을 건설했다고는 할 수는 없으며, 아시아는 '코스몰로지 – 왕권(王權) - 도성(都城)'이라는 관계에 기초한 도성(都城)사상을 가진 A지역과 그것을 갖지 않는 B지역으로 양분되기 때문이다. A지역에 속하는 곳은 남아시아, 동남아시아, 동아시아이고, B지역은 그 외곽으로 넓혀 나가는 서아시아, 북방 아시아이다. 양자의 경계는 서쪽으로는 습윤 및 건조, 북쪽으로는 온난과 한랭이라는 생태조건의 차이와 거의 같다.

A지역은 도성(都城)사상을 공유한다는 점에서는 공통점을 갖지만, 그 내부적으로는 도성(都城)사상을 스스로 만들어 낸 핵심영역과 그것을 수용한 주변영역이라는 '중심 - 주변' 구조를 나타낸다. 그 핵심영역으로는 2군데가 존재하는데, 고대 인도(A1)와 고대 중국(A2)이다. 또한 이 두 핵심영역의 주위에는 그들에게서 도성(都城)사상을 수용한 주변영역이 존재하는데, A1 고대 인도 도성(都城)사상의 수용지대가 베트남을 제외한 동남아시아이며, A2 고대 중국의 도성(都城)사상을 수용한 곳이 한반도, 일본, 베트남 등이다.

이 관계를 나타낸 것이 (그림 5-1)이며, 본 장(章)의 대상은 A지역이다. 그러나 거기에 집중하기 전에 B지역의 이슬람 여러 제국이 건설한 왕조가 왜 도성(都城)이라고

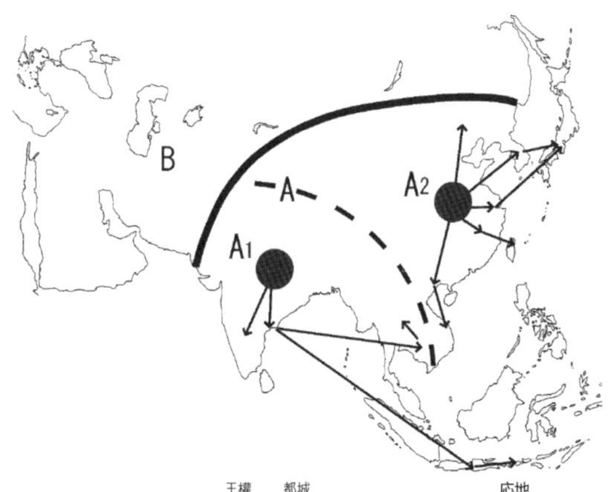

그림 5-1 '코스몰로지 - 왕권(王權) - 도성(都城)' 관점에서 본 **아시아**[**오지**(應地)에 의함]

할 수 없는지의 문제를 언급할 필요가 있는데, 아바스왕조의 바그다드를 예로 들어 이 문제를 생각해 본다.

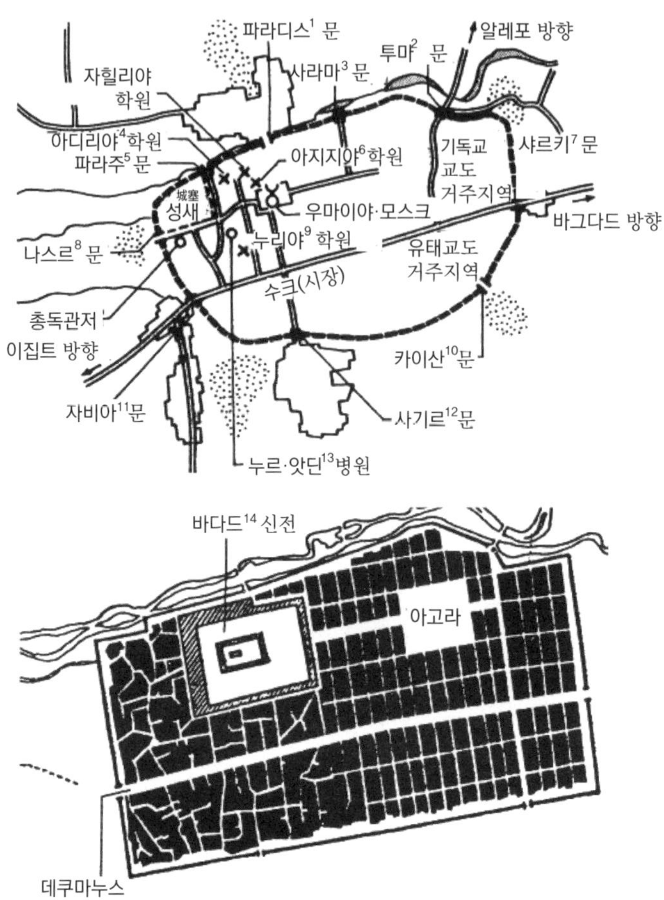

그림 5-2 다마스쿠스의 **이슬람화** (**야마나카유리코**山中由里子) - 상 : 13세기, 하 : 로마시대

---

1 원본의 ファラーディース
2 원본의 トゥーマー
3 원본의 サラーマ
4 원본의 アーディリーヤ
5 원본의 ファラジュ
6 원본의 アジージーャ
7 원본의 シャルキー
8 원본의 ナスル
9 원본의 ヌーリーヤ
10 원본의 カイサーン
11 원본의 ジャービア
12 원본의 サギール
13 원본의 ヌール·アッディーン
14 원본의 バダド

2. 도성(都城)사상과 이슬람 - 바그다드의 경우

사상 최초의 이슬람제국은 661년 성립한 우마이야왕조인데, 이 왕조는 현재의 다마스쿠스(디마슈크)에 왕도(王都)를 정했다(그림 5-2). 그러나 다마스쿠스는 이미 그 앞의 로마제국이나 비잔틴제국의 주요 도시였기 때문에 두 제국이 건설한 도로 형태 및 주요시설의 위치 등을 답습하여 이슬람제국 최초의 왕도(王都)가 여기에 건설된 것이다. 따라서 그 의미는 다마스쿠스가 이슬람 최초의 왕도(王都)였지만 도시로서의 특성은 비이슬람적 요소를 띠고 있었다는 점인데, 바로 이 점에서 다마스쿠스가 아니라 바그다드를 강조한 것은 바그다드가 독자적인 구상에 기초한 이슬람세계 최초의 왕도(王都)였기 때문이다.

아바스왕조의 2대 칼리프 알·만수르는 고민 끝에 바그다드지역을 선택하여 건설을 시작하며, 매일 10만명을 동원하여 4년이 지난 766년에 신도시를 완성시켰다. 그 정식명칭은 마디나·앗살람('평안경(平安京)')이었는데, 거의 같은 시기 일본의 도성(都城)과 같은 의미의 이름을 가진 신도시로 환호(環濠)와 3겹의 성벽에 둘러싸인 원형(圓形) 도시였다(그림 6-13).

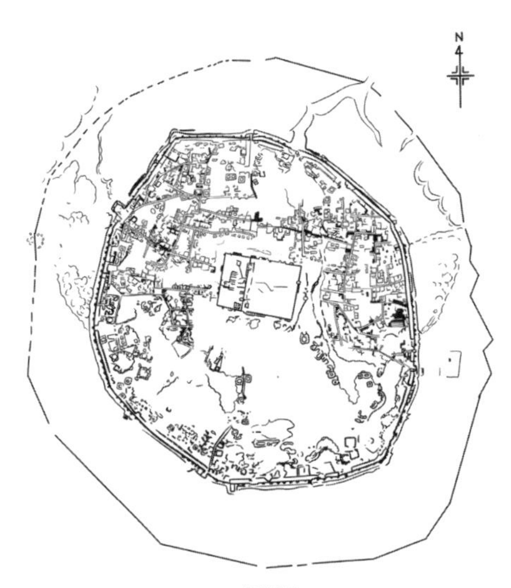

그림 5-3 하트라유적도(후카이신지(深井晋司))

※ 위 삽화는 원서를 기반으로 한국 출판사에서 작성 후 수록했습니다.

라스나[15]에 따라 그 총면적을 500만㎡라고 가정하면, 반지름은 약 1260m, 둘레는 약 7920m가 된다. 내부는 동심원으로 2분되어 있었고, 외원부(外圓部)는 가장 안쪽의 시벽(市壁)으로부터 원(圓) 바깥 방향으로 방사형 대로(大路)와 골목형태로 규칙적 분할이 이루어졌다. 이곳은 신하와 장군들의 주거지역이었으며, 일반 시민의 거주는 허용되지 않았다. 내원부(內圓部)의 중심에는 정방형의 대(大)모스크가 있었고, 그 북동변에 접하여 왕궁(황금문궁(黃金門宮))이 있었는데, 이 두 곳을 중심으로 그 주위에 왕족의 저택·각종 관청·경찰·친위대 주둔지 등이 건설되었다.

---

15 원본의 ラスナー

16 출처: 위키백과(https://commons.wikimedia.org/wiki/File:Hatra_plan_general.svg?uselang=ko)

원형(圓形)은 특정 방향으로 편향되지 않은 등방성(等方性) 형태이기 때문에 내원부(內圓部)와 외원부(外圓部)로 구성된 바그다드도 등방성에 따른 동심원 편성이다. 그러나 그림 6-13은 이 등방성 원리만으로는 바그다드의 도시형태가 설명될 수 없다는 인상을 주는데, 그 이유는 중심을 차지하는 모스크의 존재에 있다. 모스크는 정방형이라는 비등방적인 형태일 뿐만 아니라, 키블라[17]라고 하는 메카의 방위를 최우선으로 하는 편향성을 가진다. 그것을 단적(端的)으로 보여주는 것이 키블라에 의해 방향이 규정된 4개의 대로(大路)이며, 이들에 의해 원형(圓形)도시가 4등분된 결과 바그다드에서는 원형(圓形)이 갖는 등방성은 뒤로 감춰지게 되었고, 원형(圓形)이면서 메카로의 편향성이 각인된 이슬람도시라는 성격을 띠고 있는 것이다.

그렇다면 바그다드를 이슬람의 코스몰로지를 구현하는 도성(都城)으로 이해할 수 있을까? 고스기야스시(小杉泰)에 따르면, 이슬람에도 코스몰로지는 존재하지만 각각의 도시가 코스몰로지를 구현한다는 사상은 없으며, 존재하는 것은 여러 도시들을 군(群)으로 상호 연결한다는 생각이다. 즉 도시의 가장 중요한 시설인 모스크가 모두 메카를 향해 건설되는 것이고, 그 결과 이슬람세계의 모든 모스크, 더 나아가 모든 도시가 메카의 카바(카아바)[18]신전이라는 자극(磁極)을 향해 구심(求心)하는 것이다. 이 웅장한 모스크와 도시의 별자리 같은 편성이 이슬람의 코스몰로지인 것인데, 이것은 '각각 도성(都城)이 왕권(王權)을 통해 코스몰로지와 결합한다'라고 하는 A지역과는 다른 원리이며, 역사를 통해 이슬람세계가 제국과 왕도(王都)를 건설해 온 점은 A지역과 다르지 않지만, 도성(都城)사상을 갖지 않는 B지역으로 분류하는 것은 이러한 이유에서다.

원형(圓形)과 정방형, 방사형, 직교형 도로와 같은 바그다드의 기하학적 구성은 그야말로 이슬람적이라 할 수 있다. 그러나 원형(圓形)을 사용한 것에 대해 이슬람으로 설명하는 것은 불가능한데, 이슬람이 들어서기 전의 메소포타미아는 사산왕조 페르시아 영토였고, 페르시아는 오랫동안 원형(圓形)도시를 많이 건설해 왔기 때문이다. 이에 대해 BC 8~6세기 메디아왕국의 수도(首都) 엑바타나(현재 이란 북서부의 하마단)에 관한 헤로도토스의 서술이 있다.

그는 당시 메디아의 왕 데이오케스에 대해 언급한 후, '데이오케스는 장대하고 견고한 성곽(城郭)을 쌓았는데, 이것이 오늘날 엑바타나란 이름으로 불리는 성(城)으로서 동심원을 그리며, 성벽을 겹겹이 겹쳐서 쌓았다. 이 성곽(城郭)의 둥글게 둘러싼 각 벽들은 흉벽(胸壁)의 높이만큼 높게 설계되어 있는데, 성(城)이 이러한 모양을 띠고 있는

---

17 키블라(Qiblah) ; 아랍어로 '방향'을 의미한다. 이슬람교에서 예배하는 방향을 의미하며, 사우디아라비아 수도 메카에 있는 카바신전을 가리킨다. 모스크 내부에서는 한쪽 벽면에 움푹 파인 미흐라브를 만들어서 키블라를 표시한다. (네이버 지식백과)

18 카바(Kaaba, Káaba) ; 사우디아라비아 메카에 있는 이슬람교 신전의 명칭. (네이버 지식백과)

것은 구릉이 있는 지형 탓도 일부 조금은 있겠지만, 무엇보다도 그렇게 설계된 의도가 중요하다고 보이며, 둥근 모양의 성벽은 총 7겹으로 되어 있고, 가장 안쪽에 위치한 성벽 내부에 왕궁과 보물창고가 있다. 성벽 중 가장 큰 것은 아테네 도시의 둘레와 거의 같은데, 첫번째 원형(圓形) 성벽의 흉벽(胸壁)은 흰색, 둘째는 검정, 셋째는 진홍색, 넷째는 감청색, 다섯번째는 오렌지색과 같이 모든 성벽이 채색되어 있고, 마지막 2개의 성벽은 그 흉벽의 한쪽은 은판(銀板), 다른 하나는 금판(金板)이 붙여져 있다.... 인민(人民)들에게 성벽의 바깥 둘레에 살도록 명령했다(마츠다이라치아키(松平千秋) 번역)' 라고 말했다. 이 기술(記述) 중 7겹의 성벽을 3겹으로, 그리고 '왕궁과 보물창고'를 '왕궁과 모스크'로 바꾸면, 그가 적은 내용은 알·만수르의 바그다드와 일치한다.

이란고원과 메소포타미아에 남아 있는 이슬람시대 이전의 원형(圓形)도시 유적은 이외에도 크테시폰(3~7세기), 하트라(BC 1~AD 3세기) (그림 5-3), 니샤푸르(3~10세기) 등 상당수가 있으며, 원형(圓形)도시와 같은 바그다드의 특이한 기하학적 형태는 이슬람적인 느낌을 주지만, 바그다드는 앞선 사산왕조 페르시아의 도시를 규범으로 하여 건설된 것이다.

02 고대(古代) 인도의 도성사상(都城思想)

– A1지역 –

1. '아르타샤스트라[1]'의 도성론(都城論)

고대 인도의 도성(都城)에 대한 자세한 설명은 BC 2~AD 2세기에 씌어졌다고 추정되는 '아르타샤스트라(실리론(實利論))' 제2권 제3장 '성채(城砦)의 건설'과 제4장 '성채(城砦)도시의 건설'에 있는데, 그 내용을 카미무라카츠히코(上村勝彦)가 번역한 이와나미(岩波) 문고본(초판)을 요약하면 다음과 같다.

① 부지선정 - 건축학자가 권장하는 땅에 건설하며, 하천의 합류점이나 물이 가득한 호수와 연못의 물가에 접하여 육로와 수로를 갖추고 있어야 한다.

② 형태 – 지형에 따라 원형(圓形)이나 장방형 또는 정방형.

③ 환호(環濠) - 주위는 3겹의 해자(垓子)로 둘러싸여 있으며, 그 폭은 각각 약 25, 22, 18m이다.

④ 성벽 – (가장 안쪽의) 해자(垓子)로부터 7m 떨어진 곳에 해자(垓子)를 만들 때 파낸 흙으로 견고하게 구축하며, 그 높이는 약 11m, 밑면의 폭은 그 2배이다.

⑤ 도로 – 서쪽에서 동쪽을 향해 놓여진 3개의 왕도(王道)와 남쪽에서 북쪽을 향해 놓인 3개의 왕도(王道)로 시가지는 구획된다. 성벽에는 총 12개의 성문이 있는데, 왕도(王道)의 폭은 약 14m, 일반도로의 폭은 그 절반이다.

⑥ 왕궁 – 4성(姓)[2]이 함께 사는 최고의 주택지에 있다. 그 위치는 주택지(시가(市街))의 중심에서 북쪽 방향으로 아홉 번째 구획이며, 동향(東向) 혹은 북향(北向)으로 건설된다(다만, 카미무라(上村)의 재판(再版) 번역본에서는 아홉번째 구획이 도성(都城) 전체 면적의 9분의 1로 수정되어 있는데, 이 부분의 산스크리트어 원문(原文)은 어느 쪽의 의미로도 해석될 수 있으나 여기에서는 초판본에 따른다).

⑦ 제반 시설과 거주지의 배치 – 왕궁으로부터의 방향에 따라 다음과 같이 배치된다(이하 밑줄친 선은 같은 책의 다른 장에서 서술하는 장관이 관할하는 공적(公的) 시설을 가리킨다).

---

1 아르타샤스트라(산스크리트어 Arthaśāstra) ; 산스크리트어로 쓰인 정치, 외교, 경제, 군사 따위에 관한 문헌. 고대 인도의 공리주의적 정치사상을 아는 데에 귀중한 문헌으로, 찬드라굽타왕의 재상 카우틸랴(Kautilya)가 지었다고 전하여진다. (네이버 사전)

2 고대 인도의 네가지 사회계급, 즉 바라문[婆羅門, 산스크리트어 brāhmaṇa의 음사로서 제사와 교육을 담당하는 바라문교의 사제(司祭) 계급], 찰제리(刹帝利, 산스크리트어 kṣatriya의 음사로서 왕족·귀족·무사 계급), 폐사(吠奢, 산스크리트어 vaiśya의 음사. 농·공·상업에 종사하는 평민계급), 수타라(首陀羅, 산스크리트어 śūdra의 음사로서 노예계급)를 의미한다. (네이버 지식백과)

•북미동(北微東) : 학장(學匠)(대학자, 대장인)·궁정제승(宮庭祭僧)·고문관(顧問官)의 주택, 제의(祭儀)장소, 저수장(貯水場).

•남미동(南微東) : 주방, 코끼리 사육장, 식량창고.

•그 건너편으로 향·화환·음료 파는 상인, 화장품 장인(匠人) 그리고 크샤트리아가 동쪽 방향에 거주한다.

•동미남(東微南) : 상품 창고, 기록 회계소 및 장인(匠人) 거주구.

•서미남(西微南) : 임산물(林産物) 창고, 무기고

•그 건너편으로 공장 감독관, 군대 장관, 곡물·조리식품·술·고기 파는 상인, 유녀(遊女), 무용가 및 바이샤가 남쪽에 산다.

•남미서(南微西) : 당나귀·낙타 외양간, 작업장.

•북미서(北微西) : 탈 것·전차(戰車)의 차고.

•그 건너편으로 양모·실·대나무·가죽·갑옷과 투구·무기·방패를 만드는 장인(匠人), 그리고 수드라가 서쪽에 산다.

•서미북(西微北) : 상품·의약품 저장고.

•동미북(東微北) : 보물창고, 소와 말 축사.

•그 건너편으로 도시·왕의 수호신, 금속과 보석을 가공하는 장인(匠人) 및 브라만이 북쪽에 산다.

⑧ 신전(사원) – 도시 중앙에 아파라지타 등의 여러 신전이 있다.

2. 고대 인도 도성의 형태복원

이상의 서술(敍述)로부터, 고대 인도도성의 형태를 어떻게 복원할 수 있을까. 고대 인도에서 도성은 힌두적 코스몰로지에 기초하여 '지상(地上)에 실현된 우주(세계)의 축소 그림'이었으며, 그것이 복원의 출발점이다.

사다가타아키라(定方晟)는 힌두교의 코스몰로지를 조감도 형태로 정리하고 있다(그림 5–4). 인간이 거주하는 원형(圓形)대륙(잠부주[3])의 중앙에는 세계의 중심축인 메루산이 솟아 있고, 그 평평한 꼭대기에는 우주창조신 브라흐마[4](범천(梵天))의 원형(圓形)영역을 중심으로 동쪽에 인드라신(제석천(帝釋天)), 동남쪽에 아그니신(화천(火天)), 남쪽에 야마신(염마천(閻魔天)) 이하 세계의 8방위를 지키는 8대 수호신의 원형(圓形)영역이 늘어서 있는데, 이것을 표현한 것이 각종 만다라이다.

만다라 중에서 건축이나 도시계획의 고찰에 잘 인용되는 것은 정사각형을

---

3 원본의 ジャンブ州; 閻浮提(えんぶだい 엔부다이)로 표기하기도 하며 산스크리트어 जम्बुद्वीप, Jambudvīpa로 표기한다.
https://www.weblio.jp/content/%E3%82%B8%E3%83%A3%E3%83%B3%E3%83%96%E5%B7%9E

4 원본의 브라흐만(ブラーフマン)으로 표기되었으나 우리나라에서는 브라흐마가 표준어이다.

8×8=64블록으로 분할한 후, 45신(神)들의 영역을 정한 만두카·만다라인데 (그림 5-5), 앞에서 요약한 ⑤는 왕도(王道) 이외의 일반도로가 도성에 존재하고 있기 때문에, 8×8 만다라 사용은 그것에 저촉되지 않는다.

같은 만다라를 베이스·맵으로 하여 '아르타샤스트라'의 도성에 대한 기록을 해석하면 다음과 같다. 요약 ③의 해자(垓子)와 요약 ④의 성벽은 명확하며, 요약 ⑤에서 시가지는 각 3개의 동서와 남북의 왕도(王道)에 의해 16등분 되는데, 만다라에서의 가로(街路)는 8×8이므로 왕도(王道) 사이에 일반 가로(街路)가 있다고 하면 된다. 왕도(王道)와 성벽의 교점에 성문(城門)이 있다고 하면 한 변에 3개의 문이 있게 되므로 모두 12개의 성문(城門)이 있는 것이 된다.

어려운 것은 16등분이라고 하는 중심을 정하기 어려운 시가지의 경우 어디에 요약 ⑥의 '주택지(시가(市街)) 중심'을 상정할 수 있을지, 그리고 거기에서부터 '북쪽 방향의 아홉 번째 구획'을 어떻게 산정하고 왕궁의 위치를 확정할 수 있는가 하는 문제 등인데, 여러 선행연구에서도 이런 의문에 대해 납득할만한 해답을 제시한 것은 없으며 예를 들어 (그림 5-6)의 커크의 추측 도안에서도 왕궁은 도시의 중심에 위치하여 요약 ⑥에 어긋난다.

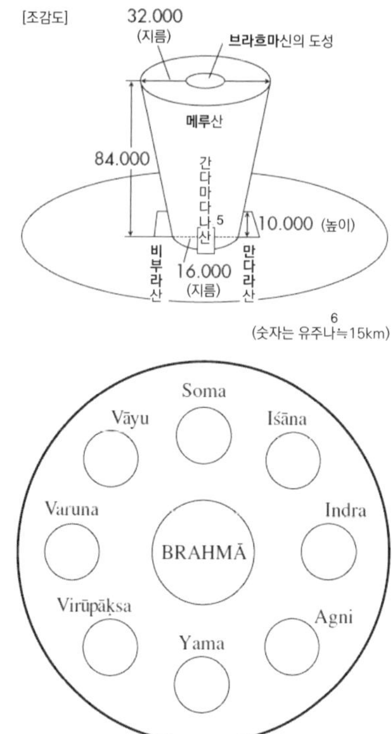

그림 5-4 위 그림: 힌두교의 세계관(사다가타아키라(定方晟)) / 아래 그림: 메루산 꼭대기에서 신(神)들의 영역 배치

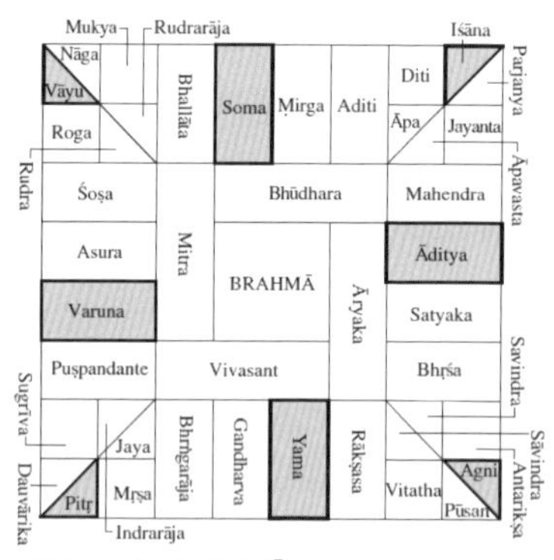

그림 5-5 만두카·만다라[7] (음영 부분은 8대 수호신 영역)

5 산스크리트어로는 Gandhamādana로 표기한다. (나무위키)

6 원본의 ユージュナ / / yojana; 인도네시아어로 길이의 단위(약 15Km)를 의미한다. (네이버 지식백과) https://en.wikipedia.org/wiki/Yojana

7 원본의 マンドゥーカ·マンダラ

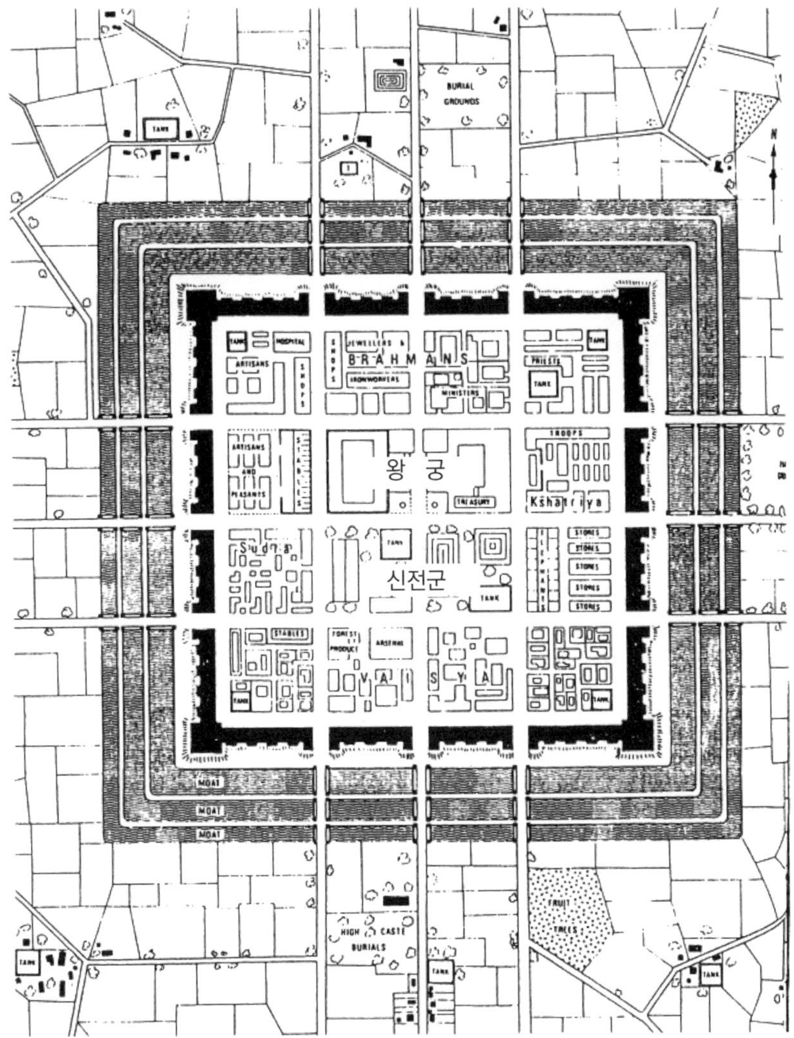

그림 5-6 '아르타샤스트라'에 기초한 도성(都城)복원(W·커크[8])

동서, 남북 각 3개의 왕도(王道)를 만두카·만다라에 기입하면 (그림 5-7)과 같이 된다. 중앙 왕도(王道)의 교점을 둘러싼 4개의 블록은 이 만다라에서는 브라흐마신(神)의 영역에 해당하는 가장 거룩한 중심이며(그림 5-5 참조), 여기에 요약 ⑧의 '도시 중앙'에 있는 신전(사원)군(群)을 가정할 수 있다.

문제는 '중심에서 북쪽에 있는 아홉번째 구획'이다. 첫번째 구획은 당연히 이 신전(사원)군(群)이며, 힌두사원은 정문을 최고 존엄스러운 방향인 동쪽으로 향

8 원본의 W·カーク

하게 한다. 두번째 구획은 동쪽 정문의 블록으로서, 힌두교에서는 행도(行道), 즉 만트라[9]를 읊으며 사당(寺堂)을 돌 때나 순례할 때의 경로는 오른쪽으로 도는 것, 즉 시계방향이다. 두번째 구획으로부터 시계 방향으로 구획을 계산한 것이 (그림 5-7)에 있는 작은 글씨로 된 숫자인데, 문제의 아홉번째 구획은 신전군(群)의 북동쪽에 큰 글씨로 2라고 쓰여 있는 블록이다. 거기는 '주택지(시가市街)의 중심으로부터 북쪽'에 있으며, 왕도(王道)에 의해 동쪽과 북쪽이 구획되고 있어 '동향 또는 북향으로' 왕궁을 건설한다고 하는 요약 ⑥을 만족한다. 그 결과 요약 ⑥의 왕궁을 포함한 '최고의 주거지역'은 큰 글씨로 된 숫자 3의 둘러싸인 구역이 된다.

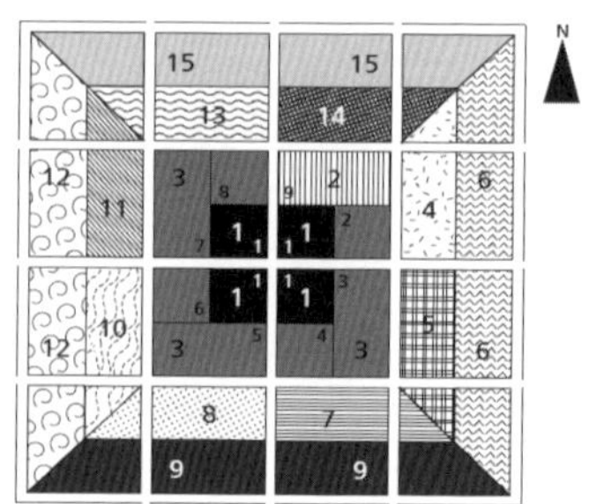

핵심
1 신전(사원)군
내위대(內圍帶)
2 왕궁 2·3 최고 좋은 주택지
중위대(中圍帶)
4 북미동(北微東) 5 남미동(南微東)
7 동미남(東微南) 8 서미남(西微南)
10 남미서(南微西) 11 북미서(北微西)
13 서미북(西微北) 14 동미북(東微北)
외위대(外圍帶)
6 북미동(北微東)과 남미동(南微東)의 건너편
9 동미남(東微南)과 서미남(西微南)의 건너편
12 남미서(南微西)와 북미서(北微西)의 건너편
15 서미북(西微北)과 동미북(東微北)의 건너편
(4 이하에 소개하는 시설들에 대해서는 본문 인용 ⑥을 참조)

그림 5-7 '**아르타샤스트라**'에 기초한 도성 복원 (**오지 토시아키**(応地利明))

이제 남은 과제는 요약 ⑦에서 언급하고 있는 왕궁에서 본 각 방위의 여러 시설과 4 바르나(四姓)[10](4개의 성(姓))의 거주구역을 정하는 것인데, 그에 대한 서술은 체계적으로 되어 있다. 왕궁 동쪽의 경우 '북미동(北微東)' = 북동쪽에는 학장(學匠)의 주택 등이 있고, '남미동(南微東)' = 남동쪽에는 주방 등이 있으며, '그 건너편' 즉 '북미동(北微東)' 과 '남미동(南微東)'을 합한 부분에는 향(香)을 파는 상인과 크샤트리아의 거주지가 있다고 기재되어 있다. 이것을 정리한 것이 (그림 5-7)의 큰 글씨의 숫자로, '북미동(北微東)'이 4, '남미동(南微東)'이 5, '그 건너편'이 6이다. 나머지 각 방향에 대해서도 일관되게 기술하고 있으며, 이렇게 하여 확정할 수 있는 요약 ⑦의 총 12개 영역의 배치를 (그림 5-7)의 아래에 병기했다.

만두카·만다라를 베이스·맵으로 하여 '아르타샤스트라'의 설명을 해석해 보면, 만다라 45신(神)들의 전체 영역이 과도하게 많거나 부족할 것 없이 책에서 서술한 시설들로 채워진 것을 알 수 있으며, 이는 마치 '아르타샤스트라'의 저자가 만두카·만다라를 옆에 두고 이 부분을 기술한 것처럼 보인다.

---

9 만트라(데바나가리: मन्त्र Mantra, 티베트어: སྔགས ngak, 와일리 표기: sngags), 만트람(Mantram) 또는 진언(眞言 : 참된 말, 진실한 말, 진리의 말)은 "영적 또는 물리적 변형을 일으킬" 수 있다고 여겨지고 있는 발음, 음절, 낱말 또는 구절이다. 밀주(密呪) 또는 다라니(陀羅尼)라고도 한다. (위키백과)

10 원본의 ヴァルナ

이렇게 복원된 고대 인도의 도성 형태를 전체적으로 보면 더욱 재미있는 체계적인 구조가 떠오른다. (그림 5-7)의 큰 글자로 표기한 숫자와 대응하여 보면 먼저 중앙의 핵심 [1]에 신전(사원)군이 있고, 도성의 중추를 이룬다. 그것을 둘러싼 내위대(內圍帶)(안쪽 구역) [2, 3]의 경우 [2]에 왕궁이 있고, [3]에 최고의 주택지가 위치하며, 그 바깥인 중위대(中圍帶)(중간 구역) [4, 5, 7, 8, 10, 11, 13, 14]에는 주로 장관이 관할하는 관청이나 창고 등의 관아군(群)이 집중되어 있다. 가장 바깥쪽의 외위대(外圍帶)(바깥 구역) [6, 9, 12, 15]에는 성격을 달리하는 2개의 기능이 모여 있으며, 하나는 각종 장인(匠人)과 상인의 일과 주거 모두에 사용하는 공간, 바꾸어 말하면 바자르이고, 나머지는 각 4성(四姓)의 주택지이다. 이렇게 복원해 보면 고대 인도의 도성은 신전(사원)을 핵심으로 하고, 이를 둘러싼 내(內)→중(中)→외(外)의 각 구역이 서로 다른 기능을 담당하며 배열되는 훌륭한 구성을 보여주고 있다.

03 고대(古代) 중국의 도성 사상(都城思想)

– A2지역 –

1. 천지상응(天地相應)의 코스몰로지

고대 중국도 코스몰로지에 바탕을 둔 도성사상(都城思想)을 만들어냈으며, 중국에서는 세계를 '천원지방(天圓地方)' 즉 '하늘은 원형(圓形), 땅은 방형(方形)'이라는 말로 요약한다. 천원(天圓)의 중심은 천극(天極)이라 부르며, 구체적으로는 북극성으로 표시된다. 천극(天極)에서 하늘과 땅을 잇는 우주축(宇宙軸)이 뻗어 있고, 이를 통해 하늘의 영력(靈力)(에너지)이 지상에 도달한다. 그 영력(靈力)을 지상에서 받아들이는 것이 '천제(天帝)의 아들'로서의 천자(天子)이며, 천자(天子)가 서 있는 곳이 땅의 중심이고, 거기에 도성(왕도(王都))이 위치하는데, 천자(天子)의 몸에서 하늘의 영력(靈力)은 사각형으로 이뤄진 지상의 사방으로 퍼져 나간다.

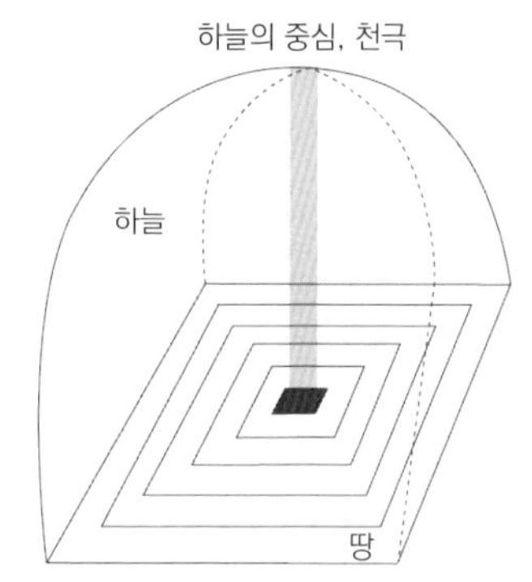

그림 5-8 중국의 **코스몰로지**와 왕도(王都)의 위치(**세오 타츠히코**(妹尾達彦))

지상의 중심인 도성은 당연히 사각형의 성벽을 갖게 되며, 중국에서 사각형의 성벽이 정통으로 여겨지는 것은 이 때문이다. 천자가 발산하는 영력(靈力)은 거리가 멀어질수록 감쇠하고, 결국엔 제로가 되며, 그 지점에서 중화(中華), 즉 문명 세계가 쇠퇴하고, 그 바깥에는 이적(夷狄)이 거주하는 야만의 세계가 되는 것이다(그림 5-8).

2. '주례(周禮)'의 도성이념

중국 도성의 이념은 BC 3세기 무렵의 '주례(周禮)' 동관(冬官), '고공기(考工記)', '장인영국(匠人營國)'이 대표적으로 보여주고 있으며, '장인영국, 방구리, 방삼문, 국중구경구위, 경도구궤, 좌조우사, 면조후시, 시조일부(匠人營國, 方九裏, 旁三門, 國中九經九緯, 經涂九軌, 左祖右社, 面朝後市, 市朝一夫)'가 바로 그것이다. 당시 '나라(國)'는 왕의 수도(首都), 즉 도성을 의미하는데, 문장의 뜻은 도성을 짓는 데 있어서 '정사각형 성벽 한 변의 길이는 9리(里), 각 변에 문(門)은 3개, 도성의 내부에는 경(經)(남북)과 위(緯)(동서)에 각 9개의 도로가 있으며, 그 폭은 9궤(軌)(9량의 마차가 나란히 달릴 수 있는 폭)이다. 왼쪽으로 조상을 모시는 조묘(祖廟), 그리고 오른쪽에 토지의 신을 모시는 사직(社稷)이 있고, 전방에 조정(朝廷)(관아(官衙)), 그리고 후방에 시장(市場)이 있으며, 그 조정(朝廷)과 시장(市場)의 면적은 모두 1부(夫)(4방(方) 100보)이다' 라고 서술하고 있다.

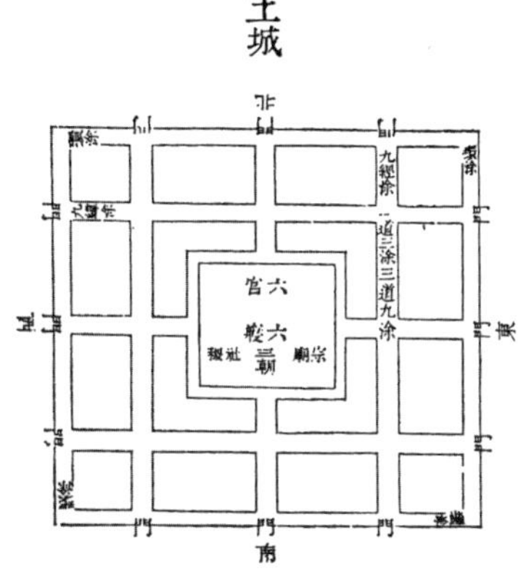

그림 5-9 '주례(周禮)' '고공기(考工記)'에 따른 도성복원(대진(戴震))

문장 가운데 9라는 숫자가 자주 나오는데, 그것은 9가 상서로운 숫자인 홀수 가운데 가장 큰 수이며, 천자(天子)를 상징하는 숫자이기 때문이다. 성벽의 각 변에 3개의 문이 있기 때문에 9개의 도로 중에 성문을 연결하는 도로가 3개이고, 그 외에 6개의 가로(街路)가 있는 것이 되는데, 이러한 도로구성은 고대 인도 도성의 경우와 같고, 글 중에서 좌우 또는 전후란, 남면(南面)하는 천자(天子)를 기준으로 한 좌우와 전후이다. (그림 5-9)는 청나라 시대의 대진(戴震)이 '주례(周禮)'를 바탕으로 복원한 도성 복원도이다.

民廛	後 市 市	民廛
民廛	中 宮 公	民廛
民廛	前 右 朝 左 社 祖	民廛

그림 5-10 '흠정예기의소(欽定禮記義疏)'의 조시전리도(朝市廛里圖)

고대 중국의 도성을 논할 때, '주례(周禮)'와 함께 자주 이용되는 문헌 가운데 청나라 시대의 주석서 '흠정예기의소(欽定禮記義疏)'의 부록인 '예기도(禮器圖)'의 '조시전리(朝市廛里)' 조목이 있다. '옛 사람들은 국도(國都)를 세울 때 역시 정전(井田)의 법을 이용하는데, 9개의 구획으로 나눈다. 가운데의 한 구획은 왕궁으로 하는데, 앞의 1개 구획은 조(朝)로 하며, 종묘(宗廟)를 왼쪽에 두고, 사직(社稷)을 오른쪽에 둔다. 뒤의 1개 구획은 시(市)로 하고, 상고만물(商賈萬物)을 여기에 모으며, 좌우의 각 3개 구획은 모두 백성들의 거처로 하여 민전(民廛)이 된다..', '정전(井田)의 법(法)'이란, 나인·스퀘어, 즉 '우물 정(井)'자처럼 3×3=9구획으로 분할하는 방법인데, 그 중앙구획에 왕궁을 두고, 양끝의 남북으로 이어지는 3개의 구획을 백성들의 주택지로 한다는 뜻이며, '흠정예기의소(欽定禮記義疏)'에서 말하는 고대 중국의 도성 복원을 나타낸 것이 (그림 5-10)이다.

이 2개의 문헌을 기초로 하여 나바토시사다(那波利貞)는 중국 도성의 이념을 다음의 4자성어(四字成語)로 정리했다.

① 중앙궁궐(中央宮闕) – 궁궐이란 원래 천자(天子)의 거처인 궁성의 정문을 뜻했으나 나

중에는 궁성을 일컫는 말이 되었으며, 그 궁성은 중앙에 있다.

② 전조후시(前朝後市) – 남면(南面)하는 천자(天子)의 전방(前方)(남)에 조정(朝廷)(황성(皇城)), 후방(後方)(북)에 시장(市場)이 자리 잡는다.

③ 좌조우사(左祖右社) – 남면(南面)하는 천자(天子)의 왼쪽(동)에 조묘(祖廟), 오른쪽(서)에 사직(社稷)이 있다.

④ 좌우민전(左右民廛) – 민전(民廛)이란 서민의 주거를 말한다. 궁궐 전후에는 민가를 두지 않았으며, 백성들의 거주는 궁궐 밖의 좌측과 우측에 한정시킨다.

이들 4개의 4자성어(四字成語)는 이제는 중국의 도성사상을 말할 때 늘 언급되는 격언으로 자리잡았다.

04 고대 인도와 고대 중국의 도성사상(都城思想) 비교

'아르타샤스트라' 기록을 바탕으로 복원한 고대 인도 도성의 이념적 형태를 (그림 5-11)에 나타냈다.

또한 '주례(周禮)'에서 말하는 '구경구위(九經九緯)', 즉 8×8=64 블록이라는 도로형태를 감안하여 중국 도성의 이념을 충실히 복원하면 (그림 5-12)와 같다.

2개의 그림을 언뜻 보면 그 유사성에 놀라게 되는데, 그 이유는 '아르타샤스트라'도 '주례(周禮)'도 모두 똑같이 각 변에 3개의 성문을 두고, 3개의 대로를 기본 도로구성으로 하여 '구경구위(九經九緯)'로 도성을 16분할하고 있기 때문이다. 그러나 공통점은 있다 해도 고대 인도와 중국의 고대 도성사상은 크게 다르며, 중국 도성의 이념을 요약하는 4자성어(四字成語)에 대응시켜 인도의 도성이념을 성어화한 것이 (표 5-1)이다. 이 두개의 도성사상에서 보이는 주요 차이점을 4가지로 정리해서 말하면 다음과 같다.

1. 코스몰로지가 결정하는 것 - 위치와 내부편성

고대 인도에서 도성의 내부편성은 코스몰로지에 의해 규정되었지만, 도성의 위치에 대해서는 어떤 언급도 없다. '아르타샤스트라'는 도성의 건설장소로 요약 ①에서의 '건축학자가 권장하는 땅', 구체적으로는 강이나 호수 등의 물 근처라

그림 5-11 고대 **인도**도성의 이념형태(**오지토시아키(応地利明)**)

1 원본의 ヴァルナ

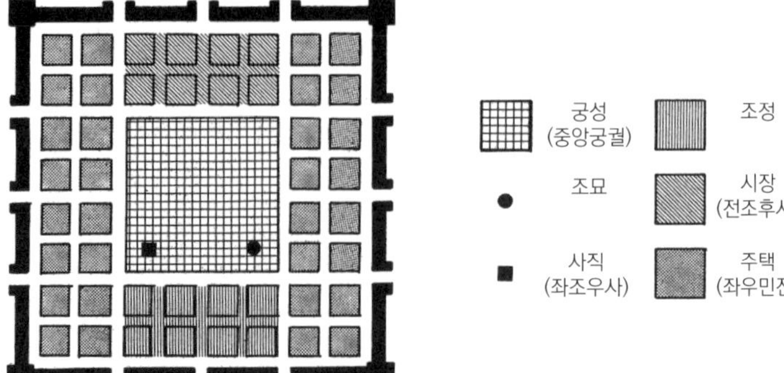

그림 5-12 고대 중국도성의 이념형태(**오지토시아키**(応地利明))

는 국지적인 자연조건을 강조한다. 이러한 이론의 바탕에는 힌두교가 물이라는 요소를 모든 더러움을 깨끗하게 정화시키는 첫 번째 원천으로 간주하기 때문이며, 고대 인도의 도성위치 결정은 코스몰로지와의 대응성이 아니라 물 근처라고 하는 국지적인 성성(聖性)이 강조된 것이다.

한편, 고대 중국에서는 도성의 위치가 '하늘의 중심-천극(天極)—땅의 중심'이라는 코스몰로지의 천지상응(天地相應)에 의해 결정되며, 도성의 내부편성에 대해서는 아무런 언급이 없는데 이러한 점에서 고대 인도의 도성사상과는 완전히 다르다.

<표 5-1> 고대 **인도**와 고대 중국의 도성사상 비교 - 이념과 형태(**오지토시아키** 応地利明)

	고대 인도	고대 중국
기본구상	동심위대(同心圍帶)	남북호대(南北縞帶)
	등방성(等方性)	비등방성(非等方性)
기본형태	방형(方形)	방형(方形)
	방삼문(旁三門)	방삼문(旁三門)
	16가구(十六街區)	16가구(十六街區)
핵심시설	중앙신역(神域)	중앙궁궐
종교시설	(중앙신역(神域)에 포함)	좌조우사(左祖右社)
관아, 시장	중조외시(中朝外市)	전조후시(前朝後市)
민간주택	외위민전(外圍民廛)	좌우민전(左右民廛)

*주) '**아르타샤스트라**', '**주례**(周禮)', '**고공기**(考工記)' 및 '**흠정예기의소**(欽定禮記義疏)'를 바탕으로 작성

2. 도성 핵심시설

중국 도성의 '중앙궁궐'에 대응하여 고대 인도의 도성사상은 중앙에 신전(사원), 즉 종교시설이 있으며, '중앙신역(神域)'이라는 용어가 있는데, 이 양쪽은 그 핵심시설이 전혀 다르고, 이 차이는 왕권사상의 차이를 반영한다. 인도에서 왕권의 담당자는 제1계급인 바라문이 아니라 제2계급인 크샤트리아였으며, 원칙적으로

왕권(王權)이란 바라문이 갖는 교권(教權)에 종속되는 존재였기 때문에 예를 들어 '아르타샤스트라'도 '제자가 스승에게, 신하가 주군에 종속하듯이 왕은 궁정 제승(祭僧)에 따라야 한다'(카미무라카츠히코(上村勝彦) 번역)고 한다. 인도 도성의 '중앙신역(神域)' 철학은 왕권과 교권의 분리, 그리고 교권(教權)에 대한 왕권의 종속이라는 왕권사상을 반영하는 한편, 천명(天命)사상에 기초한 중국의 왕권은 초월적인 존재이자 신성(神聖)왕권이었으며, '중앙궁궐'은 그에 상응하는 도성편성이다.

3. 기본구상

인도 도성은 '중앙신역(神域)'에서 3개의 주변 위대(圍帯)를 향해 등방위(等方位)적으로 옮겨가는 구성, 즉 '동심위대(同心圍帯)'를 기본으로 하는데 거기에는 특정 방향만을 중시하는 편향성이 없다. 이에 비해 중국 도성은 남북으로 긴 3개의 줄무늬 구성, 즉 '남북호대(南北縞帯)'를 기본으로 하고, '중앙궁궐'로부터라는 편향성을 가진 도성편성이다. 이 비등방성(非等方性)이라고 하는 중국 도성조직의 특성은 도성이념을 표현하는 '전조후시', '좌조우사', '좌우민전' 등의 각 성어(成語)에 공통되는데, 이들 모두 '중앙궁궐'에서 남쪽으로 향해 서 있는 천자(天子)의 전후, 좌우라고 하는 신체방위로 설명되고 있다. 따라서 중국 도성의 내부조직을 규정하는 것은 코스몰로지 자체가 아니라 그것을 구현하는 천자(天子)의 신체방위이며, 천자(天子)의 신체인 마이크로·코스몰로지에 대응한 내부조직이 중국도성의 특징이다.

이것이 고대 인도 도성사상과는 결정적으로 다른 점인데, 천자(天子)의 신체 방위를 기본으로 하는 비등방성(非等方性)인 중국 도성의 조직은 신성왕(神聖王)으로서의 중국 왕권사상의 소산이며, 이에 비해 인도 도성의 등방위적(等方位的)인 '동심위대(同心圍帯)' 조직에서는 왕궁도 위대(圍帯)의 일부를 이루는 존재일 뿐이고, 왕권중심의 도성조직이란 교권(教權)에 종속되는 왕권(王權)에서는 있을 수 없는 것이다.

4. 내부편성

(표 5-1)을 보면 중국과 인도 두 도성의 내부조직 차이는 분명하다.

인도 도성은 '중앙신역(神域)'을 내·중·외 3개의 동심위대(同心圍帯)가 둘러싸는 구성인데, 이러한 3개의 위대(圍帯)는 모두 명료한 기능을 담당하고 있고, 인도 도성은 위대(圍帯) 사이 내부조직의 명확한 차별화를 특징으로 한다(그림 5-7), (그림 5-11). 중국 도성도 왼쪽, 가운데, 오른쪽이라는 3개의 남북호대(縞帯), 즉 각 가로(街)가 다른 기능을 갖는다는 점에서는 인도 도성과 동일하다. 그러나 중국도성은 왕권과 직접적으로 관계되는 중앙구역(街)은 따로 구별시키고, 좌우의 양 구역(縞)은 '좌우민전(左右民廛)'인 동시에 서민의 거처가 모여 있는 곳이어서 천자(天子)와 직접적으로 관련된 것 이외에는 상대적으로 소홀한 것이 특징인데, 이것도 신성왕으로서의 중국 왕권의 성격에서 유래하는 것이다.

인도 도성에는 내위대(內圍帶)에 왕궁과 '4성(姓)이 함께 사는 최고의 주택지'가 위치하는데, 이것은 왕까지 포함하여 '중앙신역(神域)'에 봉사하는 4성(姓)이 내위대(內圍帶)에 거주하는 상황을 나타낸다. 그 바깥의 중위대(中圍帶)에는 관청·관(官)의 창고가 모여 있으며, 중국 도성의 조정(朝廷)에 해당하는 공간이다. 가장 바깥쪽의 외위대(外圍帶)는 상인과 장인들이 동업자들끼리 모이는 시장(바자르)과 4개의 성(姓)에 따라 다른 주택지로 구성되는 시민의 공간이다.

이처럼 인도 도성에는 중위대(中圍帶)에 조정(朝廷), 외위대(外圍帶)에 시장이 위치하며, 이를 중국 도성의 '전조후시(前朝後市)'에 비유하여 말하면 '중조외시(中朝外市)'이며, 시민들의 주거지역은 외위대(外圍帶)에 있으므로 중국 도성의 '좌우민전(左右民廛)'에 해당하기 때문에 바꿔 말하면 '외위민전(外圍民廛)'이다. 이러한 대조적인 차이가 두 나라의 도성에 대한 사상에서 나타나고, 마지막으로 남은 중국 도성의 이념은 '좌조우사(左祖右社)'인데 비해 인도 도성에서 종교시설은 당연히 '중앙신역(神域)'에 포함되었다.

05 인도세계와 중국세계에서 도시(都市)의 원초형태(原初形態)

인도와 중국이라는 2개의 세계 출현시기의 도시에 대해 간단히 언급하면, 둘 사이에는 뜻밖의 공통점이 보인다.[1]

인도세계의 도시형성은 인더스문명에서 시작하는데, 그 특징으로는 의사적(擬似的)인 그리드·패턴 가로형태를 들 수 있다. 또 하나의 특징은 성채(城砦)와 시가지가 연접(連接)하는 이중구조를 보이며, 높은 곳을 차지하는 성채(城砦)는 서쪽에 있고, 낮은 곳의 시가지는 동쪽에 위치하는 경우가 많다는 점이다. 이것을 가리켜 서고동저(西高東低)의 도시구성이라 부르는데, BC 1700년경에 번성한 인도공화국 북서부의 칼리반간을 그 예로 들면 (그림 5-13) 성벽을 형성하는 성채(城砦) 겸 왕궁과 시가지가 서고동저(西高東低)의 형태로 늘어서 있다. 시가지의 남북 가로는 성문의 비대칭적인 배치를 반영하여 비스듬히 뚫려 있고, 성문을 연결하면서 거의 일정한 간격을 지키고 있다. 이에 비해 동서 가로는 남북 가로를 부분적으로 직선으로 연결하며, 'T'자형 도로를

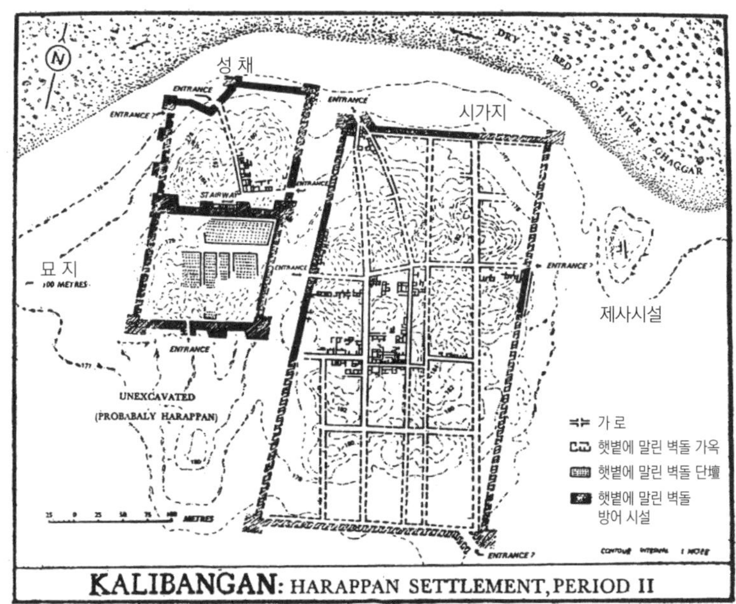

그림 5-13 칼리반간의 발굴복원도(D. K. 차크라바르티)

1 원본의 D·K·チャクラバルティ

만들면서 시가지를 뻗어 나가는 곳이 많다. 도피처 기능도 겸한 성채(城砦)를 서쪽에 둔 칼리반간의 경우, 동서 가로의 'T'자화는 성채(城砦)방어를 위한 바람직한 가로형태였을 것이다. 이러한 가로구성은 확실한 그리드·패턴이라고 말할 수는 없지만, 세계의 초기문명이 만들어 낸 도시들 중에서는 가장 그리드·패턴에 가깝다.

양관(楊寬)은 중국의 도시형성을 3기로 구분하고 있다. 제1기는 BC 11~3세기의 서주(西周)부터 동주(東周)(춘추전국) 시대로서 이 시기에 성(城) 안에 왕궁과 시민들의 거주지가 병존하고 있던 단계부터 곽(郭)이 새롭게 형성되어 소성(小城)과 대곽(大郭)을 연결하는 구조로 변화하는데, 그 변화는 주공(周公) 단(旦)에 의한 동도성주(東都成周)(BC 10세기)로 시작한다. BC 9

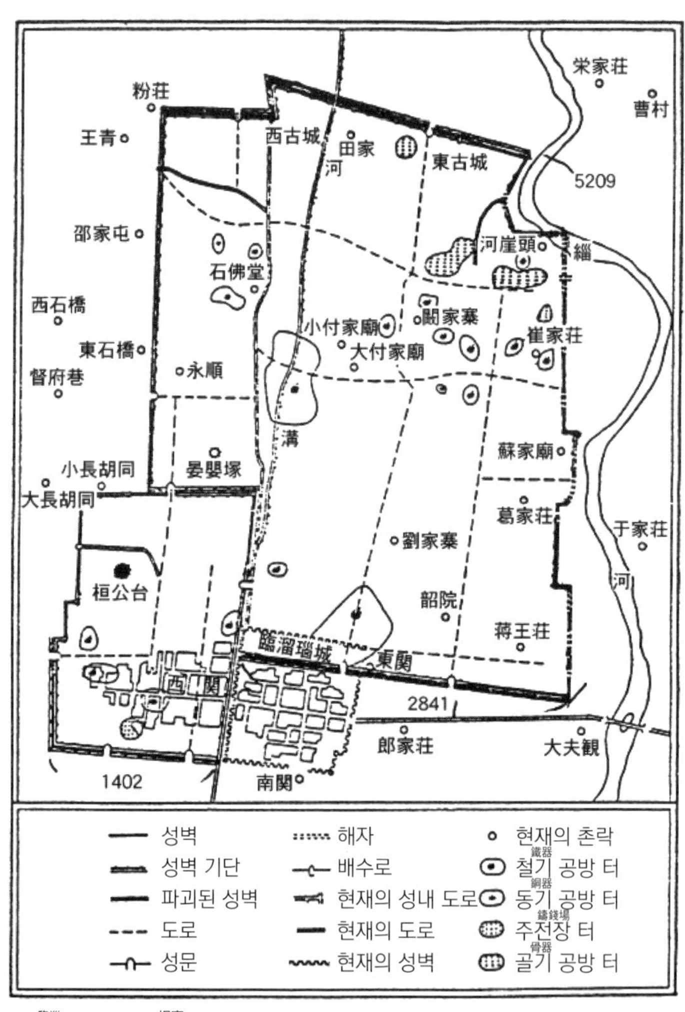

그림 5-14 임치(臨淄) 발굴복원도(양관(楊寬))

세기 제(齊)나라의 국도(國都)인 임치(臨淄)의 예를 보면 (그림 5-14) 남서쪽의 소성(小城)(성채(城砦))과 북동쪽의 대곽(大郭)(시가지)이 인접하고, 인더스문명 도시와 같은 서고동저(西高東低) 구성을 보이고 있으며, 왕궁은 소성(小城)의 서쪽 끝 환공대(桓公台)에 있다. 이 배치를 양관(楊寬)은 '논형(論衡)', '사위편(四諱篇)'의 '남서(南西) 모서리, 이것을 오(隩)라고 부르는데, 존장(尊長)의 거처가 된다'라는 설명과 연결하여 해석하며, 남서(南西) 존장(尊長)의 자리에 왕이 앉아 신하의 예를 받는 자세, 즉 '좌서조동(座西朝東)'이라는 도성구성이 나타난다고 한다.

06 인도 도성(都城)의 바로크적 전개(展開)

인더스문명의 붕괴 이후, 13세기 무슬림왕권의 성립시기까지 인도세계에서는 도시형태의 전개를 추적할 수 없다. 이에 동남아시아로 눈을 돌리면, 6~13세기의 동남아시아는 힌두문명에 의해 석권되는데, 세데스는 이를 동남아시아의 인도화라고 불렀으며 (제4장 10절 참조), 그 생각은 널리 지지를 받고 있기 때문에 도시형성과 전개를 다룰 때 당시의 동남아시아를 인도세계에 포함시켜 생각한다. 이 시기에는 동남아시아 대륙부의 평원을 무대로 여러 왕조가 흥망했으며, 대표적인 3개 왕조가 건설한 도성(都城)을 분석해 본다. [1]

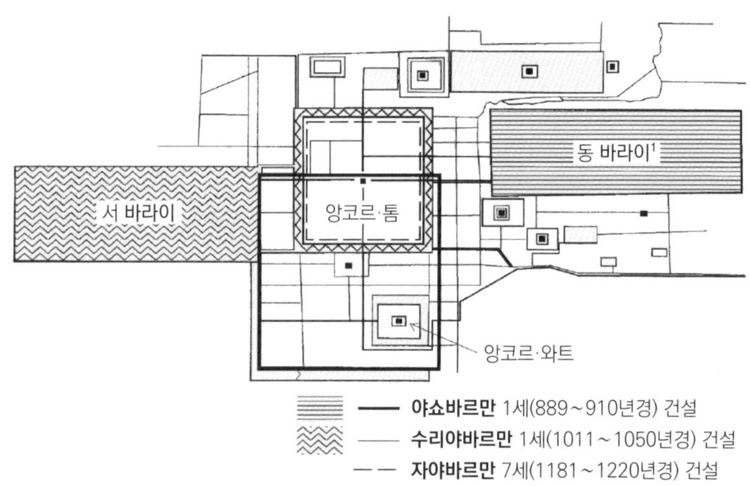

그림 5-15 앙코르·톰 건설과정(G. 세데스)

1. 앙코르·톰

앙코르·톰은 앙코르·와트 북쪽에 위치한 도성으로 12세기 말 자야바르만 7세에 의해 건설되었다. 정방형의 경역(京域)이 십자로(十字路)로 4등분된 도성인데(그림 5-15)(그림 5-16), 이것의 원형(原型)이 고대 인도에서 이상적인 취락형태의 기본형이라고 알려진 단다카[2]에 기인하고 있다는 지적이 많다. 이 지적은 타당하며, 인도 고대의 건

1 원본의 バライ
2 원본의 ダンダーカ

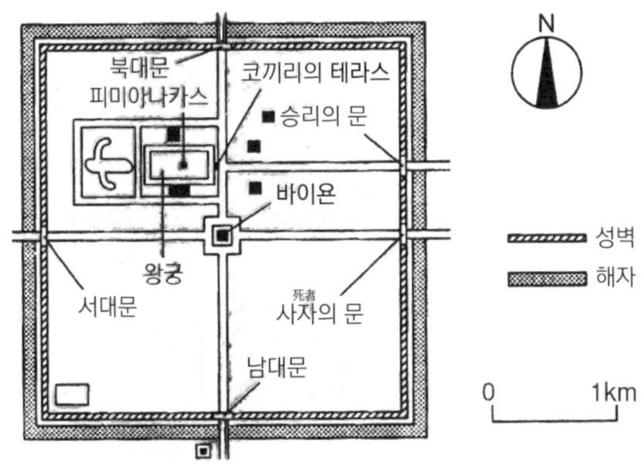

그림 5-16 앙코르·톰의 도성구성(오지토시아키(応地利明))

축서 '마나사라(Mānasāra)'에 따르면, 단다카형 마을 중에서 가장 이상적으로 여겨지는 것은 마을의 남서쪽에 목욕과 급수를 위한 저수지를 갖추는 것이다. 앙코르·톰은 수리야바르만 1세가 건설한 남서쪽의 광대한 인공수역(人工水域)(바라이)을 만들어서 이상적인 단다카형을 실현시켰는데(그림 5-15), 그 인공수역(人工水域)(바라이)의 존재가 11세기에 수리야바르만 1세의 구(舊) 왕도(王都)를 거의 답습하여 자야바르만 7세가 여기에 천도(遷都)한 가장 큰 이유일 것이다.

한 변이 약 3km인 경역(京域)을 분할하는 십자로(十字路)의 교차점, 즉 도성의 중심에 우뚝 솟은 것이 바이욘사원이며, 이 사원은 산스크리트어로 산(山)을 의미하는 기리라는 이름으로도 불린다. 힌두교 코스몰로지에서는 세계의 중심에 메루산이 우뚝 솟아 있으며(그림 5-4), 앙코르·톰은 이 메루산을 상징하는 바이욘사원을 중심에 두고, '중앙신역(神域)'이라는 인도의 도성이념을 실현시키고 있다. 또한 힌두교의 코스몰로지에서는 이 메루산을 둘러싸고 정방형 모양으로 산맥이 뻗어 있는데 그것을 상징하는 것이 이 정방형 경역(京域)을 둘러싼 높이 8m의 튼튼한 라테라이트 성벽이다. 그 바깥쪽으로 동서 2개의 인공수역(人工水域)(바라이)이 크게 펼쳐져 있고, 이것은 세계를 둘러싸는 대양(大洋)을 상징한다.

이렇게 앙코르·톰의 구성은 힌두교의 코스몰로지와 고대 인도의 이상적인 마을을 연결해서 이해할 수 있다. 왕궁은 바이욘사원의 북서쪽에 건설되었는데, '중앙신역(神域)' 북방에 왕궁이 위치하는 것은 '아르타샤스트라'와 같은 생각이 기초에 깔려 있는 것이며, 앙코르·톰에서 왕궁은 '중앙신역(神域)'인 바이욘사원에 종속된 존재인 것이다.

2. 수코타이

수코타이는 태국 중앙평원 북부에 위치하며, 13세기에 타이족이 최초로 건설한 도성이다. 유적은 성벽(시벽(市壁))과 3겹의 해자(환호(環濠))로 둘러싸인 동서 2.6km, 남북 2.0km 정도의 장방형으로, 각 변에 성문(시문(市門))이 설치되어 있다(그림 5-17). 유적 안에는 도로가 제멋대로 뻗어 있어 현 상태에서 도성구성의 통일원리를 찾아보긴 어렵지만, 그럼에도 몇 가지 단서를 찾아볼 수 있다.

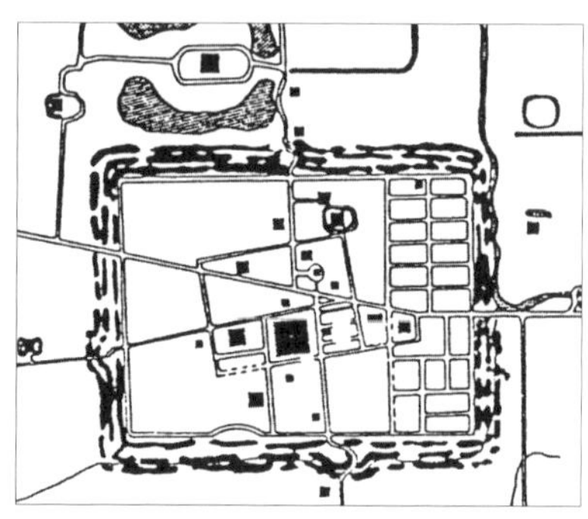

그림 5-17 수코타이 현황도(일본건축학회)

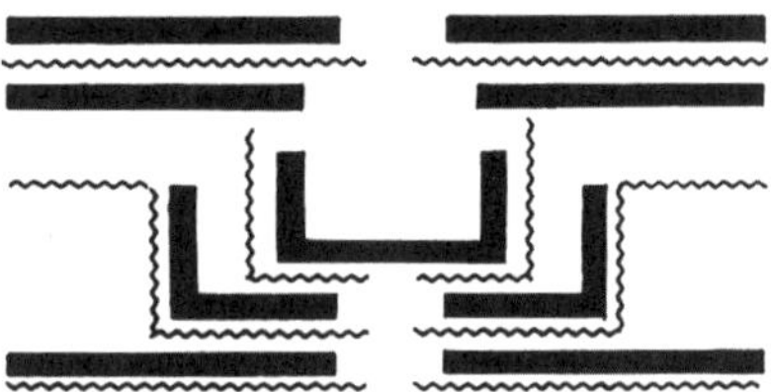

그림 5-18 수코타이의 남문(南門)(나모문) 약측도(오지토시아키(応地利明))

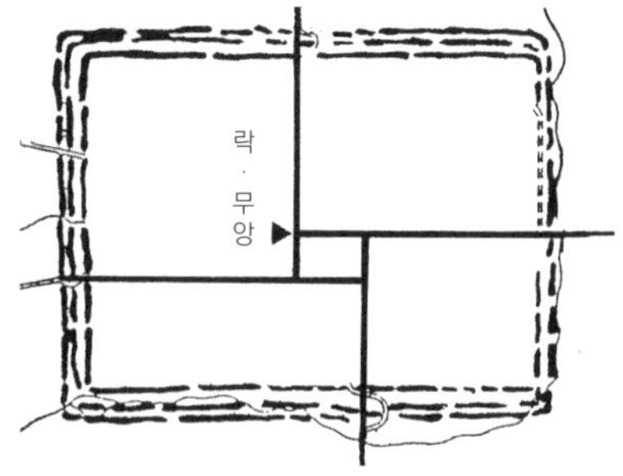

그림 5-19 수코타이 중심부 복원(오지토시아키(応地利明))

그 첫 번째 단서는 성문과 대로(大路)와의 관계이다. 보존상태가 가장 좋은 남문(南門)에서 봤을 때, (그림 5-18)에 나타난 바와 같이 대로(大路)가 남문(南門)에서 도성 내부를 향해 정북방향으로 뻗어 있었음을 추정할 수 있다. 이것이 도성 건설당시 남북대로의 방향인데, 동서대로도 정확하게 동서방향으로 뚫려 있었다고 한다면 두 대로(大路)를 따라 복원 가능한 수코타이 도성은 (그림 5-19)와 같이 되며, 이 그림에서는 경역(京域) 중심부에 대로(大路)로 둘러싸인 성곽을 볼 수 있다. 이것은 앙코르·톰과 마찬가지로 단다카형의 도성 구성을 기본으로 하면서도 그 십자로(十字路) 부분이 중심성곽으로 확대하고 있는 것을 보여주며, 중심성곽에는 동쪽으로는 왕궁, 서쪽에는 불사리(佛舍利)사원(왓·마하탓)이라 불리는 가장 격식이 높은 사원이 위치한다. 이 두 개가 도성의 중심성곽에 나란히 나열되어 왕권과 교권(敎權)이 대등한 관계 속에서 도성의 핵심영역을 구성하는데, 이는 교권(敎權)을 상징하는 바이욘사원이 '중앙신역(神域)'으로 우뚝 서 있고, 거기에 왕궁이 포함되어 있던 앙코르·톰과는 다른 중심핵의 구성이다. 그 배경에는 왕권의 신장(伸張)이 있었다고 보이지만, 왕권은 아직 교권(敎權)을 넘지 못한 '중앙신역(神域), 궁궐'의 배치를 보이고 있으며, 왕권에 의한 도성 바로크화의 과도기 단계를 나타낸다.

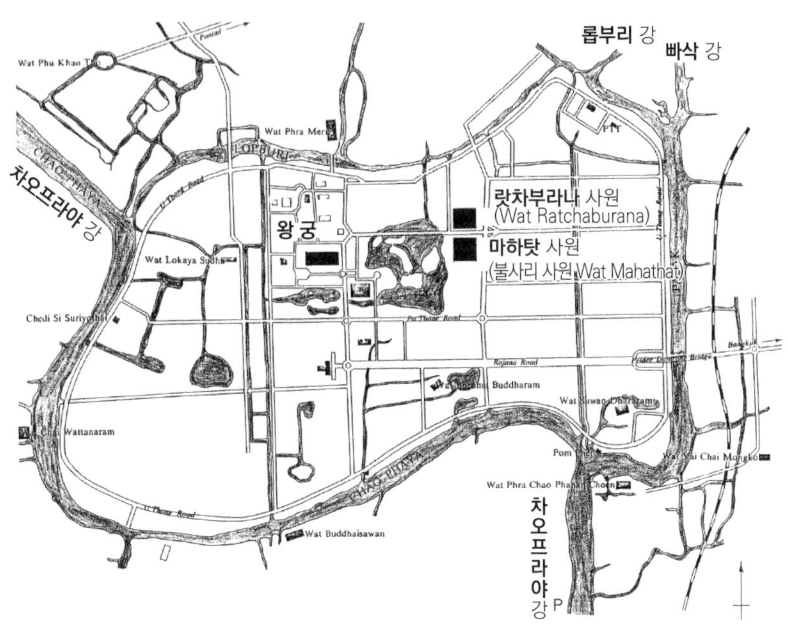

그림 5-20 아유타야 현황도(오지토시아키(応地利明))

이 복원의 타당성을 검증하기 위해 동쪽과 북쪽 성문으로부터 뻗어 나온 두 대로(大路)의 교차점에 주목해 보자. 거기에는 '국초(國礎)'를 의미하는 락·무앙(Lak Muang)사당(祠堂)이 위치하며, '국초(國礎)'란 국가와 도시 건설에 앞서 세우는 초석(定礎)이 되는 돌기둥과 비석을 말하는데, 이것은 힌두·코스몰로지 세계의 중심인 메루산을 심볼화한 것으로 앙코르·톰의 바이욘사원과 같은 의미를 갖는다. 수코타이의 락·무앙은 거룩한 방향인 동쪽으로부터의 대로(大路)가 남북대로(大路)와 교차하는 중요지점에 동향(東向)으로 서 있으며, 이 사실은 위에서 서술한 도성(都城)복원의 타당성을 보여준다고 할 수 있다.

3. 아유타야

수코타이 붕괴 이후 해상교역 발전에 대응하기 위해 타이족의 수도(首都)는 한꺼번에 해안부인 남쪽으로 이동하게 된다. 태국어 사료는 1351년 3월 4일 오전 9시 54분에 아유타야의 락·무앙이 정초(定礎)되었다고 서술하고 있지만, 그 장소는 명확하지 않다.

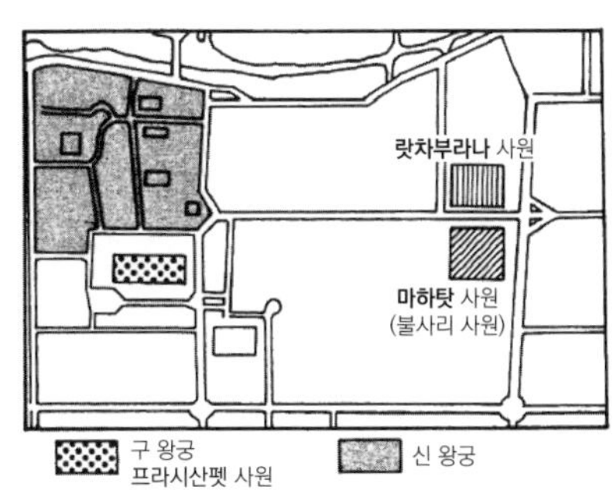

그림 5-21 아유타야 중심부 건설과정(오지토시아키(応地利明))

왕궁과 사원의 관계에만 문제를 국한해서 아유타야 도성 형성을 생각하면 (그림 5-21)과 같으며, 도성 건립과 함께 왕궁과 불사리(佛舍利)사원이 건설되었다. 당시의 왕궁은 현재의 궁정(宮廷)사원인 프라시산펫사원 위치에 자리잡고 있었으며, 불사리(佛舍利)사원에 해당하는 마하탓사원은 왕궁 동쪽의 현재 위치에 건립되었다. 이러한 상황이 약 100년간 계속되다가 1424년에는 불사리(佛舍利)사원 북쪽에 랏차부라나사원이 건립되는데, 이 시기에는 두 사원을 연결하는 동서대로(大路)도 완성되었던 것으로 보인다. 1448년이 되면 구(舊) 왕궁 북쪽의 광대한 땅에 새로운 왕궁이 건설되고, 협소한 옛 왕궁 지역은 궁정(宮廷)사원으로 그 용도가 바뀌며, 이렇게 현재까지도 이어지는 아유타야 도성의 중심이 완성된다. (그림 5-20)은 새로운 왕궁에서 2대(大) 사원 사이를 지나 동쪽 성벽까지 관통하는 직선도로를 보여준다. 이것은 왕궁에서 성(聖)스러운 방향인 동쪽을 바라보며 서 있는 왕의 시선을 구체화한 축선(軸線)도로이며, 가장 권위있는 불사리(佛舍利)사원조차도 왕궁과 왕의 조망을 장엄하게 만들기 위해 축선(軸線)도로상에 앉아 있는 보조적인 존재일 뿐이다. 여기에서는 왕권(王權)이 교권(敎權)을 능가하여 코스몰로지에서 일탈한 바로크공간을 만들어내고 있으며, 아유타야는 앙코르·톰 그리고 수코타이와도 또 다른 바로크화된 도성인 것이다.

4. 자이푸르

인도세계를 보면 13세기 델리·술타나트(sultanate)[3] 왕조 성립 이후, 북부 인도에서는 무슬림왕권에 의한 왕도(王都) 건설이 계속되었으며, 그 가운데 바로크화된 힌두도성의 예로 라자스탄의 주도(州都) 자이푸르를 들 수 있다.

자이푸르('자이의 도시'라는 뜻)는 1728년 힌두 토착왕권인 자이신 2세가 건설한 도성으로 그 기본계획, 도로, 급수계획 등의 수립에 3명의 바라문이 참여했다.

구(舊)시가지는 약 800×800m의 정방형 블록을 '우물 정(井)'자형, 즉 나인·스퀘어로 배치한 그리드·패턴을 기본으로 한 도시이지만, 남동 1블록이 튀어 나와 있어서 나인·스퀘어 구성을 왜곡하고 있다(그림5-22). 중앙 북변의 블록을 왕궁 자리로 둔 것은 '아르타샤스트라'와 앙코르·톰 등의 힌두도성의 경우와 같지만, 왕궁 남쪽의 동서 방향으로 뻗어 있는 대로(大路)는 라자·파타[4]('왕도(王道)')라고 불렸는데, 동쪽의 성문 수라지·폴('태양의 문')과 서쪽의 성문 챤드·폴('달의 문')을 연결하며, 도성 안을 관통한다. 이와 직각으로 왕궁 남쪽변의 중앙문에서 남쪽 성문을 향해 쵸우라·라스타[5]('광대로(廣大路)')가 나 있는데, 이 도로는 당초 기본계획에는 없었다가 건설 과

---

3 원본의 デリー・サルタナート
4 원본의 ラージャ・パータ
5 원본의 チョウラ・ラスタ

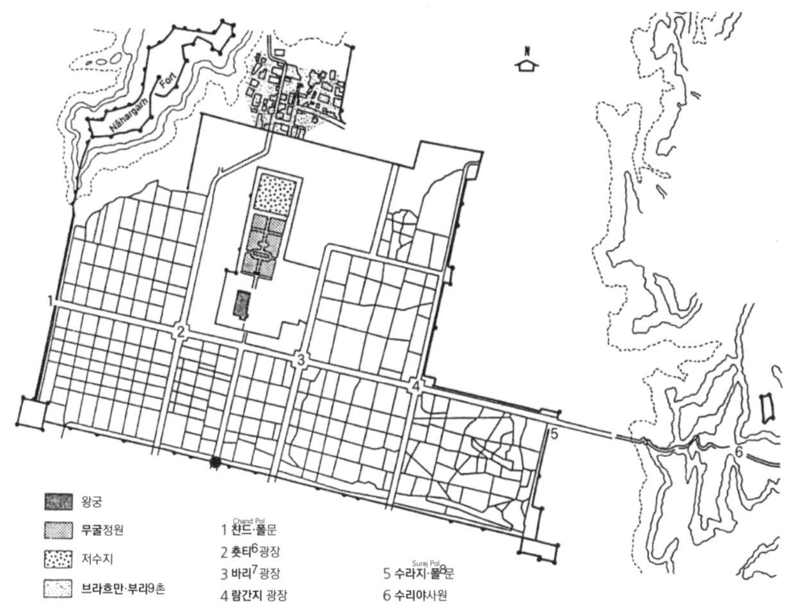

그림 5-22 자이푸르 구(舊)시가지 현황도(**오지토시아키**(応地利明))

정에서 추가되었다. '광대로(廣大路)'를 북쪽으로 연장시키면 왕궁의 궁정사원, 무굴정원, 나아가 그보다 북쪽에 있는 저수지의 중앙을 통과한다. 결과적으로 3×3의 나인·스퀘어의 남북으로 뻗은 중앙 축선(軸線)을 이루며, 그 연장선은 도성 북변 바깥에 있는 마을에서도 관찰되는데, 이곳은 브라흐만·부리('범천촌(梵天村)')라고 불리는 바라문 마을이다. 그 위치는 '아르타샤스트라'에서 북쪽의 외부 위대(圍帯)를 바라문 주거지로 할당했다는 내용을 상기시키며, '광대로(廣大路)'는 아유타야와 동일하게 왕의 조망 축선(軸線) 도로화, 즉 도성 바로크화를 표상하는 것이다.

그런데 왜 남동쪽의 한 블록은 돌출되어 있는 것일까? 기존의 설명은 3×3 블록의 편성을 구상했지만, 북서쪽에 산지가 있어서 북서 블록을 도성 안에 건설할 수 없었기 때문에 그 대안으로 남동쪽으로 한 블록을 돌출시켜 나인·스퀘어를 숫자상으로 유지시켰다는 설명이다. 그런데 북서쪽 산지(山地)가 장애가

그림 5-23 자이푸르 조감사진; 바로 앞은 **수라지·폴**(Suraj Pol)문

6 원본의 チョッティ
7 원본의 バリ
8 원본의 スーラジ·ポール
9 원본의 ブラフマー·プリ

된다면 도성 영역 전체를 남쪽으로 한 블록만큼 비켜 놓으면 해결되는 것인데, 문제는 왜 그것을 못 했는가이다.

그림 5-24 뉴·게이트, 자이푸르 그림 5-22의 ● 위치에 있음.

이것을 풀기 위한 열쇠는 ‘왕도(王道)’에 있다. ‘왕도(王道)’는 동쪽 ‘태양의 문’과 서쪽 ‘달의 문’을 잇는 상징적인 의미, 즉 태양이 동쪽에서 서쪽으로 통과하면서 도성(都城)을 정화(淨化)시킨다는 ‘태양의 길’을 의미한다. ‘왕도(王道)’를 ‘태양의 문’에서 더 동쪽으로 연장시키면 동쪽의 산악(山岳) 안부(鞍部)[10]에 이르는데(그림 5-22), 거기에는 도성(都城) 건설자인 자이신의 씨족(氏族)(캇챠와하[11] 씨족(氏族))이 깊이 숭배했던 ‘수리야(태양)사원’이 위치하고 있다. 결국 <‘태양사원’ – ‘태양의 문’ – ‘왕도(王道)’ – ‘달의 문’>이 이 선상(線上)에 일렬로 서 있게 되며, 만일 이것을 비켜나게 한다면 태양의 길인 ‘왕도(王道)’를 건설할 수 없었기 때문에 그것이 도성(都城)을 남쪽으로 이동시키지 못하게 한 이유일 것이다. 설명은 생략하지만, 자이푸르의 남북도로는 동쪽으로 15도 편각을 갖고 있으며, ‘왕도(王道)’는 이 남북도로에 직각이 되도록 방향을 잡고 있다.

‘왕도(王道)’와 남북도로에 면하여 점포(店鋪)가 있는 중층(中層)건축이 늘어서 있으며, 대로(大路)에 면한 벽면은 1853년 대영제국 빅토리아여왕의 부군 앨버트공의 방문에 즈음하여 분홍색으로 통일시켰다. 따라서 현재도 자이푸르는 핑크·시티라고 불리는데, 핑크는 현지에서는 ‘환영’을 의미하는 색이며, 성벽 내의 대로에 접한 힌두적 건축디자인과 벽 색깔의 통일성을 유지하기 위해 경관 및 건축규제가 현재에도 유지되고 있다.

10 2개의 산꼭대기 사이에 끼인 산등성이 선상의 낮은 부분으로 고개라고도 부른다. (네이버)

11 원본의 カッチャワハ

column 1

항구도시(港口都市) 아유타야

1616년 경에 간행된 중국문헌 '동서양고(東西洋考)'는 아유타야에 대해 '(차오프라야강(江)의) 하구(河口)에서 약 3일에 걸쳐 제3관(關)으로, 또 3일 정도 걸려서 제2관(關)으로, 그리고 다시 3일 정도 걸려서 불랑일본관(佛郎日本關)에 다다른다'라고 서술한다. '관(關)'은 요새화된 군사검문 시설인데, 이 문장에서 보면 유럽세력의 아시아진출 때문에 확대된 교역기회에 참여하면서도 하구(河口)보다 약간 내륙에 위치를 정하고, 바다로부터 오는 외적(外敵)과 해적(海賊)에 대한 방비를 굳게 하고 있는 아유타야의 모습을 잘 알 수 있다.

마지막 '불랑일본관(佛郎日本關)'은 도성 남쪽 교외에 위치하는 가장 중요한 '관(關)'으로, 불랑(佛郎)이란 포르투갈을 가리킨다. 이 무렵 포르투갈은 식민지경영의 중심을 브라질로 옮겨 아시아의 포르투갈인은 이른바 국가로부터 버림받은 상태에 놓여 있었으며, 따라서 그들의 대부분은 현지 국가나 다른 유럽제국들의 용병(傭兵)이 되었다. 또한 일본인의 경우도 상인이 아닌 용병(傭兵)으로 일한 사례도 많았으며, 야마다나가마사(山田長政)가 그 대표적인 인물인데, 그는 이 기록과 같은 시기에 아유타야왕조를 섬기고 있었다.

아유타야는 3개의 강이 합류하는 지점을 선택하여 건설되었으며, 먼저 도성의 북서쪽에는 차오프라야강이 흘러들어 이를 따라 태국 중앙의 모든 물산(物産)이 운반되었다. 또한 도성의 북동쪽에서 두 강이 합류하는데, 동쪽에서 합류하는 것이 빠삭강, 서쪽에서 합류하는 것이 롭부리강이며, 각각 태국 동부와 북부으로부터의 물류 수송로였다.

이들 강을 도성을 둘러싸는 주운로(舟運路) 또는 해자(環濠)로 기능시키기 위해 도성의 북동쪽 끝을 인공적으로 굴삭(堀削)하여 주위를 도는 수로(水路)로 만들었다.

도성 주위를 도는 물길이 도성 남동쪽 끝에서 다시 합류하며, 거기로부터 차오프라야강의 본류를 이루어 남쪽으로 흘러간다. 불랑일본관(佛郎日本關)은 그보다 약간 남쪽에 있었으며[(그림 5-20)의 P 지점], 그 건너편에는 일본인 마을도 있었다고 추정되고 있다. 그 위치는 어디까지나 추정이고, 여기에 일본 정부자금으로 1980년대에 예전의 아유타야 일본인 마을을 기념하는 공원이 건설되었을 때, 현지에서 반대운동이 일어나기도 했다.

아유타야의 교역거점은 불랑일본관(佛郎日本關) 북방에 있는 도성의 주위를 도는 수로(水路)가 차오프라야강이 되어 남쪽으로 흘러가는 지점 일대에 있었다. 거기에 거점을 구축하고 교역 상인의 중심이 되었던 것은 중국인인데, 그곳은 지금도 중국인 마을로, 1325년에 만든 큰 불상(佛像)을 안치한 중국사원인 파난청(三寶佛)[1]사가 위치하고 있다. 중국인 마을 건너편, 즉 차오프라야강 서안(西岸) 일대가 무슬림들의 거주지였으며, 거기에는 아랍계 사람들도 있었지만, 대부분은 부기스, 마카사르, 말레이, 몽, 참족 등 동남아시아 해역으로부터 온 교역집단이었다.

특히 이곳에서 북서쪽을 향해 뻗은 운하(運河)를 따라 그들의 거주지가 내륙으로 펼쳐져 있었다. 유럽사람들의 거주구역은 도성 남서쪽의 주회(周回) 수로(水路) 건너편이었다. 지금도 그곳에는 가톨릭교회가 남아있으며, 1661년 이후에는 프랑스인의 건너편 도성 주변부 거주가 허용되었다.

프랑스인의 도성 내 거주가 금지되지 않았던 17세기 중반 이전 시기를 보면, 타이족 외의 집단은 도성 외 거주가 원칙이었으며, 그중 예외가 중국인들과 페르시아인들이었다. 중국인 거주구역은 도성의 남동쪽 끝 시장 주변으로 국한돼 있어 중심부 거주는 허용되지 않았는데, 페르시아인들은 도성 중심부 즉, 왕궁 남쪽에 거주구역을 부여받았으며, 나중에 그들은 불교도(佛敎徒)가 되었다고 한다. 아유타야왕조의 외교 공용어는 물론 태국어였지만, 준(準)공용어 지위를 차지하고 있던

1 원본의 パナンチュン

것은 페르시아어였다. 페르시아인이 중용되고 페르시아어가 중시된 이유는 몇 가지 생각할 수 있지만, 그 가운데 중요한 것은 그들이 동남아시아의 항구도시를 운영해왔기 때문일 것이다.

그림 5-25 프라시산펫사원(구 왕궁 유적(舊王宮跡)), **아유타야**

그림 5-26 아유타야하항(河港)(구(舊) **불랑**일본관(佛郎日本關) 부근)

교역활동은 각지에서 항구로 모이는 언어도 습관도 다른 상인들 간의 거래이다. 그것을 원활히 진행시키려면 통역 뿐만 아니라 상(商)거래, 더 나아가서 항구의 관리와 운영에 대해서도 권한을 가지는 자치적인 조정자를 필요로 하는데, 그런 제도와 기구가 동남아시아 해역에서는 오래 전부터 만들어져 왔다. 그 조정(調整)임무를 맡는 관리자를 샤·반다르(shahbandar)라 불렀으며, 샤·반다르(shahbandar)는 페르시아어로 '항구의 왕'을 뜻한다. 이슬람 전래 이전부터 페르시아인은 인도의 구자라트인과 함께 서방에서 동남아시아로 가는 중요한 항해상인이었다. 이들이 샤·반다르(shahbandar)제의 발전과 정착에 큰 역할을 해왔는데, 그것이 아유타야왕조 아래에서도 그들에게 도성 내 중심부 거주를 허용한 이유라고 생각할 수 있다.

샤·반다르(shahbandar)의 권한과 책임은 시대에 따라 변화해 가지만, 식민지화 되기 이전의 동남아시아를 보면 다음과 같았다.

① 교역을 위해 항구에 온 선장과 항해(航海) 상인을 접견하고, 적하(積荷), 목적(目的), 내력(来歴) 등을 확인한 뒤 신원보증을 하여 정치지배자에게 소개한다.

② 교역거래의 감독책임을 갖는 동시에 거래상품에 대한 과세액을 결정해 징수한다.

③ 항구에서의 통운(通運)제도와 통운(通運)조직의 운영책임을 가진다.

④ 항만창고의 관리책임자로 상품보관을 책임진다.

⑤ 도량형 및 통화교환 비율의 감독과 통제를 한다.

이상을 정리하면 내항(来航) 상인과 현지 지배자와의 접촉점으로서 항구도시가 기능해 나가는데 중요한 역할을 수행한 사람이 샤·반다르(shahbandar)였다.

07 중국 도성(都城)의 바로크적 전개(展開)

옛 중국 그리고 일본에서는 "수신(修身), 제가(齊家), 치국(治國), 평천하(平天下)"라고 하는 인생관이 알려져 왔다. 이 말의 출전(出典)은 전한(前漢) 초기에 성립했던 유교 경전 '대학(大學)'인데, 치국(治國)이란 도시국가를 다스리는 것이고, 평천하(平天下)는 도시국가군(群)을 평정하고, 천하를 평정하여 영역국가를 건설하는 것이다. 중국 최초의 영역국가는 진시황(秦始皇)에 의해 실현되지만, 그가 건설한 도성은 왕조가 단명으로 끝나서 불분명한 점이 많다.

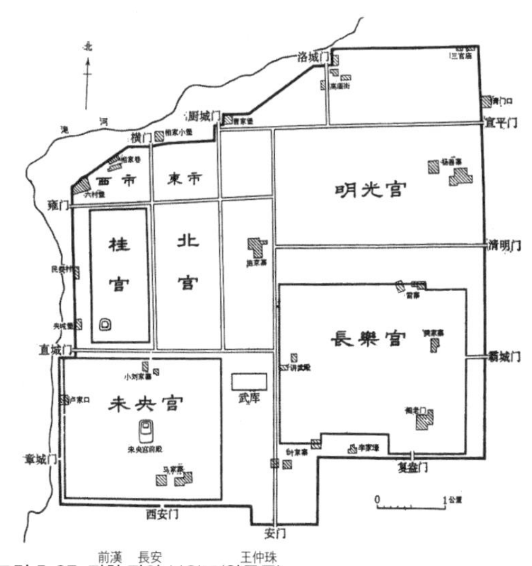

그림 5-27 전한(前漢) 장안(長安) 복원도(왕중주(王仲殊))

1. 전한(前漢) 장안(長安) - 가산제(家産制)[1] 영역국가의 도성

전한(前漢)의 장안(長安)에 대해서는 발굴을 기초로 하여 도성복원이 이루어지고 있으며(그림5-27), 성벽의 길이는 25.1km에 이른다. 이 일정하지 않은 성벽을 4변형으로 간주하면, 각 변은 3개의 성문을 갖고 있으며, 이것은 '주례(周禮)'의 이념과 일치하지만, 성문의 위치는 서로 달라 성문을 서로 연결하는 직선 도로는 없다. 도성 내부는 거의 중앙을 남북으로 뻗어 있는 도로를 경계로 하여 동과 서로 나뉘며, 서쪽에는 북쪽으로부터 순서대로 시(市)(서시(西市), 동시(東市)), 후궁(後宮)(계궁(桂宮)·북궁(北宮)), 미앙궁(未央宮)이 늘어서 있다. 동쪽에는 북쪽에 명광궁(明光宮), 남쪽에 장락궁(長樂宮)이 있고, 그 주위에 시민의 주택지가 있었다고 여겨진다. 궁전군(群)은 초대 고조(高祖)(재위 BC 206~195년)부터 7대 무제(武帝)(재위 BC 14~187년)까지 100여 년에 걸쳐 단속적으로 만들어졌는데, 전한(前漢) 장안(長安)은 '광대

1 가부장제도에서, 종속자에게 일정한 재산을 나누어 줌으로써 집안의 권력을 분산적으로 유지하던 지배 구조. 독일의 베버가 군주의 사적인 세습 재산으로 취급되던 국가를 가산 국가(家産國家)로 개념화하면서 나온 이론이다. (네이버 국어사전)

한 천자(天子)의 거처='성(城)'과 시(市)를 포함한 시민의 공간='곽(郭)'이 있는 도시'였지만, 성문을 잇는 도로의 결함에서 보듯이 전한(前漢) 장안(長安)은 '성(城)'과 '곽(郭)'의 이중구조를 특색으로 하는 도시국가 단계의 도성을 넓이만 확대한 것으로서 영역국가에 걸맞는 새로운 도성창출에는 미치지 못하는 것이다.

궁전의 배치도 이러한 점을 보여주고 있는데, 가장 중요한 궁전은 도성의 남서쪽 모서리, 즉 '존장(尊長)의 거처'를 차지하는 미앙궁(未央宮)이다. 천자(天子)는 여기서 '좌서조동(座西朝東)'의 자세로 신하에게 임했으며, 앞에서 서술한 임치(臨淄)와 같다(그림5-14). 도성 정문도 역시 성벽 북동변의 선평문(宣平門)이었다. 전한(前漢)시대는 영역국가 성립 직후로 여전히 가산제(家産制) 국가의 특징을 지니고 있었으며, 전한(前漢) 장안(長安)은 그 단계에 맞는 도성이라 할 수 있다.

도성 중앙의 남북 직선 도로가 뻗은 방향은 장안(長安) 북쪽의 천재사(天齋祠), 청하(淸河)의 곡류부(曲流部), 멀리 남쪽 진령산(秦嶺山) 지중(地中)의 자오곡(子午谷)을 잇는 정남북의 직선과 일치한다는 지적이 있는데, 이 도로 방향은 단순히 도성내의 계획에 근거한 결정이 아닌 도성을 포함한 장대한 축선(軸線)과 관련이 있다는 지적이다. 코스몰로지와 도성사상 간의 관계에서 코스몰로지가 규정하는 것이 고대 인도에서는 도성의 내부구성이었던데 비해 중국에서는 도성의 위치라는 차이는 이미 앞서 지적했으며, 전한(前漢) 장안(長安)의 중심도로 위치와 방향결정에서도 이 중국적 특징은 타당하다.

2. 한위(漢魏) 낙양(洛陽) - 바로크의 단서(端緖)

영역국가에 걸 맞는 새로운 도성은 후한(後漢)시대가 되어야 실현되며, 그것은 전한(前漢)시대의 '좌서조동(座西朝東)'으로부터 '좌북조남(座北朝南)' 즉, '천자남면(天子南面)'으로의 변화이다. 천자(天子)는 도성의 북부에 앉아 남면(南面)하는 자세로 신하의 예(禮)를 받으며, 남쪽을 바라보는 자신의 시선을 구현하여 도성구성의 축선(軸線)으로 한다는 새로운 도성사상의 등장이고, 그것은 '주례(周禮)'에 있는 천자(天子)의 궁처(宮處)에 대한 이념, 즉 '중앙궁궐로부터의 이탈'이다. 후한(後漢) 초대 광무제(光武帝)(재위 AD25~57년)는 확대된 황제 권력을 배경으로 교사(郊祀)(도성 남쪽 교외에서의 제천(祭天)의례)를 새로운 국가의례로 제도화하며, 여기서부터 남면(南面)하는 천자(天子)의 거처인 북방의 궁성과 남교(南郊)의 제천(祭天)시설과 연결되는 선이 도성의 남북축선으로 새롭게 등장한다. 이는 황제권력에 의한 도성의 바로크적 편성의 단서(端緖)였다.

후한 낙양(洛陽)은 후한말에 파괴된 후, 북위(北魏)의 효문제(孝文帝)(재위 471~499년)에 의해서 5세기에 재건되기 때문에 2개를 합쳐 한위(漢魏) 낙양(洛陽)이라고 부른다. 이 도성(都城)은 중앙북쪽의 '성(城)'에 해당하는 내성(內城)과 '곽(郭)'에 해당하는 외성(外城)의 2개로 구성되어 있으며(그림 5-28), 내성(內城) 동서 양변의 문을 서로 잇는 직선도로의 출현도 전한(前漢)시대 장안(長安)

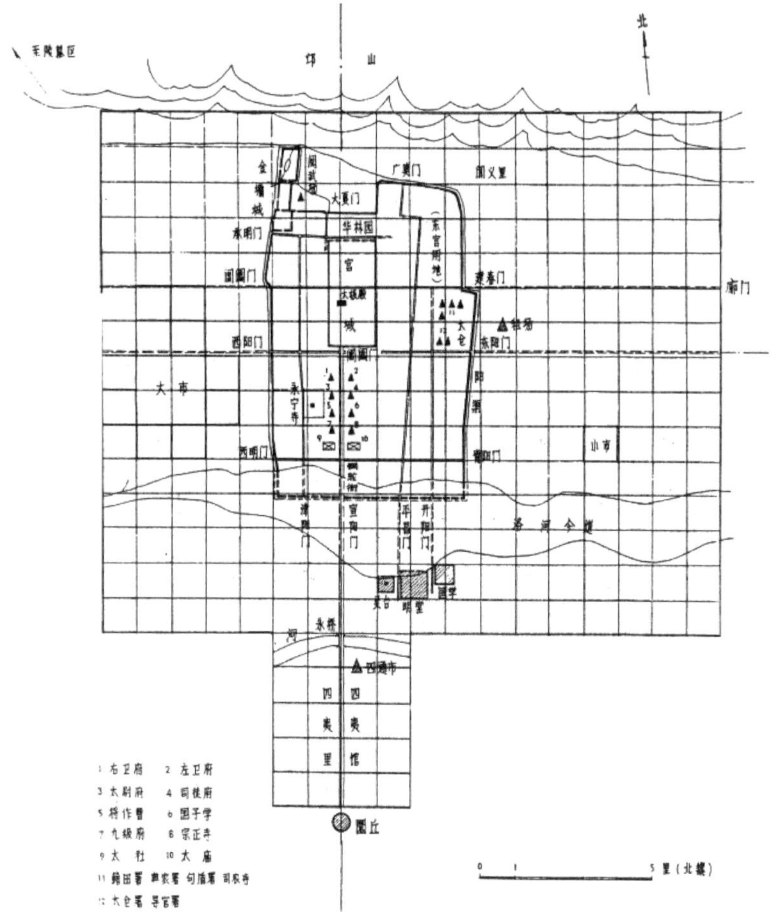

그림 5-28 한위(漢魏) 낙양(洛陽) 복원도(가업거(賀業鉅))

과는 다르다. 내성(內城) 북쪽으로 궁성이 배치되고, 궁성 중앙의 동서도로를 경계로 북쪽은 왕궁, 남쪽은 태극전(太極殿)을 포함한 의례(儀禮)공간으로 이분되었으며, 태극전(太極殿)부터 남북 직선도로가 외성(外城)의 남쪽 변까지 관통했고, 이어서 남교(南郊)의 제천(祭天)시설인 원구(圓丘)까지 뻗어져 있었다. 남북축선 도로는 내성(內城) 내에서는 동타(銅駝)가(街)로라 불리며 그 양 옆에 여러 관청이 늘어서 있었고, 그 남쪽 끝 가까이에는 '좌조우사(左祖右社)'의 원칙에 따라 동쪽으로 태묘(太廟), 서쪽으로 태사(太社)가 자리 잡았다. 한위(漢魏) 낙양(洛陽)에서는 궁성과 관청과의 남북분리, 북쪽에 서 있는 천자(天子)의 남면(南面) 조망(vista) 축선화(軸線化)와 이를 기축(基軸)으로 한 도성(都城) 편성을 명확히 볼 수 있다.

3. 수당(隋唐) 장안(長安) - 바로크화의 완성

이 같은 도성 바로크화의 완성을 보이는 것이 6세기 말 수나라 문제(文帝)(재위 581~604년)가 건설한 대흥성(大興城)에 기원을 두는 수당(隋唐) 장안(長安)(그림 5-29)이며, 성벽은 남북 8,651m, 동서 9,721m에 이르고, 성벽 내의 면적은 약 84㎢이라는 장대한 도성이다. 그러나 최고 전성기에도 경역(京域)의 남쪽 3분의 1은 인가(人家)도 적었다고 하는데, 경역(京域)의 중앙 북변에 궁궐이 위치하고 있으며, 그 남쪽에는 천자(天子)가 친정(親政)하는 관청들로 이루어진 황성(皇城)이 있다. 황성(皇城)이 독립해서 출현한 것은 수당(隋唐) 장안(長安)이 처음이며, 그것은 천자(天子)에 대한 권력집중과 그 결과로 중앙집권적인 체제 확립에 대응하기 위해 관청을 한곳에 집중시킬 필요가 있었기 때문이다. 관청의 집

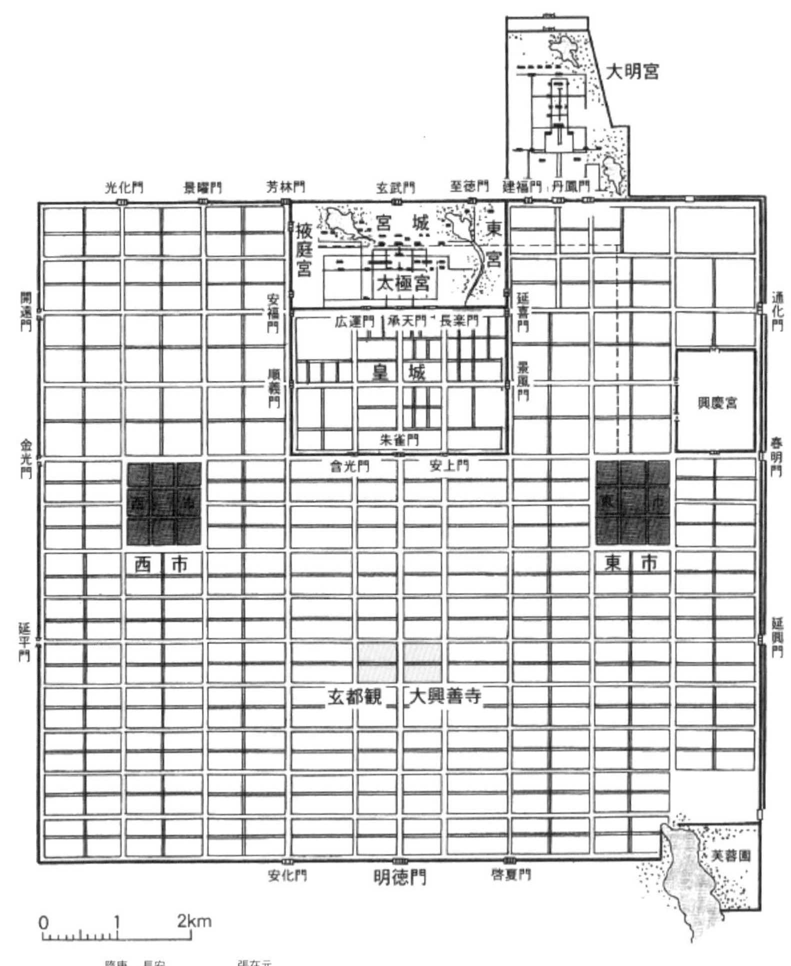

그림 5-29 수당(隋唐) 장안(長安) 복원도(장재원(張在元))

중지구라는 황성은 현재의 북경(北京)에서도 계승되고 있으며, 또 도쿄(東京)의 궁성과 접한 가스미가세키(霞ケ関) 일대에 중앙관청이 집중한 사례에서도 볼 수 있듯이 그 사상은 현대 일본에도 살아 있음을 말해 준다. 궁성을 최북단에 건설함으로써 수당(隋唐) 장안(長安)은 '좌북조남(座北朝南)'과 '천자남면(天子南面)'을 철저하게 지키며, 한위(漢魏) 낙양(洛陽)에서는 남북축선이 궁궐의 중앙보다 서쪽으로 치우쳐 있지만, 수당(隋唐) 장안(長安)에서는 궁궐뿐만이 아니라 도성전역의 동서 중심에 남쪽을 향하는 도로를 두어 도성의 좌우대칭 기축(基軸)을 구성한다. 궁성 정문인 승천문(承天門)에서 황성 정문인 주작문(朱雀門)까지 황성 내에서는 승천문(承天門)가(街)로, 다시 승천문(承天門)에서 도성 정문인 명덕문(明德門)까지 경역(京域)내에서는 주작가(朱雀街)로 이름을 바꾸며 도로가 났고, 남교(南郊)의 제천(祭天)시설인 천단(天壇)까지 이어진다. 주작가(朱雀街)는 150~155m의 도로폭을 자랑하는 장대한 축선(軸線)도로로, 그것을 경계로 동서에 각각 54방(坊)이 좌우대칭으로 배치되어 행정적으로는 동쪽이 만년현(萬年縣), 서쪽이 장안현(長安縣)으로 나눠진다.

장안(長安)의 시가지 특징은 궁궐의 남쪽 변에 접해서 남쪽으로 뻗은 중앙 구역과 그 좌우에 위치하는 동서 양쪽 구역을 3개의 호대(縞帯)로 나누는 것이다. 이는 이미 중국도성과 인도도성의 차이점으로 중국도성의 내부편성을 '남북호대(南北縞帯)'로 요약할 수 있음을 지적했으며, 좌우대칭적으로 배치된 '남북호대(南北縞帯)' 편성이 수당(隋唐) 장안(長安)에서 전형적으로 실현되고 있는 것이다.

더 중요한 것은 황성 남쪽의 중앙호대(中央縞帯)가 남북 9방(坊)으로 되어 있고, 그 중앙에 해당하는 주작가(朱雀街)의 좌우 5방(坊)째에 종교시설이 위치한 점이다. 왼쪽(동쪽)의 정선방(靖善坊)은 전체 영역을 차지하며 불교사찰인 대흥선사(大興善寺)가 들어서 있고, 오른쪽(서쪽)의 숭업방(崇業坊)에는 상당한 면적을 차지하면서 도교사원인 현도관(玄都觀)이 들어섰다. 이 2대 국립사원은 백성들 공간의 중앙위치를 차지하는 동시에 천자(天子)의 조망인 남북 축선상에 있어서 궁궐을 장엄하게 보이게끔 하기 위해 앞쪽에 자리 잡은 시설이 됐으며, 이는 이미 앞에서 서술한 아유타야의 왕궁과 사원의 위치관계와 똑같다.

이것은 도성의 바로크화 완성을 의미하는데, 수당(隋唐) 장안(長安)에서는 15세기의 아유타야보다 훨씬 빨리 7세기에 그것을 실현했다. 그 이른 시기의 실현은 중국의 고유한 신성왕(神聖王)으로서의 왕권관념에서 온 필연적인 결과이고, 참고로 유럽에서 이 같은 도시의 바로크적 전개가 출현하는 것은 훨씬 늦은 16세기가 되면서부터이다.

4. 수당(隋唐) 장안(長安)은 중국 도성의 이단(異端)인가?

'주례(周禮)'의 '중앙궁궐' 이념으로부터의 일탈을 지적하며 수당(隋唐) 장안(長安)을 '이단(異端) 혹은 이례적인 도성'이라고도 하는데, 그 '북변 궁궐', 즉 '북궐(北闕)'은 왕권의 신장(伸張)에 의한 도성의 바로크적 전개가 갖는 필연적인 변용이었다. 그러나 '좌북조남(座北朝南)'과 '천자남면(天子南面)'이 요구하는 '북변 궁궐'을 별개로 본다면, 수당(隋唐) 장안(長安)은 '주례(周禮)'의 각종 이념에서 벗어난 '이단(異端)의 도성'이 아닐까?

'주례(周禮)'의 첫 번째 이념은 도성의 형태가 방형(方形)이라는 것이며, 이 원칙은 수당(隋唐) 장안(長安) 또한 지키고 있다. 두 번째 이념은 '방삼문(旁三門)', 즉 각 변에 3개의 문을 두는 것인데, 수당(隋唐) 장안(長安)에서는 궁궐의 북쪽으로 왕가(王家)의 정원이 펼쳐졌으며, 그곳에는 많은 사문(私門)이 통해 있었고, 이를 제외하면 남은 3변은 모두 3문이다. 주목할 점은 성벽의 동쪽과 서쪽에는 거의 같은 간격으로 성문이 배치되어 있지만, 남쪽 근처 3개의 문은 앞에 서술한 것처럼 궁궐 남쪽의 중앙호대(中央縞帯) 부분에 집중하고, 그 좌우의 동서 양쪽 호대(縞帯)에는 성문이 없다. 이것은 주작가(朱雀街)를 포함한 모든 남북대로가 궁궐의 남변에서부터 남쪽으로 뻗어 성문에 이르고 있다는 것, 즉 궁궐에 있는 천자(天子)의 남면(南面)조망을 구현할 수 있는 남북도로만이 성문으로 통하고 있음을 의미하며, 도성의 철저한 바로크화라 할 수 있다. 또한 성문을 잇는 3개의 동서대로도 그중 2개는 궁성과 황성의 각 남쪽 대로를 동서로 연장한 것이기 때문에 동서대로 역시 궁궐과의 관계에서 그 방향과 위치가 결정되었다.

세 번째 이념은 '좌우민전(左右民廛)'이다. 확실히 백성의 주거는 중앙호대(縞帯)의 방(坊)(가구(街區)) 에도 존재하며, 이것은 수당(隋唐) 장안(長安)과는 맞지 않는 것 같다. 수당(隋唐) 장안(長安)의 방(坊)은 규모와 형태에 따라 5종류로 분류되며, 그 대부분은 동서와 남북의 작은 가로(항(巷))가 중앙에서 교차하는 십자가로(항(巷)) 형식이다. 3개의 남북호대(縞帯)에서 좌우 2개의 방(坊)은 모두 십자가로(항(巷))를 갖는데, 궁궐 남쪽 중앙호대(縞帯)의 방(坊)에는 십자가로가(街) 없으며, 동서로 뻗은 동서가로(항(巷))만 있다. 토나미마모루(礪波護)는 천자(天子)에게 등을 향하지 않도록 형태를 바꾼 '좌우민전(左右民廛)' 이념을 고려한 결과라고 해석했으며, 이 관점에서 보면 '좌우민전(左右民廛)' 또한 부분적으로 실

그림 5-30 대안탑(大雁塔)에서 북쪽을 바라본 전경, 서안(西安)

현된 것이라 할 수 있다.

네 번째 이념은 '전조후시(前朝後市)'이며, 천자(天子) 앞쪽에 조정(朝廷)이라는 '전조(前朝)'는 따르고 있지만, 천자의 뒤쪽에 시(市)가 있는 '후시(後市)'에 관해서는 따르고 있지 않다. 수당(隋唐) 장안(長安)에는 동시(東市)와 서시(西市)라는 2개의 시장이 있어 둘이 함께 궁궐보다 전방의 좌우호대(左右縞帯)에 위치하고 있지만, '전조후시(前朝後市)'라는 이념이 조정(朝廷)과 시장(市長)의 공간적 배치만을 의미하지는 않는다. '오후(午後)'를 '午后'라고도 표기하듯이 후(後)는 후(后)로 통하며, 이로써 '전조후시(前朝后市)'는 2개의 다른 의미를 지닌다. 첫 번째는 '오전에 조정(朝廷)이, 오후(午后)는 시장(市長)이 열리는 것'으로, 이것은 수당(隋唐) 장안(長安)이 따르고 있으며, 두 번째는 '천자(天子)가 조정(朝廷)을, 황후(后)가 시(市)를 관할한다'는 것인데, 이 점에 관해서도, 토나미마모루(礪波護)는 흥미진진한 사실을 지적하고 있다. 수당(隋唐) 장안(長安)의 궁성은 천자(天子)의 거처인 태극궁(太極宮)을 중앙으로 하고, 그 왼쪽(동쪽)에는 왕세자의 거처인 동궁(東宮), 오른쪽(서쪽)에는 황후의 거처인 액정궁(掖庭宮)이 위치해 있다. 액정궁(掖庭宮) 안에는 태창(太倉)이라고 불리는 왕실용 곡창이 뒤쪽에 설치되어 있었고, 이 창고는 물류, 즉 시(市)의 기본적인 기능유지에 필수적인 시설이기 때문에 황후의 처소 내에 위치해 있었다. 즉 '전조후창(前朝後(后)倉)'이며, 이 또한 형태를 바꾼 '전조후시(前朝後市)' 원칙의 관철이라고 할 수 있다.

다섯번째 이념은 '좌조우사(左祖右社)'이며, 수당(隋唐) 장안(長安)에서는 이념대로 왼쪽의 황성 남동부에는 태묘(太廟)(조묘(祖廟)), 오른쪽의 황성 남서부에는 대사(大社)(사직(社稷))가 존재했다.

이렇게 해석하면 수당(隋唐) 장안(長安)은 결코 '이단(異端)의 도성(都城)'이 아니며, 천자(天子)로의 권력집중에 걸맞게 도성의 바로크화를 실현하면서도 '주례(周禮)'의 이념에도 충실하려는 건설사상을 볼 수 있다.

column 2

중국의 왕도(王都)

고염무(顧炎武)(1613~1682년)는 '역대택경기(歷代宅京記)'에서 중국사상의 대표적 왕도로 약 20개를 들고 있다. 그중에서 중국인들이 특별히 중요시하는 것은 6왕도(王都)로 이를 '6대고도(六大故都)'라고 불렀으며, 그 6개는 11왕조의 고도(古都)로 불리는 장안(長安)(호경(鎬京), 함양(咸陽), 대흥(大興)), 9왕조의 도시로 불리는 낙양(洛陽), 북송의 수도였던 개봉(開封), 6도수도(六都首都)의 건강(建康)(남경(南京)), 남송의 임시 수도였던 항주(杭州), 그리고 원나라 이후의 북경(北京)(대도(大都))이다. 여기에 은나라의 도읍이자 중국 사상 최초의 왕도인 업(鄴)(안양(安陽))을 포함시켜 7대고도(七大古都)라고 부를 것을 담기양(譚其驤)이 제안했는데, 안양(安陽)의 서쪽 20㎞에는 은 왕조 후기의 왕도가 있었던 은허(殷墟)가 있었고, 여기에 4~6세기에 융성했던 화북(華北) 동부의 여러 왕조(후조(後趙), 염위(冉魏), 전연(前燕), 동위(東魏), 북제(北齊))의 수도가 있었다. 항주(杭州)에는 5대16국(五代十六国) 시대의 오월(吳越)(907~978년)과 남송(南宋)(1127~1279년)의 수도인 임안(臨安)이 있었으며, 이들은 모두 통일왕조의 수도는 아니었지만 도시로서의 번영과 역사적, 정치적 중요성 면에서 중시되었다.

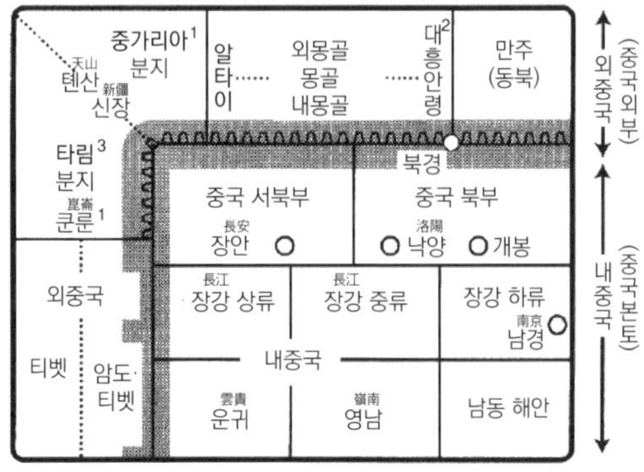

그림 5-31 중국의 공간구성(**세오타츠히코**(妹尾達彦))

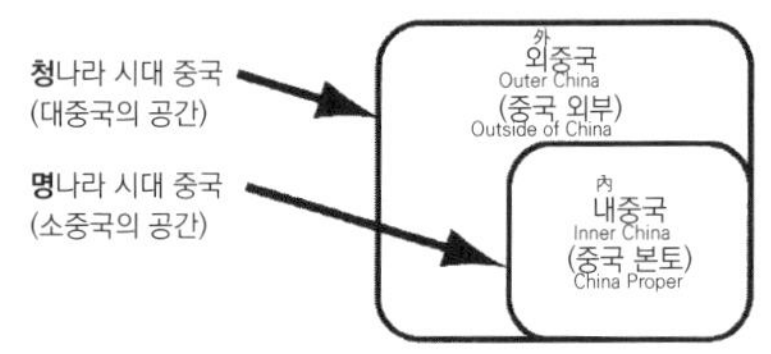

그림 5-32 내(內)중국과 외(外)중국(**세오타츠히코**(妹尾達彦))

장안(長安), 즉 오늘의 서안(西安) 주변에는 서주(西周), 진(秦), 전한(前漢), 신(新), [전조(前趙), 전진(前秦), 후진(後秦), 서위(西魏), 북주(北周)], 수(隋), 당(唐)의 수도

1 원본의 ジュンガル, Zungaria; 중국 신장 웨이우얼 자치구(新疆維吾爾自治區) 서부에 있는 분지. 알타이산맥과 톈산산맥에 둘러싸여 있어 예로부터 교통의 요충지였으며 목화, 곡물 따위를 생산하였다. (네이버 국어사전)

2 大興安嶺 대싱안링; 오늘날의 대싱안링은 이름부터가 복잡한 변화과정을 겪어왔다. 원래는 중국 동북 · 서북방에 자리한 구릉성(丘陵性) 산계 전체를 '싱안링'이라고 불러왔으나, 청나라 때 러시아와 국경을 긋는 '네르친스크조약'(1689)을 체결한 후부터 러시아 경내에 있는 싱안링은 '외(外)싱안링', 중국 경내의 싱안링은 '내(內)싱안링'이라고 부르기 시작하였다. 그리고 이 '내싱안링'이 다시 '대 · 소싱안링'으로 나뉘었다. '소싱안링'은 북단에서 헤이룽장(黑龍江)과 쑹화장(松花江)의 분수계를 이루며 동북방향으로 뻗어나간 산맥을 말하며, 그 이남 전체는 '대싱안링'에 속한다. 보통 '싱안링'이라고 하면 이 '대싱안링'을 지칭한다. (네이버 지식백과)

3 타림분지는 아시아에 있는 분지를 일컫는 말이다. 면적이 400,000km²이상이며 현재는 중국의 신장 위구르 자치구가 위치하고 있다. 북쪽 경계는 톈산산맥이며 남쪽 경계는 티베트고원의 북쪽에 있는 쿤룬산맥이다. (위키백과)

가 있었으며 ([ ] 안은 중국의 일부만 지배. 이하 같다), 낙양에는 동주, 후한, 위, 진, 5호16국, [북위], 수 - 동도[4], 당 - 동도, [후량, 후당]의 수도가 있었다. 개봉은 [후량, 후진, 후한, 후주] 이후, 북송의 수도가 되었으며 건강에는 명나라 초기, 그리고 중화민국(남경국민정부) 수도가 있었지만 [동진, 송, 제, 양, 진, 남당]의 수도이기도 했는데, 이렇게 지도상에서 왕도의 위치를 시대순으로 추적해 보면 중국사의 변천을 잘 알 수 있다.

각 왕조의 지배영역을 먼저 기억하려면 세오타츠히코의 개념도가 편리하다. 중국의 공간은 크게 내중국과 외중국으로 나뉘며, 내중국과 외중국을 나누는 기준은 행정구획, 자연지형, 민족, 언어 등이지만, 이 구분은 역사적으로 형성된 것이기도 하다. 명나라 왕조(1368~1644년)가 통치하던 공간이 거의 내중국이고, 청나라 왕조(1616~1912년)가 통치하던 공간이 양쪽을 모두 포함한다. 청나라 지배 영역에서 외몽골(몽골인민공화국)을 제외한 것이 지금의 중화인민공화국 영토이며, 세오에 의하면 내중국만의 공간을 소중국, 내외를 포함한 공간을 대중국이라고 부른다.

중국 최초의 통일왕조로 알려진 것은 진나라이지만, 중국이라는 공간의 기본적 구성이 완성되는 것은 7세기 이후이다. 당나라 이후의 왕조 변천을 보면, 중국의 통치공간은 대중국 → 소중국 → 대중국 → 소중국 → 대중국이라고 하는 수축확대를 반복하고 있다. 즉, 대중국을 지배지역으로 한 것은 당(618~907년), 원(1271~1368년), 청나라이며, 소중국이 된 것은 송(960~1279년), 명나라이다. 이 왕조 교체에는 한족과 비한족의 공방이 크게 관련돼 있으며, 동양사를 '소박민족'과 '문명사회'의 상호관계에서 파악한 미야자키이치사다의 '동양에서 소박주의의 민족과 문명주의 사회'가 이미 큰 개념을 부여하고 있다. 한족 vs 비한족이라는 구도 또한 이해하기 쉬우며, 대중국을 통치한 것은 한화했다고 할 수 있는 투르크민족에 속하는 선비계의 당, 몽골족의 원, 만주족의 청 등 비한족 출신 왕조이다.

대중국을 통치한 정복왕조의 경우, 지배의 정통성을 주장하기 위해 한족과 비한족을 포함한 이데올로기가 필요했다. 한족 통치자가 유교나 도교를 중시했던 것에 반해 비한족 통치자가 세계종교로서의 불교(원나라, 청나라의 경우는 티베트 불교)를 중시한 것은 보다 보편적인 원리를 구했기 때문이며, 대부분의 비한족 왕조들이 '주례' 고공기에서 이념화된 도시의 이상형을 실현시키려고 한 것도 그 정통성을 주장하려고 했기 때문이라고 볼 수 있다.

왕도의 입지는 당연히 대중국과 소중국의 신축에 대응하고 있다. 대중국의 경우 왕도는 장안 내지 북경이었고, 소중국의 경우, 왕도는 낙양 내지 남경이었다. 북경과 장안은 내중국과 외중국의 경계에 위치하여 군사 및 정치 수도로서의 기능을 담당했던 것에 비해, 내중국의 경제, 문화의 중심으로 계속 유지된 것은 낙양과 남경이었다. 송 이전에는 장안 – 낙양의 동서 양경제가 도입되었고, 원 이후에는 북경 – 남경의 남북 양경제가 채택된다. 장안에서 북경으로의 이동은 곡창지대가 화북에서 화중으로 이동한 것, 군사적 중요성이 동북방향으로 옮겨간 것, 남쪽으로부터의 해상교역의 중요성이 커진 것 등 때문이다.

4 東都둥두; 허난(河南)성 뤄양(洛陽)의 별칭. (네이버 지식백과)

08 원나라(元) 대도(大都)

1. 예케·몽골(대원(大元)) 울루스[1]의 새로운 수도(首都)

현재 북경(北京)을 포함한 일대는 연경(燕京)지방으로 불리며, 대도(大都)는 여기에 건설되어 현재 북경(北京)의 모태가 되었다. 원나라(몽골)에 앞서서 북방 이민족 정복왕조로 요(遼)(거란(契丹))와 금나라가 10세기 초부터 화북(華北)을 지배하여 왔으며, 이 두 왕조도 이 지방에 대도(大都)를 두었다. 원나라 왕조 제5대 황제 쿠빌라이(재위 1260~1294년)는 1267년부터 약 20년에 걸쳐 금(金)의 국도(國都)였던 중도(中都)의 북동쪽 교외에 새 도읍을 건설하였고(그림5-34), 새 수도(首都)는 당초 돌궐어로 '왕의 성시(城市)'를 의미하는 '칸발리크(汗八里)[2]'라고 불렸지만, 쿠빌라이는 1272년에 수도(首都)를 이곳으로 정하고 대도(大都)라고 개칭하였다.

연경(燕京)지방은 장성(長城)을 통해 북쪽 몽골족의 고향인 초원지대와 남쪽 한족(漢族)의 본거지인 농경지대가 맞닿는 경계지대에 해당하여 양쪽 지역의 지배를 위한 전략적 교통의 요지였기 때문에 그것을 이 지방으로 천도한 이유로 여겨왔다. 그러나 스기야마마사아키(杉山正明)는 장안(長安)을 포함한 서쪽의 경조(京兆)지방도 이와 같은 조건을 갖고 있기 때문에 이것만으로는 설명이 불충분하며, 연경(燕京)지방이 쿠빌라이 정권확립에 중심적인 역할을 한 군사세력의 근거지였음을 추가한다.

쿠빌라이는 몽골과 중국 본토(漢地)를 아우르는 대통일제국(大統一帝国)(예케 몽골 울루수, 줄여서 대원(大元) 울루스라 함) 수립을 목표로 했다. '역경(易經)'에 있는 '건원(乾元)'의 '원(元)'을 국호로 채용한 것도 한족(漢族)풍을 살리기 위함이었으며, 새로운 수도(首都) 역시 한족(漢族)이 규범으로 삼아온 도성(都城)사상을 감안해야 했으므로, 그 명령을 받은 유병충(劉秉忠)은 기본구상을 '주례(周禮)' 고공기(考工記)에서 구하여 대도(大都)를 구상했다(그림 5-33).

경역(京域)을 둘러싼 성벽(市壁)과 성문(市門)은 '주위 60리 11문'이라고 칭했으며, 60리는 약 33km로 실측에 의하면 성벽은 거의 남북 7.6㎞, 동서 6.7㎞, 합계 28.6㎞이다. 그 둘레를 해자(環濠)에 해당하는 호성하(護城河)가 둘러싸고 있으며, 성문은 북변에 2개, 다른 3변에 각 3개 등 총 11개였기 때문에(그림 5-33) '주례(周禮)' '방삼문(旁三門)'의 이념과는 다

---

1 몽골제국의 제5대 칸 쿠빌라이·칸이 국명을 중국식인 대원(大元)으로 선포하면서 시작되었다. 중세 몽골어로 다이운 예케 몽골 울루스라고 불렀으며, 이는 대원대몽골국(大元大蒙古國)이라는 뜻이다. (위키백과)

2 원본의 ハン·バリク이다. Khanbaliq, 위대한 칸의 거주지라는 뜻이다. (위키백과)

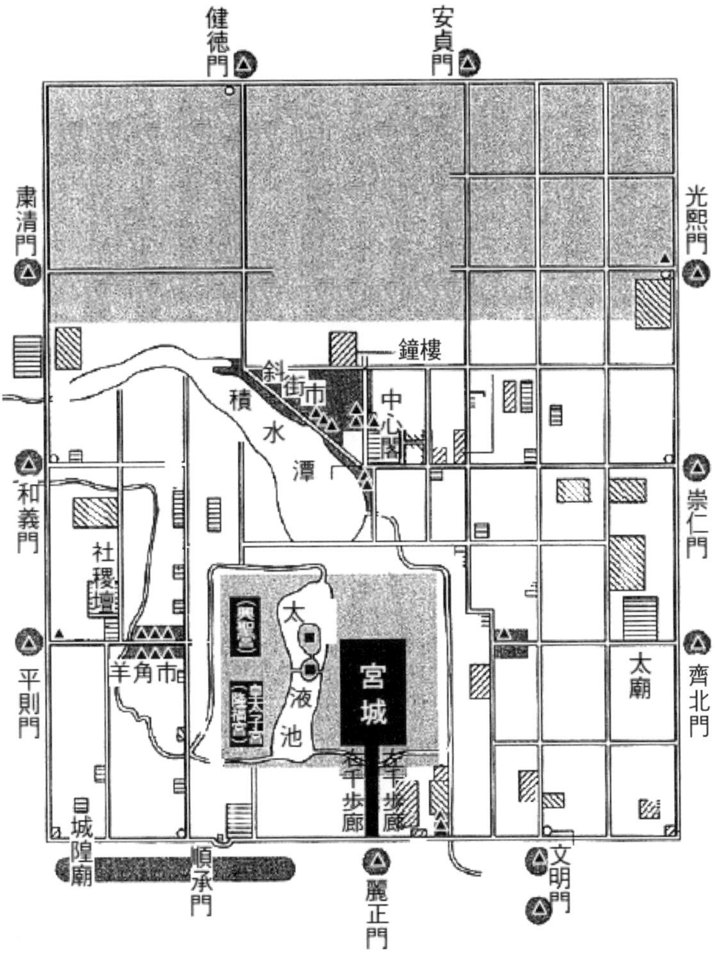

■ 궁전 ▨ 창고 ▨ 관청 ▤ 종교시설 ░ 녹지
■ 상업구역(또한 옛 중도(中都)와의 사이에 있는 남서측 일대는 번화가를 이루고 있었다)
▲ 시장

그림 5-33 원나라 **대도**(大都) 복원도(**스기야마마사아키**(杉山正明))

르다. 진고화(陳高華)는 '11문'인 이유를 원나라 시대부터 지적되어 온 비사문천(毘沙門天)[3]의 아들인 나타태자(哪吒太子)의 '3두6비양족(三頭六臂兩足)'이라는 그림과 결부시켜 설명하며, 성문의 수는 그것

---

3 비사문천은 지국천, 증장천, 광목천과 함께 사천왕으로 불리는 불법 수호신(武神)으로 수미산의 북쪽을 담당한다. 사천왕 중에서도 가장 위상이 높아 중앙아시아, 중국, 일본 등지에서 독존으로 신앙의 대상이 되기도 한다. 비사문천이라는 한자명은 산스크리트어 이름인 와이슈라와나(वैश्रवण, Vaiśravaṇa)를 음역한 것으로, 의미를 풀이하면 「와이슈라와스신의 아들」이 된다. 그러나 동시에 「잘 듣는 자」라는 의미로도 해석할 수 있어 이를 의역한 한역명이 곧 다문천이다.(나무위키)

을 모방하여 남쪽 변을 3두(三頭), 동서 양변을 6비(六臂), 북쪽 변을 양족(兩足)으로 했다고 한다. 그러나 북변의 문 1개를 줄인 것은 도성 배후의 공격에 대한 방어목적도 있고, 대도(大都) 입지 선정과 관련해서 북방초원을 근거지로 하는 귀족의 반대가 있었기 때문이기도 하겠지만, 어쨌든 '주례(周禮)'에서 말하는 '방삼문(旁三門)'은 충실히 지키려 하였다.

경역(京域)의 중심점에는 중심각(中心閣), 그 바로 서쪽에 고루(鼓樓)가 있었다. 고루(鼓樓) 북쪽에는 종루(鐘樓)가 나란히 서 있었는데, 고루(鼓樓)와 종루(鐘樓)는 시각을 알리는 시설로 그들을 도시 중심부에 건설한 것은 대도(大都)가 처음이었으며, 이후의 중국도시는 이를 답습해 간다. 오후 8시 3점종(三點鐘)을 신호로 다음날 아침 4시 종까지 야간외출은 금지됐고, 진고화(陳高華)는 이를 민중의 생활에 대해 시간적 질서와 통제를 부여하려는 권력적 지배의 표현으로 본다.

중심각(中心閣)에서 도로의 수를 세어 보면, 동서남북 모두 9개로 '주례(周禮)'의 '구경구위(九經九緯)'와 대응하며, 도로 폭은 약 36m와 18m 두 가지이고, 그리드·패턴으로 경역(京域)을 분할했다. 1274년에 대도(大都)를 방문한 마르코·폴로는 '도시의 한쪽 문에서 반대쪽 문이 도시 전체를 관통해서 볼 수 있도록 만들어졌기 때문에 길은 일직선으로 끝에서 끝까지 보인다.... 도시 중앙에는 거대한 궁전이 있고, 그곳에 큰 종루(鐘樓)가 있어 밤이면 종이 울리고, 그것이 3번 울린 후에는 누구도 외출할 수 없었다' (츠키무라타츠오(月村辰雄)·쿠보타카츠이치(久保田勝一) 번역)라고 말했다. 경역(京域) 내부는 50방(坊)으로 분할되어 있었는데, '방(坊)'은 몽골어로 '호통'이라 불렸으며, 현재 북경(北京)에서 골목길을 뜻하는 호동(胡同)[4]의 어원이 된다.

태묘(太廟)와 사직단(社稷壇)이 모두 '좌조우사(左祖右社)'의 관계로 경역(京域)의 남동부와 남서부에 배치되고, 궁성에 해당하는 대내(大内)의 남쪽에는 중서성(中書省) 등의 관아가, 황성의 북쪽에는 각종 상품을 매매하는 시장이 위치하였으며, 이것도 '전조후시(前朝後市)'에 속한다. 다만 관청 및 태묘(太廟)와 사직(社稷)이 황성 밖에 세워진 점은 그동안의 도성과는 다르며, 경역(京域) 내의 시장은 2곳이 있었고, 하나는 앞서 말한 황성 북쪽의 시장으로 운하와 연결되어 항만적 기능을 가진 적수담(積水潭)에 접하고 있었다. 이곳은 남쪽 농경지대와 원격지 교역을 위한 도매기능과 지역주민을 위한 소매기능을 겸비한 시장으로 번화한 환락가도 있었으며, 다른 하나는 서쪽의 사직단(社稷壇) 주변으로 서쪽 초원지대로부터 온 각종 가축시장이 모여 있었다. 이 2개 시장의 존재와 기능분화는 장안(長安)의 동(東)·서(西) 양시(兩市)와 유사한데, 추가하여 설명하면 장안(長安)의 동시(東市)를 '전조후시(前朝後市)'에 대응시켜 북쪽으로 이동시킨 후, 다른 하나의 시장을 서쪽에 남긴 것으로 보인다. 각 성문 밖에는 농촌적인 초시(草市)와 채시(菜市) 등이 존재하고 있었으며, 이처럼 다양한 시장의 존재는 농업과 목축의 경계에 위치한 교역도시 대도(大都)의 모습을 전하고 있다.

---

4 우리나라에서는 보통 '후통' 혹은 '후퉁'으로 발음한다. (역자 주)

2. 핵심위치 '물가(수변(水邊))의 목지(牧地)'

이처럼 대도(大都)의 기본구상은 '주례(周禮)'의 이념에 충실하다. 그럼에도 가장 큰 차이를 보이는 것은 '중앙궁궐'이 아니라 적수담(積水潭)이 경역(京域)의 중앙부를 차지하는 것, 바꾸어 말하면 궁성(대내(大内))을 포함한 황성이 남쪽에 편중되어 있다는 점이다. 지금까지 지적된 바 없지만 성문 배치가 나타태자(哪吒太子)의 그림을 모방했다고 본다면, 궁궐의 남쪽 편향도 이로부터 설명할 수 있다. 북쪽이 두개의 발, 남쪽이 머리라고 한다면, 나타태자(哪吒太子)는 북쪽에 발을 들여놓고 경역(京域)을 둘러싸도록 하여 대도(大都)를 수호하고 있는 것이 되고, 바로 그 머리 위치에 궁궐이 자리잡고 있는 것이며, 배꼽 위치를 차지하고 있는 것이 중심각(中心閣)인 것이다.

그러나 이 도상(圖上)적인 설명만으로는 '중앙궁궐'의 일탈을 모두 설명할 수 없다. 적수담(積水潭)은 원래 황성 내의 태액지(太液池)와 한 몸인 광대한 호수이며, 그 주변에는 초지(草地)가 넓게 펼쳐져 있다. 스기야마마사아키(杉山正明)는 이 호수를 포함한 일대가 도읍을 건설하기 이전 몽골군단의 동영지(冬營地)(키슈락[5])였으며, 이를 도성 안에 넣어 대도(大都)를 건설했다고 설명한다. 이 물이 풍부한 공간이야말로 유목민족에게 있어서는 중요하고 쾌적한 공간이며, 도성 중앙에 그것을 배치한 것은 쿠빌라이 입장에서는 타당한 기본구상이었을 것이다. 하네다마사시(羽田正)도 투르크계 유목민 출신의 동방 이슬람국가 궁전은 예를 들어 이란 사파비왕조의 이스파한에서 볼 수 있듯이 광대한 원지(園地)공간 안에 건설된 정자 같은 건축군(群)이 특징이라고 지적한다.

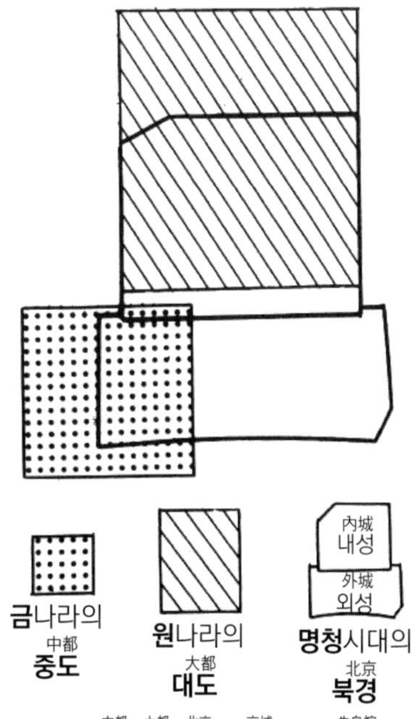

그림 5-34 중도(中都)·대도(大都)·북경(北京)의 경역(京域) 관계(주자훤(朱自煊)[6])

원지(園地)공간과 궁전과의 관계는 황성 내부에서 더욱 뚜렷하다. 그곳에는 태액지(太液池)를 포함하는 광대한 원지(園地)공간이 있어 궁성이나 기타 궁궐 모두가 그에 부속되어 있는 듯 보이며, 그 이유는 대도(大都)가 물가(水邊)를 중심으로 하는 초지(草地)공간에 근간을 두고, 몽골적 생

5 원본의 キシュラク
6 煊; 한자사전에 의하면 '훤' 또는 '훼'로 읽히는데, 중국 이름의 특성상 인터넷에서 영어로 번역되는 경우를 찾지 못해서 한국식 표현에 오류가 있을 수 있다. (역자 주)

활양식을 중시하고 계승하면서 중국적인 '주례(周禮)'의 도성이념을 실현한다는 2가지 다른 사상을 합일시킨 도성이기 때문이다. 태액지(太液池)란 이름도 당나라 시대 장안(長安)의 궁성인 대명궁(大明宮) 내 원지(園地)에서 명명된 것이며, 현재의 북경(北京) 자금성(紫禁城) 내의 북해(北海)와 중해(中海)는 그 뒤를 이은 것이다.

장안(長安)에는 존재하지 않았던 시설로 경역(京域)의 남서쪽 모퉁이에 위치한 성황묘(城隍廟)가 있다. 이는 도시와 그 주민을 수호하는 성황신을 모시는 묘(廟)로 송나라 시대에 이르러 국가공인 종교시설이 되어 여러 도시에 널리 건설하게 되었으며, 대도(大都)에서 성황신은 '호국보녕왕(護國保寧王)'이라 불리었다.

대도(大都)의 전성기 때 인구는 40~50만 명으로 추정되며, 경역(京域) 북부의 3분의 1 정도는 사람이 거의 살지 않는 녹지공간이었다. 명나라 시대가 되자 이 부분을 포기하여, 북쪽 면의 성벽을 남쪽으로 5리(里) 옮겨 놓고, 또 남쪽 면의 성벽을 남쪽으로 2리(里) 확장하여 내성(内城)으로 하며, 더 나아가 새로운 성벽의 남쪽 변에 접하여 새로운 외성(外城)을 건설하였다. 그 결과 궁궐이 더 중앙부에 위치한 도성으로 변모하며, 그것이 명(明)대와 청(清)대를 거쳐 현재의 북경(北京)으로 계승되었다(그림 5-34).

09 베트남의 도성(都城)

1. 탕롱(昇龍)- 하노이

베트남은 동남아시아에서 중국의 도성사상을 받아들인 유일한 나라이다. 본격적인 최초의 도성이 세워진 것은 탕롱(昇龍)이며, 1009년에 리(李)왕조를 창시한 태조(太祖) 리꽁우언(李公蘊)(재위 1009~1028년)에 의해 현재의 하노이 북측 교외지역에 건설됐다. '대월사기전서(大越史記全書)' 순천(順天) 원년(元年)(1010) 봄 2월에는 다음과 같이 서술되어 있는데, 천도할 땅을 찾기 위해 당(唐)대 767년에 경략사(經略使) 장백의(張伯儀)가 건설한 다이라성(大羅 城)[1]을 시찰한 태조는 '이 땅은 용이 몸을 도사리고, 호랑이가 웅크렸다가 뛰어오르고자 하는 힘이 있으며.... 강과 산의 배치가 적절하여 그 땅은 넓고 평탄하고, 궁성의 땅으로 탁월하다.... 이렇게 승지(勝地)를 이룬다. 참으로 사방에서 사람과 물건이 모여드는 요지(要地)를 만든다'라고 중국적인 입지선정 이유를 말하고 있다.

탕롱(昇龍)에 대해서는 불분명한 점이 많지만, 거의 (그림 5-35)와 같은 도성이었던 듯하다. 궁성과 황성으로 구성된 궁궐을 북쪽에 놓고, 그 남쪽과 동쪽에 경역(京域)(외곽성(外廓城))이 넓게 펼쳐져 있다. '대월사기전서(大越史記全書)'는 궁성 내 각종 전사(殿舎) 건립에 대해서는 자세히 서술하고 있지만, 황성에 대해서는 거의 기술하고 있지 않다. 벽돌 성벽으로 둘러싼 궁성 안의 랜드마크는 북쪽 끝에 인공적으로 축조한 농산(濃山)이다. 그곳에는 성황묘(城煌廟)가 모셔져 있었으며, 성황신은 도시의 수호신인 동시에, 베트남에서는 북쪽에서부터 몰려오는 찬 기운과 야만인으로부터 보호하는 수호신이기도 했다.

궁성 안은 농산(濃山)을 기점으로 하는 남북방향의 중앙축선(軸線)을 따라 각종 전사(殿舎)를 배치하여 황제의 공간을 구성했으며, 그 중심은 건원전(乾元殿)으로서 '시조지소(視朝之所)'로 여겨졌다. 그 서쪽에 황후어소(皇后御所)와 후궁, 동쪽에 황태자 처소인 동궁이 존재하였으며, 궁성의 정문은 이 축선(軸線)을 따라 있는 남쪽 성벽의 중앙 남문이었고, 황성의 정문인 대흥문(大興門)은 이 남북방향의 중앙 축선(軸線)에서 훨씬 동쪽으로 밀려나 있었다. 궁성에서 경역(京域)으로 가는 문으로 중요한 것은 동쪽의 상부문(祥符門)이었으며, 그 동편으로는 북쪽에 조묘(祖廟)인 묘리국(廟李國), 남쪽에 사직(社稷)인 사령국(寺鈴國)이 '좌조우사(左祖右社)'의 이념에 따라 위치하고 있으나, 그 위치는 궁역으로부터의 남북 중앙축선상(軸線上)이 아닌 그보다 동쪽에 있었다. 그곳은 북쪽에 동서방향으로 소력강(蘇歴江)이 흐르며, 사쿠라이유미오(桜井由躬雄)는

1 원본의 ダイラタイン

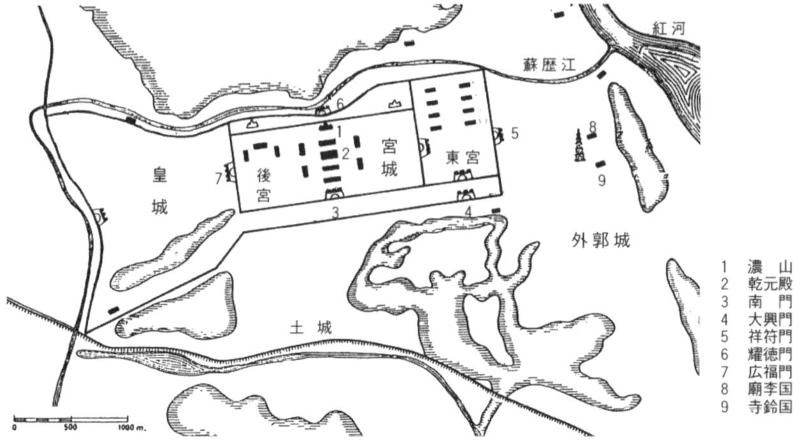

그림 5-35 탕롱(昇龍) 복원도(Vietnamese Studies를 수정)

이 강을 주요 교통기능을 담당하는 주작대로(朱雀大路) 격인 수로(水路)였다고 추정하고 있다. 경역(京域)의 교통간선도 장안(長安)과 같은 남북 중심축선상(軸線 上)이 아니라 동서로 뻗어 있었으며, 가장 번화한 시장은 궁의 동문 바깥의 소력강(蘇歷江) 근처였던 것으로 추측한다. 황성 정문(대흥문(大興門))을 동쪽으로 치우치게 만든 것도 모두 여기에 있는 시장배문일 것으로 추정되고, 이와 같이 궁성 내부에 대해서는 중국 도성의 이념에 따르면서도 성황묘(城煌廟)의 진좌(鎭座)를 비롯하여 황성이나 경역(京域), 그리고 교통간선에 관해서는 중국적 도성이념에서 탈피하여 독자적인 독자적 변화를 도모하고 있다. 일본의 중국 도성사상 전면 수용과는 다른 베트남적 환골탈태이며, 그런 의미에서 탕롱(昇龍)은 이미 베트남적 바로크화를 이룬 도성이라고 할 수 있다.

'대월사기전서(大越史記全書)'는 경역(京域)에 대해서 1014년에 '주위에 토성(흙으로 만든 제방)을 쌓았다'라고 서술하며, 그 전체 길이가 약 30㎞에 달했다고 한다. 토성은 방어와 홍수대책을 겸했는데, 경역(京域)은 방형이 아니라 부정형이었으며, 사쿠라이(桜井)에 의하면 소력강(蘇歷江)에 의해 경역(京域)은 좌우로 나누어지고, 61방(坊)으로 구분되어 있었다고 한다. 그중 1방(坊)은 경역(京域)의 감독관청인 평박사(評泊司)로 하고, 나머지는 좌우 각 30방(坊)으로 하였다. 방(坊)의 형태는 알 수 없으나 장안(長安)과 동일한 방법으로 주위를 토벽(土壁) 내지는 생울타리로 둘러싸고 있었고, 내부는 도로(항(巷), 소로(小路))로 분할하며, 대로(大路)의 입구에는 방문(坊門)이 있었다.

2. 후에(順化) - 베트남의 마지막 도성(都城)

후에(順化)는 베트남 중부 안남[2]지방의 고도(古都)이다. 10세기에는 참파(占城)[3]왕국의 중심이 됐지만, 1470년에 북쪽의 대월국(大越国)에 멸망당해 베트남인의 지배하에 들어갔다. 현재 존재하는 도성은 1802년 베트남 통일왕조를 수립한 응우옌(阮) 왕조의 초대 자롱(嘉隆)[4](재위 1802~1820년) 황제가 이듬해에 수도(首都)로 건설한 것으로서, (그림 5-36)의 경사도(京師圖)는 경역(京域)전체가 정방형에 가깝고, 그 내부는 그리드·패턴의 도로로 구획되어 있는 것을 보여준다. 또한 황성이 중앙 상부에 배치되어 있어 언뜻 보기에 중국 도성(都城)과 유사하지만, 이 그림은 남쪽이 위이기 때문에 황성은 경역(京域)의 남단 가까이에 위치하고 있어 정통적인 중국 도성(都城)과는 다르며, 성벽도 3각 능보(稜堡)를

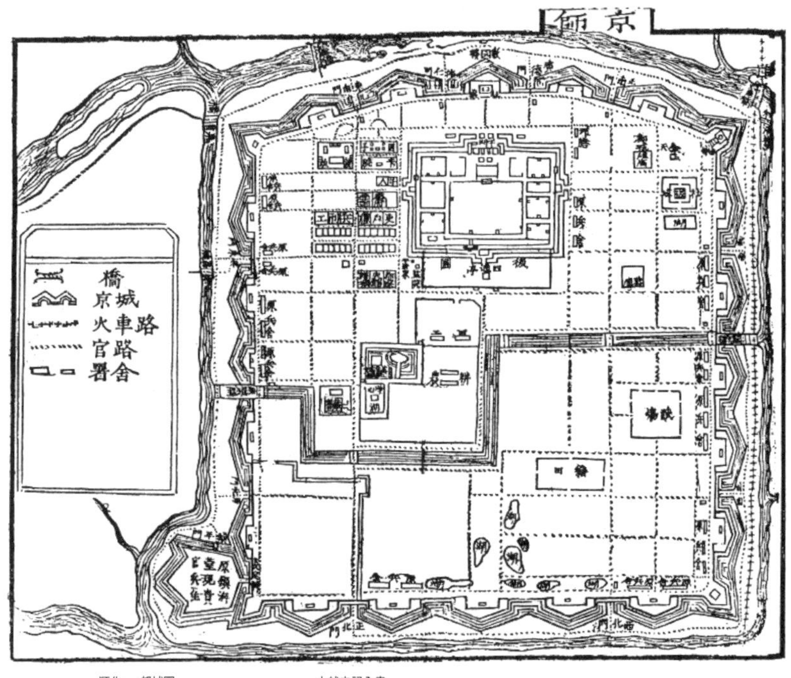

그림 5-36 후에(順化) 도성도(都城圖) - 위쪽이 남쪽('**대월사기전서(大越史記全書)**')

2 안남(Annam, 安南); 안남이라는 명칭은 679년 중국이 하노이에 안남도호부(安南都護府)를 둔데서 시작된다. 그 후 중국으로부터 독립한 베트남인(人)들은 대구월(大瞿越)·대월(大越)·대남(大南) 등으로 불렀지만, 중국인들은 여전히 안남이라고 불렀으며, 19세기 초에 응우옌왕조(阮王朝)가 베트남을 통일하자 월남(越南)이라 칭하게 되었는데, 19세기 후반에 프랑스는 베트남 식민지를 3구(區)로 나누어 하노이 지방(北圻)을 통킹(半보호령), 사이공 지방(南圻)을 코친차이나(직할령), 그 중간 지방(中圻)을 안남(보호령)이라 불렀으며, 안남의 후에를 수도로 하는 응우옌왕조의 왕권을 인정하였다. (네이버 지식백과)

3 2세기 말엽~17세기 말 현재의 베트남 중부에서 남부에 걸쳐 인도네시아계인 참족(族)이 세운 나라. (네이버 두산백과)

4 원본엔 'ヤ ロン'으로 표기되어 있으며 우리나라에서도 '야롱'으로 발음하기도 한다. (역자 주)

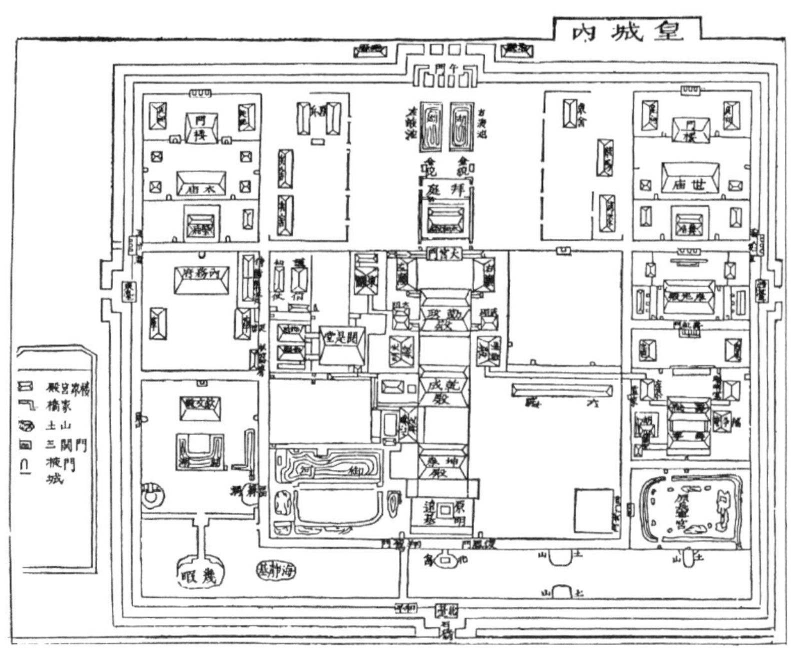

그림 5-37 **후에**(順化) 궁성도(宮城圖) - 위가 남쪽(**'대월사기전서**(大越史記全書)**'**)

한 줄로 죽 이은 프랑스의 보방[5]이 개발한 축성법에 따라 건설되어 중국 도성(都城)의 직선적인 성벽과 다르다. 이 성벽을 따라서 해자(垓子)를 팠으며, 더 나아가 그 바깥에 남쪽의 흐엉장(향강)(香江)에서 끌어온 해자(垓子) 겸 운하가 있고, 이 2중 해자(垓子) 사이를 관로(官路)와 철도(화차로)(火車路)가 달리고 있다.

1변 약 2.5km의 경역(京域) 내부는 95개의 방(坊)으로 구분되며, 중앙 가까이를 굴곡시켜 동서로 흐르게 하는 해자(垓子)를 통해 경역(京域)을 남북으로 나누고 있다. 베트남에서 북쪽은 적과 악

그림 5-38 도성(都城) 남동 성문(**동·바**[6] 문(門)), **후에**(順化)

그림 5-39 왕궁 정문(**고몬**[7], 오문(午門)), **후에**(順化)

5 세바스티앙·르·프레스트르·보방(Sèbastien le Prestre Vauban Mariquis de); 프랑스의 군사 건축가, 엔지니어. (네이버 지식백과)

6 원본의 ドン·バ

7 원본의 ゴモン

마를 상징하는 방위이며, 그런 탓인지 경역(京域) 북부는 도시화가 진전되지 않은 공간이었다. 도성의 중심시설은 경역(京域)의 남부(그림의 상부)에 집중되고 있다. 그 중앙에 위치한 것이 황성이며(그림 5-37), 황성은 경역(京域) 전체로 봤을 땐 남쪽에 치우쳐 있지만, 도성시설이 집중된 남쪽의 절반만을 보면 중앙의 위치를 차지한다. 황성은 장방형의 성벽과 해자(垓子)로 둘러싸인 각 변에 성문을 1개씩 갖고 있으며, 남쪽 변 중앙의 오문(午門)이 정문으로 이를 지나는 남북 축선상에 각종 궁전이 늘어서 있고, 천자남면(天子南面)의 원칙이 관철돼 있던 태화전(太和殿)을 궁의 중심 건축물로 하여 '전면(前面)에 조정(朝廷)'이라는 중국의 도성이념을 적용시키고자 하였다. 그 북쪽의 대궁문(大宮門)이 궁성 정문이고, 이 문에서 좌우로 뻗어 있는 도로가 북쪽으로 굴곡되어 둘러싼 정사각형에 가까운 범위가 궁성이며, 이를 자금성(紫禁城)이라 불렀다. 황성의 남동쪽 모서리에는 태묘(太廟), 남서쪽 모서리에는 세묘(世廟)가 좌우대칭으로 배치되어 있으며, '좌조우사(左祖右社)' 이념에 따르면 세묘(世廟)의 자리는 사직(社稷)이 위치해야 하지만, 그 원칙을 벗어나서 남서쪽에 놓여 있다.

이처럼 후에(順化) 역시 중국의 도성이념을 답습하면서도 그것을 베트남 문화에 맞춰 고치고 있으며, 그 변화의 성격은 이미 탕롱(昇龍)에서 보았던 것이다. 그러나 황성의 각 변마다 1개씩 설치된 문, 오문(午門)이라고 하는 정문의 이름, 그 북쪽에 좌우의 연못 배치, 태화전(太和殿), 건성(청)전(乾成(清)殿), 곤태(녕)전(坤泰(寧)殿) 등의 전각명(殿閣)은 청나라 시대의 북경(北京) 황성과 같다.

10 일본의 도성(都城)

거대 취락(聚落)의 유적출토를 근거로 조몬(縄文)시대의 도시 또는 야요이(弥生)시대에 도시가 있었다는 주장이 있지만, 여기에서는 그에 대해 언급하지 않는다. 그 이유는 그 존재가 실제로 확인되었다고 해도 일본 도시전통의 형성을 거기에서 찾을 수 없기 때문이며, 현재에도 계속 진화하고 있는 일본 도시는 도성이라는 중국 문명 요소의 적극적인 수용을 기본전략으로 하는 '미개(未開)로부터 문명(文明)으로'라는 전개과정 속에서 만들어진 것이기 때문이다.

1. 메타도시로서의 아스카노키요미하라노미야(飛鳥浄御原宮)[1]

아스카노키요미하라노미야(飛鳥浄御原宮)로부터 일본도성의 전개를 살펴보기로 한다. 아스카노키요미하라노미야(飛鳥浄御原宮)란, 텐무(天武) 원년(672년) 임신(壬申)의 난에서 승리한 당시 오아마(大海人) 황자(皇子)가 건축을 명했고, 이듬해 그곳에서 즉위하여 자신을 텐무(天武)천황(재위 673~686년)이라고 칭한 궁이다. 아스카이타부키노미야(飛鳥板葺宮)유적으로 알려진 III－B기 유구가 이 궁으로 추정되며, 하야시베히토시(林部均)는 궁의 유구를 내곽과 외곽, 에비노코[2]곽(郭)의 3구역으로 복원한다(그림 5－40).

내곽은 천황의 사적(私的) 공간이며, 이를 다이리(内裏)라 부른다. 에비노코곽(郭)의 중심에는 다이고쿠덴(大極殿)인 '정전(正殿)'이 있으며, 다이고쿠덴(大極殿)같은 건축물이 궁에 조성된 것은 이것이 최초이다. 외곽(外郭)은 내곽(内郭)의 동쪽과 남쪽, 그리고 에비노코곽(郭)의 세 부분에 걸쳐 있고, 이 중 내곽(内郭)의 동쪽은 별로 의미를 갖고 있지 않다. 내곽(内郭)의 남쪽은 의식(儀式) 공간인 '정원(庭)'이다. 인접해 있는 에비노코곽(郭)이 서쪽으로 정문을 여는 것은 이 '정원'의 존재와 관련이 있으며, 에비노코곽(郭) 남쪽에는 관아적 성격의 건축물(쵸도(朝堂))이 존재했던 것으로 추정되고 있다. 그러나 아스카노키요미하라노미야(飛鳥浄御原宮)에서는 천황 하에서 정사(政事)가 쵸도(朝堂)에서 집권적으로 행해진 것이 아니라 황족이나 호족에게도 분담되어 있었으며, 그들의 궁전과 주택도 또한 정사(政事)의 장소였다. 하야시베(林部)는 궁 주변의 건축물 유구를 분류하여, 이 궁 근처에 관아적인 기능을 겸한 그들의 궁전, 주택이 모여 있고, 작은 가옥으로 이루어진 백성들의 취락유적은 그 주위에 있었음을 보여주는데, 이 지적은 이 궁과 그 주변에 메타도시적 상황이 성립

1 아스카키요미가하라노미야 또는 아스카노키요미하라노미야로 발음한다. (역자 주)

2 원본의 エビノコ

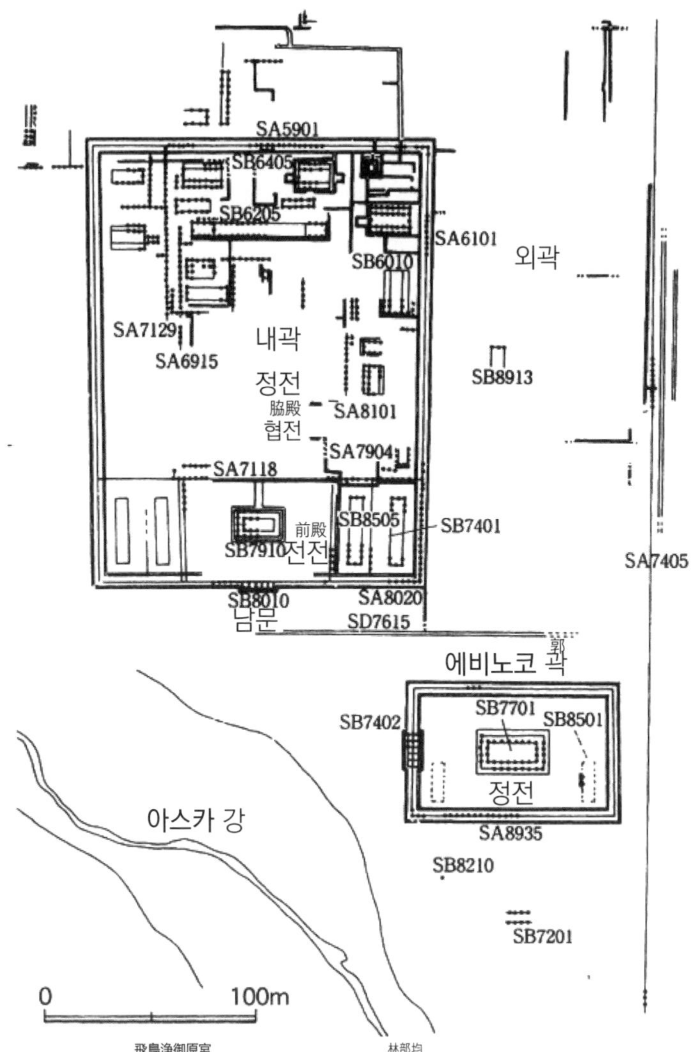

그림 5-40 아스카노키요미하라노미야(飛鳥浄御原宮) 추정 유구도(하야시베히토시(林部均))

하고 있었다는 것을 이야기한다.

2. 후지와라쿄(藤原京) - 에튀드(étude)[3]로서의 도성

후지와라쿄(藤原京)는 일본 최초의 도성이지만, 그 이름은 사료에는 없으며, 이에 대해 가장 먼저 복원을 시도한 키다사다키치(喜田貞吉)가 붙인 이름이다. '니혼쇼키(日本書紀)'에 따르면, 후지와라쿄(藤原京) 건설에는 우여곡절이 많았는데, 남편인 텐무(天武)천황의 뒤를 이

3 그림이나 조각 따위의 습작(習作)이나 시작(試作).

은 지토(持統)천황(재위 690~697년)은 남편의 유지(遺志)를 이어받아 후지와라쿄(藤原京) 건설을 추진한다. 경역(京域)건설에 대해서 '니혼쇼키(日本書紀)'는 지토(持統)천황 5년(691) 10월 27일에 '사자(使者)를 보내어 아라마시노미야코(新益京)의 제를 지내다', 또 다음 해인 6년(692) 1월 12일에 '천황, 아라마시노미야코(新益京)의 길을 보다'라고 기술하고 있다. '아라마시노미야코(新益京)'는 후지와라쿄(藤原京)를 가리키는데, 뒷부분의 문구는 경역(京域)을 구획하는 조방대로(条坊大路)를 시찰한 것을 뜻하며, 최종적으로 지토(持統)천황 8년(694) 12월 6일에 '후지와라노미야(藤原宮)로 천거(遷居)한다'라고 '니혼쇼키(日本書紀)'는 전한다. 이 표현은 '새로운 도성으로의 천도(遷都)'라기보다는 '궁의 천거(遷居)'를 의미하는데, 예를 들어 '니혼쇼키(日本書紀)' 텐무(天武) 천황 원년(672) 같은 해에 '이 해에 궁실을 오카모토노미야(岡本宮)의 남쪽에 만든다. 그리고 곧 겨울에 천거(遷居)하며, 이를 아스카노키요미하라노미야(飛鳥浄御原宮)라고 한다'라고 기술하고 있어서 후지와라노미야(藤原宮)의 경우와 완전히 똑같은 표현이 사용되고 있다.

만약 후지와라쿄(藤原京)가 텐무(天武)천황 11년(682)에 착공되었다고 한다면 천궁(遷宮)까지 12년이 걸린 것인데, 그동안 율령제 시행에 따른 천황권력의 강화가 시도되고, 그에 걸맞은 새로운 도성이 모색되었을 것이다. 후지와라쿄(藤原京)의 본질은 한편으로는 아스카노키요미하라노미야(飛鳥浄御原宮)와 그 주변에서 형성되고 있었던 메타도시와 전기(前期) 나니와노미야(難波宮)(652년에 완성된 나니와나가라토요사키노미야(難波長柄豊崎宮)에 해당함)를 계승하면서 다른 한편으로는 당시의 '근대화' 전략인 중국문명의 적극적인 수용을 통하여 '미개(未開)로부터 문명(文明)으로'의 전환에 적합한 왕권의 새로운 현시(顯示)공간을 창출하는 것, 즉 '계승(繼承)과 혁신(革新)'의 추구에 있었다.

후지와라노미야(藤原宮) 궁역(宮域)의 복원

후지와라노미야(藤原宮)부터 검토해 보자(그림 5-41). 궁역(宮域)은 약 1,060m 즉, 사방이 다이호료우(大宝令) 3000대척(大尺)(1대척 - 약 0.354m)으로 같은 대척(大尺) 1500척 = 1리(里)로 계산하면 사방이 2리(里)씩 된다. 그 내부는 3개의 남북호대(縞帯)로 나뉘어 중앙호대(縞帯)에는 남북 중심축선을 기축(基軸)으로 하여 북쪽으로 다이리(内裏), 중앙에 다이고쿠덴(大極殿), 남쪽으로 쵸도인(朝堂院)이 배치되어 있었다. 아스카노키요미하라노미야(飛鳥浄御原宮)를 대응시키면, 다이리(内裏)는 아스카노키요미하라노미야(飛鳥浄御原宮)의 내곽(内郭)에 해당하며, 다이고쿠덴(大極殿)은 아스카노키요미하라노미야(飛鳥浄御原宮)에서는 떨어진 에비노코곽(郭)에 있었다. 그러나 후지와라노미야(藤原宮)에서는 다이리(内裏)와 함께 건설되었으며, 이는 다이고쿠덴(大極殿)의 중요성이 커졌음을 말해준다. 쵸도인(朝堂院)은 아스카노키요미하라노미야(飛鳥浄御原宮)에서는 에비노코곽(郭)의 남쪽 의례용 전사(殿舎)와 대응되는데, 후지와라노미야(藤原宮)에서도 다이고쿠덴(大極殿)과의 위치관계를 유지하며 건설되었다. 이와 같이 아스카노키요미하라노미야(飛鳥浄御原宮)에서는 분리되어 있던 다이리(内裏), 다이고쿠덴(大極殿), 쵸도(朝堂)를 '북쪽에 궁성, 남쪽에 황성(朝廷)(조정)'이라는 중국도성과 같은 모양으로 배치하여 정리하고, 후지와라노미야(藤原宮)의 중앙호대(縞帯)가 건설되었다.

중요한 것은 다음 2가지인데, 하나는 쵸도인(朝堂院)의 출현과 그 내부에서의 남북 중심축선을 기축(基軸)으로 하는 건축물군(群)의 좌우대칭배치이다. 이것은 전기(前期) 나니와노미야(難波宮)에서 계승한 것이며, 이와 다른 것은 다이리(内裏)와 쵸도인(朝堂院)을 잇는 중앙 위치에 다이고쿠덴(大極殿)을 건설한 것이다. 이것은 아스카노키요미하라노미야(飛鳥浄御原宮)로부터 계승한 것이고, 후지와라노미야(藤原宮)의 다이고쿠덴(大極殿)은 궁 건축물로는 최초로 기와를 사용하고 초석을 사용하여 지어졌다. 후지와라노미야(藤原宮)는 선행하는 여러 요소를 계승하면서도 그것들을 정리하여 통일적인 궁(宮)의 창출을 실현했으며, 정리하는 과정 속에서 아스카노키요미하라노미야(飛鳥浄御原宮), 전기(前期) 나니와노미야(難波宮)로부터의 '계승(繼承)과 혁신(革新)'을 명료하게 찾아볼 수 있다.

후지와라쿄(藤原京) 경역(京域)의 복원 - **기시**(岸)의 주장부터 **다이후지와라쿄**(大藤原京) 설까지

한편 후지와라쿄(藤原京) 형태복원에 관해서는 키다사다키치(喜田貞吉)의 제안을 더욱 발전시킨 기시토시오(岸俊男)의 주장과 최근의 발굴성과에 따른 다이후지와라쿄(大藤原京)설, 이 두 가지가 대표적이다.

기시(岸)의 주장은 후지와라쿄(藤原京) 전체 규모가 사방 2리(里)로 확정된 1969년에 발표되었다(그림 5-42). 기시(岸)는 야마토(大和)분지를 관통하는 기존의 4개 간선도로에 주목하고, 후지와라쿄(藤原京)를 복원한다. 이 지역의 가운데 도로를 히가시쿄고쿠오지(東京極大路)로 하고, 아래 도로를 니시쿄고쿠오지(西京極大路)로 하면, 경역(京域)의 동서 폭은 약 2,120m, 약 6000 대척(大尺) = 4리(里)가 된다. 게다가 그 균분선인 2리(里)선은 후지와라노미야(藤原宮)의 남북 중심축선과 일치하며, 가로지르는 대로(大路)를 키타쿄고쿠오지(北京極大路)로 하고, 거기에서부터 '율령의 규정에 따라' 16리 = 약 3,180m의 남북 폭을 취하면, 미나미쿄고쿠오지(南京極大路)는 거의 야마다미치(山田道)와 일치한다. 기시(岸)는 후지와라쿄(藤原京)를 이 4개 간선도로로 둘러싸인 도성이라고 하며, 남북폭을 확정할 때, '율령의 규정대로'라고 말한 것은 요로료(養老令)(775년 시행)를 따른 것으로, 이 율령에서 4방(坊)에 방령(坊令) 1명, 경직(京職)에 방령(坊令) 12명으로 규정했기 때문이다. 방(坊)은 경역(京域)의 최소단위로 대로(大路)로 구획된 가구(街區)를 말하는데, 경직(京職)은 좌경(左京)과 우경(右京)에 각 1명이 있고 각 경(京)마다 48개의 방(坊)이 있으므로 방령(坊令)의 총 수는 24명이 된다. 그러므로 후지와라쿄(藤原京)의 방(坊)수는 4×12×2=96이며 경역(京域)의 범위를 4×6리(里)로 하면, 방(坊)은 사방 0.5리(里)의 구획이 되기 때문에, 기시(岸)는 후지와라쿄(藤原京)를 동서 8방(坊)×남북 12조(条)로 복원한다.

기시(岸)의 주장에 따르면 후지와라쿄(藤原京)와 헤이죠쿄(平城京)의 배치관계도 정합적으로 설명할 수 있다(그림 5-43). 후지와라쿄(藤原京)의 히가시쿄고쿠오지(東京極大路)인 가운데 도로

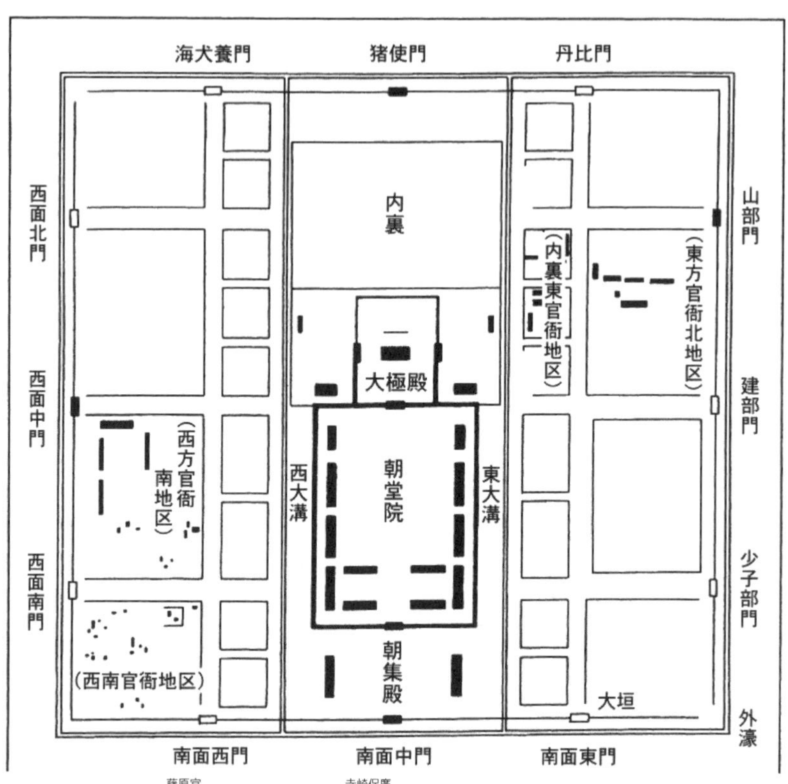

그림 5-41 후지와라노미야(藤原宮) 복원도(테라사키야스히로(寺崎保廣))

가 헤이죠쿄(平城京)의 히가시쿄고쿠오지(東京極大路)와 일치하고, 니시쿄고쿠오지(西京極大路)인 아래 도로도 헤이죠쿄(平城京)의 수자쿠오지(朱雀大路)와 일치하는 것을 지적하며, 뒤의 발굴을 통해서도 후자는 확인됐다. 기시(岸)는 이와 함께 후지와라쿄(藤原京)의 남북 중심축선의 남쪽 연장선상에 후지와라쿄(藤原京) 건설을 추진했던 텐무(天武), 지토(持統) 두 천황의 합장릉(合葬陵), 그리고 그들의 후계자인 몬무(文武) 천황릉(天皇陵) 등이 나란히 있다고 지적한다. 기시(岸)의 주장은 당시 국가 중추 지역의 종합적인 공간계획의 존재도 설명하는 치밀하고 장대한 전망을 가진 것이었다.

그러나 발굴이 진행되면서 기시(岸) 주장의 경역(京域) 바깥에서 대로(大路)의 유구 확인이 뒤따랐고, 거기에서도 조방제(条坊制)가 시행되었던 것으로 여겨지게 되었다. 여기에서 후지와라쿄(藤原京)는 기시(岸)의 주장보다 더 큰 경역(京域)을 가졌다고 하는 다이후지와라쿄(大藤原京)설이 제창되며, 여기에 대해서도 여러 설이 있지만 그것을 정리한 것이 (그림 5-44)이다.

다이후지와라쿄(大藤原京)설에는 경역(京域)의 범위가 정해지지 않았다는 문제가 있었는데,

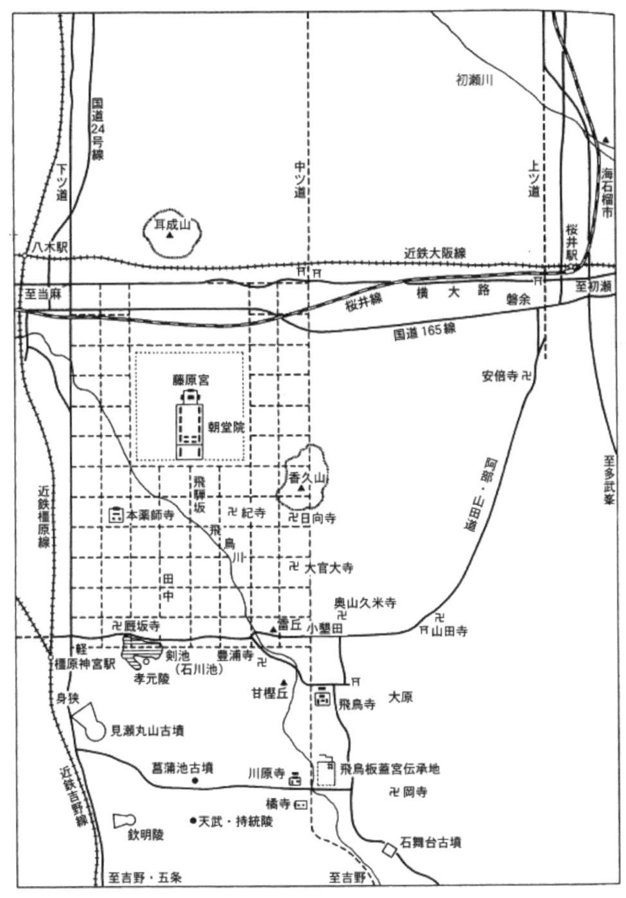

그림 5-42 기시(岸)의 주장에 따른 **후지와라쿄**(藤原京)와 **아스카**(飛鳥)지방(**기시토시오**(岸俊男))

이에 대해서는 1996년에 그림 5−44의 2개 ★ 표시의 위치에서 동서 료쿄고쿠오지(両京極大路)의 존재를 추정할 수 있는 유구가 드러났다. 그곳은 동서 모두 후지와라쿄(藤原京)의 남북 중심축선에서 약 2,650m = 약 5리(里) 거리에 위치하였기 때문에 다이후지와라쿄(大藤原京)의 동서폭은 기시(岸)가 주장한 4리(里)가 아니라 10리(里)라고 주장되었다.

또한 기시(岸)의 주장에서는 조방(条坊)도로의 폭이 일정한 것으로 알려졌으나 발굴 결과, 기시(岸)의 주장에서 말하는 홀수 번 조방(条坊)도로는 짝수 번보다 좁은 것으로 나타났다. 아베기헤이(阿部義平)는 짝수 번호가 대로(大路)이고, 홀수 번호는 대로(大路) 사이에 존재하는 조간로(条間路)로 설명하며, 그것을 기반으로 하여 다이후지와라쿄(大藤原京)설에서는 방(坊)의 면적을 동서남북 모두 기시(岸) 주장의 2배인 4방(坊) 1리(里)로 동서 폭은 10리(里) = 10방(坊)으로 간주한다.

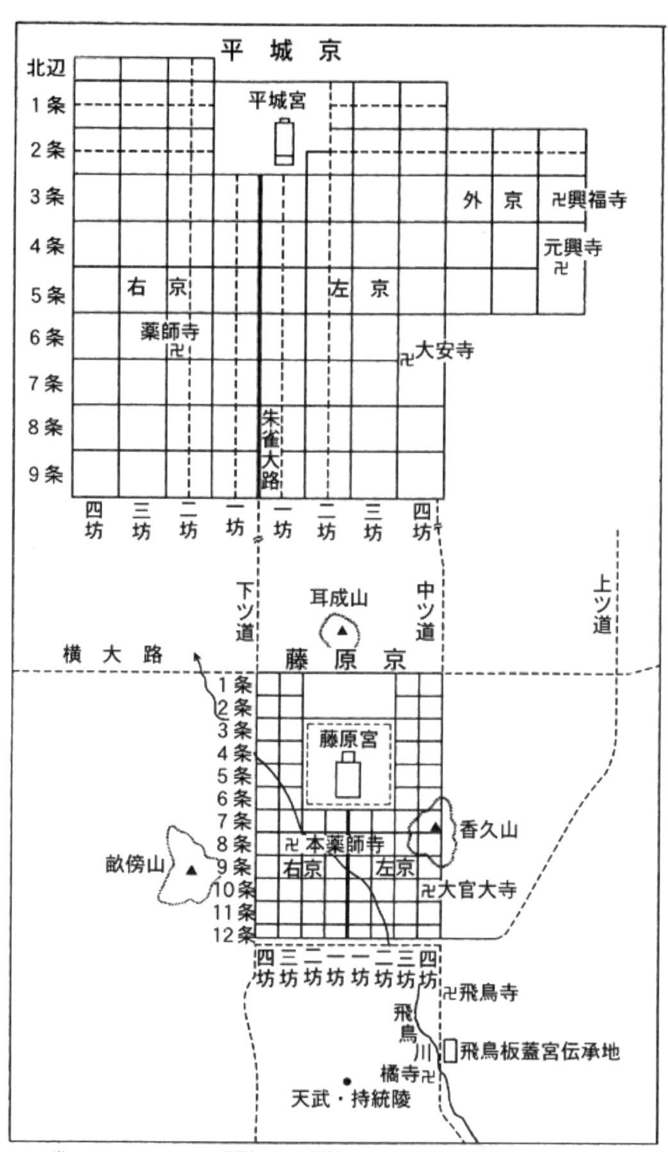

그림 5-43 기시(岸)의 주장에 따른 후지와라쿄(藤原京)와 헤이죠쿄(平城京)의 관련도(기시토시오(岸俊男))

다이후지와라쿄(大藤原京)의 북쪽과 남쪽의 쿄고쿠오지(京極大路)는 아직 발견되지 않았지만, 오자와츠요시(小沢毅)는 그 남북폭도 동서폭과 똑같이 10리(里)라고 생각하여 경역(京域)은 10×10=100방(坊)이었다고 주장한다. 후지와라쿄(藤原京)는 사방 2리(里)이므로 4방(坊)에 해당하며, 방령(坊令)이라는 가장 하급 직원이 궁(宮)과 무관하다고 가정하면, 100−4=96이 되어 계산상으로는 율령의 규정과도 부합하기 때문에 이 오자와(小沢)설이 현재 가장 유력

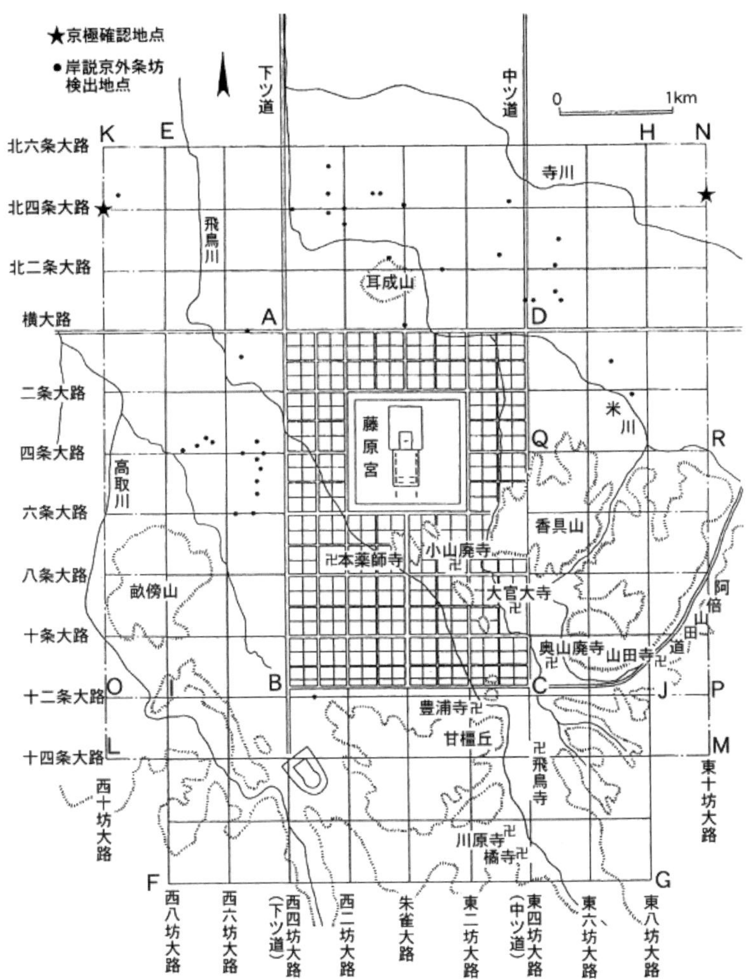

그림 5-44 후지와라쿄(藤原京) 경역(京域)복원의 여러 설 - 조방(条坊) 호칭은 기시(岸) 주장 및 그 연장 호칭에 따름(**오자와츠요시(小沢毅)**) ABCD=**기시토시오(岸俊男)** 설, EFGH=**아베기헤이(阿部義平)·오시베요시카네(押部佳周)** 설, EIJH=**아키야마히데오(秋山日出雄)** 설, KOPN 혹은 KOCQRN=**타케다마사유키(竹田政敬)** 설, KLMN=**오자와츠요시(小沢毅)·나카무라타이치(中村太一)** 설

한 후지와라쿄(藤原京)의 복원설이다.

방(坊)의 면적 및 경역(京域)의 규모와 형태에 관해서는 기시(岸)의 주장과 다이후지와라쿄(大藤原京) 설은 대립하지만, 후지와라노미야(藤原宮)를 경역(京域)의 중앙으로 자리매김하여 '중앙궁궐'로 취급하는 점에서는 양자가 공통되며, 또한 후지와라쿄(藤原京)의 구상과 건설에 있어서 중국에서 모범을 구했다고 하는 점에서도 양자는 일치한다. 그러나 후지와라쿄(藤原京) 건설 당시의 수당(隋唐) 장안(長安)은 '중앙궁궐'이 아니기 때문에 후지와라쿄(藤原京)의 원형(原型)은 무엇

일까 하는 새로운 문제가 등장한다. 기시(岸)는 궁역의 위치뿐만이 아니라 장안(長安)의 경역(京域)이 옆으로 긴 장방형인데 반해 후지와라쿄(藤原京)는 위아래로 긴 장방형인 것에도 주목하며, 그로부터 위아래로 긴 장방형이면서 동시에 '중앙궁궐'적인 도성으로 남북조(南北朝) 시대의 북조(北朝)에 속하는 북위(北魏) 낙양(洛陽)의 내성(内城) 및 동위(東魏) 업도(鄴都)의 남성(南城)을 지적한다. 그러나 양자는 모두 후지와라쿄(藤原京)보다 1세기 이상 시기가 이른 도성이며 일본사신이 그곳들을 방문했다고 볼 수 없으므로 이들이 후지와라쿄(藤原京)의 원형(原型)이 될 수 없다는 비판이 있었다. 이에 대해 기시(岸)는 일본의 도성건설에 도래인(渡来人)[4]인 야마토노아야(東漢)씨가 관련되어 있어 그들을 통하여 북조(北朝)의 오래된 도성지식이 유입되었을 가능성이 있다는 점과 일본의 율령(律令)제도가 같은 시대의 당령(唐令)뿐만 아니라 남북조(南北朝)의 율령제(令制)를 모방한 사례도 많다는 점을 들어 당시 일본이 남북조(南北朝) 시대의 도성을 원형(原型)으로 했다는 가능성을 주장하고 있다.

다이후지와라쿄(大藤原京)설의 경우에도 오자와츠요시(小沢毅)와 나카무라타이치(中村太一)는 '중앙궁궐'의 원형(原型)을 '주례(周禮)' 고공기(考工記)에 근거한다고 주장하며, 후지와라쿄(藤原京) 건설 시기는 견당사(遣唐使) 파견 중단기였기 때문에 동시대 장안(長安)에 대한 최신 정보가 없었고, '주례(周禮)'를 참고하여 건설이 진행되었다고 하는 것이다.

왜 '**주례(周禮)**'가 원형(原型)일까

오자와·나카무라(小沢·中村)설은 경역(京域)의 복원뿐만 아니라 원형(原型)[5]을 '주례(周禮)'로 한다는 점에서도 많은 학자들의 지지를 받고 있지만, 10×10리(里)의 경역(京域)이 계획 당초부터 구상된 것인지에 대한 논란이 있다. 왜냐하면 다이후지와라쿄(大藤原京)의 경역(京域)은 여전히 확정되지 않은데다가 그것이 처음부터 계획되었다고 할 수 있는 근거가 없기 때문이다.

이와 관련하여 몇가지 다른 해석가능성을 제기한다. 우선 '니혼쇼키(日本書紀)'에서 '경역(京域)'이란 표현을 둘러싼 문제인데, 지토(持統)천황 5년(691)을 경계로 경역(京域)이란 표현은 신시로(新城)·케이시(京師)에서 아라마시노미야코(新益京)로 변화한다. 이는 단순히 말만 바뀌는 게 아니라 그 지시하는 대상의 실체가 변화했다고 생각할 수 있는 것인데, 우선 케이시(京師)는 후지와라쿄(藤原京)를 가리키는 것으로 그 후지와라쿄(藤原京)란 기시(岸)가 주장한 경역(京域)이며, 아라마시노미야코(新益京) 즉, '새롭게 더한 경역(京域)'이란 후지와라쿄(藤原京) 외에 새롭게 추가한 다이후지와라쿄(大藤原京)를 가리킨다고 볼 수도 있다. 경역(京域)이 확대된 이유는 기시가 주장한 후지와라쿄(藤原京)로는 주택부지 면적확보가 어려울 것으로 예측되어 그에 대비한

4 주로 5세기에서 6세기 중기에 이르는 기간에 중국대륙 혹은 한반도에서 일본열도로 건너간 사람들을 말한다. 이들은 선진적 문물을 일본에 전파하여 정치, 경제, 사회, 문화 등 폭넓은 분야에 영향을 주었다. (네이버 두산백과)

5 원본에서는 祖型

것으로 보이며, 그래서 같은 해 아라마시노미야코(新益京)로서 다이후지와라쿄(大藤原京)의 제(鎮祭)를 지내고, 지토(持統)천황이 다음 해 새롭게 착공한 아라마시노미야코(新益京)의 대로(大路)를 시찰한 것이다.

이렇게 2단계로 나누어 경역(京域)이 건설되었다고 생각하면 10×10리의 경역(京域)은 당초부터 구상에는 없었던 것이다. 이러한 생각은 기시의 후지와라쿄(藤原京)를 ‘내성(内城)’ 그리고 그 외곽 부분을 ‘외경(外京)’이라고 보는 아키야마히데오(秋山日出雄)의 설에 가깝다. 이 설에 대해서는 고고학적으로 양자(両者)를 구별할 근거가 없다는 비판이 있지만, 기시가 주장했듯이 후지와라쿄(藤原京)의 안과 밖의 도로폭이 같더라도 앞에서 서술한 개인적인 견해는 아무런 모순이 없다. 또 방령(坊令)의 정원(定員) 문제에 대해서도 이 율령(律令) 시행은 아라마시노미야코(新益京) 완성 이후의 것으로 아키야마(秋山)의 설과는 모순되지 않는다.

오자와 나카무라의 ‘주례(周禮)’ 원형(原型)설에 대해서도 의문이 제기되는데, 후지와라쿄(藤原京)는 아직 밝혀지지 않은 점도 많기 때문에 현재의 다이후지와라쿄(大藤原京)설에서 명확하게 밝혀져 있는 점에만 한정해서 서술한다.

‘주례(周禮)’는 도성 내의 도로를 ‘9경 9위(九經九緯)’로 하는데, 경역(京域)을 10×10리(里), 방(坊)을 1리(里) 사방으로 하는 다이후지와라쿄(大藤原京)설에서 도로는 ‘11경 11위(十一經十一緯)’이지만, 양 끝에 있는 2개의 쿄고쿠오지(京極大路)를 제외하면 ‘9경 9위(九經九緯)’가 된다는 것이 이 설의 주장이다. 그러나 이미 ‘주례(周禮)’ 고공기(考工記)의 도성사상에서 설명했듯이, 그리고 일본어에서도 ‘9중(九重)’이 황제의 거처를 의미하는 것처럼 상서로운 수인 홀수 중 가장 큰 수로서 ‘9’라는 숫자에 의미가 있기 때문에, 이런 추론이 타당한지는 재검토할 필요가 있다.

또 ‘전조후시(前朝後市)’의 ‘전조(前朝)’는 후지와라쿄(藤原京)에서도 적용되지만, ‘전조(前朝)’는 후지와라노미야(藤原宮)가 처음이 아니라 이미 스이코(推古)천황의 오하리다노미야(小墾田宮)에서도 관찰할 수 있다. 또한 출토된 목간(木簡) 기록으로부터 후지와라노미야(藤原宮)의 후방 즉, 북쪽에 시장이 있었을 가능성도 있지만, 시장의 북쪽 입지는 지형과 배후지와의 관계에서 설명할 수 있는 부분도 크다. 즉, 후지와라쿄(藤原京)는 전체적으로 북쪽으로 경사져 있고, 경역(京域) 밖 북쪽으로 광대한 분지(盆地) 공간 즉, 배후지가 펼쳐져 있었다고 하면, 궁의 북쪽에 시장을 입지시키는 것은 수송 또는 배후지와의 관계에서 생각하면 합리적이라고 할 수 있기 때문에, ‘전조후시(前朝後市)’가 후지와라쿄(藤原京)에 적용되었다고 해서 ‘전조(前朝)’와 ‘후시(後市)’를 ‘주례(周禮)’와 결합시켜 이해할 필요는 없다.

‘중앙궁궐’에 대해서도 먼저 들어선 궁은 궁성의 가장자리가 아닌, 중심에 배치되는 경우가 많았기 때문에 다이후지와라쿄(大藤原京)설에서 나타나는 ‘중앙궁궐’도 일본의 전통적인 궁(宮) 건설방식 계승으로 볼 수 있으며, ‘주례(周禮)’에서만 그 근거를 찾을 필요는 없다. 또한 견당사(遣唐使) 중단이라는 중국 정보와의 단절 속에서 계승과 혁신을 통해 최초의 도성을 모색하고, 건설한 것에 후지와라쿄(藤原京)의 의미가 있기 때문에 마찬가지로 그 기본구상을 '주례(周禮)'에서 구할 필요가 없는 것이다.

후지와라쿄(藤原京)의 '혁신'이란 무엇인가

그럼 후지와라쿄(藤原京)의 '혁신'은 어떤 점에 있었던 것일까? 그것은 아래의 4가지 점에서 찾을 수 있다.

첫째, 궁성 주변에 계획적인 조방(条坊)경역(京域)을 배치하고, 양자(兩者)가 합쳐진 도성을 건설한 것이며, 궁역(宮域) 주변에는 차단대(遮斷帯)가 둘러싸고 있었다. 이 차단대(遮斷帯)의 존재에서 보듯이 경역(京域)과 궁역(宮域)이란 유기적 융합이라기보다 물리적 병존(併存)이며, '궁성(宮域)건설이 주(主)이고, 경역(京域)건설은 종(從)'이었기 때문에 '니혼쇼키(日本書紀)'에서 천도(遷都)가 아니라 천궁(遷宮)이라고 표현하는 것은 그래서였을 것이다.

둘째, 후지와라쿄(藤原京)는 '호족에서 율령관료로'라는 천황 친정(親定)체제로의 변혁을 '궁(宮)으로부터 도성(都城)으로'라는 형태로 흡수하기 위한 공간장치였으며, 이 점에 대해서는 센고쿠(戰國)시대의 죠카마치(城下町)[6]를 참고할 수 있다. 에치젠(越前)[7]의 이치죠다니(一乗谷)에 죠카마치(城下町)를 건설한 아사쿠라타카카게(朝倉孝景)가 1470년대에 제정했다고 알려진 '아사쿠라다카카게죠죠(朝倉孝景条々)'에서는 '모든 권력있는 자들을 이치죠다니(一乗谷)로 거처를 옮기게 하여 그 고향과 그 마을에는 대관(大官)과 하급 관료들만 두도록 해라'라고 서술하고 있다. 이것은 '권력있는 자들'을 본관지(本貫地)로부터 분리하고 성(城) 아래 모여 살도록 명한 것인데, 위계서임(位階叙任)을 통한 관료화와 주택지 배급을 통해 호족(豪族)층의 경역집주(京域集住)를 실현하고, 천황의 권력을 드러내기 위한 장대한 공간장치로 후지와라쿄(藤原京)가 건설된 것이다.

셋째, 쵸도인(朝堂院)의 성립이다. 쵸도인(朝堂院)은 건물의 숫자는 다르지만, 이미 전기(前期) 나니와노미야(難波宮)에 존재하고 있었으며 후지와라노미야(藤原宮)는 이를 계승했다. 그러나 전기(前期) 나니와노미야(難波宮)와 후지와라노미야(藤原宮)와의 사이에서는 그 의미가 완전히 다르고, 호족(豪族) 권력과 호족(豪族)의 가정기관(家政機関)에 의해 오랜 세월 다스려져 온 아스카(飛鳥)지역에서 궁성 안에 12개의 쵸도(朝堂)를 계획적으로 건설한 것은 획기적인 의미를 지닌다. 전기(前期) 나니와노미야(難波宮)는 세츠(摂津)(국(国))에 건설된 궁이며, 호족(豪族)들의 본관지에서 멀리 떨어진 곳에 있었기 때문에 그들을 위한 집무장소 신설은 당연한 일이었다. 그러나 아스카(飛鳥)에서는 아스카노키요미하라노미야(飛鳥浄御原宮)에서도 호족(豪族)의 가정기관(家政機関)이 여전히 업무수행 장소로 기능하고 있었기 때문에, 지형적인 제약이 있었다고는 하나 이 궁(宮)에서 쵸도(朝堂) 같은 건물은 극히 소수였다. 그것을 아스카(飛鳥) 땅에서 실현한 것이 후지와라쿄(藤原京)이며, 율령(律令)체제 성립이라고 하는 '혁신(革新)'을 명확하게 나타내는 것이었다.

---

6 성시(城市), 제후의 거성(居城)을 중심으로 해서 발달된 도읍. (네이버 일본어 사전)

7 지금의 福井県 동북부 (네이버 일본어 사전)

넷째, 경역(京域)과 사원(寺院)의 일체화이다. 이는 당시 중요한 '근대화' 요소인 불교사원을 도시시설로 끌어들이려는 시도였으며, 키토키요아키(鬼頭清明)는 텐무(天武)·지토(持統)천황 시대에 진호(鎮護)[8] 국가를 지향하는 국가불교가 성립했다고 주장한다. 경역(京域) 안에 건립된 대표적 사찰은 진호(鎮護)국가, 즉 왕권 현시(顯示)를 사명으로 하는 다이칸다이지(大官大寺)와 이 역할과 함께 황후의 질병을 낫게 하려는 현세 이익 기원(祈願)을 짙게 가지는 야쿠시지(薬師寺)의 2개이다. 이 2개의 사찰은 조방(条坊)과 부합하는 거대한 사찰구역과 가람배치를 갖고, 조방제(条坊制) 시행이후에 경역(京域)과 일체화되도록 지어졌으며, 혼고마사즈구(本郷真紹)는 이들 거대 사찰이 도성을 신성한 공간으로 만드는 역할도 했다고 주장한다. 이 점은 중세 이후 일본 도시사찰의 역할과 전혀 다르며, 후지와라쿄(藤原京)는 국가진호(国家鎮護)·왕권현시(王権顯示)·청정공간(清浄空間)이라는 다면적 역할을 했던 사원을 도시시설로 받아들이는 것을 목표로 했다는 점 또한 후지와라쿄(藤原京)가 갖는 중요한 혁신이었다. 다이칸다이지(大官大寺)와 야쿠시지(薬師寺)는 모두 기시(岸)가 주장한 후지와라쿄(藤原京)의 경역(京域) 안에 위치하여 당시 '근대화(近代化)'의 첨단적 경관으로 '신시로(新城)'를 장식하는 것이었다.

3. 헤이죠쿄(平城京) - 완성된 작품[9]으로서의 도성(都城)

모델[10]·장안(長安) – 그 유사성

와도우(和銅) 3년(710) 3월 10일 헤이죠쿄(平城京) 천도가 발표되면서 후지와라쿄(藤原京)는 16년으로 막을 내렸으며, 이 짧은 기간 속에 직접 도전하며 근대화의 상징인 도성(都城)을 지어야 했던 '혁신(革新)의 도성(都城)'이라는 후지와라쿄(藤原京)의 본질이 있다. 이미 '쇼쿠니혼기(続日本紀)' 케이운(慶雲) 3년(706) 3월에는 '경역(京域)의 안팎에 더러운 냄새가 많다'라며 공중위생의 악화를 언급하며, 그 배후에는 후지와라쿄(藤原京)의 입지선택 문제가 있었다. 후지와라쿄(藤原京)는 북서쪽을 향해 경사져 있었고 경역(京域)도 하류방향에 위치하고 있었기 때문에 이 지형조건이 분뇨를 포함한 생활오수를 북쪽으로 내려보내어 '악취'를 '경역(京域) 안팎'으로 확산시키는 원인이 되었을 것이다.

'쇼쿠니혼기(続日本紀)' 와도우(和銅) 원년(708) 2월 15일에는 신쿄(新京) '헤이죠(平城)의 땅'을 '4금도(四禽圖)에 맞는다' '적절하게 도읍을 건설해야'라는 겐메이(元明)천황의 조칙(詔勅)을 게재한다. '4금도(四禽圖)에 맞는다'란, 동쪽의 청룡, 남쪽의 주작, 서쪽의 백호, 북쪽의 현무라는 4금(四禽)이 각각 하천, 연못가(池畔), 큰 길, 산악과 대응하는 것을 말하며, 주목할 부분은 북방에 산악, 남방에 연못가라고 하는 북고남저(北高南低)의 땅을 선택하고 있다는 점이다. 이것은 후지와라쿄(藤原京)와는 반대의 지형이며, 여기에 기시토시오(岸俊男)의 지적대로 아래 도로

8 난리(亂離)를 평정(平定) 하거나, 또는 난리(亂離)가 나지 못하게 지킴. (네이버 한자 사전)
9 원본의 タブロ
10 원본의 범형(範型)

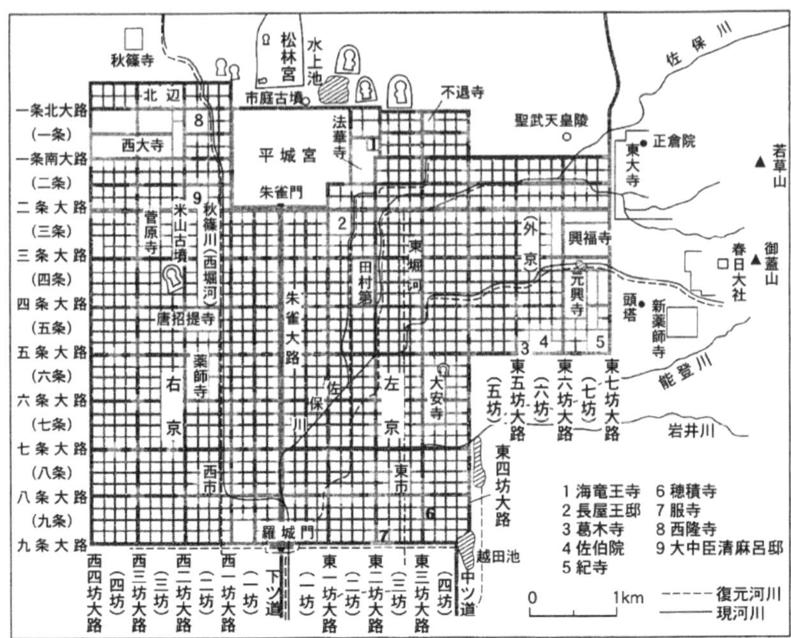

그림 5-45 헤이죠쿄(平城京) 복원도(다테노카즈미(館野和己))

에 도성(都城)의 기본 축(軸)인 수자쿠오지(朱雀大路)를 정해 헤이죠쿄(平城京)가 건설됐다.

헤이죠쿄(平城京)는 후지와라쿄(藤原京)의 습작(習作) 경험을 토대로 장안(長安)을 모델로 하여 건설되며, 도성(都城) 복원도(그림 5-45)를 통해 장안(長安)과의 유사성을 찾아볼 수 있기 때문에 우선 이 점부터 보기로 한다.

1) 장안(長安)와 헤이죠쿄(平城京) 모두 중앙의 북쪽 끝에 궁역(宮域)을 배치하는 '북변궁궐', 즉 '북궐'형 도성이며, 궁역(宮域) 안에는 북쪽에 궁성(다이리(內裏)), 남쪽에 황성(관아(官衙))을 배치한 점도 비슷하다.

2) 모두 주작대로(朱雀大路)(장안(長安)에서는 주작가(朱雀街))에 의해 경역(京域)의 도로배치, 도로구역이 좌우 대칭으로 이분되어 있었다. 행정적으로도 이 대로(大路)가 경역(京域)의 좌우 구분선으로 헤이죠쿄(平城京)에서는 좌경(左京)과 우경(右京), 장안(長安)에서는 만년현(萬年縣)과 장안현(長安縣)으로 나뉘어 있었다.

3) 2개의 시장이 궁역(宮域) 남쪽에 좌우대칭으로 배치되고 있다. '주례(周禮)' 고공기(考工記)는 '전조후시(前朝後市)'라고 하지만, 헤이죠쿄(平城京)와 장안(長安) 모두 이 이념에서는 일탈하고 있다. '북변궁궐'형 도성에서는 '전조전시(前朝前市)'가 당연했으며, 헤이죠쿄(平城京)에서 시장은 경역(京域)의 남쪽 끝 가까이에 건설되었다. 그곳은 남쪽을 향해 경사진 미지형(微地形)과 합쳐져서 경역(京域)의 남쪽으로 펼쳐진 야마토분지(大和盆地)로 접근하기 편리한 지점이었으며, 배후지인 분지(盆地)와 시장과의 관계는 후지와라쿄(藤原京)와 기능적으로는 같고, 동서의 시장 모두

운하(運河)[11]로 연결되어 수운(水運)이 수송수단으로서 중요했다.

한편 장안(長安)에서 시장은 궁역(宮域)의 남변에 동서방향으로 뻗은 도로를 따라서 건설되었다. 이 도로는 동쪽 춘명문(春明門)과 서쪽 금광문(金光門)을 잇는 가장 중요한 경역(京域) 관통도로이며, 춘명문(春明門)은 중국 본토로 통하였고, 금광문(金光門)은 서역(西域)으로 연결되는 종점과 기점이었기 때문에, 이러한 교통위치가 헤이죠(平城)·장안(長安) 양 도성(都城)에서 시장의 입지를 결정하는데 고려되었을 것으로 추측된다.

장안(長安)과의 차이 - 경역(京域)

위에서 본 유사성은 인정되지만, 자세히 보면 다른 점도 많다. 우선 경역(京域)의 차이점부터 열거하자면, 아래와 같은 여러 가지 차이점을 들 수 있다.

① 헤이죠쿄(平城京)는 '북고남저(北高南低)'의 땅에 조성되었다. 장안(長安)의 지형은 경역(京域)내에 6개의 언덕을 포함하면서도 전체적으로 북서쪽으로 향해서 경사져 있었으므로 후지와라쿄(藤原京)와 비슷하며, 장안(長安)의 궁성은 주역(易)의 사상에 따라서 6개의 언덕 가운데 첫 번째와 두 번째로 높은 언덕에 건설됐다. 그러나 그로 인해 천자의 궁전인 태극궁(太極宮)이 높은 언덕 사이의 저습한 오목한 땅에 자리 잡게 되었고, 그것이 북동쪽의 높고 마른 땅에 제2궁궐, 즉 대명궁(大明宮)을 건설한 이유가 되었다. 대명궁(大明宮)이 완성된 지 40년 후에 거기에서 측천무후(則天武后)와 알현한 아와타노마히토(粟田真人)도 그러한 경위를 알고 있었을 것이기 때문에, 이에 후지와라쿄(藤原京)에서의 반성과 장안(長安)에서의 그의 깨달음이 헤이죠쿄(平城京)의 땅을 고르는데 활용되었다고 생각된다.

② 규모와 형태의 차이이다. 경역(京域)은 장안(長安)의 경우 대략 동서 너비 9.7㎞, 남북 폭 8.2㎞로 면적 79.5㎢인데, 헤이죠쿄(平城京)는 외경(外京)을 제외하고 각각 약 4.3㎞, 4.8㎞, 20.6㎢로 면적으로는 장안(長安)의 약 4분의 1에 불과하다. 또한 위의 숫자가 나타내듯이 장안(長安)은 가로로 긴 형태였던 데에 반해, 헤이죠쿄(平城京)는 세로로 긴 형태의 도성(都城)이었다.

③ 장안(長安)의 경역(京域)은 나중에 추가된 대명궁(大明宮)을 제외하면 장방형이었다. 그러나 헤이죠쿄(平城京)에는 동쪽으로 추가된 외경(外京)이 있었으며, 발굴성과에 따르면 외경(外京)도 건설의 시작부터 존재하고 있었기 때문에 외경(外京)을 포함한 다각형의 헤이죠(平城) 경역(京域)이 장안(長安)을 모델로 했다고는 말할 수 없다. 타케다마사유키(竹田政敬)는 다이후지와라쿄(大藤原京)(그림 5-44의 KOCQRN)를 모델로 거론하는데, 다이후지와라쿄(大藤原京)의 남동쪽 구석은 산지이기 때문에 조방(条坊)이 시행되지 못했다. 이를 제외하면 후지와라쿄(藤原京)의 윤곽은 외경(外京)을 포함하여 헤이죠쿄(平城京)와 유사할 뿐만 아니라 그 확장된 부분의 위치와 규모도 거의 같다는 것을 근거로 들고 있지만, 헤이죠쿄(平城京)의 외경(外京)은 좌우 4방(坊)으로 이루어지

11 원본의 堀河

는 경역(京域)의 바깥으로 돌출되고 있어 후지와라쿄(藤原京)에서 조방(条坊)이 시행되지 않은 지역의 경역(京域)내 존재와는 다르며, 또한 외경(外京) 북변에 11조(条) 정도가 결여되어 있다는 2가지 점은 타케다(竹田)의 주장으로는 설명되지 않는다.

④ 경역(京域)은 모두 그리드·패턴으로 분할되어 있었다. 헤이죠쿄(平城京)에서는 도로폭 차이에 따라 방(坊)의 면적도 변화했지만, 경역(京域) 전체가 거의 같은 규모의 정방형 가구(街區)로 구분되어 있었으며, 가구(街區)의 형태와 규모는 기본적으로 한 종류라고 생각해도 무방하다. 그러나 장안(長安)에서는 대로(大路)폭의 경우 남북도로는 같았지만, 동서도로는 3종류가 있었을 뿐 아니라 그 간격도 모두 달랐기 때문에 그 결과 가구(街區)는 6종류에 이르며, 규모의 차이에 더해서 형태도 옆으로 긴 장방형과 정방형이 있었다. 장안(長安)의 가구(街區) 편성은 다양했는데, 거의 정방형인 획일적 가구(街區) 편성인 헤이죠쿄(平城京)의 특징은 장안(長安)이 아닌 후지와라쿄(藤原京)를 계승했다고 할 수 있다. 후지와라쿄(藤原京)에 대한 기시(岸)의 주장이나 다이후지와라쿄(大藤原京)설 또한 가구(街區)를 정방형으로 한다는 점에서는 일치하며, 다이후지와라쿄(大藤原京)설에서는 가구(街區), 즉 방(坊)의 1변은 1리(里)라는 점 또한 헤이죠쿄(平城京)와 일치한다.

⑤ 가구(街區) 편성의 차이는 방(坊)의 명칭과도 관련이 있으며, 획일적인 가구(街區)를 방(坊)으로 하는 헤이죠쿄(平城京)에서 방(坊)의 이름은 조방대로(条坊大路)를 기준으로 하는 수사(數詞) 호칭이었다. 동서의 조대로(条大路)는 북쪽부터 차례로 1조, 2조로 명명되었으며, 남북의 방대로(坊大路)는 중앙의 수자쿠오지(朱雀大路)를 기준으로 좌우를 향하여 1방, 2방과 같이 불렀다. 같은 숫자의 방대로(坊大路)를 구별하기 위해서 서쪽으로는 좌경(左京), 동쪽으로는 우경(右京)이라는 이름을 붙였으며, 예를 들어 나가야오(長屋王) 저택은 좌경(左京) 2조 2방에 있었다. 장안(長安)에서 방(坊)은 고유명사로 불렸기 때문에 방(坊)의 호칭에 있어서도 헤이죠쿄(平城京)는 장안(長安)을 모방하고 있지 않으며, 후지와라쿄(藤原京)에서는 출토된 목간(木簡)기록으로 보아 장안(長安)과 같이 고유명사의 방명(坊名)이었을 가능성이 크다. 즉, 헤이죠쿄(平城京)는 정방형의 획일적인 구역편성에 어울리는 수사(數詞)호칭을 채용하고 있는 것이다.

⑥ 방(坊)의 내부는 더욱 작게 분할되었다. 헤이죠쿄(平城京)에서 방(坊)은 동서와 남북 각 3개의 소로(小路)에 의해서 4×4=16평(坪)으로 구분됐으며, 평(坪) 또한 사방 약 125m의 정방형으로 나뉘어서 역시 수사(數詞) 호칭으로 불렀고, 이 평(坪)이 택지보급의 단위였다. 장안(長安)에서는 궁궐 남쪽의 중앙도로를 제외하고 방(坊)은 동서와 남북으로 뻗은 소로(小路)로 4등분되어 그 교점을 십자항(十字巷)이라 불렀으며, 이 4등분된 구역은 다시 십자모양으로 4등분됐다. 방식은 다르지만 장안(長安)도 헤이죠쿄(平城京)도 방(坊)의 내부를 16개로 세분하고 있는 점은 마찬가지였으며, 장안(長安)에서는 방(坊) 내부의 이 작은 구획을 고유명사가 아니라 일종의 방위호칭으로 불렀다. 예를 들어 동남쪽 모서리 구획은 방명(坊名) 아래에 '동남 모퉁이(東南隅)', 그 북쪽의 구획은 십자항(十字巷)의 동문(東門)이 거기에 존재하므

로 '동문의 남(東門之南)'이라고 불렀다.

⑦ 도성의 정문 명칭을 비교하면, 장안(長安)은 명덕문(明德門)인데, 명덕(明德)이란 '총명한 덕'을 뜻하며, 천자의 총명한 덕이 지상으로 확산하는 곳의 중심으로 도성 정문에 어울리는 이름이었다. 헤이죠쿄(平城京)의 정문 이름은 라죠몬(羅城門)인데, 장안(長安)은 기단부 판축(版築)의 두께가 9~12m에 이르는 나성(羅城)(성벽)으로 둘러싸고 있었지만, 헤이죠쿄(平城京)는 정문 좌우에 기와토담(築地塀)[12]이 소박하게 건설됐던 것에 불과했다. 나성(羅城)이 거의 없는 헤이죠쿄(平城京)가 정문 이름에 '나성(羅城)'을 붙이는 것은 모순이지만, 센다미노루(千田稔)가 말하는 '정면성' 강조장치로 기와토담(築地塀)은 나성(羅城) 역할에 필요한 장치였을 것이다.

⑧ '주례(周禮)'의 도성 이념에 '좌조우사(左祖右社)'가 있다. 장안(長安)에서는 이 이념대로 황성 동남쪽 모퉁이에 왕실 조상을 모시는 조묘(祖廟)(태묘(太廟))와 서남쪽 모퉁이에 토지의 신(神)(사(社))과 오곡(五穀)(직(稷))의 신들을 모시는 대사(大社)가 좌우대칭으로 배치되어 있었는데, 헤이죠쿄(平城京)

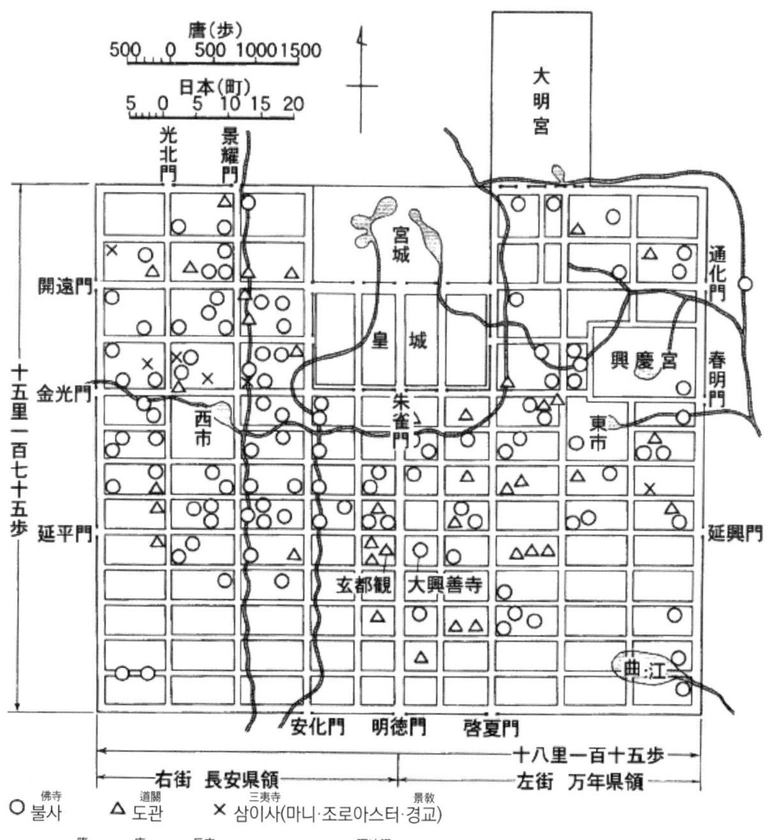

그림 5-46 수(隋)나라, 당(唐)나라 장안(長安)의 종교시설 배치(여파호(礪波護))

12 원본의 築地塀

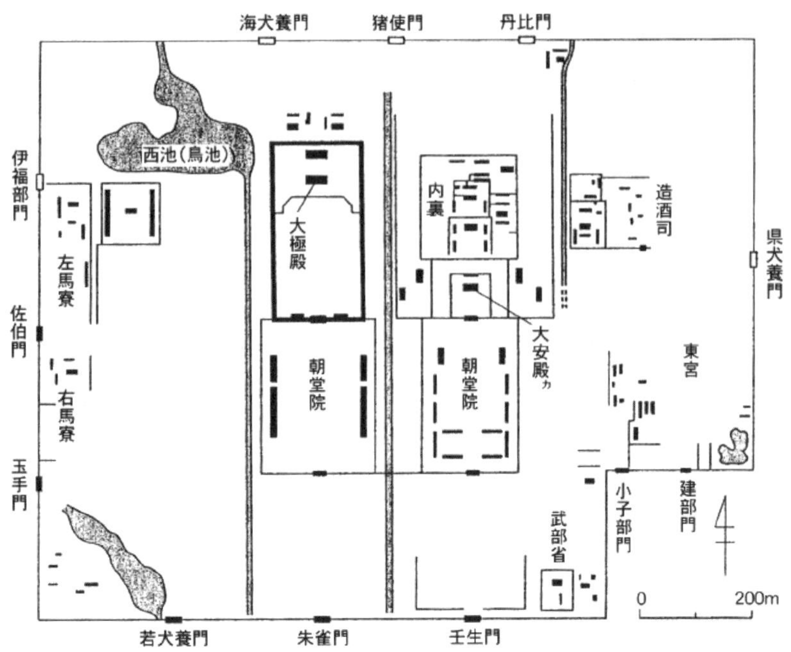

그림 5-47 전기(前期) 헤이죠쿄(平城京) 궁역(宮域)복원도(다테노카즈미(舘野和己))

와 후지와라쿄(藤原京)는 이것을 채용하지 않았다. 기시토시오(岸俊男)는 '도성제 모방'에 있어서 정치와 경제적인 것에는 적극적이었지만, 종교적인 것에 대해서는 소극적이었다고 지적한다. '좌조우사(左祖右社)'를 거부한 이유는 천황가의 조신(祖神)인 아마테라스오오카미(天照大神)를 제신(祭神)으로 하고, 식물(食物)의 신이자 농경의 신을 모시는 이세다이진구(伊勢大神宮)와도 관련이 있을 것이다. 즉 '좌조(左祖)'와 '우사(右社)'를 겸한 이 신궁(神宮)이 야마토(大和) 동쪽에 존재하였기 때문에 '좌조우사(左祖右社)'를 궁궐 내에 설치할 필요가 없었던 것이다.

⑨ 경역(京域) 내 종교시설의 배치도 달랐다. 장안(長安)에서는 여러 종교의 사원이 경역(京域)내에 다수 존재했는데(그림 5-46), 이는 당(唐)나라의 국제성을 반영하는 것이었고, 실크·로드의 종착점인 서시(西市) 주변에는 마니(摩尼)교·조로아스터교(祆教)·네스리우스파 기독교(景教) 등 서방기원의 종교사원이 몰려 있었다. 그러나 종교시설 중에서 그 중요성과 기념비적인 성격이라는 측면에서 특별히 두드러지는 것은 대흥선사(大興善寺)와 현도관(玄都觀)으로 각각 불교와 도교의 국립사원이었다. 이 두 개는 주작문가(朱雀門街)의 양 옆에 각각 1방(坊)과 반방(半坊)이라는 넓은 면적을 차지하면서 우뚝 솟아 있었으며, 그곳은 명덕문(明德門)에서도 주작문(朱雀門)에서도 5번째 방(坊)인 신민(臣民)의 공간 중앙위치에 해당하여 도성 안으로 뻗어 있는 6개의 언덕 중 다섯번째로 높은 언덕이 주작문가(朱雀門街)와 교차하

는 곳이었다. 주역(周易)에 대응시켜 보면 이 높은 언덕은 95(九五)의 지상위(至上位)[13]에 해당하며, 장안(長安)의 전신(前身)인 대흥성(大興城)을 건설한 수(隋)나라 문제(文帝)는 이 높은 땅에 신민(臣民)들이 거주하는 것을 좋아하지 않아서 그곳에 거대한 불사(佛寺)와 도관(道觀)을 건립하였다고 한다.

헤이죠쿄(平城京)는 국가불교가 번창했던 시대의 도성이다. 그러나 장안(長安)과 비교하면 종교시설 배치에 대해서도 차이가 있으며, 외경(外京)을 제외한 경역(京域)에서는 차이가 한층 더 분명하다. 경역(京域) 안에는 후지와라쿄(藤原京)에서 옮겨 온 다이안지(大安寺)와 야쿠시지(薬師寺) 외에 후에 건립된 도쇼다이지(唐招提寺)와 홋케지(法華寺) 등이 있었는데, 장안(長安)에 비해 사찰 수가 적을 뿐만 아니라 그 배치도 달랐다. 수자쿠오지(朱雀大路)에 면한 사찰은 없었으며, 궁역(宮域)의 남변에서 수자쿠오지(朱雀大路)를 사이에 둔 동서 1방대로(一坊大路)의 사이에는 미나미쿄고쿠오지(南京極大路)에 이르기까지 사찰은 전혀 없었다. 이것은 후지와라쿄(藤原京)와 동일하며, 후지와라쿄(藤原京)에서 계승한 것이다.

헤이죠쿄(平城京)는 불교사원을 국가 진호(鎭護)시설로 삼으면서도 이를 중요한 도시시설로 만드는 데에는 소극적이었는데, 이 점에서는 불교사원을 처음으로 도시시설화 하려던 후지와라쿄(藤原京)로부터도 후퇴한다. 도성에서의 불교사찰 배제(排除)는 헤이안쿄(平安京)에서 시작되는 것이 아니라 헤이죠쿄(平城京)에서 이미 관찰할 수 있으며, 이 경향은 코쿠분(니)지(国分(尼)寺)에서도 보인다. 율령국가의 지방분신인 코쿠후(国府)와 마찬가지로 코쿠분(니)지(国分(尼)寺)는 국가진호(鎭護)의 상징으로 여러 지역에 건립되었으며, 진호(鎭護)해야 할 사원과 수호되어야 할 국가기관이 공간적으로 나란히 설립될 때, 국가 진호(鎭護), 나아가 국가권력을 가장 실체적으로 드러낼 수 있었던 것이다. 그러나 코쿠후(国府)와 코쿠분(니)지(国分(尼)寺)는 나란히 세워지지 않고 장소를 달리하여 건설되는 것이 통상적이었다. 두 개의 시설이 땅을 고르는 장소를 달리하는 경우도 있었을지 모르지만, 헤이죠쿄(平城京)에서 관찰되는 불교사원의 도시시설화 기피와 같은 자세를 거기에서 읽을 수 있다.

여기에 더해서 만요슈(万葉集)는 이와 유사한 의식의 존재를 방증한다. 와카야마시게루(若山滋)는 만요슈(万葉集)에서 건축용어를 읊은 와카(和歌)는 모두 858수(首)가 있다고 주장하는데, 그중 대궁(大宮) 등의 궁역(宮域)을 주제로 한 와카(和歌)는 192수(首)인데 반해, 사원(寺院)을 노래한 것은 불과 4수(首) 뿐이라고 한다. 기와를 얹은 큰 건축물들로 이루어진 사원(寺院)은 도성 안에서는 최첨단 건축물이었는데, 사원(寺院)을 노래하는 경우가 거의 없었다는 사실은 사원(寺院)은 노래의 주제가 아니라는 일종의 기피의식이 작용했다는 것을 보여주는 것이다.

---

13 당시 장안(長安)에는 6개의 언덕이 있었는데 이를 주역(周易)의 6효(爻)에 대응시켜 이 언덕을 차례로 初九, 九二, 九三, 九四, 九五, 上九라고 불렀으며, 이중 九二는 천자위(天子位), 九三는 군자위(君子位), 九五를 지상위(至上位)라고 간주했다. (역자 주)

장안과의 차이 - 궁역

궁역에 관해서도 다음과 같이 장안과의 차이를 보인다(그림5-47).

a) 궁역에 관해서 헤이죠쿄의 외경 돌출부분을 장안과의 차이점으로 들었으며, 이 차이는 궁역에도 적용된다. 장안의 궁역과 경역은 모두 장방형이었는데, 헤이죠쿄에서는 경역과 똑같이 궁역도 동쪽 끝의 남북 4방 가운데 3방이 1방 정도 동쪽으로 돌출되어 있었다.

b) 장안의 궁역은 황성과 궁성으로 이루어진다. 남쪽의 황성은 관아지구(조정)로 궁성 정문(승천문)에서 남쪽으로 뚫린 승천문가를 중심축으로 하여 좌우대칭으로 관아들이 건설되었으며, 궁성은 3개의 남북도로 중앙에 천자의 궁전인 태극궁과 그 좌우에 동궁(황태자의 처소)과 액정궁(황후의 처소)이 배치되었다. 태극궁 내의 전사도 남북 중앙축선 상에 나란히 놓고, 중앙의 남북기축을 축선으로 하는 좌우대칭성을 궁성, 황성, 경역 모두에 관철했으며, 이는 남면하는 천자의 시선을 중앙 축선도로로 구현하고, 천자의 신체적 좌우대칭성을 도성 전역에 철저히 관철시키고 있는 것이다.

헤이죠쿄도 외경을 제외하면 경역은 수자쿠오지를 기축으로 하는 좌우대칭적 편성이었다. 그러나 궁역 안은 다른 원리가 적용되며, 그 구성은 8세기 전반과 후반에 변화되어 그것을 전기 헤이죠쿄와 후기 헤이죠쿄라고 부른다. 전기 헤이죠쿄로 한정하여 동쪽으로 돌출된 부분을 제외하면, 이 궁은 장안의 궁성과 마찬가지로 3개의 남북도로로 이루어지며, 중앙도로에는 북쪽으로부터 다이고쿠덴, 쵸우테이, 쵸도인이 중앙축선 상에 나란히 늘어서 있다. 그러나 장안과는 달리 천황의 사적 공간(다이리)은 여기에 없다. 서쪽 도로는 연못 등의 유구가 발견되고 있지만, 명확하지 않은 곳이 많고, 동쪽 도로에는 북쪽에서부터 다이리, 다이고쿠덴에 해당하는 건축물, 쵸도인이 나란히 늘어서 있어 중앙도로와 같은 궁궐공간이었다. 헤이죠쿄에는 2개의 궁이 인접하지만 좌우대칭성은 보이지 않는데, 이것은 장안의 궁궐과의 큰 차이이지만 장안에도 따로 대명궁이라는 제2궁궐이 있었다. 정사의 장소가 2곳 존재한다는 점은 양자 모두에 공통된다. 헤이죠쿄에는 중앙과 동쪽의 도로 모두에 쵸도인이 놓여 있었으며, 중앙도로의 쵸도인은 도성 중앙 축선상에 위치한 쵸도인답게 천황의 권위 과시를 위한 중요한 의식의 장이었다. 동쪽 도로의 쵸도인에서는 일상적인 의식이 집행되었으며, 이러한 역할분담은 장안의 태극궁과 대명궁의 그것과 비슷하여 헤이죠쿄에 두 개의 궁이 병존한 것이 장안을 본보기로 했다는 설도 있다. 그러나 이미 서술한 것처럼 장안의 궁성 중 가장 저습했던 것이 태극궁이었고, 대명궁 건립은 그에 대한 대체였으며, 대명궁의 건설 이후에는 태극궁을 사용한 적이 거의 없었기 때문에 이 설은 따르기 어렵다.

이상에서 서술한 바와 같이 헤이죠쿄(平城京)와 장안(長安) 사이에는 유사성보다 차이성이 많기 때문에 헤이죠쿄(平城京)가 장안(長安)을 본보기로 삼은 것은 확실하다고 해도 그것은 결코 모방은 아니었다. 다시 말해 선행하는 '혁신의 후지와라쿄(藤原京)'와 '모델로서의 장안(長安)', 양자(兩者)의 '계승과 혁신'으로 건설된 것이 헤이죠쿄(平城京)였으며, 그런 의미에서 헤이죠쿄(平城京)는 '완성된 작품으로서의 도성(都城)'이었다.

4. 나가오카쿄(長岡京) - 헤이안쿄(平安京)로의 디딤돌

칸무(桓武)천황(재위 781~806년)에 의해 실행된 나가오카쿄(長岡京), 더 나아가 헤이안쿄(平安京)로의 천도에는 당시의 정치정세가 얽혀 있다. 호우키(宝亀) 원년(770), 후지와라(藤原)씨의 옹립으로 칸무(桓武)천황의 아버지가 황위(皇位)(코우닌천황(光仁天皇))에 오르는데, 여기에서 텐무(天武)천황계의 황통이 단절되고, 텐지(天智)천황계가 부활한다. 중국의 역성혁명(易姓革命) 사상에 따라서 칸무(桓武)천황은 텐무계(天武系)를 대신하는 신(新)왕조의 창시자였다는 자부심을 가지게 되며, 그것이 텐무계(天武系) 황통(皇統)의 근거지인 야마토(大和)를 버리고, 야마시로노쿠니(山背(城)国)에서 신(新) 도읍의 땅을 찾은 중요한 이유이다.

즉위 3년째인 엔랴쿠(延暦) 3년(784) 6월 나가오카쿄(長岡京) 건설에 착수하고, 그 해 11월에는 미완성인 채로 나가오카쿄(長岡京)로 이사한다. 헤이죠쿄(平城京)와의 결별을 서두르는 칸무(桓武)천황의 의지가 나타나는데, '쇼쿠니혼기(続日本紀)' 엔랴쿠(延暦) 6년(787) 10월 8일에는 '수로와 육로를 이용하여 도(都)를 이 읍(邑)으로 옮기다'라는 조칙(詔勅)을 발표하고, 요도가와(淀川)강과 산인도(山陰道)우길 등 궁도(官道)가 만나는 곳이라는 뛰어난 교통위치를 천도의 이유로 강조한다. 그러나 여기에는 언급되지 않았지만, 나가오카쿄(長岡京) 천도에는 나가오카쿄(長岡京)와 그 주변을 근거지로 삼아 하지(土師)씨와 하타(秦)씨 같은 도래인(渡来人) 네트워크의 존재가 컸을 것이다. 칸무(桓武)천황의 어머니인 타카노노니이가사(高野新笠)는 백제(百濟)계 하지(土師)씨 출신이라 할 수 있고, 천도의 실무적 추진자인 후지와라노타네츠구(藤原種継)의 어머니도 하타(秦)씨 출신이었으며, 나아가 나가오카쿄(長岡京) 건설에는 하타노타리나가(秦足長)의 협조가 컸다.

나가오카쿄(長岡京)는 엔랴쿠(延暦) 13년(794)까지 10년이라는 짧은 기간동안의 수도(首都)였기 때문에 헤이안(平安) 천도에 이르기까지의 일시적인 도성으로 평가하기도 하지만, 나가오카쿄(長岡京)는 완성도가 높은 도성이었다. 오토쿠니(乙訓)구릉의 남단에 북고남저(北高南低)의 땅을 정하고, 헤이죠쿄(平城京)를 모델로 도성이 건설되는데(그림 5-48), 헤이죠쿄(平城京)와는 달리 경역(京域)과 궁성의 동쪽이 돌출되지 않은, 세로방향으로 긴 장방형의 도성이었다. 경역(京域)은 남북 5.3km, 동서 4.3㎞ 정도로 남북 9조(条), 동서 8방(坊)의 조방(条坊)으로 구분되어 있었으며, 좌경의 남쪽 일대는 저습지(低濕地)로 이곳의 빈번한 수해가 헤이안쿄(平安京)로 천도한 이유 중의 한 가지로 거론된다. 북쪽 끝에 있는

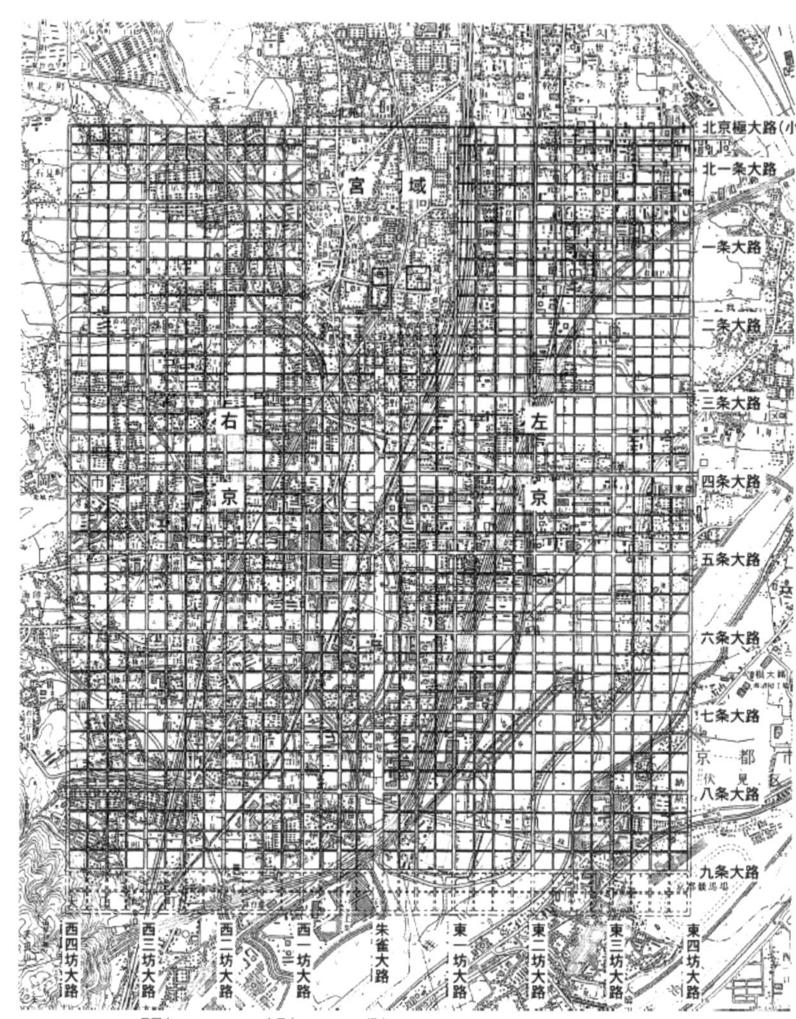

그림 5-48 나가오카쿄(長岡京) 복원도[**무코우시**(向日市) 매장(埋文) 문화재센터]

키타쿄고쿠오지(北京極大路)는 키타이치죠오지(北一条大路)보다 1조(条) 북쪽에 있는 것으로 추측되어 왔지만, 최근 발굴에 의하면 이 키타이치죠오지(北一条大路)가 키타쿄고쿠오지(北京極大路)에 해당한다는 설이 지지를 얻고 있다. 이 키타이치죠오지(北一条大路) 북쪽에는 황실의 사적(私的) 정원인 '북원(北苑)'이 있었으며, 대로(大路)로 구획된 방(坊)은 헤이죠쿄(平城京)와 똑같이 4×4=16평(坪)으로 분할되어 있었다. 헤이죠쿄(平城京)에서는 도로 사이 중심선제(心々制)에 의해 방(坊)과 평(坪)이 구획되었기 때문에 도로폭의 차이에 따라 방(坊)의 면적은 변화했다. 그러나 나가오카쿄(長岡京)에서는 평(坪)에 대해서도 도로폭과 관계없는 내법제(内法制)가 채용되어 경역(京域) 남쪽의 동서 1방(坊)에 관해서는 남북 40×동서 35장(丈)(1장 약 3m), 그리고 그 좌우의 동서 2~4방(坊)에서는 남북은 변화했지만, 동서방향에 관해서는 40장(丈)으로 통일되었고, 이것이 헤이안쿄(平安京)적 조방제(条坊制)에의 접근이었다.

키타이치죠오지(北一条大路)가 키타쿄고쿠오지(北京極大路)라고 한다면, 궁역(宮域)은 2방(坊)×2조(条)로 거의 정방형이므로 이러한 점에서는 헤이죠쿄(平城京)에 가깝다. 궁역(宮域) 내부에는 도성의 중심축선을 기축(基軸)으로 북쪽에서 남쪽으로 천황의 사적(私的) 공간인 다이리(内裏), 다이고쿠덴인(大極殿院), 동서 각 4당(堂)으로 이루어지는 쵸도인(朝堂院), 그리고 궁역(宮域) 정문인 수자쿠몬(朱雀門)이 나란히 있었다. 쵸도인(朝堂院)은 후지와라쿄(藤原京), 헤이죠쿄(平城京) 동구(東區)의 12당(堂)인 데에 반해 나가오카쿄(長岡京)는 8당(堂)으로 구성되어 있어 후기(後期) 나니와쿄(難波京)와 동일했다. 나가오카쿄(長岡京)는 건물 숫자뿐만 아니라 건물 규모도 나니와쿄(難波京)와 유사하며, 기와도 나니와쿄(難波京)로부터의 전용(轉用)이 많았다. 이것은, 다이고쿠덴(大極殿)까지 포함하여 후기(後期) 나니와쿄(難波京)의 건축물을 이축하여 나가오카쿄(長岡京)가 신속히 건설되었음을 말해 준다. 나니와쿄(難波京)를 부도(副都)로 하는 복도제(複都制)의 폐지, 그로부터 자재전용(資材轉用)을 통한 나가오카쿄(長岡京) 건설, 헤이죠쿄(平城京)로부터의 이행(移幸)이라고 하는 일련의 과정이 급속히 진행된 속에서 칸무(桓武)천황의 야마시로노쿠니(山背国)에서의 새로운 왕조수립에 대한 의지를 읽을 수 있다.

5. 헤이안쿄(平安京) - 바로크화된 도성

헤이안쿄(平安京)란 이름은 나가오카쿄(長岡京)를 포기한 이유와도 관련이 있다. 나가오카쿄(長岡京) 건설이 시작된 후 2년째에 건설책임자[14]였던 후지와라노타네츠구(藤原種継)의 암살로 시작하여 황태자 사와라신노우(早良親王)의 옥사(獄死), 그리고 황모(皇母) 타카노노니이가사(高野新笠) 등 칸무(桓武)천황 친족의 죽음이 이어지게 되고, 헤이안쿄(平安京)라는 이름은 이러한 흉사와 재앙으로부터의 평안을 바라는 염원이라고도 여겨진다.

칸무(桓武)천황은 엔랴쿠(延暦) 13년(794) 헤이안쿄(平安京)로 천도를 선언한다. '니혼키랴쿠(日本紀略)'는 같은 해 7월 1일에 '동서(東西)의 시장을 신경(新京)으로 옮기다'라고 적고 있으며, 도시활동에 필수적인 시장을 우선 이전시키고, 이어 그 해 10월 22일에 '천자의 수레(車駕), 신경(新京)으로 옮기다'라고 천도를 적는다. 그러나 도성건설은 오히려 그 이후에 본격화되며, 이어 그 해 11월 8일에는 '이 지역은 산과 강이 주위를 두르고 있어 자연(自然)이 성(城)을 만든다. 이 형세에 기반을 두고, 새로운 이름을 만들 것. 산배국(山背国)을 적절하게 고쳐서 산성국(山城国)으로 삼으라'는 조칙(詔勅)을 싣는다. 또한 동쪽으로 카모가와(鴨川)와 히가시야마(東山), 남쪽으로 옛 오구라이케(巨椋池), 서쪽으로 카츠라가와(桂川)와 니시야마(西山), 북쪽에 키타야마(北山)가 분지를 둘러싸고 있어, 산천이 옷깃과 허리끈처럼 배열되는 요충지가 있다고 서술하고 있다. 조칙(詔勅)으로 '성(城)'이란 것을 강조하는 이면에는 반대세력에 의한 나가오카쿄(長岡京) 건설의 좌절, 이에 대한 대항으로서의 재천도(再遷都)라는 정치상황

14 건설책임자, 원본의 조영사(造營使)

에 대한 강한 의지가 작용하고 있다.

헤이안쿄(平安京) - 바로크화의 여러 모습

헤이안쿄(平安京)의 경역(京域)은 대략 남북 5.2㎞, 동서 4.5㎞로 나가오카쿄(長岡京)와 비슷한 규모이다. 아시카가켄료우(足利健亮)는 헤이안쿄(平安京) 기본형태의 특징을 좌우대칭과 4신(四神) 배치에서 찾았다(그림 5-49). 북쪽의 후나오카산(船岡)을 랜드마크로 하는 수자쿠오지(朱雀大路)를 대칭기축(基軸)으로 하여 그 중심선에서 좌우로 각 294장(1장(丈) = 약 3m) 떨어진 곳에 히가시호리카와(東堀川)와 니시호리카와(西堀川)를 남북으로 통하게 하고, 동시에 동쪽 시장(東市)과 서쪽 시장(西市)의 외곽을 흐르는 운하로 기능토록 하였다. 두 개의 호리카와(堀川)로부터 294장(丈)의 2배인 588장(丈)을 외곽으로 연장시킨 곳에는 동쪽에 카모가와(鴨川), 서쪽에 오무로가와(御室川)라는 두 개의 직선 하천을 배치했으며, 또한 양쪽의 하천변에서 안쪽으로 129장(丈)되는 동서(東西) 양쪽에 두 개의 쿄고쿠오지(京極大路)를 정하고, 경역(京域)을 구획했다고 한다.

4신(四神)에 대해서도 아시카가(足利)는 이 4신(四神)이 헤이안쿄(平安京) 건설과 함께 인공적으로 설정되었다고 설명한다. 동쪽의 청룡은 카모가와(鴨川), 남쪽의 주작은 수자쿠오지(朱雀大路)를 라죠본(羅城門)에서부터 남쪽으로 10리(里) 연장시킨 곳에 설치한 '요코오지수자쿠(横大路朱雀)'라고 불리는 고아자(小字), 서쪽의 백호는 오무로가와(御室川)와 함께 건설된 코노시마오지(木嶋大路), 북쪽의 현무는 후나오카산(船岡)으로 한다. 이 중 자연지형은 후나오카산(船岡) 뿐이며, 그 외 모든 것은 헤이안쿄(平安京) 건설과 함께 인공적으로 건설된 것이다. 후나오카산(船岡)이 헤이안쿄(平安京) 건설 당시의 기준 랜드마크이며, 도성계획에 짜여진 존재였다면 후나오카산(船岡)을 포함한 모든 4신(四神)의 지물은 개별화되어 계획적으로 헤이안쿄(平安京)와 연계된 것뿐이다. 그것은 결코 주변의 막연한 원경(遠景)으로서의 4신(四神)이 아니라 점 혹은 선으로 헤이안쿄(平安京)와 일체화시켜 계획된 도성시설이었다. 헤이죠쿄(平城京)의 경우와 달리 앞서 기술한 조칙(詔勅)에서 '4신(四神)에 상응하는 땅'을 강조하고 있지 않은 것은 4신(四神)도 계획적으로 창출하겠다는 왕권의 의지표명이라고 할 수 있는데, 이것이 헤이안쿄(平安京)가 새로운 왕권상(王權像)의 창시(創始)를 목표로 칸무천황(桓武)에 의해서 건설된 '바로크화된 도성'이라는 근거 중 한 가지이다.

헤이안쿄(平安京)는 북변을 봤을 때, 남북 9조(条), 수자쿠오지(朱雀大路)를 경계로 하여 동서(東西) 각 4방(坊)이라고 하는 조방제(条坊制), 또 조방(条坊)에 의해서 계획된 정방형 구획을 더 나누어 4×4=16개로 세등분(細等分)하는 점 등 헤이죠쿄(平城京)와 유사하다(그림 5-50). 이 16등분의 구획을 헤이죠쿄(平城京)에서는 츠보(坪), 헤이안쿄(平安京)에서는 마치(町)[15]라고 부르지만, 그것을 경역(京域)의 최

15 이 한자는 마치, 쵸우 등 두가지로 발음되는데 원칙적으로 단독으로 사용될 때는 마치를 사용하는 것으로 번역했다. (역자 주)

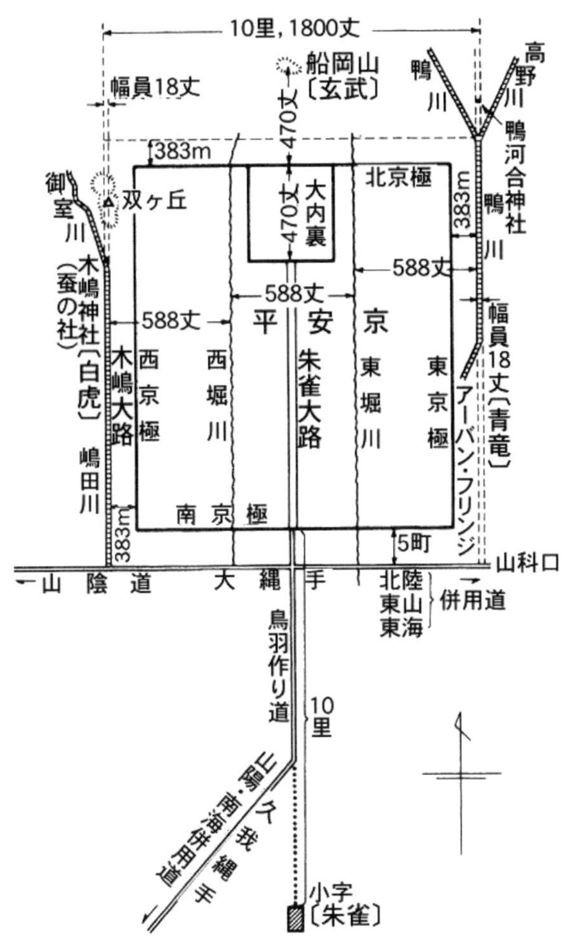

그림 5-49 헤이안쿄(平安京)의 기본 구상과 4신(四神)(아시카가켄료우(足利健亮))

소단위로 하고 있다는 점도 공통된다.

그러나 경역(京域) 건설의 발상은 전혀 다르다. 헤이안쿄(平安京)에서는 가로폭(街路)에 크고 작은 차이가 있었지만, 경역(京域)의 최소단위인 마치(町)는 모두 사방 40장(丈)으로 통일되었으며(그림 5-51), 이것은 이미 나가오카쿄(長岡京)에서 부분적으로 실현된 40장(丈)을 단위로 하는 내법제(內法制)에 기반한 가구(街區)편성을 철저히 밀고 나가 통일적인 구획을 실현시키고 있다. 헤이죠쿄(平城京)의 경우에는 앞에서 서술한 대로 가로폭(街路)의 중심선을 통한 가구(街區)분할이었기 때문에 가로폭(街路)에 따라 츠보(坪)의 규모도 변동했으며, 이것은 두 도성이 도성계획의 기본적 발상을 완전히 달리하는 것을 의미한다. 헤이죠쿄(平城京)에서는 우선 경역(京域)과 가로(街路)가 정해지고, 거기에 맞추어 가구(街區, 坊), 나아가 츠보(坪)의 규모가 결정되었다. 그러나 헤이안쿄(平安京)에서는 거꾸로 사방(四方) 40장(丈)의 마치(町)가 기본단위로 우선 결정

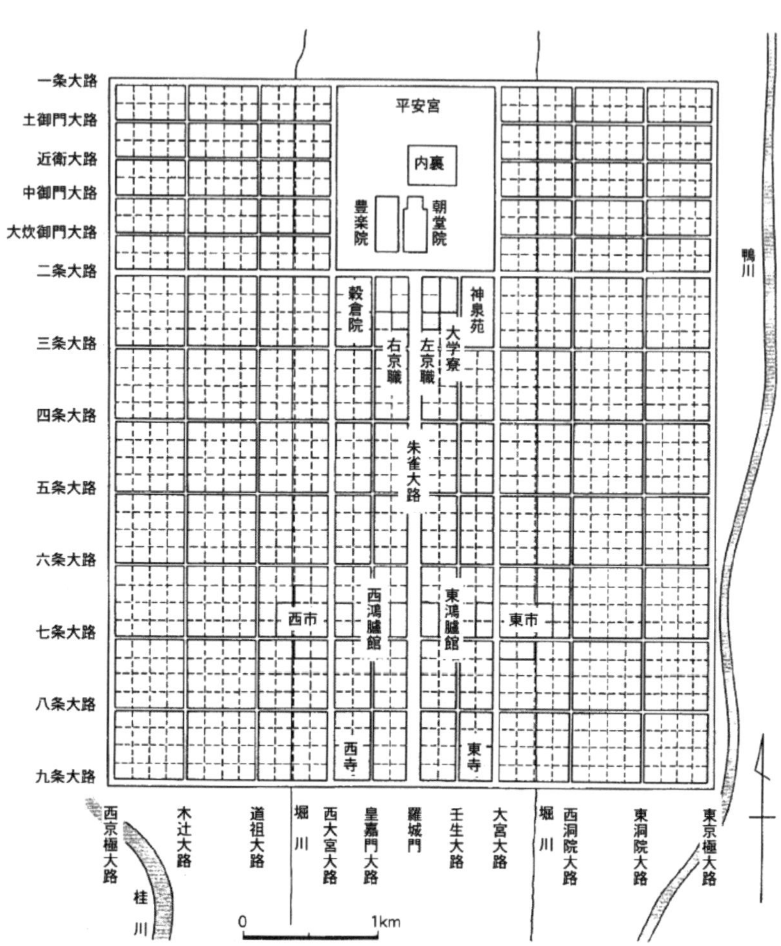

그림 5-50 헤이안쿄(平安京) 복원도(기시토시오(岸俊男))

되고, 여기에 가로폭(街路)이 누적되는 방법으로 경역(京域)이 설정되었다고 말할 수 있다. 무라이야스히코(村井康彦)는 이것을 서원조(書院造り)[16]의 방 분할법(部屋割り法)에서 중세와 근세의 차이와 대응시켜 설명하는데, 중세에는 기둥의 중심과 중심 사이의 길이가 우선이고, 그에 맞춰 다다미(畳) 크기가 결정된 데 비해 근세에는 우선 다다미(畳)의 크기가 결정되고 그에 따라 방(部屋)의 크기가 결정된다고 한다. 물론 전자(前者)가 헤이죠쿄(平城京), 후자(後者)가 헤이안쿄(平安京)에 해당한다.

궁역(宮域)은 경역(京域) 중앙의 북쪽 가장자리를 차지하며, 남북 1.4㎞, 동서 1.2㎞의

16 일본어로는 '쇼인즈쿠리 しょいんづくり'라고 발음한다. 서원(書院)은 헤이안(平安)시대의 귀족주택 양식인 '침전조 寝殿造 신덴즈쿠리'를 바탕으로 중세 말기 이후에 시작되어 근세 초기에 크게 발전, 완성된 '서원 書院'을 주실(主室)로 하는 무가(武家)의 주택양식이다. (위키피디아)

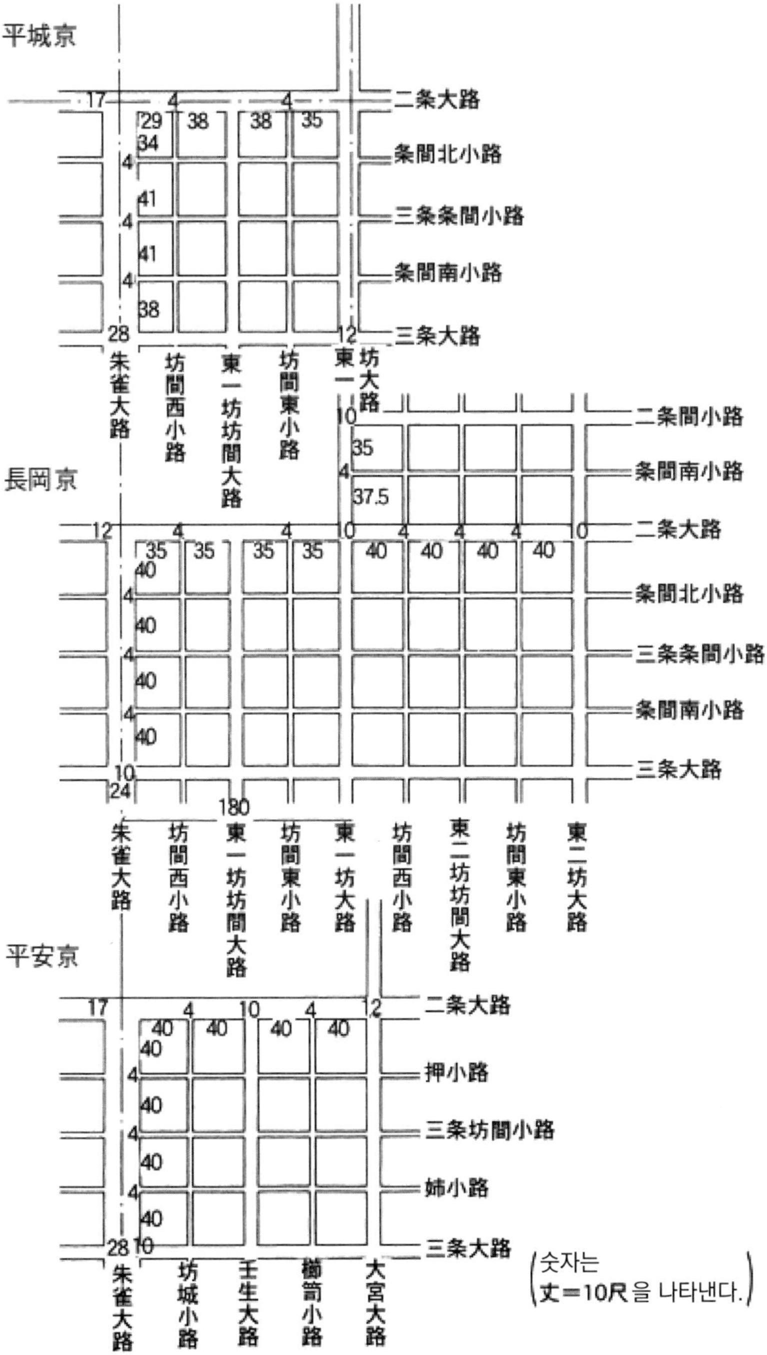

平城京

17 4 4 二条大路
29 38 38 35
34 条間北小路
4
41 三条条間小路
4
41 条間南小路
4
38
28 12 三条大路

朱雀大路 坊間西小路 東一坊坊間大路 坊間東小路 東一坊大路

長岡京

10 二条間小路
35 条間南小路
4
37.5
12 4 4 10 4 4 4 10 二条大路
35 35 35 35 40 40 40 40
40 条間北小路
4
40 三条条間小路
4
40 条間南小路
4
40
10 三条大路
24
180

朱雀大路 坊間西小路 東一坊坊間大路 坊間東小路 東一坊大路 坊間西小路 東二坊坊間大路 坊間東小路 東二坊大路

平安京

17 4 10 4 12 二条大路
40 40 40 40
40 押小路
4
40 三条坊間小路
4
40 姉小路
4
40
28 10 三条大路

朱雀大路 坊城小路 壬生大路 櫛笥小路 大宮大路

(숫자는 丈=10尺을 나타낸다.)

그림 5-51 일본 도성(都城)의 조방제(条坊制) 변천(야마나카아키라(山中章))

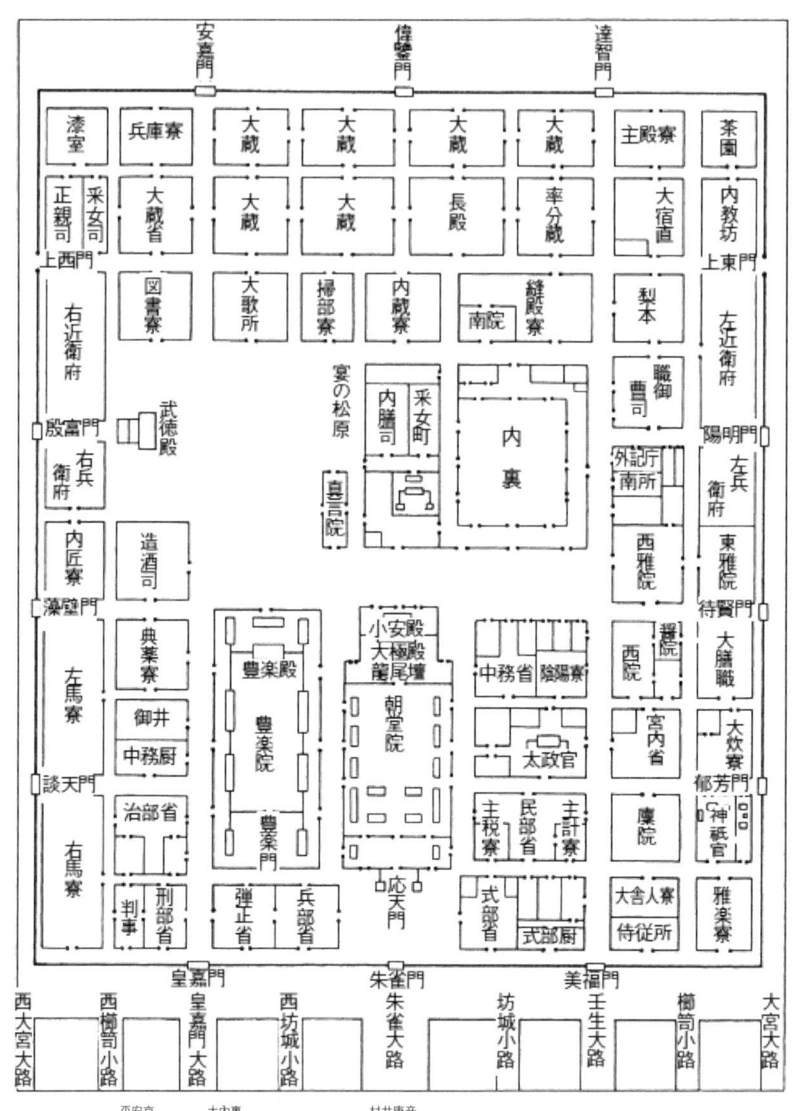

그림 5-52 헤이안쿄(平安京) 다이다이리(大内裏) 복원도(무라이야스히코(村井康彦))

장방형이었으며, 다이리(内裏)가 도성의 중심축선으로부터 동쪽 방향으로 어긋나는 것은 헤이죠쿄(平城京)와 마찬가지였지만, 그 내부의 편성은 다르다(그림 5-52). 헤이죠쿄(平城京)에서는 그 내부가 동쪽으로 돌출되어 있으며, 3개의 남북도로로 분할되어 각각 토담으로 구획되어 있었는데, 헤이안쿄(平安京)에는 이러한 담은 없었고, 궁역(宮域)이 일체화되어 다이다이리(大内裏)를 구성하고 있었다. 여기에서도 '다이리(内裏)가 왕권(王權)에 의해 총람(總覽)되는 다이다이리(大内裏)'로 궁역(宮域)이 변모해 가는 양상을 읽을 수 있다. 헤이안큐(平安宮)는 나가오카큐(長岡宮)와 마찬가지로 중심축선을 따라 북쪽으로부터 다이고쿠덴(大極殿), 쵸도인(朝堂院), 수자쿠몬(朱雀門)이 늘어서 있었고, 쵸도인(朝堂院) 서쪽에 부라쿠인(豊楽院)이 들어서며, 전자는 의식(儀式), 후자는 향연(饗宴)의 장소로 역할을 분담하였다. 다이리(内裏)는 다이고쿠덴(大極殿)의 북동쪽에 위치하고 있었고, 그 중심축에 자리 잡은 것이 시신덴(紫宸殿)이었다. 시대와 더불어 정사(政事)의 중심은 쵸도인(朝堂院)과 부라쿠인(豊楽院)에서 다이리(内裏)로 옮겨갔으며, 시신덴(紫宸殿)이 의식(儀式)의 장, 그 서쪽의 세이로덴(清涼殿)이 천황의 일상적인 정무(政務)의 장이 되었다. 다이다이리(大内裏) 내부는 이들 궁궐 외에 여러 개의 관아건물들이 늘어서 있었으며, 이에 출입하기 위해서 궁역(宮域)의 동서 두 변에는 당초 각 3개의 문이 있었지만, 나중에는 각 4개의 문이 설치되었다. 결과적으로 후지와라쿄(藤原京)에서 헤이죠쿄(平城京)로 계승된 '궁성 12문'을 대신하여 '궁성 14문'이 된 것이다. 이것들은 모두 궁역(宮域)이 다이다이리(大内裏)라고 하는 천황 친정(親政)의 관아공간으로 변용한 것에 대응한 변화이며, 이것들은 동시에 왕권 신장에 따른 '바로크화된 도성'으로의 변용을 보여주고 있다.

'바로크화된 도성'이라는 헤이안쿄(平安京)의 성격은 사원 배치에서도 나타나는데, 경역(京域)내에 위치하는 사원은 라죠몬(羅城門) 동쪽과 서쪽에 건립한 동사(東寺)와 서사(西寺) 뿐이다. 경역(京域)에서의 사원배제는 헤이죠쿄(平城京)에서는 사원세력의 횡포를 막기 위한 대책으로 보이며, 그뿐만 아니라 미나미쿄고쿠(南京極)의 땅에 2개의 절을 한정시켜 배치한 의도는 그것들을 라죠몬(羅城門) 좌우에 두어 도성의 외관을 장엄하게 보이려는 장치로도 볼 수 있다. 이 2개의 사원은 수자쿠오지(朱雀大路)에 면하지 않고, 라죠몬(羅城門)에서 남쪽으로 도성 축선을 연장시켜 건설된 '토바노츠쿠리미치(鳥羽作道)'에서 봤을 때 가장 잘 눈에 들어오며, 이를 계산하여 이 두 개의 사원에 헤이안쿄(平安京)의 입구와 같은 역할을 부여하고 있는 것이다. 이것이 바로 왕권신장에 대응한 도성의 바로크적 개편이며, 이미 살펴본 장안(長安)이나 아유타야의 경우와 같은 것이고, 이 점에서도 '바로크화된 도성'으로 헤이안쿄(平安京)를 위치시킬 수 있다.

헤이안쿄(平安京)의 '재도시화(再都市化)' - 중세 교토(京都)로의 태동

헤이안쿄(平安京)의 특징은 황도(皇都)로서의 긴 역사가 있다는 점이다. 전근대(前近代) 일본도시의 원형(原型)은 헤이안쿄(平安京), 특히 교토(京都)를 토대로 했으며, 이를 헤이안(平安)시대에만 국한해 설명하기로 한다.

우선 가로(街路)의 호칭을 살펴보면, 천도할 때 수자쿠오지(朱雀大路)만을 예외로 하고 헤이안쿄(平安京)와 헤이죠쿄(平城京)는 같은 수사(數詞)호칭을 사용했으며, 10세기가 되자 점차 고유명사로 변화한다. 예를 들어 다이다이리(大内裏)의 동쪽 변을 따라 뻗어 있는 사쿄(左京)의 이치보오지(一坊大路)는 오미야오지(大宮大路)라 불리며, 지명 표시도 '사쿄산죠(左京三条) 미나미(南), 아부라노코지(油小路) 니시(西)'로 현대와 비슷한 호칭이 이용된다.

더욱 큰 변화는 가로(街路)방향으로 문을 열고, 집을 짓는 방법이었다. 헤이죠쿄(平城京)와 마찬가지로 헤이안쿄(平安京)에서도 북고남저(北高南低)의 지형에 대응하여 신분에 따른 거주격리가 생긴다. 다이다이리(大内裏) 남쪽 변을 따라 뻗어 있는 니죠오지(二条大路) 북쪽에는 고급 귀족과 관아, 여기에서부터 고죠오지(五条大路)까지가 일반 귀족과 관인(官人), 고죠오지(五条大路)의 남쪽이 쿄우코(京戸)라고 불린 서민의 공간이었다. 동서(東西)의 두 시장은 이 서민공간의 중앙부에 위치해 있었다. 대로(大路)를 향해 문을 여는 것이 허용된 것은 3위(三位)[17] 이상의 고급 귀족뿐이었으며, 그것은 그들의 거주지인 니죠오지(二条大路) 북쪽으로 한정되어 있었다. 그 외의 경역(京域)은 대로(大路)를 따라 토담만이 이어지는 단조로운 경관이었으며, 10세기가 되자 이 규정이 없어지고, 문을 대로(大路)를 향해 열 수 있게 되었다. 헤이안(平安)시대 말에 이르면 가로(街路)에 면하여 민가들이 세워진다. 가로명의 고유명사화, 대로에 면한 문이나 민가 건물의 출현 등은 왕권의 현시공간(顯示空間)으로서의 도성인 헤이안쿄(平安京)가 거주의 기능성과 편의성을 갖춘 도시인 교토(京都)로 변모하는 과정을 보여준다. 이즈음에 우쿄(右京)가 쇠퇴하여 사쿄(左京)로 중심이 이동함과 동시에 인세이키(院政期)에는 카모가와(鴨川)를 넘어 시라카와(白河)지역에서도 도시형성이 시작되어 중세 교토(京都)로의 태동이 시작된다.

17 일본의 위계는 정1위부터 총 30개의 위계가 있었으며, 우리나라의 품계와 비슷하게 정과 종으로 나누었다. 이 '위계'제도는 701년(다이호 大宝 원년) 다이호율령(大宝律令)으로 정비되었다. (역자 주)

column 3

도성의 조방(条坊)

도시 내 행정구역 명칭은 한(漢)나라 시대까지는 '리(里)'가 사용되어 왔으며, 당(唐)나라 시대 이후 '방(坊)'이 공식적으로 사용되기 시작하여 명(明), 청(清)까지 사용되었다. '방(坊)'은 '방(防)'의 사투리로 방벽(防壁)인 방장(防牆)으로 둘러싸인 가구(街區)를 가리키고, 후한(後漢)말부터 오호북조(五胡北朝)에 걸친 혼란기에 출현했다. '방(坊)'이 외곽성 전역에 만들어진 것은 북위(北魏)(AD 386~534년) 평성(平城)(산동성(山東省) 대동(大同))이 처음이며, 화북(華北)일대의 '방(坊)'에 의한 가구(街區) 구성을 방장제(防牆制)라고 한다.

북위(北魏) 낙양(洛陽)에 대해서는 '낙양(洛陽) 가람기(伽藍記)'의 5권 뒷부분에서 다음과 같이 기술하고 있다.

'수도(京師)는 동서로 12리(里), 남북 15리(里)이며, 건물은 10만 9천채 정도 있다. 묘사(廟社), 궁실(宮室), 부조(府曹) 이외는 방(方) 300보를 1리(里)로 한다. 1리(里)에 4개의 문(門)을 두고, 문(門)마다 이정(里正) 2명, 관리(吏) 4명, 문사(門士) 8명을 둔다. 합하여 220리였다. 절은 1,367개이다.'

'방(方) 300보를 1리(里)로 한다'라는 구절로부터 여기에서의 '리(里)'는 정사각형 모양을 하고 있고, 동서남북으로 4개의 문을 가지고 있었다고 추론할 수 있다.

수(隋)나라(AD 581~618년)의 대흥성(大興城), 당(唐)나라(AD 618~907년) 장안성(長安城)에 대해서는 청(清)나라 서송(徐松)의 '당량경성방고(唐両京城坊攷)'(1848년)가 성내의 방(坊)마다 있었던 저택, 종교 시설 등을 고증하고 있다. 황성의 정남향 주작문(朱雀門)에서 남쪽으로 뻗은 남북대가(南北大街)를 주작대가(朱雀大街)라고 부르고, 그 동쪽 54방과 동시(東市)를 만년현(萬年縣)이 관할하고, 서쪽 54방과 서시(西市)를 장안현(長安縣)이 관할했다. 성 내부를 108방(坊)으로 구획한 것은 중국 전역을 의미하는 9주(州)와 1년 12개월을 가져와서 9×12로부터 얻은 숫자라고 하며, 동서 4줄씩 방이 배치되는 것은 춘하추동의 사계절을 상징한 것으로 알려져 있다. 방(坊)은 크게 나누어서 5종류의 크기가 있다.

A 황성직남내(皇城直南内) 18방 350보×350보(일부는 350보×325보)
B 황성직남외(皇城直南外) 18방 450보×350보(일부는 450보×325보)
C 황성남좌우(皇城南左右) 50방 650보×350보(일부는 650보×325보)
D 황성직좌우(皇城直左右) 6방 650보×650보
E 궁성직좌우 6방 650보×400보

동서가로(巷)에 의해서만 남북으로 양분되는 A, B를 제외하고, 방(坊)은 각 변의 중앙으로 통하는 동서가로(巷)와 남북가로(巷)에 의해 4개로 구획되어 그 입구에는 문을 만들었다. 이 4분의 1방(坊)이 다시 또 내부에서 십자로 교차하는 길에 의해 4개로 나뉘어 있었다. 주작대가(朱雀大街)는 폭 100보, 시장을 둘러싼 4면의 가로(街路)도 폭 100보, 황성 남쪽의 동서가로(街路)는 47보로 알려져 있지만, 발굴사례에서는 20보의 예가 있어, 이에 대한 치수체계는 명확하게 밝혀지지 않았다.

당(唐)나라 낙양성(洛陽城)의 방(坊) 개수(數)에 대해서 서송(徐松)은 113방(坊)이라고 주장하고 있지만, 109방(坊)이라는 복원결과도 있다. 각 방(坊)의 규모는 장안(長安)보다 작은 정방형(각 변 300보)에 가깝고, 서곽 남벽(西郭南壁)의 정정문(定鼎門)과 궁성의 응천문(應天門)을 잇는 정정문대가(定鼎門大街)가 중심선으로 폭 100보였으며, 다른 남북대가(南北大街)의 폭은 75보, 62보, 31보라고 하는 위계가 있었다(양경신기(兩京新記)).

헤이죠쿄(平城京)의 경우, 방(坊)의 크기는 중심선 사이 거리 180장(1800척=1500대척) 사방으로 그것을 동서남북 모두 4분할하게 되면 '평(坪)'이 만들어진다. 대로(大路), 소로(小路)의 폭이 다르므로 장소에 따라서 '평(坪)'의 크기는 미묘하게 달라지는데, 도로폭은 양측에 있는 도랑 사이의 중심선 거리에서 결정되고 수자쿠오지(朱雀大路)가 252척(210대척), 니죠오지(二条大路)가 126척(105대척), 일반 대로는 48척(40대척)~84척(70대척), 방간로(坊間路), 조간로(条間路)가 30척(25대척), 소로(小路)가 24척(20대척)이었으며, 당시 1척은 29.5~29.6㎝였다. '평(坪)'은

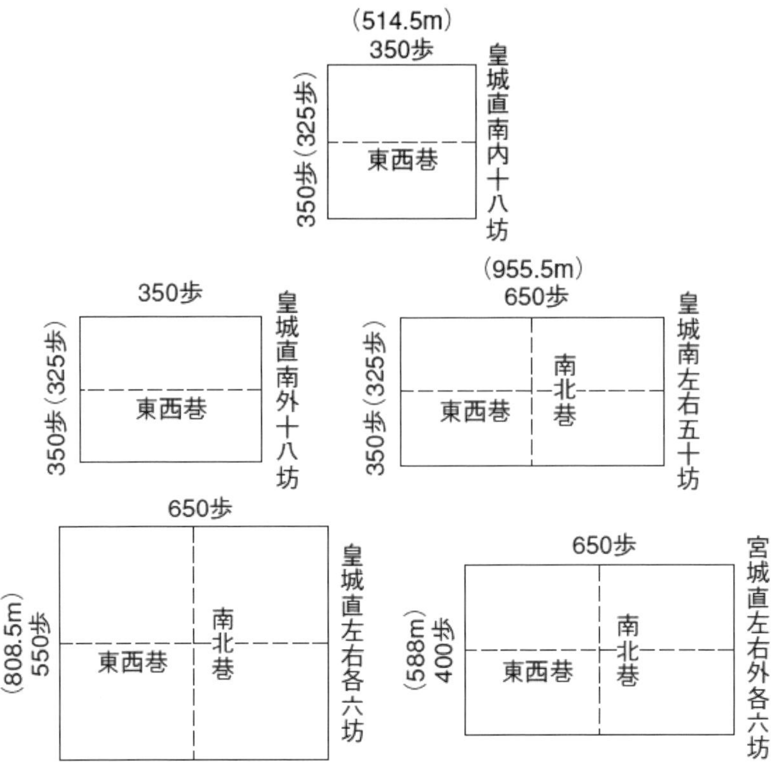

그림 5-53 장안(長安) 외곽성(外郭城) 내부의 방도(坊圖)(**서송**(徐松))

분할되어 주택지가 되며, 발굴을 통해 2분의 1, 4분의 1, 8분의 1, 16분의 1, 32분의 1 등의 각 사례가 있는 것으로 알려져 있다. 후지와라쿄(藤原京)의 경우, 1방(坊)은 사방이 90장(丈)이었다고 여겨지지만, 최근의 다이후지와라쿄(大藤原京)설 등에서는 헤이죠쿄(平城京)와 동일했다는 설이 지지를 얻고 있다.

나가오카쿄(長岡京)의 도로체계는 헤이안쿄(平安京)와 동일하며, 같은 방식으로 내법제(內法制)를 채택하고 있기 때문에 헤이죠쿄(平城京)와 달리 도로폭에 따라 '마치(町)'의 규모가 좌우되지 않는다. 단, 헤이죠쿄(平城京)와 같이 일정하지 않고, 미야죠(宮条)에 면하는 방(坊)과 일반의 방(坊)은 서로 다른데, '마치(町)'의 크기는 궁성의 동서 조방(条坊)에서는 동서 400척, 남북 350척(375척), 궁성의 남쪽 조방(条坊)에서는 동서 350척, 남북 400척, 기타 사쿄(左京), 우쿄(右京)에서는 사방 400척이다.

헤이안쿄(平安京)의 조방(条坊)개요는 고대 법전 중 하나인 '엔키시키(延喜式)' 쿄우테이(京程)에 기록되어 있으며, 도로에는 대로와 소로가 있고, 노면(路面), 측구(側溝), 견행(犬行), 축지(築地)로 구성된다. 그 폭은 축지(築地) 사이의 중심거리에서 나타나며, 남북의 중심축선, 수자쿠오지(朱雀大路)는 폭 28장, 헤이안쿄(平安京)의 남쪽에 접한 동서도로(東西道路), 니죠오지(二条大路)는 폭 17장, 궁을 남북으로 나누는 동서의 오미야오지(大宮大路)와 쿠죠오지(九条大路)는 폭 12장이다. 궁에 면하는 니죠오지(二条大路)의 북쪽 구역에서는 대로와 대로 사이로도 대로가 뻗어 있지만, 폭 10장이었으며, 그 외 대로는 폭 8장, 소로는 모두 폭 4장이었는데, 여기서 1장(丈)은 10척(尺)이며, 당시 1척은 현재의 1척(30.303㎝)보다 작아 약 29.8445cm인 것으로 알려져 있다. 이상과 같이 대로(大路)와 소로(小路)로 구획되는 구역인 '마치(町)'의 규모는 사방 40장(400척)으로 일정하며, '마치(町)'는 동서로 4분할, 남북으로 8분할되어 총 32개로 나눠지며, 이 최소 택지단위를 일본에서는 '헤누시(戸主)'라 불렀다.

PART

06

6章

이슬람 세계(世界)의 도시(都市)와 건축(建築)

정해진 양식이 없는 이슬람 건축

일반적으로 이슬람 건축이란 이슬람이라는 종교와 신앙을 핵심으로 하는 생활양식과 관련된 건축을 말하며, 이슬람 예배소인 모스크가 가장 먼저 떠오른다. 모스크는 영어로 mosque, 프랑스어로 mosquée, 독일어로 moschee라고 쓰는데, 그 어원은 아라비아어의 masjid에서 이탈리아어로 변형되어 moschea가 되었다. 스페인어에서는 메스키타(mezquita)라고 하는데, 메스키타라고 하면 코르도바의 메스키타를 떠올리게 한다. 이 건물은 원래 로마와 서(西)고트의 건물을 전용(轉用)하여 만들어졌지만, 증축을 통한 확장을 반복하여 레콩키스타(Reconquista)(실지회복(失地回復))와 함께 기독교 교회당이 되는 기구한 운명을 겪은 걸작이다.

그러나 모스크가 반드시 건물만을 의미하는 것은 아니다. 스페인어의 메스키타가 아라비아어의 마스지드에서 유래한다면, 마스지드란 '엎드려 절하는 자리'를 말한다. 코란 속에 마스지드라는 단어가 28회 나오고, 메카의 카바신전이 15회, 예루살렘의 악사(Aqsā')신역(神域)은 1회 나오는 것으로 보아 마스지드가 반드시 특정 건물을 뜻하는 것은 아니며, 마스지드는 엎드려 예배할 수 있는 장소면 된다는 뜻이다.

그래서 모스크에는 미리 정해진 건축양식이 있는 것이 아니다. 양파형의 돔건축이 전형적이지만, 시대에 따라, 그리고 지역에 따라 다른 양식이 된다. 이스탄불의 아야 소피아는 원래 기독교 교회였으며, 델리의 쿠틉(Qutb) 모스크는 원래 힌두사원이었다. 이슬람은 이처럼 종종 이교도(異敎徒)의 시설을 빌려 쓰곤 했는데, 인도네시아에 이슬람이 들어왔을 때에도 쿠두스(Kudus)(자바)의 미나레트처럼 힌두의 찬디건축이나 토착 민가형식이 차용(借用)되었으며, 우상금지를 엄격한 교리로 하는 이슬람은 메카를 향한 방향(키블라)은 강하게 의식하지만, 상대적으로 건축양식에는 관심이 적다. 이슬람의 교육시설인 '마드라사'나 성자묘(聖者廟) 등도 일정한 양식을 갖추고 있지 않으며, 처음 형식이 성립될 때 토착건축 전통의 영향을 크게 받는다.

이슬람건축은 무슬림을 위한 일반 건축시설, 나아가 이슬람권의 건축 전반을 의미한다. 이슬람권은 오늘날 핵심영역인 중동, 아랍에서 마그레브(Maghreb) 등의 아프리카 각지, 동쪽은 파키스탄, 인도를 거쳐서 인도네시아까지 퍼져 있으며, 청진교(淸眞教), 회회교(回回教), 회교(回教) 등으로 불리면서 중국에까지 오래전부터 그 영향을 미치고 있다.

이 장에서는 이슬람에 관한 기본적 사항을 확인하면서 이슬람 건축을 넓게 보며, 그 전에 우선은 오늘날 이슬람 중심지역의 이슬람 이전의 건축을 개관한다. 일반적으로 이슬람 도시라고 하면 미로(迷路)형식의 가구(街區)에 중정(中庭)식 주거가 빼곡히 늘어선 경관(景觀)을 생각하지만, 그 도시적 전통이 이슬람 이전으로 거슬러 올라가는 것임은 분명하며, 이슬람 건축도 비잔틴제국과 사산왕조 페르시아의 건축전통을 이어받아 성립된 것이다.

01 도시국가(都市國家)의 탄생(誕生)

– 이슬람 이전의 서(西)아시아 –

1. 메소포타미아 - 오리엔트 통일

이슬람 이전의 오리엔트에는 이슬람을 아득히 뛰어넘는 역사가 있으며, 특히 이집트와 메소포타미아는 고대 도시문명 발상지로 알려져 있다.

이집트에서는 BC 4000년경 영역지배 단위로서의 노모스가 성립하며, BC 3000년 경 통일왕조가 출현하고 멤피스, 테베 등을 수도(首都)로 하여 고(古)왕국(BC 2850년~BC 2250년), 중(中)왕국(BC 2133년~BC 1786년), 신(新)왕국(BC 1567년~BC 1085년)이 만들어졌다. 쿠푸왕이 기자에 대(大)피라미드를 건설한 것은 BC 2650년경이며, 페르시아(BC 550년~BC 330년)의 아케메네스왕조에 의해 멸망할 때까지(BC 525년), 나일강 유역에서 이집트왕국은 번창했다.

한편 메소포타미아에서도 BC 3500년경 도시문명이 개화하며, 우르크, 우르, 라르사, 라가슈, 움마, 이신, 니푸르와 같은 도시유적이 유명하다. BC 9000년에서 BC 7000년까지 이른바 '비옥한 삼각지대', 레반트, 북(北)메소포타미아, 자그로스 산맥의 곳곳에서 곡물 재배, 목축이 시작되면서 우바이드기(期)(BC 5000~BC 3500년)에는 티그리스와 유프라테스 두 개의 강 하류지역에서 관개농경이 성립한다. 그리고 우르크기(期)(BC 3500~BC 3100년) 이후 수메르인의 도시국가들이 앞 다투어 만들어지고 통일을 향한 패권을 다툰다.

통일국가가 성립하는 것은 우르 제3왕조 시대(BC 2100~BC 2004년)로 알려진다. 이신·라르사시대, 고(古)바빌로니아시대가 이어지고, 아마르나시대(BC 14세기)의 오리엔트에는 신(新)왕국 시대의 이집트, 히타이트, 미탄니, 아시리아, 바빌로니아 등 다섯 강국이 병립한다. 그 후, 혼란격동의 시대를 거쳐 전체 오리엔트를 통일한 것은 페르시아의 아케메네스왕조였다.

2. 수메르 도시

수메르의 도시는 도시의 신(神)을 모시는 신전을 중심으로 형성되었다. 금성(金星)의 여신 '인안나(Inanna)[1]'와 천신(天神)인 '안(An)[2]'을 도시의 신(神)으로 하는 우루크는 중심 언덕 위에 신전과 지구라트(성탑(聖塔))가 세워져 있으며, 거의 원형(圓形)의 도시 성벽으로 둘러싸여 있

1 '이난나'라고 읽히기도 한다.
2 '아누(Anu)'라고도 불린다.

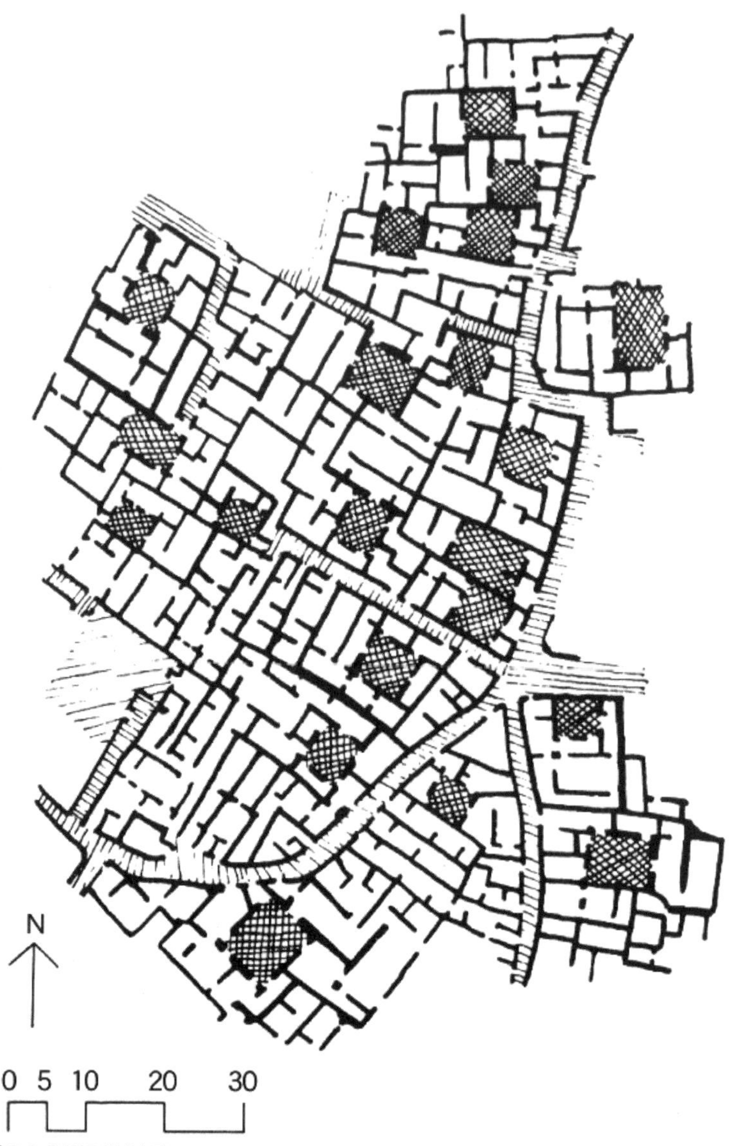

그림 6-1 우르(도시부분도)

다. 우르는 계란형을 하고 있으며, 약간 북쪽에 달의 신 '난나'의 신전과 지구라트가 위치한다. 니푸르와 같이 직사각형으로된 2개의 성(城)을 갖는 도시도 있지만, 원형(圓形) 도시는 메소포타미아의 전통 중 하나이며, 주거지가 미로 모양의 가로로 구성되고 중정식 주거로 가득 채워져 있었다는 사실은 잘 알려져 있다.

메소포타미아의 도시를 상징하는 것이 지구라트이며, 바빌론의 네부카드네

자르 2세에 의한 바벨탑과 공중정원이 유명하다. 지구라트는 각 변이 동서남북 축에 맞춰지는 피라미드와 달리 밑변 정사각형의 대각선이 동서남북을 향하도록 만들어졌으며, 바빌론의 경우 중심부에 위치한 것은 궁전이다. 한편 원형(圓形)의 도시와 마찬가지로 메소포타미아에도 원형(圓形)의 건축 전통이 있고, 메소포타미아의 아치(Arch)와 볼트(Vault)의 전통은 이슬람건축에 영향을 미치게 된다.

그림 6-2 아야·소피아, 이스탄불

에게해 북안(北岸)에서 인더스강에 이르는 대(大)제국을 형성한 페르시아의 아케메네스왕조는 알렉산드로스대왕의 동방원정(BC 334년~BC 324년)에 의해서 멸망하고, 그 수도(首都) 페르세폴리스는 폐허가 된다. 이후 300년간의 헬레니즘시대를 거치면서 로마제국이 지중해를 지배하는데, 이란에는 시리아의 셀레우코스왕조로부터 독립한 파르티아(BC 247년~AD 226년)가 부흥한다.

3. 비잔틴제국과 사산왕조 페르시아

이슬람이 지하드(성전, 聖戰)를 시작했을 때, 각지에는 각각의 건축적 전통이 전해져 왔다. 그중 많은 영향을 끼친 것이 로마제국을 계승한 비잔틴제국(396년~1453년)과 사산왕조 페르시아(226년~651년)의 전통이다.

무엇보다도 로마의 건축유산이 큰데, 아치, 볼트, 돔 기술은 콘스탄티누스황제가 기독교를 공인한 이래 각지에 교회당, 순교 기념당, 세례당 등으로 건립되면서 전해져 왔으며, 그리스·로마의 도시계획 기술 또한 각지에 식민도시의 구체적 사례를 남기고 있다. 그러나 콘스탄티노플의 아야·소피아 대(大)성당은 이미 그 전부터 존재하고 있던 것이다.

한편 페르시아의 건축유산도 이미 높은 수준을 나타내고 있었으며, 아야·소피아 대(大)성당과 비슷한 시기에 지어진 크테시폰궁전의 대형 아치는 이슬람건축 형태인 이완(Iwan)을 이미 준비하며 보여주고 있다. 이는 구조기술뿐만 아니라 이슬람건축의 장식이나 디테일에 비잔틴미술과 사산왕조 미술의 전통이 계승되어 숨쉬고 있다는 것을 의미한다.

02 최초(最初)의 모스크

1. 이슬람

이슬람(al-Islām)은 아라비아어로 '유일신 알라(Allāh)에 절대적으로 복종하는 것'을 의미하며, 아라비아어 일라흐(ilāh)(신(神))에 정관사 알(al)이 붙어서 만들어진 말이 알라이다. 알라는 메카(Makkah)(마카) 주변 사람들에 의해서 지고신(至高神)으로 믿어져 왔지만, 예언자 무함마드(Muhammad)(570년경~632년)에 의해서 이슬람 최고신(最高神)으로 격상되었고, 알라에게 절대적으로 복종하는 신자가 무슬림(muslim)(이슬람교도)이다.

무함마드는 메카의 쿠라이시(Quraysh)[1]족의 하심가문에서 태어났다. 탄생 전에 아버지를, 어릴 적에 어머니를 잃고 고아로 할아버지와 삼촌 밑에서 자라 25살 때 부유한 과부 하디자와 결혼, 어느 시기부터 외곽 히라(Hira)산의 동굴에서 명상에 잠기게 된다. 41세(611년)경 최초의 계시를 받고, 죽을 때까지 21년간 간헐적으로 계시를 받는데, 이 계시를 무함마드 사후, 3대 칼리프였던 우스만시대에 집대성한 것이 이슬람의 근본성전(聖典)인 코란(al-Qur'ān)[2]이다.

코란이란 '소리 내어 읽혀지는 것'을 의미한다. 신(神)이 일인칭으로 말한 것이 그대로 단어로 기록되어 낭독되며, 신(神)에게 귀의하는 것은 구체적으로는 코란의 말씀에 따르는 것을 의미한다. 코란은 각 장(章)의 길이가 다양하지만, 모두 114장(章)으로 되어 있으며, 정사(正邪)·선악(善惡)에 관한 기준으로 무슬림의 사고와 행동을 규제한다. 즉, 코란은 예배, 단식, 순례, 금기, 예의범절, 혼인과 이혼, 부양, 상속, 매매, 형벌, 성전(聖戰) 등에 관한 의례적, 법적 규범을 담고 있으며, 코란의 규범을 무함마드의 전승(傳承)(하디스) 등에 의해 확대 해석되어 성립한 것이 샤리아(이슬람법)이다.

이후 울라마(이슬람학자, 종교지도자)에 따르면 코란에 기록된 이슬람의 교리는 이만(Īmān), 이바다트(ibādāt), 무아말라트(mu'āmālāt)로 이루어진다. 이만은 소위 6신(神)이라 일컫는 정형화된 신앙내용을 말하며, 6신(神)이란 신(神)(알라), 천사, 경전, 사도(예언자), 내세(아히라(ākhira)), 정명(定命)(예정 카다르[3])을 믿는 것이다. 이바다트는 신(神)에게 봉사하는 것을 의미하며, 5주(柱)(5행(行)), 즉 신앙고백(샤하다(shahāda)), 예배(사라트[4]), 희사(喜捨)(자카트), 단식(사움), 순례(하지)를 행하는 것을 말하고, 특히 코란에서는 지하드(성전(聖戰))가 강조된다. 무아말라트란 행동규범

1 '꾸라이쉬' 또는 '쿠라이쉬', '쿠레이쉬' 등으로 발음되기도 한다.
2 '꾸란' 또는 '쿠란'으로 발음하기도 한다.
3 원본의 カダル(qadar)
4 원본의 サラート

이며, 간음하지 말 것, 계약을 지킬 것, 저울 속임수를 하지 말 것, 이자(利子)의 금지, 돼지고기를 먹지 말 것 등이 규정된다.

2. 무함마드

알라의 말을 받는 자, 즉 예언자인 것을 자각한 무함마드는 설교를 시작한다. 그리고 그 주변에 신도집단이 형성되는데, 그 포교활동이 메카의 전통사회를 위태롭게 한다고 판단되어 신도에 대한 박해는 점점 강해졌다. 그 결과, 무함마드는 마침내 메카를 버리고(622년) 야스리브의 도시, 즉, 이후 마디나·안나비(예언자의 도시)로 불리게 되는 메디나(Madīnah)(마디나)로 이주(移住)하여 신자들과 함께 이슬람공동체 움마를 설립한다. 이 이주(移住)가 이슬람 성립의 중요한 계기가 됐다는 인식에서 622년을 기원(紀元)으로 하는 헤지라[5]력(이슬람 달력)이 성립한다.

무함마드는 메디나에 머물면서 11년간 유대교도들과의 항쟁을 반복하면서 교리를 확립하게 되며, 메카의 쿠라이시족과 3번 싸워서 마침내 정복(631년)하고 메카를 이슬람의 성지(聖地)로 한다. 메카에는 아랍인과 유대인의 공통 조상으로 여겨지는 아브라함과 그 아들 이스마일이 창시한 카바신전이 있었으며, 메카에 입성하자 무함마드는 신전의 우상(偶像)을 모조리 파괴했지만, 카바신전의 흑석(黑石)에 대한 숭배는 온전히 보존한다. 당초 예배는 예루살렘을 향하여 행해졌으나 나중에 카바신전을 향해 이루어지게 되며, 이것이 키블라(quibla)의 성립이다. 평생에 한 번 카바신전을 순례(하지)하는 것이 모든 무슬림의 의무가 되고, 632년 무함마드는 메카에 처음이자 마지막 순례를 하고, 메디나로 돌아와 곧 사망했다. 무함마드의 헤지라에 동행한 것은 71여명의 신자였으나 이 시기에 이미 그 영향력은 아라비아반도 전체에 미치고 있었다.

3. 예언자(豫言者)의 집

이렇게 이슬람이 성립하는 과정에서 이슬람 건축도 성립한다. 최초의 이슬람 건축은 예언자 무함마드가 메디나로 옮겨와 거점으로 삼았던 집이며, 이 예언자의 집이야말로 최초의 모스크이자 모스크의 원형(原型)이다. 그 원초적 형태는 아랍학자들에 의해 전해져 복원되고 있으며, 51m 사방의 중정을 3.6m 높이의 햇볕에 말린 벽돌로 감싼 중정식 주거(코트야드·하우스)로, 동쪽에는 아내들의 주거가 9개 있었다. 무함마드는 첫번째 부인과의 사이에 3남 4녀를 두었으며, 메디나 시대에는 하디자 외 11명이 넘는 아내가 있었다. 9개의 주거 중 4개는 여러 개의

5 원본의 ヒジュラ, 영어로는 헤지라(Hegira), 아랍어로는 히즈라(Hijrah)라고 한다.

거실(居室)을 갖고, 다른 5개는 1개의 방뿐이었으며, 무함마드 개인의 방은 없었다. 메카방향(남측)과 예루살렘방향(북측)으로 대추야자 기둥에 잎을 덮은 후, 간단한 지붕을 얹은 곳이, 예배를 드렸던 장소였다.

4. 모스크 구성요소(構成要素)

앞에서 묘사한 극히 단순한 구성, 마스지드라고도 불리는 그 기원이 시사하듯이 모스크를 구성하는 본질적인 요소는 극히 적다. 모스크는 우선 예배의 장소이며, 매일 새벽, 점심, 오후, 저녁, 밤의 5번, 그리고 금요일 낮에는 집단예배가 의무화되어 있는데, 극단적으로 말하면, 예배를 올리는데 필요한 키블라라고 부르는 메카방향을 표시하는 것만 있다면 어디라도 다 좋다.

예언자의 집에는 없지만, 방향을 가리키기 위해 벽에 움푹 파인 곳을 만들게 되며, 그 움푹 파인 곳(니치[6])을 미흐라브(mihrab)라고 부른다. 미흐라브의 기원에 대해서는 많은 이론(異論)이 있지만, 시나고그(유대교회)와 바실리카의 후진(애프스)[7]의 벽감(壁龕)처럼 조각상이 안치되는 것이 아니다. 메카방향은 내세(來世), 신(神)이 사는 세계의 방향이며, 그 곳에 이르는 상징적인 문으로 간주되기 때문에 미흐라브가 박힌 위치는 메카의 동쪽과 서쪽이 당연히 다르다. 모로코에서는 동쪽이며, 인도에서는 서쪽인데, 지구

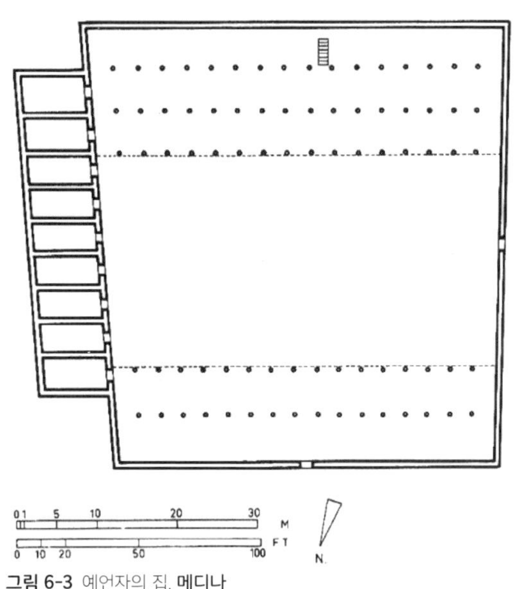

그림 6-3 예언자의 집, **메디나**

6 니치(niche); 장식을 목적으로 두꺼운 벽면을 파서 만든 움푹한 대(臺)로, 보통 그 평면은 반원형, 윗부분은 반(半)돔형인 것이 많다. 벽감(壁龕)이라고도 하는데, 이는 '벽에 만든 감실(龕室)'이라는 뜻이다. 중근동(中近東)·유럽건축에서 옛날부터 사용해 온 형태로 평면은 반원형, 윗부분은 반(半)돔형인 것이 많다. 서양에서는 이곳에 꽃병·조상(彫像) 등을 놓아 장식하거나 아예 이 부분을 장식용 분수(噴水)로 만들기도 한다. (네이버 지식백과)

7 후진(後陣, Apse) 또는 애프스는 교회(성당)건축에서 가장 깊숙이 위치해 있는 부분으로서, 내진 뒤에, 주보랑에 둘러싸인 반원형 공간이다. 예배자나 순례객, 관광객이 성당의 중앙현관으로 들어와 신랑을 통해 바로 보는 정면이 후진이므로, 주로 이곳에 제단이나 유물이 놓인다. 독일의 몇몇 로마네스크 교회에서는 서로 마주 보는 양식으로(내진 뒤에, 배랑 뒤에) 후진을 두 개 건축하는 모습도 보이는데, 앱스라고 부르기도 한다.

의 정반대 편이라면 어떻게 할지 등의 문제에 대해서는 별로 신경 쓰지 않는다. 같은 도시에서도 키블라의 방향은 미묘하게 다르지만, 그렇게 엄격한 규정은 없다.

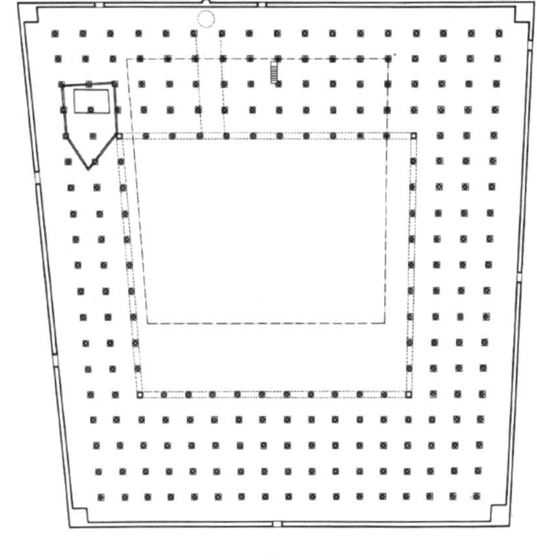

그림 6-4 **우미이야**왕조의 모스크, **메디나**

그 밖의 모스크 구성요소로 공통으로 들 수 있는 것은 민바르(minbar)(설교대), 미나레트(minaret)[8](첨탑), 샘(水場)(물터)이다. 민바르는 이맘(이슬람의 성직자)이 설교하는 곳으로 규모에 맞게 제작된 계단식 단(壇)이다. 예언자의 집에서는 키블라벽 앞에 나무계단 모양의 높은 좌석이 설치되어 무함마드가 여기에서 신자에게 말을 걸었는데, 단(壇)은 3단(壇)이며, 가장 위에 걸터앉아 2단(壇)째에 발을 두었다고 한다.

그림 6-5 **카바**신전, **메카**

최초의 모스크에는 미나레트가 없었으며, 미나레트의 기원으로는 불의 장소, 빛의 장소라고 하는 2개의 설(說)이 있다. 이슬람 건축역사가인 크레스웰[9]에 따르면 7세기 후반의 이집트에서 고안된 것으로 알려지며, 우마이야왕조의 왈리드 1세 시대에 건립된 것으로 보인다. 이것은 고대(古代)의 군사시설과 비잔틴 종루(鐘樓)의 전통을 계승한 것으로 생각되고, 이른바 육지(陸地)의 등대이자 모스크의 위치를 나타내는 상징탑이며, 예배를 알리는 곳이기도 했다. 샘(미다아[10])은 예배 전에 몸을 씻어 정결하게 하는 장소이다.

8 우리나라에서는 '미나렛'으로 표기하기도 한다.
9 원본의 クレスウエル
10 원본의 ミーダーア

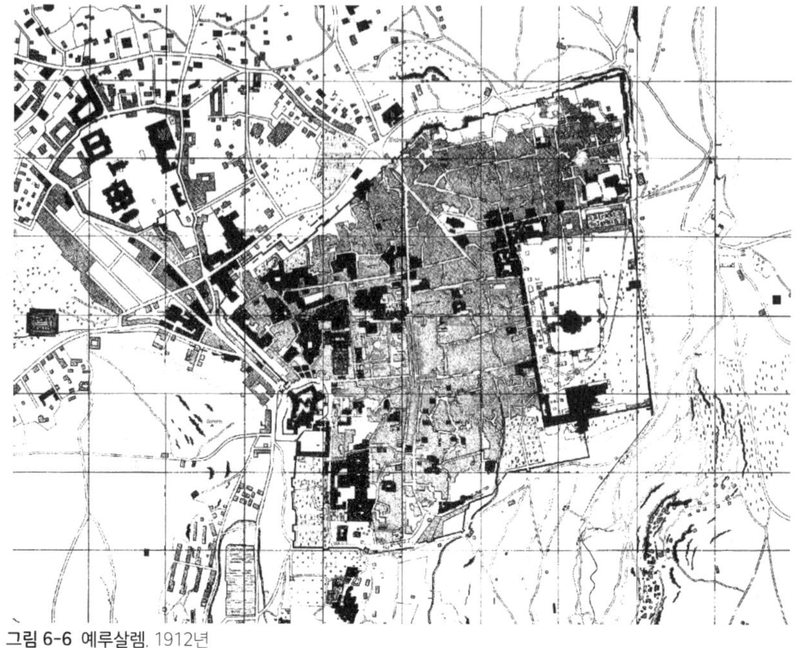

그림 6-6 예루살렘, 1912년

5. 모스크의 종류

이처럼 모스크의 구성은 지극히 간단하지만, 크게 나누면 금요일마다 집단 예배와 이맘(성직자)에 의해 설교가 행해지는 금요모스크(masjid al-jum'a) 혹은 집회모스크(masjid al-Jami')와 일반 모스크 두 종류로 나뉜다. 일반적으로 '자미'라 불리는 집회모스크는 한 도시에 하나 있는 것이 기본이며, 이 점에서는 가톨릭세계의 카테드랄(Cathedral) 대성당(大聖堂)과 비슷하다.

오늘날의 모스크도 기본적인 기능은 동일하다. 우선 예배장소이자 집회장소로 사용되며, 교육의 장(場)이 되기도 하고, 휴식처가 되기도 하는데, 특히 정치활동의 장(場)이기도 하다. 최초의 모스크 중정(中庭)이 바로 그러한 공간이었으며, 그러한 의미에서도 예언자의 집은 모스크의 원형(原型)인 것이다.

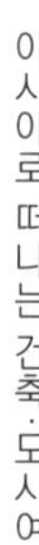

03 바위의 돔(Dome)

– 메카, 메디나, 예루살렘 –

1. 정통 칼리프[1] 시대

무함마드 사후(死後) 아부·바쿠르를 칼리프(대리(代理))로 추대하고, 그 지도(指導) 아래 무슬림은 대규모 정복을 시작하는데, 이어서 4명의 연이은 칼리프시대를 정통 칼리프시대(632년~661년)라고 부른다.

아라비아반도를 나온 무슬림은 7세기 중반에는 사산왕조 페르시아 전역을 차지하고 비잔틴제국의 이집트와 시리아를 빼앗았다. 칼리프들은 알리[2]를 제외하곤 메디나에 살았지만, 자신의 주거(住居)를 모스크로 하는 것이 아니라 계속해서 무함마드의 집에서 집단예배를 했다.

세력확대와 함께 아랍인은 각지(各地)로 이주(移住)해 가게 되며, 이때 다마스쿠스, 알레포와 같은 기존 도시에 섞여 사는 경우와 바스라나 쿠파처럼 완전히 새로운 군사캠프(미스르)를 건설하는 경우가 있었다. 이주(移住)로 인해 각지(各地)에 모스크가 필요하게 되었는데, 바스라나 쿠파의 경우는 당연히 모스크가 새로 건설되었지만, 기존 도시의 경우 기독교 교회의 용도를 바꿔 사용하는 경우가 많았고, 심지어 다마스쿠스에서는 기독교도와 무슬림에 의해 신전(神殿)영역이 공유된 경우도 있다.

이 시기의 모스크로는 641년 푸스타트(카이로)에 건설된 아므르·모스크가 알려져 있다. 9세기 전반 아바스왕조 때 현재와 비슷한 모양이 되었으며, 처음엔 최초의 모스크처럼 대추야자 잎과 흙으로 덮은 간소한 구조였다.

2. 메카, 메디나, 예루살렘

모스크가 통일적인 건축양식을 갖는 것은 우마이야왕조 후기, 8세기에 이르러서이다. 우선 예루살렘에 있는 바위의 돔, 쿠바트·알·사크라(Qubbat al- Sakhra)[3](691년~692년)를 들 수 있는데, 이 돔은 우마이야왕조 5대 칼리프인 아브드·알·말리크[4](재위 685년~715년)에 의해 지어졌으며, 성(聖)스러운 바위를 덮은 이 돔건축은 현존하는 최고(最古)의 이슬람 건축이다.

1 '칼리파'라고도 부른다.
2 알리(Ali ibn Abi Talib); 이슬람교단의 제4대 정통 칼리프(재위 656~661).
3 원본에는 クッパット・アッ・サフラ(Qubbat al–Shakhra)로 표기되어 있으나 인터넷을 검색해서 보다 대중적으로 부르는 이름으로 수정했다. (역자 주)
4 '압드·알·말릭'으로 표기하기도 한다.

메카와 메디나는 이슬람의 2대 성도(聖都)이다. 그러나 이슬람세계의 확대와 함께 이슬람세계의 정치적 중심은 여러 곳으로 이동하며, 661년 다마스쿠스 총독이었던 무아위야가 권력을 탈취한 후, 약 1세기 동안 우마이야왕조가 성립되면서 이슬람공동체 움마의 중심이 되는 곳은 다마스쿠스였다.

그림 6-7 바위의 **돔**, **예루살렘**

메카, 메디나와 새로운 중심인 다마스쿠스와의 사이에는 정치적 긴장과 항쟁이 계속되며, 알리의 아들인 후사인[5] 살해 책임자로 꼽히는 야지드 1세가 정권을 잡자 무함마드의 사촌 형제인 이븐·아즈바일은 메카에서 칼리프를 칭한다. 이른바 이 자칭 칼리프는 그가 죽을 때(693년)까지 10년 이상 2개의 성도(聖都)와 함께 아라비아반도를 지배했다.

이에 아랍세계의 두 성도(聖都)에 대항하는 제3의 성도(聖都) 예루살렘이 자리잡으며, 이 시기의 항쟁에서 카바신전이 불타게 되고, 이로 인해 우마이야왕조는 이후 계속해서 비난받게 된다. 두 성도(聖都)의 세력을 약화시키기 위해서 제3의 세력이 필요하게 되었으며, 이를 위해 하나의 강렬한 기념물이 건설됐는데 그것이 바로 바위의 돔(Dome)이다.

예루살렘은 필연적인 선택이었다. 원래 무함마드는 메디나에서 유대교 전통을 받아들이면서 성지(聖地) 예루살렘을 예배의 방향으로 삼고 있었으며, 코란에는 대천사(大天使) 가브리엘이 예언자를 메카의 성(聖)모스크에서 예루살렘 '원격(遠隔)의 모스크'까지

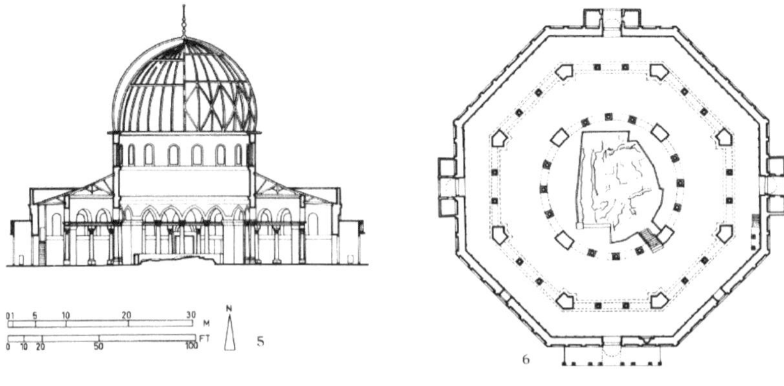

그림 6-8 바위의 **돔**(입면, 평면도)

5 원본의 フサイン; 후세인으로 발음하기도 하며, 아랍어로는 멋진, 좋은, 아름다운 등의 뜻이 있다. (역자 주)

인도하였다고 적혀 있다. 바위의 돔이 놓인 곳은 무함마드가 인면(人面)의 천마(天馬) 플라크[6]와 함께 승천(昇天)해 신(神)을 만났다는 '미라주(밤의 여행)'의 무대이며 태조(太祖) 아브라함이 희생공물을 바친 기념장소이자 과거 솔로몬의 신전이 있었던 곳이다.

3. 현존하는 최고(最古)의 이슬람건축

돔이 중앙의 성스러운 바위를 덮고 2줄의 회랑(回廊)이 에워싼다. 금색의 동판으로 올린 약간 뾰족한 구형(球形)의 돔은 2겹이고, 원래는 목조였다.

그 돔의 몸통부(드럼)를 받는 중앙의 원환(圓環)은 4개의 벽기둥(피어)과 12개의 원(圓)기둥으로 만들어지는 16개의 연속된 아치에 의해서 지탱되고 있다. 그리고 그 바깥으로 8개의 벽기둥과 16개의 원(圓)기둥이 정8각형 모양으로 줄지어 서서, 2겹의 회랑(回廊)을 만들고 있으며, 외벽 또한 정8각형으로 동서남북에 입구를 두어 전체가 지극히 기하학적으로 설계되어 있다.

천마(天馬) 플라크의 발자국이 각인된 바위를 중심으로 명확히 구심적(求心的) 평면을 가진 바위의 돔은 '우주건축'의 계보에 속한다. 바위의 돔을 구성하는 기하학적 질서는 대(大)우주의 법칙 혹은 하늘의 구조를 상징적으로 표현하는 것으로 여겨졌으며, 정사각형에서 팔각형으로 그리고, 원(圓)으로 변환되는 2겹의 회랑(回廊)은 지상에서 천국으로의 변환과정을 상징한다. 순례자는 그곳을 돌면서 하늘과의 합일(合一), 영혼과 육체의 일체화를 체험한다.

아브드·알·말리크는 비잔틴 출신의 건축가와 시리아의 장인들에게 일을 맡겼다고 알려져 있다. 그 화려한 모자이크 장식은 확실히 비잔틴풍이며, 그 형식도 기독교 순교기념당에서 볼 수 있는 원당(圓堂)형식, 구체적으로 예를 들면 콘스탄티누스대제(大帝)가 세운 성분묘(聖墳墓)교회가 모델로 꼽힌다.

6 원본의 プラーク

04 왈리드 1세와 3개의 모스크

– 다마스쿠스 –

1. 왈리드 1세

다마스쿠스의 골격(骨格)이 만들어진 것은 로마시대이다. 카르도(Cardo)(남북방향 도로(南北道))와 데쿠마누스(Decumanus)(동서방향 도로(東西道))라고 하는 십자(十字)모양으로 교차하는 간선도로를 중심으로 한 그리드 도로망에서 유래한 울브스·크와드라타[1](방형(方形)도시)라고 불리는 로마의 도시이념에 기반하고 있다. 동서 1.5km, 남북 0.75km의 성벽으로 둘러싸인 장방형의 도시인데, 현재 남은 성벽과 요새(城塞)는 십자군 시대인 12~13세기에 건설된 것이다.

우마이야왕조의 수도(首都)가 된 다마스쿠스에 세워진 자미·모스크가 우마이야·모스크이며, 건설자는 아브드·알·말리크의 뒤를 이어 제6대 칼리프가 된 아들 왈리드 1세(재위 705년~715년)로, 그는 모스크의 역사에 큰 획을 긋는다.

왈리드 I세는 즉위와 함께 메디나 최초의 모스크인 '예언자의 모스크'를 대규모로 개축하는 명령을 내리며, 이븐·아즈바일의 죽음으로 이미 2대 성도(聖都)인 메카, 메디나는 탈환되어 자유롭게 왕래할 수 있게 되었다. 또한 동시에 예루살렘에 있는 '바위의 돔' 남쪽에 악사·모스크를 건설하며(715~719년), 이것은 코란에서 말

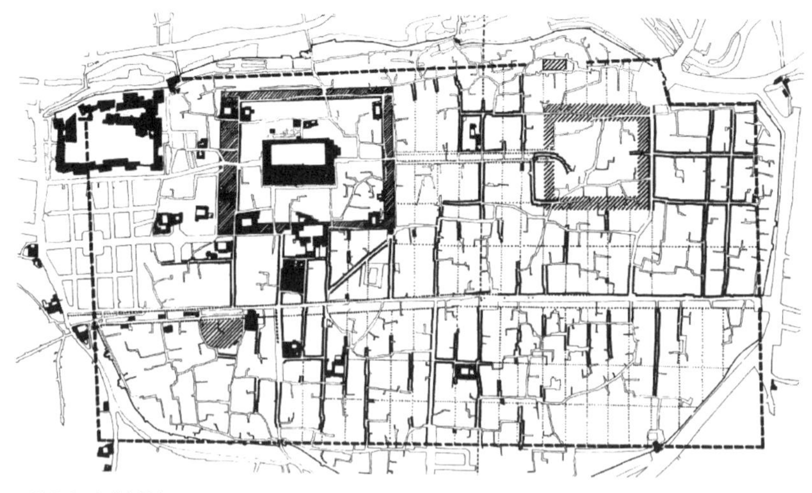

그림 6-9 다마스쿠스

1 원본의 ウルブス·クワドラタ

하는 '원격(遠隔)의 모스크'를 실현하기 위해서이다. 그리고 다마스쿠스의 성(聖)요한 교회를 몰수하여 파괴하고, 새로 우마이야·모스크를 건설하며(706~715년), 특히 칼리프·알·왈리드의 모스크라고도 불리는 우마이야·모스크는 초기 모스크를 대표하는 장려한 대형 모스크이다.

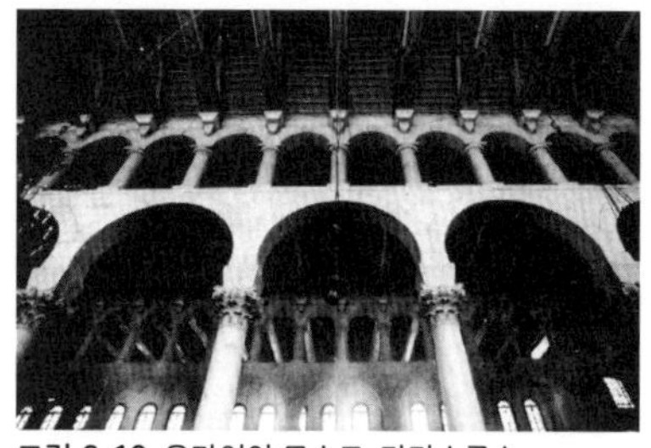

그림 6-10 우마이야·모스크, 다마스쿠스

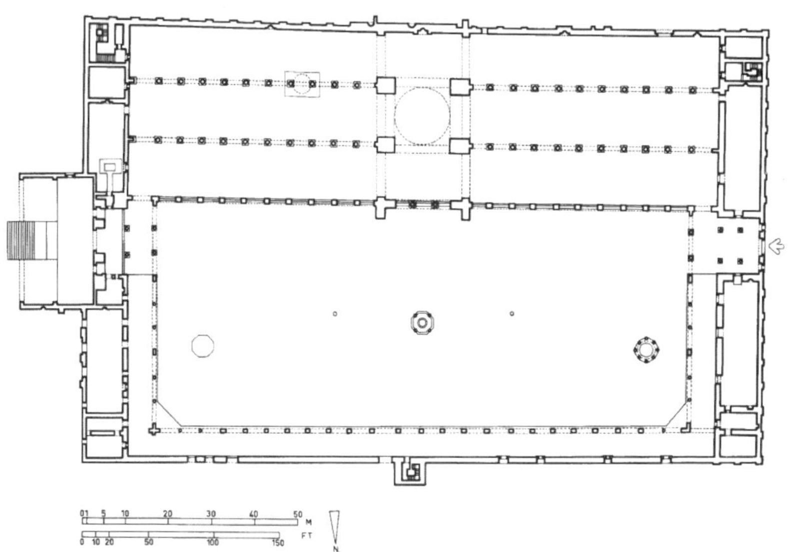

그림 6-11 우마이야·모스크(평면도)

2. 예언자의 모스크

매우 흥미로운 것은 왈리드 1세의 손으로 건설된 3개의 모스크가 전혀 다른 원리에 바탕을 두고 있는 것이다.

'예언자의 모스크'는 그 후에도 수정이 가해져 완전한 원형(原型)을 간직하고 있지 않지만, 프랑스의 아랍학자인 소바제[2]의 복원 평면도에 따르면 최초의 모스크는 약 2배로 크다. 이 최초의 모스크는 사방 거의 111m나 되며, 약간의 사다리꼴을 한 사각형 중정회랑식(中庭回廊式) 건물로 주랑(柱廊)이 중정(中庭)을 둘러싸고 있었는데, 기둥은 대리석으로 만들고, 지붕은 티크재를 사용한 가구(架構)식 구조로 납판으로 덮은 평지붕의 높이는 13m 정도였다. 또한 사각형의 네 모서리에는 높이 25m 정도의 미나레트가 4개 세워졌다.

2 원본의 ソヴァージェ

그리고 이후 반드시 설치되게 되는 미흐라브가 만들어졌는데, 모스크의 기본 요소가 우마이야 왕조에 의한 개축(改築)에 의해서 갖추어지게 된 것이다. 그러나 아직까지 평면은 좌우비대칭이며, 미흐라브는 중심축상에 없다. 중심축상에 놓인 것은 민바르이며, 예언자의 무덤이 존재하는 것도 나중의 모스크와는 다르다.

3. 악사·모스크

반면 악사·모스크는 확연히 다르다. 악사·모스크도 역시 많은 개축(改築)이 이뤄져 원래의 평면을 정확하게 아는 것은 불가능하지만, 전형적인 비잔틴양식의 바실리카풍이었다. 바위의 돔을 마주 보는 형태로 북쪽으로 입구가 설치되어 있었으며, 남북으로 얇고 긴 축선(軸線)이 형성되어 있는데, 이것은 즉, 남벽(南壁)에 움푹 파인 미흐라브, 그리고 그 앞에 놓인 민바르를 향해 안쪽 방향이 강조된 구성이다.

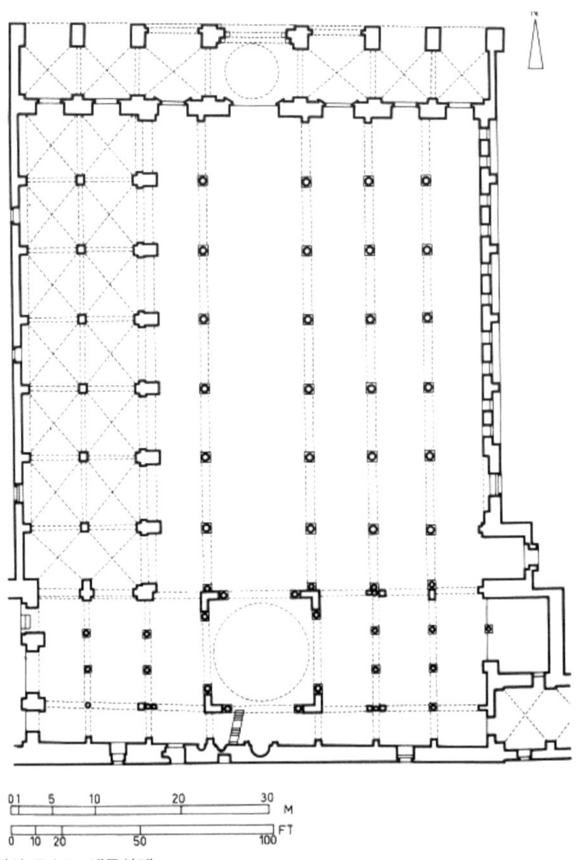

그림 6-12 악사·모스크, 예루살렘

4. 우마이야·모스크

우마이야·모스크는 악사·모스크를 많이 닮아 똑같이 바실리카형식을 취하는 것처럼 보인다. 원래 비잔틴의 교회당이었다는 설이 유력하지만, 이 2개 공간의 질은 완전히 다르다. 우선 동서 157m, 남북 111m로 가로·세로 비율이 다르며, 남북축이 동서축보다 짧아서 바실리카형식을 90도 회전한 형태이다. 큰 차이가 없다고 생각할 수 있을지 모르지만, 이슬람건축에서 오리엔테이션(방위)(方位)은 가장 중요하다. 악사·모스크의 경우, 바실리카교회와 마찬가지로 입구에서 축선(軸線) 방향 그대로 남쪽 방향으로 예배를 드리지만, 우마이야·모스크에서는 서쪽에서 들어와 진행방향과 직교하는 남쪽을 향해 예배드리기 때문에 공간체험은 이질적이다. 이 폭이 넓은 중정(中庭)의 공간구성은 가로로 대열을 짜서 이동하는 유목(遊牧)을 전통으로 해 온 아랍인의 공간의식에 기인하고 있다는 설도 있는데, 어쨌든 옆으로 나란히 서서 예배하는 이슬람의 형식과 밀접하게 관계되어 성립한 것은 분명할 것이다.

중정(中庭)을 가진 형식은 예언자의 모스크와 같지만, 남쪽 중앙에 돔을 얹는 주(主) 예배실이 마련되어 있다는 점은 다르며, 중정(中庭)을 향해 맞배지붕의 파사드가 솟아오르면서 돔과 함께 그 중심을 강조하고 있다. 요컨대 형식을 보다 뚜렷하게 확립시키고 있는데, 특히 그 장려함을 부각시키는 것은 아래층의 큰 아치 위에 한 쌍의 작은 아치를 얹어 놓아 2층 구성을 이루는 열주(列柱)이다. 또한 3개의 미나레트가 위용을 나타낸다. 2개는 과거 신역(神域)의 네 귀퉁이에 설치되었던 것이며, 다른 1개는 예배를 소집하기 위해 북쪽의 회랑(回廊) 중앙에 새로 부가된 것이다.

이 우마이야·모스크처럼 동서로 폭넓은 중정(中庭)을 만드는 형식은 그 후 모스크에 큰 영향을 주게 되며, 우마이야·모스크는 그런 의미에서 모스크의 고전(古典)으로 여겨진다.

05 원형(圓形)도시와 방형(方形)도시

– 바그다드와 사마라 –

1. 평안(平安)의 도시

우마이야왕조가 망하고 아바스왕조(751년~1258년)가 흥하면서 이슬람세계의 중심이 시리아에서 이라크로 넘어간다. 쿠파에서 칼리프를 선언한 초대 아부·알 아바스의 뒤를 이은 제2대 칼리프 만수르(재위 754년~775년)는 762년 티그리스강 강변에 새 수도(首都)로 바그다드 건설을 명령한다. 이슬람 탄생 이래 처음 이루어진 본격적인 수도(首都) 건설이었고, 바그다드는 마디나·앗살람 즉 '평안(平安)의 도시'로 불리며, 번성할 때에는 100만명이 넘는 대(大)도시로 성장하게 된다.

2. 원형(圓形)도시

일반적으로는 이슬람에 고유한 도시형태란 없다. 이슬람도시라고 하면 미로(迷路)상의 골목에 중정(中庭)식 주거가 밀집하는 형태가 연상되지만, 그러한 도로모습은 이슬람 이전에도 있었다. 우마이야왕조 시대, 제6대 칼리프인 왈리드 1세에 의해서 건설된(714년~715년) 레바논의 안자르마을은 로마의 '울브스·크와드라타(방형(方形)도시)'의 원리에 따랐다. 비잔틴의 건축적 전통을 받아들였듯이 이슬람은 각 지역의 도시계획 전통을 받아들여 왔으며, 흥미로운 것은 인도나 중국처럼 코스몰로지와 도시형태가 직접적으로 연결되는 이슬람의 특유한 도성사상은 없다는 점이다.

그렇게 보면 바그다드는 특이하며, 칼리프의 궁전과 모스크를 중심으로 한 완전한 원형(圓形)으로 정연하게 방사(放射)형 도로로 구획되어 있다. 고대 이란 이후의 원형(圓形)도시 전통을 계승했다는 설도 있지만, 그 구심(求心)적 구성은 '바위의 돔'의 구심(求心)적 구성 또한 떠오르게 한다. 복원도에 따르면 지름 2.35km, 3겹의 성벽으로 구성되며, 방어보 역할을 하는 경사진 성벽[1]을 따라 주거지역이 원(圓) 모양으로 배치되어 있었다. 문(門)은 네 곳으로 북동, 북서, 남동, 남서쪽에 설치되었으며, 문으로부터 중심을 향하여 상점가(商店街)가 배치되고, 성내에는 왕궁, 모스크 외에 여러 관청, 칼리프[2]족의 주거 등이 배치되었다. 다만 이러한 명확한 계획원리에 근거하는 도시 조영(造營)은 그 이후 볼 수 없으며, 바그다드 자체의 모든 건축물이 햇볕에 말린 벽돌

1 원본의 사제(斜堤)

2 원본의 カリフー

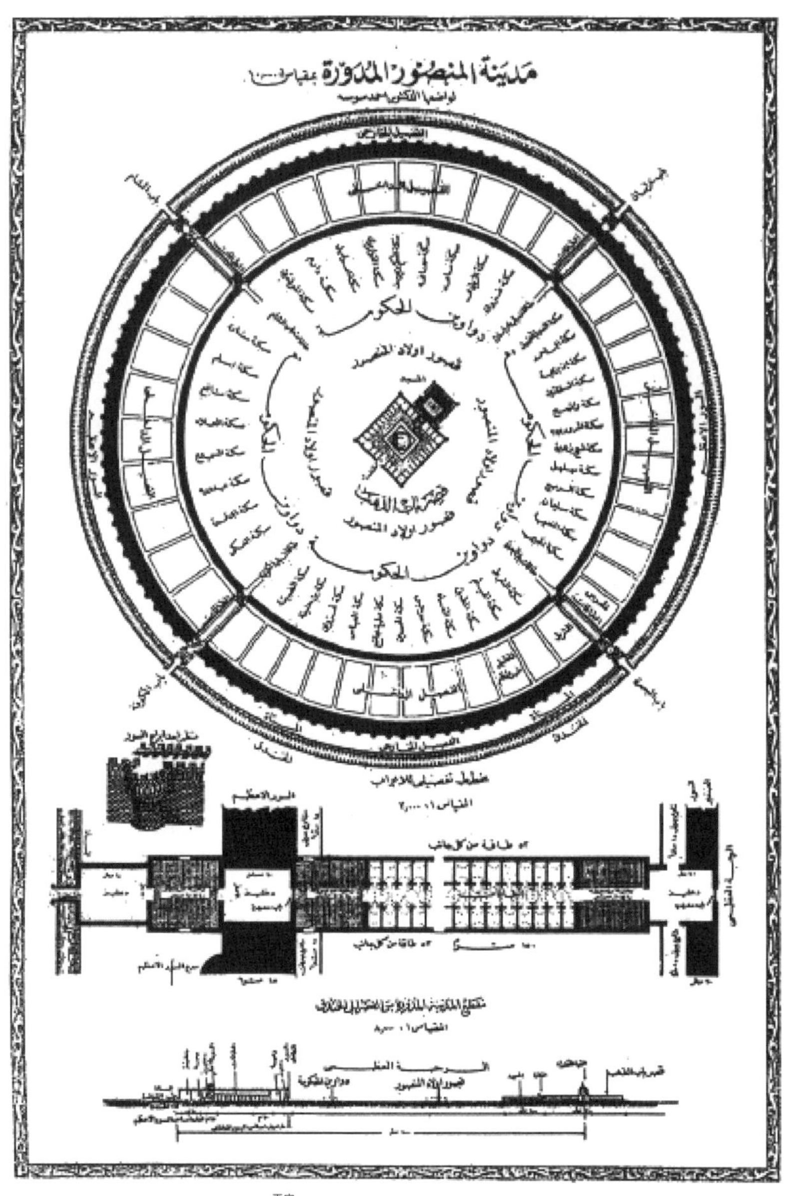

그림 6-13 바그다드 마디나·앗살람(평안平安의 도시), 766년

로 만들어졌기 때문에 오늘날 아무런 흔적도 남지 않았다.

3. 방형(方形)도시

바그다드와는 대조적인 것이 사마라이다. 9세기 들어 높은 전투능력 때문에 칼리프의 가신(家臣)그룹으로 편입된 투르크계 친위대의 횡포를 혐오한 칼리프 무타심(재위 833년~842년)은 바그다드의 북서쪽 151km에 있는 사마라로 천도하기로 결정하며(836년), 극히 완결적인 바그다드가 새로운 발전에 부적합하여 사마라에서는 전혀 다른 도시계획이 진행된다. 즉, 성벽으로 둘러싸인 구획을 순차적으로 이어나가는 방법, 이른바 그리드·플랜이 채용되어, 아바스왕조는 이렇게 상이한 2개의 도시계획 원리를 갖게 된다.

무타심의 뒤를 이어 발크와라(Balkuwara)[3]궁전(851년~861년), 사마라의 대(大)모스크와 아부·둘라프(Abū Dulaf)의 모스크 등 많은 장려한 건조물을 지은 사람이 무타와킬(재위 847년~861년)이다. 성과에 의하면 발크와라궁전은 명확한 중심축을 가지고 좌우대칭에 의해 지극히 정연하게 구성되었는데, 눈에 띄는 것은 중앙축선상 2개의 정원으로, 이후에도 페르시아(이란)의 궁정건축에서 나타나는 교차로로 4분할되는 사분(分)정원(차하르·바그(Chahar-bagh))이다. 이슬람 건축에서 정원은 오아시스이자 낙원의 상징으로 여겨지는 매우 중요한 요소이며, 정연한 구성 속에서 모스크만이 메카 방향을 향하여 45도 정도 틀어져 있는 정남북 축을 따르고 있다.

4. 무타와킬의 대(大)모스크

사마라에는 대(大)모스크가 가장 유명하다. 무타와킬의 모스크라고도 불리는 이 대(大)모스크는 848년부터 시작하여 852년까지 건설되었으며, 두께 2.65m의 벽으로 둘러싸인 건물은 241m×161m의 규모이다. 모스크를 외정(外庭)이 다시 둘러싸고 있어서 441m×376m의 성역(聖域)이 설정되어 있으며, 현존하는 세계 최대의 모스크가 사마라의 모스크이다.

네 귀퉁이에 탑이 있고, 동서 각각 8개, 남북 각 12, 총 44개의 성루(城樓)로 둘러싸인 내부에는 동서 4개씩, 남북 3개씩 총 14개의 입구가 있으며, 내부에는 동서 4줄, 남쪽은 3줄, 그리고 키블라벽이 있는 북쪽은 9줄의 열주(列柱)가 나란히 서서 161m×111m의 중정(中庭)을 둘러싸고 있다. 중정(中庭)은 우마이야·모스크와는 달리 세로 방향으로(남북) 긴 모양이며, 무엇보다도 특징적인 것은 북쪽에 놓인 말위야[4](나선형 미나레트)이고 바빌로니아의 지구라트 그리고 바벨탑을 생각나게 하는 우마이야왕조의 모스크와는 또 다른 유형이다.

---

3 원본의 パルクワーラー

4 원본의 マルウィーア

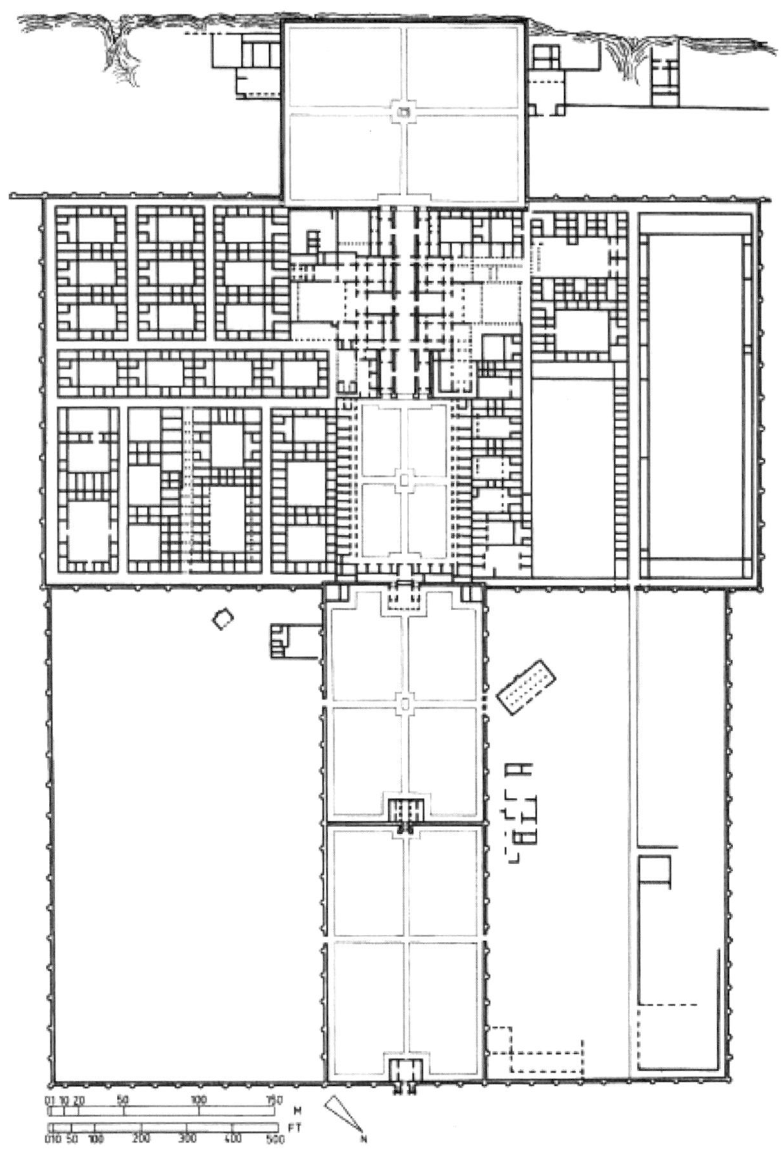

그림 6-14 사마라(도시도 都市圖)

이 나선형의 미나레트를 모스크의 밖에 두는 형식은 세계 제2위 규모인 아부·둘라프·모스크(859년~861년)도 마찬가지이다. 카이로에는 이븐·툴룬의 모스크가 있으며, 나선형 탑과 함께 2중(重) 외벽이 특징이다. 이븐·툴룬은 투르크인 용병

그림 6-15 무타와킬·모스크의 미나레트, 사마라

그림 6-16 이븐·툴룬 모스크, 카이로

부대를 이끌고 이집트로 들어와 새로운 마을 카타이[5]와 함께 모스크를 건설했는데(876~879년), 다만 이븐·툴룬 모스크의 경우, 중정은 정방형이며, 중심에 천정(泉亭)이 놓여 있는 것이 색다르다.

사마라는 전성기에 시역(市域)의 폭이 5km정도로 티그리스강을 끼면서 길이 25km에 이르렀지만, 사마라 또한 그 흔적을 거의 남기지 않았으며, 칼리프 무타미드(재위 871년~892년)가 892년 사마라를 버리고, 다시 바그다드를 수도(首都)로 정한 이후 급속히 쇠약해지고 잊혀졌다.

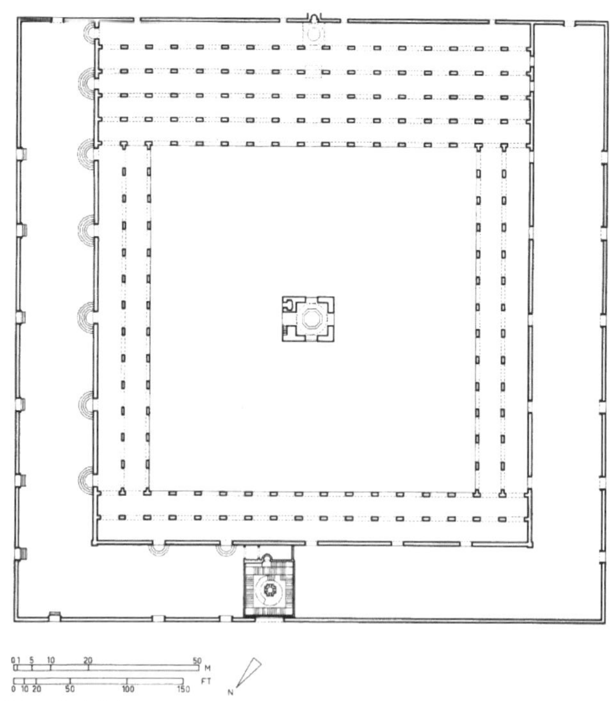

그림 6-17 이븐·툴룬(평면도)

5 원본의 カターイ

06 레콩키스타와 콩키스타

— 마그레브[1] · 이베리아반도 —

1. 후기(後期) 우마이야왕조(王朝)

무함마드의 친척인 아바스가문의 집권에 의해 우마이야왕조 일족은 모조리 살해당하지만, 유일하게 살아남아 스페인으로 도피해서 코르도바에 정권을 세운 인물이 아브드·알·라흐만(재위 756년~788년)이며, 이 정권을 후기 우마이야 왕조(756~1031년)라고 부른다.

아브드·알·라흐만 1세는 산·비센테교회를 매입하여 코르도바의 모스크 건립을 시작하는데(785년), 이 메스키타는 그 후 다양하게 확장, 개축되어 서방 이슬람권을 대표하는 기념물이 된다. 13세기에는 대성당으로 개조되며, 교회, 모스크, 성당이라는 기구한 운명을 겪는 것이 코르도바의 메스키타이다.

7세기부터 8세기 초에 걸친 '대(大) 정복시대'에 이슬람은 서방(마그레브)으로 그 세력을 확대한다. 641년대 초에 이집트가 정복되어 미스르(군영도시, 軍營都市)로 푸스타트[2]가 건설된 이후, 663년~664년에는 이프리키야[3](현 튀니지)까지 지배영역이 넓어져 카이로우안(Kairouan)[4] 미스르가 조성되었으며, 이렇게 이베리아반도는 711년 무슬림의 지배하에 들어갔다. 그 세력은 단숨에 이베리아반도 북부까지 진출하지만, 곧 레콩키

---

1 마그레브(Maghreb); 리비아·튀니지·알제리·모로코 등 아프리카 북서부 일대의 총칭으로서 마그리브(Maghrib)라고도 하며, 이 말은 아랍어로, 동방(東方: Mashriq)에 대하여 서방(西方: 땅의 끝)을 뜻한다. 이슬람의 '동방세계'가 아랍인과 페르시아인이 중심이 되어 이루어진 데 대하여 '서방세계'는 아랍화한 베르베르인이 중심이 되며, 문화적으로도 많은 차이가 있다. 7세기 말부터 이슬람 왕국의 흥망과 이합집산이 되풀이되어, 19~20세기에 트리폴리타니아가 이탈리아령이 된 외에 서방은 프랑스령으로 분할·통치되었다. 1950년대에 리비아·튀니지·모로코 등이 독립하면서부터 알제리 독립전쟁(1954~1962) 중에 모로코와 튀니지가 마그레브 연방 형성을 제창하였다. (네이버 지식백과)

2 푸스타트(Fustat); 포스타트(Fostat)라고도 한다. 카이로 남쪽에 위치하는 이집트·이슬람 최초의 수도로서 칼리프 우마르(Umar, 재위 634~644)의 부하였던 아므르(Amr ibnal−As, 575경~664)에 의해 641년에 이집트가 정복되었을 때 건설되었다. 푸스타트는 '텐트'를 의미하며, 아므르가 정복 도중에 이곳에서 야영했다. 후에 마스르(Masr) 또는 미스르(Misr)라고 말해졌고, 현재는 마스르·엘·아티카(Masr el Atika) 또는 구(舊) 카이로(Old Cairo)라 불리고 있다. (네이버 지식백과)

3 이프리키야(إفريقية 'ifrīqīyah)는 북아프리카의 중서부를 가리키는 역사적 지역이름이다. 대략 현재 튀니지에서 알제리 동부 지역을 말하는데, 비옥한 땅이라는 뜻이다. 이 명칭은 아랍인에 의한 정복 후에 사용되었지만, 이후 모로코지역 등과 함께 마그레브라고 불리게 된다. 즉 리비아보다 서쪽에 있던 북아프리카 지역 전체를 가리키는 명칭이었다. (위키백과)

4 AD 670년에 북아프리카로 진출한 아랍인들에 의해 세워진 도시로서, 오늘날 튀니지의 수도 튀니스에서 남쪽으로 160km 거리에 위치한다. '알카이라완' 또는 '카이라완' 등으로 불리기도 하며, 지명의 어원은 페르시아어로 야영지, 숙소 등을 일컫는 '카라반'에서 비롯되었다고 한다. (네이버 지식백과)

스타[실지(失地)회복]가 시작되어 코르도바, 세비야[5], 그라나다로 거점을 옮기면서 서서히 이슬람세력은 후퇴해 가고, 1492년 그라나다 함락으로 레콩키스타는 완결되는데, 1492년은 기이하게도 콜럼버스가 '신대륙을 발견'한 해로 콩키스타(정복(征服))가 시작되는 해였다.

2. 코르도바의 메스키타

그림 6-18 메스키타, 코르도바

코르도바의 메스키타는 당초(785년~787년) 폭이 넓은 중정(中庭)과 열주(列柱)가(동서 11줄×남북 12줄) 나란히 줄지어 선 예배실로 이루어진 단순한 구성이었으며, 로마와 서(西)고트 건물을 전용(轉用)하고 있었다. 아브드·알·라흐만 2세(재위 822년~852년)의 시대가 되자 남쪽으로 예배실이 확장되

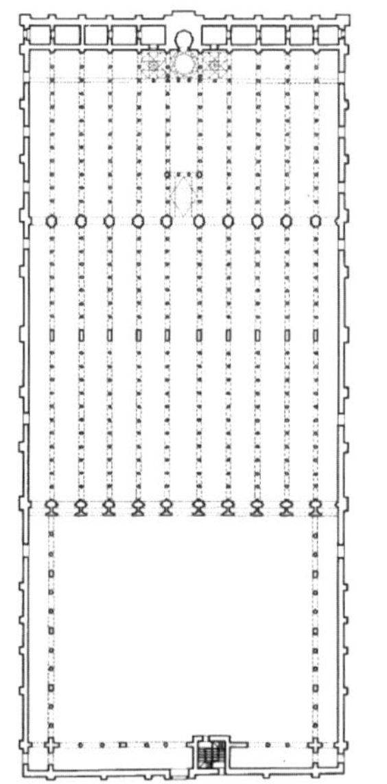
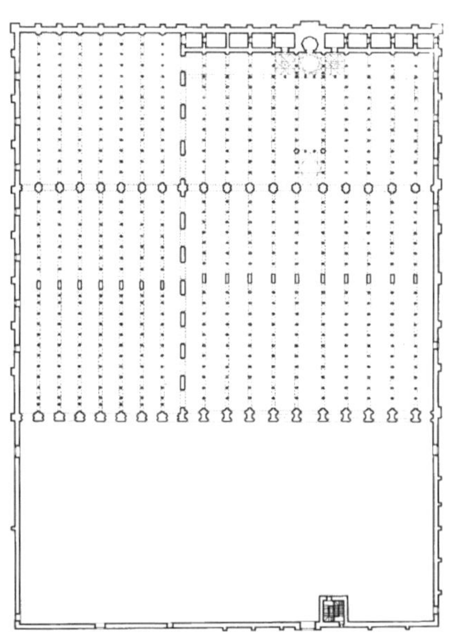
그림 6-19 코르도바 메스키타의 변천

고(832~848년), 기둥 열은 8줄이 늘어나며, 원(圓)기둥은 211개가 된다. 아브드·알·라흐만 3세(재위 912년~961년)는 더 남쪽으로 예배실을 확장하여 중정(中庭)에 회랑(回廊)을 마련하고, 높이 34m의 미나레트를 건설한다. 나아가 하캄 2세(재위 961년~976년)는

5 원본에는 '세빌리아 セヴィリア(セヴィージャ)'로 되어 있으나 우리나라에서는 '세비야'가 표준어여서 '세비야'로 표기했다. (역자 주)

열주(列柱)를 추가하고, 남쪽으로 2겹의 벽을 만드는데, 그 형식을 확정한 것이 히샴 2세(재위 976년~1113년)의 재상(宰相) 만수르였다. 그는 동쪽에 열주(列柱) 칸(間)을 증축하고, 중정(中庭)도 확장시켰으며(가장 컸던 시기 987년), 그 결과 코르도바의 메스키타는 사마라에 있는 두 모스크에 이어 세계 3위 규모를 자랑하게 된다.

그림 6-20 아므르·모스크, 카이로

이렇게 완성되어 600개가 넘는 원주(圓柱)가 나란히 서있는 모습은 마치 숲과 같으며, 말굽형의 아치 위에 반원형 아치를 얹은 2겹 아치는 전례 없는 공간을 만들어 내고 있다.

3. 아므르·모스크

이 메스키타의 기원에 대해서는 시리아의 영향을 받았다는 지적이 있다. 키블라벽에 직교하는 형식은 예루살렘의 악사·모스크에서 볼 수 있기 때문이며, 창건자인 아브드·알·라흐만 1세가 시리아의 우마이야 가문 출신으로 측근에 시리아인이 많고, 맞배지붕과 말굽형 아치, 마당 주위의 아케이드 등 세부적으로 시리아의 영향을 볼 수 있다는 점도 지적되고 있다.

그러나 이 코르도바의 메스키타 형식은 서방 이슬람세계에서 공통적으로 볼 수 있다. 그런 의미에서 주목되는 것은 푸스타트의 아므르·모스크이며, 642년에 정복자 아므르·빈·알아스에 의해서 건설된 뒤 파괴, 재건이 반복되어 698년에 현재의 규모에 이르렀다. 결과적으로 주열(柱列)이 키블라 벽에 직교하여 나열되어 있으며, 아치의 하부, 기둥머리(柱頭)를 목재보로 연결하고 있는 것이 특징이다.

4. 카이로우안의 모스크

836년에 건설된 카이로우안의 대(大)모스크도 비슷한 형식을 갖는다. 평면은 부정형(不整形)이지만, 키블라벽에 직교하는 주열(柱列)이 나무처럼 서있는 신랑(身廊)공간을 가지며, 기둥머리(柱頭)를 목재보로 연결한 것도 아므르·모스크와 같다. 카이로우안 대(大) 모스크의 경우 신랑(身廊) 가운데에 미흐라브로 향하는 폭넓은 주신랑(主身廊)이 설치되었으며, 미흐라브의 앞 공간도 폭이 넓게 열려 있는데, 이것을 일반적으로 T자형 평면이라고 부른다.

이 T자형 평면은 거의 같은 시대의 아부·둘라프·모스크에서도 볼 수 있어

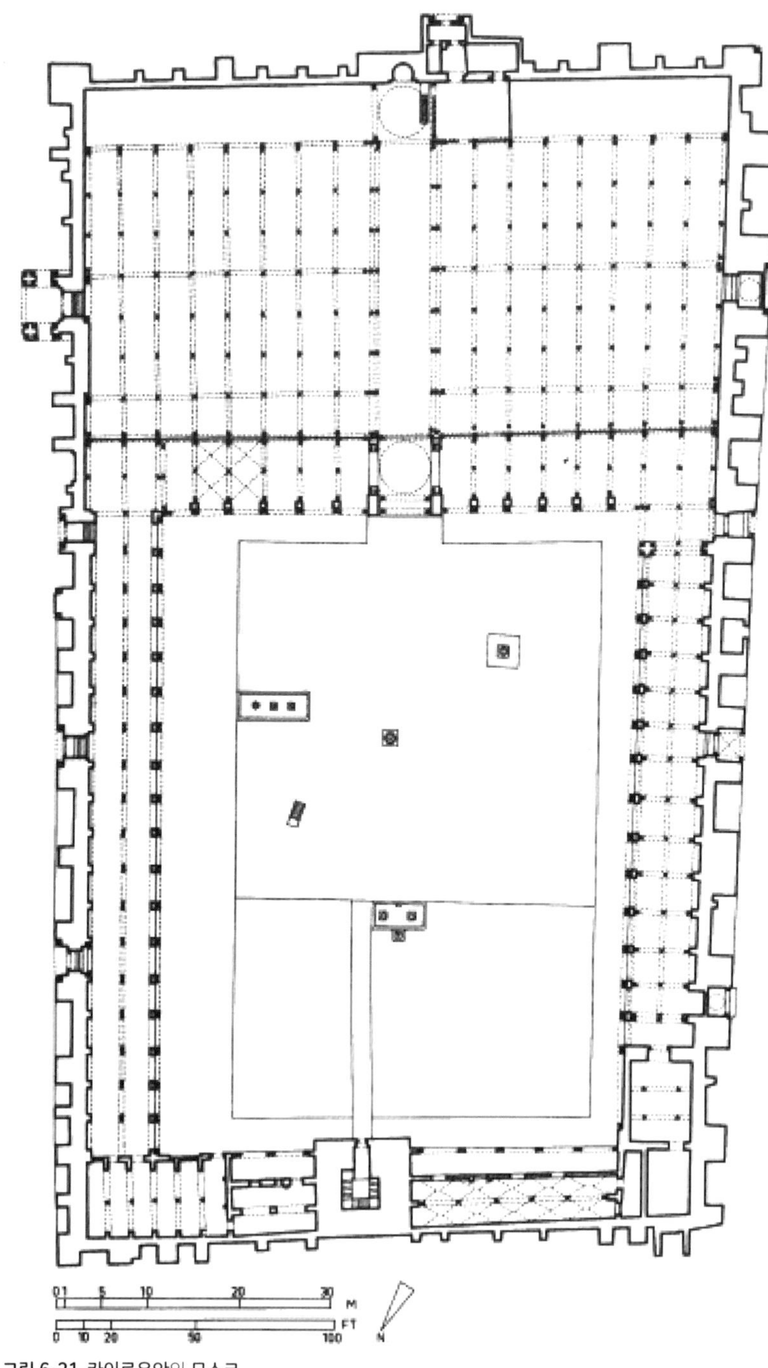

그림 6-21 카이로우안의 모스크

마그레브에서는 하나의 형식으로 굳어진다. 또한 미나레트도 특이한데 나선형이 아니라 직사각형으로 3층의 구성을 취하며, 키블라와 반대편 회랑(回廊) 바깥쪽이 아니라 회랑(回廊) 가운데 놓여 있다. 이 형식도 마그레브에서 일반화되었으며, 마그레브 풍토에서 최초의 시행착오가 아므르·모스크였다고 한다면, 이것이 카이로우안의 대(大) 모스크와 코르도바의 메스키타로 이어졌다고 보는 것이 자연스러울 것이다.

그 후 서방 이슬람세계의 모스크로서는 무라비트왕조(11세기~12세기)의 알제의 대(大) 모스크, 모로코 페스의 카라윈·모스크, 무와히드왕조(12세기~13세기)의 마라케시, 라바트의 모스크가 알려져 있다. 그리고 이후 12세기 후반 세비야의 대(大) 모스크 및 히랄다의 탑(1184년~1196년, 1560~1568년 증축)이 마지막 꽃이 됐다.

그림 6-22 세비야·알카사르

그림 6-23 알람브라궁전, 사자(獅子)의 파티오, 그라나다

5. 무데하르양식

코르도바의 메스키타는 앞에서 서술한 것처럼 성당으로 개축되며, 이때의 스페인 국왕 카를로스 5세는 만족하지 않고, '어디를 가도 볼 수 없는 것을 파괴하여 어디에 가도 볼 수 있는 것을 만들었다'라고 말했다고 전해진다. 레콩키스타 완료 후, 기독교 체제하에서도 계속 거주했던 무슬림을 무데하르라고 하는데, 무데하르의 기술자 공장(工匠)들에 의한 건축양식을 무데하르양식이라고 하며, 세비야의 알카사르(1364년)는 그 대표적인 작품이다.

그림 6-24 알람브라궁전, 아라야네스중정

6. 그라나다

코르도바, 세비야에 이어 이베리아 반도 이슬람의 마지막 거점이 된 곳이 그라나다이고(나스르왕조, 1238년~1492년), 알람브라궁전은 그 건축문화의 멋을 오늘까지도 전하고 있다. 그라나다 알람브라[붉은 성(城)]의 기원은 11세기까지 올라가는데, 별궁(離宮)인 헤네랄리페와 성채 부분, 그리고 L자형으로 '미르테(천인화(天人花))의 중정(中庭)' 혹은 '알베르카의 중정(泉 中庭)'과 '사자(獅子)의 파티오[6]'라고 부르는 두 개의 중정(中庭)을 가진 궁전부분으로 이루어지며, 색채를 입힌 도자기판으로 된 모자이크, 스타코 조각의 부조(浮彫), 세밀한 스탤럭타이트(종유석 문양(文樣)) 등이 현란한 공간을 표출시키고 있다.

그림 6-25 알람브라궁전, 사자(獅子)의 파티오 디테일

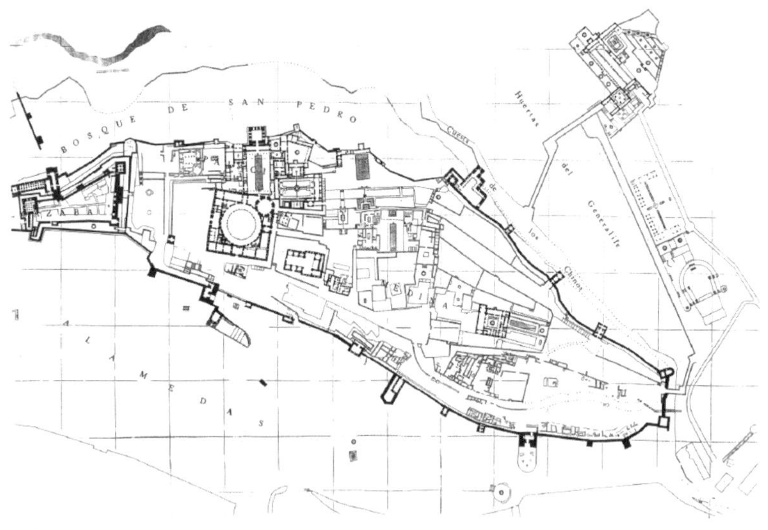

그림 6-26 알람브라궁전의 평면배치도

6 파티오(Patio); '위쪽이 트인 건물 내의 뜰'이라는 뜻의 스페인어에서 유래되었다. 베란다, 전망대, 목제 테라스 deck, 현관 베란다 등과 관련이 있으며, 실내와 실외가 혼합된 공간이다. (네이버 지식백과)

07 아랍·이슬람 도시(都市)의 원리(原理)

– 튀니스 –

1. 튀니스

튀니스는 예로부터 번창한 마그레브의 주요 도시이다. 카르타고, 페니키아, 로마, 반달, 비잔틴과 같이 정신없이 지배자가 바뀌다가 7세기에 아랍인 무슬림이 침입한 후, 아글라브왕조(800년~909년), 파티마왕조(909년~1171년), 지리[1]왕조(972년~1148년), 합스왕조(1228년~1574년)가 이어진다. 14세기에는 현재의 메디나(medina)(옛 시가(市街), 마디나, 도시(都市)라는 뜻)와 라바드(rabad)(교외지구)의 형태가 완성되었다고 여겨지는데, 튀니스의 예를 통해 이슬람 도시를 구성하는 기본요소와 기본구조를 살펴보자.

그림 6-27 튀니스의 가구(街區)

그림 6-28 튀니스(항공사진)

2. 이슬람 도시의 구성요소

이슬람 도시는 보통 카스바(kasbah)(요새), 시벽(市壁)으로 둘러싸인 메디나(시가(市街)), 라바드(교외(郊外)) 세 부분으로 구성되며, 튀니스의 경우 2개의 라바드가 있고, 양쪽 라바드를 방어벽이 에워싸고 있다. 카스바는 술탄이나 총독이 거처하는 성(城)이자 군대 주둔지이며, 요새로 둘러싸여 메디나로부터의 자립성이 높기 때문에 튀니스에서는 가장 높은 위치에 있었다. 내부에는 카사르(kasar)(궁전), 각종 행정시설 외에 감옥, 키쉬라(qishla)(군인숙소), 하맘(hammam)(목욕탕), 시장, 점포 등이 있다.

메디나는 수르(sur)(시벽(市壁))로 둘러싸여 있고, 수르에는 바브(bab)(문(門)), 부르즈(burj)(망루(望樓))가 설치되며, 튀니스에는 총 7개의 부르즈가 배치되어 있다. 메디나에는 우선 자미·마스

1 원본의 ジール, 지리드(Zirid)라고 부르기도 한다.

지드(금요모스크)가 있고, 예배장소인 무살라(musalla)[2]가 가구(街區)단위로 설치되는데, 튀니스의 메디나 중앙부에 있는 것은 창건자 함다·파샤[3]의 모스크이다. 또한, 수크(suq)(시장, 페르

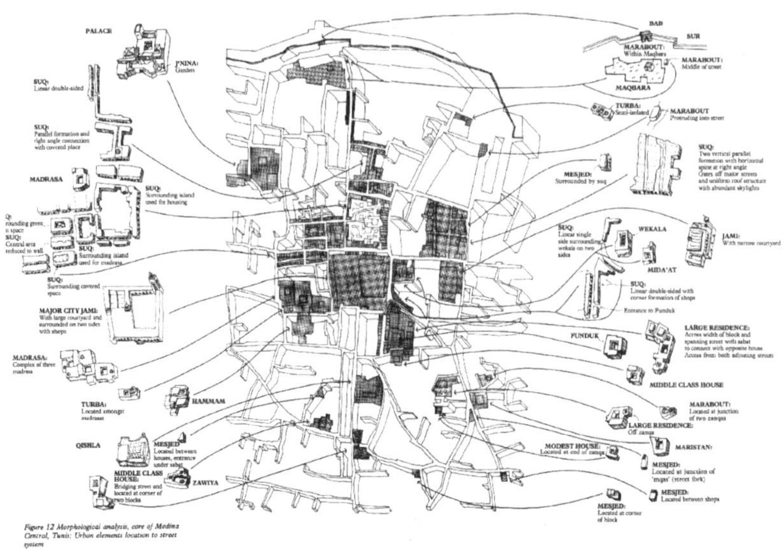

그림 6-29 이슬람도시의 구성요소

Islamic law and neighbourhood building guidelines

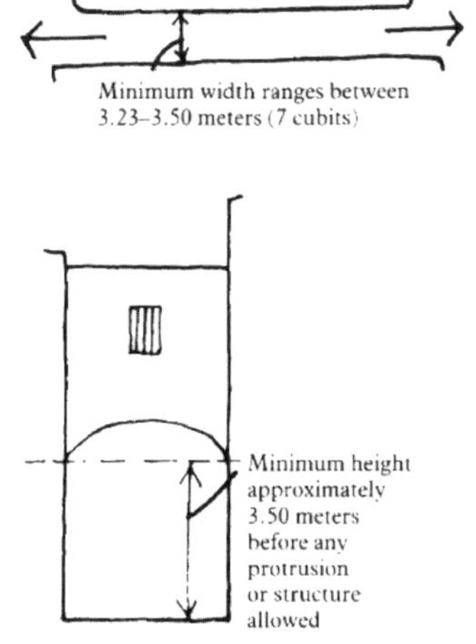

그림 6-30 샤리아의 규정 예시

2 영어식으로는 mussalah 로 표현하기도 한다.

3 원본의 ハムーダ·パシャ

시아어로 바자르(bazaar))나 공공(公共)의 광장 바트하(batha)[4]가 배치된다. 저수(貯水)시설은 핫잔(khazzan)[5], 하수(下水) 시설은 한닥(khandaq)[6]이라 불리며, 마크바라(maqbara)(묘지)는 라바드 혹은 시벽(市壁) 밖에 만들어진다.

이슬람 도시에 건설되는 시설로서는, 모스크 외에 마드라사(madrasa)(학교, 교육기관), 하맘(공중목욕탕), 상인들의 여관(아라비아어에서는 한[7], 우카라[8], 푼둑[9]이라고 부르며, 페르시아어에서는 사라이라고 부른다) 등이 있다.

3. 샤리아와 와크프 구성요소

거리는 구불구불 구부러지고 곳곳에 막다른 골목길이 있어 얼핏 보기에 무질서해 보이는 이슬람 도시이지만, 그 공간구성에는 일정한 원리가 있다. 이슬람법(샤리아) 혹은 판례에 따라 길의 폭은 짐과 사람을 태운 낙타 2마리가 엇갈려 지나갈 수 있을 것, 길에 장애물을 두지 말 것, 여분의 물을 독점해서는 안 될 것, 사적(私的) 영역으로 진입해서는 안 되며, 모스크 옆에 악취, 소음의 발생원을 두어서는 안 된다. 가옥에 인접한 부지는 사용할 권리가 있으며 인접한 땅을 먼저 살 수 있는 권리 즉 선매권(先買權)이 있고, 이미 일어난 일[10]에 대해서는 일정한 권리(선행권(先行權))가 있다고 하는 등 세세한 룰이 정해져 있다.

또한, 이슬람 도시를 건설하는 데 있어서 흥미로운 것이 와크프 제도이다. 일종의 기부제도[11]로 바자르와 하맘 등은 건설자에 의해 와크프로 기부되며, 그 수익을 모스크나 마드라사 등 주요한 공공시설의 유지 및 자선(慈善)에 기부하는 제도이다.

4. 마할라(mahalla)[12](모할라(mohalla)[13])

아랍권의 도시는 마할라라고 불리는 가구(街區)조직을 단위로 하여 구성된다. 마할라는 '장소'를 뜻하는 마핫르[14]에서 유래되었지만, 인도 등 이슬람이 영향을 미친 지역에서도 마할라라는 말을 사용한다. 가구(街區)는 대로(大路) → 소로(小路) → 골목과 같은 가로(街路) 체계로 이루어져 있으며, 가로에 면한 주거의 집합체가 마할라가 되는데, 독자적인 모스크, 수크, 하맘을 갖는 경우도 있다.

---

4 원본의 バトハ
5 원본의 ハッザーン
6 원본의 ハンダク
7 원본의 ハーン
8 원본의 ワカーラ
9 원본의 フンドゥーク
10 원본의 既成事實
11 원본의 기진제도(寄進制度)
12 원본의 マハッラ
13 원본의 モハッラ
14 원본의 マハッル

08 아즈하르·모스크

– 이슬람의 대학(大學), 카이로 –

1. 파티마왕조(王朝)

튀니지에서 성립한 파티마왕조는 969년 이집트를 정복하고 신도시 카이로(알·카히라, 승리의 마을)를 건설하기 시작한다. 이곳은 이미 푸스타트가 있었으며, 아므르·모스크, 이븐·툴룬의 모스크가 세워져 있었고, 그 후, 아스카르[1](751년), 카타이[2](870년)와 새로운 도시가 발전하고 있었던 나일강 오른쪽의 토지이다.

그림 6-31 아즈하르·모스크, 카이로

카이로는 사방 1.1km 거의 정방형 성새(城塞)에 군주, 신하, 친위대만 거주하는 금성(禁城)이었다. 성벽과 동서 2개의 궁궐, 보물창고, 조폐소(造幣所), 도서관 등과 함께 그 중심에 건설된 것이 아즈하르·모스크(970년~972년)이며, 부설 대학은 세계에서 가장 오래된 대학이라 할 수 있고, 지금도 이슬람세계에서 가장 권위 있는 곳이다. 이어서 아즈하르·모스크의 북문(北門)인 푸투흐(Futuh)[3]문 근처에 파티마왕조를 대표하는 2번째 모스크, 하킴·모스크가 세워진다(990년~1013년).

2. 아즈하르·모스크와 하킴·모스크

파티마왕조는 아바스왕조(수도 바그다드, 750년~1258년)의 칼리프를 인정하지 않고 격렬하게 대립하며, 이것이 첫 시아파의 왕조였다. 그러나 시아파의 독자적인 모스크 형식을 낳았는가 하면 반드시 그렇지도 않다. 2개의 모스크 모두 증축, 개축이 반복되었지만, 건설 당시 복원도에 따르면 폭넓은 직사각형의 중정(中庭)을 주랑(柱廊)으로 둘러싼 고전적 형식이 답습되고 있었으며, 아치 상부의 장식 등은 이븐·툴룬·모스크를 원형(原型)으로 하고 있다. 물론 주(主) 예배실의 반대편에 회랑(回廊)이 없다는 점, 미흐라브 앞면에 주랑(柱廊)이 세워지고, 미흐라브 위에 작은 돔(Dome)이 올려져 있는 점 등은 전형적인 모스크와 다른 점이다.

---

1 원본의 アスカル
2 원본의 カターイー
3 원본의 フトゥーフ

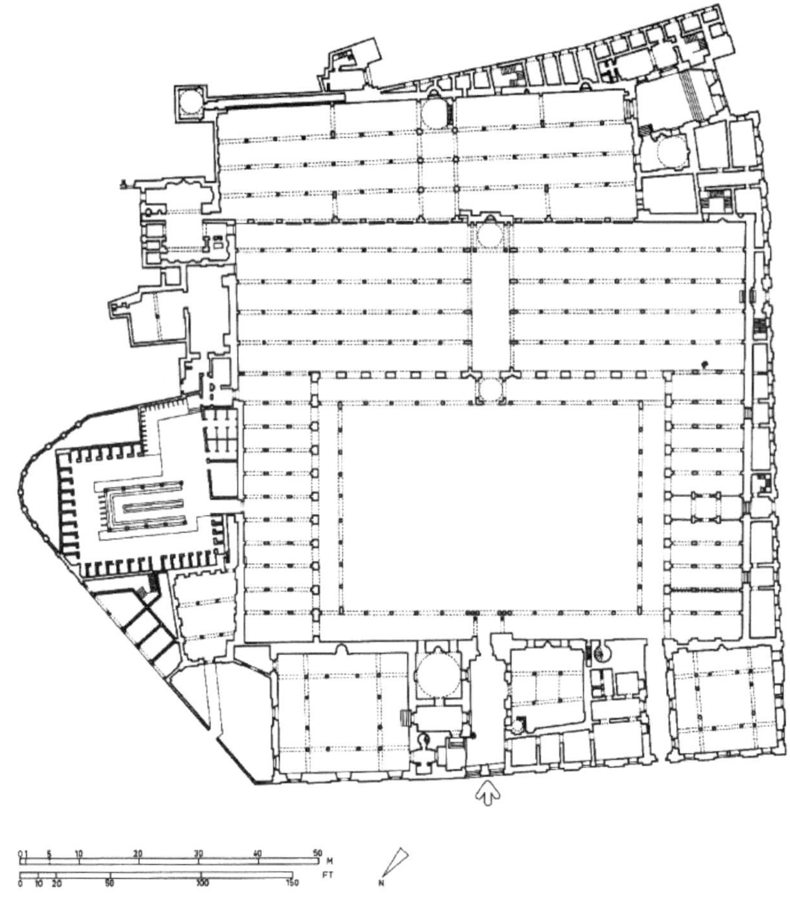

그림 6-32 아즈하르·모스크 (평면도)

파티마왕조가 와해된 후에도 수니파의 중심대학이 부설되어 큰 역할을 계속한 아즈하르·모스크와는 달리 하킴·모스크는 모스크 기능을 상실하고 황폐화되었다가 최근 재건되었다. 미나레트가 독특하지만 평면은 대체로 고전적이며, 석재를 사용한 것이 인상적인데, 이집트에서는 오래 전부터 석조건축을 해 왔지만, 그동안 모스크만은 오로지 벽돌로 지어져 왔기 때문에 주목할 만하다.

3. 사리프·타라이(Salih Tala'i)[4]의 모스크

파티마왕조의 독자적 모스크 형태는 나중에 명확해지며, 카이로의 남문(南門)인

4 원본의 サーリフ·タラーイ

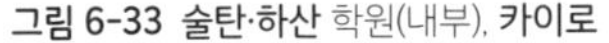

그림 6-33 **술탄·하산** 학원(내부), **카이로**

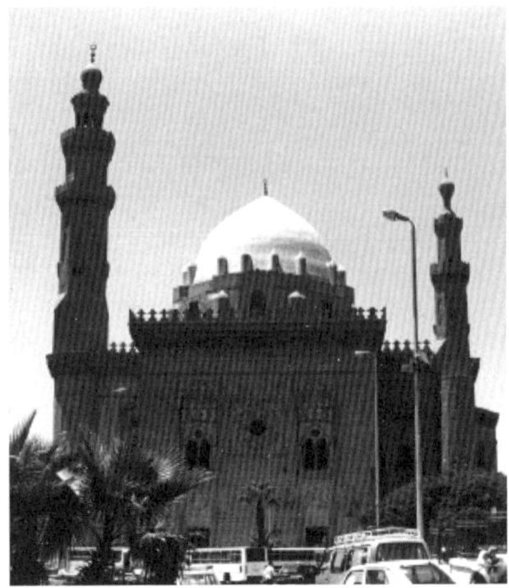

그림 6-34 **술탄·하산** 학원(외관)

즈와이라(zuweyleh)[5] 문밖에 세워진 사리프·타라이(Salih Tala'i)(1160년) 모스크가 그 전형(典型)으로 남아 있다. 이 모스크는 돌로 만들어진 것으로 전체 형태는 단순한 직육면체이지만, 정면에 연속된 5개의 아치 입구 가운데에 움푹한 부분이 있어 곧게 뻗은 세로방향의 중정으로 이어짐으로써 키블라의 축선(軸線)을 강조하고 있다. 좌우에도 출입문이 있으며, 폭이 넓은 직사각형의 고전형(古典型)과는 확연히 다르다.

4. 마드라사

살라흐·앗·딘(살라딘)은 1171년 파티마왕조를 무너뜨리고, 아이유브왕조(1169년~1250년)를 일으켰다. 그는 카이로 남쪽에 성새(城塞)를 쌓아 올리게 되며, 이곳은 이후 카이로와 살라딘의 성새(城塞) 사이에 시가지(市街地)가 발전하게 된다. 십자군과 싸웠던 살라딘은 12세기 이슬람세계에서는 가장 유명한 인물이지만, 흥미롭게도 대(大)모스크는 세우지 않았으며, 그 대신 건축에 힘썼던 것이 '마드라사'라 불리는 이슬람의 교육시설이다. 이어 맘루크왕조(1250~1517년)도 모스크보다 마드라사를 많이 세웠는데, 13세기 후반 카이로에는 73개의 마드라사가 있었다고 한다.

이슬람의 가르침을 설파하는 것은 원래 모스크이다. 그러나 얼마 안 있어 먼 곳에서 배우러 오는 학생을 위해서 기숙사를 갖춘, 강의를 위한 특별한 시설이 필요하게 되었다. 이에 학문진흥, 교육, 관료와 우라마[6](지식인) 양성을 위해 만들어진 것이 마드라사이다. 마드라사는 10세기 이란에서 탄생했다고 하는데, 이것은 한편으로 위정자(爲政者)들에게는 권력과시의 장소이기도 했다. 모스크에는 일반적

5 원본의 ズワイラ
6 원본의 ウラマー

으로 무덤을 만들지 않는다. 이는 예언자의 순나(언행(言行))는 보통 무덤에서 예배를 하지 않는다는 원칙을 세웠기 때문이고, 마드라사에는 무덤을 만들 수 있었기 때문에 권력자들이 앞다퉈 마드라사를 세웠다고 하는 것이 유력한 설(說)이다.

카이로에 건설된 마드라사 혹은 학원의 부속묘(廟)로는 카라원[7]묘(廟)(1290년), 바이바르스 2세 묘(廟)(1306년), 술탄·하산학원(1356년~1363년), 바르쿠크병원과 묘(廟)(1384년) 등이 있으며, 모두 맘루크왕조 성립 이후의 전통이라 할 수 있는 중정(中庭)을 중심으로 한 십자형의 평면이 특징적이다. 이 중에서도 술탄·하산학원은 페르시아 기원의 4개의 이완(Iwan) 형식과 시리아의 석조기술을 혼합한 맘루크양식의 걸작으로 꼽힌다.

그림 6-35 무함마드·알리 모스크, 카이로

그림 6-36 무함마드·안나시르 모스크, 카이로

카이로의 모스크로 특히나 위용을 자랑하는 것이 모카탐 언덕에 건립된 무함마드·알리 모스크(1848년)이며, 오스만·투르크제국의 알바니아인 용병대장이었던 무함마드·알리가 연 근대 이집트왕조의 중심 모스크이다. 얼핏 보기에도 이스탄불양식으로 보이며, 실제로 건축가 유즈프·보스낙(Yousf Boushnaq)은 시난의 작품을 모델로 삼고 있다. 아이유브왕조의 성새(城塞)에 세워지고, 옆에 인접한 무함마드·안나시르 모스크와의 양식(樣式)차이가 흥미롭다.

7 원본의 カラーウィーン

09 이완(Iwan)

– 이스파한 –

이슬람 건축의 발전에 있어서 큰 역할을 한 것이 페르시아(이란)이다. 특히 이완(Iwan)과 돔(Dome)이라는 건축기술은 이슬람 건축의 골격을 이루고, 카시·타일[1]에 의한 장식기술은 이슬람 건축을 화려하게 수놓는다.

1. 돔, 볼트, 펜던티브

이완(Iwan)은 건물 파사드에 뚫은 아치형태의 오목한 홈을 의미한다. 아치의 형태로는 반원형, 말굽형, 첨탑형, 4심형(四心形) 등 여러 형태가 있고, 네모나게 선을 그어 테두리를 만든다. 이 홈의 상부는 볼트(원통형(圓筒形), 배 밑바닥[2], 타원) 내지는 반구형(半球形) 돔인데, 기념비적인 건물에 사람들을 끌어들이는 개구부로서 이슬람 건축에서 많이 이용되며, 중정(中庭)을 둘러싸고 네 방향에 이완을 가지는 것이 4이완 형식이다.

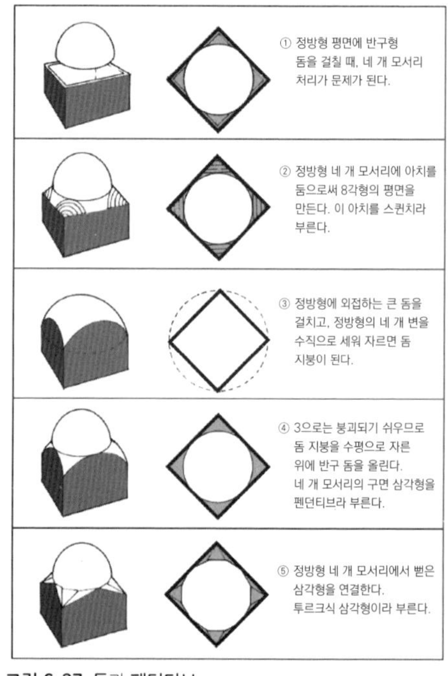

① 정방형 평면에 반구형 돔을 걸칠 때, 네 개 모서리 처리가 문제가 된다.
② 정방형 네 개 모서리에 아치를 둠으로써 8각형의 평면을 만든다. 이 아치를 스퀸치라 부른다.
③ 정방형에 외접하는 큰 돔을 걸치고, 정방형의 네 개 변을 수직으로 세워 자르면 돔 지붕이 된다.
④ 3으로는 붕괴되기 쉬우므로 돔 지붕을 수평으로 자른 위에 반구 돔을 올린다. 네 개 모서리의 구면 삼각형을 펜던티브라 부른다.
⑤ 정방형 네 개 모서리에서 뻗은 삼각형을 연결한다. 투르크식 삼각형이라 부른다.

그림 6-37 돔과 펜던티브

이 이슬람 특유의 건축언어인 이완은 결코 특수한 것은 아니며, 볼트 혹은 돔을 절단하여 밖으로 열리게 한 것이다.

이슬람 건축의 원형(原型)은 이렇게 돔, 볼트의 발생까지 거슬러 올라가게 된다. 아랍세계에서 지붕은 목조였으며, 이렇게 돌을 짜서 건축하는 것은 시리아, 비잔틴의 전통이다. 조석조(組石造) 돔은 목재부족으로 탄생했다. 선사(先史)시대의 메소포타미아와 이란 고원에서 돔은 이미 알려져 있었으며, 네모난 벽으로 둘러싸인 공간에 구형(球形) 지붕

---

1 원본의 カーシー・タイル

2 원본의 선저 船底

을 어떻게 만들까 고민한 결과가 스퀸치, 펜던티브, 투르크식 삼각형이다.

2. 이스파한의 금요(金曜)모스크

이스파한의 금요(金曜)모스크(마스지드·자메 Masjid-e Jam'e)의 작은 돔을 보면, 다양한 돔 가공방식이 시도되고 있는데, 이슬람 건축의 화려한 스탤럭타이트(종유석 문양)와 무카르나스[3]가 구조형식(構造形式)을 추구한 결과이다.

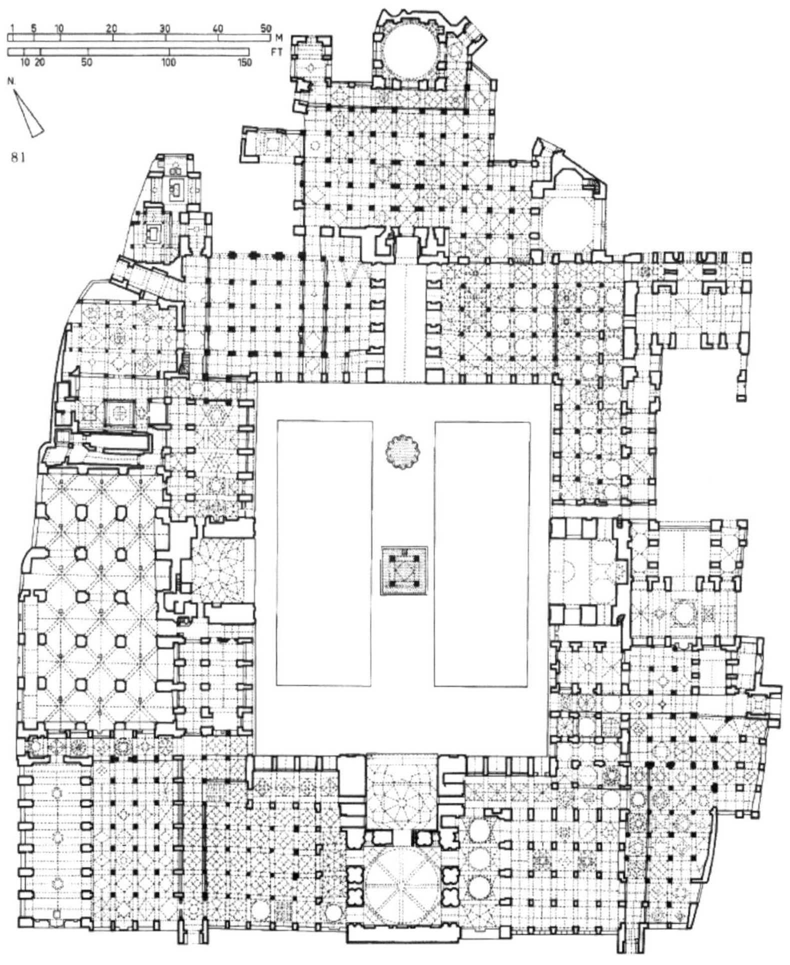

그림 6-38 금요**모스크**, 이스파한

3 무하르나스(Muqarnas)라고 부르기도 하는데, 이슬람건축의 내부 천장부분을 장식하는 기법으로서 건물 상층부의 모퉁이와 천장부분을 장식하는 데 사용하는 기법이다. 원형 돔을 지지하는 정방형의 각진 공간을 채우기 위하여 지지대와 원형의 돔 연결부위에 석고조각을 붙이거나 장식재를 붙여서 공간을 채워 나가는 형태로서, 전체적인 외형은 벌집모양 또는 종유석과 같은 기하학적 형태를 하고 있다. (네이버 지식백과)

이스파한은 오래전부터 오아시스 도시로 번영해 왔다. 그 기원은 바빌론 포로(BC 597년~538년)로 이라크에 있던 유대인 일부가 이주해 와서 거류지를 만든 것에서 시작한다. 이슬람시대에 들어와서 금요(金曜)모스크가 건설된 것은 711년이며, 본격적인 도시만들기가 시작된 것은 아바스왕조 시대인 767년 아랍전사(戰士)들을 위하여 미스르(군영(軍營)도시)가 생기면서부터이다.

금요(金曜)모스크는 다양하게 개축, 확장되어 오늘날에 이른다. 복원을 통해서 아바스왕조 시대는 중정(中庭)을 열주랑(列柱廊)이 둘러싸는 고전형(古典型) 모스크였음이 밝혀지고 있으며, 대규모 수선, 확장이 최초로 단행된 것은 부와이흐왕조(932년~1062년) 때이다. 교실, 도서실, 숙박실이 추가되어 2개의 미나레트가 세워졌고, 이 시기에 성벽도 건설되었다. 셀주크왕조 시기(1037년~1157년)에 이스파한은 한때 수도(首都)가 되며 금요(金曜)모스크는 더 크게 확장되어 오늘날의 기본형태가 완성된다.

우선 남쪽과 북쪽에 큰 돔이 건설되었는데(1086년~1087년), 높이 20m, 지름은 10m를 넘어서, 당시 세계 최대규모였으며, 열주(列柱)홀의 각 베이에서는 모든 돔의 유형학(類型學)이 실현되었다. 또한 중정(中庭)에 면한 4개의 이완이 만들어졌는데, 이 4개의 이완은 대략 100년(1121년~1220년)에 걸쳐 건설된 것으로 알려진다.

3. 4 이완 형식

4 이완 형식은 사산왕조의 수도(首都) 크테시폰의 궁전 등 이슬람 이전에서도 이미 나타났다. 또한 11세기 초 아프가니스탄의 가즈나왕조(962년~1186년)의 왕궁(王宮)도

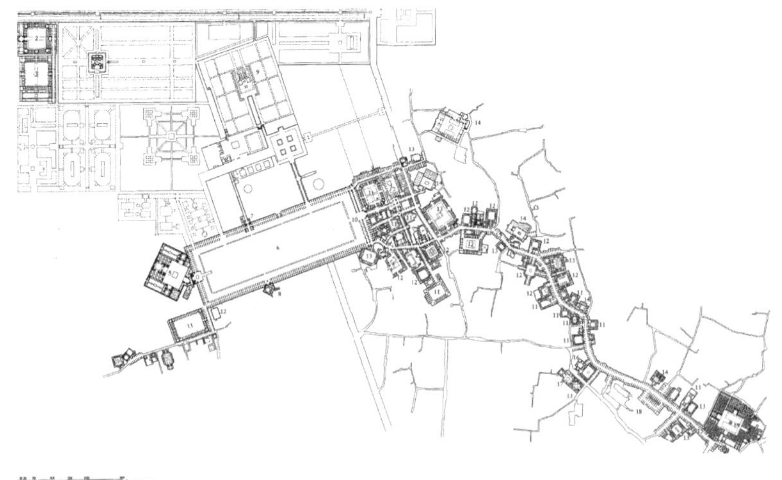

그림 6-39 **이스파한**(도시도(都市圖)) 오른쪽 아래 구석이 금요**모스크**

시에서도 보이며, 12세기 초가 되면 중부 이란의 몇몇 마을에 모스크가 도입되기 시작한다. 그리고 이스파한의 금요(金曜)모스크에 적용된 4 이완 형식은 18세기까지 500년 이상에 걸쳐서 페르시아 모스크 불변의 형태가 되며, 시리아나 이집트, 인도에까지 이르게 되고 더 나아가 마드라사 형식에도 도입되어 보급되었다.

4. 이스파한

12세기 이스파한은 대(大)도시였다. 그러나 고르왕조[4]와 호라즘·샤[5]왕조(1077년~1220년)에 의해서 셀주크왕조는 멸망하고, 그 뒤에도 이스파한은 1244년 몽골의 침략, 1387년, 1414년에는 티무르(재위 1370년~1405년)의 침입을 받아 2번, 3번 잿더미로 변해 버렸다.

그림 6-40 알리·카푸궁전, 이스파한

훌라구·칸(재위 1258년~1265년)은 몽골고원으로 돌아가지 않고, 타브리즈를 수도(首都)로 하여 일한국[6](1258년~1393년)을 세웠다. 몽골 지배아래에서의 건축 유산은 적고, 이맘자데(Imāmzāde)라 불리는 성자(聖者)의 무덤이 건설되는 것은 7대 가잔[7](재위 1295년~1304년)이 이슬람으로 개종하고 난 이후이다.

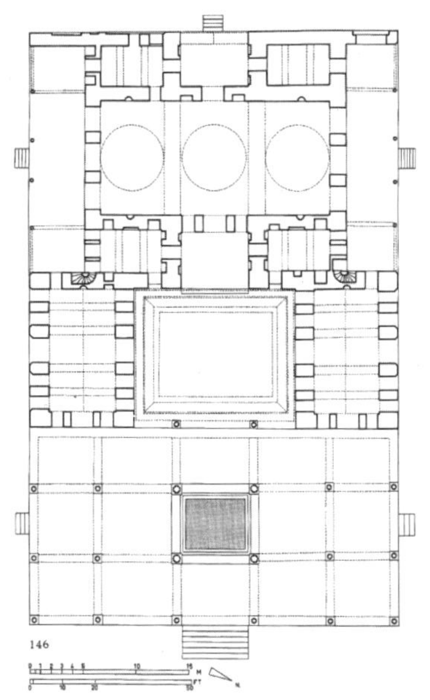

그림 6-41 체헬·쏘툰궁전, 이스파한

투르크계 몽골인인 티무르는 사마르칸트를 수도(首都)로 하여 티무르제국(1370년~1507년)을 세워 뛰어난 건축유산을 남기게 된다. 티무르가 지은 것으로는 4이완 형식의 중정(中庭)을 가진 모스크(1399년)와 자신도 잠들어 있는 이스파한 출신의 건축가 무함마드·분·마흐무드[8]가 설계한

---

4 고르왕조(Ghor 王朝) 12세기 후반부터 13세기 초에 걸쳐 아프가니스탄 동부의 고르를 중심으로 번성한 튀르키예계 이슬람왕조(1186~1215)로, 구르왕조라고도 한다. (네이버 지식백과)

5 원본의 ホラムズ·シャ

6 원본의 イルハン朝이며, 페르시아어로 일칸국이라고도 부른다.

7 일한국(汗國)의 제7대 칸(재위 1295~1304), 제4대 칸 아르군의 아들. 세제, 군제를 개혁하고 일한국의 황금시대를 열었다.

8 원본의 ムハンマド·ブン·マフムード

구르·아미르(Gur-e-Amir)(지배자의 묘, 1404년)가 있다. 4각형 평면을 가진 높은 몸체 위에 구근형(球根形)의 이중 돔을 놓는 형태는 티무르왕조의 스타일이 되며, 티무르에 이어 샤·루프[9](1405년~1447년), 사마르칸트에 천문대를 건설한 울루그·베그(1447년~1449년)는 헤라트, 부하라 등에도 티무르의 건축문화를 개화시킨다. 사마르칸트의 레기스탄 지구에는 광장을 중심으로 울루그·베그·마드라사, 쉐르·도르·마드라사, 티라·카리·모스크 등 3개의 모스크를 배치하는 대담한 도시설계를 실시했으며, 부하라에서도 카란·모스크 등 중심가에 큰 복합건물을 만들었다.

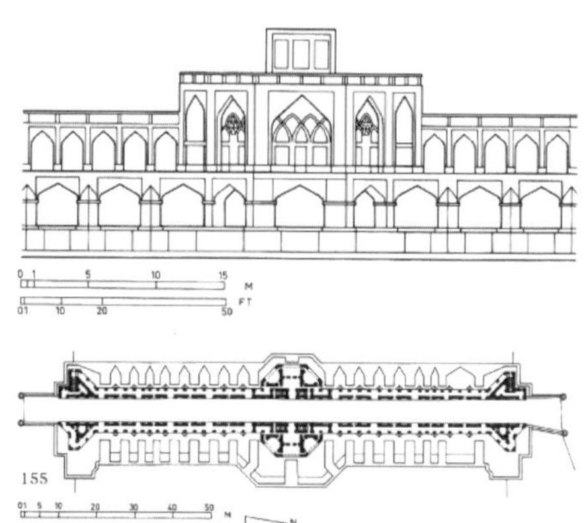

그림 6-42 카주다리, 이스파한

그림 6-43 하쉬트·베헤쉬트궁전, 이스파한

또한 16세기 초 이스마일 1세(1487년~1524년)가 타브리즈를 수도(首都)로 하고, 시아파의 민족(民族)왕조를 세우는데, 그것이 사파비왕조(1501년~1736년)의 성립이다. 11세기 셀주크왕조 이후, 이란 전역을 다스리던 왕조는 없었지만, 서쪽의 오스만·투르크, 동쪽의 무굴제국 사이에서 이 사파비왕조는 200년 이상 지배를 하며, 1597년, 샤·아바스 1세(1587년~1629년)는 수도(首都)를 카즈빈에서 이스파한으로 옮기고(1598년), 새로운 도시만들기를 시작했다.

금요(金曜)모스크와 그 주변에 형성된 구(舊)시가지를 대대적으로 개조하여 새로운 도시의 핵(核)으로 '왕의 광장(Meydān-e Shāh)(메이다네·샤, 현 이맘광장)'이 만들어졌으며, '왕의 모스크

9 원본의 シャー·ルフ

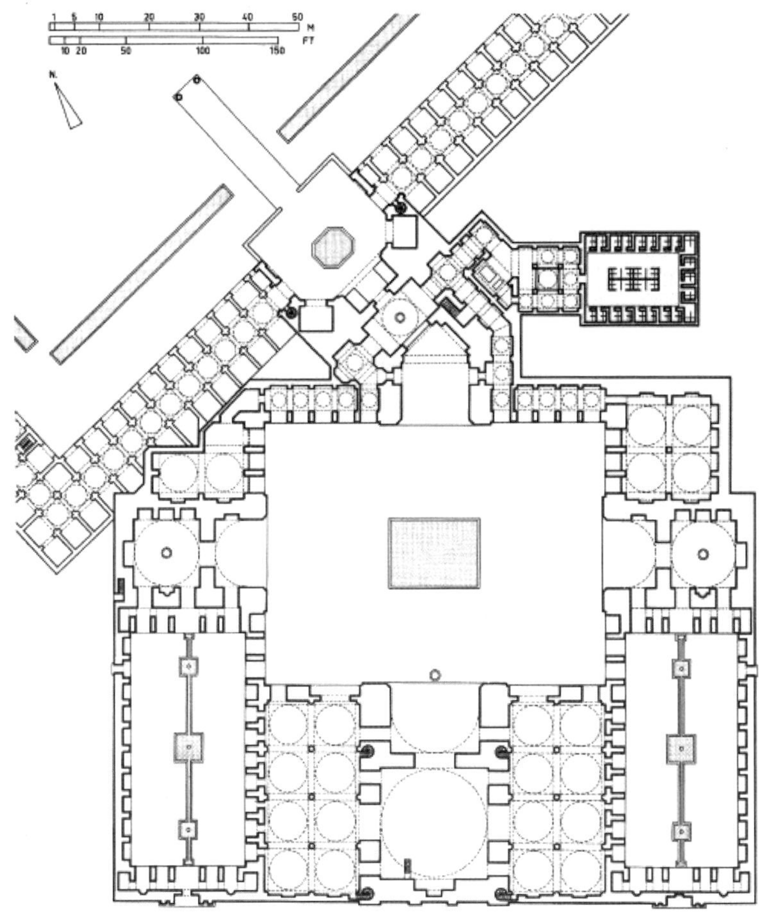

그림 6-44 이맘·모스크, 이스파한

(현 이맘·모스크, 1612년~1638년)'와 로트폴라흐·모스크[10](1602년)라는 2개의 모스크, 알리·카푸궁전을 배치했다. 서쪽으로 체헬·쏘툰 궁전, 하쉬트·베헤쉬트 궁전이 나중에 더해진다. 북쪽에는 금요(金曜)모스크를 향하여 바자르, 카라반사라이[11]가 만들어지고, 부와이흐왕조 시대보다 4배나 큰 시역(市域)을 둘러싸는 시벽(市壁)이 건설된다. 자얀데·루드강에 알라흐베르디다리, 카주(Khaju)다리가 놓여 졸파지구에는 포로로 잡힌 아르메니아인을 거주하게 했다.

10 원본의 ロト フォッラー·モスク, 우리나라에서 부르는 정식 명칭은 셰이크·로트폴라흐 모스크(Mosque of Sheik Lotfollah)이다.

11 카라반세라이(Caravanserai, 隊商宿所), 캐러밴세라이, 캐러밴서라이 등으로 불리며 이슬람문화의 전 지역에서 볼 수 있는 여행자 숙소의 한 종류이다. (네이버 지식백과)

5. 왕(이맘[12])의 모스크

이스파한에 있는 '왕의 모스크'는 이란형 모스크의 최고봉으로 꼽힌다. 그 전체는 훌륭한 기하학에 기반을 두고 설계되었으며, 키블라벽을 메카방향에 대해서 직각으로 배치했기 때문에 '왕의 광장'에 대해 45° 축이 틀어져 있다. 이것은 처음부터 의도된 것으로 보이며, 광장의 긴 변 중앙에 자리 잡은 작은 걸작 로트폴라흐·모스크도 축이 45° 틀어져 있다. '왕의 모스크'는 완벽한 4이완 형식이며, 중정(中庭)의 크기, 샘물의 크기와 위치, 이완의 폭과 높이 등이 완전한 수학적 비례관계에 바탕을 두고 있다.

타일장식의 경우에도 하나의 혁신이 이루어진다. 이슬람 건축을 특징짓는 것이 모자이크·타일이며, 지금까지는 다양한 크기의 벽돌을 조합하고 장식시켜 왔지만, 12세기 초 무렵에 청록색 벽돌타일이 만들어진다. 이 타일은 산지(産地)가 이란의 카샨지방이기 때문에 카시타일로 불리는데, 당초에는 표면을 채색한 벽돌 그 자체를 사용하였으나 나중에 채색하고 유약을 바른 타일로 만든 도편(陶片) 모자이크로 변해 간다. 전체를 타일로 장식한 모스크가 출현한 것은 14세기 초부터이며, 이 채도(彩陶) 모자이크 기법은 티무르왕조에서 절정을 이뤄 각지에 전달된다. 4이완 형식과 함께 서(西)투르키스탄, 아프가니스탄에서 이라크, 아나톨리아까지 이란형 사원은 퍼져가지만, 시리아나 이집트 그리고 인도에서는 채도(彩陶)타일이 주류가 되지 않았다.

'왕의 모스크'를 건설할 때 타일장식의 2가지 기법, 즉 단색(單色) 타일을 조합시키는 이른바 모자이크 기법과 밑그림을 그려서 굽는 하프트랑기(haftrangi)(일곱가지 빛깔)기법이 병행되었다. 이 기법은 하얀 타일을 여러 장 조합하여 밑그림을 그린 뒤에 동시에 구워내는 대량생산 수법을 말하며, 23㎝×23㎝의 타일이 150만장 필요했다고 한다.

이스파한은 전성기에 인구 60만명을 넘어섰으며, 카자르왕조가 들어서고, 테헤란으로 수도(首都)를 옮긴 이후에도 19세기 전반까지는 타브리즈와 함께 대(大)도시였다. 그러나 대(大)기근과 영국, 러시아 면(綿)제품 수입증가로 인한 경제적 타격을 받아 19세기 후반에는 인구 5만명까지 추락했다.

---

12 이슬람교 교단 조직의 지도자를 가리키는 하나의 직명으로서 이 명칭에는 4가지 용법이 있다. ① 일반적인 명칭으로 사용되는 경우로서, 집단적으로 예배할 때의 지도자를 가리킨다. ② 수니파(派)에서 사용되는 경우로, 이슬람교단의 우두머리인 칼리프를 가리킨다. ③ 시아파(派)의 용법에는, 특수한 의미가 있는데, 각 지파에 따라 그 해석이 다르나 공통적으로는 제4대 칼리프인 알리의 자손만을 이맘으로 인정, 고유의 신적 성격을 부여하였다. ④ 수니파나 시아파를 불문하고 학식이 뛰어난 이슬람학자에 대한 존칭이다. (네이버 지식백과)

column 1

묘(墓)에 딸린 제사공간(묘묘(墓廟))

모스크에는 기본적으로 무덤이 없는데, 예언자 순나[1](언행(言行))가 묘소에서의 예배를 금지하고 있기 때문이다. 또 이슬람의 교의(敎義)를 따르면 죽은 자에게 특별한 무덤은 원래 필요없으며, 그 이유는 무덤이 최후의 심판까지 가는 임시숙소에 불과하기 때문이다. 그래서 이슬람 발흥(勃興) 후 200년 정도까지는 특별한 묘소가 만들어지지 않았지만, 권력자는 곧 단독건물로 묘역을 짓게 되며, 묘소가 딸린 마드라사가 유행하게 된다.

최초의 이슬람 성묘(聖廟)는 사마라의 슬라이비야[2]묘소로서 862년에 죽은 칼리프, 문타시르의 무덤인데, 2중(二重) 팔각형 중앙에 돔이 놓인 집중형식이며, 이는 명확하게 '바위의 돔'을 모델로 하고 있다. 이어 사만왕조의 이스마일묘(892년~907년)가 부하라에 있으며, 직육면체 위에 반구(半球)돔이 올라가는 형식이다.

이란 북부에 알리왕조가 흥하면서 시아파의 성자(聖者)숭배가 득세하고, 탑 모양의 큰 무덤을 통해 왕의 권세를 표현하게 된다. 이를 대표하는 것이 카스피해 남동부에 있는 고르간의 카부스(Qabus)묘(1006년)이며, 10각의 별모양 평면으로 원뿔형 지붕을 지탱한다. 그 밖에 담간(Damghan)에는 알람다르(alamdār)[3]묘(1026년), 마숨·자데[4]묘라는 두 개의 묘가 있다.

또 다른 묘역 형태로서 내부가 스탤럭타이트(stalactite)(종유석 문양(文樣))로 이루어진 원뿔 지붕을 갖고 있는 것이 있으며, 사마라의 이맘·두르[5]묘(1086년), 바그다드의 즈바이다[6]묘 등이 그 예다.

그림 6-45 타지·마할, 아그라

또한 2중(二重) 외피를 가진 달걀 모양의 돔인 술타니야의 울자이투묘가 구조적으로는 선구적이다. 건축가 무함마드·분·마흐무드가 세운 사마르칸트의 구르·아미르[7]묘는 2중(二重) 외피 돔의 걸작인데, 4각형의 큰 방 위에 제1돔이 올라가고, 그 위에 원통형 드럼(몸통 부분)이 놓이며, 다시 그 위에 구근(球根) 모양의 제2돔이 실렸다. 이후 안쪽 외피의 돔은 점점 키가 낮아지고 외곽의 돔은 비대화되는데, 이것이 타지·마할에 이르면 2개의 돔 사이에 생기는 다락방이 큰 방보다 커지게 된다.

---

1 순나(sunnah); 아랍어로 어의적으로는 '관례(慣例)'를 의미하지만 특히 예언자 무함마드[(영어) Mahomet; 마호메트]의 언행을 가리킨다. 이슬람학의 전문용어로는 (1) 무함마드의 말, (2) 그 자신의 행위, (3) 제자들의 행위에 대한 그의 묵인, 이 3가지 카테고리를 예언자의 언행, 순나라고 한다. 이 예언자 무함마드의 순나를 직접 제자들이 듣고 전달한 것을 하디스(언행록)라고 한다. (네이버 지식백과)

2 원본의 スライビーヤ

3 원본의 アラムダール

4 원본의 マスム·ザーデ

5 원본의 イマーム·ドゥール

6 원본의 ズバイダ

7 원본의 グーレ· アミール

10 시난 - 이스탄불

1. 셀주크왕조

투르크계 유목민은 원래 중앙아시아 일대에 거주하고 있었다. 아랄해 주변 출신의 셀주크인은 10세기 말경 트란스·옥시아나[1]로 진출하여 부하라에 이르고, 이슬람으로 개종(改宗)하며, 페르시아, 메소포타미아, 아나톨리아[2]를 침공하기 시작한다. 셀주크·투르크는 1040년에 가즈나왕조를 격파하고, 1062년에는 부와이후[3]왕조를 쓰러뜨리면서 페르시아 전역을 손아귀에 넣고, 이스파한을 수도(首都)로 정한다.

그동안 잦은 이슬람 세력의 침공에도 불구하고 비잔틴제국의 동쪽 끝 지역을 사수해 온 소(小)아시아·아나톨리아고원도 마침내 이슬람 세력의 손에 떨어진다. 셀주크가문의 일족이 콘야를 거점으로 독립정부를 세우게 되는데, 이것이 바로 룸·셀주크왕조(1075년~1308년)이며, 이후 아나톨리아의 여러 도시에 수많은 모스크, 카라반사라이, 하맘, 마드라사 등이 세워진다.

셀주크왕조의 다마스쿠스와 예루살렘 점령은 십자군의 공격을 초래하고, 투르크의 소(小)아시아 지배를 한동안 정체시키지만, 12세기부터 13세기까지 건설 활동이 활발해진다. 아나톨리아지방에는 예로부터 뛰어난 석조건축 전통이 있었는데, 비잔틴제국 지배하에서 많은 기독교건축이 석조로 지어지고 있었고, 이슬람건축도 이 아나톨리아의 뛰어난 석조기술을 바탕으로 건설되었다.

초기의 예로 디야르바키르의 울루·자미(1091년)가 있다. 이것은 다마스쿠스의 우마이야·모스크가 모델인 것으로 알려져 있고, 또한 시바스의 울루·자미(11세기)

---

1 트란스옥시아나(Transoxania) 중앙아시아의 우즈베키스탄·타지키스탄·카자흐스탄의 남서부 지역을 지칭하는 지명. 아무다리야강과 시르다리야강 사이에 위치한 지역을 아우르는 명칭으로, 기원전 4세기부터 비옥한 토지로 인해 정치·경제·농업이 발달하였다. 8세기 이전에는 소그디아나(Sogdiana)라고 불리다가 706년 이후 이슬람의 영향권이 되면서부터 '강 사이에 놓인 땅 이라는 의미의' '마·와라·알·나흐라'라고 불렸으며, 근래에 와서 트란스옥시아나라고 명명되었다. (네이버 지식백과)

2 아나톨리아(Anatolia) 아시아대륙의 서쪽 끝에 돌출한 대(大)반도. 아시아대륙의 남부에서 발칸반도에 이르는 광활한 산악성 지대인 아나톨리아반도를 고대에는 '소(小)아시아'라고 하였다. 비잔틴인들이 처음 지리용어로 사용한 아나톨리아는 투르크어로는 '아나돌루'라고 하는데, 어원은 그리스어 '아나톨레'(anatole)이며, '동쪽' 또는 '해 뜨는 곳'이란 뜻이다. 로마제국의 디오클레티아누스(재위 284~305)와 콘스탄티누스(재위 306~337) 두 황제시대에 제국의 행정제도가 개편되면서 제국을 형성하는 4개 주(州) 가운데서 중동(中東)·투르크·이집트·리비아지역을 망라하는 주의 명칭이 되었다. (네이버 지식백과)

3 원본의 ブワイフ

는 넓은 폭의 직사각형 중정(中庭)과 열주실(列柱室)이라는 고전형(古典型)의 단순한 구성을 하고 있었다. 다양한 스타일이 사용되지만, 특징적인 사례는 중정(中庭)이 없는 모스크로 구체적인 사례로는 디브리의 울루·자미(1228~29년)가 있다. 중정(中庭)을 갖지 않는 이유는 제일 먼저 기후(추위)에 대처해야 하는 한편, 아르메니아 교회당의 석조건축 전통이 살아 있기 때문이다.

셀주크왕조의 건축에서 두드러지는 것이 100개 이상 현존하는 카라반사라이(대상숙소)(隊商宿所)인데, 국가들 간 통상(通商)을 위해서 고대의 큰 교역통로를 살리고, 요새화한 독특한 형식의 카라반사라이를 30~40㎞마다 세웠다. 압둘·한[4](1210년), 악사라이 근처의 술탄·한(1232년), 카이세리 근처의 술탄·한(1232년) 등의 사례가 알려지며, 소(小)모스크를 중심으로 중정(中庭)을 둘러싼 건물과 열주(列柱)가 있는 큰 방의 두 부분으로 구성된다. 이 형식 또한 아르메니아교회를 기반으로 하는 것으로 아르메니아인 기술자 공업장인(工匠)에 의해서 지어진 것으로 알려져 있다.

2. 오스만·투르크

몽골은 아나톨리아를 침략했지만 각 지방에 어느 정도 자치권을 부여했다. 얼마 안 있어 소(小)아시아 서부에 오스만이라 불리는 족장(族長)이 나와서 오스만·투르크를 건국하고(1299년), 부르사를 점령(1326년)하고, 아드리아노플[5]을 탈취(1362년)한 다음 마침내 1453년 메흐메트[6] 2세(재위 1451년~1481년)는 비잔틴제국을 물리치고, 콘스탄티노플을 점령하여 이스탄불이라고 개칭, 수도(首都)로 삼는다(1453년~1922년). 이후 16세기에는 맘루크왕조를 정복(1517년)하고, 이집트, 시리아를 점령한 다음 모로코를 제외한 북(北)아프리카를 정복한다. 술레이만 1세(재위 1520년~1566년) 때는 빈[7]을 포위했고(1529년), 프레베자 해전에서는 베네치아를 격파했으며(1538년), 지중해의 제해권(制海權)을 획득함으로써 전성기를 맞았다.

3. 이스탄불

이스탄불의 역사는 고대 그리스인이 식민도시 비잔티온을 건설한 것으로부터 시작한다. 330년에 로마황제 콘스탄티누스가 이 곳으로 수도(首都)를 옮기고, 콘스

---

4 원본의 エブドゥル・ハーン

5 아드리아노플(Adrianople) 튀르키예 북서쪽 그리스 국경근처에 있는 도시. 옛날 트라키아시대 건설된 것으로 우스쿠다마라고도 불렸다. 125년경 로마황제 하드리아누스가 재건한 뒤 아드리아노플이라고 개명하였다. 현재 이곳은 에디르네라고 불리며 장대한 셀림 1세의 회교 사원을 비롯하여 동양풍 건물이 많이 있다. (네이버 지식백과)

6 원본 メフメト, '메메드' 혹은 '메흐메드'라고 부르기도 한다.

7 오스트리아의 수도로서 영어로는 비엔나(Vienna).

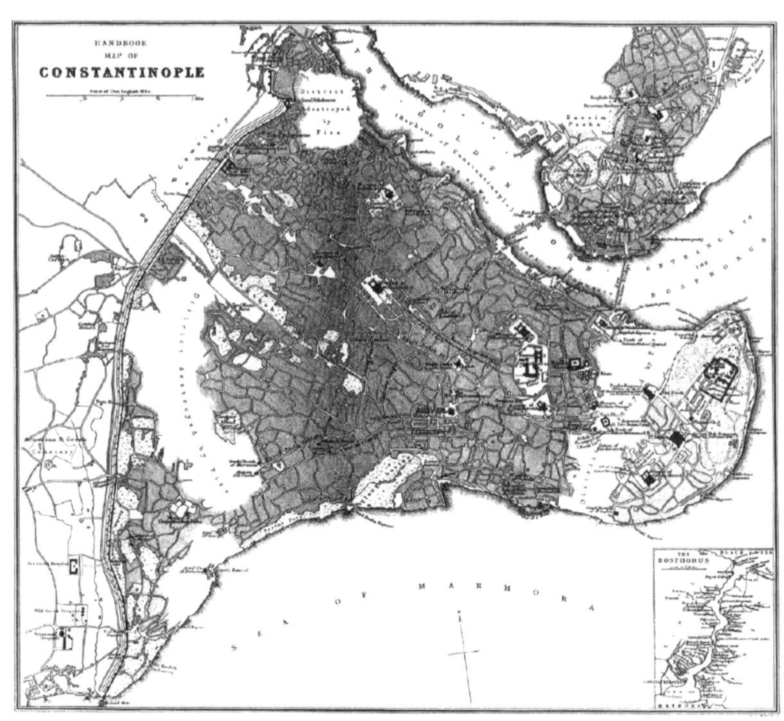

그림 6-46 이스탄불, 1875년

탄티노플로 명명했으며, 7개 언덕의 로마와 비견되는 것으로 알려진다. 즉각 수도(首都) 건설이 시작되고, 360년에는 아야(성(聖))·소피아가 봉헌되는데, 2번 불에 타고, 현재 남아 있는 것은 유스티니아누스 1세 때 3번째로 건설(537년)한 것이다. 비잔틴시대의 유적으로는 발렌스 수도교(水道橋), 예레바탄·사룬치(지하 저수지), 코라 수도원(修道院) 등이 남아 있다.

그림 6-47 술레이만·모스크, 이스탄불

메흐메트 2세는 콘스탄티노플에 입성(入城)하면서 아야·소피아를 모스크로 개조하고, 성사도교회(聖使徒教會)를 해체하여 파티프·모스크를 만들었다. 그리고 제1의 언덕, 마르마라해, 보스포루스해협, 더 나아가 골든·혼해협(금각만(金角彎))을 전망할 수 있는 고(高)지대에 새로운 궁전으로 톱카프궁전을 세웠다(1478년).

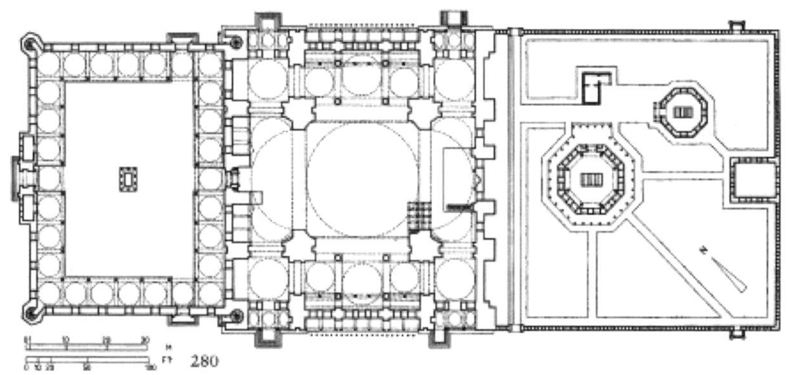

그림 6-48 술레이만·모스크(평면도)

4. 시난

술레이만 1세 때 이슬람 건축도 그 절정(絶頂)을 이루게 된다. 그 최고봉으로 여겨지는 것은 술레이만·모스크(1550년~1557년)이며, 건축가는 천재 시난(1489/90?년~1588년)이다. 그의 출신 가문, 그가 태어난 해에 대해서는 잘 알려져 있지 않지만, 중부 아나톨리아 카이세리의 기독교도 가문에서 태어났다고 알려져 있다. 예니체리(친위대(親衛隊))의 병사(兵士)로 이스탄불로 진출하여 세림 1세(1512년~1520년)의 궁정(宮廷)에서 일을 하다가 공병대(工兵隊)로 두각을 나타내면서 50세 가까이 되어 술탄 직속의 궁정(宮廷) 건축가(1538년)가 된다. 1530년대부터 모스크 설계에 관여하고, 죽기 전까지 477(446?)개의 건축물을 설계했다고 하는데, 그 작품은 이스탄불을 중심으로(319건), 다마스쿠스, 알레포, 예루살렘, 바그다드, 메카, 메디나, 헝가리의 부다 등 오스만제국 영토 각지에 이른다.

최초의 대형 프로젝트는 이스탄불의 세흐자데·모스크(왕자(王子)의 모스크, 1543년)이다. 시난이 이 모스크의 설계 시 모델로 삼아 재해석을 더한 것이 아야·소피아인데, 트랄레스의 안테미우스와 밀레투스의 이시도로스에 의해 유스티니아누스황제를 위해 세워진 아야·소피아는 중앙의 돔을 한 쌍의 반(半) 돔이 받치는 형태이지만, 세흐자데·모스크는 4방향 모두 반(半) 돔으로 중앙 돔을 받치고 있다.

시난 이전에 2개의 돔을 앞뒤로 늘어놓고, 좌우 신랑(身廊)에 2, 4, 6개의 작은 돔을 올리는 형식이 발달하는데, 부르사의 오르한·가지·모스크(1339년), 예실·모스크(녹색(綠色)의 모스크, 1413년) 등이다. 그리고 중정(中庭)과 주(主)돔의 대(大)공간을 연결하는 형식이 만들어진다. 에디르네의 유츠·셰레펠리·모스크(1444년)가 그 효시(嚆矢)로 알려졌으며, 이 경우 총 4개의 작은 돔이 주(主)돔을 고정시키고 있다. 그리고 시난의 혁신(革新)이 찾아온다.

5. 술레이만·모스크

술레이만·모스크는 규모가 아야·소피아보다 조금 작다. 그러나 작은 언덕 위에 세워져 있고, 술레이마니에라는 거대한 콤플렉스로 구성되어 있기 때문에 그 위용(威容)을 자랑한다. 큰 돔을 앞뒤 2개의 반구(半球) 돔으로 지지하는 구조는 같지만, 술레이만·모스크는 총 10개의 작은 돔과 4개의 미나레트가 외관상 큰 특징이 되고 있다. 내부공간 또한 구면(球面)을 모자이크로 연속해서 마감한 아야·소피아에 비해 술레이만·모스크는 붉은색과 하얀색을 교대로 해서 박석(迫石)을 쌓은 첨탑 아치로 뚜렷이 분절되어 있다. 주(主)돔 이외에는 술레이만·모스크 쪽이 훨씬 많은 개구부를 만들었으며, 비잔틴양식과 오스만양식의 대비가 훌륭하다.

시난은 계속해서 새로운 구조형식을 시험하면서 미흐리마·모스크(1555년), 에디르네의 셀리미예(1570~1574년), 소쿨루·모스크(1571년) 등의 걸작(傑作)을 지었다.

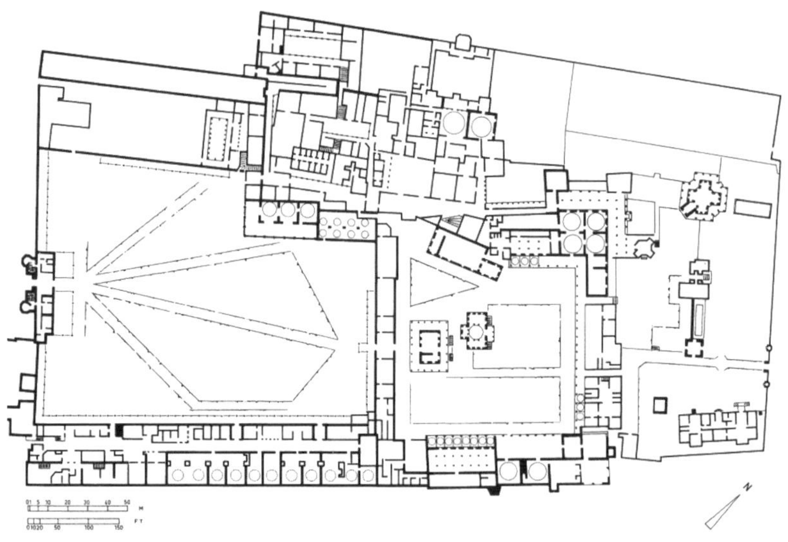

그림 6-49 톱카프궁전(배치도), 이스탄불

6. 퀼리예(külliye)

오스만·투르크의 도시설계로 주목받는 것은 퀼리예라고 불리는 건축복합시설이다. 그 대표적인 것이 톱카프궁전이며, 골든·혼(금각만(金角彎))과 마르마라해에 둘러싸인 경승지(景勝地)에 다양하고 경쾌한 건축물과 뜰을 배치한 멋진 구성을 선보이고 있다. 그 외에 에디르네의 바예지드 2세가 건립한 퀼리예(1484년~1488년)가 있다.

11 악바르

– 델리, 아그라, 라호르 –

1. 델리의 여러 왕조들 - 쿠틉 · 미나르

투르크계 무슬림이 인도에 침입을 시작한 것은 11세기 이후의 일이며, 가즈나왕조(977년~1186년)의 마흐무드에 이어 고르왕조[1](1148년~1215년)의 무함마드는 북(北)인도 대부분을 손에 넣는다. 노예출신 장군 쿠틉·우드·딘·아이박[2]이 델리총독으로 임명되지만, 1206년에 무함마드가 죽자 델리의 술탄이라 자칭하며 노예(奴隷)왕조를 세운(1206년~1290년) 이후, 무굴제국 성립까지의 왕조를 술타나트(Sultanate)[3](술탄정권) 혹은 델리의 여러 왕조라고 부른다.

그림 6-50 쿠틉·미나르, 델리

쿠틉·앗딘[4]이 세운 델리 최초의 모스크가 쿠와트·알·이슬람·모스크이다. 높이 68m에 달하는 거대한 미나레트는 쿠틉·미나르로 불리는데, 돌로 지었다. 인도인 힌두교도 기술자(工匠)를 고용해서 파괴된 힌두사원 부재(部材)를 전용(轉用)하고 있으며, 이 단계에서는 아치나 돔 기술이 도입되지 않았다. 이 최초의 모스크는 계속하여 일투트미슈(1211년~1236년)에 의해 확대되었으며, 더 나아가 알라·앗딘[5](1295년~1315년)에 의해 더욱 확대되었고, 술탄·할반[6]묘에서 아치의 키스톤(요석, 要石)을 처음 사용한 것으로 알려졌다.

---

1 Ghōr 왕조(王朝); 12~13세기에 아프가니스탄 중부의 고르지방을 중심으로 성립한 투르크계 이슬람왕조. 가즈니왕조를 멸망시키고 인도로 침입하여 13세기 초에는 최대영토를 차지하였으나, 뒤에 분열하여 인도지역에서는 노예왕조가 성립되었다. 구르왕조라고도 한다.

2 원본의 クトゥブ·アッディーン·アイバク

3 원본의 サルタナット

4 원본의 クトゥブ·アッディーン을 그대로 표기했는데 위의 쿠틉·우드·딘·아이박의 다른 발음으로 이해했다.

5 원본의 アラー·アッディーン

6 원본의 スルタン·ハルバン

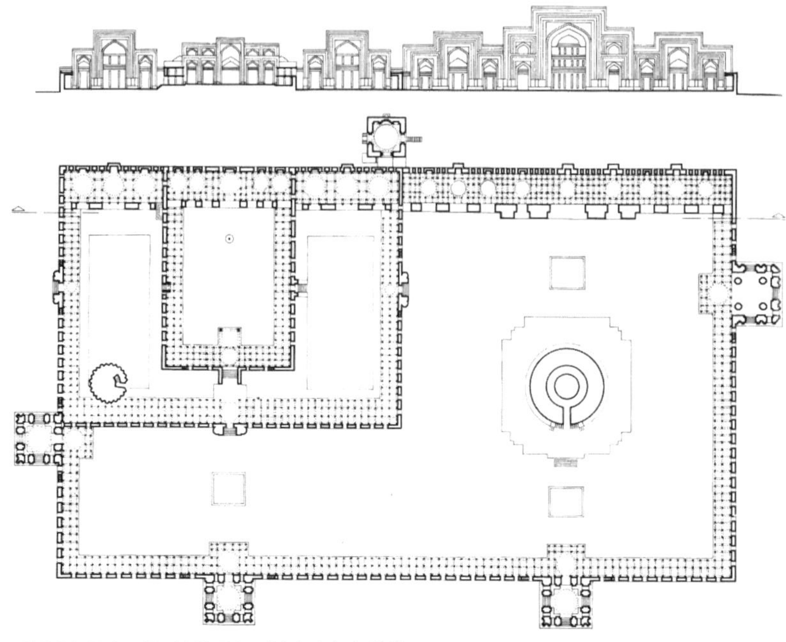

그림 6-51 쿠와트·알·이슬람·모스크(입면·평면도), 델리

노예(奴隷)왕조 후기 델리 동남부에 소(小)도시 키로크리(Kilokri)[7]가 건설되었으며, 또한 할지왕조(1290년~1320년) 때 시리[8]성채(城砦)가 건설되었고, 기야스·웃딘·투글루크·샤[9](1320년~1325년)가 투글루크왕조(1320~1414년)를 세우며 투글루카바드를 건설했다. 아랍인 여행가 이븐·바투타가 투글루크 궁정(宮廷)에서 일한 것으로 알려졌으며, 이어 무함마드·빈·투글루크(1325년~1351년)는 데칸 서부의 힌두왕국 데오기리[10]의 구도(舊都)를 다울라타바드(부자의 마을)라 명명하고, 제2의 수도(首都) 건설을 시도하다가 결국 포기했다. 투글루크왕조 제3대 피루즈·샤[11](1351년~1388년) 시대에 델리는 크게 변화하며, 샤는 비교할 수 없는 대단한 건축을 좋아하여 새로운 궁정(宮廷), 신(新)도시 피로자바드를 건설했다.

1398년 말 티무르군이 침입하고, 남(南)인도의 비자야나가라왕국이 독립체제를 굳힘으로써 델리는 황폐해졌다. 사이이드왕조(1414년~1451년), 로디왕조(1451~1526년)를 거치며, 술탄체제는 카불의 무함마드·바부르가 이끈 무굴(몽골)이라고 칭하는 새로운 세력에 의해 쓰러지지만(1526년), 330여 년 동안 건설된 모스크나 두르

---

7 원본의 キーロークリー
8 원본의 スィーリー
9 원본의 ギヤースッディーン・トゥ グルク・シャー
10 원본의 デーオギリ
11 원본의 フィーロー ズ・シャー

가라 불린 성자묘(聖者廟), 수리(水利)시설, 무덤과 사당(墓廟) 등의 수많은 건축물이 남아 있다.

2. 무굴제국

그림 6-52 후마윤묘(廟), 델리

무굴제국(1526년~1858년)은 초대 바부르(1526년~1530년) 이후, 제2대 후마윤(1530년~1556년), 제3대 악바르(1556년~1605년), 제4대 자한기르(1605년~1627년), 제5대 샤·자한(1628년~1658년) 제6대 아우랑제브(1658년~1707년)로 이어지는 동안 오스만·투르크, 사파비왕조와 나란히 견주는 거대한 이슬람제국이 된다. 2대 황제 후마윤이 먼저 델리에 새로운 요새를 건설하려고 하지만, 쉐르·칸(Sher Khan)[12]에 의해서 한 때 중단될 수밖에 없었는데(수르 왕조, 1538년~1555년), 쉐르·칸이 세운 것이 푸라나·킬라[13]이다. 델리 탈환 후, 후마윤은 곧 죽지만, 그 후마윤묘(廟)(1564년~1572년)는 이후 묘(廟)의 모범이 된다. 사분정원(四分庭園)(차하르·바그)의 중심에 90m 사방의 기단(基壇)이 만들어지고, 그 중앙에 전후 좌우 완전히 대칭인 돔(Dome)건축이 놓였다. 페르시아의 건축가 미라크·기야스의 설계이지만, 채유(彩釉)타일은 이용되지 않고, 붉은 사암(赤色巖)과 백(白)대리석을 조합하는 수법이 취해지며 옥상에 챠트리라고 불리는 작은 정자를 설치해 악센트를 주고 있다.

3. 악바르 - 파테푸르·시크리

그림 6-53 조드·바이 궁전, 파테푸르·시크리

제3대 황제 악바르는 제국의 기틀을 마련한 대제(大帝)이다. 이슬람과 힌두의 융합을 도모한 독특한 천재이며, 일대(一大)의 건축가이자 플래너였다. 그는 숱한 걸작을 남겼는데, 우선 첫 번째로 파테푸르·시크리의 건설(1569년~1585년)이 있다. 디와니·하스(내알전(內謁殿)), 판치·마할(5층각(五層閣)) 등 박력있는 건축을 많이 남겼으며, 아그라성에는 자한기르·마할이 있고 생전에 악바르묘(廟)를 아그라 근교의 시

12 원본의 シェール・ハーン

13 여행자들에게는 오래된 성을 뜻하는 올드·포트라는 이름이 더 친숙하다. (역자 주)

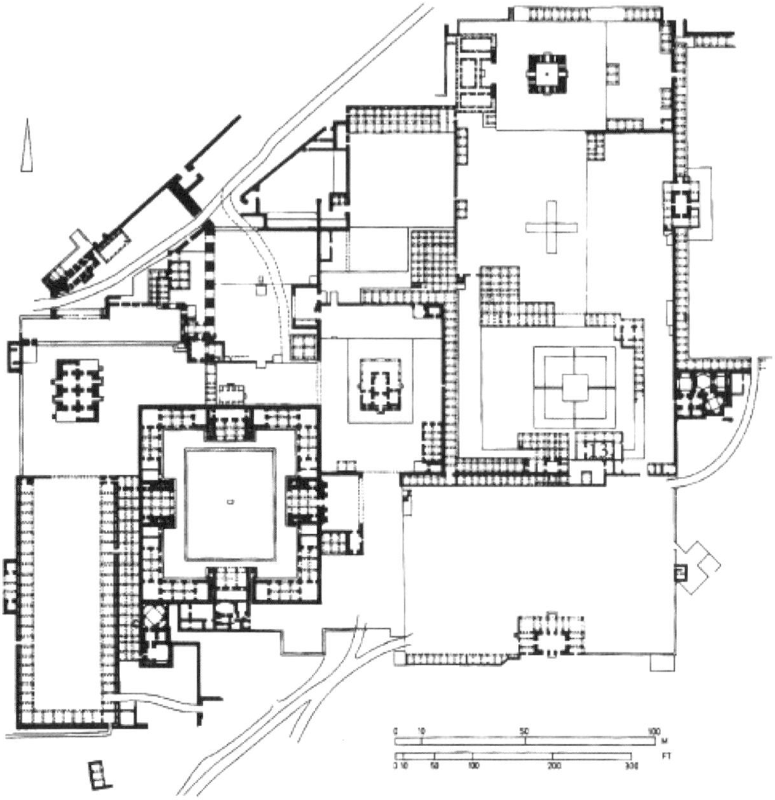

그림 6-54 파테푸르·시크리(배치도)

칸드라에 세웠다(1613년).

제4대 자한기르는 방탕했던 것으로 알려져 있지만 예술의 비호자(庇護者)이기도 했으며, 아그라에 걸작 이티마드·우드·다울라(Itimad Ud Daulah)[14]묘(1628년)를 남겼다. 자한기르 자신의 묘소는 라호르에 지어졌으며, 재상(宰相) 이티마드·우드·다울라[15]의 손녀 뭄타즈·마할을 아내로 맞아들인 것은 샤·자한이다.

그림 6-55 이티마드·우드·다울라, 아그라

14 원본의 イティマード・アッダウラ
15 원래의 이름은 미르자·기야스·백(Mirza Ghiyas Beg)인데 그의 묘 이름을 따서 이티마드·우드·다울라라고도 부른다. (위키피디아)

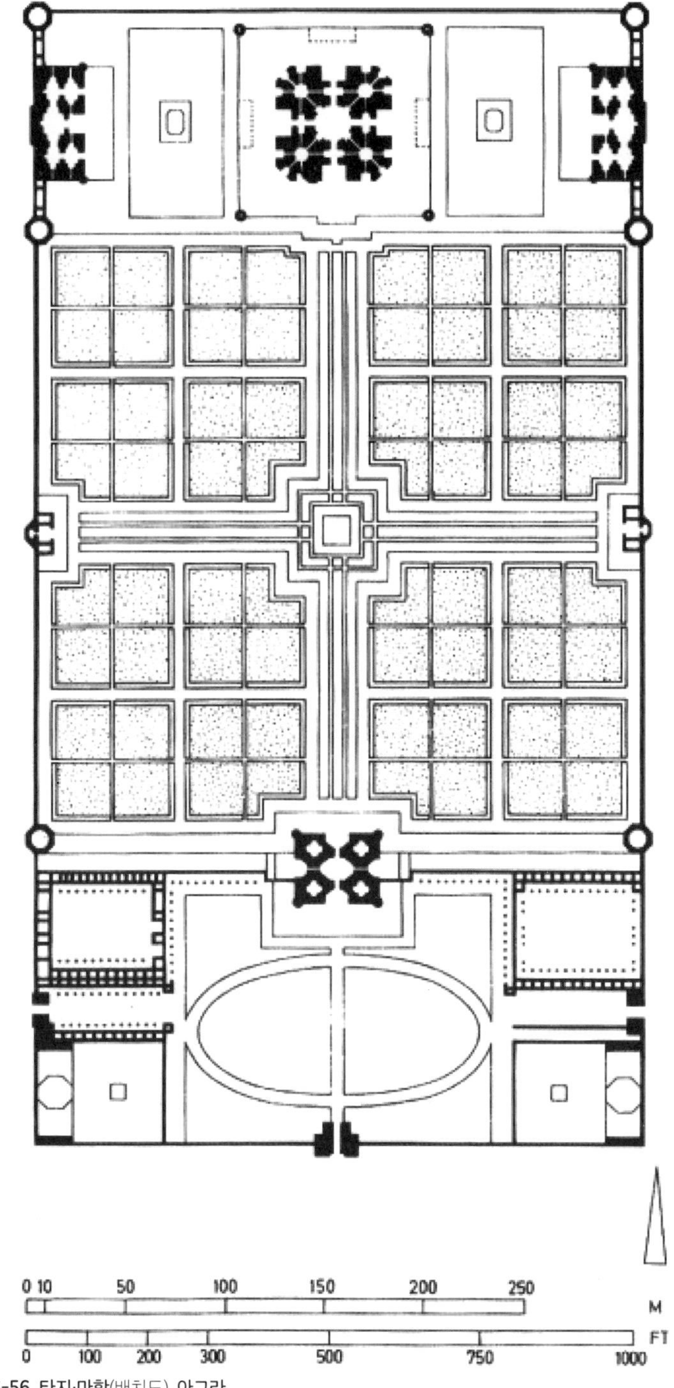

그림 6-56 타지·마할(배치도), 아그라

4. 샤·자한 - 타지·마할

제5대 황제 샤·자한은 무엇보다 인도 이슬람건축의 걸작 타지·마할 건립으로 알려져 있지만, 샤자하나바드(올드·델리) 건설로도 알려져 있으며, 델리의 자미·마스지드, 아그라의 '진주 모스크'도 그의 손에 의해 만들어졌다.

그림 6-57 자미·마스지드, 델리

순백 대리석의 타지·마할은 사랑하는 부인 뭄타즈·마할의 묘로 20년간(1632년~1652년)에 걸쳐 건설되었으며, 아그라성(城)에서 바로 손이 닿을만한 지척의 거리에 있다. 붉은 사암으로 만들어진 대형 문 이완을 들어서면 광대한 사분정원(四分庭園)이 펼쳐지면서 남북 중심축선상에 똑바로 가늘고 긴 물길이 만들어져 있다. 그 축선(軸線)의 초점에 4개의 미나레트를 거느리며 우뚝 서있는 것이 타지·마할이다. 기단(基壇) 높이는 7m, 한 변의 길이는 100m, 지름 28m인 돔(Dome)의 높이는 65m에 이른다.

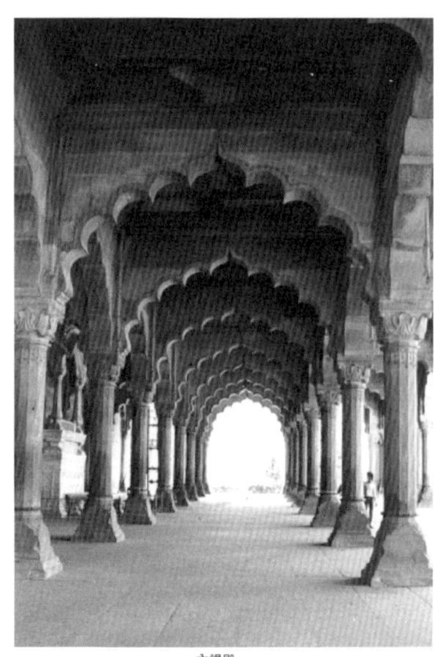
그림 6-58 랄·킬라 내알전(內謁殿), 델리

'지상에 낙원이 있다면 그 곳은 여기이며, 또 그 곳은 여기이며, 그 곳은 바로 여기이다!'라고 내알전(內謁殿)(디와니·하스)의 벽면에 새긴 랄·킬라(Lal Qila)(붉은 성(城))[16]와 샤자하나바드의 조영(造營)(1638년~1648년)은 무굴제국의 도시, 건축문화의 정점이었으며, 랄·킬라는 바자르, 정원, 모스크, 누각(樓閣), 목욕탕을 포함한 하나의 거대한 궁전 콤플렉스로 구성되어 있다.

왕위계승권을 가진 모든 왕자를 죽이고, 아버지 샤·자한을 유폐하며 제위(帝位)에 오른 제6대 황제 아우랑제브는 엄격한 이슬람(수니파)으로 회귀한 것으로 알려지지만, '진주 모스크'라 불리는 소품(小品)을 랄·킬라 내에 남긴 것 외엔 이렇다 할 건축은 알려지지 않는다.

이렇게 무굴제국은 그 전성기를 마치며, 이후 황제의 묘소조차 확실치 않게 되었다.

---

16 붉은 요새, 레드·포트 등으로 다양하게 불린다.

12 청진사(清眞寺)

1. 이슬람[1]교

이슬람은 ‘구당서(舊唐書)’의 ‘영휘(永徽) 2년(651년) 대식국(大食國)이 사신을 보내 조공하기 시작하였다(大食始遣使朝貢).’ 혹은 ‘책부원귀(冊府元龜)’의 ‘대식국(大食國)이 중국에 정식 통사(通使)를 영휘(永徽) 2년에 보내기 시작하였다(大食與中國正式, 確自唐永徽2年始).’라는 기록으로부터 당나라(651년) 때 중국에 전해진 것으로 알려지고 있다. ‘대식법(大食法)’이란 이슬람을 말하며, 1980년 양주성(揚州 城) 외곽의 당나라 시대 무덤(무덕(武德), 618~626년)으로부터 ‘진주지대(眞主至大)’라고 적힌 토기가 출토된 것에서 보아 실제 전래시기는 이보다 빠르다고 보고 있다. 이슬람교는 ‘진교(眞教)’라고도 불리며 ‘청진교(清眞教)’라는 명칭은 북경(北京)의 동사청진사(東四清眞寺)[명(明)·정통(正統) 12/13년(1447/1448년)] 이래 일반적으로 이용된다. 기타 ‘천방(성)교(天方(聖)教)’, ‘서역교(西域教)’, ‘회교(回教)’, ‘정교(浄教)’ 등으로도 불렸지만, 오늘날 정식으로는 ‘이슬람교(이사란교(伊斯蘭教))’(1956년)라는 명칭이 쓰이고 있다.

2. 회성사(懷聖寺) 광탑(光塔)

중국으로의 전파경로는 크게 2가지가 있는데, 해상루트를 통해 예루살렘, 아라비아반도에서 다카, 말레이반도를 경유하여 천주(泉州)에 이르는 경로와 바그다드와 아랄해로부터 육상 실크·로드를 타고 사마르칸트나 우루무치를 경유하여 장안(長安)에 이르는 경로이다.

해상루트를 타고 온 무슬림은 광주(廣州), 천주(泉州), 항주(杭州)의 ‘번방(番坊)’에 정착해 모스크를 건설하며, 모스크(청진사(清眞寺))는 중국에서 ‘예당(禮堂)’, ‘사당(祀堂)’, ‘예배당(禮拜堂)’, ‘교당(教堂)’, ‘예배사(禮拜寺)’, ‘청정사(清浄寺)’(천주(泉州)), ‘진교사(眞教寺)’(항주(杭州)) 등으로 불렸다.

그림 6-59 회성사(懷聖寺) 광탑(光塔), 광주(廣州)

1 원본 표기는 伊斯蘭

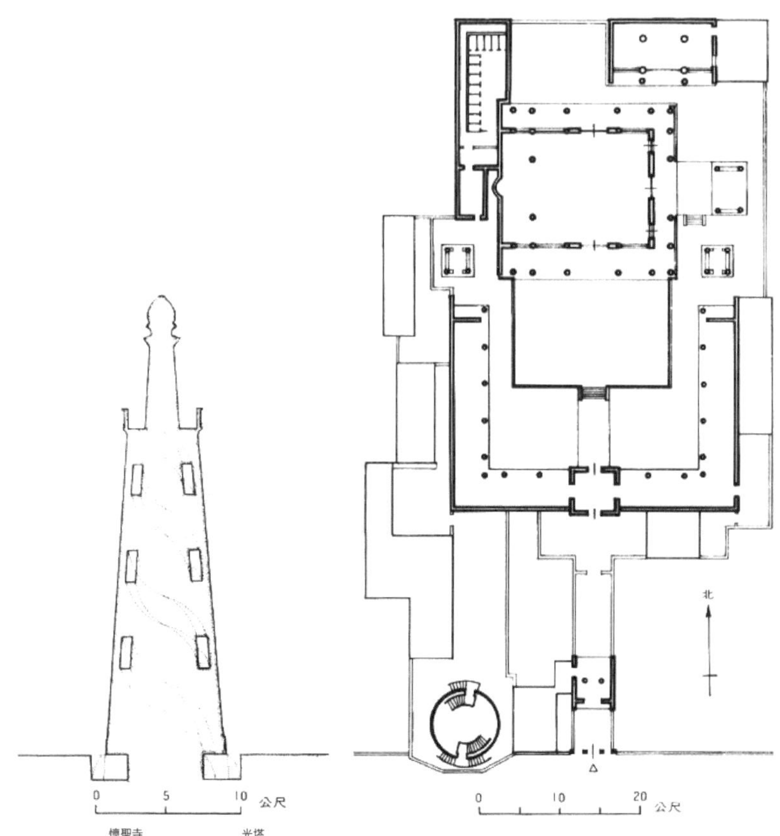

그림 6-60 회성사(懷聖寺) 평면도(우), **광탑(光塔)** 단면도(좌)

광주(廣州)의 회성사(懷聖寺) 광탑(光塔)은 당(唐)나라 시대에 창건되었으며, 현재의 탑은 송(宋), 원(元)나라 시대에 재건된 것으로 보인다. 또한 천주(泉州)의 청정사(清浄寺)도 이슬람의 고(古)건축으로 중요한 예시이다. 청정사(清浄寺)는 '천주부지(泉州府志)' 기록에 의하면 남송(南宋)의 소흥(紹興) 원년(元年)(1131년)에 무슬림인 쯔실·웃딘[2]이 사나웨이[3]로부터 천주(泉州)로 와서 세운 것으로 그 후 원(元)나라의 지정(至正)(1341년~1367년) 연간에 이슬람교도인 킹·아리[4](김아리(金阿里))가 재건하고, 명(明)·청(清) 시대에 다시 복원됐다. 현재 남아 있는 것은 원(元)나라 시대의 건축으로 보이며, 이 절의 평면은 사합원(四合院) 형식을 취하는 중국 내 여러 청진사(清眞寺)와는 달리 거의 한족(漢) 건축의 영향을 받지 않았는 듯, 즉, 배치에 있어 '좌우대칭'을 중시하고 있지 않다.

2 원본의 ツシル·ウッディーン
3 원본의 サナウェイ
4 원본의 キン·アリ

3. 청정사(清淨寺)

청정사(清淨寺)의 사문(寺門)은 직사각형 평면이며, 폭 4.5m, 높이 20m로 군청색 돌을 쌓아 만들었다. 문은 3중(三重)의 첨두(尖頭)아치로 되어있으며, 3번째 첨두(尖頭)아치 양 옆에는 2개의 아치문이 있다. 대문의 옥상에는 테라스가 있고, 주위를 벽돌을 쌓아 만든 담장이 감싸고 있으며, 문 위에 원래는 탑이 있었으나 이미 없어졌다. 문의 내부 천장은 양파모양으로 만들어져 있는데, 이것은 모두 석조(石造)이다. 예배당은 사원의 서쪽에 있으며, 예배당 정면은 정확하게 동쪽을 향하고, 평면은 폭 5칸으로 사방에 화강암 석벽(石壁)이 둘러싸고 있다. 당내(堂内)의 서쪽 석벽(石壁)에는 미흐라브라는 벽감(壁龕)이 만들어진다. 그중 가운데 것이 가장 크고, 3개 모두 바깥쪽으로 돌출되어 있으며, 일반 예배사원과 마찬가지로 이곳에 신감(神龕)을 둔다. 남쪽에 있는 오른쪽 벽에는 6개의 사각형 창문이 있으며, 예배전(禮拜殿)의 지붕은 이미 없어져 최초의 형식을 알 수 없다.

4. 청진사(清眞寺)(서안(西安))

쿠빌라이·칸이 아랍인 건축가 예헤이델테인(亦黒迭児丁)[5]을 중용하여 한(漢)족인 유병충(劉秉忠)과 함께 원나라 대도(大都)(북경(北京)) 건설을 이끈 것은 잘 알려져 있으며, 이슬람권과 중국의 교류는 원나라 이후 매우 활발했다.

명·청 시대 이후 이슬람 건축은 신장(新疆)·위구르지방과 그 외 지방의 2개 계통으로 나뉘며, 내륙지역 회족(回族)의 청진사(清眞寺)는 그 지방의 한(漢)족 건축형식을 채택하여 만든 목조이다. 그 대표적인 예 중 하나가 서안(西安)의 청진사(清眞寺)인데, 화각항(華覺巷)의

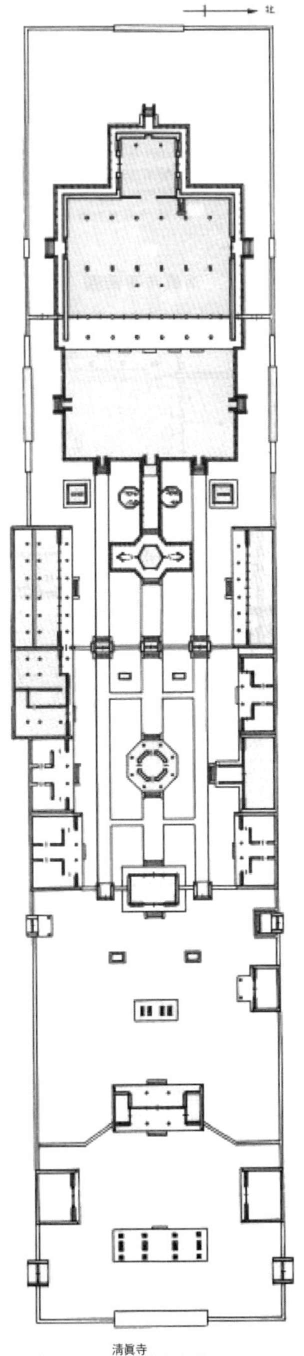

그림 6-62 청진사(清眞寺)(평면도)

5 원본의 イェヘイデルテイン

청진사(清眞寺)는 명나라 초(14세기 말)에 창건하였다. 후에 자주 개축(改築)을 하였지만, 주요한 건축은 모두 명나라 초기에 건설된 것이다.

그림 6-61 청진사(清眞寺), 서안(西安)

그림 6-63 청진사(清眞寺), 우가(牛街), 북경(北京)

이 절의 전체 평면은 길쭉한 직사각형을 이루고, 모두 4블록(진(進))의 중정군(群)이 있다. 제1블록과 제2블록은 폐쇄적인 중정(中庭)으로 대문, 패방(牌坊) 및 기타 부속건축이 있다. 제3블록의 중심이 되는 건축은 8각형 평면으로 중층(重層) 지붕(내부 중층(重層))인 '성심루(省心樓)(방극루(邦克樓)라고도 한다, 미나레트)'로서, 아홍[6](무에진[7], 예배를 부르는 사람)이 이 누각 위에서 신도들에게 사원으로 들어가 예배를 하도록 안내한다. 서북지방의 예배사원에 있는 '성심루(省心樓)'는 대체로 동일한 형태이며, 그 끝의 돌기된 형태에 따라 예배사원의 주요한 윤곽선을 구성한다. '성심루(省心樓)' 서쪽에는 곁방이 있는데, 그곳은 신도가 예배하기 전에 목욕하는 욕실, 응접실, 신도를 위한 교실, 도사(導師)의 거실 등으로 사용되었다. 맨 뒷쪽 중정(中庭)의 중심적 건축은 예배전(禮拜殿)으로 그 앞면에는 돌로 만든 패방문(牌坊門)과 큰 월대(月臺)(테라스)가 있다.

이슬람 예배전(禮拜殿)은 모두 전랑(前廊)(타랄[8]), 예배전당(禮拜殿堂), 후요전(後窑殿)의 3개 부분으로 구성되는데, 평면은 일반적으로 안쪽 방향으로 길지만, T자형을 이루는 것도 있다. 이 때문에 지붕은 일반적으로 3개 부분으로 구성되고, 서로 연속하여 걸치게 된다. 이 중 중앙의 예배전당(禮拜殿堂) 지붕이 가장 크고, 2층 지붕 형태로 꾸미는 경우도 있다.

---

6 阿訇[āhōng] [음역어] 종교 본래의 뜻은 교사(教師)인데, 이란어를 사용하는 회교도 가운데에서는 이슬람교 교사의 존칭으로 사용되며, 중국에서는 보통 이슬람교 성직자의 칭호로 쓰임.

7 하루에 5번 이슬람사원에서 예배시간을 알리는 기도 시보원(時報員)을 일컫는 말이다. 예배시간을 알리는 것은 아잔(aḏān)이라고 하는데, 종이나 나팔을 사용하는 다른 종교와는 달리 이슬람교에서는 사람이 직접 고함을 쳐 알리는 것이 보통이었으나, 최근에는 많은 이슬람사원들이 녹음기나 확성기를 이용한다. 사원의 동서남북 4곳에 솟아있는 첨탑(미나레트, manāra)을 돌며 하는 경우가 보통이며, 미나레트가 없는 소규모의 사원에서는 사원 문 앞에서 하고, 무에진은 사원의 직원 중에서 성품이 선한 사람을 골라 선발한다. 이슬람권이 아닌 유럽, 아시아, 아메리카 등지의 이슬람사원에서는 아잔이 없는데, 무슬림이 아닌 사람들에게 큰 소리로 민폐를 끼치지 않기 위해서이다. (위키백과)

8 원본의 ターラール

후요전(後窑殿)에는 미흐라브(窑龕)와 강단(講壇)이 마련된다. 예배전당(禮拜殿堂)은 많은 신도들이 예배를 올리는 곳인데, 신도들이 성지(聖地) 메카를 향해 예배할 수 있으려면 미흐라브는 중국에서는 서쪽으로 향해야 하며, 그 때문에 건물 전체는 반드시 동향(東向)이 된다.

이슬람의 교리에 따라 건축장식에 동물 도안(圖案)을 사용할 수 없기 때문에 문자 도안(圖案)을 사용하는데, 그 조각(彫刻)이나 공예(工藝)가 지극히 정교하다. 후요전(後窑殿)의 4개의 벽과 기둥 표면에는 온통 부조(浮彫)가 새겨지고, 여기에 살짝 빛이 비치면 신비스럽고 엄숙한 종교적 분위기를 자아내게 된다.

5. 예적이(艾迪而)(에이티칼) 예배사(禮拜寺)

한편, 신장(新疆)지방의 이슬람 건축은 주로 위구르족의 예배사(禮拜寺)와 능묘(陵墓)이다. 이들의 평면과 외관은 비교적 자유롭고 융통성이 있으며, 구조는 돔지붕, 혹은 작은 보를 촘촘하게 배치한 평지붕의 두 가지 형식을 이용하고 있다.

예적이(艾迪而)(에이티칼) 예배사(禮拜寺)는 신장(新疆) 남부의 대표적 사찰로 파키스탄 국경과 가까운 카슈가르의 중심광장에 들어서 있다. 14세기에 창건되었다고 전해지지만, 당시는 성 밖 작은 절에 불과했으며, 현존하는 것은 청나라 가경(嘉慶) 3년(1798년)에 건설한 것이다. 평면은 부정형(不整形)의 중정형(中庭)으로 동쪽으로 문루(門樓)·성례탑(聖禮塔), 서쪽으로 예배전(禮拜殿)을 배치하고, 남북 양옆에는 사식승(司式僧)(아홍)의 방이 나란히 들어선다. 예배전(禮拜殿)은 폭이 38칸이며, 모두 합해 160개의 팔각기둥이 있고, 벽이 없는 외전(外殿)과 벽으로 격리된 폭 10칸의 내전(內殿)으로 나뉜다. 에이티칼에서 명확하게 나타나듯이 신장(新疆)의 이슬람 건축은 벽돌과 돌의 조적(組積)구조 및 돔, 아치, 평지붕을 채택하는

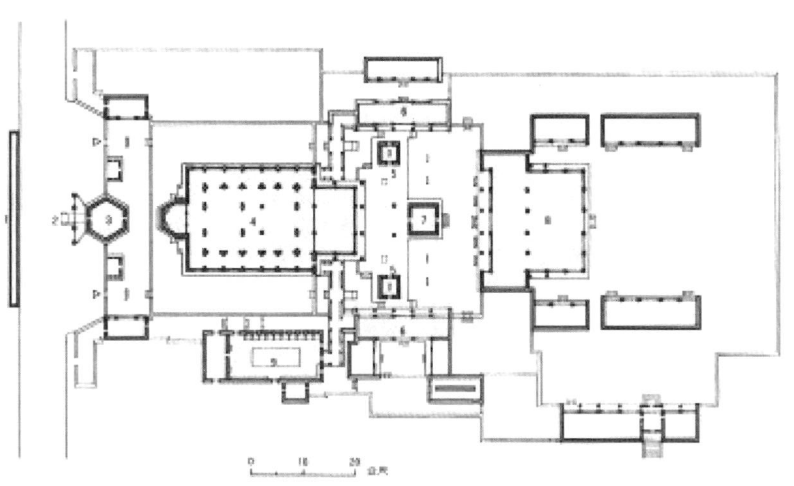

그림 6-64 예배사(禮拜寺)(평면도), 우가(牛街), 북경(北京)

독자적인 것으로 기본적으로 한족(漢) 건축의 영향을 받지 않는다.

중국에서는 한족(漢) 이외에 10여 민족이 이슬람을 믿고 있다. 신자들은 회족(回族)(한족(漢) 중의 무슬림) 721만명, 위구르족 595만명, 카자흐족 90.7만명, 둥샹족 27.9만명, 키르기스족 11.3만명, 사라족 6.9만명, 타지크족 2.6만명, 우즈베크족 1.2만명, 바오안족 0.9만명, 타타르족 0.4만명, 합계 1457.9만명이라고 한다('중국소수민족정황간표中國少數民族情況簡表' '인민일보(人民日報)' 1982년 10월 23일 게재). 1997년 기준 세계 무슬림 인구는 약 11억명으로 추정[9]되는데, 중국은 1990년 기준 1760만명 이상으로 추산되며, 그중 회족(回族) 이외의 대부분은 중국 북서부의 신장(新疆), 칭하이, 칸수지방에 살고 있다.

그림 6-65 에이티칼 예배사(禮拜寺), **카슈가르, 신장(新疆)**

---

9 2022년 추정인구는 19억 명이고, 2050년이면 전세계 기독교 인구와 같아질 예정이며, 2060년 무렵에는 30억 명에 이를 것으로 전망되고 있다. (역자 주)

column 2

쿠두스(Kudus)(자바)의 미나레트

세계 최대의 **무슬림** 인구를 가진 것은 실은 **인도네시아**이다. 아랍권을 **이슬람** 속의 핵심이라고 보면 동남아시아의 **이슬람**은 가장자리이며, 그 본연의 자세도 다르다. **소프트·무슬림** 혹은 시골 **무슬림**이란 말도 있지만, 술이나 담배 등에 대한 태도를 보아도 계율은 다소 완만해 보이며, 중동의 건조기후와 동남아시아의 습윤열대에서 사는 방식이 다른 것은 당연하다.

그림 6-66 쿠두스의 미나레트, 자바

동남아시아에 이슬람이 들어온 것은 아랍인 상인, 인도 상인(인교(印僑))이 매개가 되었다. 연안(沿岸) 지방의 항구도시를 장악하고 있던 수장(首長)들이 먼저 개종하고, 그 영향력이 서서히 내륙으로 파급됐다고 보는데, 내륙의 여러 왕국이 기본적으로 힌두의 이념을 통치원리로 하고 있었던 데 반해 그에 대항하기 위해 이슬람이 가진 평등원리가 적합했다는 설이 있다.

자바섬의 경우 중부의 데마[1]왕국을 최초로 하여 북쪽 해안의 파시실(pasisir)지역이 먼저 이슬람화 되며, 이슬람화를 위해 전력을 다한 왈리·송고(Wali songo)라로 불리는 9명의 도사(導師)가 알려져 있다. J. 하우트만[2]이 처음으로 순다·켈라파(Sunda Kelapa)(현재의 자카르타)를 방문했을 때 이슬람은 아직 들어오지 않았고, 다음 선단(船團)이 도착했을 때 이미 이슬람화 되었다고 하니, 현재의 자카르타 부근이 이슬람화 된 것은 유럽의 도래(到来)와 동일한 1600년 전후이다.

이슬람 도래로 이슬람 건축도 생겨나지만, 아랍이나 페르시아, 인도의 건축양식을 그대로 가져가지는 않았다. 기후나 건축기술의 수준이 다르기 때문에 당연한데, 흥미로운 것은 쿠두스의 미나레트이다. 힌두의 찬디사당(祠堂) 양식을 채택하고 있으며 데마의 모스크는 4개 기둥을 구조의 중심으로 하는 자바의 전통적 주거형식을 채용하고 있다. 힌두교의 영향을 강하게 받은 롬복 동북부의 사사크족의 모스크도 인도네시아에서 만들어진 모스크형식의 전형(典型)이다.

양파모양의 돔을 꼭대기에 얹는 모스크를 짓기 시작하는 것은 근래에 들어와서이며, 현대 건축의 모스크는 다양하다. 동남아시아의 이슬람 건축은 그 기본양식 확립을 목표로 지금도 계속해서 발전해 나가고 있다.

---

1 원본의 デマ王国

2 프레데릭·더·하우트만(네덜란드어: Frederik de Houtman, 1571년~1627년 10월 21일)은 네덜란드의 탐험가이다. 그는 현재 인도네시아의 자카르타로 알려진 바타비아로 가는 도중에 오스트레일리아의 서쪽 해안을 따라 항해하였다. (위키백과)

PART 07

7章

식민도시(植民都市)와 식민지건축(植民地建築)

상관(商館), 요새(要塞), 식민도시(植民都市)

식민도시란 원래 고대 그리스·로마 시절 식민활동(이주(移住))에 의해 건설된 도시를 말하는데, 인구 과잉, 내란(內亂), 신천지(新天地)에서의 시민권 확보와 군사거점 설치 등이 식민지 건설의 이유이다. 그리스어로 아포이키아(apoikia), 라틴어로 콜로니아(colonia)라고 불렀으며, 고대 그리스의 도시국가 폴리스(polis), 고대 로마의 도시국가 키비타스(civitas)는 흑해 연안, 트라키아 남쪽 해안, 리비아 북쪽 해안, 이탈리아 남부, 시칠리아 동쪽 해안과 남쪽 해안, 프랑스 남쪽 해안 등에 많은 식민도시를 건설하였고, 식민도시가 식민도시를 건설하는 사례도 있었다.

라틴어의 콜로니아에 기원을 두고, colony(영어), colonie(불어), kolonie(독일어)로 널리 쓰이게 되는 '식민지'라는 개념은 근대 이전에는 어떤 집단이 자신이 거주하던 토지를 떠나 다른 지역으로 이주해서 형성한 사회를 뜻했으며, 중세 독일의 동방이주(東方移住)[1]도 그 예이다.

그러나 콜로니아는 단순히 이주지(移住地)가 아니라 어느 한 집단이 정치적, 경제적으로 지배하는 지역도 의미하게 되며, 서구 열강에 의해 제국주의적 진출을 받았던 지역은 보호국(保護國), 보호지(保護地), 조차지(租借地), 특수회사령, 위임통치령 등의 법적 형태를 불문하고 식민지로 불린다. 여기서 문제되는 것은 이른바 서구 열강에 의한 근대 식민지인데, 15세기 말 이후 형성과정에 들어간 '세계 자본주의 시스템'에 종속적으로 포섭되는 '주변부'가 그 대상지역이 된다. 유럽은 산업혁명으로 이르는 과정에서 자본제(資本制) 생산양식을 만들면서 태생적으로 '주변부'를 향하게 되며, 이 과정에서 상업자본을 통한 부(富)를 축적하게 된다. 이 부(富)의 축적이 서구세계가 산업자본주의로 이행하는 원동력이 되고, 그것을 위한 거점으로 건설된 것이 식민도시다.

스페인, 포르투갈이 먼저 채찍을 잡고, 네덜란드, 프랑스, 영국이 뒤를 이은 아시아 진출은 당초 상업적 진출형태를 띠기 때문에 현지 사회에 꼭 큰 변혁을 초래한 것은 아니었고, 교역거점으로 마련된 기지(상관(商館(factory)), 요새(fort))가 곧 식민도시의 핵심이 되었다. 한편, 아메리카대륙에서는 직접적 식민지 지배의 형태가 취해지기 때문에 현지인 사회는 철저히 파괴되며 약탈되었고, 그 위에 식민지 지배거점으로서의 식민도시가 처음부터 건설되었다.

식민도시 형성과정에서의 지배 → 피지배 관계는 유럽문명 → 토착문화의 대항, 충돌, 융합, 절충을 야기했다. 식민지 건축은 그 문화변용의 상징인데, 유럽건축과 토착건축의 전통이 새로운 건축양식을 만들어 내는 것을 식민도시에서 볼 수 있다.

---

1 동방식민운동(Ostkolonisation, 東方植民)이라고도 하며, 12~14세기 서부 독일의 농민들이 엘베·잘레강(江) 동쪽의 동부 독일로 이동하여 이곳을 개척, 독일화시킨 일을 말한다. (네이버 지식백과)

01 서구(西歐) 열강(列强)의 해외진출(海外進出)과 식민도시(植民都市)

근대 유럽의 여러 나라 중 인도양과 동남아시아의 양(兩) 해역세계에 가장 빨리 등장한 나라는 희망봉을 돌아서 온 포르투갈과 멕시코를 돌아온 스페인이었다. 스페인의 양(兩) 해역세계로의 진출이 주로 필리핀으로 한정되었던 것에 반해 16세기 초 이후 포르투갈은 양(兩) 해역세계의 곳곳에 식민도시를 건설해 가며, 16세기 말 이후 네덜란드가 그 뒤를 따르고, 이어서 영국이 이어갔다.

1. 포르투갈

유럽에서 해외진출의 선두를 달린 것은 포르투갈이며, 1488년에 바르톨로메우·디아스가 희망봉에 도달하고, 1498년에 바스코·다·가마(1469년~1524년)가 인도 캘커타에 이른다. 이후 고아 점령(1510년), 말라카 점령(1511년), 실론 점령(1518년), 마카오 거주권 획득(1557년)에 이어 포르투갈은 아시아에 차례로 식민지 거점을 마련했으며, 광주(廣州) 도달이 1517년, 다네가시마(種子島) 표착(漂着)이 1543년으로, 중국, 일본을 처음 찾은 것도 포르투갈이었다.

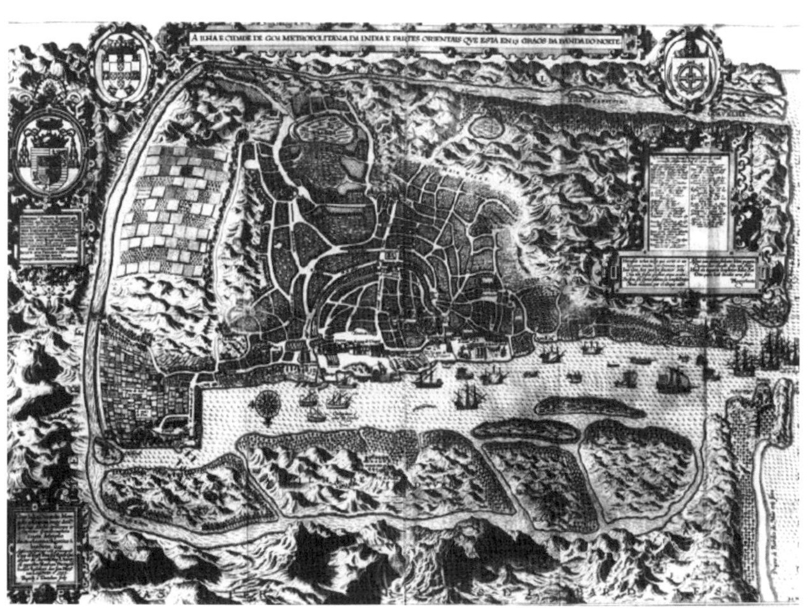

그림 7-1 고아, 인도, 1595년

14세기 말, 이베리아반도에는 포르투갈, 아라곤, 카스티야 등의 여러 왕국이 분립하고 있었으며, 안달루시아지방에서는 그라나다왕국이 이슬람의 지배권을 여전히 유지하고 있었다. 항쟁이 끊이지 않는 가운데, 1385년에 침입해 온 카스티야군(軍)을 주앙 1세(재위 1385년~1433년)가 격파하고, 아비스왕조(1385년~1580년)를 세운 결과, 포르투갈은 유럽에서 최초의 국민국가가 된다.

포르투갈은 대국(大國) 카스티야에 접해 있고 항상 압박을 받고 있었기 때문에 그 활로를 바다에서 찾을 수밖에 없었다. 주앙 1세는 마데이라, 아소르스, 카나리아 제도(諸島)에 식민지를 두려는 시도를 지원하며, 동시에 아프리카로의 진출을 도모하고, 1415년에 두아르테, 엔리케 두 왕자(王子)가 지휘하는 대군(大軍)을 보내어 모로코의 항구 세우타를 점령시켰다.

엔리케(1394년~1460년)는 항해(航海)왕자로 알려져 있는데, 형인 두아르테가 즉위(재위 1433년~1438년)하자 아프리카 대륙 연안에서 행해지는 교역과 식민활동 등에 대한 세금(5분의 1세)이 면제되는 특권을 부여받았다. 왕자는 그때까지 항해의 한계로 여겨져 온 보자도르곶(岬)을 넘어 적극적으로 해외진출을 시도했으며, 1449년 아르긴섬(모리타니)에 상관(商館)을 건설하여 거점으로 삼았다. 포르투갈 남단의 라고스에 기네아[1]관(館)을 설치하고(1450년), 무역활동을 관할했으며, 엔리케왕자가 사망하자 아폰수 5세(재위 1438년~1481년)는 아르긴섬에 요새를 건설(1461년)하고, 아들인 주앙왕자[주앙 2세(재위 1481년~1495년)]에게 관할을 맡겼다. 엔리케의 뒤를 이은 주앙왕자는 기네아해안에 돈과 노예교역을 위하여 엘미나성(城)(가나공화국 엘미나)을 건설(1480년)한 다음, 기네아관(館)을 리스본으로 옮기고, 기네아·미나관(館)이라고 불렀다. 아프리카 진출에 명운(命運)을 건 주앙 2세는 1488년 드디어 바르톨로메우·디아스가 희망봉에 도달하여 인도양을 눈앞에서 바라보게 되었다.

2. 토르데시야스 조약

카스티야는 포르투갈보다 한발 늦게 카나리아제도(諸島)에 진출하며, 한편으로 그라나다왕국과의 항쟁에 쫓기고 있었다. 1469년 카스티야의 공주 이사벨은 아라곤의 왕자 페르난도와 결혼한다. 1474년에 국왕 엔리케 4세가 세상을 떠나자 이사벨은 여왕(재위 1474년~1504년)이 되어 페르난도와 함께 카스티야를 함께 지배하게 되며, 이어 1479년에는 페르난도가 아라곤의 왕으로 즉위(1479년~1516년) 하여 이사벨-페르난도 2명의 왕에 의해 스페인왕국이 시작된다. 아폰수 5세는 카스티

1 원본의 ギネア로서 기네아, 기니아로 발음되는데 현재의 정식 이름은 기니[프랑스어: Guinée 기네(*)] 또는 기니공화국[프랑스어: République de Guinée 레퓌블리크·드·기네(*), 문화어: 기네] 이다. (역자 주)

야의 왕위(王位)계승에 개입하며, 1479년 알카소바스조약이 성립하여 포르투갈은 왕위(王位)계승권을 포기하는 대신 마데이라, 아조레스, 베르데곶(岬) 등의 섬에 대한 지배권과 아프리카 대륙 연안에서의 항해와 무역독점권을 얻었고, 스페인은 카나리아제도(諸島)의 지배권만을 인정받았다.

그리고 콜럼버스(크리스토퍼·콜럼버스[2], 1451년~1501년)의 시대가 왔다. 콜럼버스는 서쪽으로 돌아가는 항로(航路)를 통해 지팡구[3](일본), 카타이[4](중국)로 이르는 항해를 제안했으며, 주앙 2세는 이를 받아들이지 않았지만, 이사벨과 페르난도 2명의 왕은 우여곡절 끝에 받아들인다. '산타·페협약'에 의해 발견되는 토지전체에 대한 독점권을 부여받은 콜럼버스는 마침내 1492년에 산살바도르섬에 도달하였으며, 이상하게도 마침 그 해는 그라나다왕국이 함락, 레콩키스타가 완료된 해였다.

그 결과, 포르투갈과 스페인은 1494년 토르데시야스조약을 맺으며, 이 조약은 베르데곶(岬) 제도(諸島) 서쪽 370레그와(1레그와 → 5.5km), 서경(西經) 46° 37′ 의 자오선(子午線)을 기준으로 동쪽은 포르투갈, 서쪽은 스페인에 지배권을 주는 것이었다. 이때 동경(東經) 133° 23′ 의 자오선(子午線)이 통과하는 일본은 동쪽이 스페인령, 서쪽이 포르투갈령으로 분할되었으며, 1500년에 발견된 브라질은 조약에 따라 포르투갈의 영토가 되었다.

포르투갈의 마누엘 1세(재위 1495년~1521년)는 즉위하자 1497년에 바스코·다·가마를 인도로 보냈다. 그리고 1499년 가마가 코지코드[5]에서 귀국하자 1500년에

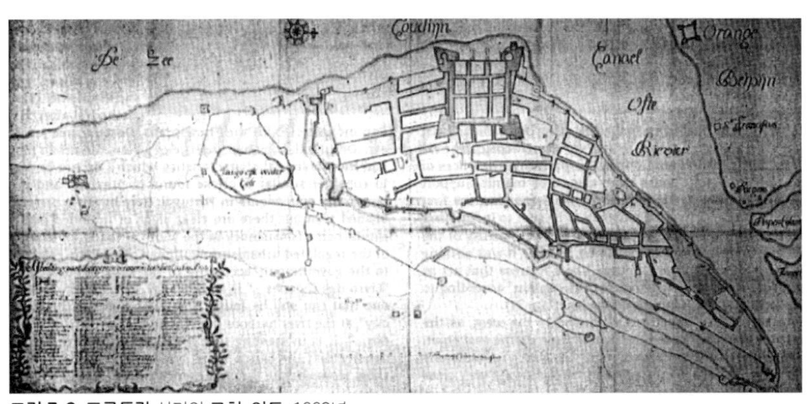

그림 7-2 포르투갈 시기의 **코친, 인도**, 1663년

2 원본의 クリストーバル・コロン
3 원본의 ジパング
4 원본의 カタイ
5 원본의 カリカット; 코지코드(Kozhikode) 인도 남서부 케랄라주(州)에 있는 도시로서 옛 이름은 캘리컷(Calicut)이다. 마드라스(현재의 첸나이)에서 서남쪽으로 666km 떨어진 말라바르해안에 위치하며, 1498년 포르투갈의 바스코·다·가마가 희망봉을 돌아서 처음으로 인도에 발자취를 남긴 곳이다. (네이버 지식백과)

는 베드로·알바레스·카브랄을 지휘관으로 하여 2번째 선대(船隊)를 보냈다. 카브랄은 코친(Kochi)[6]에 상관(商館)을 개설하며 기네아·미나관(館)은 인디아관(館)으로 개칭되어 이후 매년 인도에 선대(船隊)가 파견되었다. 마누엘 1세는 1500년 가스파르·코르테·레알을 북서쪽으로, 1501년 곤살로·코엘류와 아메리고·베스푸치를 남서쪽으로 보내서 스페인의 세력범위를 뚫고 인도에 도달할 수 있도록 하였으나 실패하고, 서쪽으로 돌아가는 항로(航路)를 잠시 포기했으나, 1502년 바스코·다·가마를 다시 사령관으로 파견하고, 이때부터 인도양에 포르투갈함대를 상주시켜 해상교통을 무력으로 지배하게 되었다. 1505년에 아프리카 동해안 및 인도에 마련된 상관(商館)과 요새(要塞)는 인도령으로 합하여 통치하게 되며, 프란시스코·데·알메이다(1450년~1510년)를 함대 사령관 겸 초대 인도총독으로 보내어 인도령을 통치하게 하였다. 활동거점은 코친이었으며, 고아가 인도령의 수도(首都)가 되는 것은 1530년이다.

마누엘 1세는 알메이다에게 말라카 발견과 점령을 명하지만, 맘루크왕조와 구자라트왕국의 연합함대 등 이슬람 세력에 막혀서 실패하였다. 그 임무를 다시 디오고·로베스·데·세케이라(Diego Lopez de Sequeira)가 맡아 1509년에 상륙했지만, 국왕 마흐무드·샤의 공격을 받아 결국 패주하였는데, 이때의 '세케이라' 선대(船隊)에 프란시스코·세란과 마젤란(마갈량이스[7])이 있었다는 것은 잘 알려진 사실이다.

마침내 말라카 점령(1511년)에 성공하는 것은 제2대 총독 아폰소·데·알부케르케(1456년~1515년, 재위 1509년~1515년)였다. 알부케르케는 인도로 가는 도중 홍해(紅海) 입구의 소코트라섬, 페르시아만 입구의 호르무즈섬 점령에 성공하여 호르무즈에 요새를 건설하고(1515년), 아라비아반도의 아덴, 인도의 코지코드 공격에는 실패하지만, 고아 점령(1510년), 그리고 말라카 점령(1511년)에는 성공한다. 이 때에도 세란과 마젤란은 참가하였으며, 본격적인 석조(石造) 요새건설이 시작되면서 성모(聖母) 수태고지교회(受胎告知教會) 건설에도 착수하였고, 이후 포르투갈 요새의 최고책임자[8]가 동남아시아 포르투갈인 활동을 지휘하게 된다.

3. 스페인

스페인에서는 페르난드왕이 사망(1516년)하고, 카를로스 1세가 왕위(王位)(1516년~1556년)에 오르자 코르테스의 멕시코 정복(1521년), 피사로의 잉카 정복(1532년) 등 스페인의 신대륙 식민지화가 본격화했다.

'산타·페 협약'에도 불구하고 1499년 이후 국왕은 콜럼버스의 독점권을 무

6 코치라고도 부른다.
7 Magalhães, Fernão de(마갈량이스, 페르낭·드) - 포르투갈의 항해가(1480~1521). 남아메리카를 순항하여 '마젤란해협'을 발견한, '마젤란(Magellan, Ferdinand)'의 포르투갈어 이름.
8 원본의 カピタン(長)

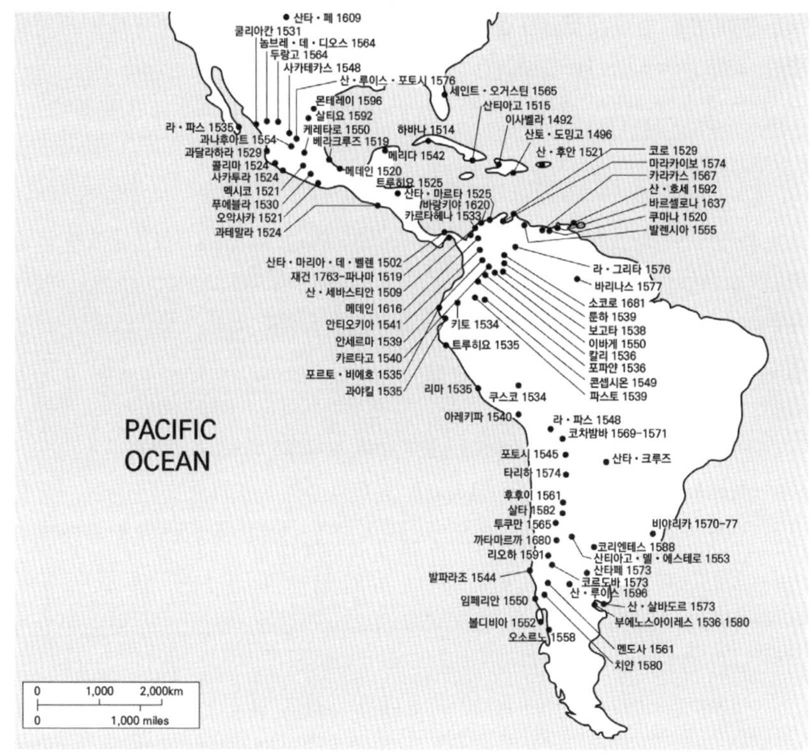

그림 7-3 스페인 식민도시분포도[9]

시하고 다른 항해자에게도 출항 허가를 내주었으며, 1503년 이후에는 세비야의 통상원(通商院)이 그 역할을 맡았다. 신세계(新世界)로의 도항(渡航)을 원하는 원정대의 대장(隊長)은 허가를 받으면 제반 비용을 스스로 조달하고, 왕실 관리(官吏)의 동행을 의무화했다. 그 이유는 상륙한 토지에 대한 스페인의 지배권을 법적으로 확인하기 위해서였으며, 획득한 재화의 5분의 1은 국왕의 몫으로 나누도록 하였다.

'정복(征服)(콩키스타)'은 이렇게 사적(私的)인 성격이 강했고 원정대장은 여러 출신들이 있었으며, 도항자(渡航者) 중에는 정식 허가장을 갖고 있지 않은 사람도 다수 포함되어 있었다. 이 '정복(征服)'은 대략 3기로 나뉜다.

① 1기 1492년~1519년 **앤틸리스**제도(諸島) 발견부터 **멕시코** 정복까지

1494년 콜럼버스는 아이티로 다시 돌아왔으며, 1495년 시바오의 금광(金鑛)이 발견되고, 산토·도밍고에 항구가 건설되었다. 푸에르토리코(1508년), 자메이카(1512년), 쿠바(1514년)가 정복되고 아바나(Habana)가 건설되었으며, 1499년 아메리고·베스푸치를 안

9 원본의 도시 검색 중 구글에서 찾을 수 없는 도시이름은 모두 삭제했다. (역자 주)

내인으로 삼은 일대(一隊)가 베네수엘라 해안에 도달하여 쿠마나섬에 거류지(居留地)를 건설하였다. 1513년 누네스·데·발보아가 파나마 지협(地峽)을 횡단하여 태평양을 '발견'했으며, 1517년 에르난데스·코르도바의 지휘 아래 유카탄반도를 최초로 정복했다.

② 2기 1519년~1532년 **아즈텍**제국 정복

1519년 에르난·코르테스 일행이 유카탄반도에 상륙하여 멕시코분지에 도달하고, 코르테스는 누에바·에스파냐 총독으로 임명되었다(1521년). 1524년 이후 온두라스 방면의 탐험이 이루어졌으며, 1530년 태평양 해안과 필리핀제도(諸島)가 합쳐졌다.

③ 3기 1532년~1556년 **안데스**고지(高地)(**페루, 볼리비아, 에콰도르, 콜롬비아**) 점령

파나마지협(地峽)을 기지로 하여 프란시스코·피사로를 지휘관으로 안데스고지(高地) 정복이 시작되었다. '정복'은 카를로스 5세의 치세(治世) 말년이었던 1556년에 완료됐고, 이후 '발견'(Descubrimiento)이라는 말이 쓰이게 되었다. 1572년 펠리페 2세의 칙령에 의해 '정복'은 금지되고, 식민도시 건설이 시작되었으며, 그 지침을 포함한 인디아스법이 제시된 것은 1573년의 일이었다.

1513년 엔리케라 불리는 말레이인 노예를 데리고 귀국한 마젤란은 서쪽으로 돌아가는 항로로 말루쿠제도(諸島)[10]에 이르는 항해를 마누엘 1세에게 호소했으나 받아들여지지 않자 스페인으로 옮겨 카를로스 1세를 찾아가 허가를 받았다. 1519년에 마젤란을 사령관으로 하는 5척의 선대(船隊)가 바라메다항을 출발해 마젤란해협을 발견하고, 미지의 대양(大洋)을 횡단하여 마침내 세계일주를 완성한 것은 잘 알려진 사실인데, 실제 마젤란은 필리핀제도(諸島)에 이르러 원주민에게 살해됐기 때문에 최초로 세계일주를 이룬 사람은 결국 말레이인 엔리케가 된다.

포르투갈은 1511년 이후 정기적으로 말루쿠를 방문하여 향료 등을 매입하지만, 1522년 이후 태평양을 도는 항로를 통해 필리핀에 도달한 스페인도 즉각 말루쿠제도(諸島)로 진출해 테르나테와 가까운 티도레섬의 왕과 제휴해 포르투갈에 대항했다.

4. 네덜란드

중상주의(重商主義) 단계로 돌입한 17세기에 들어와 포르투갈이 개척한 동인도, 다시

10 말루쿠제도(인도네시아어: Kepulauan Maluku)는 인도네시아의 군도(群島)로 말레이제도(諸島)의 일부이다. 술라웨시섬의 동쪽, 파푸아섬의 서쪽, 티모르섬의 북쪽에 자리한다. 말루쿠제도에서 가장 큰 섬은 할마헤라섬이다. 몰루카, 몰루쿠라고 부르기도 한다. (위키백과)

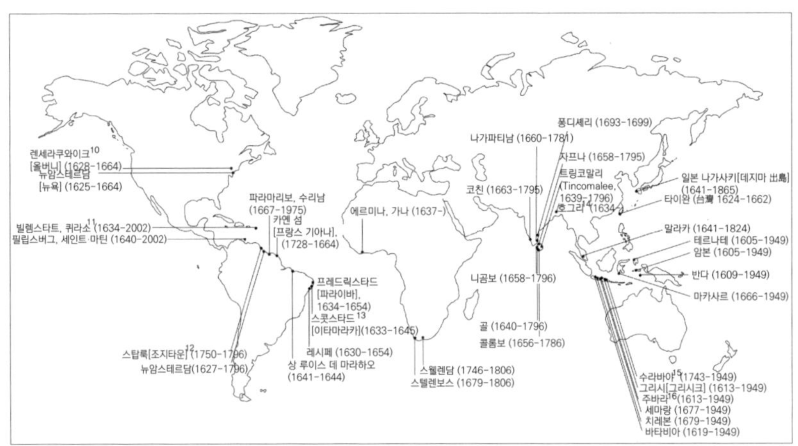

그림 7-4 네덜란드 식민도시분포도

말하면 동방 아시아로 가는 길을 따라 다른 유럽 열강들이 두 해역으로 진출해 왔다. 이들은 반(反)종교개혁 의식으로 무장돼 있었던 이베리아 여러나라의 경우와는 달리 중상주의(重商主義) 단계에 걸맞게 특허회사(特許會社) 방식, 즉 동인도 회사 설립을 통해 진출하였다. 최초로 동인도회사를 설립한 것은 영국(1600년)이었으며, 뒤이어 네덜란드에도 동인도회사(1602년)가 설립되었다. 이 2개의 동인도회사의 활동은 일본에서 잘 알려져 있지만, 동인도회사를 설립한 것은 두 나라만이 아니었고, 프랑스, 덴마크, 스코틀랜드, 오스트리아, 스웨덴 등의 나라도 동인도회사를 설립하여 동방 아시아 교역에 참가했다.

1543년 이후 전체 네덜란드의 통치권을 가졌던 카를로스 5세는 1555년에 아들 펠리페 2세에게 그 통치를 맡긴다. 펠리페 2세의 절대주의적인 중앙집권체제에 대한 네덜란드의 반란은 1567년 알바공의 파견을 통한 압정(壓政)과 오라녜공 빌럼[11]의 반항(1568년~1572년) 이후 독립을 향한 80년 전쟁(1568년~1648년)에 돌입했다.

1576년 네덜란드 전국 의회가 지도권을 확립하고, 1579년에는 북부 7주가 유틀레히트 동맹을 결성, 1581년 펠리페 2세의 폐위 선언으로 이어진다. 오라녜공의 암살(1584년)을 거쳐 1588년에는 네덜란드 연방공화국이 실질적으로 성립되고, 정식으로 인정받는 것은 1648년 베스트팔렌 조약에 의해서였다.

11 원본의 ウイリアム
12 원본의 レンセラークワイク
13 원본의 ウイレムシュタッド、キュラソー
14 원본의 スタブルック (ジョージタウン)
15 원본의 スコップスタッド (イタマラカ)
16 원본의 ホグリ
17 원본의 グリシー(グリシック)
18 원본의 ジュバラ

이렇게 독립을 쟁취한 네덜란드는 포르투갈을 대신해 아시아 교역의 주역으로 발돋움하게 되며, 17세기는 네덜란드의 시대가 된다. 16세기 후반 네덜란드는 이미 포르투갈이 아시아에서 가져온 상품을 유럽에 유통시키는데 큰 역할을 하고 있었으며, 포르투갈, 스페인의 배에서 일하며 항해에 능통했던 네덜란드인 선원도 적지 않았다. 북해, 대서양과 유럽대륙의 접점에 위치하였던 앤트워프가 교역의 중심이었고, 포르투갈의 아시아산(産) 향신료와 남(南)독일산 구리, 은(銀) 거래가 큰 역할을 했다. 또한 영국산(産) 모직물이 집중되고, 런던과도 연결되어 있었기 때문에 지중해와 북해를 연결할 뿐만 아니라 유럽 내륙루트의 가장 큰 결절점(結節點)이 되었다. 그러나 앤트워프는 그 위치를 암스테르담에 양보하게 된다. 1585년 약 1년 동안 스페인의 포위에 견뎌냈던 앤트워프도 마침내 함락되었기 때문이며, 이는 북부 네덜란드가 일찍 독립을 쟁취했던 데에 반해 남부 네덜란드는 분리되어 스페인의 지배를 받아서 자유로운 무역이 불가능했기 때문이다.

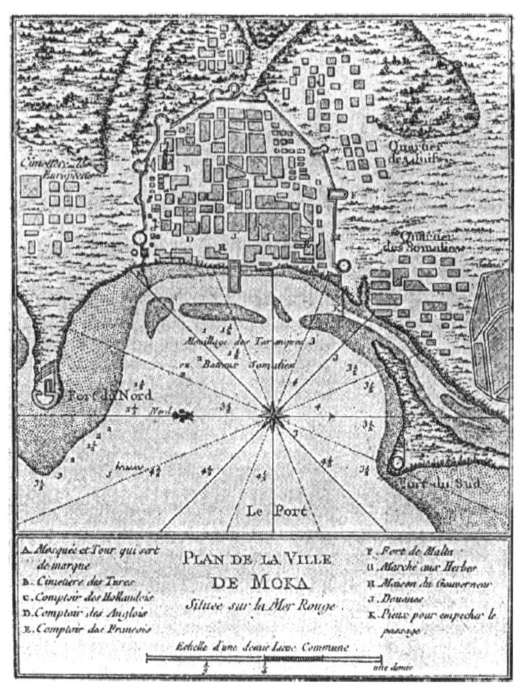

그림 7-5 모카, 예멘, 1762년

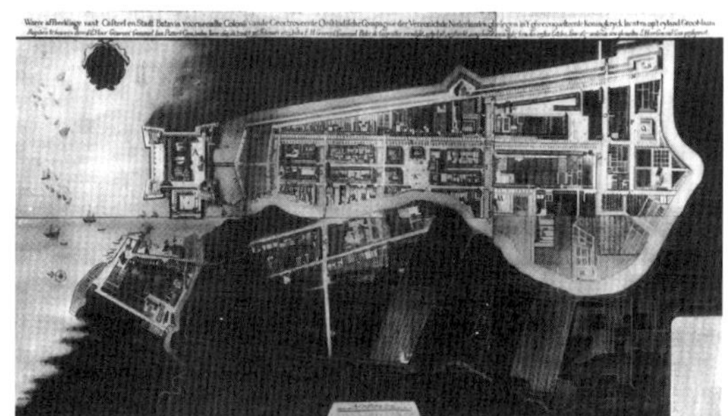
그림 7-6 바타비아, 인도네시아, 1627년

1580년, 펠리페 2세는 포르투갈을 병합하고, 네덜란드 선박의 리스본 정박을 금지했다. 이에 네덜란드는 독자적인 교역루트 개척에 큰 관심을 갖게 되었는데, 북쪽에서 출발하는 유럽, 아시아 방향의 북방 항로를 권장한 것은 암스테르담의 지리학자 프란시우스[19]였다. 그의 말에 따라 헴스케르크[20]와 바렌츠에 의해 1594년, 1595년, 1596~1597년 3회의 탐험이 이뤄졌고, 그들은 스발바르섬 연안(沿岸)을 탐험한 후, 노바야제믈랴에서 겨울을 나게 되었다.

한편 이와 병행하여 포르투갈의 동인도 항로에 대한 정보수집이 이루어졌다. 네덜란드인 얀·하위헌·판·린스호턴[21]은 1583년에 고아의 대주교 비서로 인도에 건너간 후 1592년에 귀국하여 그 여행기를 출판했으며, 동인도항로를 최초로 개척한 코르넬리스·하우트만도 리스본으로 건너가 해도(海圖) 등을 모았다(1592년). 네덜란드 남부 부자상인의 지원을 받아 하우트만이 출항한 것은 1595년이며, 마다가스카르에서 겨울을 지내고 반둥(자바)에 도달, 1597년에 귀국했다. 이처럼 암스테르담의 상인들은 경쟁적으로 항해회사

그림 7-7 젤란디아, 타이완, 1644년

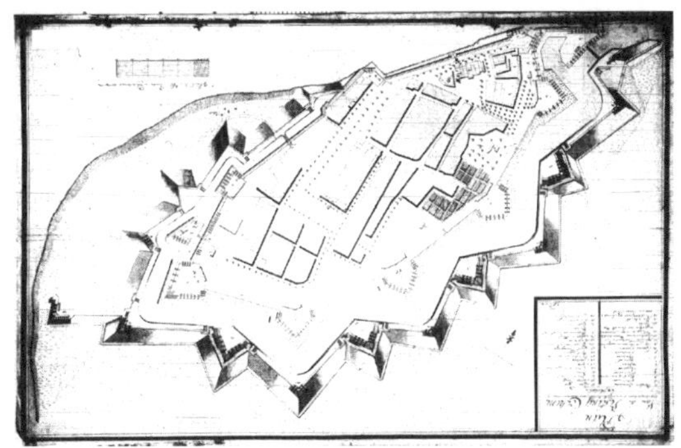

그림 7-8 네덜란드 지배 시기 **코친**항, **인도**, 1782년

그림 7-9 레시페, 브라질, 1637~1644년

19 원본의 プランシウス
20 원본의 ヘームスケルク
21 원본의 ヤン·ハイヘン·ファン·リンスホーテン으로서 장·후이겐·판·린쇼텐(Jan Huygen Van Linschoten)으로 발음되기도 한다.

를 설립했으며, 최초의 회사가 '원국회사(遠國會社)'(1594년)이다.

이어서 1598년 '구회사(舊會社)'는 야코프·반·네크를 총지휘관으로 하여 8척의 함대를 보냈고, 1600년 8척 모두 귀국했다. 이 때 테르나테에 상관(商館)을 짓고, '구회사(舊會社)'는 1600년까지 4차례 항해를 시험하며, 많은 회사들이 경쟁적으로 설립되어 1595년부터 1602년 사이에 14개 회사가 60여척의 배를 동인도에 보냈다. 이처럼 항해회사 난립에 의한 경쟁격화로 동인도로부터의 상품 가격은 하락하게 되고, 이에 여러 회사를 통합하자는 구상을 하게 되는데, 이것이 동인도무역을 독점하는 회사로 설립된 연합 동인도회사(VOC(Vereenighde Oost Indische Compagnie))(1602년)이다. 이 네덜란드 동인도회사는 세계 최초의 주식회사로 알려져 있으며, 영국의 동인도회사 설립(1600년)보다 2년 뒤지지만, 자본금 액수가 10배도 넘고, 조직형태도 지속적이고 훨씬 진보한 것이었다.

스페인과 포르투갈의 경우, 해외무역은 왕실의 독점적 사업이었지만, 네덜란드 동인도회사는 이사, 주주에 의해 매우 조직적으로 운영되었다. 주목해야 할 점은 동인도 조약체결, 자위(自衛)전쟁 수행, 요새건설, 화폐주조 등의 권한을 독점적으로 부여받은 점이다.

네덜란드 동인도회사는 당초 반둥 외에 자카트라(현재의 자카르타), 제파라(중부 자바), 그레시크(동부 자바), 마카사르(술라웨시), 조호르, 빠따니(말레이반도), 마술리파트남, 수라트(인도 동쪽 해안) 등에 상관(商館)을 설치하여 근거지를 찾았다. 1605년에 암본을 습격하여 포르투갈로부터 영토를 획득하지만, 말루쿠제도(諸島)는 큰 근거지로 하기엔 적합하지 않은 곳이었다.

바타비아를 근거지로 하는 동시에 네덜란드 동인도회사 경영의 기초를 마련한 사람은 제4대 총독 얀·피터르스존·쿤(재위 1619년~1623년, 1627년~1629년)이다. 쿤은 1619년 취임과 동시에 영국 상관(商館)을 불태우고, 새로운 시가지(市街地) 건설에 착수했고, 이렇게 바타비아는 17세기 말에는 '동양의 여왕'이라 불릴 만큼 아름다운 도시로 성장하게 된다.

바타비아 건설 이후, 네덜란드는 각지에 도시를 건설하며, 말라카를 점령한 것은 1641년이다. 일본의 에도(江戸)막부는 이 해에 히라도(平戸)의 네덜란드 상관(商館)을 나가사키(長崎)로 옮기고, 네덜란드에만 통상을 인정하는 쇄국체제를 완성시킨다. 타이완에 젤란디아성(城)을 건설하기 시작한 것은 1624년이며, 요새가 완성된 것은 1640년이고, 정성공(鄭成功)에 의해 파괴되어 철수한 것이 1662년의 일이었다.

말라카와 마찬가지로 포르투갈 요새를 공격해서 도시를 건설한 것이 실론(현재의 스리랑카)의 골, 콜롬보, 그리고 인도의 코친이며, 신도시(新都市)로 건설된 대표적인 예가 동인도항로의 중계기지가 된 케이프타운이었다. 케이프타운의 건축가 얀·반·

리베크(1652년~1795년)는 그 이전에 바타비아에서의 근무경험이 있고, 데지마(出島)도 방문하였으며, 나중에 말라카 총독을 맡았다. 네덜란드 동인도회사가 통괄한 곳은 케이프타운을 기준으로 동쪽이었다.

한편, 아프리카의 서쪽인 브라질, 카리브해의 네덜란드 거점경영을 맡은 것은 1621년에 설립된 네덜란드 서인도회사(WIC)였다. 서인도회사는 유럽, 아프리카와 중남미 사이의 삼각무역을 담당했는데, 이 회사가 건설한 대표적인 네덜란드 식민도시로는 아프리카 기니아해안의 엘미나, 브라질의 레시페, 파라마리보(수리남), 조지타운(가이아나), 앤틸리스제도(諸島)의 빌렘스타트(네덜란드령 퀴라소) 등이 있다.

5. 영국

자본주의적 세계경제시스템 성립과정에서 먼저 헤게모니를 잡은 네덜란드도 18세기에 들어서자 그 기세를 서서히 잃었고, 18세기 말에는 영국에게 헤게모니를 물려주게 된다. 네덜란드의 절정기는 1625년~1675년인 것으로 알려져 있는데, 동인도회사가 해산한 것은 1799년 12월 31일이었다.

영국 동인도회사 최초의 항해는 1601년 제임스·랭카스터선장의 드래곤호를 포함한 4척의 선단(船團)인데, 그들은 테이블·베이[22](케이프타운)를 거쳐 이듬해 아체(북수마트라)에 도착했다. 네덜란드가 한발 앞서 진출하였기 때문에 아체에서는 교역에 실패하지만, 반텐[23]주에 상관을 짓는 데에는 성공했다. 이후, 벵쿨루주(수마트라, 1603년), 마카사르(술라웨시, 1610년), 푸로·란[24](반다제도, 1616년), 아유타야, 빠따니(태국, 1612년), 암보이나, 테르나테(향료(香料) 제도(諸島), 1620년) 등에 상관을 세웠지만, 네덜란드 세력 때문에 모두 오랫동안 유지할 수 없었다.

영국에 의한 비(非)서구세계 식민지화는 오히려 북미(北美) 대륙에서 앞서 가게 되었으며, 모델이 되는 것은 1610년부터 40년까지 얼스터(북아일랜드)의 재식농업(栽植農業)[25]이다. 왕정복고기(王政復古期)에 샤프스베리경에 의해 그랜드·모델이라고 부르는 식민지 계획에 대한 틀이 만들어졌으며, 구체적으로는 1660년부터 1685년까지의 찰스턴과 필

22 테이블만(Table Bay)은 1652년 설립된 대서양의 자연 어귀이며, 케이프반도의 북단(北端)에 위치하고 있다. 이 만은 남쪽으로 희망봉까지 뻗어있으며, 낮게 솟은 테이블산에 의해 지배되는 형상이었기 때문에 테이블만이라고 이름 지어졌다. (위키백과)

23 반탐(Bantam) 인도네시아 자바섬 북서부 해안에 있는 도시로서 인도네시아어로는 반텐(Banten)이라고 한다. 반탐만(灣) 깊숙한 내만(內彎)에 위치하며, 순다해협을 사이에 두고, 수마트라섬과 접하는 지리적 위치 때문에 자카르타보다 일찍이 발달하였고, 역사상으로도 중요한 역할을 하였다. 16세기 후반에는 술탄왕국의 기지로 번영했으며, 특히 향신료 무역이 성하여, 동남아시아 각지에서 모여든 이주자로 붐볐다. (네이버 지식백과)

24 원본의 プロ・ラン

25 플랜테이션이라고도 부르며, 열대 또는 아열대 지방에서 자본과 기술을 지닌 구미인이 현지인의 값싼 노동력을 이용하여 쌀, 고무, 솜, 담배 따위의 특정 농산물을 대량으로 생산하는 경영형태 (네이버 사전)

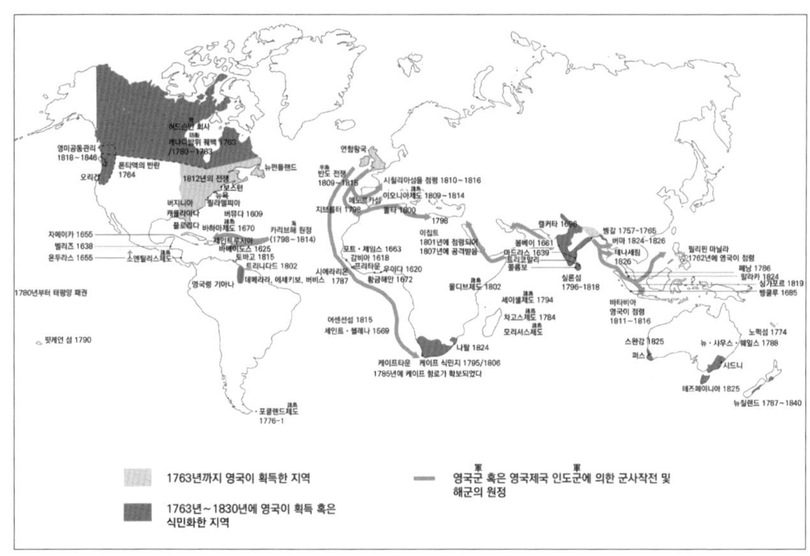

그림 7-10 영국 식민도시 분포도, 1763년~1830년

라델피아 계획이 있다. 이어 1730년대의 서배너 건설이 있고, 1830년대 윌리암·라이트의 애들레이드 계획으로 대표되는 호주와 뉴질랜드의 체계적인 식민도시계획으로 이어진다.

아시아의 영국 식민도시는 그리드모양의 가로(街路)패턴을 기조로 하는 신대륙과 호주의 식민도시계획과는 양상이 다른데, 그 이유는 기본적으로 백인(白人)만의 도시를 건설한 신대륙이나 호주와는 달리 토착사회와의 지배 – 피지배 관계를 엄격하게 고려해야 했기 때문이다.

영국은 당초 이러한 난관을 타개하기 위하여 인도 서해안의 수라트(구자라트)와 아라비아해, 홍해 사이에 존재해 온 항로(航路)에 주목하여 1606년 동인도회사가 무굴제국 궁정(宮廷)에 사신(使臣) 윌리엄·호킨스를 보냈다. 이때의 황제는 제4대 자한기르였으며, 고아를 거점으로 하고 있던 포르투갈의 기득권도 있어서 통상교섭(通商交涉)은 잘 진전되지 않았다. 1615년 제임스 1세는 토마스·로경을 아그라의 궁궐에 보냈지만, 영국이 인도지배의 계기를 잡는 것은 17세기 말이 되어야 가능했다.

영국 동인도회사는 인도 영업거점으로 봄베이, 마드라스, 캘커타를 선택해 요새화(要塞化)한 상관(商館)을 건설하고, 이 3개 상관(商館)의 지배지역을 프레지덴시(관할구)[26]라고 부르며, 지사(知事)를 임명했다. 최초로 지사(知事)가 임명된 것은 봄베이 1682년, 마드라스 1684년, 벵골 1699년이었으며, 3명의 지사(知事)는 대등하고 권한도 동일하지만, 1773년에 징세권(徵稅權)을 획득하여 경제적으로 중요해진 벵골이 다른 지역보다 높은 지위

26 원본에서는 관구(管區)

를 부여받고, 외교를 감독할 수 있는 권한을 받았다. 초대 총독에 임명된 사람은 W. 헤이스팅스(1772년~1785년)였다.

동(東)인도회사가 인도에서의 패권을 확립하기까지에는 우여곡절이 많았지만, 가장 큰 계기는 1757년 플라시 전투에서 프랑스에 이긴 사건이며, 영국령 인도제국 건설자로 알려진 로버트·클라이브가 이 승리에 기여하였다. 그는 실제로는 지사(知事)나 총독의 지위에 오르지 못했지만, 실질적 초대 총독으로 인정받았다. 이 클라이브를 포함하여 인도 독립을 마지막까지 지켜본 마운트배튼까지 33명의 총독이 인도를 통치했다.

대영제국은 18세기 말 이후 케이프타운, 콜롬보, 골, 말라카 등의 네덜란드 식민도시를 차례로 손에 넣으며, 페낭(1786년), 싱가폴(1819년)과 같은 새로운 해협(海峽) 식민지를 건설했다. 19세기 중반까지 인도는 영국 동인도회사령과 동인도회사의 보호국가가 된 번왕국(藩王國)으로 분할된다. 인도대륙 내부로 식민지 지배를 확대하는 과정에서 각지에 건설된 것이 칸톤먼트(군영지(軍營地))였으며, 시빌·라인스(Civil Lines)라고 불리는 영국인 거주지가 행정거점으로 설치되고 힐·스테이션[고원(高原) 피서지]도 마련됐다.

1858년 세포이 대(大)반란은 영국의 식민지정책을 크게 바꾸며, 비간섭주의가 통치의 기본이 되어 군제개혁과 함께 기존의 동인도회사령을 본국의 직할식민지로 하는 행정개혁이 이루어졌다. 또한, 19세기 후반 이후 산업화의 진전에 따라 인도사회는 크게 변화하며, 그러한 가운데 독립운동이 전개되었다.

1911년 26대 총독 하딩남작은 델리 천도(遷都)를 선언했는데, 높아지는 반영(反英)운동에 대한 대책도 커다란 동기였다. 뉴·델리 건설은 대영제국의 위신을 건 사업이었으며, 영국 식민도시의 완성형태를 나타내는 것이라고 해도 무방하다. 뉴·델리가 완성된 1931년에 대영제국은 그 절정에 있었고, 지구상 육지의 4분의 1을 지배했다. 하지만 인도 독립은 그 후 20년도 안되는 후일의 일이며, 뉴·델리는 새로 태어나는 인도를 위한 최고의 선물이 되었고, 영국 식민도시의 완성은 그 끝의 시작이기도 했다.

column 1

라틴십자의 힌두사원

고아(Goa)

만도비강 하구에 면해 있는 고아항은 아시아 각국과 교역을 연결하는 중계지뿐만 아니라 인도내륙 시장도 기대할 수 있는 위치인데, 포르투갈에게는 큰 강 하구에 면한 리스본과 비슷하다는 점도 크게 작용했을 것이다. 1510년 알부케르케가 고아를 점거하자 무슬림의 도시가 파괴되고, 리스본을 본떠 신도시가 건설되었다. 가로(街路)는 지형에 따라 곡선으로 만들어졌고, 불규칙한 형태의 가구(街區)가 형성되었으며, 항구 앞에 부왕문(副王門)과 부왕관저(副王官邸), 그 뒤에 있는 구릉 위에는 광장과 대성당(1619년), 수도원(1517년) 등이 세워졌다. 17세기 중반 인도 남부의 힌두제국이 붕괴하자 고아는 중요한 교역상대를 잃게 된다. 이후 동남아시아 무역을 둘러싼 권리싸움은 치열해졌고, '황금의 고아'는 네덜란드 해군에게 여러 차례 공격을 당했다. 또한 콜레라, 말라리아 유행으로 인구가 줄어 1759년에 '고아·벨라[1](올드·고아)'에서 하구와 가까운 '고아·노바(파나지(Panaji))'로 이동하고, 포르투갈 정청(政廳)도 이전했다.

현재의 올드·고아에는 세계문화유산으로 지정된 프란시스코·자비에르[2]가 잠든 본·예수교회(Basilica of Bon Jesus)와 아시시의 성프란시스교회(Church St. Fransis of Assisi), 주교좌성당(Se'Cathedral)(에카테리나성당), 성카에타노교회(St. Cajetan's Church) 등이 남아있다.

흥미로운 것은 내륙의 폰다(ponda)에 있는 산티·두르가(Shanti Durga), 나게쉬(Nagesh), 몬게쉬(Mongesh)[3]와 같은 라틴십자형 평면을 한 힌두교 사원이다. 힌두사원이 모스크로 전용(轉用)되는 예는 적지 않지만, 라틴십자인 가톨릭교회를 완전히 전용(轉用)한 이런 힌두사원은 동서(東西) 문화가 오래 전부터 충돌, 융합해 온 이 지역의 상징이라고 하겠다.

그림 7-11 몬게쉬사원, **고아, 인도**

그림 7-12 산티·두르가사원, **고아**

1 원본의 ゴア·ヴェルハ
2 원본의 フランシスコ·ザビエル
3 원본의 モンゲーシュ이며 위키백과에서는 영어로 Mangueshi Temple로 표기되고 있다.

02 식민도시(植民都市)의 여러 유형(類型)

1. 식민도시(植民都市)의 입지(立地)와 기능(技能)

식민도시(植民都市)는 그 기능, 입지 등에 따라 몇 가지로 유형화할 수 있다. 예를 들어 라틴·아메리카의 식민도시를 단순히 기능적인 관점에서 유형화해 보면 행정(行政)도시(멕시코·시티, 쿠스코, 리마, 콘셉시온, 부에노스·아이레스), 광산(鑛山)도시(생·루이[1], 포토시, 라플라타), 교역(交易)도시(발파라이소, 베라·크루스), 군사(軍事)도시(로스·앤젤레스, 아순시온)로 나뉘며, 입지를 기준으로 보면 연안(沿岸)과 내륙을 우선 구별할 수 있다. 라틴·아메리카에서는 내륙에 직접 도시를 건설하는 경우도 많았지만, 우선 교역(交易)거점으로 연안(沿岸)부에 상관(商館) 혹은 요새(要塞)가 건설되고, 뒤를 이어 유럽인 거리(화이트·타운) 및 이와 병행하여 토착 마을(블랙·타운)이 형성되는 패턴이 일반적이었다. 아시아, 아프리카의 많은 식민도시는 처음부터 '요새(要塞)－상관(商館)'이 만들어지고, 이후 농산물, 광산물 집산지가 된 경우이다.

연안(沿岸)의 항만도시를 거점으로 한 후 이어서 내륙지배가 진행된다. 인도의 경우 수많은 칸톤먼트(군영지(軍營地))가 토착도시 근교에 만들어졌으며, 이어서 백인 주거를 위한 시빌·라인스가 만들어지고, 또 힐·스테이션(고원(高原) 피서지)이 만들어졌다. 네덜란드의 경우도 간접통치를 원칙으로 하면서도, 1830년 강제 재배제도 도입 이후 내륙지배를 강화하여 자카르타, 스마랑, 수라바야 등의 항구도시와는 다른 2차적, 3차적 도시가 형성됐다.

내륙지배의 거점이 되는 도시건설은 19세기 말 이후 철도건설로 이어지며, 철도역이 도시의 중심이 되는 패턴이 적지 않다. 나아가 입지는 토착사회와의 관계가 분류축이 되며, 완전한 미개발지에 건설되는 경우와 토착마을이나 도시에 근접해 건설되는 경우로 구분된다. 북아메리카, 호주, 뉴질랜드의 경우는 미개발지에 도시가 건설된 경우가 대부분이며, 네덜란드 식민도시 가운데 미개발지에 도시건설이 이뤄진 예는 케이프타운, 바타비아, 빌렘스타트(퀴라소), 파라마리보(수리남) 등이 있다. 중남미의 경우는 내륙의 기존 도시를 파괴하면서 식민도시가 건설되었으며, 또한 서구(西歐) 열강이 건설한 거점을 탈취하는 형태로 건설되는 경우도 있다. 아시아에서는 우선 포르투갈이 세운 거점(상관(商館)－요새(要塞))을 네덜란드, 더 나아가 영국이 탈취한 예가 대부분이다. 동남아시아에서는 대개 토착도시 위에 서구(西歐)

1 원본의 サン·ルイ

도시형태를 중첩시킨 도시(랑군(Rangoon)[2], 후에(Hue)), 서구(西歐)에 의한 계획도시(바타비아, 싱가폴), 서구(西歐)의 영향을 받은 토착도시(방콕)의 3가지 유형으로 구별된다.

2. 식민지화의 단계

식민도시는 식민지화의 단계에 따라 구별된다. 우선 분명한 것은 20세기 초 이후 폭발적으로 인구가 증가하는 대도시인 프라이메이트·시티(수좌(首座)도시, 단일지배형도시) 출현이 있다. 프라이메이트·시티란, 어느 지역에서 특별하게 큰 규모를 가지는 대도시로 구체적으로는 봄베이, 캘커타, 마드라스, 자카르타 등의 예가 있으며, 이 모두가 식민도시로 형성된 다기능(多技能) 항만도시이다. 수에즈운하 개통과 증기선(蒸氣船) 발명 이후, 이 프라이메이트·시티의 기초가 만들어지며, 먼저 각각의 식민지가 거대한 네트워크에 의해 이어지는 단계와 철도부설 등을 통해 항만에서 내륙으로 침입이 시작되는 단계, 즉, 식민지 산업화 단계로 구별할 수 있다.

서구인(西歐人)의 유입 정도에 따라 단계를 구분하면 이해하기 쉽다. 당초 일확천금을 꿈꾸는 탐험가, 선원, 무역상, 군인 또는 선교사가 식민지를 왕복하는 단계부터 시작하여 마침내 토착화해 가는 단계를 거쳐, 현지 도시의 기능확대에 따라 관리나 기술자 등 식민지 사회의 구성원이 늘어나고 현지인과의 혼혈도 진행되어 종주국을 알 수 없는 크리올(Criole)층이 형성되는 단계가 된다.

이와 함께 두드러지는 것이 도시계획의 여러 단계이다. 식민도시의 건설과정은 위에서 언급한 단계에 대응하고 있으며, 본국의 도시이념 및 건설기술이 수출되는 과정이기도 하다. 크게는 정치적−군사적 지배 단계와 이데올로기, 법제(法制) 등을 이전(移轉)하는 단계로 구별할 수 있다.

3. 식민도시(植民都市)의 지역유형(地域類型)

식민지 권력의 특징, 이주집단의 구성과 그 지배 이데올로기는 식민도시의 특성과 관계되며, 식민지화되는 사회의 특징, 민족적·사회적 구성 또한 식민도시의 특성을 좌우하는데, 종주국과 토착 지역사회와의 상호관계에 의해 식민도시의 유형을 생각해 볼 수 있다.

라틴·아메리카의 경우, 탈(脫)식민지화가 빨랐으며, 도시화의 진전도 다른 대륙에 비해 빨랐다. 아프리카대륙으로부터 대규모로 흑인이 이주한 역사적 사실은 의미가 크며, 민족적·사회적 계층화, 복합사회의 형성은 식민도시의 공통특성이지만, 피정복민으로서의 인디오, 그리고 흑인의 존재가 라틴·아메리카 식민도시

2 식민지시대부터의 이름으로 1989년부터 양곤Yangon으로 개칭해서 부르고 있다.

를 특징짓고 있다. 스페인의 식민도시 건설 이데올로기가 결정적이었으며, 극히 상징적인 것이 1573년의 펠리페 2세의 인디아스법이고, 기본적으로는 획일적인 그리드·패턴이 도입되었다. 스페인은 9세기부터 14세기에 걸쳐 유럽에서 가장 도시화가 많이 진행된 지역이었으며, 콜럼버스가 신대륙을 발견한 1492년 레콩키스타를 완료하고 콩키스타로 향하였다. 신대륙의 도시건설은 유럽 도시문명의 이식이며, 엔코미엔다[3]제의 도입 등 정치적, 문화적, 영역적 지배기술이기도 했다.

아시아의 식민도시는 식민지 사회 그 자체 혹은 그 작은 모델이다. 작은 행정도시나 힐·스테이션, 철도마을과 같은 소(小)도시도 있지만, '진정한 식민도시'인 프라이메이트 도시가 전형(典型)이다. 복합사회라는 개념은 아시아의 식민도시를 모델로 하고 있지만 라틴·아메리카처럼 백인-흑인 혹은 토착 인디오라는 계층화와는 다르며, 아시아의 경우 다민족(多民族)의 코스모폴리탄적 구성이 특징이다. 또한, 캘커타의 구자라트, 콜롬보의 타밀, 동남아시아의 중국인 등 원격지로부터의 이주(移住)와 식민(植民)이 특징이다.

이슬람의 도시전통을 유지하는 마그레브지방을 제외하면 아프리카에서는 도시의 전통이 희박하며, 남아프리카, 중앙아프리카에서는 도시적 생활이란 백인적(白人的) 생활을 의미한다. 즉, 대부분의 도시가 유럽인에 의해 처음 만들어진 것이며, 포르투갈이 서아프리카나 중앙아프리카에서 토착도시를 파괴했듯이 동아프리카의 많은 아랍기원 도시도 유럽인에 의해 무시되었다.

4. 식민도시(植民都市)의 공간구조(空間構造)

식민도시의 형태에 대해서는 요새(要塞)의 형태와 도로체계가 그리드·패턴을 취하는가 하는 점이 큰 분류축(分類軸)이 되며, 펠리페 2세의 인디아스법과 시몬·스테빈의 이상항만도시(理想港灣都市) 등 서구 열강은 특정한 모델을 바탕으로 식민도시를 건설하기 때문에 그 모델의 비교 또한 분류의 중요한 시점(視點)이 된다.

한편, 공통적인 특성으로 우선 지적할 수 있는 것은 이질적인 요소의 혼재(混在)이다. 힌두사원, 모스크, 기독교회, 토착민가와 콜로니얼 주택, 시장과 가게 등이 가까이 자리잡는 것이 이상하지 않으며, 복합사회의 특성은 도시경관도 독특하게 만든다. 민족마다의 공간적 분리도 식민도시 공통의 특징이며, 식민지화 과정에서 다양한 공존이 이루어지는 등 식민도시는 일반적으로 그 다양성과 복합

---

3 엔코미엔다(스페인어: Encomienda)는 스페인의 로마제국 통치기의 제도에서 유래한 스페인에서 시작했던 종속제도이다. 이 제도는 강자가 노동 등의 사역을 대가로 약자를 보호하는 제도였는데, 이것은 이후 스페인에 의한 아메리카 식민지지배 시대에 사용되었다. 스페인 군주는 제국민(帝國民)들에게 특정집단의 아메리카 원주민들을 보호하는 업무를 할당했으며, 대부분의 경우 이것은 복무에 대한 보상이었다. (위키백과)

성을 구체적으로 보여주는 중층적(重層的)인 복합공간이다.

또한 중요한 점은 식민도시들이 기본적으로 2항(二項) 대립을 중층적으로 내부에 안고 있다는 것이다. 식민도시를 결정적으로 특징짓는 것은 지배-피지배, 서구사회-토착사회의 공간적 분리(세그리게이션)이다. 인도에서는 화이트·타운과 블랙·타운 혹은 토착도시, 칸톤먼트(군영지(軍營地)), 시빌·라인스라고 하는 2중(重), 3중(重)의 분리가 이전부터 만들어지고 있었으며, 이 공간적 분리의 영향은 매우 크다. 가든·하우스가 늘어선 고급 주택지와 '바스티'[4]라 불리는 슬럼과 같은 형태로 식민도시의 2중구조(二重構造)는 현대에도 계승되고 있다.

---

4 원본의 バスティー

column 2

페르시아만(灣)의 꿈–호르무즈(Hormuz)(이란)

페르시아만(灣)의 호르무즈해협 북쪽 하구부근은 기원전부터 항구가 있었으며, 아랍 지배기에는 동방국과의 항해와 무역거점이 되었다. 1300년에 몽골의 침입을 피하여 현재의 호르무즈섬으로 항구가 옮겨졌으며, 이 섬은 면적 12㎢ 정도의 바위로 뒤덮인 불모지였지만, 주변의 여러나라로부터 모여든 물자거래가 왕성하게 이루어졌다.

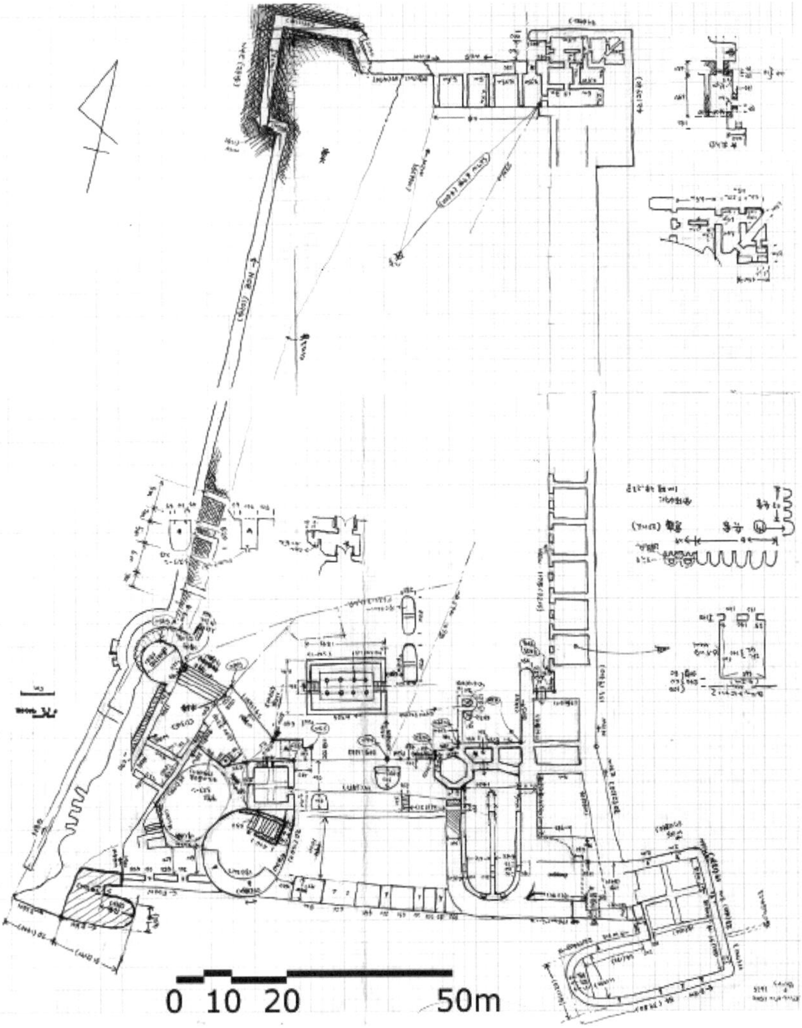

그림 7-13 호르무즈요새(실측도), **이란**

1515년에 인도로 진출한 포르투갈 함대가 점거하면서 아랍국가들과 인도양으로의 교역거점이 되었으며, 섬의 북쪽에 반도(半島)가 있고, 항구와 화물 양륙을 위한 광장을 포위하듯이 조개껍질로 만든 석회(石灰)로 돌과 산호(珊瑚)를 고정시킨 요새(要塞)가 만들어졌다.

그림 7-14 호르무즈요새 남동(南東)쪽 정문

남쪽과 동쪽 면에 방벽(防壁)과 방어시설(포대(砲臺))이 설치돼 있었는데, 요새(要塞)는 서쪽 바다를 향해 열려 있었고, 남쪽의 성벽을 등지고 교회와 보관창고, 장관(長官)의 거실(居室)이 있었을 것으로 추정된다. 섬에서는 마실 물을 조달할 수 없었기 때문에 빗물용 지하 저수탱크가 요새(要塞) 안에 마련되어 있었으며, 요새(要塞) 주위로 포르투갈인의 거주구역이 있었을 것으로 보고 있다. 1622년에 사파비왕조의 샤·압바스왕에 의해서 다시 페르시아로 병합되면서 반대편 해안에 항구가 건설되어 항구기능은 하지 못하고 있으며, 현재 호르무즈섬에서는 암염(巖鹽)과 산화철(酸化鐵)의 채굴(採掘)이 행해지고 있다.

ORMVS

그림 7-15 호르무즈, 1573년

03 펠리페 2세의 식민도시(植民都市)

– 마닐라, 비간, 세부 –

1. 스페인과 아시아의 만남

아시아에서 스페인에 의해 식민지화 영향을 받은 나라는 필리핀 뿐이다. 스페인은 향료(香料)발견과 기독교 포교를 목적으로 대서양을 횡단했으며, 멕시코를 거점으로 태평양을 건너 필리핀에 이르렀다. 아카풀코와 마닐라를 연결하는 갈레온무역[1]이 시작되면서, 중남미에서의 식민지계획을 반영해 필리핀에 식민도시가 건설되었다. 인도네시아, 태국, 베트남 같은 동남아시아 다른 지역에선 마자파힛왕국 등 식민지 지배를 받기 이전부터 이미 도시계획의 전통을 가지고 있었지만, 통일국가가 없었던 필리핀에는 목조가옥으로 된 취락과 나무로 만든 보루(堡壘)만 있었기 때문에 필리핀의 도시인 마닐라, 세부, 비간 등의 골격은 16세기 후반부터 19세기 말까지 식민지지배를 했던 스페인의 영향이 진하게 남게 되었다.

그림 7-17 성어거스틴성당, 마닐라

그림 7-18 성도마·빌라노바 교구성당, 미아가오

필리핀은 1521년 스페인이 말루쿠 제도(諸島)[2]로 향하는 항로를 탐색하던 도중, 마젤란에 의해 발견되었으며, 1565년 세부섬

1 갈레온선은 무역과 군용으로 사용된 대형선의 통칭인데, 모양이 다양하나 3개 이상의 마스트와 몇 문의 대포를 갖추었으며, 선수(船首)와 선미(船尾)가 높고, 무게는 500~2,000t 정도였다. 갈레온무역이라 하면 주로 에스파냐의 경우를 가리키는데, 15~80척으로 구성되는 이 선단(船團)은 무역풍을 이용하여 에스파냐의 영지(領地)와 본국의 세비야·카디스 항구 사이의 대양(大洋)을 왕래하면서 식민지의 금·은·특산물 등을 운반하였다. 멕시코와 필리핀 사이에서는 아카풀코에서 은을 실어내고, 마닐라에 집결된 중국의 비단 ·도자기 등과 교환하였는데, 선단의 규모는 작았으나 대형의 갈레온선이 사용되었다. 이 태평양의 갈레온무역은 필리핀의 경제적 생명선으로서 1749년까지 계속되었다. (네이버 지식백과)

2 원본의 マルク諸島

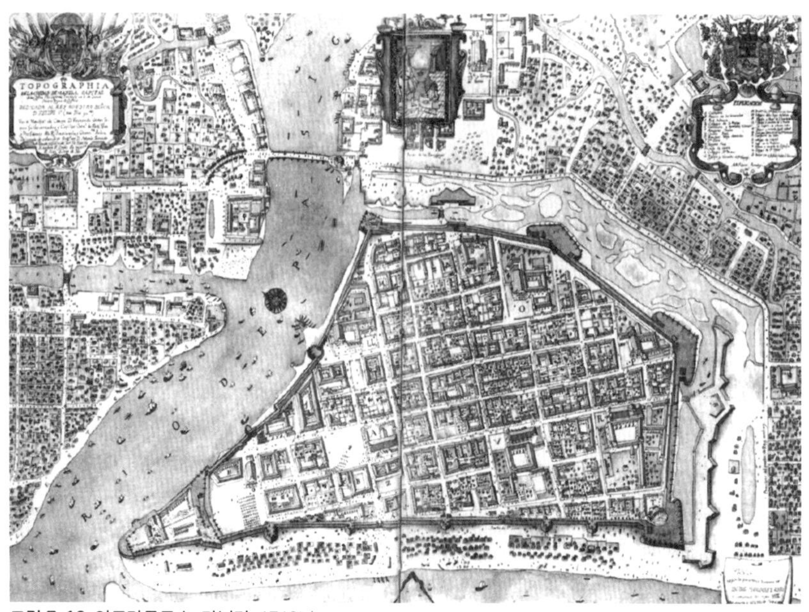

그림 7-16 인트라무로스, 마닐라, 1713년

에 상륙한 레가스피가 필리핀 최초의 스페인인 거류지를 건설했고, 이어서 파나이(1569년)가 거점이 되었다.

마닐라를 스페인 식민도시로 건설하기 시작한 것은 1571년이었으며, 식료품 마련이 용이하고, 좋은 항구를 가진 마닐라는 수도(首都)로 적당했다. 이미 무슬림에 의해 보루(堡壘)가 세워져 있었지만, 그것은 현재의 인트라무로스 보루(堡壘) 위치에 거듭되는 해적의 습격으로부터 마을을 지키기 위해 흙 언덕을 따라 대나무 울타리를 설치한 간소한 것이었다.

2. 인트라무로스

스페인인을 위한 성채(城砦)도시 인트라무로스가 현재와 같은 모습으로 만들어진 것은 다스마리냐스총독(재위 1590년~1593년) 시기였다. 격자모양의 도로가 펼쳐진 거리중심에 플라자·데·마요르(대광장), 플라자의 남쪽에 성당, 동쪽으로 시청사, 서쪽으로 총독관저, 총독부, 남쪽으로 주교좌성당, 수도원, 병원, 학교 등의 공공건축이 지어지고, 방위시설로 산티아고 요새와 몇 개의 능보(稜堡) 등을 갖춘 성벽이 건설되어 식민지 행정의 중추가 되었다.

스페인 국왕 펠리페 2세는 1573년 스페인 식민도시계획의 규범이 되었다고 알려진 인디아스법을 편찬하였는데, 인디아스법이란 스페인령 아메리카 율법의 총체를 일컫는 것으로 카스티야법과 식민지를 위한 여러 입법으로 만들어졌다. 거기에는 플라자의 규모, 형태, 배치, 도로의 위치와 방향, 교회, 수도원, 시청사, 병원 등의 시설배치에 관한 서술이 있으며, 필리핀의 식민도시 건설에 있어서 반드시 '법'을 충실하게 준수한 것은 아니지만, 규범으로서 기능하였고, 인트라무로스의 도시구성은 인디아스법의 서술과 중복되는 곳이 많다.

인트라무로스에는 16세기 이후 현재까지의 역사를 가진 필리핀 최고(最古)의 건축물, 성어거스틴 성당 및 수도원이 있다. 1572년에는 목재 및 대나무와 니파야자잎으로 만든 건축물이었으나 2년 후 중국인 해적의 습격으로 불에 타서 무너졌다. 현재의 석조건물은 건축가 후안·데·마시아스[3]가 설계한 것으로 1587년에 건축이 시작되어, 1607년에 완성되었는데 처음에는 2개가 있었지만, 1863년과 1880년의 지진(地震)으로 하나가 파괴되었다. 교회에는 긴 축 방향의 측랑(側廊)을 따라 바로크양식의 예배당 5개가 조합되어 나란히 있으며, 레가스피총독의 시신(屍身)이 주(主)제단 왼쪽에 있는 개인 예배당 가운데 한 곳에 들어가 있다.

3. 필리핀의 바로크양식 교회군(敎會群)

16세기부터 17세기에는 바로크양식이 필리핀 저지대(低地帶)에 세워진 교회에 강한 영향을 남겼다. 필리핀의 바로크양식 교회군은 1993년에 세계 유산으로 등록됐으며, 인트라무로스의 성어거스틴 성당도 그중의 하나이다.

한 가지 특징으로 들 수 있는 것은 '지진 바로크'라고 하는 양식이다. 화려한 본국(本國)의 바로크양식과는 달리 지진과 태풍에 견딜 수 있는 견고하고 중후한 구조를 하고 있는데, 뼈대가 굵고 소박한 버트레스는 교회의 벽을 지탱하며, 종루(鐘樓)는 지진재해를 막기 위해 교회에서 떨어트려서 짓는 경우도 많다. 이러한 특징은 산타·마리아의 누에스트라·세뇨라·데·라·아순시온 교회(1765년 준공), 파오아이의 성어거스틴 교회(1704년 준공)에서 볼 수 있다.

다른 하나의 특징으로는 교회 벽면에 보이는 열대식물의 조각이나 서구(西歐)에는 없는 아시아의 독특한 장식을 들 수 있으며, 선교사들이 정령신앙(精靈信仰) 등 토착신앙을 용인하고 가톨릭과 융합시켜 나감으로써 포교의 침투를 노린 것이다.

미아가오의 성도마·빌라노바 교구성당(1797년 준공)은 구조와 장식 모두 서구(西歐)의 바로크양식에 토착의 요소를 도입하면서 새로운 디자인과 재해석을 내린 것이며, 교회 파사드에는 야자, 바나나 등 필리핀에서 늘 볼 수 있는 식물장식이 만들어졌다.

---

3 원본의 フアン·デ·マシーアス

4. '돌의 집' 바하이·나·바토(bahay na bato)[4]

필리핀의 식민지 건축은 스페인 본국(本國)의 건축양식에 기초한 멕시코 건축의 영향도 받고 있다. 실제로 건설현장에 투입된 기능직 인력들은 중국인, 필리핀 원주민, 중국계 메스티소[5]이며, 주택건축에서도 스페인, 멕시코, 중국, 필리핀 등 여러 문화의 혼합을 볼 수 있다.

스페인 통치기의 도시주택에 바하이·나·바토(bahay na bato)가 있다. 이것은 타갈로그어로 '돌의 집'을 뜻하며, 화재와 지진, 고온다습한 열대 기후, 거센 태풍 등 필리핀 독자의 자연조건에 대응하는 생활에 뿌리를 둔 주택이다.

1층 부분은 벽돌과 돌로 만든 외벽 속에 나무기둥을 넣은 목골조(木骨造)로 바닥재로는 중국산 화강석이 사용되는 경우도 많고, 정면 현관 안쪽에는 2층 거주공간으로 이어지는 실내 대(大)계단, 카발레리사[6](마구간), 창고가 있다. 2층은 전체가 목조로, 카피스조개 가공품이 들어간 격자창이 외관을 특징짓고 있다. 이 미닫이 창호는 중국 혹은 일본에서 온 것으로 추정되며, 창과 차양(遮陽)에는 고온다습한 공기를 순환시킬 여러가지 장치도 보인다.

2층에는 대기실, 거실, 식당, 음악실, 기도실, 침실, 하인방, 주방 등이 있으며, 주방 옆에는 아소테아[7]라고 불리는 전체가 석조(石造)로 된 야외 테라스가 있다. 가사공간인 아소테아는 불이 났을 때의 비상구로도 사용되며, 자가용수(自家用水)로 알히베[8](천수통(天水桶)[9])도 놓았다. 아소테아의 배치는 건축조례에 따라 의무적으로 설치되며, 가옥 안에서 사용빈도가 높은 장소였다.

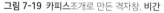

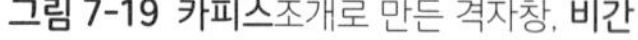
그림 7-19 카피스조개로 만든 격자창, 비간

그림 7-20 바하이·나·바토, 비간

4 이에 대한 국내학자의 연구로 김영훈, 임수영, 필리핀 스페인 식민지 양식 바하이 나 바토(Bahay na bato)의 버내큘러 건축 특성에 관한 연구, 한국생태환경건축학회논문집, 2013년 6월호 참조할 것.

5 메스티소(Mestizo)는 대개 라틴·아메리카에 널리 분포하는 유럽인과 아메리카 토착민의 인종적 혼혈인을 지칭하는 용어로서 에스파냐제국 시대에 만들어진 용어이다. 일부 아시아-태평양 지역에서는 해당지역 토착민과 유럽인 사이 혼혈을 뜻하기도 한다. (위키백과)

6 원본의 カバレリーサ

7 azotea; 스페인어로 옥상, 평평한 지붕, (인간의) 머리 등을 뜻한다. (네이버 스페인어 사전)

8 원본의 アルヒーベ

9 일본어로 덴스이오케 てんすいおけ (天水桶) (방화용의) 빗물통을 의미한다.

5. 세계유산-비간 역사지구

현재 바하이·나·바토가 즐비하게 남아 있는 도시는 루손섬 북부의 비간뿐이다.

비간은 스페인 통치기의 식민도시 중에서도 현재까지 그 모습을 유지하고 있는 특이한 예이다. 17세기의 최초 도시계획이 지금까지도 그 원형(原型)을 남기고 있는데, 180채의 건축물이 18, 19세기에 건설된 것으로, '필리핀적인 건축물'로 1999년 세계유산에 선정되었다.

도시는 강변에 위치하고, 2개의 플라자가 도시의 중심을 형성하고 있다. 플라자 주위에는 교회, 주교 저택, 신학교(神學校), 시청사, 대학 등의 공공건축이 배치되고, 도로구획은 대부분 격자모양의 도로에 의해서 나눠진다. 인트라무로스와 유사한 형태를 지니고 있으며, 스페인 통치기 식민도시의 모습을 지금까지 전하고 있다.

column 3

Leyes de Indias

인디아스법[1] – 스페인 **식민도시계획의 원리**

인디아스라고 부르는 스페인령 아메리카 식민지의 율법 전체를 가리키며, 이 법의 근원은 카스티야법[2]과 식민지 지배를 위해 본국에서 만들어진 여러 입법으로 이루어진다. 식민지 경영을 위해서는 기존의 제도나 법만으로는 불충분하였기 때문에 새로운 제도와 기관이 도입되는 많은 법령이 본국에서 만들어지는데, 1573년 펠리페 2세에 의해 만들어진 인디아스법은 이들 중 하나이다. 이들 법령은 17세기 중엽에 이미 40만 건을 넘어서고 있으며, 카를로스 5세는 1680년에 이들을 편찬한 '인디아스법 집성'을 공포했다. 이 법은 신대륙에서의 부(富)의 개발과 가톨릭의 포교(布敎)라고 하는 2대 방침으로 집약되지만, 당시에는 아직 많이 부족하며 결함이 있고 논리적인 체계가 없었다.

그러나 도시계획에 대한 방침은 극히 강력하여 중남미의 스페인 식민도시를 획일적이지만 통일적으로 만든 것은 이 법 때문이다. 그 대표적인 것이 펠리페 2세에 의한 인디아스법이며, 도시계획 관련항목은 다음과 같다.

Bulas y Cedulas para el Gobierno de las Indias

인디아스를 통치하기 위한 문서와 법

펠리페 2세, 스페인, 산·로렌초, 1573년 7월

(110) 새로운 취락건설 예정지에서는 광장, 거리, 부지(敷地)의 토지계획을 줄과 자를 사용하여 실시한다. 측량기점은 광장 플라자로 하고, 이 플라자로부터 주요 도로가 뻗어 나간다. 플라자는 장차 취락이 좌우대칭으로 확장할 수 있도록 배치한다.

(111) 취락 건설지는 건강과 방어를 위해 고(高)지대에 있는 것이 바람직하며, 농경, 목축을 위해 비옥하고 면적도 넉넉한 땅이 좋다. 연료, 목재, 신선한 물, 충분한 현지의 주민인구, 편리성, 자원성(資源性), 타지역과의 접근 용이성 등도 고려한다. 북풍(北風)을 받는 위치가 좋고, 남, 서쪽에 해안선이 없는 위치가 좋다.

(112) 만약 해안선에 가까운 땅을 선택할 경우라면 마을건설의 종점이 되는 플라자를 항구 인근에 배치한다. 내륙이라면 플라자는 중앙에 위치시키고, 형태는 장방형으로 한다. 이 장방형은 장변의 길이를 적어도 단변의 1.5배 비율로 하는데, 그 이유는 특히 말(馬)을 사용하는 페스티벌 등 다양한 축제에 이 프로포션이 가장 적합하기 때문이다.

(113) 장래의 인구증가를 고려해야 하며, 플라자의 크기는 시가지[3]의 인구에 비례한다. 플라자는 200pie×300pie보다 작아도 안 되며, 800pie×300pie보다 커서도 안 된다. 가장 이상적인 크기는 600pie×400pie이다(1피에(pie)=1ft).

(114) 플라자로부터 4개의 주요도로가 뻗어 나간다.

(115) 교역을 위해 모인 상인들을 위해서 플라자와 4개의 주요도로에 아케이드를 두는 게 좋다.

(116) 시가지의 도로폭은 일반적으로 추운 날씨의 경우에는 넓게 하고, 더운 날씨에는 좁게 한다. 그러나 방어적인 측면과 말(馬)의 이용을 고려하면 도로폭은 넓게 하는 것이 바람직한 경우도 있다.

(117) 주요도로 이외의 도로도 도시가 성장하는 것을 예측하여 기존의 건물과 시가지의 편리

---

1 이 법에 대한 한국 학자의 연구는 김희순, 스페인 식민제국 형성기 도시의 역할 고찰-16세기 누에바 에스파냐 부왕령을 중심으로-, 한국도시지리학회지 제17권 1호, 2014년 참조할 것.

2 원본의 カスティリア 法

3 원본의 街

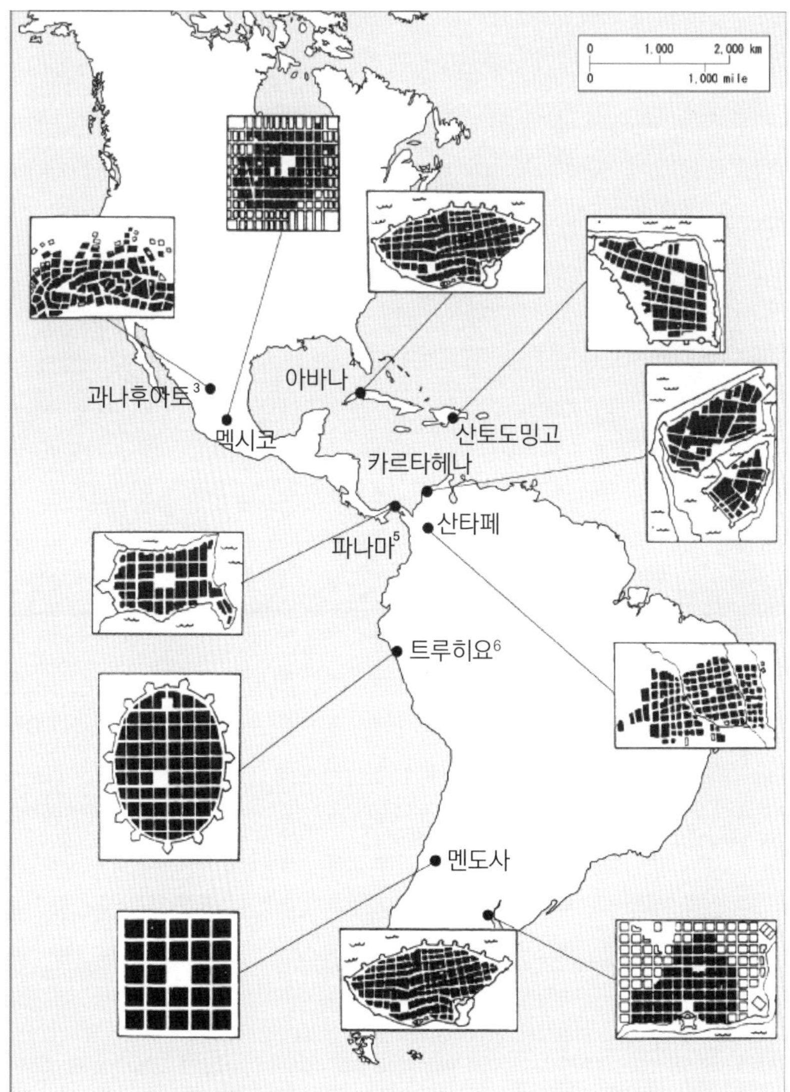

그림 7-21 라틴·아메리카의 **스페인** 식민도시

성을 방해하지 않도록 계획한다.

(118) 시가지의 중앙 플라자로부터 어느 정도 거리를 두고 대성당, 소교구 교회, 수도원 등이 주위를 둘러싸는 작은 플라자를 복수(複數)로 마련한다. 이는 교육 및 종교의 지침이 시가지 전체에 골고루 퍼져 나가는 것을 목적으로 한다.

4 원본의 グアナファト
5 원본에는 ラバーナ(라바나)로 표기되어 있다.
6 원본에는 파마나(パマナ)로 표기되어 있다.
7 원본의 トルヒーヨ

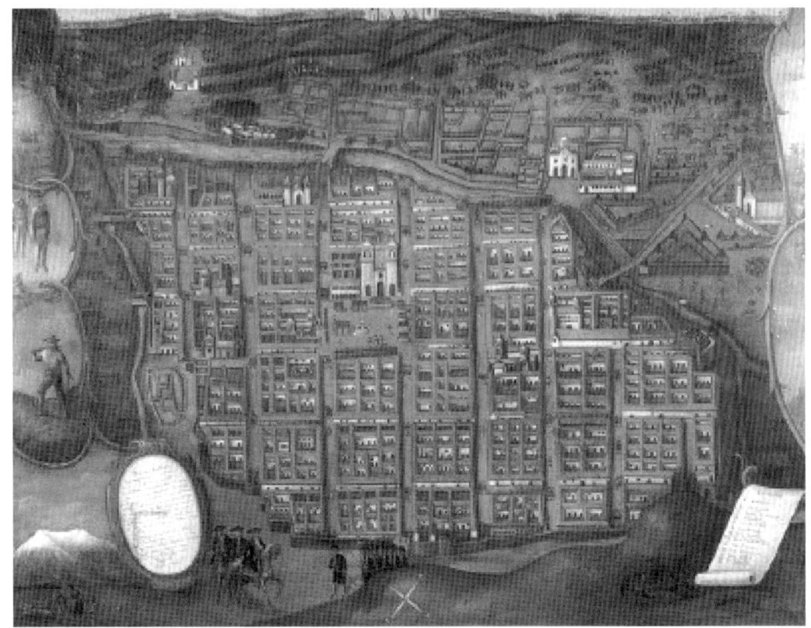

그림 7-22 라·파스, 볼리비아, 1781년

(119) 시가지가 해안선에 위치하는 경우 교회는 항구에 상륙한 배에서 보이는 위치에, 또 교회의 구조(構造) 자체가 항구의 방어시설이 될 수 있도록 건설한다.

(120) 플라자 및 도로를 건설한 후에 건축용지를 계획한다. 우선 대성당, 소교구 교회 또는 수도원을 한 블록 전체를 점유하여 건립한다. 편리성과 시각적 아름다움을 해치지 않도록 종교시설과 같은 블록 안에 다른 건물을 세워서는 안 된다.

(121) 교회건설용 부지를 계획한 후, 왕립 시청사, 세관, 무기고(武器庫)용 부지를 교회와 항구 가까이에 계획한다. 전염병이 아닌 병을 앓는 빈곤자용 병원을 교회 옆에 계획한다.

(122) 도축, 어업, 가죽공장 등에 딸린 쓰레기장을 계획한다.

(123) 내륙부에 위치한 시가지의 경우, 항구에서 강하구까지의 중간지역에 위의 직종용(職種用) 토지를 배치한다.

(124) 내륙에 위치하는 시가지의 경우, 교회는 플라자에 접하는 것이 아니라 어느정도 중심지역에서 거리를 둔다. 교회가 다른 건물에 인접하지 않도록 하고, 사방에서 바라볼 수 있도록 한다. 이를 위해 계단을 건설해서 높은 곳에 교회를 배치한다.

(125) 내륙부에서 강에 접하지 않는 시가지라도 위의 내용에 따른다.

(126) 플라자 주변은 공공건축이나 상업건축만 짓고, 개인 소유의 토지를 배치해서는 안 된다. 플라자 주변의 건설에 관해서는 주민의 공헌(貢獻)과 납세(納稅)가 필요하다.

(127) 플라자 인근 토지는 근처에 거주할 수 있는 권리를 갖는 사람들의 추첨에 의하여 소유권을 정하며, 그 외 사람들의 배치는 식민지 정부가 정한다. 주택용 부지는 항상 미리 분배한다.

(128) 시가지계획과 부지분배가 이뤄진 뒤 각 주민은 자신의 부지에 자신이 지참한 텐트를 세운다. 텐트가 없으면 현지에서 조달할 수 있는 재료로 오두막을 짓는다. 현지주민에 대한 방어를 위해 모든 주민은 노동을 제공하여 플라자 주위에 담이나 해자를 설치한다.

(129) 시가지의 성장을 예측한 규모의 휴양과 방목(放牧)용 공공용지를 마련한다.

(130) 위의 공공용지에 접하여 물소, 말, 소를 위한 목초지를 마련한다. 그리고 남은 땅은 경작용으로 분할한다.

(131) 모든 일이 끝나면 즉시 경작지에는 씨를 뿌리고, 소는 방목지에 풀어 놓는다.

(132) 작물이 자라고 키우는 소의 수도 늘어나면 주택건설에 착수한다. 기초와 벽이 견고한 집을 빨리 싸게 마무리하기 위해 햇볕에 말린 벽돌을 만들기 위한 거푸집과 두꺼운 판재를 배급한다.

(133) 거실은 남북으로 통풍이 되는 쾌적함을 가진 상태가 좋다. 취락의 모든 주택은 외적(外敵)에 대비해 방어적으로 지어야 한다. 말과 가재(家財)도구를 집안에 둘 수 있고, 건강을 위해 가능한 한 넓은 중정(中庭)과 창고를 가진 집으로 한다.

(134) 주민은 시가지의 미관(美觀)을 위해서 최대한 통일된 건물을 세우는 것이 좋다.

(135) 도시계획의 집행자 혹은 건축가는 위의 내용을 따르고, 최대한 짧은 기간에 시가지를 건설한다.

(136) 원주민이 우리의 도시건설에 반대하면 가급적 평화로운 방법으로 대응한다. 그들의 재산을 빼앗는 것이 아니라 그들에게 신의 가르침에 따른 문명생활을 가르치려는 의도임을 설명해야 한다.

(137) 마을건설이 끝나면 스페인인은 원주민 마을에 가서는 안 된다. 그들을 위협하여 온 나라에 퍼지게 해서는 안 되기 때문이다. 그리고 '스페인인은 일시적으로가 아니라 정주(定住)할 목적으로 취락을 건설했다'라고 원주민이 느끼게 될 정도로 거리가 완성될 때까지는 원주민을 마을에 들이지 않는다.

04 해협(海峽)식민지(植民地)

– 말라카, 싱가폴, 조지타운 –

1. 포르투갈의 말라카 건설

말레이반도는 원래 깊은 정글로 덮여 있었으며, 내륙으로는 뱀처럼 구불구불한 하천을 통해서만 접근할 수 있었다. 하천의 분기점이나 하구에는 상류를 지배하는 토착 왕(王)이 사는 마을이 입지하여, 이들 말레이계 취락에는 고유한 주택형식이 성립하였다.

반면 말라카해협은 오래전부터의 중요한 교역루트였다. 14세기 말에는 말라카왕국이 성립하였고, 말라카강 남해안의 작고 높은 언덕에 술탄의 궁전이 세워졌다.

말레이반도에서 서구열강 제국의 지배는 1511년 포르투갈함대의 말라카 점령에서 시작되며, 포르투갈군은 말라카해협으로 진군해 술탄의 손에서 말라카를 빼앗았다. 이후 술탄의 왕궁이 세워져 있던 언덕에 요새(要塞)를 구축했는데, 성(城)의 내부에는 관리나 사제(司祭)가 거주하며, 정부청사, 교회, 병원이 놓였다. 성(城)의 외부 시가지에는 많은 상인이 거주하고, 민족별로 거주공간이 구분되었으며, 시가지의 북쪽 끝부분은 토루(土壘)로 둘러쌌다.

2. 네덜란드의 말라카 식민지 지배

말라카강 하구부에는 자바인의 시장이 설치되었으며, 시가지(市街地)에는 중국계와 인도계 등의 이민자들이 다수 왕래하면서 독자적인 건축양식과 생활문화를 유지했다. 이민(移民)은 가혹한 생활 속에서 민족집단마다 상호부조 단체를 조직하며, 각각의 묘(廟)와 사원(寺院)을 건설했다. 예컨대 중국계 주민들은 청운정(靑雲亭)[1] 사원 등을 지었으며, 말라카 토루(土壘) 바깥으로는 농·어업을 하는 말레이인과 자바인이 거주했다.

포르투갈은 배후지의 자원을 충분히 활용하지 못한 채 쇠퇴해 갔으며, 1641년 네덜란드 동인도회사가 포르투갈을 제압하고 말라카를 수중에 넣었는데, 네덜란드도 포르투갈 시대에 만들어진 성(城)을 중심으로 도시를 건설했다. 시가지의 가장자리에는 수로(水路)와 방파제를 둘렀으며, 시가지의 상점(숍·하우스)건물에도 연소방지(延燒)를 목표로 하는 등 근대적 도시건설 방법을 도입했다.

---

1 현지발음으로는 쳉훈텡(cheng hoon teng)이다. https://www.chenghoonteng.org.my/

그림 7-23 말라카, 1400년

3. 영국에 의한 조지타운(페낭)의 건설

영국은 말라카해협의 제해권 확보가 늦어져 식민지화를 위한 거점획득을 중요한 과제로 삼고 있었다. 동인도회사를 이용한 거점확보를 목표로 하고 있었으며, 우선 첫번째로 주변 여러 나라들과의 분쟁때문에 고민하고 있던 술탄에게 안전보장을 부여하는 것을 조건으로 페낭을 획득했다. 1786년 페낭에 상륙한 프

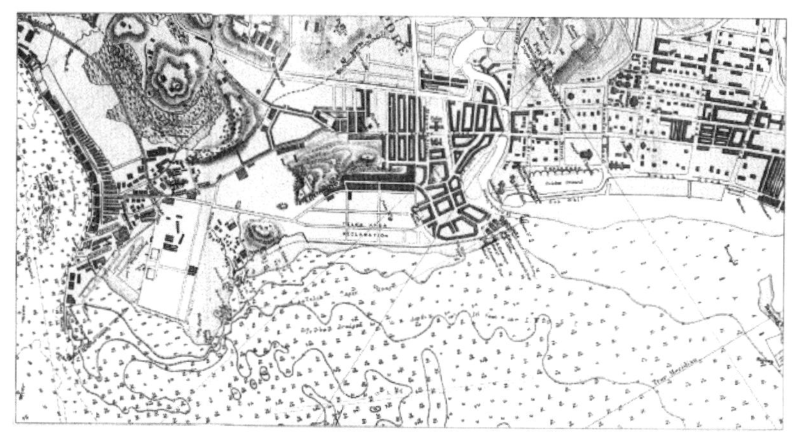

그림 7-24 싱가폴, 1906년

란시스·라이트는 섬의 돌출부에 요새(要塞)를 만들고, 흘수[2]가 15m나 되는 지형을 살려 항만건설을 시작했다. 그리고 오리지널·그리드라고 불리는 비교적 넓은 길을 만들고 시가지를 정비했으며, 그 후 이민이 급증하면서 시가지(市街地)는 확대되고, 도시 건설은 중국계, 인도계 이민을 회유하면서 추진되었다.

식민도시로서의 중요도가 커짐에 따라 시가지(市街地)에는 학교와 교회가 연달아 건설되었으며, 영국은 거점도시와 그들을 잇는 도로와 철도를 지속적으로 정비해 나가면서 배후지에 광대한 고무·플랜테이션과 주석 광산을 개척하여 갔다.

4. 싱가폴 건설과 해협(海峽)식민지의 완성

페낭에 이어 래플스에 의해 개척된 싱가폴은 무역, 유통을 목적으로 건설된 도시이며, 위곽(圍廓)과 같은 방위기능은 중시되지 않았다.

대형선박 정박이 가능한 파지장(波止場)[3]을 중심으로 정박지, 부두, 하역장, 창고, 세관, 검역소, 우체국 등이 기능적으로 설치되었다. 그리고 싱가폴강의 동안(東岸) 쪽을 중국계와 말레이인 등의 거주지구로 하고, 서안(西岸)을 백인의 거주지구로 하여 공존시켰으며, 광대하고 얕은 여울이 매립되어 시가지(市街地)는 바다 쪽으로 확대되어 갔다.

1824년 영국-네덜란드 조약에 의해서 말라카, 페낭, 싱가폴은 해협식민지라고 불리게 되고, 처음에는 동인도회사가, 나중에는 영국 인도성(省)에 의해서 통치되는데, 1867년부터는 직할 식민지가 되었다. 이들 모두 자유항이 되었으며, 그 중에서도 싱가폴은 중요한 무역항으로 발전했다.

5. 해협식민지의 '점옥(店屋)(숍·하우스)'

해협식민지의 시가지에는 주거병설 점포인 '점옥(店屋)'을 많이 볼 수 있다. 시가지는 중국계와 인도계 등의 상인이 점거하여 도심 상업지를 형성했는데, 점옥(店屋)은 기와를 덮고, 박공벽을 격벽으로 처리한 연동식(連棟式)[4]주택이다. 영국 지배하에서 건축 규제가 실시되어 점옥(店屋)건설이 의무화되었으며, 폭 약 5피트의 아케이드[5](사유지이

그림 7-25 숍·하우스, 페낭

2 원본에서는 끽수(喫水)로 표현되어 있으나 우리나라 표준 표기는 흘수(吃水)이다.
3 파도를 막아, 배를 정박시키고, 화물을 선적 또는 하선하기 위하여 수중(水中)에 튀어나오게 한 구조물을 말한다.'파지(波止)'는 정박한다는 뜻의 아어동사(雅語動詞)이다. (네이버 국어사전)
4 우리나라에는 없는 용어인데 연립주택과는 또 다른 개념이어서 원본 용어 그대로 사용했다.
5 원본의 歩廊

지만 이용권은 공공)가 연속하는 독특한 도시경관을 실현하고 있다. 여기에 다양한 민족집단으로 구성된 주민이 고밀도로 거주하면서 도시의 경제를 지탱했으며, 점옥(店屋)은 해협식민지뿐만 아니라 동남아시아에 광범위하게 분포하고 있다. 식민지 개발이 진행됨에 따라 도시건설은 방위(防衛)·경제 등으로부터 교육이나 문화를 육성하는 도시시설 정비로 방향이 바뀌며, 부유한 중국계와 영국인 관료 거주지는 도심으로부터 교외의 시원한 산기슭과 구릉지대로 옮겨갔다. 페낭에서는 페낭힐(해발 761m)에 본격적인 고원(高原)피서지 개발이 이루어졌으며, 1922년에는 최초의 케이블이 부설되면서 건설붐이 일어나고, 완만한 등고선에 맞추어 그려진 산책로에는 영국의 교외주택지를 본떠서 만들어진 별장이 지어졌다.

6. 독립 이후 싱가폴과 말레이시아 도시

말레이시아는 1963년에 독립했다. 독립 당시의 말레이시아에서는 근대국가 건설의 발판으로 모더니즘이 석권하지만, 1969년에 일어난 대규모 민족 간 분쟁을 계기로 정권을 담당한 말레이계는 이슬람과 말레이계의 문화를 중심으로 한 국민문화정책을 펼치게 되고, 이후 근대건축에서도 이슬람과 말레이계 민족문화를 도입한 건축의장들이 눈에 띈다. 한편, 1965년 말레이시아연방에서 탈퇴하여 독립한 싱가폴은 중국계가 우세했으며 일관되게 모더니즘을 추구하게 되어 이 두 국가의 도시경관은 민족과 국가의 관계를 반영하는 대조적인 모습이 되었다.

05 동양(東洋)의 파리

– 사이공, 퐁디셰리 –

1. 식민지제국 프랑스

프랑스는 과거 4세기에 걸쳐서 소비에트연방 정도의 영토를 가진 큰 식민지제국이었다. 아메리카나 아프리카에 비교하면 아시아의 식민지는 규모가 작았지만, 다른 유럽 여러 나라들, 특히 영국과 패권 다툼이 심한 나라로서 도시를 만드는 방식도 영국과 대조를 이루었다. 식민지화의 역사는 중상주의(重商主義)적인 정책이 단속적으로 행해진 초반 3세기(1533년~1830년)와 제국주의적 정책이 계속적으로 실시되었던 후반 1세기(1830년~1930년)로 크게 나뉘고, 본국(本國)과 식민지와의 관계도 시대에 따라 크게 바뀌어 갔다. 이 장에서는 각 시기의 대표로 인도의 퐁디셰리와 베트남의 사이공을 다룬다.

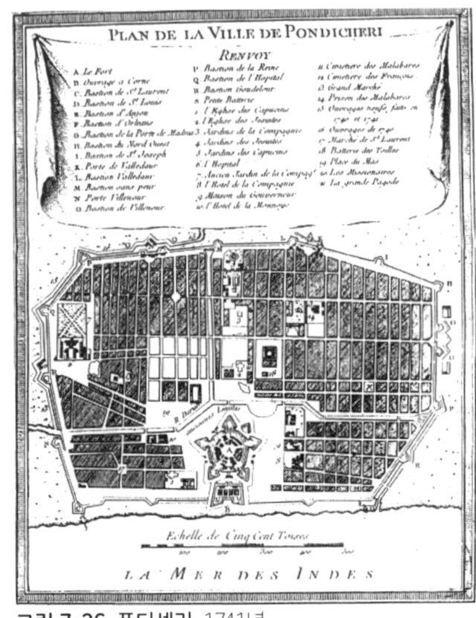

그림 7-26 퐁디셰리, 1741년

그림 7-27 1750년경의 **퐁디셰리**항구의 모습

2. 퐁디셰리

인도 남동부에 위치한 퐁디셰리의 역사는 1664년에 재출범한 왕립 동인도회사에 의해 1673년 교역거점으로 개발된 것으로부터 시작된다. 아프리카와 미국으로 가는 탐험의 시작이 인도로 가는 길 확보에서 시작된 것으로부터도 알 수 있듯이 인도교역은 프랑스 식민지정책의 주요 관심사였으며, 퐁디셰리는 식민지 영토의 중심지로 구상되었다.

인도양에 면한 사구(砂丘) 위, 내륙과의 교역이 일어나는 퐁디셰리강 하구에서 북쪽으로 면한 위치에 1683년부터 본격적인 도시 건설이 시작되었다. 그 후 도시지역은 다소 확대되고, 영국과의 항쟁이 심해진 18세기에는 성벽이 추가되지만, 그 이외의 주된 특징은 대부분 건설당시 그대로이다.

그 가장 큰 특징은 시가지에서 보이는 직교도로로 구획된 직사각형 그리드·패턴이다. 프랑스 식민도시는 아시아의 여러 도시뿐 아니라 아프리카의 도시에서도 그리드·패턴을 채택하는 경우가 많았으며, 영국이 아시아에 건설한 식민도시에 칸톤먼트라고 불리는 군영(軍營)지구 등을 제외하면 그리드·패턴을 채용하는 일이 적었던 것과 대조적이다. 퐁디셰리는 이처럼 프랑스가 식민도시에 남긴 그리드·패턴 전통의 첫 번째 도시라고 할 수 있다.

또한 시가지 내부에 배수(排水)와 동시에 방어의 역할을 했다고 볼 수 있는 남북으로 흐르는 수로(水路)를 사이에 두고 동쪽의 사구(砂丘) 부분은 '화이트·타운', 서쪽의 배후 저지대는 '블랙·타운'이라고 불리며 인종구분이 뚜렷했다. '화이트·타운'은 성(城)과 교회를 중심으로 주로 프랑스인 주택지가 되었으며, '블랙·타운'의 중심에는 바자르(시장(市場)), 광장, 소(小)공원, 세무서 등 교역관련 시설들이 모여 있었다. 이것은 도시전체의 중심에 교회를 건설했던 포르투갈이나 스페인의 식민도시와는 크게 다른 점으로 프랑스의 식민지정책이 상업적인 목적을 중시했음을 알 수 있다.

1744년 이후 영국과의 패권다툼이 거세지면서 퐁디셰리는 자주 점령됐고, 특히 중심인 성(城)의 요새(要塞)부분은 파괴와 건설이 반복됐다. 그리고 1816년 프랑스령으로 확정됐을 때, 이미 영국의 인도지배는 굳어졌고, 그 의의는 크게 저하되어 있었다.

3. 사이공(호치민)

인도지배에 실패한 프랑스가 다음으로 눈을 돌린 것이 인도차이나, 그중에서도 베트남이다. 18세기 말부터 베트남 농민반란을 진압한다는 명목으로 자주 군대를 파견하고 있던 프랑스는 1859년의 사이공 공략부터 시작해서 서서히 베트남을 식민지화하여 1887년에는 프랑스령 인도차이나연방을 만들었다. 점령 당시 사이공은 인구 1만 3000명 정도의 소(小)도시에 불과했으며, 프랑스는 인도차이나에서의 최초의 도시계획을 이곳에서 시행했다. 식민(植民)보다는 상업 및 군사상의 목적을 위주로 하였으며, 사이공강과의 관계를 중시한 그리드·패턴이 채택된 점에서 사이공도 퐁디셰리부터 이어지는 프랑스 식민도시계획의 전통을 답습하고 있었다. 그리고 다른 한편 도시계획에 큰 영향을 준 것은 1853년부터 시작됐던 오스만의 파리 대개조(大改造)였다.

1 원본의 アンリ・セルッティ

그림 7-28 사이공, 1942년

1863년에 계획된 도시중심부의 도로망은 교차하는 2개의 중심축을 가지고, 남북방향으로 뻗어 나간 노로돔대로(Boulevard Norodom)가 관저(官邸)와 요새를 연결시키고, 여기에 직교하는 카티나가로(Rue Catinat)가 도심과 항만을 잇고 있었다. 정치적으로 중요한 시설을 연결하는 노로돔대로에 비하여 카티나가로는 노로돔대로와의 교차부에 건설된 성당과 나중에 항구 쪽에 건설되는 극장 사이에 관청들과 도서관, 호텔 등을 두어 사이공의 중심부를 만들어 가게 된다. 이처럼 주요도로의 시작점과 종점에 도시의 중요시설을 배치하고, 실용적으로나 시각적으로 이들 건물을 떠오르게 하는 수법은, 좁은 도로가 복잡

그림 7-29 총독청사, 사이공, 1873년

하게 뒤섞여 있었던 중세 도시 파리를 근대적인 목적에 합치시키기 위해 생각해 낸 것이었으며, 이러한 점에서 사이공과 퐁디셰리는 큰 차이가 있다.

그림 7-30 '미래의 **사이공**', **앙리·세루티**[1] 계획안, **사이공**, 1943년

20~80m 폭의 격자모양 가로에는 보도와 가로수가, 지하에는 상·하수도 시설과 전선이 매설되었는데, 파리 대개조 시에 정비된 도시계획의 새로운 노하우를 그대로 이식한 것이었다. 도시를 건설한 프랑스 공학기사들은 본국(本國)의 카탈로그에서 선택한 가로등(街路燈)으로 사이공 거리를 장식했으며, 사이공의 주요 건물 설계에 고용됐던 건축가들도 파리의 양식을 고스란히 열대지역으로 가지고 들어왔다. 1873년에 준공한 사이공 최초의 행정건물인 총독청사는 기둥을 리듬감 있게 늘어놓고, 신(新)고전주의 기조(基調)의 파사드에 루브르궁의 지붕을 얹은 바야흐로 나폴레옹 2세 시대의 절충주의적인 파리양식이었다. 19세기 후반 프랑스의 건축가를 양성했던 에콜·데·보자르는 당시 건축의 메카였으며, 세계 여러나라로부터 몰려든 학생들이 파리 대개조 건설현장에서 현장경험을 쌓고, 보자르양식을 웅장하고 아름다운 도시의 행정건축에 어울리는 것으로 널리 보급시키는 역할을 했다. 지붕에 기와가 사용된 점, 또한 강렬한 햇빛을 피하기 위해 반(半)외부의 갤러리나 발코니가 건물 외벽주위에 설치된 점을 제외하면, 당시 사이공의 공공건축에 아시아적 요소는 거의 반영되지 않았다.

Musee Blanchard de la Brosse
그림 7-31 베트남 역사박물관, **사이공**, 1929년

그림 7-32 개인주택, **사이공**, 1934년

4. 20세기의 재개발계획(再開發計劃)

1919년 도시 난개발을 막기 위해 지방자치단체에 도시확장, 재개발계획 책정을 의무화하는 코르누데[2]법이 프랑스에서 제정되고, 식민도시에도 적용됐으며, 그 결과 1920년대부터 30년대까지 인구유입이 심했던 베트남 도시에도 재개

2 원본의 コルヌデ

발계획이 입안되었다. 사이공 주변에도 베트남인, 중국인의 활동 중심이었던 근린취락 콜롱[3]과의 사이에 무질서한 개발이 자행되고 있었는데, 이에 프랑스 도시계획가협회의 건축가들은 지금까지의 그리드·패턴이 도시를 단조롭게 만드는 것으로 간주하여 퇴출시키고, 방사형 가로를 골격으로 하여 광대한 공원을 각지에 배치시키고, 그린벨트를 둔 이상도시理想都市를 대담하게 그려나갔다.

1920년대 무렵부터 아르·데코나 모더니즘양식이 사이공에도 도입되면서 영화관과 상점, 주택과 같은 건물에 종종 지금까지의 식민도시양식과 절충시킨 형태가 사용되었다. 또한 이때부터 프랑스인 건축가뿐만 아니라 보자르에 유학하고, 가르니에나 페레의 사무소에서 경험을 쌓은 베트남인 건축가 제1세대를 양성하기 시작했다. 1925년에 인도차이나·에콜·데·보자르가 하노이에 만들어진 이후, 프랑스인 교사는 학생을 프랑스로 보내고, 공부하고 돌아온 베트남인 건축가들이 그 후의 건축계를 짊어질 존재가 되어 간다. 이런 관계는 1944년 학교가 사이공으로 이전하고 남북 베트남이 분할된 후에도 여전히 유지되었으며, 큰 영향을 남겼다.

3 원본의 コロン

06 스테빈의 이상도시계획과 네덜란드령 동인도식민지

– 바타비아, 수라바야, 스마랑 –

바타비아, 수라바야, 스마랑이라고 부르는 옛 네덜란드령 동인도(현 인도네시아)의 대표적인 식민도시는 이전 동인도회사의 무역거점이며, 모두 자바섬 북안(北岸)의 하구 가까이에 위치해 있다. 일반적으로 초기 건설단계에 있어서는 수라바야 등 지방의 거주지는 필요에 따라 단계적으로 확장되었지만, 아시아 진출의 거점이었던 바타비아만큼은 뚜렷한 계획이념에 기초하여 17세기 초반 불과 십수 년 사이 단숨에 건설됐다.

1. 시몬·스테빈과 바타비아성(城) 건설

바타비아성(城)의 모델로 잘 알려진 것은 네덜란드 본국(本國)에서 요새(要塞) 건축술과 도시계획 기술자양성에 선구적인 역할을 하는 한편 레이덴대학(Duytsche Mathematique)의 기술자학교 창설에도 관여한 시몬·스테빈(Simon Stevin)에 의한 이상도시계획이다. 17세기 초부터 18세기에 걸쳐 동·서인도회사에 의해서 건설된 세계 각지의 네덜란드 식민도시에 대해 고찰한 반·우루스(van Oers, R.)[1]에 의하면 스테빈의 계획요점은 그리드·패턴을 형성하는 서로 직

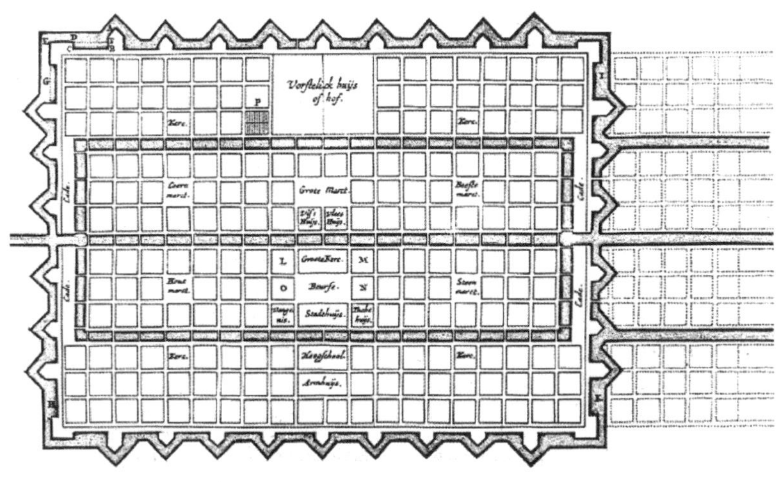

그림 7-33 스테빈의 이상도시 계획, 1590년

1 원본의 ファン・ウールス

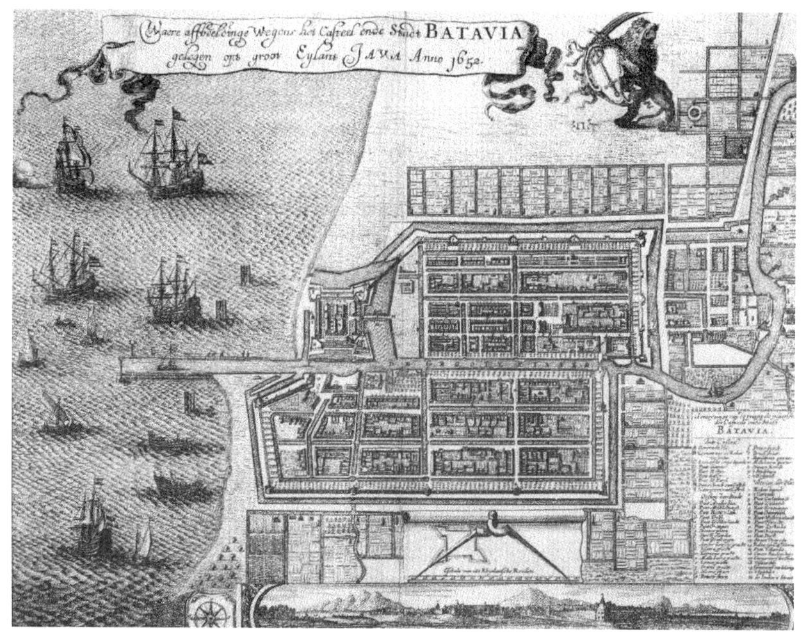

그림 7-34 바타비아, 1655년

각인 축에 대조적인 성격이 부여되어 있다는 것이다. 3개의 운하와 평행한 긴 축 방향은 물자수송과 거주지의 확장방향이며, 유연성 있는 성격을 가진다. 이에 비해 짧은 축 방향은 궁정(宮廷), 대(大)시장, 대(大)교회, 물물교환장, 관공서, 고등교육기관 등의 기능이 부여됨으로써 명확한 공간질서의 형성이 의도되고, 그 양 끝은 능보(稜堡)를 가진 성벽으로 완벽하게 막혀 방어된다. 바타비아성은 이런 스테빈의 생각과 아주 가까운 형태로 칠리웅강을 긴 축으로 해서, 그 하구의 오른쪽 언덕에 건설되었으며, 곧 왼쪽 언덕에도 건설되었다. 이때 왼쪽 언덕의 도로구획이 오른쪽 언덕과 비교하여 약간 바다 쪽으로 어긋난 것은 별 모양 요새와의 거리를 가깝게 하여 방어하기 쉽게 했기 때문이다.

2. 동인도회사에 의한 초기 거주지

17세기까지 소급되는 네덜란드 동인도회사에 의해 만들어진 초기 유럽인 거주지는 상관(商館)중심의 거주지로 시작되었다. 그곳에서는 기존의 현지주민 마을에 인접한 하천변에 우선 쌀이나 소금 등의 저장용 석조(石造)창고가 건설되고, 다음에 보루(versterking), 경우에 따라서는 완전한 요새가 건설되었다. 다음에 거주 지역을 주벽(周壁)(ommuring)으로 에워쌌으며, 거주지와 인접한 곳에는 신선한 식량공급회사의

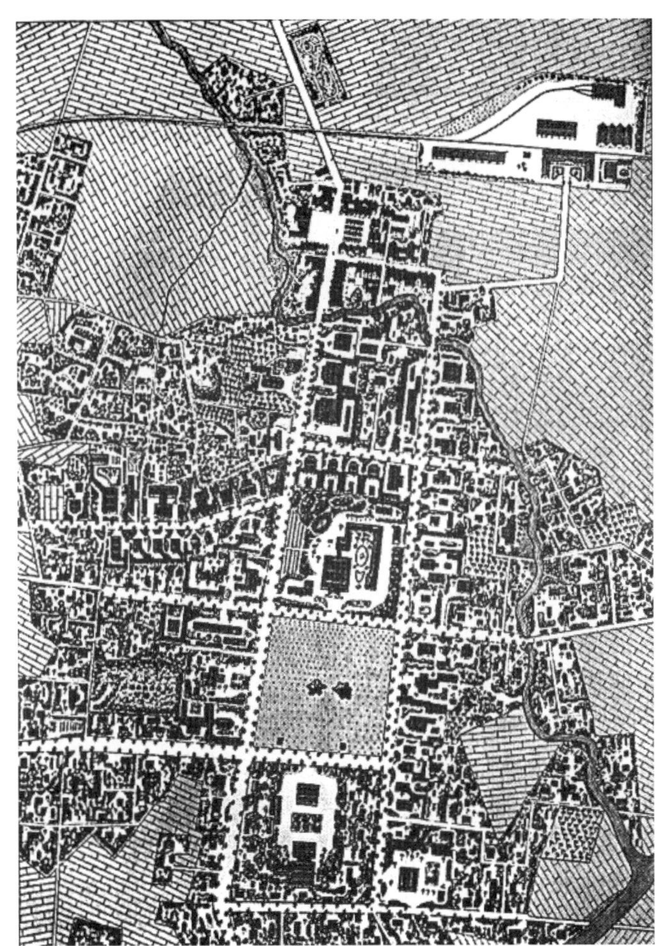

그림 7-35 **비트캄프**(Witkamp)에 의한 **자바**의 지방도시 개념지도, 1917년

채소밭과 관상용 정원(compagniestuin)이 마련되었는데, 중부자바 북쪽해안의 테갈(Tegal)과 제파라(Jepara) 등의 예가 있다.

초기 거주지 중 동부자바와 중부자바에서 각각 중요성을 더해간 수라바야와 스마랑은 18세기에는 상관(商館)을 중심으로 한 마을만들기를 더욱 발전시켰다. 초기 거주지와의 차이는 거주구역부분이 요새(要塞)로부터 완전하게 분리, 독립되었고, 축선(軸線)이나 가구(街區)와 같은 도시계획적 요소가 발생하고 있으며, 초기 거주지에는 주로 중국계 등의 외래 동양인 거주구(居住區)가 주벽(周壁) 내에 들어선 것에 반해 그러한 거주구(居住區)는 주벽(周壁) 바깥으로 쫓겨났다. 즉, 유럽인 거주구(居住區)가 확립되고 있었던 것이다.

3. 지방도시의 대두(擡頭)

그림 7-36 18세기 **바타비아** 저택의 대표적인 예(현 국립 문서관)

1799년 동인도회사 해산 후, 본국 정부가 동인도에 대한 직접 지배에 나서면서 강제재배제도 등 일련의 시책에 의해 자바는 가장 큰 국영 플랜테이션지대가 된다. 이러한 정청(政廳)에 의한 식민지개발로 인해 서부 자바의 랑까스비뚱(Rangkasbitung)이나 중부 자바의 바뉴마스(Banyumas)를 비롯한 내륙부의 하천가에 도시가 개발되는데, 플랜테이션 개발을 위해 직접 통치할 수 있는 지방 도시가 필요했던 것이다. 지방행정으로는 토착 지배체제를 이용하기 위해 현지 주민관리가 도입되어 행정기구의 각 레벨별로 네덜란드인 관리와 병행 배치되었다. 이러한 기존질서를 이용한 '간접통치'는 도시구성에도 물리적으로 반영되어 알룬·알룬(도시광장)을 중심으로 한 현지 주민관리의 사무소와 네덜란드 관리들의 사무소는 하천을 사이에 두고 마주 보는 위치에 자리 잡았으며, 그곳은 내륙 자바의 문화중심으로 처음부터 서양적인 도시요소가 도입된 장소였다.

1870년 농지법 시행으로 민간기업에 의한 토지임차가 가능해지면서 네덜란드령 동인도는 자유주의정책 시대로 들어간다. 플랜테이션 경영에 참가한 민간기업은 동시에 철도·도로망, 관개(灌漑)설비, 항만을 왕성하게 개발하면서, 국영 플랜테이션시대에 식민지정부에 의해 통치기능 중심으로 정비되어 온 지방도시가 민간기업에 의한 개발과 함께 생산, 유통기능의 거점적 성격을 강화해 갔다. 지방의 항만도시나 철도·도로망 등 주요한 결절점(結節點)에 위치한 도시개발이 새롭게 이루졌는데, 비트캄프(Witkamp)의 그림에서 보듯이 이 시대에는 네덜란드 관리들의 사무소가 토착 도시요소인 알룬-알룬에 접하여 위치하며, 도시는 심화된 식민지 지배를 배경으로 지배·피지배 세력이 보다 융합한 모습을 취하게 된 것이다.

4. 바타비아성(城)으로부터의 탈출과 신시가지(新市街地)의 건설

네덜란드 본국에서는 저지대에 도시개발을 할 때, 배수(排水)에 효과적이었던 종횡(縱橫)으로 뻗은 운하시스템도 열대의 기후풍토 아래에서는 사정이 달랐다. 바타비아성에서는 운하가 풍토병의 온상이 되었으며, 1730년대에 들어서자 바타비아 성내에 말라리아 오염이 심각해져 유럽인이 성 안에서 떠나기 시작했다. 현재

국립문서관으로 사용되는 당시의 총독 데·클레르크(De Klerk)[2]저택(1777년 건설)은 당시 성 밖에 세워진 저택의 대표적인 예이다. 네덜란드 본국의 주택이 당시 르네상스식의 박공에 처마를 돌출시키지 않는 형식이 주류였던 것에 비해, 이 저택은 처마가 돌출된 형식을 채택한 것이 특징적이다. 또한 1740년에 발생한 중국인 대학살 사건 이후, 중국인의 거주지도 성 밖으로 강제로 옮겨졌는데, 유럽인과 중국인이 퇴거한 이후, 성 안의 위생은 적절하게 유지되지 않아 1791년에는 운하가 매립되기 시작했다. 19세기로 들어서자 총독 다엔델스(Daendels)(재임 1808년~1811년)의 결단에 의해 바타비아성에서 3km 정도 떨어진 내륙방향으로 정치와 종교의 중심이 옮겨지며, 바타비아성을 무너뜨리고 이 석재를 이용하여 1km 사방의 광장(현재의 무르데카광장)을 중심으로 한 벨테브레덴(Weltevreden)[3]지구가 건설된 것이다.

1835년의 자바전쟁 영향을 받아 총독 반·덴·보쉬(van den Bosch)(재임 1830년~1834년)의 '방위선(Defensielijn)'이라 불리는 도시방위책이 시작되었다. 벨테브레덴을 둘러싸는 방위선이 계획되었고, 현재 이스티크랄·모스크가 있는 장소에 요새가 건설되었지만, 결국 주벽(周壁)은 건설되지 않았고, 시가지는 서서히 확장을 계속하였다. 그리고 1910년대가 되면 벨테브레덴의 남쪽에 네덜란드인 관리주택가로 맨땡지구가 개발되었으며, 시가지 남부로의 확장은 전쟁이 끝난 후에도 계속되었다. 네덜란드령 동인도에서 많은 도시계획을 세운 카르스텐(Karsten, T.) 밑에서 실무경험을 쌓은 첫 인도네시아인 도시계획가 수실로(Soesilo)[4]의 설계로 크바요란·바루(Kebayoran Baru)가 자카르타의 위성도시로 계획된 것은 1949년이었다.

5. 반·덴·보쉬의 방위선(防衛線)으로부터 진정한 식민도시(植民都市)로

바타비아에서 반·덴·보쉬의 방위선은 완전하게 실시되지 않았지만, 이로 인해 수라바야와 스마랑에서는 1830년대 이후 시가지가 주벽(周壁)으로 둘러싸이고, 도시발전이 크게 저해되었다. 그러나 19세기 말에 이르면, 인구밀도가 높고 비위생적인 성벽 안을 탈출하여 마침내 내륙방향으로 시가지가 확장되며, 한발 앞서 벨테브레덴과 맨땡을 건설한 바타비아와 마찬가지로 새로운 정치, 상업중심의 개발과 내륙의 주택지 개발이라는 2단계의 개발로 중심시가지가 이전되었다. 수라바야에서는 20세기에 들어서자마자 개발된 심팡(Simpang)지구와 반둥공과대학의 설계자로 알려진 M. 폰트(Pont)가 H. P. 베를라헤(Berlage)의 암스테르담 남부확장계획을 염두에 두고 1920년대에 계획한 다르모(Darmo)지구 등 2군데가 이에 해당한다. 스마랑에서는 카르스

---

2 원본의 デ·クレルク
3 원본의 ウェルトゥフレーデン
4 원본의 スシロ

그림 7-37 **반둥**공과대학, H. M. 폰트

텐이 만든 찬디(Candi)지구가 같은 시기의 주택지개발인데, 모두 유럽인의 급증을 배경으로 서양색이 강한 도시를 건설했으며, 이런 의미에서 20세기 전반까지 네덜란드령 동인도의 주된 대도시는 진정한 '식민도시'로 변모해가고 있었다.

식민지 지배가 진행되면서 자바 북쪽의 식민도시 발전은 거주지 및 정교(政教)중심 관점에서 본다면 항만부근의 위생조건 악화에서 벗어나기 위한 측면이 있었으며, 상공업지(商工業地)라는 관점에서 보면 내륙부 플랜테이션을 향해 뻗어 나가는 철도에 근접한 용지취득 및 이용 간편성에 의해 끊임없이 내륙방향으로 연장되어 가는 것을 의미하고 있다.

column 4

얀·반·리벡(Jan van Riebeeck) – 케이프·타운 **건설자** –

케이프·타운의 건설자는 얀·반·리벡이다. 케이프·타운 창설자로도 잘 알려져 있는데, 이 얀·반·리벡이 실제로 일본을 방문한 전력(前歷)이 있어서 흥미롭다.

얀·반·리벡은 1618년 4월 네덜란드 공화국의 퀼렘보르흐에서 태어났다. 아버지 앤서니는 선원으로 직접 배를 소유하고 북해(北海)교역에 종사해 돈을 많이 벌었는데, 후에는 그린란드 및 남아메리카까지 진출하고, 1639년에 브라질에서 생을 마감했으며, 페르남부쿠(올린다, 레시페)에 매장된 것으로 알려져 있다.

리벡은 1638년 20세의 나이에 외과의사 면허를 취득한 후 조수로 동인도회사 배를 타고, 바타비아에 도착하여 회사원으로 방향을 전환하는데, 상업적 재능이 있었던 것 같다. 1642년 회사간부와 함께 나가사키(長崎)의 데지마(出島)에 파견되며, 쇄국 직후 히라도(平戸)의 네덜란드상관(商館)이 데지마(出島)로 옮겨질 즈음 도쿠가와(徳川)막부(幕府)의 동향을 조사하는 것이 목적이었다. 그 후, 리벡은 데지마(出島)에서 통킹(베트남)으로 옮겨 비단무역에 종사하며, 현지어도 배워 점차 승진하지만, 사무역(私貿易), 부정축재의 죄를 추궁받아 해고당하는 바람에 귀국할 수 밖에 없게 되었다.

1648년에 귀국하지만 도중에 케이프·타운에서 몇 주 보내게 되면서, 그 경험이 후에 살아가는 방편이 되는데, 1651년 케이프의 보급기지 건설 제안을 받아 지휘관에 임명되었던 것이다. 그는 1652년 4월 7일, 케이프·타운에 상륙하고, 1662년 말라카총독을 명령받고 44세로 케이프·타운을 떠날 때까지 10년간 케이프·타운 건설에 종사하며 그 발전의 기초를 닦았기 때문에 케이프·타운의 창설자로 알려지게 된다.

이렇게 얀·반·리벡이라는 한 남자에 의해 암스테르담, 케이프·타운, 바타비아, 통킹, 말라카, 데지마가 연결되며, 대만의 젤란디아성에도 들렀을 가능성이 높다.

1664년, 그의 아내 마리아는 말라카에서 사망하며, 그 무덤이 시청청사 인근의 묘지에 남아 있다. 리벡은 귀국을 탄원하지만 뜻을 이루지 못하고, 1677년 1월 18일에 바타비아에서 죽는데, 그의 나이 58세였다. 19세기 말 교회가 파괴되었을 때 묘비는 없어졌다고 하지만, 지금 그 비석은 남아프리카 박물관에 남아 있다.

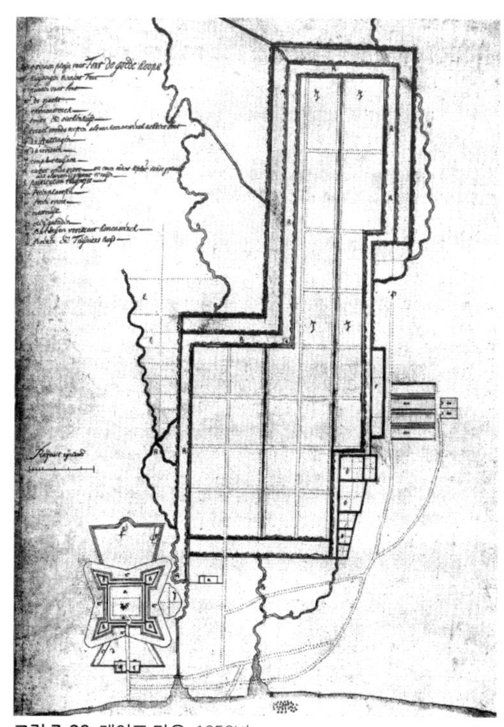

그림 7-38 케이프·타운, 1656년

07 인도·사라센양식의 전개(展開)

– 봄베이(뭄바이), 마드라스(첸나이), 캘커타(콜카타) –

아시아에서 있었던 영국의 식민도시 건설역사에 있어 큰 역할을 한 것은 봄베이, 마드라스, 캘커타, 이 3개의 관구수도(管區首都)(프레지덴시·타운)이다. 이 3도시는 작은 상관(商館)도시로부터 출발하여, 본국의 항만도시를 능가할 만큼 영국을 지탱하는 항만도시로 성장했는데, '궁전(宮殿)도시'라고 불린 캘커타는 런던과도 어깨를 나란히 할 만한 제국의 도시이며, 오늘날 수많은 건축 유산이 남아 있다. 봄베이, 마드라스도 마찬가지로 그 도시 중심에 식민지 건축물이 늘어서 있다. 영국 건축가들의 중요한 관심사는 '인도 토착 건축양식을 어떻게 유럽 건축양식과 융합시킬까'였는데, 인도에서 만들어진 양식은 인도·사라센(인도·이슬람)양식이라고 총칭되며, 19세기 후반 인도를 경유하여 일본을 방문한 J. 콘도르(Conder)의 작품에서도 로쿠메이칸(鹿鳴館)이 보여주듯이 인도·사라센양식이 그림자를 드리우고 있다.

1. 마드라스(첸나이)

3개의 관구수도(管區首都) 가운데 처음으로 상관(商館)이 설치된 곳은 마드라스(1639년)이며, 영국 동인도회사 최초의 영구적 상관(商館)이기도 하다. 그곳은 남쪽 산토메에 포르투갈, 북쪽 풀리카트에 네덜란드가 각각 상관(商館)을 구축한 요충지였는데, 마드라스라는 이름은 '마드라스바트남'이라는 어촌의 이름에서 따온 것이며, 마찬가지로 '첸나이바트남'이라는 마을이 있어서 영국 식민지시대의 이름을 싫어하는 내셔널리즘의 흐름 속에서 마드라스라고 하는 도시이름은 후에 첸나이로 바뀌었다.

상관(商館)의 건설과 함께 영국인 거주지인 '화이트·타운'과 인도인 거주지인 '블랙·타운'이 형성되었으며, 상관(商館)과 그 주변시설은 요새화되어 1658년에 세인트·조지요새가 완성되었다.

1684년 마드라스 관할구역에 지사(知事)가 임명되었으며, 1686년에는 시정부(市政府)가 설립되었다. 마드라스에서는 행정조직 또한 다른 곳보다 먼저 정비되었고, 1740년에 시작하여 3차에 걸쳐 치뤄진 프랑스와의 카나틱전쟁은 마드라스를 말려들게 하여 그 도시구조를 크게 변화시켰다. 18세기 중반에 요새는 확대보강되고, 에스플라나드[1](광장)가 설치됨으로써 '블랙·타운'은 파괴되고 주변부

1 esplanade(프랑스어); (대형건물 앞의) 광장, 전망대, 조망대, (요새와 시가지 사이의) 평지 등의 뜻이 있다. (네이버 프랑스사전)

로 이동하게 되는데, 현재 조지타운의 기본구조는 바로 이 시점에서 형성된 것이다.

플라시(Plassey)전투에 승리하면서 영국의 식민지지배가 본격화하지만, 마드라스는 영토지배 거점으로서의 성격이 강해진다. 이와 함께 도시구조도 변화하며, '화이트·타운'의 관청거리화, '블랙·타운'의 CBD(중심업무지구)화, 영국인 거주지의 교외화와 가든·하우스 건설이 주요한 변화이다.

인도 대반란 이후, 마드라스 또한 급속한 도시화에 시달리게 되며, 철도부설, 항만개조 등 산업화의 진전에 따른 도시개조 역시 마찬가지이다. 봄베이, 캘커타와 비교하여 유입인구의 남녀비가 편중되지 않고, 유입속도도 느슨했던 점이 지적되기도 하지만 인구증가가 집중된 '블랙·타운'의 거주문제는 심각했기 때문에 개선국(改善局), 항만 트러스트 등이 설립되고, 위생문제에 대한 대응이 초미의 과제가 되었다

한편, 이 시기 영국의 위엄을 보이는 장려한 건축군(群)도 건설된다. 대표적인 것은 마드라스 중앙우체국, 마드라스 고등법원, 마드라스 대학, 마드라스 중앙역, 빅토리아 기념당, 남인도철도 본사건물 등이다.

서양건축의 전통을 근거로 한 구조형식에 돔과 아치 등 이슬람 건축의 언어나 장식을 가미한 것이 인도·사라센양식인데, 마드라스 고등법원(1892년, 설계 J. W. 브래싱톤[2] & H. 아윈[3])이 하나의 전형(典型)으로 챠트리 및 미나레트를 연상시키는 탑이 늘어서 있다. 같은 H. 아윈에 의한 빅토리아 기념당(1909년)도 파테푸르·시크리의 건축을 연상시키는 디자인이며, 마드라스대학 평의원회관(1873년, 설계 R. F. 치스홀름[4])은 무굴과 비잔틴을 절충시키는 정취가 있고, 방갈로형식을 연상시키는 베란다를 측면(側面)에 사용하고 있다.

2. 봄베이(뭄바이)

봄베이의 도시형성은 1534년에 포르투갈이 구자라트의 술탄으로부터 토지를 취득함으로써 시작된다. 고아의 보급지로 요새와 교회가 먼저 건설되었고, 영국이 봄베이를 얻게 된 것은 찰스 2세가 1661년에 포르투갈왕의 여동생 카타리나와 결혼한 것에 기인하며 결혼자금으로 영국에 이양된 것이다. 봄베이는 포르투갈어 본·바이어[5](좋은 항만)에서 유래하며, 뭄바이는 여신 '뭄바'에서 따온 오래된 지명이다. 영국 동인도회사는 1668년에 국왕으로부터 대출을 받아 1687년에 수라트로부

2 원본의 J·W·ブラシントン
3 원본의 H·アーウイン
4 원본의 R·F·チショルム
5 원본의 ボン·バイア

터 거점(據點)을 옮겼으며, 봄베이의 발전이 시작되는 것은 17세기 말 이후이다.

원래 7개의 섬으로 이루어져 있지만 시의 중심부는 구(舊) 봄베이섬의 남부에 놓였다. 찰스·분[6] 지사(知事)에 의해 요새가 건설되는 것은 1715년이며, 1756년 지도를 보면 4개 모퉁이에 능보(陵堡)를 가진 포트 주변에 광장, 교회 등이 어수선하게 배치되어 있다. 교역거점으로 인구는 계속 늘어나고, 18세기 중반 경에는 포트 주변에도 거주지가 형성되기 시작하며, 1827년 지도를 보면 포트 안은 거의 건물이 꽉 차서 이미 서쪽, 북쪽에 광대한 에스플라나드가 설치되어 있다.

현재의 포트지구이자, 과거 조지요새의 철거지에는 원형(圓形)광장을 둘러싸고 공회당, 은행 등 수많은 역사적 건축물이 남아 있으며, 포트의 서쪽이 마이단(해안산책로, 광장)으로 그 북으로 '블랙·타운'이 이어진다. 포트와 시가지 사이에 광대한 공간을 갖는 것은 3개의 관구(管區) 수도(首都)도 마찬가지다.

19세기 중반 이후 봄베이는 면(綿)공업을 중심으로 비약적으로 발전한다. 미국의 남북전쟁을 계기로 랭커셔 면공업이 미국 면화에서 인도 면화로 전환한 영향이 컸으며, 데칸고원의 면화수출을 독차지하게 되었다. 철도부설, 증기선의 실용화에 따른 항만의 확대 등 도시구조가 크게 바뀌는 것은 다른 관구(管區)수도와 마찬가지이지만, 수에즈운하 개통이후, 수에즈운하가 인도 서해안에 위치했기 때

그림 7-39 빅토리아·터미널역, 뭄바이

그림 7-40 봄베이시청사, 뭄바이

그림 7-41 봄베이대학 도서관, 뭄바이

6 원본의 チャ ールズ·ブーン

문에 봄베이의 서쪽은 그 지위가 확고해졌다.

방적(紡績)산업의 발전은 한층 더 인구집중을 가속시켰으며, 항만 트러스트 등 개선 사업이 봄베이에서도 시도되었다. 또한 민간개발업자에 의해 초울[7]이라고 불리는 설비공용임대 집합주택이 대량으로 공급되었다. 그 초울의 형태는 오늘날까지 계승되어 봄베이 구(舊)시가지의 경관을 특징짓고 있다.

그림 7-42 고등법원, 뭄바이

그림 7-43 타지·마할 호텔, 뭄바이

그림 7-44 인도문(門), 뭄바이

한편, 19세기 말부터 20세기 초까지 집중된 막대한 부는 수많은 기념비적 건축을 낳는다. F. W. 스티븐스[8]에 의한 빅토리아·터미널역(1887년)과 봄베이 시청사(1893년)는 길을 사이에 두고 마주보고 있으며, 빅토리아·터미널역은 정통 빅토리아·고딕이고, 시청사는 인도·사라센풍이다. G. G. 스콧[9]의 봄베이대학 도서관(1878년)과 J. A. 풀러[10]의 고등법원(1879년)도 에스플라나드에 접하여 나란히 위치해 있다. J. A. 풀러는 20세에 인도로 건너가 수많은 건축물을 설계하지만, G. G. 스콧은 인도를 찾지 않았다. 영국 식민도시 봄베이를 상징하는 건축으로 여겨지는 것이 타지·마할 호텔(1903년, 설계 W. 체임버스[11])과 인도문(門)(1927년, 설계 G. 위테트[12])인데, 타지·마할 호텔은 영국령 인도제국의 최고급 호텔이며, 인도문(門)은 1911년 영국 왕 조지 5세의 방문을 기념하여 건립되었고, 모두 영국과 인도의 다양한 융합을 표현하고 있다.

7 원본의 チョウル
8 Frederick William Stevens
9 원본의 G·G·スコット
10 원본의 J·A·フラー
11 원본의 W·チェンバース
12 원본의 G·ウィテット

3. 캘커타(콜카타)

1530년대 이후 벵골[13]의 자원(資源)을 목표로 유럽 열강이 진출했으며, 포르투갈이 먼저 후글리에 상관(商館)을 짓고, 네덜란드, 프랑스, 영국, 덴마크가 그 뒤를 이었다. 영국은 1651년에 벵골 태수 술탄·슈자로부터 특허장(特許狀)을 얻고 상관(商館)을 건설한 이후 벵골 각지에 상관(商館)을 지어 나갔다. 당시 후글리강 동안(東岸)의 현재 캘커타 땅에는 약간 높은 고지(高地)를 따라 북(北)에서부터 스타뉴티(Sutanuty)[14], 카리카타[15], 고빙다푸르[16], 3개의 작은 마을이 나란히 있었는데, 캘커타라는 이름은 카리카타에서 유래하며, 그 벵골 구어(口語)발음인 콜카타가 지금의 이름이다.

1690년 8월 24일 조브·차르노크(Job Charnock)에 의해 스타뉴티에 상관(商館)건설이 개시된 것에서 캘커타의 역사가 시작되었다. 차르노크는 1693년에 죽었지만, 창고, 식당, 주방, 옷감을 구별하는 건물[17], 사무소, 아파트, 차르노크 일행의 주택 등 모두 10동(棟)의 흙벽 초가(草家) 건물이 완성되어 있었다.

1696년 카리카타의 땅에 윌리엄요새가 건설되었으며, 요새는 북변이 약 100m, 남변이 약 150m, 동서 양변이 약 210m의 사다리꼴 모양 성벽을 두르고, 중앙에 동서로 나란히 동인도회사의 직원용 주택, 그 북쪽에 무기고, 탄약고, 약품창고, 남쪽에 상관(商館)(1699년)과 석조(石造)창고를 배치하는 구성이었다. 요새, 상관(商館)에 이어 병원(1707년), 아르메니아인 교회(1707년), 성공회 성당(1709년), 공원, 저수지(貯水池)(탱크) 등이 건설되는 등, 윌리엄요새 전체가 완성된 것은 1712년이었다.

그림 7-45 라이터스·빌딩, 콜카타

윌리엄요새 건설과 함께 유럽인이 캘커타로 이주하며, 주변에 유럽인 거주지가 형성되어 갔고, 유럽인과 함께 인도인도 이주해 왔다. 1742년 마라타의 벵골 침입 등 캘커타의 발전도 파란만장했으며, 1756년에는 시라지·우다우라[18]에게 탈취·점거되는 사태도 발생했다. 상관(商館)의 요새화가 중요해지고 플라시전투에서 승리하면서 새로운 윌리엄요새 건설이 결정되었다.

이를 계기로 캘커타의 도시형성은 크게 도약한다. 새로운 윌리엄요새는 캘

13 벵골(벵골어: বঙ্গ 봉고, বাংলা 방글라, 문화어: 벵갈)은 남아시아의 동북부지방을 부르는 이름이다. 현재는 방글라데시(동벵골)와 인도의 서벵골주로 나뉘어 있다. 이 지역의 인구는 2억 5천만명(방글라데시 1억 6천만명, 서벵골주 9천200만명)이 넘으며, 주민은 대부분 벵골어를 사용하는 벵골인이다. (위키백과)

14 원본의 スタニュティ

15 원본의 カリカタ

16 원본의 ゴビンダプ ル

17 원본의 布地仕分け棟

18 원본의 シラージ=ウダウラー, 영어 표현 Siraj-ud-Ullah 또는 Siraj-ud-daulah

커타 탈환 후 곧바로 설계가 시작되어 1758년에 착공, 15년이 지난 1773년에 완성되었으며, 이듬해 캘커타는 영국령 인도의 수도(首都)가 되었다. 새로운 요새 주위는 군사적 관점에서 광대한 오픈·스페이스가 마련되어 에스플라나드(현재의 마이단)라고 이름 붙여졌다. 그 규모는 동서 약 1.2~2km, 남북 약 3~3.5km의 광대한 것이었고, 캘커타 상관(商館)도시에서 영국령 인도의 정치적, 군사적 수도(首都)로 변모해 나가게 되었다.

새로운 윌리엄요새 건설과 함께 1760년대 무렵부터 교외주택 지역개발이 실시되어 가든·하우스가 다수 건설되었으며, 초링기지구(에스플라나드에 접해 있으며, 초링기거리의 동쪽, 베리얼·그라운드·스트리트(Burial Ground Street)(현 파크·스트리트의 남쪽))가 그 상징이다. 또한 에스플라나드의 북변(北邊)을 따라 동쪽으로 유럽인 지구가 확대되어 나갔는데, 영국인 지구의 확대와 함께 감옥, 병원, 영국인 묘지 등 관공서 이외의 여러 시설이 교외(에스플라나드 주변)로 이전됐으며, 영국인 묘지가 파크·스트리트로 이전한 것은 1767년이었다.

새로운 윌리엄요새의 완성과 제반시설의 이전에 따라 구(舊)요새가 있었던 '화이트·타운'도 변모했다. 구(舊)요새는 세관(稅関)으로 바뀌고, 그 동쪽의 구(舊)성공회교회를 포함한 부지에는 동인도회사의 하급관리 직원용 연수숙박시설(라이터스 빌딩)이 건설되었다(1776년, 설계 T. 라이언[19]). 또한 후글리강을 따라서는 조폐소(造幣所)가 신설(1791년)되었고, '화이트·타운' 남쪽에는 고등법원, 참사회(參事會)청사, 정부청사 등이 건설되었는데, 초링기지역에 벵골총독 관저(官邸) 건설이 시작된 것은 1779년이며, 완성은 1803년이다.

'블랙·타운'이라 불린 인도인 지구의 중심지는 바자르이다. 이 상업중심의 주위에서 확대하는 인도인 구역은 좁은 도로가 얽혀있는 매우 열악한 환경이었으며, 여기에 더해 바스티[20]라고 불리는 불량주택지구가 대량으로 발생하게 되었다.

그림 7-46 인도박물관, 콜카타

19세기로 들어서면서 본격적으로 도시정비가 시작되었으며, 우선 에스플라나드 주변에 공공건축물이 차례로 들어섰다. 시청사, 인도박물관(1817년 착공), 세인트·폴 대(大)성당(1804년 준공), 고등법원(1872년 개축), 그리고 빅토리아여왕 기념관(1905년 착공, 설계 W. 에머슨[21]) 등이며, 이렇게 하여 캘커타 중심부의 도시경관은 영

19 원본의 T·ライオン
20 원본의 バスティー
21 원본의 W·エマーソン

국령 인도의 수도(首都)에 어울리게 되었다.

공공건축물 건설과 병행하여 도시기반 정비가 이루어졌으며, 재원(財源)을 복권을 발행하여 모집하는 것으로 하고(1793년~1836년), 1799년에는 마라타항구를 매립하여 환상(環狀)도로를 만들었다. 1803년에는 도시개선위원회를 설치했으며(~1836년), 배수로 겸 운하가 건설되었고, '블랙·타운'을 남북으로 관통하는 도로가 건설되었다.

19세기의 도시정비는 '블랙·타운'의 위생상태 개선에까지는 못 미친다. 영국인 지구로의 급수(給水)는 1820년에 시작되었지만, 인도인 지구로의 급수(給水)는 1870년에야 비로소 시작되었고, 하수도 건설은 1859년에 착수되었지만, 영국인 지구만을 대상으로 하고 있었다.

세포이항쟁 진압 이후 철도건설이 시작(1854년)되어 1870년에 완성되었으며, 시내 철도의 운행이 시작되었다. 또 항만시설은 1780년에 착공되었고, 1826년에 증기선이 들어왔으며, 수에즈운하 개통을 계기로 에스플라나드 남서부가 항만지구로 한층 정비되어 그 주변에 공업지구가 형성되었다.

이렇게 하여 20세기 초에는 독립 후로 이어지는 도시구조가 완성되며, 윌리엄요새와 주변 에스플라나드, 관공서 지구, 영국인 고급주택지구, '블랙·타운', 교외주택지구, 항만지구가 커다란 지역구분이다.

08 대영제국(大英帝國)의 수도(首都)

– 뉴·델리 –

1. 대영제국(大英帝國)의 수도(首都)

19세기부터 20세기 초까지 대영제국(大英帝國)은 크게 융성하여 세계 육지의 4분의 1을 지배하게 된다. 그 대영제국(大英帝國)의 식민지에서 20세기 초, 마침 3개의 수도(首都)가 건설되며, 호주 캔버라(1901년[1]), 남아프리카의 프리토리아(1910년), 그리고 인도의 뉴·델리(1911년)이다. 이 세 도시의 역사적 배경은 전혀 다른데, 캔버라는 시드니와 멜버른의 중간에 있는 광대한 목초지에 계획되었으며, 국제 설계경쟁을 통해 미국인 건축가 W.B.그리핀(Griffin) 안이 채택되었다. 프리토리아는 영국 지배에서 벗어난 아프리카너(네덜란드계 이주자의 후손)가 1857년에 건립한 기존의 그리드모양 도시가 기초가 되었고, 이들이 대영제국(大英帝國) 내의 자치령 연방정부의 수도(首都)였던 데 반해, 대영제국(大英帝國) 직할식민지인 인도제국의 수도(首都)로 건설된 것이 뉴·델리이다.

2. 새로운 제국의 수도(首都) 뉴·델리로

1911년 제국의 수도(首都) 캘커타에서 델리로 천도(遷都)가 선언되었다. 인도에서 캘커타의 지리적 편재성, 가혹한 기후 등의 이유로 수도(首都) 이전은 이전부터 검토됐으며, 과거 무굴왕조 제국의 수도(首都) 샤자하나바드 남부가 계획지로 선정되었다. 영국령 시대에 건설된 지역을 뉴·델리라고 하는 데 반해 샤자하나바드는 올드·델리라 불린다. 영국인들은 캘커타의 비위생적인 저습지 환경을 경험했기 때문에 신중하게 계획지를 선정하였고, 특별히 위생문제를 중요시하여 말라리아에 오염되지 않을 것, 적당히 건조되어 있지만 수목이 충분히 생육(生育)가능할 것 등의 조건이 중시되었다. 나무그늘에 덮인 전원도시(田園都市) 건설을 목표로 하였으며, 토지 선정에 있어서는 이들 자연환경과 함께 정치적인 문제도 고려되었기 때문에, 야무나강과 구릉에 둘러싸인 델리삼각지는 인도의 역대 왕조가 도읍을 둔 곳이자 인도아대륙 지배권력 승계의 정통성을 나타낼 수 있는 장소였다. 델리 천도(遷都)는 왕성하게 일어난 인도의 내셔널리즘을 회유하려는 의도였지만, 델리 일대는 역대 왕조의 유구(遺構)가 남아 있는 권력의 무덤이었기 때문에 그 곳으로의 천도(遷都)는 피해야 한다는 논의도 있었는데, 실제로 영국의 인도지배는 1947년 인도, 파키스탄 분리독립에 의

1 다른 자료에는 1911년에 선정되었다고 나오기도 한다.

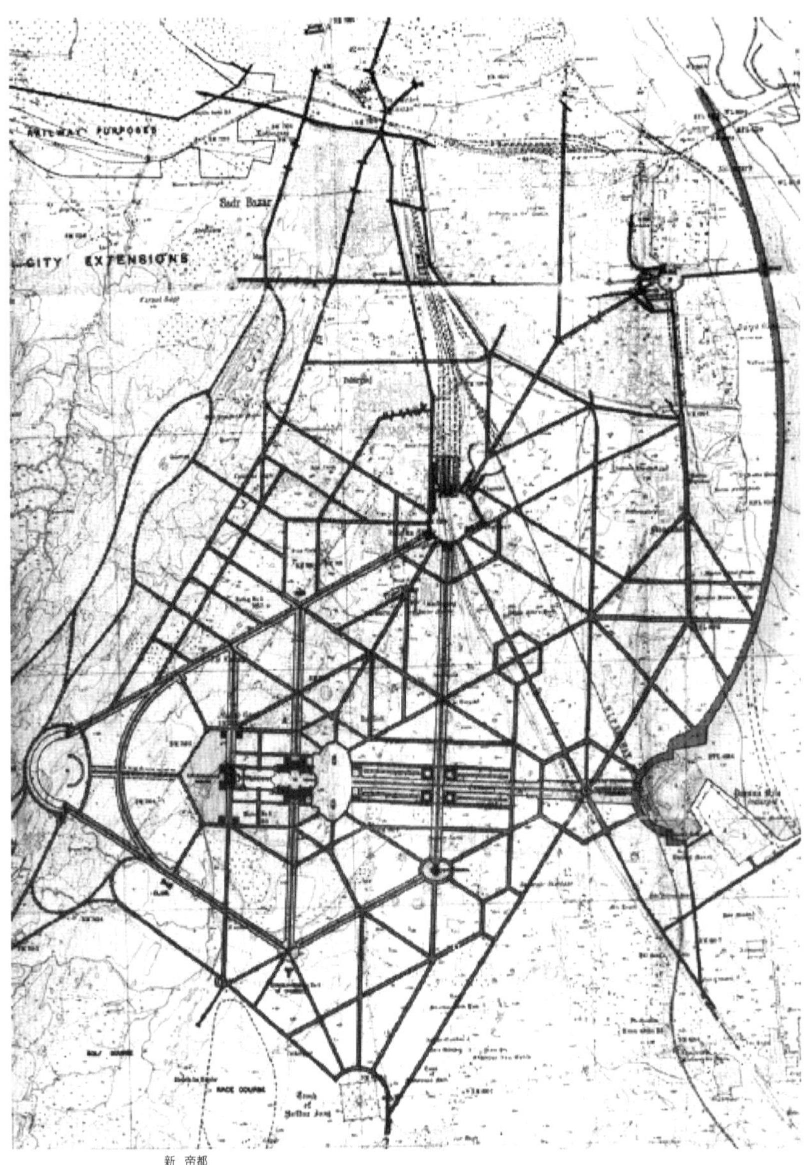

그림 7-47 뉴·델리, 신제도(新帝都)계획 (**델리** 도시계획위원회 최종보고안), 1913년

해 뉴·델리 완성 후 불과 16년 만에 끝나게 된다.

3. 위신(威信)을 건 수도(首都)계획

인도는 쇠망하고 있던 제국지배 최후의 보루(堡壘)이며, 그 새로운 도시건설은 대영제국의 위신을 건 것이었다. 당시 영국의 도시계획기술이 모두 동원됐는데, 도시계획가 G.S.C. 스윈턴(Swinton)을 위원장으로 하여 건축가 E. 러첸스(Lutyens), 토목기사 J. A. 브로디(Brodie)에 의해 1912년 런던에서 델리도시계획위원회(Delhi Town Planning Committee)가 결성됐으며, 도시계획가 H. V. 란체스터(Lanchester)가 고문으로 추가되고, 러첸스는 당시 남아프리카에서 활동했던 건축가 H. 베이커(Baker)를 설계협력자로 위촉했다. 올드·델리와 뉴·델리 사이에는 위생격리 녹지대(綠地帶)가 마련되어 인종에 의한 구분이 당초부터 의도되고 있었으며, 뉴·델리의 주택 지구계획에서는 인도인, 영국인이 명확하게 격리되었고, 나아가 사회적, 경제적 계층에 의해 거주구(居住區)의 인구밀도가 세세하게 설정되었다. 영국인 고위 관료들의 주택 모델이 된 것은 베란다를 설치하여 정원으로 둘러싼 방갈로형식이었으며, 인도에 국한하지 않고 이러한 인종별 격리정책은 식민도시계획에서 기본적으로 채택되었다. 가로(街路)계획에서는 축선(軸線)이 강조되고, 방사형(放射形) 가로(街路)에 의해 기하학적으로 구성되었으며, 라이시나언덕에서 동쪽으로 완만하게 경사진 킹스·웨이(현재의 라지·파트 '왕(王)의 길')를 주축(主軸)으로 하여 장대한 비스타가 형성된 바로크적인 도시계획이었다. 킹스·웨이는 부왕궁전(副王宮殿)(현 대통령관저, 1929년)에서 좌우 2동(棟)의 정부청사(1931년), 인도문(門)(전쟁희생자위령비, 1931년)으로 이어지며, 과거의 왕조 유적 푸라나·킬라(Purana Qila)('옛 성', 16세기)의 북서쪽 모퉁이까지 이르는

그림 7-48 부왕궁전(副王宮殿), **뉴·델리**, 1929년, **E. 러첸스**(Edwin Landseer Lutyens)

그림 7-49 정부청사, **뉴·델리**, 1931년, **H. 베이커**[2]

그림 7-50 인도문(門), **뉴·델리**, 1931년, **E. 러첸스**(Edwin Landseer Lutyens)

2 원본의 H·ベー カー

축선(軸線)이다. 부왕궁전(副王宮殿)과 정부청사가 서 있는 언덕의 경관은 아크로폴리스를 의식하면서 대영제국의 위신을 구현한 것인데, 상업중심지인 코넛(Connought)광장을 북쪽의 끝으로 하여 킹스·웨이와 직교하는 것이 퀸즈·웨이(현재의 장·파투[3] '백성의 길')이다. 나아가 팔러먼트·스트리트가 60° 각도로 킹스·웨이와 교차하고, 정부청사 건물에서 올드·델리의 자미·마스지드(1658년), 무굴제국의 왕성(王城) 랄·킬라(Lal Qila)('붉은 성', 1648년)와 연결되고 있으며, 뉴·델리의 계획에 옛 왕조의 유적을 교묘하게 받아들여 대영제국이 정통성 있는 인도대륙의 지배자임을 보여주었던 것이다.

4. 식민지(植民地)의 건설자(建設者)

뉴·델리의 중요한 정부관계 건축을 설계한 것은 E. 러첸스와 H. 베이커이다. E. 러첸스는 부왕궁전(副王宮殿)과 인도문(門), H. 베이커는 정부청사와 함께 의사당을 설계했다. 프리토리아 대통령관저(1910년)를 설계한 것도 H. 베이커이며, 양옆으로 건물이 이어지는 대칭형 고전주의 건축은 뉴·델리의 청사설계에도 반영된다. 또한 캔버라의 설계경쟁에서 당선된 W. B. 그리핀이 나중에 인도에서 활동하듯이 대영(大英)제국을 중심으로 식민지 사이에 도시계획이나 건축전문가의 네트워크가 존재했는데, 그들은 식민지계획에 깊이 관여하고 있었으며, 도시경관을 창조하여 대영(大英)제국의 위신을 구현하는 역할을 맡고 있었다. 이러한 전도자(傳道者)들로부터 종주국(宗主國)이 가진 도시계획기술, 제도, 이념이 식민지로 수출되고, 식민지에서의 경험은 종주국(宗主國)으로 역수입되었다. 부왕관저(副王官邸)와 정부청사에는 인도산 적색, 황색 사암(砂巖)이 사용되며 챠트리가 배치되어 있다. 유럽에서는 이미 국제주의양식의 근대건축운동이 다양하게 전개되고 있었지만, E. 러첸스와 H. 베이커는 식민지에서 인도·사라센양식을 세부적으로 도입하면서도 고전주의에 치우쳤던 것이다. 영국인 건축가는 인종문제를 충분히 인식하고 있었지만, 인도문화에 대한 이해와 존경을 표하면서도 그 계획사상의 바탕에는 인도적 요소를 결코 어울리지 않는 것으로 취급하여 제외시켰다. 즉, 뉴·델리는 처음부터 끝까지 영국인의 이상(理想)을 의식하며 건설된 도시였다.

3 원본의 ジャン・パトゥ

09 러시아의 식민도시(植民都市)

– 블라고베셴스크, 하바롭스크, 블라디보스토크 –

남쪽으로부터 아시아지역에 진출한 포르투갈, 네덜란드, 영국, 프랑스 등에 비해서 1605년의 시베리아 식민령 이후, 본격적으로 북쪽에서부터 동북아시아 지역으로 진출한 것은 제정(帝政) 러시아이다. 스테판[1]은 '러시아 극동(Dalni Vostok Rossii)'이라는 개념을 역사적으로 생각할 때에는 하나의 지방에서 세계의 절반까지라는 광범위한 사정을 참조하지 않을 수 없다며 그 개념상의 신축성을 지적했는데, 이것은 시베리아 서부부터 시베리아 동부, 캄차카반도, 베링해협을 넘어 알래스카까지, 그리고 그에 더해 현재의 극동지역, 그리고 19세기 말에는 중국 동북(옛 만주) 지역까지 제정 러시아가 확장해 나간 역사적 과정을 면밀히 검토해 보아야 할 필요성을 보여준다.

아시아의 러시아 식민도시를 생각할 경우 이러한 제정 러시아 고유의 지역 개념 내용과 넓이를 고려할 필요가 있다. 또한 러시아에서의 '아시아'라는 개념도

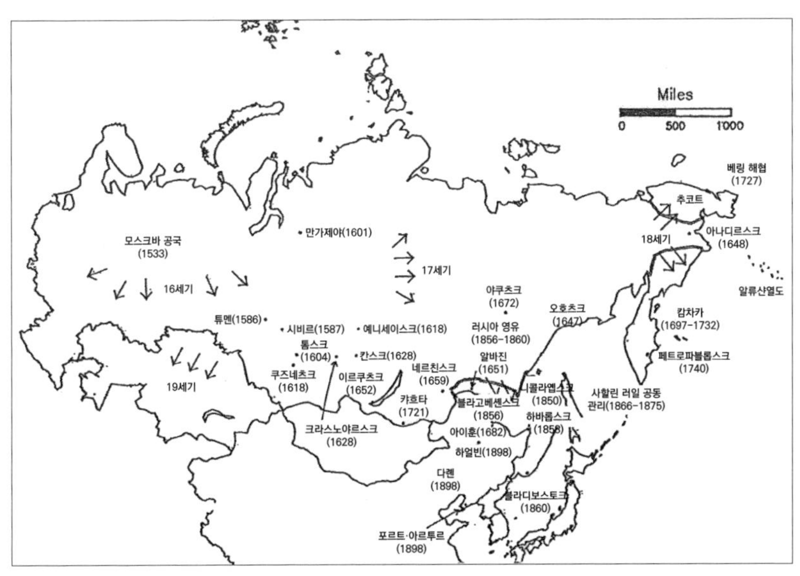

그림 7-51 제정(帝政) **러시아**의 동진(東進)과정과 거점의 건설연도

1 원본의 ステファン – 스테판·크라셰닌니코프(Степан Крашенинников, 1711~1755); 처음으로 시베리아지역을 탐험하며 여러 민족들의 생활상을 조사한 식물학자이자 민속학자이다. 출처: https://lgbtpride.tistory.com/842

따로 검토가 필요한 중요한 과제이지만 여기에서는 지정학적 배경을 바탕으로 동북아시아 지역에 포함된 러시아 극동의 3도시 성립을 중심으로 살펴본다.

1. 제정(帝政) 러시아

제정 러시아는 16세기부터 주로 카자크(Kazak)[2]부대를 전면에 내세워 수로(水路)를 따라 계속 이동, 원주민의 생활공간이었던 시베리아를 가로지르며 계속 맹렬한 기세로 전진했으며, 그 거점은 주로 수륙(水陸)의 결절점(結節點)에 구축되었다.

아무르강[중국명: 헤이룽장(黑龍江)]유역으로의 남하는 1640년대 이후부터 시작하여 아무르강 상류 실카강[3]에 면한 네르친스크(Nerchinsk)(1659년), 아무르강에 면한 알바진(Albazin)(1651년)이라는 거점을 형성했지만, 몽골인과 그들이 종속되었던 청나라의 격렬한 저항을 받았다. 1682년 중국군이 아무르강 우측의 아이훈(愛琿)에 근거지를 건설한 이후에는 강 유역에서의 군사활동이 활발해지면서, 결국 1689년 네르친스크조약에 의해 러시아는 아무르강 유역에서 철수하여 유역 북쪽에 있는 스타노보이산맥의 분수령(分水嶺)이 중-러 국경으로 정해졌다.

이후 약 150년간 아무르강 유역의 중-러 관계는 평온한 시기를 이어가는데, 1847년 무라비요프가 동시베리아 총독에 취임하자 아편전쟁에 따른 영국의 중국진출에 대항하기 위하여 아무르강 유역 재진출에 나섰다. 1849년 무라비요프의 부하인 네벨스코이가 캄차카반도 페트로파블롭스크(Petropavlovsk)(1740년)에 근거지를 두고 아무르강 하구(河口)조사를 시작했으며, 이듬해 하구(河口) 부근에 니콜라옙스크(Nikolaevsk)(현재의 니콜라옙스크·나·아무레) 등을 설치했다. 그 후 이 유역에서 러시아인의 점령이 거듭되면서 러시아황제로부터 청나라와의 협상권을 일임 받았던 무라비요프는 1858년에 청나라 정부와 아이훈조약을 체결하고, 아무르강 이북의 영토는 러시아에 할양되었으며, 현재 아무르주의 중심도시인 블라고베셴스크(Blagoveshchensk)(1856년)와 하바롭스크지방의 중심도시 하바롭스크(Khabarovsk)(1858년)는 이 조약을 근거로 해서 건설되었다. 또한 계속해서 1860년 북경(北京)조약에서는 우수리강[4]과 동해[5] 사이에 낀 구역(이후의 연해주(沿海州), Primorskii oblasti, 현재는 연해지방(Primorskii Krai)이라 불림)을 러시아로 병합하는 것을 승인했으며,

2 본시 15세기 후반에서 16세기 전반에 걸쳐 러시아 중앙부에서 남방 변경지대로 이주하여 자치적인 군사공동체를 형성한 농민집단으로서 코사크라고도 한다. 러시아어(語)인 '카작(Kasak, Kazak)'이 바뀐 말로 스스로를 카작으로 불렀는데 이 말은 튀르키예어의 '자유인(自由人)'을 뜻하는 말을 기원으로 삼고 있다. 또한 집단으로서의 카자크를 가리키는 러시아어는 카자체스트보이다. (네이버 지식백과), 카자크(Kazak), (두산백과)

3 실카강(Shilka River); 오논강(Onon R.)과 인고다강(Ingoda R.)이 합류하여 만들어지는 강으로 아무르강(Amur R.)의 원류이다. (네이버 지식백과), 실카강(Shilka River), (두산백과)

4 우수리강(만주어: ᡠᠰᡠᡵᡳ ᡠᠯᠠ 우수리·울라, 중국어: 乌苏里江, 병음: Wūsūlǐ Jīang; 러시아어: река Уссури)은 러시아 극동의 남쪽에 있다. 시호테알린산맥에서 발원을 한 다음, 러시아와 중국의 국경을 이룬 다음 아무르강으로 흘러간다. (위키백과)

5 원본의 日本海

현재 연해지방의 중심도시인 블라디보스토크(Vladivostok)(1860년)는 이때 만들어졌다.

이후에 제정 러시아는 중국 동북(구 만주)지방을 침공하여 철도와 철도부속지에 도시 및 시설을 건설했는데, 이들을 기원으로 하는 대표적인 도시가 하얼빈, 다롄[6](대련, 大連), 뤼순[7](여순, 旅順)이며, 이러한 동북아시아 지역을 향한 제정 러시아의 동진, 남하는 러일전쟁에서 러시아가 패배(1905년)할 때까지 계속되었다.

2. 극동 3대 도시

블라고베셴스크, 하바롭스크, 그리고 블라디보스토크는 19세기 후반부터 건설이 추진된 도시이다. 이들 3개 도시는 현재 러시아 극동의 주요 도시이지만, 유럽으로부터는 확실하게 동쪽 끝의 지역에 있고, 중－러 간의 국제조약에 의해 청나라로부터 할양받은 영역 내에 있어서 시베리아지역의 여러 도시(이르쿠츠크, 톰스크 등)와는 출발경위를 달리하고 있다. 시베리아, 극동의 제정 러시아 식민도시 계보에서는 말기에 해당한다고 할 수 있는데, 그 도시건설에는 어떠한 특징이 나타날까?

원래 이 3개 도시의 주변에는 중국인(漢人)이 어업이나 수렵 등을 위해 마을을 형성하고 있었으며, 각 지방의 중국 이름이 존재하고 있었다. 즉 제정 러시아에 의한 도시건설은 소수민족을 포함한 원주민의 생활공간으로 침입하는 형태로 진행되었기 때문에, 각 도시는 초기계획에 앞서 해군부대가 거점을 설정하고, 주로 군사(軍事)관계의 건물을 세운 것이 공통적이다. 또한 인구의 대부분이 군(軍)관계자였지만 민간인도 이미 들어와 있었다는 점도 공통된다.

오래된 시가지 지도, 도시계획도를 보면 이들 도시의 초기 시가지계획은 도시의 완성형을 그린 것이 아님을 알 수 있는데, 구체적으로는 ① 시가지의 범위 설정, ② 분양토지의 형태와 치수, ③ 무덤, 교회의 배치, ④ 부두, 시장, 오픈·스페이스 등 무역 및 교역을 위한 기본적인 시설배치라는 4가지에 주안점을 두고 있으며, 위에서 언급했듯이 이 지역의 지정학(地政學)적 맥락[8]을 고려하면 이들 도시는 국경지역에서 단기간의 군사거점 형성 및 정주지 확보방책으로 계획했음을 쉽게 이해할 수 있다.

3개 도시에서 원칙적으로 이용되고 있는 그리드·패턴의 도시골격(都市骨格)은 땅을 조사하거나 분할하는 데는 가장 편리한 시스템이고, 많은 식민도시에서 적용되어 온 것이었으며, 18세기 이후의 러시아의 시베리아 식민도시에서도 볼 수 있다.

---

6 원본의 ダルニー, 중국어 간체자: 大连, 정체자: 大連, 병음: Dàlián, 영어: Dalian, 중국 조선말: 대련

7 원본의 ポート·アルツール

8 원본의 コンテクスト

블라고베셴스크의 시가지 골격(骨格)은 극동에서의 제정 러시아 진출의 첫 발판으로 1850년부터 건설이 시작된 니콜라옙스크의 패턴과 유사하다. 1910년대 말의 9,000분의 1 지도에서 보듯이, 지형조건에서 본 강과 시가지의 관계, 정방형에 가까운 그리드분할의 구성은 아주 닮았다. 이 두 도시에는 각각 건설 전후로 무라비요프가 방문하였으며, 시가지 계획에 있어서도 그의 생각이 직접적으로 반영되었을 가능성이 크다. 블라고베셴스크, 니콜라옙스크의 플랜, 특히 정방형에 가까운 그리드 형상은 형태적으로 보면 스페인의 중남미 식민도시 패턴과의 유사성을 떠올리게 한다.

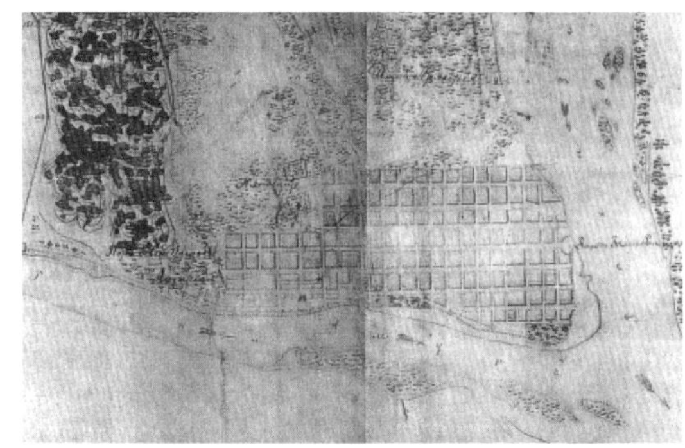
그림 7-52 블라고베셴스크 초기플랜, 1869년

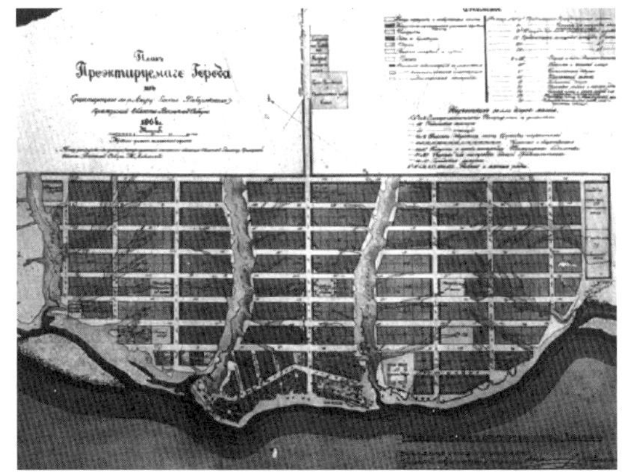
그림 7-53 하바롭스크 초기플랜, 1864년

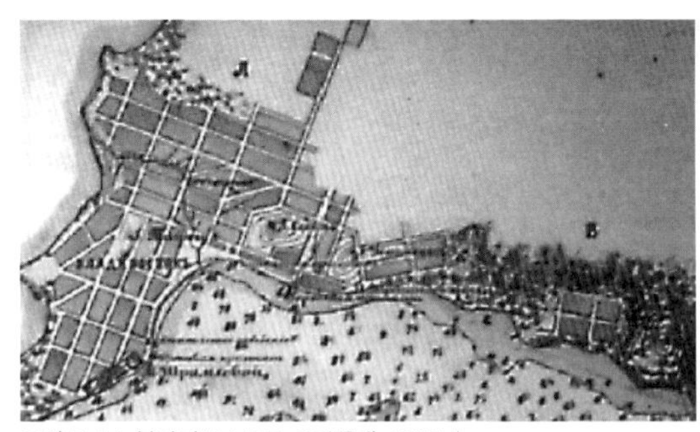
그림 7-54 블라디보스토크 초기플랜, 1865년

한편, 하바롭스크와 블라디보스토크의 시가지 계획은 코르사코프[9]에 의한 시가지 계획방침이 나온 후의 계획이며, 같은 측량기사 루비앙스키[10]에 의해서 시가지계획이 입안되었다. 도시골격의 패턴 차이를 가져온 요인으로 생각되는 것은 계획과 관련된 인적 조건 및 당사자가 가지고 있던 능력과 지식이다.

---

9 원본의 コルサコフ
10 원본의 ルビアンスキー

당시 군(軍)의 측량 직종(職種)에는 '토포그래프[11]'와 '제므레메르[12]'라는 다른 2개의 직종(職種)이 있었다. 토포그래프는 자연지형을 측량해서 지형도를 만드는 것이 주요 직무내용이며, 제므레메르는 그러한 측량성과를 기초로 토지의 분양 및 그 가격 등을 감정하고, 가치를 증명하는 부동산감정의 직무내용을 포함하고 있었다. 시가지계획의 입안(立案)은 구체적 상황에서 이 토포그래프와 제므레메르 두 직종(職種)을 조합해서 수행하는데, 위에서 말한 루비앙스키는 제므레메르이었지만, 당연히 계획입안(計劃立案)에는 토포그래프의 측량성과가 있었을 것이다. 또, 토포그래프가 토지분양 전에 시가지 골격선을 긋고, 제므레메르가 사후에 토지단위의 분할선을 중첩시키고 빼는 경우도 있지 않았을까? 이 두 직종(職種)의 조합에 따라 시가지계획이 다른 형태로

그림 7-55 블라디보스토크 중심시가지, 1870년대

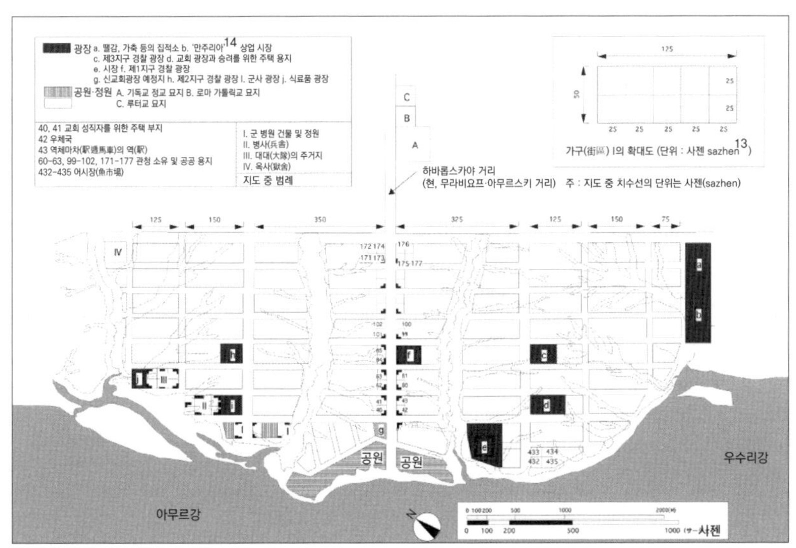

그림 7-56 하바롭스크 초기계획 추정도

11 원본의 トポグラフ

12 원본의 ゼムレメール

13 러시아에서 예전에 사용하던 7피트에 해당하는 전통 길이단위 (네이버 영어사전).

14 원본의 マンジュリア로서 만주의 영어발음인 만추리아(Manchuria)의 일본식 표현으로 보인다.

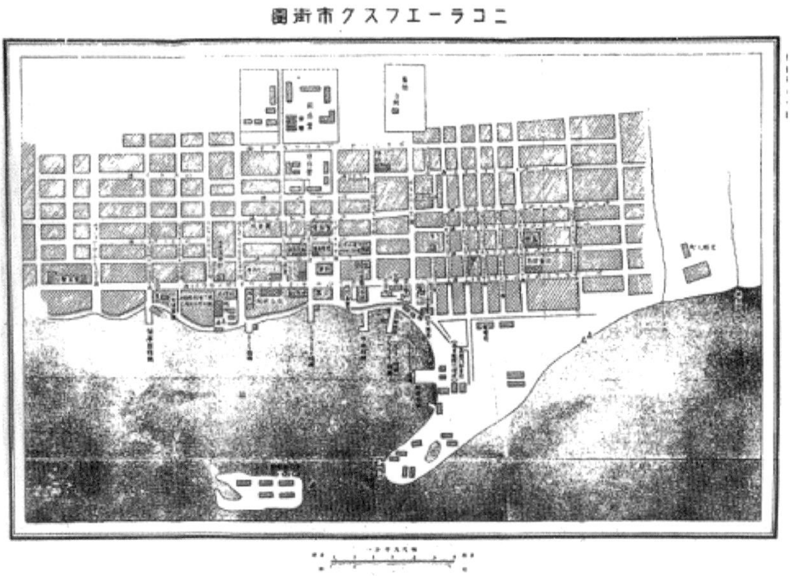

ニコラーエフスク市街圖

그림 7-57 니콜라옙스크·나·아무레

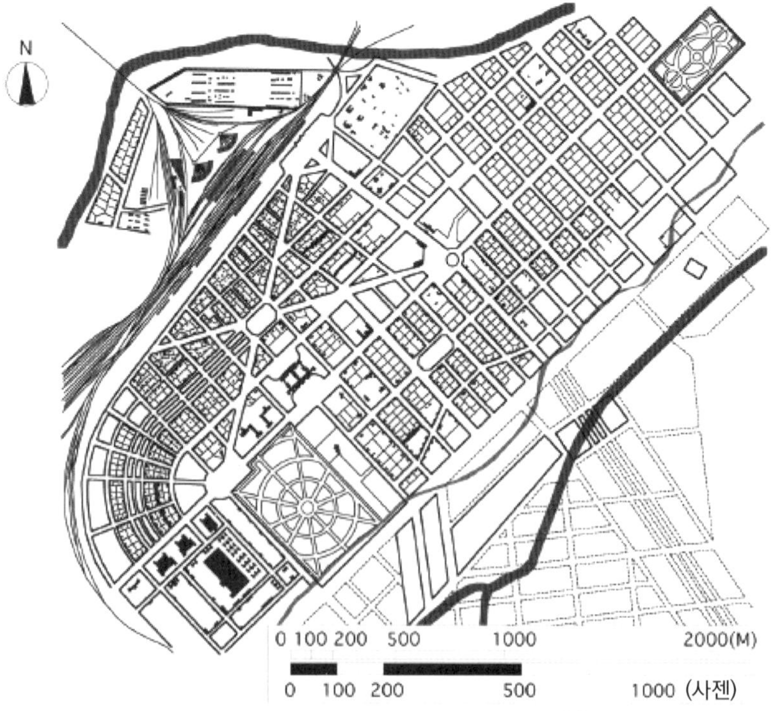

그림 7-58 하얼빈 신시가지 1900년대. 2개의 간선 도로를 골격으로 하고 그 교점(交點)에 사원을 배치하고, 경사교차로를 둔 구성이다.

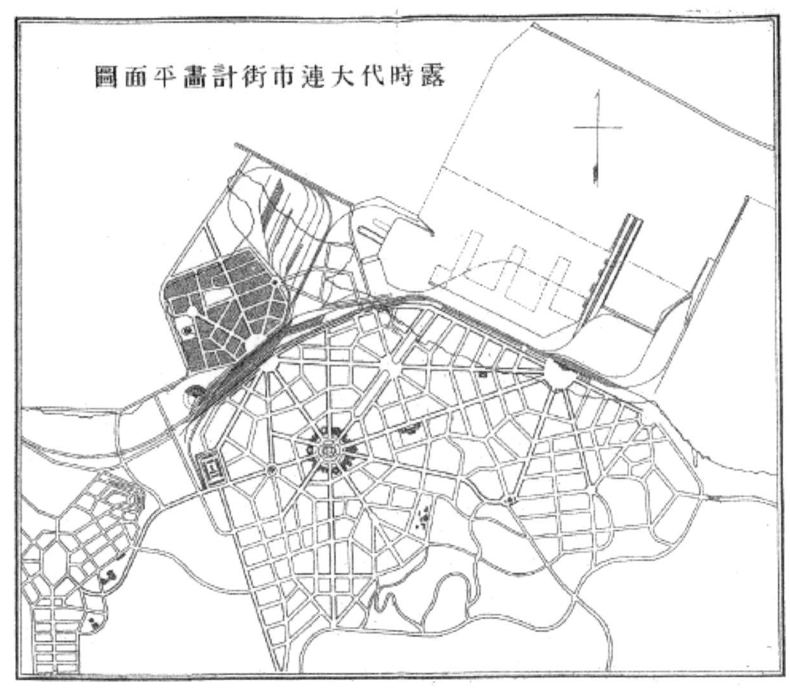

그림 7-59 다롄, 러시아시대의 가로(街路)계획도. 원형(圓形) 광장을 중심으로 하는 다심(多心) 방사형(放射形) 가로(街路)구성

구성되었을 가능성은 충분히 생각할 수 있다.

동일한 남하(南下)정책 속에서 제정 러시아는 하얼빈이나 다롄과 같은 뛰어난 도시디자인도 남겼지만, 러시아 극동의 3개 도시에서는 적어도 초기 단계에서 그러한 디자인 활용은 볼 수 없다. 하얼빈, 다롄은 아시아의 국제 상업도시 혹은 제2 모스크바를 지향한 도시건설이었으며, 그 건설에 있어서는 도시미(都市美)의 형성을 큰 목표로 하고 있었다. 이런 점을 고려하면, 극동 3개 도시 초기의 도시설계에서는 도시성립을 위한 기본적인 요건, 즉 군사적인 기능의 충족, 식민정착은 고려하고 있었지만, 가로(街路)와 건물 등을 하나로 생각해 가는 것 같은 도시디자인적인 비전은 없다. 그 차이를 가장 명확하게 보여주는 것은 하얼빈이나 다롄의 계획에 있어서는 시가지 계획단계부터 건축가가 관여하고 있다는 것이며, 이러한 계획에 관여한 직종 조합의 차이가 극동 3개 도시와의 사이에서 초기 시가지계획의 본질적 차이를 만들어냈다고 볼 수 있다.

10 중국과 서양열강(西洋列强)

– 홍콩(香港), 상해(上海), 광주(廣州) –

1. 십삼이관(十三夷館)과 아편전쟁

그림 7-60 1750년경의 십삼이관(十三夷館), 광주(廣州)

십삼이관(十三夷館)은 1720년에 시작된 공행제도(公行制度)(관상(官商)인 십삼행(十三行)이 길드를 조직하여 가격협정, 연대책임 등을 정하고, 외국무역을 독점한다)에 의해 대외무역 일체를 담당한 관상(官商)('아행(牙行)', '관행(官行)' 등으로도 부름)이라 불리는 상인이 광주부(廣州府) 성(城)의 남서쪽, 주강(珠江)에 면한 강가에 모였는데, 그 숫자로부터 십삼행(十三行)이라 불린 일각(一角)에 외국인 거류지가 마련된 것에서 유래한다. 십삼이관(十三夷館)은 부지의 강변에 하역부두가 정비되어 각국 국기가 나부끼는 베란다와 아치창을 가진 조지안·스타일[1]의 서양건축이 들어섰다. 건물은 2층 건물이 많았으며, 1층은 사무실과 창고, 종업원의 주거가 있었고 2층은 상인들의 거처로 사용됐다.

광동(廣東)을 유일한 창구로 하는 이러한 중국무역이 영국에게는 적자를 냈고, 영국상인은 인도산 아편 삼각무역으로 그 국면을 타파하려 했는데, 1838년 흠차대신(欽差大臣)[2] 임칙서(林則徐)가 아편단속을 강화하고, 외국상인 수중의 아편을 몰수하면서 아편전쟁이 발발했다. 1842년 남경(南京)조약으로 광주(廣州), 상해(上海)를 시작으로 하문(廈門), 복주(福州), 영파(寧波) 5개 항구의 개항과 홍콩섬의 할양이 결정되었으며, 일부 중국상인이 독점한 공행제도는 폐지되었다. 이에 따라 광주(廣州)에서 선행(先行)했던 대외무역은 상해(上海), 홍콩(香港)으로 그 무게중심이 옮겨가며 외국인 거류지인 조계(租界)도 십삼이관(十三夷館)을 모델로 하여 널리 퍼져가게 되었다.

---

1 18세기와 19세기 초에 이르기까지 영국과 미국전역에 걸쳐 유행한 건축양식으로 당시 영국 왕이었던 조지 1세와 2세의 이름을 딴 것을 말한다.

2 중국 청(淸)나라 때의 임시 관직으로서 황제가 특정의 중요 사건을 처리하기 위하여 둔 관직으로, 3품(品) 이상을 흠차대신, 4품 이하는 흠차관원이라고 하였다. 이 관직은 아편전쟁 이후 광저우(廣州)에 온 구미제국 사신(使臣)과의 교섭을 임무로 한 것으로서 1861년에는 남양대신(南洋大臣)이라는 관직에 흡수되었다. 또, 구미제국의 청나라 주재 사신(使臣)들도 스스로를 흠차대신이라 하였고, 청나라도 재외사신을 파견하게 되면 공사를 대청흠차출사대신(大淸欽差出使大臣)이라고 하였다. (네이버 지식백과) 흠차대신(欽差大臣) (두산백과)

1856년에 애로호 사건[3](제2차 아편전쟁)으로 십삼이관(十三夷館)은 타서 재가 되지만, 그 후 같은 장소에 재건되지 않았다. 1860년에는 영국인과 프랑스인이 공동으로 십삼행(十三行)의 서쪽 늪지대(소지(沼地))와 모래면(사면(沙面))을 빌려 매립한 후 거류지로 했으며, 가늘고 긴 타원형 땅에 1개의 큰길을 만들고, 주위에는 해자(垓子)를 돌려 1개의 다리만으로 시가지와 연결하는 폐쇄적인 조계(租界)를 형성했다.

2. 도시(都市)의 형성(形成) - 항구(港口)와 조계(租界)

상해(上海)에는 영국조계(租界), 늦게 들어온 프랑스조계, 미국조계(租界)(영국조계와 미국조계는 1863년 공동조계로 합병)가 설정되고, 십삼이관(十三夷館)과 마찬가지로 상관(商館)이 들어섰다. 황포(黄浦)강을 따라 가늘고 길게 뻗은 땅은 하역장소로 정비되어 갔으며, 이것은 번드[4](외탄(外灘). Bund는 인도아대륙, 데칸고원과 북서부의 경사면 밭에서 빗물을 저수하기 위한 대형의 밭두렁을 가리키는데, 그 어원은 산스크리트어의 bandh에 있다고 한다)라고 불리며 상해(上海)의 항만인 동시에 랜드마크가 되었다. 조계(租界)에는 당초 외국인만 거주할 수 있었으나, 대량으로 유입된 중국인을 위한 상해(上海) 특유의 집합주택인 리롱(里弄) 주택이 생겨났고, 리롱(里弄)주택은 영국인들이 중국의 전통주거를 개량한 것으로 바야흐로 조계(租界)적 산물이었다.

홍콩(香港)은 아편무역뿐만 아니라 쿨리(고력(苦力))[5]무역에 의해 급속히 영국 식민지로

그림 7-61 베란다양식의 건물이 늘어선 1865년경의 **프라야, 홍콩**

---

3 애로호 사건(Arrow War); 1856년, 광동廣東에서 영국기를 달고 있는 애로호를 청의 관헌이 수행하여 중국인 선원 12명을 해적의 용의로 체포하고 영국기를 내린 사건을 애로호 사건이라고 한다.

4 원본의 バンド

5 제2차 세계대전 전의 중국과 인도의 노동자를 가르키는 말로 특히 짐꾼·광부·인력거꾼 등을 가리켜서 외국인이 부르던 호칭이며, 인간 노동력으로서 매매되는 점에서는 노예와 같다. 미국에서는 1862년에 노예가 해방되었는데, 쿨리는 그 해방된 흑인노예를 대신하는 노동력으로서, 청(淸)왕조의 금령(禁令)에도 불구하고 외국상인이나 중국인 매판(買辦)의 손을 거쳐 홍콩·마카오를 중심으로, 서인도·남아프리카·아메리카·호주 등에 대량으로 보내졌다. (네이버 지식백과) 쿨리[苦力(고력)] (두산백과)

서 발전해 가는데, 빅토리아해안에 면한 홍콩섬 북쪽 해안이 상해(上海)에서도 유력 상인이었던 덴트[6]와 쟈딘[7] & 마제슨[8] 등에 의해서 정비되어, 이 항구 위쪽부터 동라만(銅羅灣)(코즈웨이·베이)(Causeway Bay)에 이르는 해안선은 프라야[9](포르투갈어의 'praia' 바닷가에서 유래)라고 불렀다.

상해(上海)와 홍콩에서 처음부터 만들어진 서양인의 건물은 베란다양식으로 불린다. 홍콩에서 가장 오래된 건축은 현재 차구(茶具)박물관이 된 구(舊)3군 사령관 관저이며, 동남아시아의 기후풍토 속에서 확립된 베란다, 열주 사이의 차양(遮陽), 하얀색 스타코가 그 특징이다. 홍콩에서는 1888년 피크·트램(Peak Tram)이 개통되어 외국인은 시원한 고(高)지대에 주거를 지어 중심가에서 일하면서 높은 곳에 사는 라이프·스타일이 확립되었다. 중국인의 주거는 광동(廣東)이나 복건(福建)의 전통적 가로형 건물[10](점옥(店屋), 숍·하우스)이었는데, 1층이 점포, 2층이 주거이며, 도로에 면하여 1층 부분에 열주랑(列柱廊)(아케이드)이 이어져 있었다.

20세기에 들어서면서 상해(上海)는 남경로(南京路)를 축(軸)으로 서쪽으로 확대되며, 홍콩은 인구과밀화를 완화하기 위해 1860년에 할양된 구룡(九龍)반도, 그리고 그 배후지인 신계(新界)의 조차(租借)(1898년)를 계기로 대륙 쪽에서의 네이든·로드(Nathan Road)[11]를 축(軸)으로 하는 개발이 진행되었고, 이 둘 모두 중국인을 위한 가구(街區)형성이라고 할 수 있다.

3. 도시경관(都市景觀)과 역사적 건축

그림 7-62 리롱(里弄)주택, 상해(上海)

상해(上海)와 홍콩은 해안선 혹은 강가를 따라 건물이 즐비하게 늘어선 동일한 경관을 보여 주지만, 조계(租界)와 영국식민지라는 분명한 차이가 있다. 후지모리테루노부(藤森照信)에 의하면 홍콩은 상해(上海)와 같은 상업도시이지만 다른 한편으로는 대영제국의 판도 속에 자리 잡고, 총독이 주재하는 정치적 도시의 색깔을 갖는다. 상업도시는 십삼이관(十三夷館)도 그렇듯이 오픈·스페이스가 필요하지 않고, 도로나 수도 등의 인프라를 최대한 유용하게 이용하기 위해 밀집된 고층화의 길을 걸었으며, 그 결과 수변(水邊)을 전경(前景)으로 하여 건물이 늘어서게 되었다. 홍콩 빅토리

6 원본의 デント
7 원본의 ジャーディン
8 원본의 マゼソン
9 원본의 プラヤ
10 원본의 街屋(가옥)
11 원본의 ネーザンロード

아광장과 그에 접한 최고법원(1903년)은 기념비성이 높은 공간이며, 이는 상해(上海)에서는 볼 수 없는 것이다.

번드 경관형성에 크게 기여한 것은 당시로서는 상해(上海) 혹은 아시아 최대의 설계사무소였던 파머&터너였다. 지금도 홍콩의 대형 설계사무소인 파머&터너는 1930년대 번드의 기념비적인 주요한 건축물을 설계해 나가는데, 중국 내에서 대영제국이 가진 힘을 상징했던 홍콩·상해(上海)은행 상해(上海)지점(현 상해(上海)시 인민정부, 1924년), 세관인 상해(上海)해관(1925년), 뉴욕 마천루의 영향을 짙게 반영하며 상해(上海) 고층건축을 대표하는 삿슨·하우스(현 화평반점(和平飯店) 북루(北樓), 1929년) 등이 있다. 이것들의 대부분은 개항(開港)에서 시작하여 3대째인 오늘도 도시경관의 중심이 되고 있으며, 참고로 1대째는 베란다를 두른 식민지(植民地)양식, 2대째는 19세기 말 영국에서 유행한 퀸·앤·리바이벌(Queen Ann revival)이었다.

그림 7-63 번드 야경, 상해(上海)

그림 7-64 번드경관, 상해(上海)

이에 반해 홍콩에서는 도시발전에 따른 매립에 의해 건물이 계속 새로 지어졌다. 1888년에는 이미 신프라야의 건설이 시작되고 있었으며, 프라야에 있던 건축군(建築群)은 의미를 잃고, 재개발대상이 되고 있다. 전후(戰後) 중화인민공화국 성립으로 전쟁 전까지 상해(上海)가 담당했던 자유무역항의 역할을 혼자 담당하여 급속한 발전을 이룬 점도 크지만, 홍콩에서 역사적 건축의 현존 사례가 적은 것은 19세기부터 20세기까지 서양과의 대외창구(對外窓口)가 광주(廣州)에서 상해(上海), 그리고 홍콩으로 이동한 것과 깊은 관계가 있다.

11 일본식민지의 도시(都市)와 건축(建築)

1. 일본에 만들어진 거류지(居留地), 일본이 만든 거류지(居留地)

19세기 중반 서구열강의 압력 앞에 에도(江戶)막부는 개국(開國)할 수밖에 없었다. 나가사키(長崎), 고베(神戶), 요코하마(橫浜), 하코다테(函館) 등의 개항장에 만들어진 거류지(居留地)에는 도로와 공원 등의 사회자본이 정비되고, 콜로니얼양식의 건축이 세워지며, 이 건축물들은 인도나 동남아시아, 중국의 광주(廣州)(십삼이관(十三夷館))나 상해(上海) 혹은 미국 등을 건너오면서 측량부터 토목, 건축공사 때로는 건축재료의 생산이나 기계설계까지 폭넓게 소화한 서구인 기술자들이 그 경험을 일본으로 들여온 것이었다. 해안에 면해서 오피스거리가 만들어지고, 높은 곳에 있는 주택지에는 베란다가 딸린 콜로니얼 건축이 나란히 세워지는데, 그 양쪽에 끼여서 중국인과 일본인의 마을이 생겼다. 이렇게 출현한 콜로니얼건축의 영향은 거류지에 한정되지 않고 밖으로 나와 일본인 도편수[1]들의 기술적 축적과 진취적 기질을 바탕으로 이른바 의양풍(擬洋風)건축을 만들어 냈으며, 메이지(明治) 전기(前期)의 일본도시는 이 의양풍(擬洋風)건축에 의해 새로운 경관을 갖게 되었다.

이들 거류지(居留地)는 불평등조약 개정을 가장 중요한 과제로 둔 메이지(明治)정부의 외교노력에 의해 1899년에는 사라졌다. 한편 일본은 스스로 제국주의로 돌아서면서 그 최초의 표출을 조선에 강제한 불평등조약(1876년 조일(朝日)수호조약(修好條約), 강화도조약)으로 나타냈으며, 이로 인해 부산이 개항되고 이듬해에는 일본 전관(專管)거류지(居留地), 청나라 전관(專管)거류지(居留地), 각국 공동 조계(租界)가 조선에 설치되었다. 이렇게 서구열강의 거류지 획득 움직임에 일본과 청나라가 더해져 조선 각지의 항구와 도시가 개방되면서 조선에도 서양풍 건축이 등장하고, 각 거류지에서는 항만이나 도로, 하수도 등의 사회자본 건설이 조선정부의 부담으로 진행되었다.

일본과의 관계에서는 부산이 주목되는데, 일본으로부터 한반도로 들어가는 대표 현관(玄關)으로 중요했던 부산에서는 사실상 일본이 독점적인 세력을 확립했다. 부산거류지는 조선과 대마도 사이의 교류 창구였는데, '왜관(倭館)'이 있었던 지역을 답습하여 약 38만㎢의 면적을 차지하였으며, 이후에도 최혜국(最惠國) 대우획득이나 해안의 매립을 통해 토지취득, 확대를 반복하여 1910년의 '한일병합(韓日併合)' 이전에 이미 주요 시가지가 형성되었고, 현재도 서울에 이어서 한국의 주요도시인 부산의

1 원본의 棟梁たち

원형(原型)은 이렇게 완성되었다.

2. 홋카이도(北海道) 개척과 삿포로(札幌)

제국주의 국가 일본의 해외진출 움직임은 이윽고 타이완(臺灣)(1895년~), 사할린(樺太)(1905년~), 조선(朝鮮)(1910년~)에 대한 식민지 경영으로 전개되었다. 또한 일본은 관동주(關東州[2], 군정(軍政)－조차지(租借地), 1905년~), 남양군도(南洋群島)([3]위임 통치령, 1922년~), 만주국(滿州國)(괴뢰국가, 1932년~) 등 다양한 형식의 해외 지배지를 차례차례 획득해 갔으며, 제2차 세계대전 종결까지 이들 넓은 의미의 식민지에 많은 도시를 건설했다.

근대 일본의 식민지경영 출발점으로 간주되는 것은 홋카이도(北海道) 개척이다. 메이지(明治)유신 직후인 1869년 메이지(明治)정부는 삿포로(札幌)에 개척사청(開拓使廳)을 두고 정책적으로 홋카이도(北海道) 개발을 진행시켰다. 여기에는 고용된 외국인을 통해 미합중국의 개척·식민지 경영정책과 기술이 도입되었으며, 아사히카와(旭川), 오비히로(帯広) 등 그리드·패턴의 도시가 만들어졌다. 건축에 있어서도 미국으로부터 벌룬·프레임(balloon frame)[4]이라고 불리는 목골조식 구조와 비늘판자벽(下見板張)[5] 기술이 도입되었으며, 특히 토목기술자 W. 휠러(William Wheeler)의 활약이 알려져 있다.

그러나 근대 일본 최초의 식민도시로 간주되는 삿포로(札幌)계획에 대해서는 근세부터의 연속성이라는 시각 또한 필요한데, 1871년 건설 착수시점에서는 고용된 외국인이 관여하지 않았기 때문이다. 실제로 삿포로(札幌)의 도로칫수는 헤이안쿄(平安京)나 근세의 쵸닌지(町人地)[6]계획을 답습했으며, 개척사청(開拓使廳), 관청거리, 일반 시가지 조성에는 근세 죠카마치(城下町)[7] 계획과의 공통성도 지적되고 있다.

---

2 관동주[중국어 정체자: 關東州, 간체자: 关东州, 병음: Guāndōngzhōu 관둥저우(*), 일본어: 関東州 간토슈(*)]는 랴오둥반도 남쪽, 다롄 및 뤼순지역에 설정된 조차지로 1898년부터 1945년까지 존속했다. (위키백과)

3 남양군도[일본어: 南洋群島 난요군토(*), 영어: South Sea Islands]는 제1차 세계대전 종전 이후부터 태평양전쟁 때까지 일본제국의 지배하에 있던 미크로네시아의 섬들을 말한다. 그 범위는 미국령인 괌을 제외한 마리아나제도, 팔라우제도, 캐롤라인제도, 마셜제도였다. 이 섬들은 1899년부터(마셜제도는 1885년부터) 독일제국의 식민지였지만, 제1차 세계대전 종전 이후인 1919년 베르사유조약에 따라 일본의 위임통치령(국제연맹이 통치를 위탁한 지역)이 되었다. (위키백과)

4 샛기둥을 지닌 목골조(木骨造) 건축물 (네이버 국어사전)

5 일본식 발음으로는 시타미이타바리 したみいたばり

6 에도시대에 성립된 상인 및 전문직이 살던 구역을 가리킨다. (역자 주)

7 죠카마치(일본어: 城下町, 한국에서는 조카마치라고 부르기도 함)는 일본에서 센고쿠시대 이래로 영주의 거점인 성을 중심으로 형성된 도시로, 성의 방위시설이자 행정 도시, 상업도시의 역할을 하였다. '성 아래에 있는 마을'이라는 뜻이지만, 에도시대 이후에는 성이 아닌 행정시설인 진야(陣屋, じんや; 일본 에도시대의 옛 건축물로, 정청 겸 영주의 처소와 창고로 활용되던 건물)를 중심으로 생겨나기도 하였다. (위키백과)

3. 타이베이(臺北)와 서울

그림 7-65 시구개정(市區改正)을 통해 건설된 **본정통(本町通)**[8] (현재의 **중경로(重慶路)**와 건축물, **타이베이(臺北)**

일본의 본격적인 해외 식민도시 건설은 청일전쟁(1894년~1895년)의 결과, 청나라로부터 할양된 타이완(臺灣)에서 시작되었으며, 도시건설에 있어서는 도로와 하수도 정비에 중점을 두고 도시개조를 진행시키는 '시구개정(市區改正)' 수법이 채택되었다. 초기에 큰 역할을 한 사람은 내무관료 출신으로 1898년에 타이완총독부 민정국장이 된 고토신페이(後藤新平)(1857년~1927년)인데, '근대 일본 도시계획의 아버지'라고도 불리는 고토는 이후 식민지경영과 일본 도시정책에 영향을 미친 극히 상징적인 인물이다. 그는 타이완(臺灣)에서 영구적 정착을 전제로 한 도시경영의 방향을 잡았으며, 타이베이(臺北)에서는 차도와 보도를 조합한 불바르(boulevard)[9]와 정자각(亭仔脚)(도로에 면한 보행통로[10])을 가진 도시건축의 규범을 만들었다. 이후, 일본에서는 도쿄(東京) 이외에는 실적이 없었던 '시구개정(市區改正)'이 식민지에서는 기존 시가지의 개조 및 확장에 큰 힘을 발휘했으며, 이는 조선에서도 마찬가지였다.

조선의 수도 서울은 풍수사상에 의거한 입지선정(選地), 중국의 도성(都城)제도를 본받은 궁성(宮城)과 제사시설의 배치, 불규칙한 도로망 등의 특징을 지니고 이미 약 500년[11]의 역사를 가지고 있었다. 그러나 조선 개국 후, 1882년에 개시장(開市場)이 열리면서 곧 일본인과 중국인을 중심으로 외국인의 성내(城內) 거류(居留)가 시작되는데, 일본인 거류지는 시가의 남쪽에 솟아오른 남산 북쪽 기슭 일대('왜성대(倭城臺)'라 불렸다)로 설정

그림 7-66 구 **조선총독부**청사(1926년 준공, 1995년 철거)와 **세종로**, **서울**

8 일본식 발음으로는 혼마치도오리

9 불바드, 불레바드라고 부르기도 하며 가로수가 늘어서 있는 넓은 도로를 지칭한다. (네이버 사전)

10 원본의 歩廊, 우리나라의 건축용어로는 지붕으로 덮인 보행자 통로를 가리키며 영어로 아케이드라고 부른다. (역자 주)

11 원본에서는 400년으로 표기되어 있다.

되었으며, 그 결과 생긴 서울시가(市街)의 민족적 거주지 구분구조(북부=조선인 거주지, 남부=일본인 거주지)는 식민지 시기 동안 해소될 수 없었다.

1925년 전후가 되면, 병합 후 총독부가 추진해 왔던 도시개편의 결과가 확실하게 나타나며, 미로(迷路)와 같은 가로망 위에 넓은 폭의 시구개정(市區改正) 도로가 도시의 골격을 만들어냈다. 그중에서도 가장 빨리 건설된 것은 경복궁(조선 정궁) 정면 세종로로부터 도시 전체를 남북으로 관통하는 도로이며, 이 태평로 – 남대문로가 서울의 명료한 도시축이 되었고, 총독부의 모든 관청, 경성부 청사, 경찰서, 주요 은행 등도 이 길가에 신축되었다. 경복궁 정면에는 위압적인 바로크[12]양식의 총독부 신(新)청사[드·라랑드[13] 기본설계, 노무라이치로우(野村一郎) 실시설계, 1926년]가 건설되었으며, 도시축의 남쪽 끝은 남대문으로 여기에서부터 남산의 서쪽 경사면을 올라가면 식민지 조선의 전 국토를 수호하는 국가적 창건 신사 조선신궁(朝鮮神宮)(이토츄타(伊東忠太)·조선총독부 건축과(建築課) 설계, 1926년)의 광대한 경내가 있었다. 이런 관청지구와 신사(神社)를 잇는 도시축 설정은 일본 식민도시에서 광범위하게 보이는 특징이다.

한편, 일본에서는 고토신페이(後藤新平)와 사노토시카타(佐野利器)가 주도한 1919년의 도시계획법과 시가지건축물법이 제정되었다. 이에 따라 조선에서는 1934년에 조선시가지계획령, 타이완(臺灣)에서는 1936년에 타이완도시계획령이 각각 시행되었으며, 용도지역이나 토지구획정리와 같은 근대 도시계획의 기술(技術)과 제도가 도입되었고, 전후(戰後) 타이완(臺灣)이나 한국의 도시계획은 이것을 직접적으로 계승하고 있다(타이완의 정자각(亭仔脚)은 타이완 도시계획령에도 편입되어 현재에도 살아있는 제도로 존속하고 있다).

4. 장춘(長春)(신경(新京))

만주지방(중국 동북부)의 도시경영은 '식민특허회사'로 1907년 영업을 개시한 남만주철도주식회사(만철(滿鐵))에 의해서 추진되었다. 만철(滿鐵)은 러시아가 시가지화를 진행시키지 않았던 '철도부속지'에 계속적으로 투자하여 적극적으로 사회인프라 정비를 전개했으며, 여기에서도 리더십을 발휘한 것은 고토신페이(後藤新平)이다.

장춘(長春) 부속지는 '장춘청(長春廳)'이라 불린 중국인 구 시가지에 인접하면서 장춘(長春)정거장(역)을 중심으로 건설되었고, 선로에 면한 앞면을 관공서, 상업, 주택용지로 하고, 뒷면을 공장, 창고용지로 했다. 평탄한 지형에 가지런히 정돈된 그리드·패턴을 기본으로 하여 역 앞과 시가지 중앙의 요지(要地)로 조성된 광장으로 사선방향의

12 네오·르네상스양식으로 분류하기도 한다. http://dh.aks.ac.kr/hanyang/wiki/index.php/ %EC%A1%B0%EC%84%A0%EC%B4%9D%EB%8F%85%EB%B6%80%EC%B2%AD%EC%82%AC

13 원본의 デララン, 독일인 건축가 조르주·드·라랑드(George de Lalande, 1872~1914, 위키백과에서는 독일식 발음으로 게오르크·데·랄란데) http://dh.aks.ac.kr/hanyang/wiki/index.php/%EC%A1%B0%EC%84%A0%EC%B4%9D%EB%8F%85%EB%B6%80%EC%B2%AD%EC%82%AC

도로가 집중되는 바로크적인 도시계획이 적용되었으며, 이러한 특징은 만철의 도시경영에 공통되게 나타난다.

1931년 만주사변을 거쳐 '만주국(滿州國)'이 성립되면서(1932년), 그 국가 수도로 장춘長春이 선정되자 '신경(新京)'으로 명명됐다. 신경(新京)은 황제의 궁전과 정부 관청들을 거느린 계획인구 50만명의 정치도시로 수도(首都) 건설국(局)에 의해 만철(滿鐵)시대의 기성 시가지 남쪽에 계획되었다. 궁전은 남쪽으로 면하게 하고, 궁성의 정면 중앙에서 남쪽으로 도시축을 연장시켜 여기에 관청 거리를 배치했는데, 이것은 북경(北京)과 같은 중국 도성의 제도를 따른 것이었으며, 신경(新京)역(구 장춘(長春)역)에 더하여 남신경(南新京)역이 배치되었다. 이것들을 묶어주는 다심(多心)방사형의 간선도로가 골격이 되고, 그 하위 지선(支線)을 그리드·패턴으로 했으며, 중요한 장소에는 지름 200m가 넘는 광장이 만들어지고, 그 중심은 공원이 되었다. 하수는 오수와 우수(빗물)를 나누는 분류식으로 하였으며, 한편에는 신시가지에 여러 갈래로 흐르는 강을 막아 인공호수를 만들고, 빗물을 여기로 흘려 넣어 조정지(調整池)[14]와 친수(親水)공원을 겸하게 했는데, 소하천과 저습지가 모두 공원이 되어 간선도로인 파크웨이[15]로 연결되는 공원녹지화가 실현되었다.

이러한 신경(新京)의 도시계획은 당시 일본은 물론 서양국가들을 포함해도 선진적인 것으로 오늘날에도 평가가 높다. 계획 책정에는 사노토시카타(佐野利器), 다케이타카시로(武居高四郎), 야마다히로요시(山田博愛), 카사하라토시로(笠原敏郎), 오리시모요시노부(折下吉延) 등 고토신페이(後藤新平)나 내무성과 관계가 깊은 도시계획 분야의 주요한 전문가와 기술자가 고문이나 직원으로 참여하여 그들이 축적하고 있던 지식이나 기술이 발휘된 것이며, 식민지 만주(滿洲)가 근대 도시계획의 실험장이라 일컬어지는 이유이다.

그림 7-67 구 **만주(滿州國)**국 국무원 청사(1963년 준공, 현 **백구은(白求恩)**의과대학 기초의학부), **장춘(長春)**

건축으로는 궁전건축이 미완성으로 끝났지만, 궁성에서부터 뻗은 도로에 일정 양식을 가진 관청건축이 즐비하게 늘어선 것이 특

14 조정지(equalizing reservoir, 調整池); 하수처리의 조직계통에 있어서 비가 올 때 빗물이 불어나거나 수질의 변동이 심한 경우, 유량이나 수질을 균등하게 하기 위해 설치하는 못을 말한다. (네이버 지식백과) 조정지(equalizing reservoir, 調整池) (환경공학용어사전, 1996. 4., 환경용어연구회)

15 파크·웨이(park way); 드라이브하는 일 자체가 레크리에이션이 되도록 운전자에게 공원(公園)의 역할을 하는 간선도로(幹線道路)로 1920년대에 미국의 뉴욕주(州)에서 건설된 브롱크스리버·파크웨이가 제1호이며 한국의 북악스카이웨이(자하문~정릉의 아리랑고개)도 비슷한 개념의 파크웨이라 할 수 있다. (네이버 지식백과) 파크웨이(park way) (대한건축학회 건축용어사전)

징적이었다. 단순화된 고전주의 계열 벽체에 급한 경사를 가진 기와지붕을 얹은 형식은 만주국의 국가양식으로 모색된 형식이지만, 당시 일본에서 ‘제관양식(帝冠様式)’이라 불린 것과 중화민국 정부관계의 건축에서 선호되었던 절충양식과도 연결되는 것이었다.

PART

종장

終章

현대(現代) 아시아의 도시(都市)와 건축(建築)

현대건축(現代建築)의 과제(課題)

현대 아시아의 도시와 건축을 넓게 전망해 보면, 우선 1,000만 명에 달하는 인구를 가진 대도시가 떠오른다. 뭄바이, 뉴·델리, 첸나이, 콜카타, 방콕, 자카르타, 마닐라, 북경(北京), 상해(上海), 서울, 도쿄(東京)…. 모두 중심부에는 초고층 빌딩이 즐비하게 늘어서 있고, 그 주위에 주택지가 형성되고 완연하게 교외를 향하여 확장해 간다. 높은 곳에서 내려다보면 아시아의 대도시는 아주 많이 닮았다.

한편, 대도시에서 떨어진 시골풍경도 떠오르는데, 먼 옛날부터 똑같이 집을 지어온 듯한 버내큘러건축의 세계가 있다. 그리고 그 세계에도 아연도금강판(함석)과 같은 근대적인 공업 재료가 침투하여 집의 형태가 변모하고 있으며, 또한 각 지역의 핵심도시에는 쇼핑·센터 같은 현대적인 새로운 건축이 늘고 있다.

아시아 각지를 여행하면 각 지역이 점차 닮아간다는 인상을 받는다. 건축생산의 공업화를 기초로 하는 근대건축의 이념은 큰 힘을 가지고 있다고 할 수 있을 것이며, 공장에서 생산되는 똑같은 건축재료가 전 세계에 유통되기 때문에 주택지의 경관이 비슷해지는 것은 당연하다.

현대 아시아의 도시와 건축에 대해서 몇 가지 공통적인 문제를 살펴보면 아래와 같다.

첫번째 문제는 주택문제(住宅問題)이다. 오늘날까지도 대다수 사람들은 버내큘러건축의 세계, 즉 '건축가 없는 건축'의 세계에서 살고 있다. 위에서 말했듯이 공업화의 진전과 함께 그 질서가 무너지고 있는 것은 커다란 문제이지만, 그 이전부터 위태로운 것은 주택 그 자체의 수가 부족한 점과 때로는 생존의 측면에서 위험하다 할 수 있는 열악한 조건이다. 이러한 대도시의 주택문제에 대해 건축가가 어떤 건축적 해답을 줄지는 현대 아시아의 공통과제이며, 각지에서 독특한 시도가 이루어지고 있다.

두번째는 역사적인 도시유산, 건축유산을 어떻게 계승 발전시키느냐하는 문제이다. 개발 혹은 재개발 압력 속에서 역사적 건축유산을 자산(스톡)으로 삼아 어떻게 활용할 것인가는 개발도상국, 선진국을 불문하고 공통된 과제이며, 특히 아시아의 여러 도시에서는 서구국가(西歐國家)들이 건설한 식민건축(植民建築)을 어떻게 평가할지가 커다란 주제가 되고 있다.

세번째는 '지구환경문제'라는 큰 틀을 의식하면서 어떠한 건축형식이 적합할까 하는 문제이다. 에코·시티, 에코·아키텍쳐, 혹은 '환경공생'이라는 것을 슬로건으로 내걸고 있지만, 실제로 '지역생태계에 기반을 둔 건축시스템'을 만들어 낼 수 있을지는 앞으로의 과제이다.

01 캄퐁의 세계(世界)

우선 큰 문제는 대도시의 거주환경이다. 아시아의 대도시에는 세계인구의 과반수를 차지하는 사람들이 살며, 그 환경은 많은 경우 열악하고 생존을 위한 조건이 한계상황인 지역도 많다. 인구문제, 주택문제, 도시문제는 21세기 아시아 대도시에 있어서 심각한 문제이다.

그러나 아시아 대도시 거주지가 모두 '슬럼'인 것은 아니다. 필리핀은 바리오(barrio),

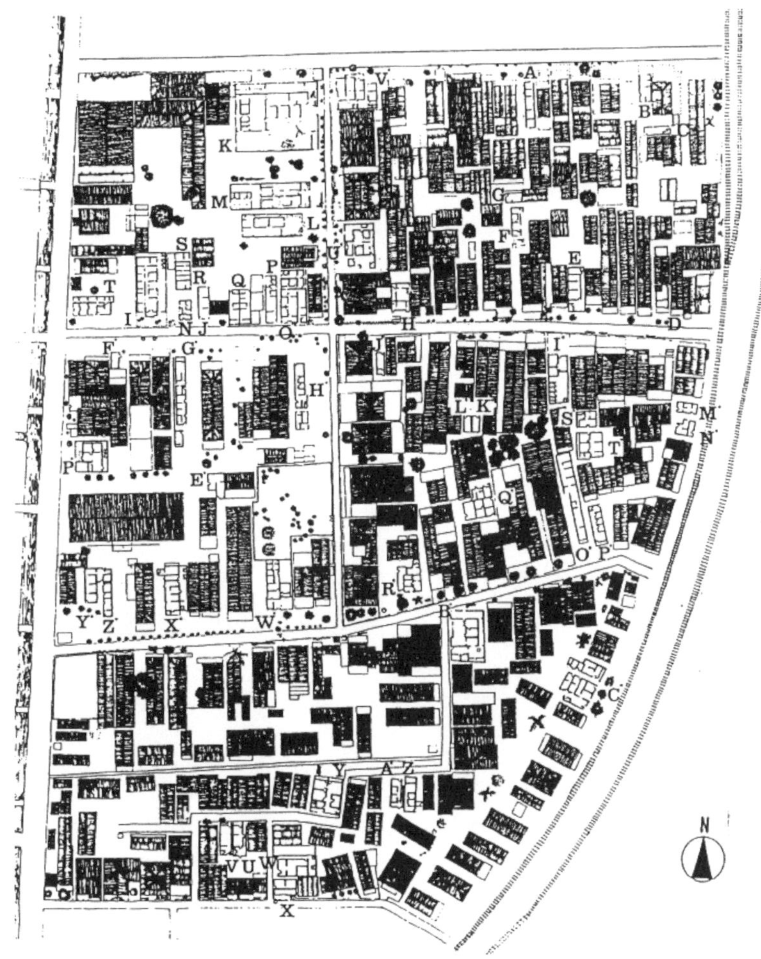

그림 8-1 캄퐁. 밀집한 작은 주택군(住宅群)

인도네시아, 말레이시아에서는 캄퐁(Kampung), 인도에서는 바스티(bustee), 튀르키예에서는 게쥬·콘두(geju condu)처럼 각각 독자적인 이름으로 불리듯이 물리적으로는 가난해도 사회적인 조직은 튼튼한 것이 일반적이다.

'캄퐁'이란 말레이(인도네시아)어로 마을을 의미하며, 인도네시아에서 행정 마을은 데사(desa)라고 하고, 캄퐁이라 하면 조금 더 일반적이다. 일본어 가타카나로 표기한 '무라(ムラ)[1]'의 어감에 가까우며, 캄퐁안(kampungan)이라고 하면 '시골(촌) 사람(놈)[2]'이라는 뉘앙스이다.

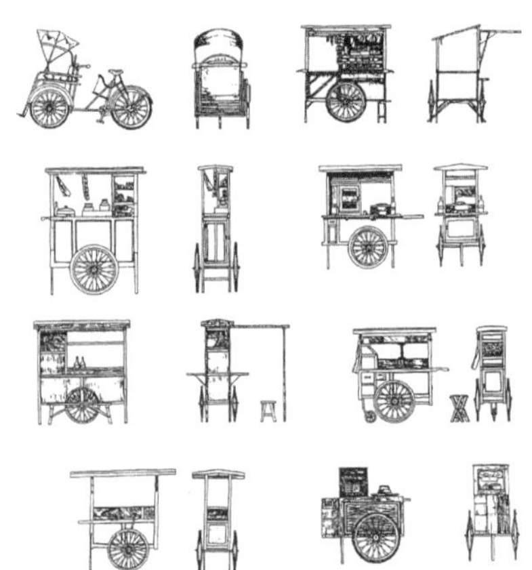

그림 8-2 **캄퐁** 다양한 포장마차

그림 8-3 **스쿼터(squatters)** 주거지, **수라바야**

그림 8-4 **카챠·하우스(katcha)[4]**, **콜카타**

인도네시아에서 자카르타, 수라바야 같은 대도시 주택지를 캄퐁이라고 부르는 것은 도시의 거주지이면서 동시에 마을과 같은 요소를 가지고 있기 때문이다. 이 특성은 개발도상지역의 대도시 거주지에 공통으로 나타나며, 영어로는 어반·빌리지(도시촌락)라고 한다.

우선 첫번째로 캄퐁에서는 반상회 인조(隣組)(RT; Rukung Tetanga), 자치회(Rukung Warga)[3]와 같은 커뮤니티 조직이 매우 체계적이다. 다양한 상호부조 조직이 튼튼하며, 아리산(arisan)이라 불리는 조직(계모임, 금전 상호융통 조직), 고똥·로용(gotong royong)(상부상조)으로 불리는 공동활동이 거주지역 내에서의 활동을 뒷받침하고 있다.

두번째, 캄퐁의 거주자 구성을 보면 매우 다양하며, 캄퐁에는 다양한 민족이 거주한다. 식민도시(植民都市)로서의 역사도 길지만, 인도네시아는 원래 많은 민족으로

1 우리말로 번역하면 촌, 마을이라는 뜻에 가깝다.
2 원본의 イナカモン(田舎者)
3 원본의 町内会
4 원본의 カッチャ·ハウス

이루어진 나라이고 다민족이 함께 사는 것이 인도네시아의 대도시다. 또한 캄퐁은 다양한 소득계층으로 이뤄져 있으며, 어느 캄퐁이든 저소득자와 고소득자들이 함께 살고 있고, 토지나 주택가격에 따라 계층별로 살아가는 선진국의 주택지와는 다르다.

세번째, 캄퐁은 단순한 주택지가 아니라 가내공업(家內工業)으로 다양한 것을 만들어내는 기능을 가지며, 다양한 상업활동이 캄퐁의 삶을 지탱하고 있다. 주공(住工)복합, 주상(住商)복합이 캄퐁의 특징이다.

그림 8-5 캄퐁·스슨·솜보(Susun Sombo), 수라바야

네번째, 캄퐁의 생활은 극히 자율적이다. 경제적으로는 도심(都心)에 기생하는 형태이지만, 생활자체는 일정한 범위에서 완결되고 있다.

다섯번째, 캄퐁은 해당 입지에 따라 지역성을 갖는다. 다양한 구성은 지역에 따라 다르며, 각각의 특성을 형성하고 있기 때문에 캄퐁은 독자적인 특성을 가진 거주지라고 할 수 있다.

그림 8-6 필리핀의 코어·하우스, 다스마리냐스

영어 컴파운드(compound)의 어원 또한 실은 캄퐁이며, 옥스퍼드 영어사전(OED)에도 그렇게 설명돼 있다. '컴파운드'라고 하면 인도 등의 서양인 저택, 상관(商館), 공관 등에 울타리를 둘러싼 부지 내, 구역 내, 남아프리카의 현지인 노동자를 수용하는 울타리로 둘러싼 땅, 광산 노동자 등의 거주구역, 포로나 가축 등을

그림 8-7 태국의 코어·하우스, 랑싯

수용하는 둘러싼 땅을 가리키는데, 원래는 바타비아나 말라카의 거주지가 그렇게 불리고 있던 것을 영국인이 인도, 아프리카에서도 사용했기 때문이다. 캄퐁=컴파운드가 일반적으로 사용된 것은 19세기 초이며, 캄퐁이 서방세계와 토착사

회와의 접촉이 원인이 되어 형성되었다고 하는 사실은 매우 흥미로운데, 아시아에서는 전반적으로 도시적 집주(集住)전통은 드물었다.

캄퐁과 같은 도시거주지에 대해서 그동안 각 나라가 했던 것은 슬럼·클리어런스에 의한 서구모델의 집합주택 공급이지만, 주택공급은 양적으로 부족하고, 가격이 비싸서 저소득자용의 모델이 되지 못했으며, 각각의 생활양식과 주택형식이 맞지 않는 것도 결정적 문제점이었다. 그에 비해 큰 성과를 거둔 것이 상·하수도, 보도(步道) 등 최소한의 인프라를 정비하는 거주환경 정비이다. 이슬람권의 뛰어난 건축활동을 표상하는 아가·칸 건축상(賞)[5]이 수여된 인도네시아의 캄퐁·임프루브먼트 프로그램(KIP)이 그 대표이며, 또한 코어·하우스·프로젝트 등 건물의 뼈대(skeleton)(스켈레톤)만을 공급하여 거주자 스스로 주거를 완성시키는 흥미로운 기법도 시도되어 왔다.

그러나 아시아 대도시는 한층 더 심각해지는 인구증가에 고민하고 있다. 이에 각 도시 공통의 과제가 되는 것이 새로운 도시형 주거의 프로토·타입이며, 캄퐁과 같은 도시촌락의 형태와는 다른 고밀도의 거주형태가 각각에게 요구된다. 캄퐁과 관련해서는 캄퐁·스슨[6]이라 부르는 복도(거실), 주방, 화장실 등을 공용으로 사용하는 컬렉티브·하우스형 집합주택이 제안되고 있다.

이슬람권에는 각자의 도시조직(都市組織)을 만드는 전통이 있다. 그리고 인도에는 하벨리[7], 중국에는 사합원(四合院)과 같은 도시형 주택의 전통이 있으며, 숍·하우스의 전통은 동남아시아에 퍼져 있다. 이러한 전통을 어떻게 새롭게 해석하여 계승할까가 중요한 과제일 것이다.

5 외국어 표기 Aga Khan Award for Architecture(영어), 약어 AKAA; 1977년 설립된 이 상은 시아-이슬람 이스마일파의 분파 니자리(아사신: 암살교단)의 49대 이맘(Imam: 교주)인 아가·칸 4세(Aga Khan IV)가 설립한 건축상으로, 3년마다 건축, 도시계획, 역사적 보존, 조경 등의 건축 분야에서 뛰어난 능력으로 새로운 기준을 제시한 건축물을 선정해 시상한다. 출처 – https://m.post.naver.com/viewer/postView.nhn?volumeNo=15438710&memberNo= 36555640

6 원본의 カンポン·ススン

7 원본의 ハヴェリ

02 도시유산(都市遺産)의 계승(繼承)과 활용(活用)

식민도시(植民都市)의 기원을 가진 아시아 여러 도시에 있어서 또 하나 공통의 과제가 되는 것은 식민지시기에 형성된 도시중심의 보존 혹은 재개발 문제이다. 원래 도시의 중심적 기능을 담당했던 지역이지만 그 기능을 훨씬 넘는 도시팽창으로 인해 재개발을 피할 수 없게 된 것인데, 일반적으로는 신도시(新都市)로의 이전을 도모한다.

그림 8-8 콜카타에 남은 가든·하우스

그림 8-9 토코·메라(붉은 집), 자카르타의 코타지구

그런 점에서 도시중심에 남겨진 식민지 건축을 어떻게 평가할지가 문제되며, 제2차 세계대전 후에 차례로 독립하여 새롭게 형성된 국민국가에 식민지시대는 부정해야 마땅한 시기이다. 봄베이, 마드라스, 캘커타 같은 세계사에 이름을 남긴 인도의 대도시가 차례차례 명칭을 바꾸었고, 이들 도시의 영국령 시대 도로 이름을 혼란에도 개의치 않고 바꾸고 있는 것은 내셔널리즘의 표현이다. 또한 실제로도 변화가 심한데, 예를 들어, 가든·하우스가 늘어선 옛 콜카타(캘커타)의 중심지구 초링기는 초고층 빌딩이나 아파트가 즐비하게 늘어선 현대적인 중심업무지구로 전환되고 있다. 영국이 만든 싱가폴과 홍콩도 역사적 거리에 대한 배려는 하지만, 초고층 빌딩이 숲처럼 늘어선 아시아를 대표하는 현대도시로 변모하고 있다. 네덜란드를 종주국(宗主國)으로 한 인도네시아도 같은 사정이어서 자카

그림 8-10 구 조선총독부(해체 전), 서울

그림 8-11 대통령부(구 타이완총독부), 타이베이

르타의 코타지구는 옛 바타비아의 영광을 기억하는 장소이기 때문에, 네덜란드는 보존·복원을 제안하고, 실제로 1619년부터 1949년(정확하게는 1942년의 일본 점령)까지 330년간 수많은 네덜란드인이 거주하였지만, 자카르타에서 코타지구는 현대에 들어와서 더 이상 그렇게 중요한 지구가 아니다. 일제강점기에 세워진 과거 조선총독부였던 국립박물관을 광복(독립) 50주년을 기하여 해체한 한국의 사례도 있다.

그림 8-12 골·포트, 골, 스리랑카

그림 8-13 산티아고요새, 말라카

한편 도시유산(都市遺産)의 보존 계승, 활용을 주장하는 움직임도 있다. 이는 상호유산(mutual heritage), 혹은 부모(兩親, dual parentage)(2개의 혈통)라는 이념을 중심으로 하고 있다. 300년의 식민지 지배과정은 각각 그 나라의 건축문화 및 도시전통에 깊이 스며들어 있기 때문에 소중한 유산으로 평가해야 한다는 주장이며, 그 예로 마닐라의 인트라무로스가 있고, 인도 뭄바이 포트지구 등에서는 보존건물로 지정하였다. 주류(主流)는 아니지만, 각 도시에 보존 트러스트(INTACH)가 조직되고, 첸나이에서도 역사적 유산의 리스트·업이 진행되고 있다. 스리랑카의 골, 루손섬 북쪽의 비간 등 세계문화유산에 등재된 도시도 있으며, 말레이시아의 말라카, 페낭도 세계유산 등재를 준비하고 있다.[1]

식민지 유산에 대한 평가는 옛 조선총독부청사의 사례에서 보듯이 정치적인 문제와 직결될 수 있다. 그러나 과거 일본 식민지에서도 타이완처럼 총독부를 대통령부로 계속 쓰고 있는 경우도 있으며, 뉴·델리는 결과적으로 인도 독립에 대한 최대의 선물이 되었다. 유산(遺産)을 어떻게 활용해 나갈지는 각 사안별로 다르지만, 도시중심의 보존계승이냐 재개발이냐를 둘러싸고 논쟁을 하는 것은 각각의 도시가 결정해야 할 향후의 큰 방향이다.

1 말라카와 페낭은 2008년에 등재되었다. (역자 주)

03 지역생태계(地域生態界)에 기반한 건축(建築) 시스템

– 에코 · 아키텍처 –

아시아에 국한되지 않고 세계적으로 지구환경 전체가 문제가 되고 있으며, 에너지문제, 자원문제, 환경문제는 앞으로의 도시(都市)와 건축(建築)의 방향을 크게 규정할 것이다.

오래전부터 아시아의 도시와 건축은 각각의 지역생태계에 기반하여 고유한 본연의 이상적인 상태를 가지고 있었다. 메소포타미아문명, 인더스문명, 중국문명의 큰 영향이 지역에 영향을 미쳐 불교건축, 이슬람건축, 힌두건축이라는 지역을 초월한 건축문화의 계보를 서로 연결시켜 왔으며, 지역생태계의 틀도 유지되어 온 것으로 보이는데, 인더스의 고대(古代) 여러 도시가 멸망한 것은 산림벌목으로 인해서 생태계가 크게 변한 것이 원인이라는 설(說)이 있다.

지구환경 전체를 생각할 때, 옛 도시나 옛 건축방식으로 되돌릴 수는 없어도 그로부터 배울 수 있는 것은 있으며, 전 세계를 같은 건축으로 덮는 것이 아니라 일정한 지역단위로 나눠 생각할 필요가 있다. 즉, 국민국가(國民國家)의 국경에 얽매이지 않고, 지역의 문화, 생태, 환경에 입각하여 정리하는 세계단위론(世界單位論) 전개가 하나의 힌트이다. 건축과 도시의 물리적 형태문제를 생각할 때, 얼마만큼의 범위에서 에너지와 자원의 순환계를 생각할 수 있는지가 주제가 된다.

첫째로 지역계획 레벨의 문제가 있다. 각 나라에서 뉴·타운건설이 진행되고 있는데, 가능한 자립적인 순환시스템이 요구된다. 20세기의 가장 영향력이 큰

그림 8-14 수라바야·에코·하우스

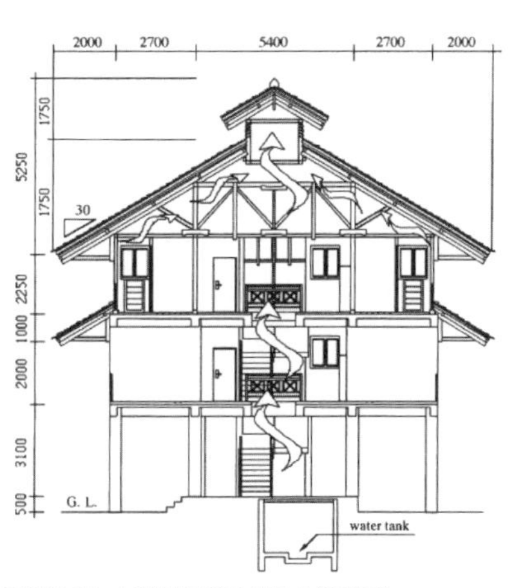

그림 8-15 수라바야·에코·하우스(단면도)

도시계획 이념은 전원도시(田園都市)이다. 아시아에서도 전원도시계획은 몇몇 시도돼 왔지만, 이 또한 서유럽 각국과 마찬가지로 교외(郊外)의 전원도시에 머물렀다. 사실은 교외도시를 삼킬 정도로 도시가 폭발적으로 팽창했다고 하는 것이 더 정확할 텐데, 여기에서도 앞으로의 대도시(大都市)를 어떻게 재편할까가 큰 문제이다. 어느정도의 규모에서 자립적인 순환시스템이 가능할지는 앞으로의 과제이지만, 한 가지 지침은 개별 건축에도 순환시스템이 필요하다는 것이다.

그림 8-16 수라바야·에코·하우스 더블·루프의 모형

그림 8-17 MESIAGA **빌딩** 공조시설을 사용하지 않는 **오피스 빌딩, 쿠알라룸푸르, 켄·양**

아시아에서 중국과 인도라는 초인구 대국과 열대지역 도시인구의 폭발적 증가는 크나큰 문제가 되고 있다. 이해하기 쉬운 예로 열대지역 전체가 냉방을 하게 된다면, 지구환경 전체가 어떻게 될지 생각해 보자. 기본적으로 냉방이 필요 없는 유럽국가들은 난방의 효율화만 생각해도 좋지만, 열대에서의 에너지는 커다란 과제이다. 미국과 일본 같은 선진국에서는 자유롭게 에어컨을 틀면서 열대지방은 지금까지 살아온 대로 살라고 할 수는 없으며, 실제로 아이스링크를 가진 쇼핑센터 등이 동남아시아의 대도시에 만들어지고 있다.

그러나 지구환경문제(地球環境問題)의 중요성 때문에 열대지역에서도 다양한 건축시스템의 제안이 나오고 있다. 이것을 에코·아키텍쳐라고 하며, 수라바야·에코·하우스도 그러한 시도 중 하나이다. 자연광 이용, 통풍에 대한 연구, 녹화(綠化) 등의 당연한 배려에 더하여 이중 지붕 채용, 야자섬유를 단열재로 사용하는 등의 지역에서 생산된 재료의 이용, 태양전지, 풍력발전, 우물물을 이용한 복사냉방, 빗물이용 등이 고안되고 있다. 말레이시아의 켄·양(Ken Yang) 등은 냉방을 사용하지 않는 초고층빌딩을 설계하고 있으며, 이처럼 현대의 건축기술을 어떻게 자연과 조화시킬 것인가의 문제는 아시아 뿐 아니라 전 세계 공통의 과제(課題)이다.

후기(後記)

교토(京都)대학에 '세계건축사 II'라는 과목이 새로 개설되어 담당하기 시작한 것은 1995년 후반이었는데, 'I'에서 서유럽을, 'II'에서는 비서구(非西歐)를 다루었다. 아시아를 많이 돌아다녔으니 담당하게 된 것이었지만, 솔직히 난감했으며, 아시아라고 해도 너무 넓기 때문에 동남아는 다소 자신이 있었지만 그것만으로는 세계건축사가 되지 못할 것이었다. 유일한 돌파구는 일본의 '동양건축사(東洋建築史)' 연구의 축적이었으며, '세계건축사 II' 개강에 맞춰 출판된 '동양건축사도집(東洋建築史圖集)'(일본건축학회편(日本建築学会編), 쇼코쿠샤(彰国社))였다.

우선 이토츄타(伊東忠太), 세키노타다시(関野貞), 무라타지로(村田治郎)... 등 동양건축사 연구의 선구자들을 소개하는 것부터 시작했는데 제법 흥미로웠고, 벼락치기를 하면서 진행한 강의였기 때문에 얼버무린 부분도 꽤 많았던 것 같다(물론 지금도 시행착오(試行錯誤)를 거듭하고 있다).

한 가지 중요한 방침으로 둔 것은 가능한 실물(實物)을 보고 소개하자는 것이었다. 생생한 실제 느낌과 자료가 있다면 그럭저럭 강의가 가능할 것이다고 생각했기 때문에, 여행을 갈 땐 '동양건축사도집(東洋建築史圖集)'을 반드시 휴대하게 되었다. 책에 게재(揭載)된 모든 작품을 보는 것이 목표였는데, 최근 몇 년간 제법 많이 돌아 간신히 목표에 가까워지고 있는 중이다.

강의를 시작하면서 금방 깨달은 점은 비서구(非西歐)(아시아, 아프리카, 라틴·아메리카)의 건축이나 도시에 대한 정보가 극히 적다는 것이었다. 서유럽에서 쓰인 '세계건축사' 중 특히 아시아의 비중이 낮았는데, 일본에선 '동양건축사' 기록축적이 전쟁 전에 멈췄고, 그 이후에는 대략적으로라도 '전체'가 쓰인 것이 없었다.

강의횟수를 거듭할수록 어느정도 강의프레임이 드러났다. 물론 아류(我流)[1]이긴 하지만 '동양건축사도집(東洋建築史圖集)'을 어떻게 읽어야 하는지 조금씩 감이 잡혔으며, 교과서는 다소 무리가 있지만, 가이드·북 같은 것이라면 쓸 수 있지 않을까 하던 시점에 쇼와도(昭和堂)의 마츠이쿠미코(松井久見子)씨로부터 '아시아건축사'를 정리할 수 없을지 하는 제안이 왔다. '일본건축사', '유럽건축사', '근대건축사'라는 시리즈의 일환으로 '아시아건축사'가 필요하다며, '아시아미술사' '아시아정원사'도 구상하고 있다고 하기에 아주 타이밍이 좋은 시점에 배에 올라탄 것이다.

1 우리나라에서는 亞流라는 한자를 사용해서 독창성 없이 남의 작품, 사상, 주의 따위를 모방하여 따르는 경향으로 설명하는데 원본의 我流라는 한자는 이 의미가 아닌 것 같아 한글음과 같이 병기했다. 아마도 '자기만의 생각'의 뜻으로 쓴 용어 같은데 혹시라도 오역이라면 독자들의 지적을 바란다. (역자 주)

가장 먼저 '아시아 도시건축연구회(1995년 설립. 2002년 말까지 57회의 연구회를 개최)'의 주요 멤버들에게 부탁을 했다. '아시아 도시건축연구회'의 축적된 정보가 큰 도움이 되리라 생각했기 때문이며, 긴키(近畿)대학(비상근(非常勤))에서 함께 '세계건축사' 강의를 담당하던 닌겐간쿄대학(人間環境大学)의 아오이아키히토(青井哲人)씨 또한 마땅한 교재가 필요하다는 필요성을 느끼고 있었다. 그는 '이토츄타(伊東忠太) 연구'로 석사논문을 쓰고, 한반도, 타이완의 신사(神社)건축에 관한 논문으로 박사학위를 받았다. 또한 인도를 돌아본 적이 있는 시가(滋賀)현립대학(県立大学)의 야마네슈(山根周)군도 큰 의지가 되었으며, '아시아 도시건축연구회'의 고문 및 이론적 지주라 할 수 있는 오지토시아키(応地利明)선생(교토대 명예교수)께는 '아시아의 도성(都城)'을 둘러싼 논의 소개와 전체 총괄을 꼭 부탁드리고 싶었다. 집필 분담은 따로 게시한 것처럼 집필 책임은 각자에게 있지만, 오지(応地)선생께서 마지막으로 전체를 훑어보시고 상당부분 수정도 해 주셨는데, 그 해박한 지식에는 경탄을 금치 못하며 이 책이 나름대로의 수준을 유지하고 있다고 하면 그것은 오지(応地)선생의 현장에 바탕을 둔 지식의 덕분이다.

이상의 코어·멤버에 의해 기본방침으로 정한 것은 아래와 같다.

① 아시아의 도시, 건축의 다양성을 중층적(重層的)으로 드러내며 반드시 시대순으로 서술할 필요는 없고(서술할 수 없다), 보다 큰 지역구분, 세계단위를 바탕으로 한다. 즉, 어느 정도의 단위는 의식하되, 각 장의 구성방식에 대해서는 지역, 도시, 건축의 상호 관련에 대한 테마를 중요시한다.

② 아시아의 도시, 건축에 대한 기초적 사항을 망라한다. 또한 주요 도시, 주요 건축에 대한 정보는 포함시키되, 중요한 도시, 건축을 각 장에 잘 배치한다.

③ 단순히 건축을 나열[2](망라(網羅))하는 것을 피하고, 강약과 장단을 붙인다. 하나의 절에서는 하나의 건축(도시)를 중점적으로 서술하며, 다양한 단면으로 서술이 가능한 도시, 건축을 선정한다.

④ 기념비적[3]인 건축만 서술하지 않는다. 도시와 건축을 밀접한 관계에서 서술하며, 건축에 대해서는 도시를 항상 의식하고 도시에 초점을 맞추면서 주요 건축을 서술한다.

⑤ 건축에 대해서는 기초적 데이터 외에는 그 공간구성, 설계기법에 가중치를 두고 서술한다.

⑥ 도시에 대해서는 주요 건축의 배치, 도시구성의 원리를 중심으로 서술한다.

⑦ 각 장의 구성에서 누락되는 것은 칼럼에서 다룬다.

표기에 대해서는 원칙적으로 헤본샤(平凡社) '대백과사전(大百科事典)'을 기본으로 했다. 또한,

2 원본의 リストアップ
3 원본의 モニュメンタル

현지어의 발음에 가까운 표기를 원칙으로 했는데, 기본방침은 어디까지나 기본방침이었기 때문에 이 책에서 실현할 수 있었는지에 대해서는 독자의 판단을 기다리며 무모했던 시도에 대해서는 너그러이 평가해 주시길 바란다. 서구(西歐)에 편향되어 전개되어 온 일본의 근대건축 역사이지만, 아시아의 도시와 건축에 대해 보다 글로벌한 시각으로 몇 가지 시점을 제시하여 조금이나마 일본에 도움이 되는 책이 되기를 바란다.

이 책에 오류나 부족한 점이 적지 않다고 생각한다. 원컨대 많은 독자를 얻어 한층 더 충실하게 해 나갈 기회가 주어졌으면 좋겠다.

이 책의 출판은 처음부터 끝까지 마츠이쿠미코(松井久見子)씨의 지도(指導)에 따랐다. 그 정확한 판단이 없었다면 도저히 정리할 수 없었을 것이며, 원고를 마치면서 진심으로 감사의 뜻을 전한다.

후노슈지(布野修司)

역자 후기 (後記)

2002년 대한민국에서 5년제 건축학 전공이 시작되었다. 나는 이 제도에 대해 여전히 동의하지 못하지만, 대한민국의 건축교육이 이 때문에 커다란 변화를 맞이하게 된 것은 모두가 동의하는 사실이고, 또한 내가 근무하는 한경대학교에서의 건축 교육도 이 시기부터 근본적인 변화를 맞이했다. 그로부터 12년 후인 2014년에 대한민국 건축학과 및 건축공학과 학자들의 모임인 사단법인 대한건축학회에서 2년간의 역사위원회 위원장을 맡았다. 당시 회장이셨던 김광우 서울대 교수님께서 내가 도코모모코리아라는 근대건축 보존운동 단체에서 활동하시는 것을 보시고 어여삐 여기셔서 임명해 주셨던 영광스러운 자리였다.

이 두 가지 사건을 후기에서 굳이 거론하는 이유는 2002년 우리나라 대학에서의 건축교육이 4년제와 5년제로 나누어지면서 5년제 건축학전공에서는 공학 과목이 대거 없어지고 예술적, 인문 사회학적 성격의 과목들이 새로 만들어졌는데, 이때 한경대학교에서는 5학년 교과과정에 동양건축사라는 과목을 만들었다. 그 취지는 그동안 4년제 과정에서 지나치게 서양건축에 편중된 우리의 건축역사 교육을 동양건축과의 균형을 맞추기 위함이었고, 또한 2014년 대한건축학회의 역사위원장을 맡으면서 가장 활성화하고 싶었던 일이 바로 서양과의 균형을 맞추기 위해 동양건축의 역사를 연구하는 학자들의 모임을 만드는 것이었다.

대부분의 대학에서와 비슷한 이유로 한경대학교에서 개설한 동양건축사 과목은 그 후 한 번도 강의가 이루어지지 못했다. 가장 주된 이유는 건축공학과 혹은 건축학과 졸업생들이 취득하는 중요한 자격증 중 하나인 건축기사 시험에 동양건축사는 아예 포함이 안 되는 데다가, 두 번째 이유는 대학에서 사용할 만한 동양건축 역사 교재가 없었기 때문이다. 물론 1995년에 대한건축학회 편으로 김동현박사님이 작업 편찬하신 '동양건축사도집'이라는 책이 있었으나, 그 내용이 너무 건물 단위의 설명에 치중되어서 건축의 배경을 이루는 정치, 사회, 경제, 도시 등에 대한 지식이 누락되었고, 또한 한국건축사를 전공하셨던 고 윤장섭교수님께서 중국과 일본, 인도를 다니시면서 기행문 형식으로 쓰신 동양건축에 대한 책자가 몇 권 있었으나 말 그대로 기행문이었을 뿐, 본격적인 동양건축의 역사책 교재로 사용하기엔 너무나 미흡했다. 이후 2014년 1월 오랫동안 한국건축사 및 동양건축 역사연구에 매진하셨던 충북대학교 김경표교수께서 '동양건축사'라는 책을 발간하셨으나 곧 돌아가셨고, 이 책 또한 앞서 언급한 건물 단위에 치우쳤다는 한계를 가졌다.

그래서 2014년 대한건축학회 역사위원장을 맡자마자 국내의 연구자 중에서 동양건축을 정리할 만한 분을 찾아보았으나, 위에서 언급하신 분들을 제외하고는 마땅히 집필진을 구성할 수 없어서 우리나라 실정에서는 어려운 일이라고 포기하고, 가장 친하게 지냈던 한국예술종합학교의 우동선교수께 외국에서 나온 책 중에 번역할 만한 좋은 동양건축사 책이 있으면 소개해 달라고 부탁했다.

그랬더니 얼마 되지 않아 우교수께서 추천해 주신 책이 바로 이 후노슈지선생님의 '아시아 도시건축사'였다. 이 책의 내용을 잠깐 읽어 본 결과 우리나라에서 나온 책들이 다루지 못했던 도시의 역사, 건축의 배경이 되는 정치, 경제, 문화. 민속, 인류, 지리학 등의 내용을 아우르는 동양건축 역사의 총괄서이자 입문서로 가장 적합하다는 것을 알 수 있었다. 그러던 중 2017년 한경대학교에서 서양건축사를 담당하셨던 강사님께서 2018년 그만두시게 되어 마침 한국건축사를 담당하고 있던 내가 계속 폐강되는 동양건축사를 커리큘럼에서 삭제하고 서양건축사라는 과목의 이름을 세계건축사로 바꾸어 동양건축의 역사를 포함하기로 하고 직접 담당하게 되었다. 그리고 본격적으로 동양건축에 대한 공부를 후노선생님의 책으로 하기 시작했는데, 읽으면 읽을수록 그 내용이 너무 좋아서 아예 이 책의 번역본을 내고 싶어졌다. 그래서 예전 한국주거학회에서 소개받았던 살림출판사 및 몇몇 건축 전문출판사에 번역서 출간을 의뢰했으나, 워낙 이 책의 내용이 대중적이 아니어서 출판하기 어렵겠다는 답변을 받았다.

이러한 딱한 사정을 페이스북에 알렸더니, 대학 후배인 부산대의 곽한영교수가 법학서적 전문 출판회사인 박영사에 연결시켜 주어 공식적으로 판권을 계약하고 간신히 공식적인 번역 작업에 착수할 수 있었다. 그리고 이 시기부터 동양의 건축을 직접 가서 봐야겠다고 생각하고 유럽과 미국에 치중된 답사를 아시아로 방향을 틀었다. 이때의 답사 경로를 이 책을 번역하면서 가보고 싶은 건축 및 도시로 선정하여 답사를 다니면서 공항 및 숙소에서 와이파이가 연결되는 곳에서는 어디서나 이 책을 꺼내 놓고 파파고를 이용한 번역작업을 지속하여 대략 2년에 걸친 초벌 번역을 마무리할 수 있었다. 그러고 나서 이 책을 추천해 준 우동선교수께 초벌 번역 파일을 보내서 최종 번역을 마무리해 달라고 부탁하였으나, 당시 한예종에서 미술원장을 맡고 있으면서 바쁜 일정을 보내고 있어서 시간이 너무 많이 걸리고 힘들겠다는 답변이 돌아왔다.

이때 마침 한경대에서 3학년 설계수업을 담당하던 동경도립대학 출신의 김성룡박사를 만나게 되고, 김박사님과 더불어 평소 가까이 지내던 한양대 도미이마사노리선생님의 교정을 받으며 박영사에서 소개받은 임정아선생님께서 1차 수정을 진행해 주셨다. 이후 계속 아시아의 곳곳을 직접 답사하면서 임선생의 교정본을 다시 정리하던 중, 마침 후노슈지선생님 문하에서 박사학위를 취득하신 울산대학교의 한삼건교수님을 한양대 한동수교수님으로부터 소개받아 최종 감수를 받을 수 있었다. 2년간에 걸친 김성룡박사님과의 초벌 번역작업과 임정아선생님의 1차 수정, 한삼건교수님의 최종 감수를 거치니 다시 1년이 흘러서 2021년이 되었다. 그리고 나서 표지디자인과 책의 편집디자인에 치중했는데, 번역하면서 놓쳤던 모든 전문단어와 우리나라에서는 한 번도 번역된 적이 없는 건축용어들이 너무 많아서 이를 모두 한자로 병기하고, 구글에서도 검색되지 않는 건물명, 도시명, 지명, 토속용어들은 원본에 있는 일본 용어들을 주석으로 집어넣어 추후라도 발생할 수 있는 후속 연구자들의 수정 제안을 받는 것으로 방향을 바꾸다 보니 편집이 전면적으로 바뀌어 또 다시 2년이란 시간이 흘러 버렸다.

드디어 2023년 책 표지의 디자인과 편집디자인의 최종본을 교정하며, 11월 한국주거학회의 추계학술대회를 한경대학교에서 개최하기로 하면서 후노슈지선생님의 기조 강연을 듣기로 하였다. 그리고 2년 전부터 도미이선생님으로부터 후노선생님의 또 다른 저작물인 '세계주거지'라는 책을 소개받아 번역하기 시작했는데, 아직 일본 출판사로부터 판권을 얻지 못했다. 올 11월에 후노선생님이 한국에 오시면 6년간에 걸쳐 만들어진 이 번역본을 증정해 드리면서, 선생님의 역작인 두 번째 책의 번역본 출판을 허락받고 싶다. (불행히도 후노선생님께서 10월에 대장암수술을 받으셔서 직접 오시지 못하고 영상을 녹화해서 발표하는 형식으로 변경되었다.)

오랜 기간, 이 번역작업을 도와주신 임정아, 김성룡, 한삼건선생님께 다시 한번 감사드리며, 그 뒤에서 든든하게 후노 선생님과 연결시켜 주신 도미이마사노리선생님께 영광을 돌린다. 또한 오랫동안 번역작업을 하는데 한경대학교 학과사무실에서 일하는 근로장학생들의 도움을 많이 받았다. 박시내, 윤범진, 이윤서, 이수민 학생들이 그들이다. 그리고 처음 이 훌륭한 책을 추천해 주셔서 번역본이 나오게 해 주신 한예종의 우동선교수께도 감사드리며, 시장성이 없는 이 책의 출판을 허락해 주신 박영사의 안종만, 안상준 대표님께 감사드린다. 또한 그 실질적 편집작업을 진행해 주신 박영사의 김한유, 탁종민, 정은희선생님께도 그 고마움을 전한다.

마지막으로 10여 년 전 치매에 걸리셔서 안성에 있는 큰아들에게 몸을 의탁하셨던 어머님, 고 최성숙님의 영전에 이 소중한 책을 바친다. 1930년 일제강점기에 충북 음성에 있는 소학교 교장 선생님의 맏딸로 태어나신 어머님은 생전 한국어보다는 일본어가 더 편하게 느껴졌던 분이었으며, 대학 시절 내가 일본어 공부를 시작할 때부터 옆에서 지켜보시고 지도해 주셨던 내 일본어 스승이셨다. 다시 한번 감사함을 전한다.

이 책은 앞에서도 언급했지만, 그 다루는 범위가 건축물 단위에 그치지 않고 도시사회학, 정치, 경제, 민속, 인류학, 지리학 등에 걸쳐 있다. 번역하면서 가장 어려웠던 부분이 바로 지명, 인명 등의 고유명사였는데, 우리나라에 한번도 소개되지 않는 것들이 너무 많아 최대한 구글과 네이버 등을 검색하여 우리말로 옮겼지만, 검색이 안 되는 전문용어들은 모두 주석으로 일본어 원문과 함께 병기했다. 따라서 여러모로 여전히 그 틀린 부분이 많은 터인데, 이 부분은 모두 후속 연구자들이 지적해 주시면 차후 수정본을 낼 수 있을 때 반영할 예정이다. 많은 지도 편달을 바라며, 이 책에서 발견되는 모든 오역이나 오타 등은 대표번역을 한 본인의 책임이므로 내가 살아 있는 동안은 최대한 이를 수정하고, 혹시라도 그렇게 하지 못하는 시기에는 공동번역자 선생님들 또는 최종 감수하신 한삼건선생님께서 잘 마무리해 줄 것이라 믿는다.

모쪼록 6년이 넘는 기간 동안 힘들게 자라온 이 책은 우리나라 건축계뿐만 아니라 한국과 일본 양국의 우호에 일익을 담당할 것이며, 더 나아가 아시아 전체, 그리고 세계 건축역사학계에 크게 이바지할 것임을 믿어 의심치 않는다.

2023년 11월

공동번역자 및 감수자를 대표하여 조용훈 씀.

색인

ㅅ

편저자 소개

후노슈지(布野修司)

후노슈지(布野修司)는 일본의 건축, 도시 연구자, 건축 평론가이다. 공학박사(1987년 도쿄(東京)대학 논문박사). 시가(滋賀)현립대학(縣立大學) 명예교수. 동 대학 부총장 및 이사(연구·평가담당)를 역임. 일본건축학회 부회장, 복구부흥지원부회(復旧復興支援部會) 부회장을 역임했다.

〈약력〉

1949년 시마네(島根)현 이즈모(出雲)시 출생. 1972년 도쿄(東京)대학 공학부 건축학과 졸업, 도쿄(東京)대학 박사과정을 마친 후 도쿄(東京)대학 조교, 도요(東洋)대학 조교수, 교토(京都)대학 조교수 등을 거쳐 2005년 시가(滋賀)현립대 환경과학부 교수, 2015년 시가(滋賀)현립대 정년 후 니혼(日本)대학 특임교수가 되었다. 일본건축학회 건축기획위원회 위원장, 영어회보위원회 위원장. 『건축잡지(建築雜誌)』 편집 위원장.

〈수상〉

1987년 "인도네시아의 거주환경의 변용과 그 정비수법에 관한 연구-하우징 시스템에 관한 방법론적 고찰(インドネシアにおける居住環境の変容とその整備手法に關する硏究-ハウジング·システムに關する方法論的考察)"로 도쿄(東京)대학에서 공학박사 학위를 취득했으며, 이 논문으로 1991년 일본건축산업협회상 최우수논문상 및 일본건축학회상을 수상, 1982년부터 2000년까지 주거·마을만들기를 위한 동인지 '군쿄(群居)'의 편집장을 역임했다. '근대 세계 시스템과 식민지 도시(近代世界システムと植民都市)'로 2006년 일본도시계획학회 논문상, '한국의 근대 도시경관의 형성: 일본인 이주어촌과 철도마을(韓國近代都市景觀の形成: 日本人移住漁村と鐵道町)'(교토대학 학술출판회, 2010, 후노슈지, 한삼건, 박중신, 조성민 공저)로 2013년 일본건축학회 학회상(저작상)을 수상했다.

감수자 및 역자 약력

한삼건 / 韓三建 / Samgeon Han

교토대학 대학원 건축학전공(공학박사)

1994. Ph.D., Department of Architecture, Kyoto University

현재. 울산대학교 명예교수

Present. Professor emeritus, University of Ulsan

조용훈 / 趙庸薰 / Yonghoon Cho

서울대학교 대학원 건축학과(공학박사)

1991. Ph.D., Department of Architecture, Seoul National University

현재. 한경국립대학교 디자인건축융합학부 건축학전공 교수

Present. Professor of Architecture Major, School of Architecture and Design Convergence of Hankyong National University

임정아 / 林貞我 / JeongA Lim

고려대학교 일반대학원 중일어문학과(문학박사 수료)

2022. Ph.D. Candidate, Department of Chinese & Japanese Language and Literature, Korea University

현재. 통번역회사 뉴젠 컴 대표

Present. CEO, Translation Company NewGen Com

김성룡 / 金聖龍 / Sungryong Kim

도쿄도립대학 대학원 도시환경과학연구과(공학박사)

2016. Ph.D., Urban Environmental Science, Tokyo Metropolitan Univ.

현재. 한경국립대학교 디자인건축융합학부 건축학전공 조교수

Present. Assistant Professor of Architecture Major, School of Architecture and Design Convergence of Hankyong National University

아시아로 떠나는 건축 · 도시여행
– 인문학적 여행을 위한 입문서 –

초판발행 2023년 11월 24일

지은이 후노슈지(布野修司)
옮긴이 한삼건 · 조용훈 · 임정아 · 김성룡
펴낸이 안종만 · 안상준

편　집 탁종민
기획/마케팅 김한유
표지디자인 BEN STORY
제　작 고철민 · 조영환

펴낸곳 (주) 박영사
서울특별시 금천구 가산디지털2로 53, 210호(가산동, 한라시그마밸리)
등록 1959.3.11. 제300-1959-1호(倫)
전　화 02) 733-6771
fax 02) 736-4818
e-mail pys@pybook.co.kr
homepage www.pybook.co.kr
ISBN 979-11-303-1392-4 93540

정　가 27,000원